高等学校动物医学专业教材

动物解剖学与组织胚胎学

李恩中 主编

中国轻工业出版社

图书在版编目（CIP）数据

动物解剖学与组织胚胎学/李恩中主编 . —北京：中国轻工业出版社，2023.8
ISBN 978-7-5184-0528-2

Ⅰ.①动… Ⅱ.①李… Ⅲ.①动物解剖学②动物胚胎学—组织（动物学） Ⅳ.①Q954

中国版本图书馆CIP数据核字（2015）第221169号

责任编辑：江 娟　　责任终审：劳国强　　封面设计：锋尚设计
版式设计：宋振全　　责任校对：燕 杰　　责任监印：张 可

出版发行：中国轻工业出版社（北京东长安街6号，邮编：100740）
印　　刷：三河市万龙印装有限公司
经　　销：各地新华书店
版　　次：2023年8月第1版第3次印刷
开　　本：787×1092　1/16　印张：22
字　　数：532千字
书　　号：ISBN 978-7-5184-0528-2　定价：48.00元
邮购电话：010-65241695
发行电话：010-85119835　传真：85113293
网　　址：http://www.chlip.com.cn
Email：club@chlip.com.cn
如发现图书残缺请与我社邮购联系调换
231158J1C103ZBQ

编写人员名单

主　　编　李恩中
参编人员（按姓氏笔画排序）
　　　　　　王改玲　王明成　李　宾
　　　　　　李玉芳　杨玉荣

前　言

《动物解剖学与组织胚胎学》是国家应用技术大学改革试点战略研究院校之———黄淮学院的李恩中博士带领的动物解剖学与组织胚胎学教学团队10多年教学成果的经验总结。本教材的基本理念是以系统解剖为主线，以实用型人才培养为基准，结合国外相关教材，重新设计绘制一些插图，使抽象的内容更容易理解。

本教材适用于动物医学、动物科学、畜牧兽医等相关专业的本专科学生使用，也可作为相关专业的教师、执业兽医师和其他畜牧工作者随手查阅的参考资料。

本教材在文字和图片资料整理过程中，参考了大量的国内外资料。在此对这些资料的所有者表示由衷的感谢！张世卿教授在本教材的资料整理和审核方面付出了辛勤的汗水和不懈的努力。在此对张世卿教授的特别贡献表示衷心感谢！

由于时间仓促、水平有限，虽已尽心尽力，但疏忽与错误在所难免，如能得到同行专家、师生的批评指正，我们将不胜感激。

编　者
2017.9

目　　录

绪论 ··· 1

第一章　动物细胞 ··· 5
第一节　动物细胞的基本构造 ··· 5
第二节　细胞周期 ··· 13
第三节　细胞分化、衰老和死亡 ··· 15

第二章　组织学基础 ··· 17
第一节　组织学技术概述 ··· 17
第二节　上皮组织 ··· 22
第三节　结缔组织 ··· 26
第四节　肌肉组织 ··· 34
第五节　神经组织 ··· 39

第三章　骨与骨连结 ··· 48
第一节　骨与骨连结概述 ··· 48
第二节　头骨及其连结 ·· 55
第三节　躯干骨及其连结 ··· 60
第四节　前肢骨及其连结 ··· 67
第五节　后肢骨及其连结 ··· 74

第四章　骨骼肌 ··· 82
第一节　骨骼肌概述 ·· 82
第二节　皮肌 ·· 84
第三节　头部的主要肌肉 ··· 85
第四节　躯干部的主要肌肉 ·· 87
第五节　前肢的主要肌肉 ··· 96
第六节　后肢的主要肌肉 ··· 103

第五章　消化系统 ·· 110
第一节　消化管 ·· 110
第二节　消化腺 ·· 129
第三节　网膜与肠系膜 ·· 138

第六章　呼吸系统 ·· 140
第一节　呼吸道 ·· 140
第二节　肺 ··· 145

第七章　泌尿系统 ·· 151
第一节　肾 ··· 152
第二节　尿路 ·· 158

第八章　生殖系统 160
第一节　雄性生殖器官 160
第二节　雌性生殖器官 171

第九章　心血管系统 178
第一节　心脏 178
第二节　血管概述 183
第三节　肺循环的血管 187
第四节　体循环的血管 188
第五节　胎儿血液循环的特点 208

第十章　淋巴和免疫系统 210
第一节　淋巴管 210
第二节　淋巴器官 212
第三节　单核吞噬细胞系统 228

第十一章　脊髓和脊神经 230
第一节　脊髓 230
第二节　脊神经 234

第十二章　脑和脑神经 243
第一节　脑 243
第二节　脑神经 255

第十三章　植物性神经 263
第一节　交感神经 264
第二节　副交感神经 267
第三节　交感神经与副交感神经的区别 268

第十四章　神经传导路 270
第一节　感觉传导路 270
第二节　运动传导路 273

第十五章　脑脊髓膜和血管 276
第一节　脑脊髓膜 276
第二节　脑脊髓的血管 277

第十六章　感受器和感觉器官 279
第一节　感受器概述 279
第二节　视觉器官——眼 282
第三节　位听器官——耳 287

第十七章　内分泌系统 292
第一节　垂体 292
第二节　肾上腺 294
第三节　甲状腺和甲状旁腺 296
第四节　松果腺 298

第十八章　被皮 299
　第一节　皮肤 299
　第二节　皮肤衍生物 300
第十九章　家禽解剖特点 309
　第一节　运动系统 309
　第二节　消化系统 314
　第三节　呼吸系统 319
　第四节　泌尿生殖系统 323
　第五节　脉管系 327
　第六节　内分泌腺 330
　第七节　神经系统 332
　第八节　感觉器官 336
　第九节　被皮系统 338
参考文献 340

绪　　论

一、动物解剖学与组织胚胎学的概念和意义

地球上生活着的生物，除病毒类（非细胞型生物）以外，其机体的基本结构单位是细胞。单细胞生物有机体仅由一个细胞构成，多细胞生物由许多细胞构成。在多细胞生物有机体中，一些形态相似、功能相关的细胞和细胞间质共同构成组织；数种功能相关的组织以一种组织为主构成能够执行某种生理功能、具有特征性的形态结构，即为器官；功能相关的器官，一般依特定的顺序连接起来，共同完成某些方面的生理活动，构成系统；若干系统按照特定的构造层次或方式集合在一起，形成特定的、完整的生命有机体。生物体的各种生命现象的体现，都是以构成有机体的所有细胞之间的统一协调为基础，以细胞为单位来完成的。因此，细胞被视为细胞型生物形态结构、生理功能和生长发育的基本单位。

解剖学是研究生命有机体形态结构及其发生、发展规律性的科学。动物解剖学是以哺乳动物（以饲养动物为代表）及家禽为主要对象的解剖学。根据研究的结构水平，解剖学可分为大体解剖学和显微解剖学。

大体解剖学主要是借助刀、剪等解剖器械，用切割分离的方法研究动物有机体各器官的正常形态、构造、位置及其相互关系。由于研究手段、目的的不同，大体解剖学形成许多分支，例如，系统解剖学按照动物体的功能系统阐述动物体形态构造；局部解剖学阐述动物体局部有关各器官的位置及毗邻关系；发育解剖学研究动物不同生长发育阶段各器官变化规律；比较解剖学比较不同物种动物之间相同系统或器官和形态结构、位置、毗邻差异；X射线解剖学利用X射线对不同组织的透过率不同，使X射线穿过动物机体，成像于荧光屏或在胶片上显影，从而了解动物器官的形态、位置、毗邻关系等。

显微解剖学即组织学，它是采用组织切片、染色等方法，通过显微镜来观察正常动物有机体的微细结构及其与功能之间关系的科学，其研究的对象包括细胞的结构与功能、组织的细胞及其间质的构成与功能、器官的组织构成与功能等。

多细胞生物的个体发育是指受精卵经过细胞分裂、组织分化和器官的形成，直到发育成性成熟个体的过程，研究这一过程的学科称胚胎学。多细胞生物的个体发育可以分为两个阶段，即胚胎发育和胚后发育。胚胎发育是指受精卵发育成为幼体，胚后发育是指幼体从卵膜孵化或从母体内分娩以后，发育成为性成熟的个体。胚胎学研究生前的母体子宫内发育或卵膜内发育的内容为主，包括由一个简单的受精卵演变为复杂的多细胞胚胎的形态形成、组织器官的分化和生理功能的建立、躯体各部分解剖位置在发育过程中的构建及其演变的相互关系。

动物机体的各种生理功能、病理变化及疾病的防治工作，都是建立在动物有机体各器官系统的正常形态结构及相互关系基础之上的。因此，只有认识了动物机体正常的形态构造，才能了解动物的正常生理功能和需要，进而进行合理饲养和管理，科学地防病治病，

有效地控制动物的繁殖，有效地保障养殖业的发展，改善我国人民的营养结构，增强国民的体质。所以，动物解剖学与组织胚胎学是动物生产类各专业的一门重要专业基础课。

二、动物体的外形分区

根据动物体各局部的功能特点将动物体先行划分为头部、躯干和四肢，然后再根据各部分骨骼的构造特点细分为若干区域。不同动物体结构的差异，在细节分区上不尽一致。

1. 头部

头部一般再分为颅部和面部。

（1）颅部　颅部位于颅腔周围，又分为枕部、顶部、额部、颞部和耳部。

枕部：位于头颈交界处，两耳之间。

顶部：牛、羊的顶部位于两角根之间，猪、马、犬位于颅腔顶壁。

额部：位于两眼眶之间，顶部前方。

颞部：位于眼与耳之间。

耳廓部：包括耳根与耳廓。

（2）面部　面部位于鼻腔和口腔周围，又分为眼部、鼻部、鼻孔部、眶下部、颊部、咬肌部、唇部、颏部及下颌间隙部。

眼部：包括眼和眼睑。

鼻部：包括鼻背和鼻侧壁。

鼻孔部：包括鼻孔及其周围。

眶下部：位于鼻后部外侧，眼眶前下方。

颊部：位于口腔侧壁，为颊肌所在处。

咬肌部：位于颊部后方，为咬肌所在处。

唇部：包括上唇、下唇。

颏部：位于下唇腹侧。

下颌间隙部：位于左右下颌骨之间。

2. 躯干

躯干分为颈部、胸背部、腰腹部、荐臀部和尾部。

（1）颈部　位于头部与胸背部、前肢之间，又分为颈背侧部、颈侧部、颈腹侧部。颈部腹侧的前部为喉部，后部为气管部。

（2）胸背部　位于颈部与腰腹部之间。又分为背部、肋部和胸腹侧部。

背部：为颈背侧部向后的延续，前部为鬐甲部，后部为背部。

肋部：位于胸腔两侧，又称胸侧部。

胸腹侧部：位于胸腔腹侧，其前方为胸前部，位于胸骨柄附近，后部为胸骨部。

（3）腰腹部　又分腰部和腹部。

腰部：为背部向后的延续，以腰椎为基础。

腹部：为腰椎横突腹侧的软腹壁部分。

（4）荐臀部　又分为荐部和臀部。

荐部：为腰部的向后延续，以荐骨为基础。

臀部：位于荐部两侧。

(5) 尾部　分为尾根、尾体和尾尖。
3. 四肢
四肢分为前肢和后肢。
(1) 前肢　又分为肩带部、臂部、前臂部和前脚部。前脚部包括腕部、掌部和指部。
(2) 后肢　分为大腿部（股部）、小腿部和后脚部。后脚部包括跗部、跖部和趾部。

三、动物解剖学常用的方位术语

动物正常四肢着地站姿下，其躯体长轴（纵轴）与地面平行，头、四肢的长轴与地面垂直，横轴是与长轴垂直的轴。为了描述畜体各部及器官的方位及位置，解剖学规定了一些方位术语。

1. 基本切面　基本切面分为矢状面、横断面和水平面。
(1) 矢状面　又称纵切面，与畜体长轴平行且与地面垂直，将畜体分为左、右两半的切面。在矢状面中，经背正中线，将畜体分为左右对称两半的矢状面称正中矢状面。
(2) 横断面　在躯体部，是指与畜体长轴垂直，把畜体分为前后两部分的切面。在四肢和器官与其长轴相垂直的切面也称为横断面。
(3) 水平面　与地面平行，与矢状面、横断面互相垂直的切面。该切面将躯体分为上下两部分。

2. 方位术语
(1) 用于躯干部的术语
头侧与尾侧：近头端为头侧；近尾端为尾侧。
背侧与腹侧：背平面上方为背侧，下方为腹侧。
内侧与外侧：离正中矢面近的一侧为内侧，远的一侧为外侧。
内与外：在体腔和管状内脏里面为内，外面的为外。
浅与深：离体表近为浅，远为深。
(2) 用于四肢部的术语
前面和后面：四肢腕、跗以上的前方和后方。
背面和掌面或跖面：四肢腕、跗以下的前方称背面；前足、后足的后方分别称为掌面和跖面。
内侧面和外侧面：前肢、后肢的内外方。
轴侧面和远轴侧面：用于肢体的功能轴通过第3和第4指（趾）之间的动物，如牛、羊、犬等家畜的掌（跖）部和指（趾）部的方位术语，其中近功能轴的一侧为轴侧面，相对侧为远轴侧面。
有时为了表示确切方位，常采用复合术语，如背外侧面、后内侧面等。

四、学习解剖学与组织胚胎学的方法

动物解剖学与组织胚胎学均属于形态科学，其知识结构体系十分复杂。一方面各种器官均具有相对固定的形态、位置和内部构造；另一方面需要记忆的解剖名词很多，容易混淆，且由于这些名词常为专有名词，记忆起来会显得枯燥无味。但是，直观性和动物机体系统性强的特点，也是学习动物解剖学与组织胚胎学的优势。在学习时，坚持局部与整体

统一的观点、形态与结构相互依从的观点、进化发展的观点，可得到事半功倍的效果。在学习方法上，注意教材中的文字描述与插图相结合、模型与标本相结合、示意图与照片结合，在充分利用示意图和模型"简洁、突出重点"的基础上，挖掘标本和照片的真实性；坚持理论联系实际，重视利用实验课获取知识，在进行活体动物解剖时以及观察组织切片时认真记忆，以弥补教材或参考书的不足，并学习和掌握解剖技能，为学习后续课程奠定坚实的基础。

第一章 动物细胞

第一节 动物细胞的基本构造

多细胞动物体虽有数百种大小、形态、功能各异的细胞，但它们都有一个共同特点，即细胞的结构均由细胞膜、细胞质与细胞核三部分组成。动物细胞主要结构如图1-1所示。

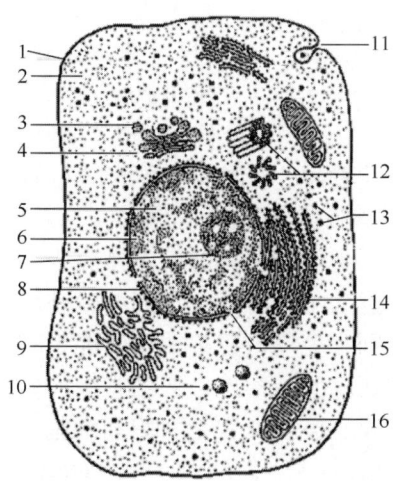

图1-1 动物细胞主要结构示意图
1—细胞膜 2—细胞质 3—分泌泡 4—高尔基体 5—核基质 6—染色质 7—核仁
8—核膜 9—滑面内质网 10—溶酶体 11—吞噬小泡 12—中心体
13—游离核糖体 14—粗面内质网 15—核孔 16—线粒体

一、细胞膜

细胞膜又称为质膜，是包裹于细胞表面，将细胞与外界微环境隔离的界膜，形成一种屏障，并参与细胞的生命活动。

1. 细胞膜的结构

细胞膜的化学组成主要是脂类、蛋白质和糖类（图1-2）。根据目前公认的生物膜液态镶嵌模型，脂类常排列成双分子层，蛋白质通过非共价键与其结合，构成膜的主体；糖类能通过共价键与膜的脂类或蛋白质的某些基团结合，组成糖脂或糖蛋白。

膜脂以磷脂和胆固醇为主，并含糖脂。它们均为极性分子，包括一个亲水极和一个疏水极。其亲水极由胆碱、乙醇胺等形成，疏水极由两条脂肪酸链形成。在水溶液中它们能自动形成双分子层结构，两层脂质分子的疏水极埋藏在内部，即膜的中央，而亲水极则露在两侧面。在膜内，脂类分子可以以自身长轴为中心做垂直于膜平面的旋转，也可以在单层内做侧向移动，即膜脂呈现整体的流动性，这种流动性受其分子中脂肪酸链非饱和程度

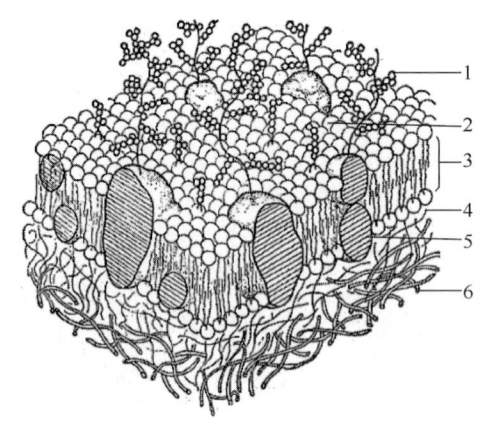

图1-2 细胞膜结构示意图
1—糖蛋白 2—糖脂 3—磷脂双分子层
4—微丝 5—蛋白质 6—微管

的影响，也受膜中胆固醇的调节。

膜蛋白是膜执行各种功能的物质基础，可形成膜受体、载体、酶和抗原等。膜蛋白为球形蛋白质，依其与脂质分子层的关系，可将其分为内在蛋白和外在蛋白。内在蛋白占膜蛋白的70%~80%，它们以不同的深度镶嵌于脂类双分子层中，又称为跨膜蛋白。内在蛋白表面兼具亲水性和疏水性的氨基酸基团。亲水性基团与类脂的亲水极相结合，暴露于细胞膜的内外表面；疏水性基团则包埋于脂类双分子层的疏水极区域。外在蛋白占膜蛋白的20%~30%，蛋白表面仅有亲水性氨基酸基团，附着在细胞膜内外表面。膜蛋白可在细胞膜中侧向移动，执行其多样化的功能。

糖类只分布于细胞质膜的外表面，以寡糖链的形式分别与膜脂和膜蛋白结合，形成糖蛋白或糖脂。有的细胞（如小肠吸收细胞）表面由于寡糖链极为丰富，形成一层很厚的绒毛状糖衣或细胞衣。但多数细胞膜的糖衣薄而不易分辨。现已知绝大部分膜蛋白为糖蛋白，寡糖链参与构成其表面功能基团。糖脂可增强质膜外层的坚固性，并参与调节细胞生长、细胞分化过程中的细胞识别和免疫调节等重要功能。

细胞除质膜的超微结构呈现三层结构外，亚细胞结构中也有很多与质膜相同的膜性结构，称为细胞内膜，如细胞器膜、核膜，常把质膜和细胞内膜统称为生物膜。

2. 细胞膜的主要功能

（1）对进出细胞物质的选择性控制 细胞膜是细胞与细胞环境间的屏障，有选择性地调控物质进出细胞。根据物质跨细胞膜交换时是否发生能量的消耗，物质运输过程包括被动运输、主动运输和膜泡运输。

①被动运输：被动运输是物质顺浓度梯度转运的过程，此过程不消耗能量，包括简单扩散和易化扩散两种形式。

a. 简单扩散：简单扩散是O_2、CO_2及其他脂溶性物质从高浓度侧向低浓度侧穿过类脂双层而扩散的形式。

b. 易化扩散：易化扩散是非脂溶性或亲水性分子，如氨基酸、葡萄糖和金属离子等，借助于质膜上内在蛋白顺浓度梯度或电化学梯度运动而发生的扩散。易化扩散一般可分为两种类型。一种是以载体为中介的易化扩散。载体是指膜上运载蛋白，它在细胞膜的高浓度一侧能与被转运的物质相结合，然后可能通过其本身构型的变化而将该物质运至膜的另一侧。某些小分子亲水性物质如葡萄糖、氨基酸就是靠载体转运进出细胞的。载体转运的特点有：

特异性：即一种载体只转运某一种物质，如葡萄糖载体只转运葡萄糖而不能转运氨基酸。

饱和性：即载体转运物质的能力有一定的限度，当转运某一物质的载体已被充分利用时，转运量不再随转运物质的浓度增高而增加。

竞争性抑制：即当一种载体同时转运两种结构类似的物质时，一种物质浓度的增加，将会减弱对另一种物质的转运。

另一种是以通道蛋白为中介的易化扩散。通道蛋白是一种膜蛋白，它像贯通细胞膜的一条管道，当膜电位改变或膜受到某些化学物质的作用时，通道蛋白的构型可发生改变，形成通道的开放或关闭。开放时，被转运的物质顺浓度梯度通过管道进行扩散；关闭时，该物质不能通过细胞膜。

②主动运输：主动运输是质膜上的载体蛋白将离子、营养物和代谢物等逆电化学梯度从低浓度侧向高浓度侧的耗能运输。例如，正常生理条件下，红细胞内 K^+ 的浓度相当于血浆中的30倍，但 K^+ 仍能从血浆进入红细胞内；红细胞内 Na^+ 浓度比血浆中低很多，但 Na^+ 仍由红细胞向血浆透出，呈现一种逆浓度梯度的运输。根据主动运输所需能量来源不同，主动运输可分为：①偶联转运蛋白：由ATP间接供能。②ATP驱动泵：由ATP直接供能。③光驱动泵：利用光能运输物质，见于细菌。ATP驱动泵分为4类：P-型离子泵（钠钾泵）、V-型质子泵、F-型质子泵和ABC超家族。

膜泡运输：膜泡运输是大分子与颗粒物质的运输方式。对于蛋白质、多核苷酸和多糖等大分子物质以及物质颗粒，由质膜运动产生的膜性囊泡而将其内吞入胞内（胞吞作用）或外吐出胞外（胞吐作用）。胞吞作用也称入胞作用，质膜内凹将所摄取的液体或颗粒物质包裹，脂质双层融合、箝断，形成细胞内的独立小泡。动物的许多细胞均靠胞吞作用摄取物质。胞吐作用指把细胞的排出物用质膜包裹形成囊泡后，当这种囊泡与细胞膜接触后，其质膜与细胞膜相融合，封闭的膜结构开放，内容物排入细胞外。胞吞作用形成的吞噬体和吞饮泡在细胞内都可与溶酶体结合，其内容物被溶酶体酶处理，其膜以小泡方式重返细胞膜。同样，胞吐活动完成后，细胞膜也可在无明显胞吞活动的情况下形成小泡，将过多的膜返回细胞内部，这样，细胞膜与细胞内膜处于动态的平衡，称为膜再循环。

（2）细胞通信和信息跨膜传递　细胞通信是指在多细胞生物的细胞社会中，细胞间或细胞内存在着高度精确和高效地发送与接收信息的通信机制，并通过放大机制引起快速的细胞生理反应。

信息跨膜传递是质膜的重要功能。质膜上有各种受体蛋白，能感受外界各种化学信息，将信息传入细胞后，使胞内发生各种生物化学反应和生物学效应。信息传递规律是外源性刺激直接传给膜上受体，经酶的调控产生信号，再激发另一种酶的活性，进一步显示出生物学效应。常见的信息跨膜传递途径如环磷酸腺苷信使途径、环磷酸鸟苷信使途径、磷脂酰肌醇信使途径和 Ca^{2+} 的信使机制等。

（3）细胞识别　细胞识别指细胞通过其表面的受体与胞外信号物质分子（配体）选择性地相互作用，从而导致胞内一系列生理生化变化，最终表现为细胞整体的生物学效应的过程。细胞识别是细胞发育和分化过程中一个十分重要的环节，细胞通过识别作用和粘着形成不同类型的组织。由于不同组织的功能是不同的，所以识别本身就意味着选择。细胞识别也表现为一种生物细胞对另一种生物细胞的认识和鉴别，例如，病原微生物对宿主细胞的识别，只有能识别才能进行侵染、致病。

二、细胞质

细胞质，由细胞质基质、内膜系统、细胞骨架和包含物组成。

1. 细胞质基质

细胞质基质又称为胞质溶胶，是细胞质中均质而半透明的胶体部分，充填于其他有形结构之间。细胞质基质的化学组成可按其分子质量大小分为三类，即小分子、中等分子和大分子。小分子包括水、无机离子；属于中等分子的有脂类、糖类、氨基酸、核苷酸及其衍生物等；大分子则包括多糖、蛋白质、脂蛋白和 RNA 等。细胞质基质的主要功能是：为各种细胞器维持其正常结构提供所需要的离子环境，为各类细胞器完成其功能活动供给所需的一切底物，同时也是进行某些生化活动的场所。

2. 内膜系统

内膜系统是通过细胞膜的内陷而演变成的复杂系统，它构成各种细胞器，如内质网、线粒体、高尔基复合体、溶酶体等。这些细胞器均是互相分隔的封闭性区室，各具备一套独特的酶系，执行着专一的生理功能。

（1）内质网 内质网是扁平囊状或管泡状膜性结构，它们以分支互相吻合成为网络，其表面有附着核糖核蛋白体的称为粗面内质网，膜表面不附着核糖核蛋白体的称为滑面内质网，两者有通连（图 1 - 3）。

附着在内质网上的核糖核蛋白体，其主要功能是合成分泌蛋白质（如免疫球蛋白、消化酶等），但也制造某些结构蛋白质（如膜镶嵌蛋白等）。粗面内质网虽然分布于绝大部分细胞中，而在分泌蛋白旺盛的细胞

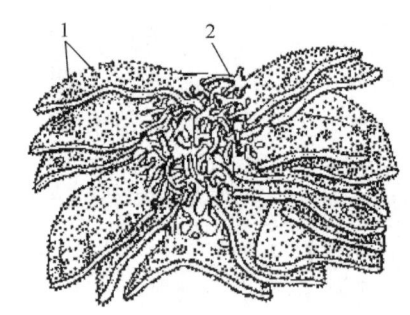

图 1 - 3 内质网示意图
1—粗面内质网（黑点示核糖体） 2—滑面内质网

（如浆细胞、腺细胞）中特别发达，其扁囊密集呈板层状，并占据细胞质很大一部分空间。一般来说，可根据粗面内质网的发达程度来判断细胞的功能状态和分化程度。

滑面内质网多是管泡状，仅在某些细胞中发达，且因质膜内分布有不同功能的酶系而具有不同的功能。如分泌类固醇激素细胞的滑面内质网内分布着合成胆固醇所需的酶系；小肠吸收细胞和肝细胞的滑面内质网内分布着脂肪代谢的酶系；肝细胞的滑面内质网分布着参与解毒作用的各种酶系；横纹肌细胞中的滑面内质网分布 Ca^{2+} 泵，可将细胞质基质中的 Ca^{2+} 泵入、储存起来；胃底腺壁细胞的滑面内质网有 Cl^- 泵，参与盐酸的形成。

（2）高尔基复合体 高尔基复合体在蛋白质分泌旺盛的细胞中发达。由扁平囊、小泡和大泡三部分组成，它在细胞中的分布和数量依细胞的类型不同而异。扁平囊一般有 3~10 层，平行紧密排列构成高尔基复合体的主体，该主体凸的一面称为形成面，另一面

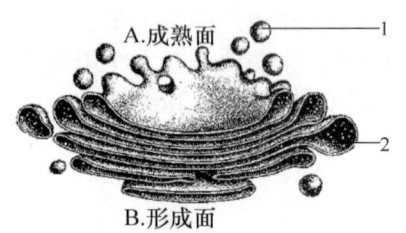

图 1 - 4 高尔基复合体示意图
1—分泌小泡 2—囊泡腔

凹陷，称为成熟面，扁平囊上有孔穿通，并朝向形成面。形成面附近有一些小泡，直径为 40~80nm，是由附近粗面内质网芽生而来，将粗面内质网中合成的蛋白质转运到扁平囊，故小泡又称为运输小泡。大泡位于成熟面，是高尔基复合体的生成产物，包括溶酶体、分泌小泡等（图 1 - 4）。分泌泡互相融合，成为分泌颗粒。高尔基复合体对来自粗面内质网的蛋白质进行加工、修饰、糖基化与浓缩，使之变为成熟的蛋白质，

如在胰岛 B 细胞中将前胰岛素加工成为胰岛素。

（3）溶酶体　溶酶体为有膜包裹的小体，内含多种酸性水解酶，如酸性磷酸酶、组织蛋白酶、胶原蛋白酶、核糖核酸酶、葡萄糖苷酸酶和脂酶等，能分解各种内源性或外源性物质。不同细胞中的溶酶体不尽相同，但均含酸性磷酸酶，故该酶为溶酶体的标志酶。按溶酶体是否含有被消化物质可将其分为初级溶酶体和次级溶酶体。初级溶酶体内含物均一，无明显颗粒，是高尔基体形成的，含有多种水解酶。次级溶酶体内容物为非均质状，除含有水解酶外，还有被作用底物。根据被作用底物的来源不同，分为自噬性溶酶体和异噬性溶酶体。自噬性溶酶体的作用底物是内源性的，即来自细胞内的衰老和崩解的细胞器或局部细胞质等。异噬性溶酶体的作用底物是经由细胞的吞饮或吞噬而

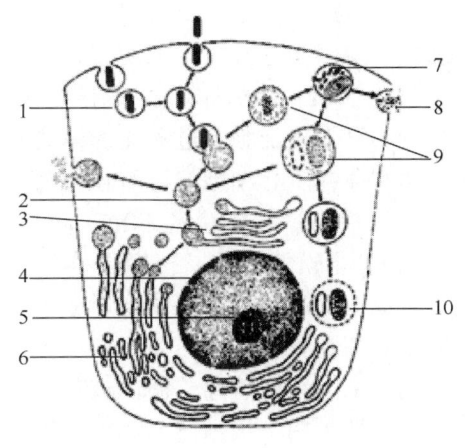

图 1-5　溶酶体动态示意图
1—异噬体　2—初级溶酶体　3—高尔基复合体
4—细胞核　5—核仁　6—粗面内质网　7—残余小体
8—排出残渣　9—次级溶酶体　10—自噬体

被摄入细胞内的外源性物质，是溶酶体与吞噬体融合而成的，多见于吞噬了细菌的中性粒细胞和吞噬了异物的巨噬细胞。溶酶体中的底物有的被分解为单糖、氨基酸等小分子物质，它们可通过溶酶体膜进入细胞质基质，被细胞利用；有的则不能被消化（如尘埃、金属颗粒等异物、衰老细胞器的某些类脂成分），它们残留于溶酶体中，当溶酶体酶活力耗竭，溶酶体内完全由残留物占据，则称之为残余体。溶酶体动态示意图如图 1-5 所示，在哺乳动物，残余体滞留在细胞中，常见的残余体有脂褐素颗粒和髓样结构。脂褐素颗粒为不规则形，由电子密度不同的物质及脂滴构成，在光镜下呈褐色，多见于神经细胞、心肌细胞、肝细胞及分泌类固醇激素的细胞，并随年龄增长而增多。髓样结构的内部为大量板层排列的膜，可能因膜性成分消化不全所致。

（4）线粒体　线粒体常为杆状或椭圆形（图 1-6），横径为 0.5~1nm，长 2~6nm，但在不同类型细胞中，线粒体的形状、大小和数量差异甚大。电镜下，线粒体具有双层膜，外膜与内膜之间的腔隙称为外腔。内膜向内折叠形成皱襞称为线粒体嵴，嵴之间为内腔，充满线粒体基质。基质中常可见散在的，直径 25~50nm，主要由磷脂蛋白组成的颗粒，还含有脂类、蛋白质、环状 DNA 分子、核糖体及钙、镁、磷等元素。线粒体嵴膜上有许多有柄小球体，称为基粒。基粒中含有 ATP 合成酶，能利用呼吸链产生的能量合成 ATP，把能量储存于 ATP 中。细胞生命活动所需能量约 95% 由线粒体以 ATP 的方式提供，因此，线粒体是细胞能量代谢中心。线粒体另一个功能特点是可以合成一些蛋白质。目前推测，在

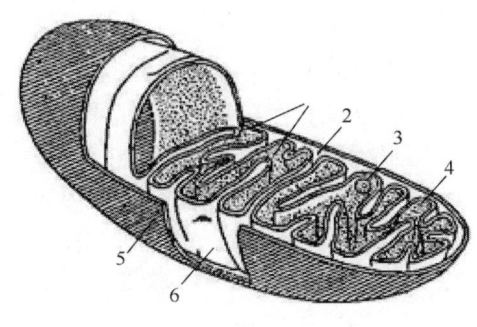

图 1-6　线粒体结构示意图
1—线粒体嵴　2—外腔　3—基质
4—内腔　5—外膜　6—内膜

线粒体中合成的蛋白质约占线粒体全部蛋白的 10%。线粒体合成蛋白质均是按照细胞核基因组的编码指导合成，表明线粒体合成蛋白质的半自主性。

（5）过氧化物酶体　过氧化物酶体又称为微体，是有膜包裹的圆形小体，多见于肝细胞与肾小管上皮细胞。过氧化物体含有 40 多种酶，不同细胞所含酶的种类不同，但过氧化氢酶则存在所有细胞的过氧化物酶体中。

（6）核糖体　核糖体是由核糖体 RNA（rRNA）和蛋白质组成的椭圆形致密颗粒（图 1-7），是非膜性结构。核糖体能将 mRNA 所含的核苷酸密码翻译为氨基酸序列，即肽链。合成的肽链可进一步修饰形成蛋白。细胞质基质中的游离核糖体合成细胞自身的结构蛋白，如细胞骨架蛋白、细胞基质中的酶类等，供细胞代谢、增殖和生长需要。因此，在旺盛增殖中的细胞游离核糖体极多。内质网膜表面的附着核糖体除合成结构蛋白外，主要合成分泌性蛋白。核糖体丰富的细胞，胞质呈嗜碱性。

3. 细胞骨架

细胞的特定形状以及运动等，均有赖于细胞质内蛋白质丝织成的网状结构——细胞骨架。细胞骨架是由微管、微丝、中间丝组成（图 1-8）。

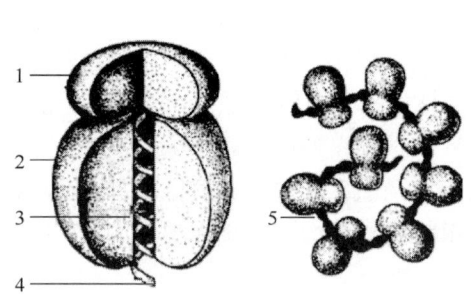
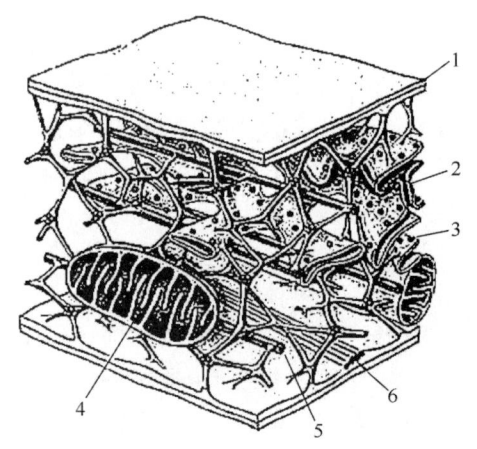

图 1-7　核糖体结构示意图　　　　　　　　图 1-8　细胞骨架示意图
1—小亚单位　2—大亚单位　　　　　　　　1—细胞膜　2—内质网　3—核糖体
3—中央管　4—多肽　5—mRNA　　　　　　4—线粒体　5—微丝　6—微管

（1）微管　微管是细而长的中空圆柱状结构。管径约 15nm，长短不等，常平行排列。微管由微管蛋白聚合而成。微管蛋白单体为直径约 5nm 的球形蛋白质，它们串连成原纤维，原纤维纵向平行排列围成微管。微管有单微管、二联微管和三联微管三种类型。细胞中绝大部分微管为单微管，二联微管主要位于纤毛与精子鞭毛中，三联微管参与构成中心体和基体。

微管具有多种功能。一是微管可保持细胞形状，如血小板周边的环行微管，使血小板呈双凸圆盘状；神经细胞的微管支撑其突起。二是微管参与细胞的运动，如细胞分裂时染色体向两极移动、纤毛和鞭毛的摆动、胞吞和胞吐作用、细胞内物质的运送等都需要微管参与。

（2）微丝　微丝广泛存在于多种细胞中，常成群或成束存在，在一些高度特化的细胞（如肌细胞）中，它们能形成稳定的结构，但更常见的是形成不稳定的束或复杂的网。它们可根据细胞周期和运动状态的需要，改变其在细胞内的形态和空间位置，并能够根据其在细胞内的不同状态而聚合或解聚。

微丝是肌细胞内的恒定结构。在横纹肌细胞内，细丝与粗丝以一定比例有规则排列成肌原纤维，其收缩机制已明确。非肌细胞中一般只能看到细丝。在某些因素作用下，非肌细胞中的微丝迅速解离为其结构蛋白；在相反因素作用下，结构蛋白又装配成微丝。其中细丝交联成网以构成细胞骨架的一部分，并维持细胞质基质的胶质状态。细丝与粗丝的局部相互作用能引发细胞的运动，如在活跃运动的细胞（主要在细胞质周边部）或细胞局部（如伪足），以及需要机械支持的部位（如微绒毛），都有丰富的微丝。因此，微丝除具有支持作用外，还参与细胞的收缩、变形运动、细胞质流动、细胞质分裂以及胞吞、胞吐过程。

（3）中间丝　中间丝又称为中间纤维，直径为 8～11nm，介于细丝与粗丝之间，因而得名。中间丝可分为五种，各由不同蛋白质构成。分布于上皮细胞的角质蛋白丝除起支持作用外，还有助于保持细胞的韧性和弹性。分布于肌细胞的结蛋白丝作为肌细胞的细胞骨架网，发挥固定和机械性整合作用。存在于成纤维细胞和胚胎间充质细胞的波形蛋白丝主要在核周形成网架，对细胞核起机械性支持，并稳定其在细胞内的位置。存在于神经细胞的胞体与突起内的神经丝，与微管共同构成细胞骨架，并协助物质运输。存在于星形胶质细胞内的神经胶质丝，多聚集成束，交织走行于胞体，并伸入突起内。绝大部分细胞仅含有一种中间丝，故具有组织特异性，且较稳定。

（4）微梁网　有人认为，微管、微丝和中间丝系统紧密联系和交错相插，在细胞质内形成微梁网格，称为微梁网，共同对细胞的形态起支持作用，并参与细胞的运动和细胞内物质运输。

4. 中心体

中心体多位于细胞核周围，由一对互相垂直的中心粒构成（图 1-9）。中心粒呈短圆筒状，由 9 组三联微管与少量电子致密的均质状物构成其壁。相邻的三联微管相互斜向排列，形状如风车旋翼。在壁外侧有时可见 9 个球形的中心粒卫星。在哺乳动物细胞中，中心体是主要的微管组织中心。中心体在间期细胞中能调节微管的数量、稳定性、极性和空间分布。在有丝分裂中，中心体建立两极纺锤体，确保细胞分裂过程的对称性和双极性，而这一功能对染色体的精确分离是必需的。在维持整个细

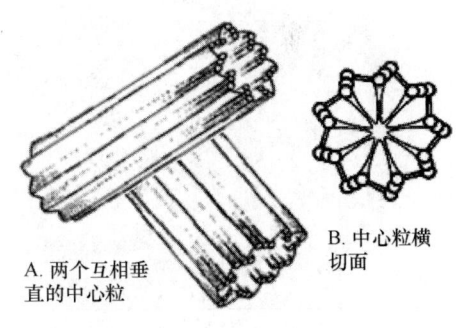

A. 两个互相垂直的中心粒　B. 中心粒横切面

图 1-9　中心体示意图

胞的极性、为细胞器的定向运输提供建筑框架、参与细胞的成型和运动上，中心体和微管都起着主要作用。

5. 包含物

包含物是细胞质中本身没有代谢活性，却有特定形态的结构。有的是储存的能源物质，有的是细胞产物，残余体也可视为包含物。

（1）糖原颗粒　糖原颗粒是细胞储存葡萄糖的存在形式，与 PAS 反应时呈红色。多

见于肌细胞和肝细胞。

（2）脂滴　脂滴是细胞储存脂类的存在形式，内含甘油三酯、脂肪酸、胆固醇等。脂滴在脂肪细胞中最多，其次在分泌类固醇激素的细胞中。在普通光镜标本制备过程中，脂滴被二甲苯、乙醇溶解而遗留大小不等的空泡。

（3）分泌颗粒　分泌颗粒常见于各种腺细胞，内含酶、激素等生物活性物质。分泌颗粒的形态、大小及在细胞内的分布位置因细胞种类而异，但都有膜包裹。

三、细胞核

在苏木精－伊红染色（HE 染色）切片上，细胞核以其强嗜碱性而成为细胞内最醒目的结构。绝大多数种类的细胞具有单个细胞核，少数无核、双核或多核。核的形态在细胞周期各阶段不同，间期核的形态在不同细胞也相差甚远，但其结构都包括核被膜、染色质、核仁与核基质四部分（图 1 - 10）。

1. 核被膜

核被膜简称核膜，是包裹在核表面，由基本平行的内、外两层膜构成，分别称为内核膜和外核膜。两层膜的间隙宽 10～15nm，称为核周隙。核被膜上有核孔穿通。外核膜表面有核糖体附着，并与粗面内质网相续，核周隙也与内质网腔相通，因此，核被膜也参与蛋白质合成。内核膜的核质面有一层由细丝交织形成的致密网状结构，称为核纤层。核纤层不仅对核膜有支持、稳定作用，也是染色质纤维两端的附着部位。

核被膜上有核膜孔穿通，内、外核膜在孔缘相连续（图 1 - 11）。一般认为，水、离子和核苷等小分子物质可直接通透核被膜；而 RNA 与蛋白质等大分子则经核孔出入核，但其出入方式尚不明了。

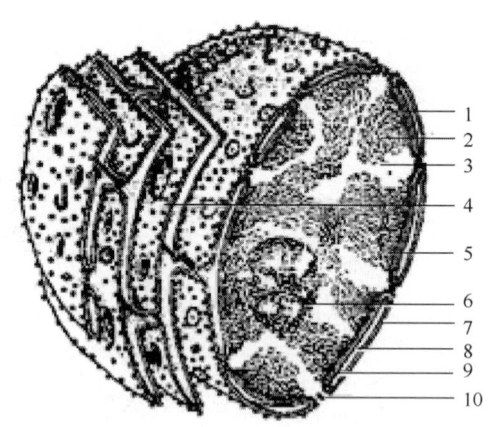

图 1 - 10　细胞核结构示意图
1—异染色质　2—常染色质　3—核基质
4—粗面内质网　5—核纤层　6—核仁
7—核外膜　8—核周隙　9—核内膜　10—核孔

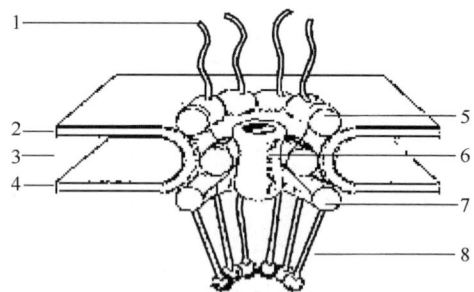

图 1 - 11　核孔复合体示意图
1—纤维　2—外核膜　3—核周隙
4—内核膜　5—胞质环　6—中央体
7—核质环　8—核笼

2. 染色质

染色质是遗传物质 DNA 和组蛋白在细胞间期的形态表现。在 HE 染色的切片上，染色质有的部分着色浅淡，称为常染色质，是核中进行 RNA 转录的部位；有的部分呈强嗜碱性，称为异染色质，是功能静止的部分，故根据核的染色状态可推测其功能活跃程度。现已证明，染色质的基本结构为串珠状的染色质丝，由 DNA 双股螺旋主链规则重复地盘绕，形成大量核小体。核小体的核心由 5 种组蛋白各 2 分子组成，DNA 盘绕核心，相邻核小体间的一段 DNA 链称为连接段。染色丝经螺旋化形成中空的线状体，称为螺旋管。螺旋管再进一步螺旋化形成筒状体，称为超螺旋管。超螺旋管进一步折叠盘绕后，形成染色单体。两条染色单体组成一条染色体（图 1-12）。各种动物的染色体数目和形态具有物种特异性（表 1-1）。

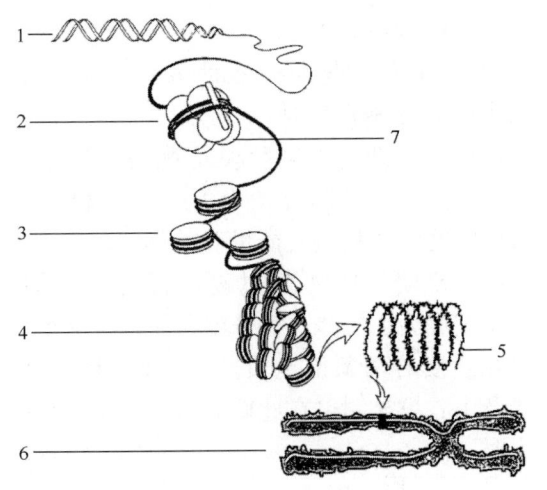

图 1-12 染色体形成示意图
1—DNA 片段 2—核小体 3—核小体串珠
4—螺旋管 5—超螺线管
6—染色体 7—组蛋白

表 1-1 常见动物的染色体数

物种	染色体数/条	物种	染色体数/条	物种	染色体数/条
黄牛	60	马	32	兔	44
山羊	60	驴	31	狗	78
绵羊	54	猪	78	猫	38
家鸽	80	鸡	78	鸭	80

3. 核仁

核仁是形成核糖体前体的部位。大多数细胞具有 1~4 个核仁。在合成蛋白旺盛的细胞中，核仁多而大。光镜下，核仁因含大量 rRNA 而显强嗜碱性。

4. 核基质

核基质是细胞核中除染色质与核仁以外的成分，包括核液与核骨架两部分。核液含水、离子等无定形成分；核骨架是由多种蛋白质形成的三维纤维网架，并与核纤层相连，对核的结构具有支持作用。

第二节 细胞周期

细胞周期是指细胞从前一次分裂结束到下一次分裂结束为止的活动过程，分为分裂间期与分裂期两个阶段（图 1-13）。

一、分裂间期

分裂间期又分为三期，即 DNA 合成前期（G1 期）、DNA 合成期（S 期）与 DNA 合成后期（G2 期）。

（1）G1 期　此期持续时间长短因细胞而异。体内大部分细胞在完成一次分裂后，分化并执行各自功能，此期的早期阶段特称为 G0 期。在 G1 期的晚期阶段，细胞开始为下一次分裂合成 DNA 准备所需的前体物质、能量和酶类等。

（2）S 期　DNA 经过复制而含量增加一倍，使体细胞成为 4 倍体，每条染色质丝都转变为由着丝点相连接的两条染色质丝。与此同时，组蛋白合成及中心粒复制也在此期完成。S 期一般持续几个小时。

（3）G2 期　中心粒已复制完毕，形成两个中心体，分裂需要的微管蛋白也在此期合成。G2 期比较恒定，持续 1~1.5h。

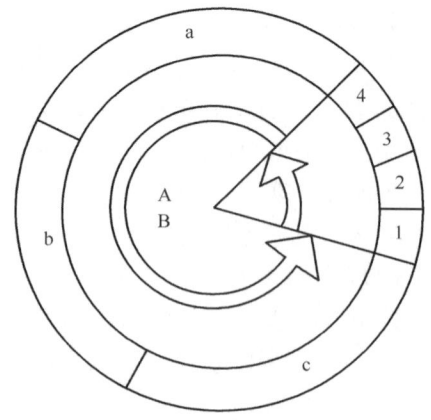

图 1-13　细胞周期示意图
A. 分裂间期　B. 分裂期
a. G1 期　b. S 期　c. G2 期
1—前期　2—中期　3—后期　4—末期

二、分裂期

细胞的有丝分裂需经前、中、后、末期，是一个连续变化过程，由一个母细胞分裂成为两个子细胞（图 1-14）。一般需 1~2h。

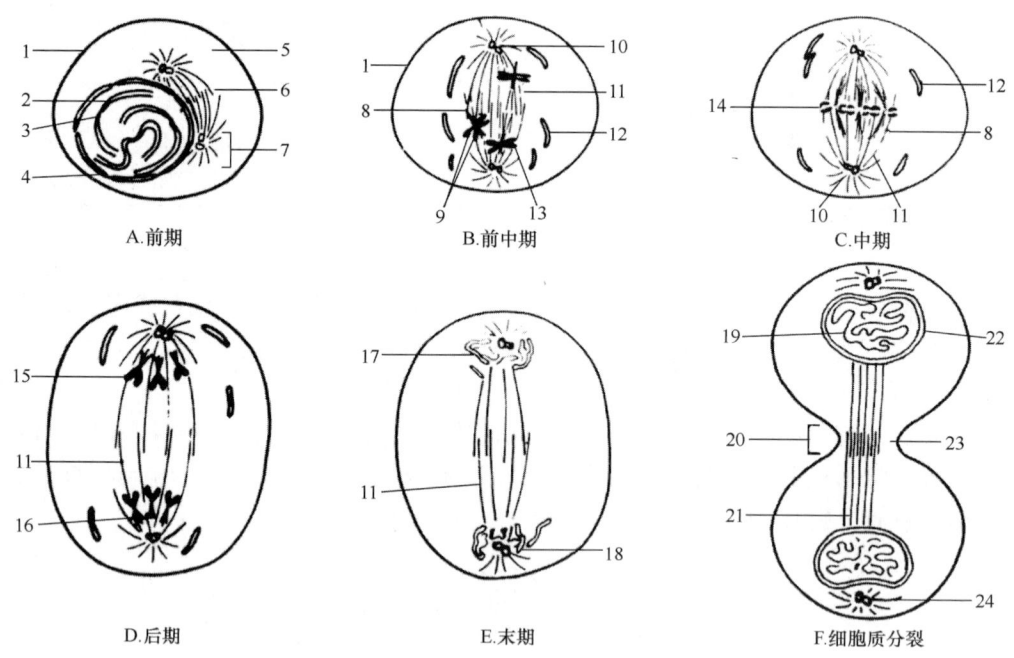

图 1-14　动物细胞有丝分裂过程示意图
1—细胞膜　2—疏散的核仁　3—着丝粒　4—核膜　5—细胞质　6—发育中的纺锤体　7—星体　8—动粒微管
9—动粒　10—纺锤体极　11—极微管　12—核膜片段　13—移动中的染色体　14—排列在赤道板的染色体
15—被拉向细胞极的染色单体　16—缩短了的动粒微管　17—没有动粒微管的去固缩染色体
18—核膜在染色单体周围重新形成　19—核仁重新出现　20—中体、微管重叠区　21—残留的极纺锤体微管
22—包围着去固缩染色体的核膜　23—产生横缢的收缩环　24—中心粒对

(1) 前期　染色质丝高度螺旋化，逐渐形成染色体。染色体短而粗，强嗜碱性。两个中心体向相反方向移动，在细胞中形成两极；而后以中心粒为起始点开始合成微管，形成纺锤体。随着染色质的螺旋化，核仁逐渐消失。

(2) 中期　细胞变为球形，核仁与核被膜已完全消失。染色体均移到细胞的赤道面，从纺锤体两极发出的微管附着于每一个染色体的着丝点上。

(3) 后期　由于纺锤体微管的活动，使染色体的着丝点分裂，每一个染色体的两个染色单体分开，并向相反方向移动，接近各自的中心体，染色单体遂分为两组。与此同时，细胞被拉长，并由于赤道部细胞膜下方环行微丝束的活动，该部缩窄，细胞遂呈哑铃形。

(4) 末期　染色单体逐渐解螺旋，重新出现染色质丝与核仁；内质网囊泡组合为核被膜；细胞赤道面部位缩窄加深，最后完全分裂为两个2倍体的子细胞。

第三节　细胞分化、衰老和死亡

一、细胞分化

细胞分化是指细胞后代在形态结构和功能上发生差异的过程。细胞分化的实质是基因的差别表达，即通过细胞分化，使具有相同遗传组成的细胞，选择性地表达不同的基因，产生不同的结构蛋白、执行不同的功能，共同参与构成一个生物机体的复杂的细胞社会。细胞分化与个体的形态发生和发育是相互联系在一起的，个体的形态发生和发育是指通过细胞的增殖、分化和行为（如黏附、迁移、凋亡）塑造组织、器官和个体形态的过程。随着细胞的分裂和分化，细胞的发育方向逐渐被限定，当尚未定向的细胞不可逆地转变为某种定向细胞的时刻，细胞的命运就被固定了。不同种属动物，其早期胚胎细胞出现决定的时间不同。哺乳类胚胎在8细胞期以内，任何一个细胞都具有发育为一个个体的能力，即使在16细胞期，仍可发现个别细胞具有独立发育成后代的能力。

细胞分化是生物个体发育的基础，始于胚胎期，贯穿于生物体整个生命进程中，在机体的生存期间，细胞不断地增殖和分化以补充衰老和死亡的细胞，如多能造血干细胞分化为不同血细胞的细胞分化过程。一般来说，在生物有机体内，分化了的细胞将一直保持分化后的状态。大量科学实验证明，高度分化的有核细胞仍具有发育成完整机体的潜能，即细胞的全能性。

二、细胞衰老

细胞衰老是指细胞增殖能力和生理功能逐渐下降的变化过程。细胞衰老客观存在，但细胞本身是没有衰老和死亡的，细胞体内的细胞衰老原因不在于细胞本身，而是由于来自多细胞有机体体外和体内的影响。对多细胞生物而言，细胞的衰老和死亡与机体的衰老和死亡是两个不同的概念，虽然细胞的衰老是与机体的衰老紧密相关的，但机体的衰老并不等于所有细胞的衰老。衰老细胞发生各种结构呈退行性变化，形态变化表现有：染色质凝聚、固缩、碎裂、溶解，核增大，染色深，核内有包含物；内质网排列变得无序，膜腔膨胀扩大甚至崩解，膜面上核糖体数量减少；细胞质包含物中糖原减少，脂肪积聚，色素积聚；线粒体数目减少、体积增大、肿胀和空泡化；高尔基体碎裂；核膜内陷等。

三、细胞死亡

生物体内每时每刻都有细胞在衰老、死亡，同时又有新增殖的细胞来代替它们。例如，人体内的红细胞，每分钟要死亡数百万至数千万之多，同时，又能产生大量的新的红细胞递补上去。细胞死亡有两种机制，即细胞坏死和细胞凋亡。

细胞坏死被认为是因病理而产生的被动死亡，如物理性或化学性的损害因子及缺氧与营养不良等均导致细胞坏死。坏死细胞的膜通透性增高，致使细胞肿胀，细胞器变形或肿大，早期核无明显形态学变化，最后细胞破裂。另外坏死的细胞裂解时释放出内含物，并常引起炎症反应；在愈合过程中常伴随组织器官的纤维化，形成瘢痕。

细胞凋亡是单个细胞受其内在基因编程的调节，通过主动的生化过程而自杀死亡的现象，是细胞主动的死亡过程。细胞凋亡往往涉及单个细胞，即便是一小部分细胞也是非同步发生的。细胞凋亡时，首先出现的是细胞体积缩小，细胞间连接消失，与周围的细胞脱离，然后是细胞质密度增加，线粒体膜电位消失，通透性改变，释放细胞色素 C 到胞浆，核质浓缩，核膜核仁破碎，DNA 降解，胞膜有小泡状形成，胞膜结构仍然完整，最终可将凋亡细胞遗骸分割包裹为几个凋亡小体，凋亡小体可迅速被周围专职或非专职吞噬细胞吞噬。细胞凋亡过程无内容物外溢，因此不引起周围的炎症反应。

细胞凋亡有利于清除多余无用的细胞，对于多细胞生物个体发育的正常进行、抵御外界各种因素的干扰方面都起着非常关键的作用。

第二章 组织学基础

第一节 组织学技术概述

动物体的基本组织包括上皮组织、结缔组织、肌肉组织和神经组织。组织学是应用显微镜研究机体微细结构及其相关功能的科学,是在解剖学的基础上从宏观到微观发展形成的,故又被称为显微解剖学。组织学揭示机体的微细结构,为生理学、生物化学、病理解剖学提供基础,同时其他学科的技术也促进了组织学的发展,使组织学研究的内容不断丰富,例如,将生物化学及分子生物学的原理用于组织学而建立起组织化学及原位杂交技术,将免疫学的原理用于组织学而建立起免疫组织化学等,从而使人们了解各种细胞与组织的化学组成、分子结构,理解基本生命现象。在实践中,要根据研究的目的和内容,选用相应的方法,方能获得预期的效果。

一、常用光镜标本制备技术

根据研究材料的不同,常用的光学显微镜观察标本的制备方法包括涂片法、铺片法、磨片法和切片法。

1. 涂片法

涂片法适用于液体材料,如血液、分泌物、精液等,可直接涂于载玻片上制成涂片标本,干燥后进行固定、染色及封固。

2. 铺片法

铺片法用于易铺展为薄层的组织,如疏松结缔组织、神经等柔软组织或肠系膜等薄层组织,可将其铺于载玻片上,撕开、展平制成铺片标本,待干燥后进行固定染色。

3. 磨片法

磨片法用于坚硬组织的标本制作,如骨和牙等坚硬组织,可直接将其磨成薄的磨片标本进行观察。

4. 切片法

切片法适用于各种柔软组织,其中以石蜡切片最为常用,其制备程序大致如图2-1所示,器官的不同部位及不同切面的关系如图2-2所示。

(1) 取材与固定　取材要尽量取得新鲜材料,切成适当的小块($1.0cm^3$),立即投入固定剂中进行固定。固定的目的是使组织中蛋白质迅速凝固,防止组织自溶或腐败,以保持生活状态下的结构。常用的固定剂有甲醛、酒精、醋酸、苦味酸、锇酸等,也可将几种固定剂配制成混合溶液。

(2) 脱水、透明与包埋　脱水是把固定好的材料用梯级乙醇溶液将组织内的水分替换掉,经二甲苯透明后,再浸入已融化的石蜡中进行浸透、包埋。包埋的目的是使材料埋于石蜡块内,以方便利用此石蜡块将材料固定在切片机上。

(3) 切片与染色　根据材料,用专用切片机切成 $5\sim10\mu m$ 的薄片,贴于载玻片上,

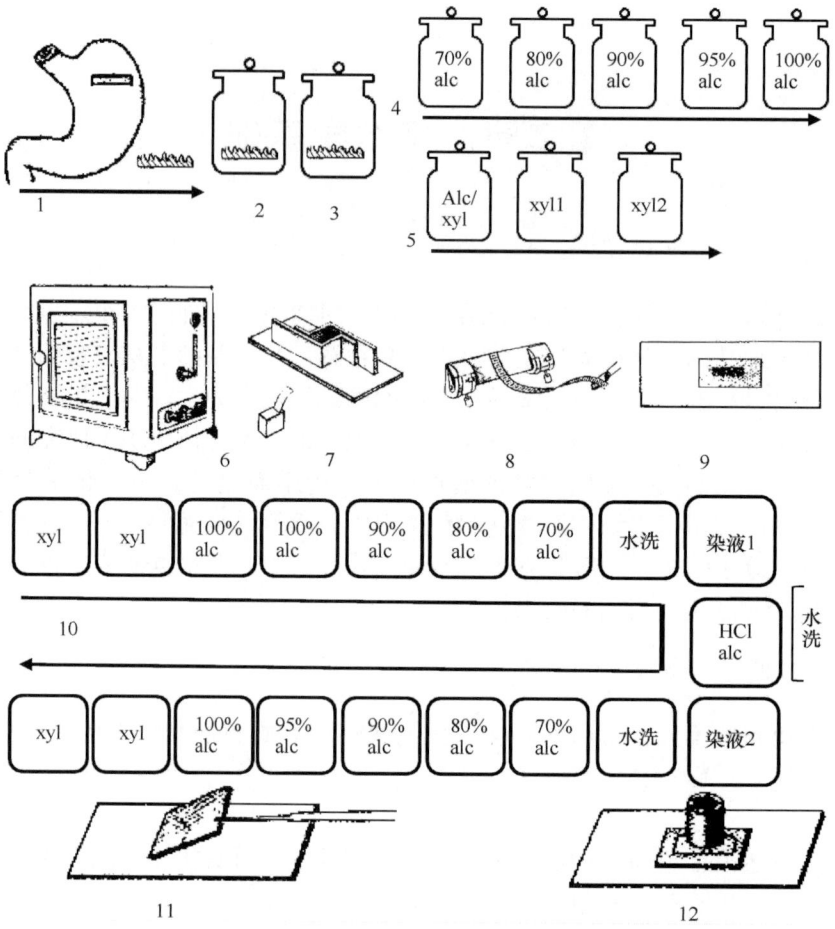

图 2-1 石蜡组织切片制备的一般步骤（以 HE 染色为例）
1—取材　2—固定　3—水洗　4—脱水　5—透明　6—浸蜡　7—包埋
8—切片　9—贴片　10—染色　11—封片　12—压片
注：染液 1 为苏木精染液，染液 2 为伊红染液。

再经脱蜡复水后进行染色。最常用的染色法是苏木精和伊红染色，简称 HE 染色。配制后的苏木精染液呈碱性，可使细胞核内的染色质及细胞质内的核糖体等染成蓝紫色，称为嗜碱性；伊红染液是酸性染料，可使多数细胞的细胞质染成粉红色，称为嗜酸性；对碱性和酸性染液亲和力都不强的，称为中性。

（4）封固　染色后的切片经脱水、透明后，即可在显微镜下进行观察。在切片上滴加中性树胶和盖片进行封固后，则可长期保存。

石蜡切片法是组织学研究最为常用的方法。另外，在制作较大结构（如眼球、睾丸等）的切片时，常用火棉胶包埋；要制作骨和牙等坚硬的组织切片时，常用用弱酸（稀硝酸）脱钙后，用石蜡或火棉胶切片法制成切片标本；需要较好地保存细胞内的酶活性或尽快制成切片标本进行观察时，可将组织在低温下快速冻结，直接用冷冻切片机切片后进行染色，此即冷冻切片法，也可将组织块置入液氮（-196℃）内快速冷冻，用恒冷箱切片后进行染色观察。

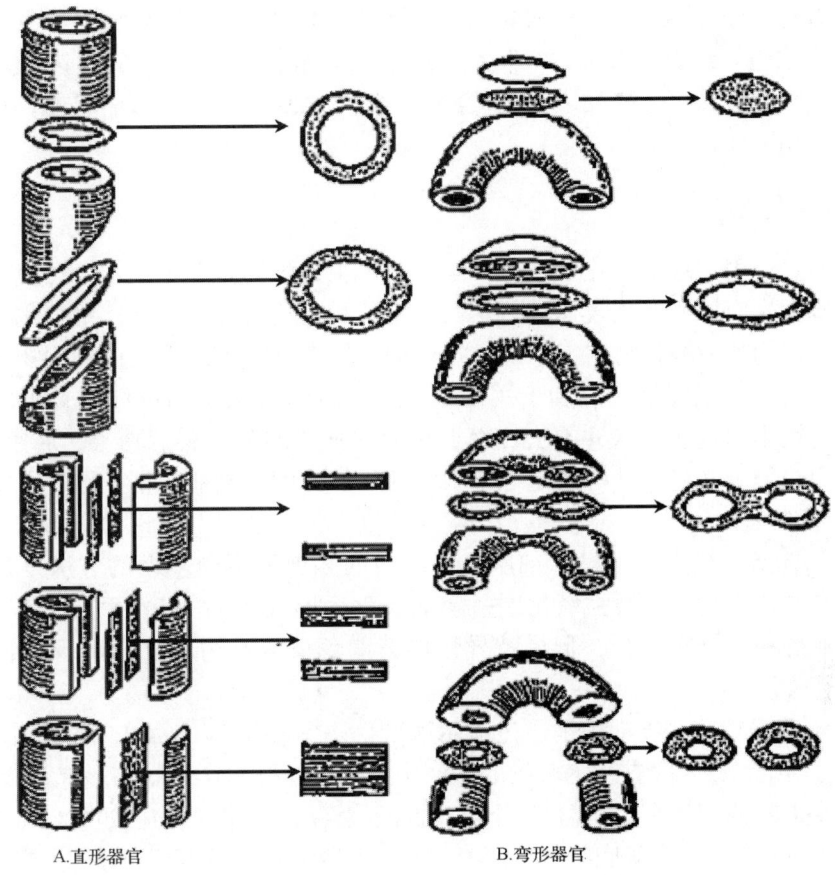

图 2-2　器官的不同部位及不同切面的关系示意图

A. 直形器官　　B. 弯形器官

二、电子显微镜技术

电子显微镜技术是研究机体微细结构的重要手段。常用的有透射电镜和扫描电镜。与光镜相比，电镜用电子束代替了可见光，用电磁透镜代替了光学透镜，使用荧光屏将肉眼不可见电子束成像。

1. 透射电镜技术

透射电镜是以电子束透过样品经过聚焦与放大后所产生的物像，投射到荧光屏或照相底片上进行观察。透射电镜的分辨率为 0.1~0.2nm，放大倍数为几万~几十万倍。由于电子易散射或被物体吸收，故穿透力低，必须制备更薄的超薄切片（通常为50~100nm）。其制备过程与石蜡切片相似，但要求极严格。组织块要小（<1mm^3），常用戊二醛和锇酸进行双重固定，树脂包埋，用特制的超薄切片机切成超薄切片，再经醋酸铀和柠檬酸铅等进行电子染色。电子束投射到样品时，可因染色后组织构成成分密度的不同而发生相应的电子散射，当电子束投射到质量大的结构时，电子被散射得多，因此投射到荧光屏上的电子少而呈暗像，电子照片上则呈黑色，称电子密度高；反之，则称为电子密度低。

2. 扫描电镜术

扫描电镜是用极细的电子束在样品表面扫描，将产生的次级电子由探测体收集，并被闪烁器转变为光信号，再经光电倍增管和放大器转变为电信号，运送到显像管，在荧光屏上显示物体（细胞、组织）表面的立体构象。扫描电镜样品用戊二醛和锇酸等固定，经脱水和临界点干燥后，再于样品表面喷镀薄层金膜以增加次级电子数。目前，扫描电镜的分辨率为 6~10nm。

三、组织化学技术

组织化学是运用物理学、化学、免疫学、分子生物学等原理与技术，对组织与细胞的化学成分、化学反应极其变化规律进行定性、定位和定量研究的科学。组织化学技术的基本原理是在组织切片或被检材料上，加一定试剂，使他与组织或细胞中待检物质发生化学反应成为特异的有色沉淀物，以利于用光镜观察，若形成重金属沉淀时，可以用电镜观察，则称为电镜组织化学。这种方法可用于检测细胞内的蛋白类、糖类、脂类、核酸等。如进一步应用显微分光光度计等测定标本中沉淀物的强度，则能较精确地进行定量研究。

1. 一般组织化学

（1）显示糖类　最常用于显示细胞、组织内的多糖和蛋白多糖的方法是过碘酸-雪夫反应。其基本原理是：糖被强氧化剂过碘酸氧化后形成 2-醛基；后者与 Schiff 试剂中的无色品红亚硫酸复合物结合，形成特异性的紫红色反应产物，故 PAS 反应阳性部位即表示多糖的存在。

（2）显示酶类　酶的显示法是通过显示酶的活力来表明酶的存在，而不是酶的本身。将具有酶活力的组织放入含有一定底物的溶液中孵育，经酶的作用底物形成初级反应产物，后者再与某种捕捉剂反应，形成显微镜下可视性的最终反应沉淀产物。如欲显示细胞内酸性磷酸酶，先将切片放入含有酶底物（常用 β-甘油磷酸钠）的溶液（pH5.0）中孵育，底物经酶的水解释放出磷酸；用捕捉剂硝酸铅与磷酸反应，形成微细的磷酸铅沉淀，此时，可在电镜下检出；如再用硫化铵处理时，磷酸铅被置换成硫化铅沉淀，可在光镜下观察到。

（3）显示脂类　脂类物质包括脂肪与类脂。标本可用甲醛固定，冷冻切片，用油红、苏丹Ⅲ、苏丹Ⅵ、苏丹黑B、尼罗蓝等脂溶性染料染色，或用锇酸固定兼染色，使脂类呈黑色。

（4）显示核酸　显示 DNA 的传统方法为 Feulgen 反应。切片先经稀盐酸处理后，使细胞内 DNA 水解以打开 DNA 分子中脱氧核糖核和嘌呤碱之间的连接键，使其释放出醛基，再用 Schiff 试剂处理，形成紫红色反应产物。另一种方法是甲基绿-派若宁反应，甲基绿与细胞核中的 DNA 结合呈蓝绿色，派若宁与核仁及胞质内的 RNA 结合呈红色，可同时显示细胞内的 DNA 和 RNA。

2. 免疫细胞化学

免疫细胞化学是将免疫学基本原理与细胞化学技术相结合所建立起来的新技术，根据抗原与抗体特异性结合的特点，检测细胞内某种多肽、蛋白质及膜表面抗原和受体等大分子物质的存在与分布。肽类与蛋白质种类繁多，均具有抗原性，当将某种肽或蛋白质作为抗原注入另一种动物体内时，则产生与该抗原相应的特异性抗体（免疫球蛋白）；将抗体从血清中提出，再结合某种标记物，即成为标记抗体。用标记抗体与组织切片标本孵育，标记抗体则与细胞中相应抗原发生特异性结合，结合部位被标记物显示，即可在显微镜下观察。如用荧光素（常用异硫氰酸）标记抗体，可在荧光显微镜下观察，称为免疫荧光术。如抗体与辣根过氧化物酶（HRP）等结合，进行酶显示后，可在光镜或电镜下观察，用电镜者则称为免疫电镜术（IEM）。较常用的如过氧化物酶-抗过氧化物酶复合物法（PAP）、标记亲和素-生物素法（LAB）、亲和素-生物素-过氧化物酶复合物法（ABC）等。

3. 原位杂交术

原位杂交术是在研究DNA分子复制原理的基础上发展起来的一种技术。其基本原理是两条核苷酸单链片段，在适宜的条件下，能通过氢键结合，形成DNA-DNA、DNA-RNA或RNA-RNA双键分子的特点，用带有标记的（有放射性同位素，如^3H、^{35}S、^{32}P，非放射性物质荧光素生物素、地高辛等）DNA或RNA片段作为核酸探针，与组织切片或细胞内待测核酸（RNA或DNA）片段进行杂交，然后可用放射自显影等方法予以显示，在光镜或电镜下观察目的mRNA或DNA的存在与定位。用原位杂交术，可在原位研究细胞合成某种多肽或蛋白质的基因表达，此方法有很高的敏感性和特异性，可进一步从分子水平来探讨细胞的功能表达及其调节机制，已成为当今细胞生物学、分子生物学研究的重要手段。

四、放射自显影术

放射自显影术旨在追踪标记化合物在体内、组织或细胞中的分布、定位、排出以及合成、更新、作用机制、作用部位等。其原理是将放射性同位素（如^{14}C和^3H）标记的化合物导入生物体内，经过一段时间后，将标本制成切片或涂片，涂上卤化银乳胶，经一定时间的放射性曝光，组织中的放射性即可使乳胶感光。然后经过显影、定影处理显示还原的黑色银颗粒，即可得知标本中标记物的准确位置和数量，放射自显影的切片还可再用染料染色，这样便可在显微镜下对标记上放射性的化合物进行定位或相对定量测定。

五、组织培养术

组织培养是无菌条件下，将从机体取得的组织块或细胞置于体外的模拟体内条件下进行培养，培养条件包括适宜的营养液、O_2、CO_2、pH、渗透压和温度等。可在倒置相差显微镜下直接观察活细胞的运动、增殖、分化、吞噬等动态变化，并可用显微摄像、显微摄影或显微录像等真实记录生活细胞连续变化的过程。也可应用组织培养细胞研究各种物理、化学及生物因素对细胞的直接作用。组织培养术与上述各种技术密切配合，可获得在复杂的内环境条件下实验难以达到的效果。

六、组织和细胞化学的定量研究

前述的组织化学是以反应产物做定位和定性研究，这种方法没有明确的客观指标，误差较大，特别是对于差别小的样品，更无法准确判断其目的反应产物的丰度。随着生命科学研究的不断深入，需要对组织和细胞形态结构及化学成分进行定量研究，以阐明组织和细胞的生长、发育、分化、代谢和功能的变化以及对各种因素的反应。

1. 显微分光光度定量术

显微分光光度定量术是应用显微分光光度计对组织和细胞内化学成分进行定量分析的技术。其基本原理是细胞内某种物质的含量不同，其颜色反应的深浅不一，对一定波长的光吸收也不同，可通过测定其光密度值（OD值）进定量分析比较。

2. 形态计量术

形态计量术是运用数学和统计学原理对组织和细胞内各种成分的数量、体积、表面积等的相对值与绝对值的测量，其中组织和细胞内某种结构的三维立体结构的研究称为体视学。传统的方法是将规则的测试系统（点、线、方格等）投影或覆盖在一张张连续切片上，利用平面测量的数据，按数学原理和公式推算出立体结构数值，经过微机处理，重新建立起立体形象。如正常人肺泡容量和表面积、肾小体数目和体积、胰岛的数量及其各类细胞的数值、小肠上皮细胞微绒毛的数量及其表面积等。组织化学和免疫组织化学染色、荧光素染色、放射自显影以及原位杂交等标本均可应用图像分析仪测定其光密度值进行定量分析，从而以"量"的概念阐述结构与功能的关系及病理状态下的变化。

3. X 线显微分析术

应用 X 线显微分析器探测细胞或组织的微小区域内元素成分，可对样品中的元素进行定性和定量分析，常用的如能谱分析法，根据所测谱峰以确定细胞局部区域内所含元素的性质及元素的相对含量。

4. 流式细胞术

流式细胞术又称荧光激活细胞分类技术，是进行细胞定量分析研究和细胞分类研究的新技术，将细胞悬液用荧光素染色后，使其通过流式细胞仪，该仪器能精确地计数荧光强度不同的细胞，并能使荧光强度不同的细胞向不同方向偏离，分别落入收集器，以达到收集不同类别细胞的目的。流式细胞术用以研究细胞周期中各时期细胞的比例、细胞动力学、免疫学、肿瘤诊断等的研究。

第二节 上 皮 组 织

上皮组织是由密集排列的上皮细胞和少量的细胞间质所构成的组织。上皮组织的特征表现为：细胞紧密排列为单层细胞或多层细胞的薄膜状结构，细胞朝向体表或腔隙的一面称为游离面，与之相对的一面称为基底面，上皮的基底面与结缔组织之间借薄层基膜相连接；细胞间质较少；大多数上皮细胞具有极性，即由细胞的基底面至游离面，细胞的构造和功能存在着差异；上皮组织一般没有血管分布，通过基膜以渗透方式与结缔组织进行物质交换；上皮组织中有丰富的神经末梢，能感觉多种刺激。

根据上皮组织分布和功能的不同，可分为被覆上皮、腺上皮和感觉上皮三种类型，具有保护、分泌、排泄和感觉等功能。

一、被覆上皮

被覆上皮一般简称上皮，在机体内分布比较广泛。根据上皮细胞排列的层数，上皮分为单层上皮、复层上皮。两类上皮再根据细胞形态进行分类。

1. 单层上皮

单层上皮只有一层细胞组成，每个细胞均位于基膜上。

（1）单层扁平上皮 单层扁平上皮只由一层扁平的细胞组成（图2-3）。从表面看，上皮细胞为不规则的多边形，细胞的边界呈锯齿状相互嵌合；细胞核椭圆形，位于细胞的中央；从垂直切面看，上皮细胞细胞核呈扁椭圆形，细胞质很薄。

被覆于心脏、血管和淋巴管腔面的单层扁平上皮称为内皮，被覆于胸腔、腹腔及肠系膜、心外膜表面的单层扁平上皮称为间皮。内皮和间皮薄而表面光滑，前者有利于血液和淋巴的流动及细胞内外物质的交换，后者便于内腔器官的活动。单层扁平上皮也分布于肾小囊的壁层、肺泡等处。

（2）单层立方上皮　单层立方上皮由一层近立方形的细胞组成（图2-4）。从表面看，细胞呈多边形；从垂直切面看，细胞为近正方形，细胞核呈圆形，位于细胞中央。单层立方上皮主要分布于肾小管和一些外分泌腺的部分导管处，具有分泌和吸收等功能。

 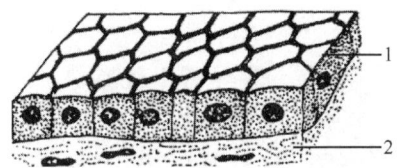

图2-3　单层扁平上皮示意图　　　　图2-4　单层立方上皮示意图
1—扁平细胞　2—结缔组织　　　　1—立方形细胞　2—结缔组织

（3）单层柱状上皮　单层柱状上皮由一层高柱状细胞组成（图2-5）。从表面看，细胞呈多边形；从垂直切面看，细胞为长方形，细胞核椭圆形，位于细胞的近基底部。单层柱状上皮分布于胃、肠、胆囊、子宫等器官的黏膜表面，具有分泌和吸收等功能。

在肺的细支气管、输尿管、子宫及脊髓中央管等处的单层柱状上皮细胞的游离面具有纤毛。纤毛的构造如图2-6所示。分布于肠管腔面的单层柱状上皮游离面具有微绒毛，其构造如图2-7所示，但由于光学显微镜下不易区分而形成位于游离面的一层结构，称为纹状缘。

图2-5　单层柱状上皮示意图
1—纹状缘　2—杯状细胞　3—柱状细胞
4—基膜　5—结缔组织

在柱状细胞间夹杂有杯状细胞，此细胞形似高脚酒杯，细胞顶部膨大，细胞质内充满黏原

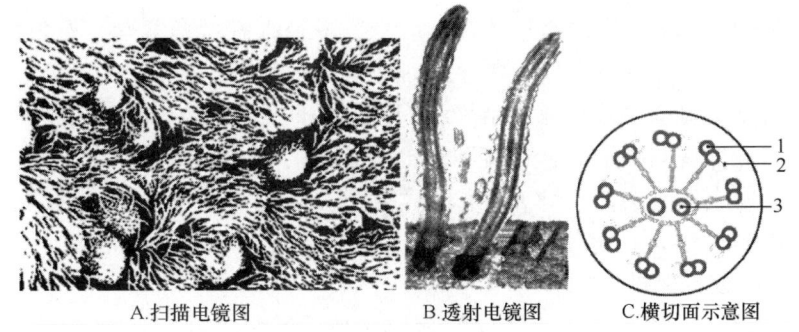

A.扫描电镜图　　B.透射电镜图　　C.横切面示意图

图2-6　纤毛构造示意图
1—二联微管　2—动力蛋白臂　3—中央微管

颗粒，细胞基底部较细，细胞核位于此部，常为较小的三角形，着色较深。杯状细胞是一种腺细胞（单细胞腺），分泌黏液，有润滑上皮表面和保护上皮的作用。

（4）假复层柱状纤毛上皮　假复层柱状纤毛上皮由柱状、梭形和锥体形三种高度不等的细胞组成（图2-8）。由于这些细胞的核排列参差不齐，只有柱状细胞达到上皮的游离面且有纤毛，故从纵切面看好像是多层细胞，但由于每个细胞的基底面均附着于基膜上，故称为假复层柱状纤毛上皮。假复层柱状纤毛上皮中也常见到分泌黏液的杯状细胞。假复层柱状纤毛上皮分布于呼吸道的腔面，具有保护功能。

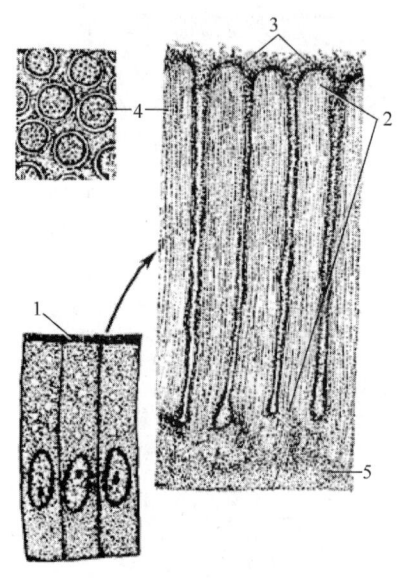
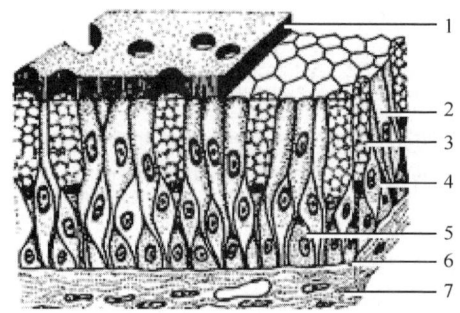

图2-7　微绒毛构造示意图
1—光镜下柱状上皮表面的纹状缘　2—电镜下的微绒毛
3—细胞衣　4—微绒毛中的微丝　5—终末网

图2-8　假复层柱状纤毛上皮示意图
1—刷状缘　2—柱状细胞　3—杯状细胞
4—梭状细胞　5—锥状细胞　6—基膜　7—结缔组织

2. 复层上皮

复层上皮由两层以上的细胞组成，只有最基部的一层细胞（基底层）位于基膜上。

（1）复层扁平上皮　复层扁平上皮的表层细胞扁平，似鳞状，中间层由数层多边形细胞组成（图2-9）。基底层细胞呈矮柱状或立方形，细胞排列紧密，着色深，该层细胞有分裂、增生能力，故称为生发层。新生的细胞向表层推移，不断变大，以补充表层衰老和脱落的细胞。复层扁平上皮与深层结缔组织连接面凹凸不平，突向上皮基底层的结缔组织称为乳头，内含丰富的毛细血管，有利于上皮细胞的营养和代谢。有的复层扁平上皮的表层细胞角化，形成角质层，这种上皮称为角化型复层扁平上皮，如皮肤的表皮层。表层细胞不发生角化的，称为非角化型复层扁平上皮，如分布在口腔、食道、肛门和阴道等处。复层扁平上皮具有保护功能。

（2）复层柱状上皮　复层柱状上皮的表层细胞呈柱状，中间层细胞为多边形，基底层细胞为矮柱状，分布于唾液腺导管、眼睑结膜和尿道海绵部的黏膜上皮。其功能主要是保护作用。

（3）变移上皮　变移上皮细胞的层数和形态常随着器官的收缩或舒张而改变，当器官收缩时上皮变厚，有 4～7 层细胞，表层细胞呈大的立方形，有的细胞含有两个细胞核（图 2-10）。细胞游离面胞质浓缩成壳层，中间层细胞多为梭形或梨形；基底层细胞为矮柱状或立方形。当器官扩张时，上皮变薄，细胞层数减少，细胞也变得扁平。变移上皮分布于肾盂、膀胱、输尿管的腔面，具有保护功能。

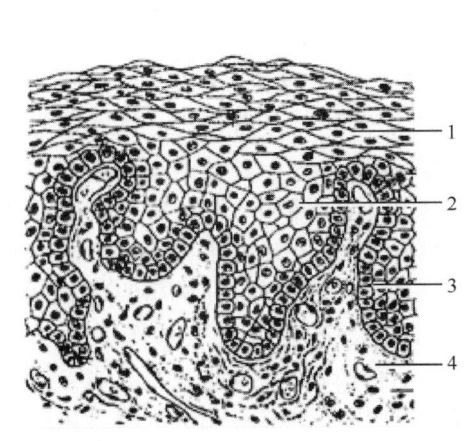
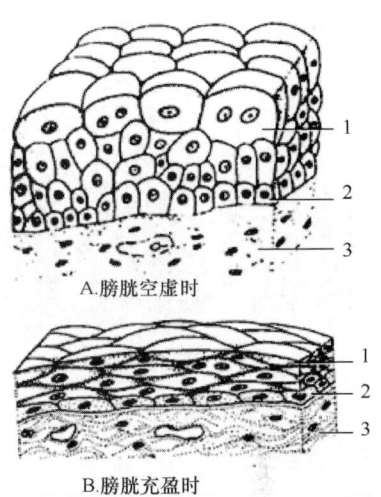

图 2-9　复层扁平上皮示意图
1—扁平细胞　2—多边形细胞　3—矮柱状细胞　4—结缔组织

图 2-10　变移上皮示意图
1—表层细胞　2—基底细胞　3—结缔组织

二、腺上皮

腺上皮是以合成和分泌功能为主的细胞构成的，其发生如图 2-11 所示。以腺上皮为主要成分所组成的器官，称为腺或腺体。

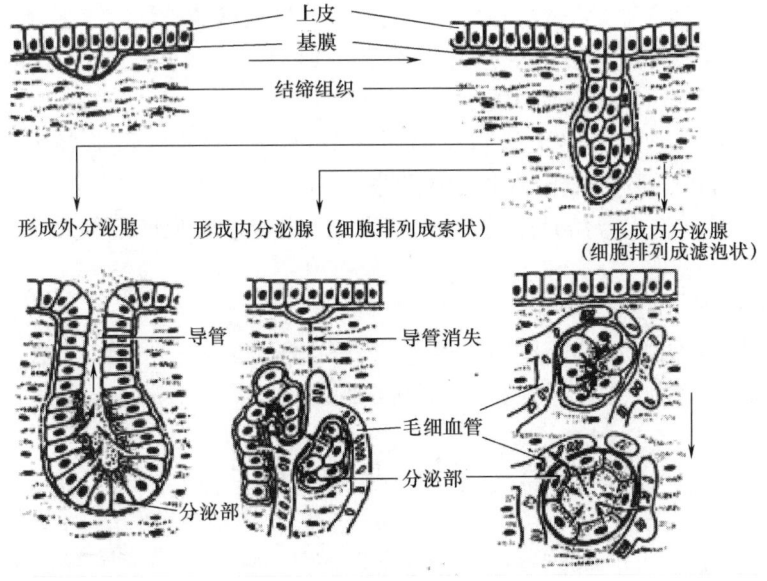

图 2-11　腺上皮的发生示意图

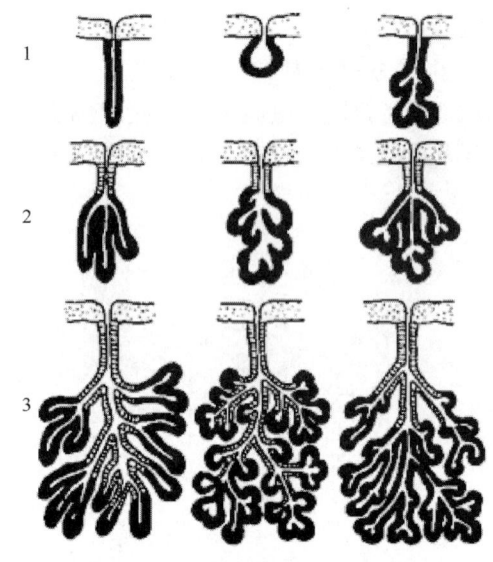

图2-12 多细胞外分泌腺示意图
（黑色部分示分泌部，横线部示导管部）
1—单腺　2—分支腺　3—复腺

  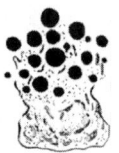

A.局部分泌　B.顶浆分泌　C.全浆分泌

图2-13 腺细胞的分泌方式

根据腺体有无导管可分为外分泌腺和内分泌腺。

1. 外分泌腺

根据腺细胞多少可把外分泌腺分为单细胞腺和多细胞腺。

单细胞腺指散在地分布于多种被覆上皮的外分泌细胞，如分布于单层柱状上皮和假复层柱状纤毛上皮内的杯状细胞。

机体内大多数腺体为多细胞腺，又称有管腺体，腺体有导管体，分泌物经导管排至器官腔面或体表。多细胞腺一般分为分泌部和导管部。分泌部又称为腺末房。按腺末房的形态不同，可分为管状腺、泡状腺和管泡状腺三种。导管部与腺末房直接相通，由单层或复层上皮构成，主要作用是运送分泌物，但有些腺的导管还有吸收水分和电解质及排泄作用。一个或几个分泌部由一条不分支的导管相连者，称为单腺；有些腺的导管分成大小不等的几级分支，最小的导管末端连通分泌部，称为复腺（图2-12）。

外分泌腺细胞的分泌方式有以下4种（图2-13）。

（1）局部分泌　局部分泌是指分泌物在细胞的游离面以胞吐的方式排出分泌物，不引起细胞的破坏，如唾液腺、胰腺等。

（2）顶浆分泌　顶浆分泌是指分泌物逐渐移到细胞的游离端，分泌时以细胞的顶部破裂的方式将分泌物排出，如乳腺细胞、杯状细胞。

（3）全浆分泌　全浆分泌是指胞质内充满分泌物，分泌时细胞核萎缩，细胞破裂，以细胞解体的方式将分泌物排出，如皮脂腺等。

（4）透出分泌　透出分泌是指分泌物以扩散方式透过质膜或经膜蛋白转运到细胞外，如各种内分泌腺。

2. 内分泌腺的结构特点

腺细胞排列成索状、团状或围成泡状，不具有排送分泌物的导管（无管腺），毛细血管丰富。内分泌细胞的分泌物一般以透出方式排至组织液，再经血液或淋巴运送到机体各部。

第三节　结缔组织

结缔组织是广泛分布于机体各部的一种重要的基本组织，具有连接、填充、支持、营养、保护、修复和防御等功能。结缔组织的形状结构特点是细胞成分少但种类多，细胞间质发达，细胞间质主要由丝状的纤维、液态或固态的基质组成。

结缔组织根据形态可分为固有结缔组织、软骨组织、骨组织、血液四大类。

一、固有结缔组织

固有结缔组织即狭义上的结缔组织，又分为疏松结缔组织、致密结缔组织、网状组织和脂肪组织。

1. 疏松结缔组织

疏松结缔组织广泛存在于机体内各器官、组织和细胞间，起着连接、填充、支持、保护和修复等作用（图2-14）。

（1）疏松结缔组织的细胞间质 特点为基质较多、纤维细、排列疏松呈网状，故又称为蜂窝组织。疏松结缔组织的纤维有三种，即胶原纤维、弹性纤维和网状纤维。

①胶原纤维：胶原纤维新鲜时呈白色，故又称为白色纤维。胶原纤维粗细不等，直径为1~12μm，HE染色呈粉红色，波浪状，常有分支相互交织成网。胶原纤维由更细的胶原原纤维平行排列成束。电镜下，胶原原纤维上有64nm明暗相间的周期性横纹。其主要成分为胶

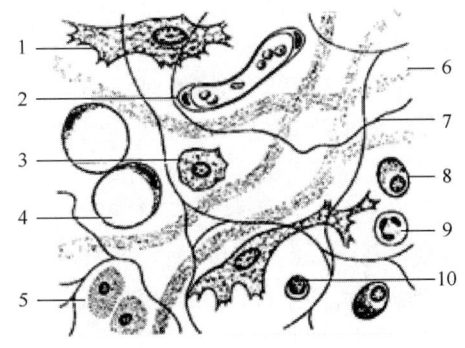

图2-14 疏松结缔组织示意图
1—成纤维细胞 2—毛细血管 3—巨噬细胞
4—脂肪细胞 5—肥大细胞 6—胶原纤维
7—弹性纤维 8—浆细胞
9—中性粒细胞 10—淋巴细胞

原蛋白。胶原纤维具有韧性大、抗拉力强，但弹性差的特点。

②弹性纤维：弹性纤维新鲜时呈黄色，又称为黄色纤维。弹性纤维较细，直径为0.2~1.0μm，有分支并互相交织成网。HE染色标本上折光性强，不易着色，呈亮浅红色。电镜下，弹性纤维由集合成束的微原纤维埋在较多的呈均质的弹性蛋白中。弹性纤维具有较强的弹性。

③网状纤维：网状纤维又称为嗜银纤维，是一种较细的纤维，分支多，彼此交织成网。在HE染色标本上不易显示，用银染法可将其染成棕黑色。电镜下，网状纤维也显示有64nm的周期性横纹。疏松结缔组织中的网状纤维很少，大多分布在上皮组织与结缔组织的交界处，如基膜的网板以及毛细血管周围。

疏松结缔组织细胞间质的基质呈均质胶状，填充于纤维和细胞之间。化学成分主要是黏多糖蛋白和水等。黏多糖蛋白是蛋白质与大量的糖胺多糖相结合的大分子复合物。糖胺多糖包括透明质酸、硫酸软骨素A和C、硫酸角质素和肝素等，其中以透明质酸含量最多。透明质酸是一种呈曲折盘绕的大分子长链，借蛋白质分子与其他多糖分子相结合，形成有许多微孔隙的分子筛。基质的黏稠性可防止微生物扩散，起防卫作用。但溶血性链球菌、癌细胞等能产生透明质酸酶，分解透明质酸及其分子筛，使基质的屏障作用被破坏，导致炎症和癌细胞扩散蔓延。基质内还含有组织液，它是由毛细血管动脉端渗出的液体，对组织和细胞的物质交换起重要作用。在病理情况下组织液会增多或减少，前者称组织水肿，后者称组织脱水。

（2）疏松结缔组织的细胞 疏松结缔组织的细胞种类较多，功能各异，其分布和数

量常因功能状态不同而有变化。

①成纤维细胞：成纤维细胞胞体较大，呈多突起的多边形或梭形。胞质弱嗜碱性，核大呈卵圆形，着色浅，有1~2个核仁，细胞轮廓不清。电镜下，胞质内有丰富的粗面内质网、游离核糖体和发达的高尔基复合体，表明这类细胞具有合成和分泌蛋白质的结构特点。成纤维细胞具有生成纤维和基质成分的功能，所以它在机体创伤修复和间质更新过程中具有十分重要的作用。成纤维细胞处于静止状态时，胞体变小，呈长梭形，粗面内质网和高尔基复合体均不发达，此时称为纤维细胞。在组织受损伤后的修复过程中，纤维细胞可再转变为功能活跃的成纤维细胞。

②组织细胞：组织细胞又称巨噬细胞。细胞形状不规则，可以是星形或梭形、圆形或椭圆形等，胞质丰富，多为嗜酸性。核较小，呈椭圆形或不规则形，着色较深。若以台盼蓝或墨汁注入动物体内，巨噬细胞即表现出很活跃的吞噬作用，以致细胞质内出现许多染料颗粒。电镜下，组织细胞表面常有一些较大的伪足和许多不规则的微绒毛，胞质中含有大量初级溶酶体、次级溶酶体、吞饮小泡和吞噬体等，表明这类细胞具有很强的吞噬能力，属于巨噬细胞系统。

③浆细胞：浆细胞多为卵圆形，细胞核小而圆，偏居细胞的一侧，染色质凝集成粗块状，在光镜下观察时常在核膜下排成车轮状。胞质丰富，嗜碱性，近核一侧有淡染区。电镜下，胞质内含大量平行排列的粗面内质网和发达的高尔基复合体。免疫组织化学证据表明，浆细胞具有合成和分泌免疫球蛋白的功能，参与体液免疫。浆细胞来源于B淋巴细胞，在抗原的刺激下，B淋巴细胞增殖、分化为浆细胞，产生抗体。浆细胞多分布于淋巴器官。

④肥大细胞：肥大细胞的数量在各种动物中分布很不一致，以鼠类为最多，多沿血管成群分布。肥大细胞为圆形或椭圆形，核小而圆，胞质内充满异染颗粒，颗粒溶于水，故在HE染色标本上不易看到。电镜下，肥大细胞表面有微绒毛，胞质内充满质膜包裹的颗粒，颗粒常呈电子密度高的板层结构。组织化学证据表明，肥大细胞的颗粒内含有肝素、组织胺、慢反应物质和嗜酸性粒细胞趋化因子等。肝素有抗凝血作用；组织胺和慢反应物质能使毛细血管和微静脉扩张，通透性增强，使细支气管平滑肌收缩甚至痉挛；嗜酸性粒细胞趋化因子能吸引嗜酸性粒细胞聚集到过敏反应的部位。

⑤脂肪细胞：脂肪细胞细胞体较大，呈球形或卵圆形，胞质内充满脂肪滴，致使胞质及胞核被挤到细胞的一侧，在HE染色标本上，由于脂肪滴被制片过程中使用的脂溶性溶剂溶解掉，故呈空泡状。脂肪细胞具有合成、储存脂肪的功能。

⑥未分化的间充质细胞：未分化的间充质细胞在成体的结缔组织中，仍保留少量分化较低的间充质细胞。其形态和成纤维细胞相似，核染色较深。在炎症和创伤修复过程中，未分化的间充质细胞可增殖分化为成纤维细胞、脂肪细胞和平滑肌细胞等。

2. 致密结缔组织

致密结缔组织主要特点是细胞少，基质也少，纤维特别发达而且排列紧密（图2-15）。根据纤维的性质和排列方式的不同，可分为以下

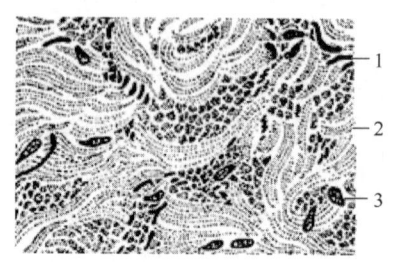

图2-15 致密结缔组织（真皮）示意图
1—弹性纤维 2—胶原纤维 3—成纤维细胞

两类。

（1）不规则致密结缔组织　不规则致密结缔组织的细胞间质中，粗大的胶原纤维束互相交织成致密的网，纤维束间有基质和成纤维细胞。分布如真皮、巩膜、大多数器官的被膜等。

（2）规则致密结缔组织　规则致密结缔组织的细胞间质中，胶原纤维束并行排列，束间有沿其长轴成行排列的成纤维细胞，又称为腱细胞，胞体上伸出几个薄翼状突起围绕纤维束，中央有椭圆形的细胞核。肌腱为其典型的代表。

项韧带和黄韧带等处的致密结缔组织的细胞间质中，粗大弹性纤维并行排列，并以细小的分支相互连接成网，其间有胶原纤维和成纤维细胞，又称弹性致密结缔组织。

3. 网状组织

细胞间质中的网状纤维多沿网状细胞突起和胞体分布，网眼内充满基质。网状细胞为星形多突起，其突起彼此连接成网，核大，椭圆形，着色浅，核仁明显。动物体内没有单独存在的网状组织，主要分布于造血器官和免疫器官（图2-16）。

4. 脂肪组织

脂肪组织由大量的脂肪细胞聚集而成。在成群的脂肪细胞之间，有疏松结缔组织将其分隔成许多脂肪小叶（图2-17）。

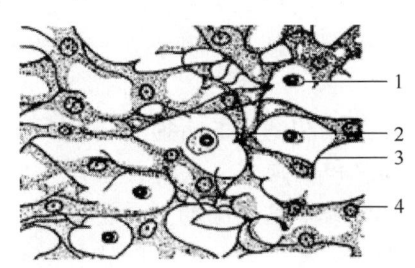
图2-16　网状组织示意图
1—淋巴细胞　2—巨噬细胞　3—网状纤维　4—网状细胞

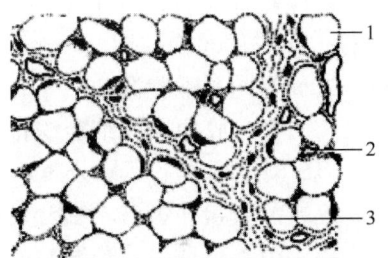
图2-17　脂肪组织示意图
1—脂肪细胞　2—毛细血管　3—结缔组织

根据脂肪细胞结构和功能的不同，脂肪组织分为两类。

（1）黄（白）色脂肪组织　黄（白）色脂肪组织是呈黄色（在某些哺乳动物呈白色），即通常所说的脂肪组织。它由大量单泡脂肪细胞集聚而成，脂肪细胞呈圆形或多边形，细胞中央有一个大脂滴，胞质呈薄层，位于细胞周缘，包绕脂滴。在HE切片上，脂滴被溶解成一个大空泡。胞核扁圆形，被脂滴推挤到细胞一侧，连同部分胞质呈新月形。黄色脂肪组织主要分布在皮下组织、网膜和肠系膜等处，是体内最大的"能源库"。

（2）棕色脂肪组织　棕色脂肪组织呈棕色，其特点是组织中有丰富的毛细血管，脂肪细胞内散布许多小脂滴，线粒体大而丰富，核圆形，位于细胞中央。这种脂肪细胞称为多泡脂肪细胞。棕色脂肪组织动物初出生时及冬眠动物较多，成年动物一般无这类脂肪组织。

脂肪组织具有填充、支持、储存能量、保护体温、缓冲机械应力、参与能量代谢等作用。

二、软骨组织

软骨细胞则包埋于凝胶态的细胞间质（软骨间质）中。根据细胞间质中纤维的性质和含量不同，可把软骨分为三种（图2-18）。

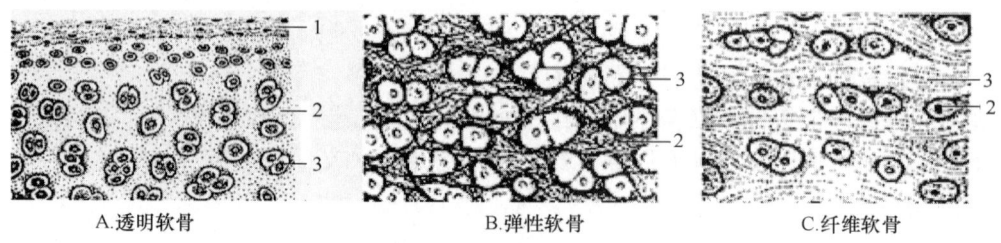

A.透明软骨　　　　B.弹性软骨　　　　C.纤维软骨

图2-18　软骨组织示意图
1—软骨膜　2—基质　3—软骨细胞

1. 透明软骨

透明软骨新鲜时呈淡蓝色半透明状。观察切片标本时，软骨细胞位于软骨间质的小腔中，该小腔称为软骨陷窝。靠近软骨膜的细胞小，呈扁圆形，常单独存在，为幼稚形软骨细胞。成熟性软骨细胞接近于中央，细胞体积逐渐增大，圆形或椭圆形，核小而圆，有1~2个核仁，胞质弱嗜碱性。一个软骨陷窝中有2~8个细胞，它们是由一个软骨细胞分裂而来，故称为同源细胞群。

软骨间质中，胶原原纤维交织排列，由于胶原原纤维和基质的折射率一致，无明显横纹，故在HE染色标本上不易分辨。基质由软骨黏蛋白和水构成。软骨黏蛋白主要由硫酸软骨素、硫酸角质素和蛋白质结合而成，呈嗜碱性。软骨陷窝周围的基质含硫酸软骨素较为丰富，在光镜下呈现出强嗜碱性的环状结构，称为软骨囊。新鲜软骨的软骨细胞充满于软骨陷窝内。但在HE染色切片中，细胞收缩成不规则形，故软骨囊和细胞之间出现较大的空隙。

透明软骨如气管软骨、部分喉软骨、肋软骨及关节面软骨等。除关节面的软骨外，软骨的周围均覆有一层较致密的结缔组织膜，称为软骨膜。软骨膜外层较致密，富含纤维，主要起保护作用；内层疏松，纤维少，血管和细胞多，其中有骨原细胞，呈梭形，可增殖分化为软骨细胞，因此软骨膜除了营养和保护作用以外，还对软骨的生长和修复起着重要作用。软骨与软骨膜之间没有明显界限。

2. 弹性软骨

弹性软骨新鲜状态时呈黄色。弹性软骨的软骨间质中，大量弹性纤维交织成网，赋予这种软骨较大的弹性。纤维在软骨中部较致密，周围较少。每个软骨陷窝内有2~5个软骨细胞，如耳廓软骨和会厌软骨等。

3. 纤维软骨

纤维软骨的软骨间质中，含有大量的胶原纤维束，平行或交叉排列，软骨细胞成行排列或散在于纤维束之间，分布如椎间盘、关节盘和耻骨联合等处。

三、骨组织

1. 骨组织的细胞间质

骨组织的细胞间质为固态，有大量的胶原纤维并行排列成层，基质中有骨黏蛋白和钙盐，钙盐的化学成分是磷酸钙、碳酸钙、柠檬酸钙等，以羟基磷灰石结晶 $[Ca_{10}(PO_4)_6(OH)_2]$ 的形式存在。并行排列的胶原纤维借骨黏蛋白黏在一起形成板层状结构，称为骨板。相邻两层骨板的胶原纤维互相垂直，这种结构形式有效地增强了骨支持重量的能力。在长骨的骨密质内，骨板可根据排列形式分为外环骨板、内环骨板、哈佛氏骨板和骨间板（图2-19）。

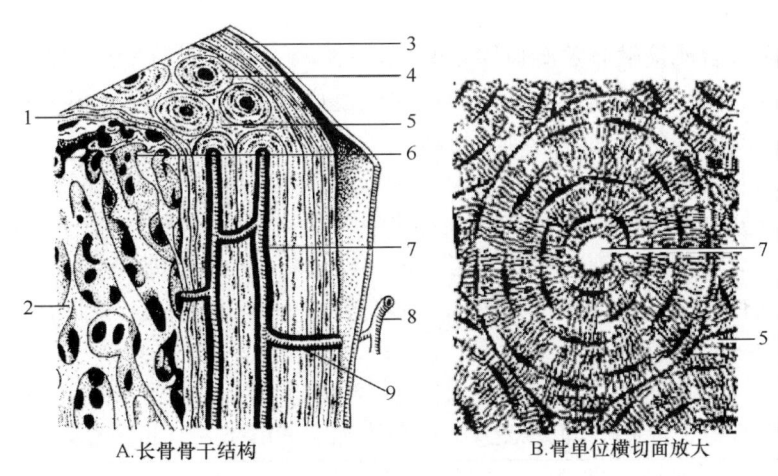

A．长骨骨干结构　　B．骨单位横切面放大

图2-19　长骨骨干结构示意图
1—内环骨板　2—骨松质　3—外环骨板　4—骨单位　5—间骨板
6—骨外膜　7—中央管　8—血管　9—穿通管

骨组织的细胞间质中的胶原纤维和黏蛋白合称有机质成分，能使骨具有很大的韧性。钙盐为无机质成分，能使骨具有较高的硬度，使骨组织成为体内最坚硬的结缔组织。

2. 骨组织的细胞

骨组织的细胞按功能分以下4类。

（1）骨细胞　骨细胞为扁椭圆形多突起细胞，分散排列于骨板内或骨板间的小腔中，这个小腔称为骨陷窝。由骨陷窝发出许多细长小管，呈放射状排列，称为骨小管，内藏骨细胞的突起。相邻骨陷窝借骨小管彼此相通，相邻骨细胞的突起得以相互接触。

（2）骨原细胞　骨原细胞是一种分化程度很低的幼稚细胞，呈梭形，体积小，细胞核为椭圆形，细胞质较少，呈弱嗜碱性。细胞位于贴近骨组织的骨膜（由致密结缔组织形成）内。当骨组织生长或重建时，它能分裂增殖，分化为成骨细胞。

（3）成骨细胞　成骨细胞为椭圆形有突起细胞，由骨原细胞增殖分化而来，比骨原细胞体积大，细胞核大而圆，核仁明显，细胞质嗜碱性。电镜下，胞质内含有丰富的粗面内质网和高尔基复合体，表明具有合成和分泌骨有机质成分的作用。成骨细胞在分泌类骨质及其钙化的过程中自身被埋于其中，即变为骨细胞。

（4）破骨细胞　破骨细胞是一种多核的巨大细胞，直径约100μm，胞质嗜碱性，一般认为破骨细胞是由多个单核细胞融合而成。数量较少，主要分布在骨质表面。破骨细胞向骨质释放溶酶体酶、乳酸和柠檬酸等，在酶和酸性物质的作用下使骨质溶解。

四、血液

血液是细胞间质为液态的结缔组织，由血有形成分和血浆（细胞间质）构成。哺乳类血液总量约占体重的6%；鱼类血液少，仅占体重的2%左右。

1. 血浆

血浆为淡黄色半透明的液体，占血液容积的55%~60%，其中水分占90%左右，其余为血浆蛋白质（白蛋白、球蛋白、纤维蛋白原等）、糖、酶、激素、维生素、无机盐和各种代谢产物等。

血液流出血管后或接触有关凝血因素时，经过一系列复杂的过程，溶解状态的纤维蛋白原转变为丝状纤维蛋白并网罗血细胞而凝固成血块，并析出淡黄色透明液体，这种现象称为凝血，析出的淡黄色透明液体称为血清。

2. 血液有形成分

血液有形成分包括血细胞和血小板。实践中，常利用血液涂成血涂片，经瑞氏或姬姆萨染色后，在光镜下观察血细胞和血小板的形态结构特征。血细胞分为红细胞和白细胞两大类，实践中，有形成分的计数及其各种有形成分所占的比例，是判断动物健康状况的重要依据。

（1）红细胞　大多数哺乳动物的红细胞呈两面凹陷的圆盘状。哺乳动物的红细胞仅在发生早期有细胞核，成熟后即无细胞核和细胞器，直径6~7μm。禽类和鱼类的红细胞呈椭圆形，并有椭圆形核。禽类红细胞的长径为12~15μm，短径为7~9μm。鱼类红细胞的大小因物种有明显差异。

成熟的红细胞内充满血红蛋白。血红蛋白在不同的氧分压条件下能分别与氧或二氧化碳结合，在氧分压较高的条件下（肺内），血红蛋白释放出二氧化碳而与氧结合，形成氧合血红蛋白，呈鲜红色；在二氧化碳分压高的条件下，释放出氧与二氧化碳结合，形成还原血红蛋白，呈暗红色。

单位体积血液内的红细胞数和血红蛋白的量因物种的不同而异，红细胞数量减少或（和）血红蛋白含量显著下降，会引起动物贫血。处于冬眠期的动物，单位体积血液内的红细胞数和血红蛋白的量比活动期显著减少。

红细胞内的渗透压与血浆相等。当血浆渗透压降低，水分过多地进入红细胞时，细胞膨胀、破裂，称为溶血，溶血后残存的红细胞膜囊称为血影。反之，当红细胞在高渗溶液中，细胞内水分外析过多，可致红细胞皱缩。凡是损害红细胞的因素，如脂溶剂、蛇毒、溶血性细菌等均能引起溶血。0.9%氯化钠溶液或5%的葡萄糖溶液与哺乳动物血浆及红细胞内的渗透压相等，称为等渗溶液。

哺乳动物的红细胞平均生活120d。衰老的红细胞大部分被肝和骨髓等处的巨噬细胞所吞噬。红骨髓同时生成释放同等数量的红细胞进入外周血液，维持红细胞数量的相对恒定。

（2）白细胞　根据胞质内有无特殊颗粒，将白细胞分为有粒白细胞和无粒白细胞两类。有粒细胞的细胞质内含有特殊颗粒，按照颗粒的着色性质再分为嗜中性粒细胞、嗜酸性粒细胞和嗜碱性粒细胞；无粒细胞的细胞质内无特殊颗粒，包括淋巴细胞和单核细胞。

①嗜中性粒细胞：嗜中性粒细胞为数量最多的白细胞，细胞呈球形，平均直径10～12μm，核染色质凝集成块状。核的形态多样，有肾形、杆形和分叶形，通常为2～5叶，以3叶居多，叶间有染色质丝相连。山羊的中性粒细胞的细胞核分叶较多，鱼类的中性粒细胞的细胞核偏于一侧。具有肾形和杆状核中性粒细胞较幼稚，占中性粒细胞总数的5%～10%，若比例显著增高，称为核左移，常出现在机体受细菌严重感染时。细胞核分叶越多，表示中性粒细胞越近衰老，多叶细胞核增多，称为核右移，表明骨髓的造血功能发生障碍。

在瑞氏染色血涂片中，中性粒细胞的细胞质染成浅粉红色，含有许多细小的淡红色或淡紫色颗粒。淡紫色颗粒的为嗜天青颗粒，嗜天青颗粒约占颗粒总数的20%，电镜下呈圆形或椭圆形，是一种溶酶体，含有酸性磷酸酶、髓过氧化物酶和多种酸性水解酶类等，能消化吞噬的细菌和异物。浅红色的为特殊颗粒，约占颗粒总数的80%，电镜下颗粒较小，呈哑铃形或椭圆形，是一种分泌颗粒，内含具有杀菌作用的溶菌酶、吞噬素等。

中性粒细胞具有活跃的变形运动和吞噬功能，起重要的防御作用。其吞噬对象以细菌为主，也吞噬异物。中性粒细胞在吞噬、处理了大量细菌后，自身也死亡，成为脓细胞。中性粒细胞从骨髓进入血液，停留6～8h，然后进入结缔组织，在结缔组织中存活2～3d。

②嗜酸性粒细胞：嗜酸性粒细胞数量较少，直径为10～15μm，核常为2～3叶，鱼类细胞核偏于一侧。在瑞氏染色血涂片中，胞质内充满粗大的红色颗粒。电镜观察显示，颗粒多呈椭圆形，是一种溶酶体，其中含有酸性磷酸酶、芳基硫酸脂酶、过氧化物酶和组织胺酶等。嗜酸性粒细胞对免疫复合物、肥大细胞所释放的组织胺和嗜酸性粒细胞趋化因子等有趋化性；以变形运动穿过毛细血管进入结缔组织，吞噬抗原抗体复合物，释放组织胺酶灭活组织胺，芳基硫酸脂酶分解慢反应物质，从而减轻过敏反应；它还能借助抗体或补体与寄生虫体接触，释放颗粒内物质，杀死寄生虫。因此，在过敏性疾病或某些寄生虫病时，嗜酸性粒细胞增多。

嗜酸性粒细胞在血液中仅停留数小时，在结缔组织内能存留8～12d。

③嗜碱性粒细胞：嗜碱性粒细胞是血细胞中数量最少的细胞，有的鱼类没有此类细胞。细胞呈球形，直径为10～12μm，胞质内含有大小不等的嗜碱性颗粒，染成蓝紫色，胞核多呈S形或不规则形，常被胞质内的嗜碱性颗粒遮盖。电镜观察显示，嗜碱性颗粒具有单层生物膜，内有微细小颗粒，呈均匀状或指纹状分布，含有肝素、组织胺和慢反应物质。

④淋巴细胞：淋巴细胞是白细胞中数量较多的一种细胞，占60%以上。细胞呈球形，体积大小不一，分大、中、小三种。小淋巴细胞直径为6～8μm，数量最多，核呈圆形，一侧常有小凹陷，核染色质致密呈块状，着色深。细胞质很少，嗜碱性，光镜下显示为核周围的淡蔚蓝色染晕，有的细胞内有嗜天青颗粒，呈玫瑰红色。大、中淋巴细胞直径为9～16μm，其胞质较多，内含嗜天青颗粒。电镜下，淋巴细胞核染色质致密，胞质内含有大量的核糖体和少量粗面内质网、线粒体、高尔基复合体和中心体。淋巴细胞具有变形运动，能穿过血管壁进入其他组织内。淋巴细胞形态虽然相似，但并不是单一的群体，根据淋巴细胞的发生部位、表面特性、寿命长短和免疫功能不同，可把淋巴细胞分为T淋巴细胞、B淋巴细胞、K淋巴细胞和NK淋巴细胞四类。

⑤单核细胞：单核细胞是血液中体积最大的细胞，直径为14～20μm，细胞呈圆形或

椭圆形，细胞核偏位，形态多样，如卵圆形、肾形、马蹄形、不规则形等，常有折叠感；染色质纤细松散呈丝网状，着色较浅，细胞质弱嗜碱性，可见分散存在的灰蓝色嗜天青颗粒，内含有过氧化物酶、酸性磷酸酶、非特异性酯酶和溶菌酶。单核细胞是巨噬细胞的前身，它在血液中停留1~5d后，以活跃的变形运动穿过血管壁进入组织和器官，通过增殖分化为巨噬细胞，能在组织中存活数月之久。

（3）血小板 在哺乳类和鸟类，血小板是由骨髓内的巨核细胞的胞质脱落而成的胞质团块，直径2~4μm，呈双面凸圆盘状。

鱼类血小板有核，纺锤形或椭圆形，又称血栓细胞，细胞质集中在核两端稍尖的部位；由于在形态上与淋巴细胞有些形似，可能会造成淋巴细胞计数不精确。

血小板在止血和凝血过程中起着重要作用，还有保护血管内皮、参与内皮修复等作用。

第四节　肌肉组织

肌肉组织是一种具有收缩能力的组织，它的基本成分是肌细胞，在肌细胞之间有少量的结缔组织、血管、淋巴管和神经。肌细胞一般细长，呈纤维状，故又称为肌纤维。肌细胞的细胞膜称为肌膜，肌细胞的细胞质称为肌浆，肌细胞的滑面内质网称为肌浆网。肌浆内有许多与细胞长轴平行排列的肌丝，它们是肌纤维收缩的物质基础。

根据肌纤维的形态结构和功能特点，可将肌组织分为骨骼肌、心肌和平滑肌三种。

一、骨骼肌组织

在光镜下，骨骼肌纤维呈长圆柱状或不规则的长柱形，可见到相间重复排列的染色深浅不等的横纹，故又称为横纹肌。肌纤维两端略细而钝圆，与肌腱纤维相连接。骨骼肌纤维的大小和长短，随动物的种类、肌肉的类型而不同。骨骼肌细胞的细胞核椭圆形，位于肌膜（肌细胞的细胞膜）下方，核数量多，每条肌纤维有几个至上百个核（图2-20）。

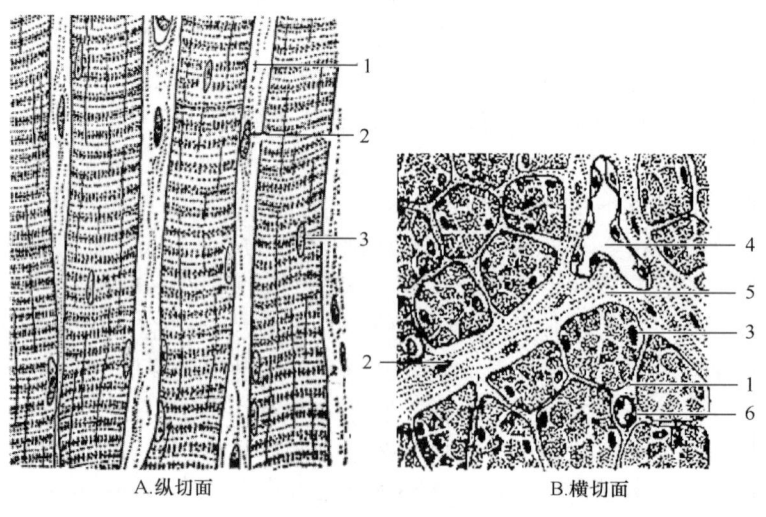

图2-20　骨骼肌示意图

1—肌内膜　2—成纤维细胞　3—肌细胞核　4—微静脉　5—肌束膜　6—毛细血管

电镜下观察肌细胞的纵切面，肌细胞内有许多沿细胞长轴平行排列的细丝状构造，称为肌原纤维。每一肌原纤维都有相间排列的暗带（A带）及明带（I带）。暗带中间有一条较明亮的线称为H带。H带的中部有一条深线称为M线。明带中间，有一条较暗的线称为Z线。两个Z线之间的区段，称为一个肌节，长为2~2.5μm，是骨骼肌细胞收缩的基本结构单位。相邻的各肌原纤维平行排列，明带均在一个平面上，暗带也在一个平面上，因而使肌纤维显出明暗相间的横纹。肌原纤维之间，分布着线粒体、肌浆网、糖原、肌红蛋白和少量的脂滴。在骨骼肌纤维与基膜之间有一种扁平、有突起的细胞，称为肌卫星细胞，排列在肌纤维的表面，当肌纤维受损伤后，此种细胞可分化形成肌纤维。

肌原纤维是由粗、细两种肌丝有规律地平行排列组成的。明带、暗带就是这两种肌丝排布的结果（图2-21、图2-22）。

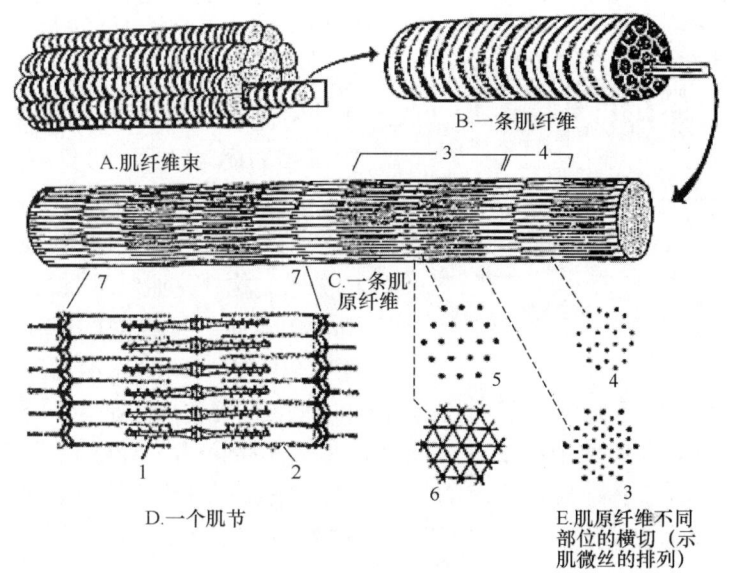

图2-21 骨骼肌纤维肌原纤维结构示意图
1—肌球蛋白微丝及其横突 2—肌动蛋白微丝 3—A带及过A带横切面
4—I带及过I带横切面 5—H带及过H带横切面 6—M线及过M线横切面 7—Z线

粗肌丝长约1.5μm，直径约15nm。粗肌丝是由许多肌球蛋白分子有序排列组成的。肌球蛋白形如豆芽，分为头和杆两部分。杆部如同豆茎。在头和杆的连接点及杆上有两处类似关节，可以屈曲。头部如同两个豆瓣，是一种ATP酶，能与ATP结合，当肌球蛋白分子头部与细肌丝的肌动蛋白接触时，ATP酶可被激活，分解ATP放出的能量，驱使横桥发生屈曲运动。肌球蛋白以M线为中心向两侧对称排列，杆部均朝向粗肌丝的中段，头部则朝向粗肌丝的两端并露出表面，称为横桥，故在接近M线两侧处，粗肌丝只有肌球蛋白杆部而没有头部。

细肌丝长约1μm，直径约5nm。细肌丝由三种蛋白质分子组成，即肌动蛋白、原肌球蛋白和肌原蛋白。后两种属于调节蛋白，在肌收缩中起调节作用。肌动蛋白分子单体为球形，许多单体相互接连成串珠状样的双股螺旋链，每个肌动蛋白单体上都有一个可以与肌

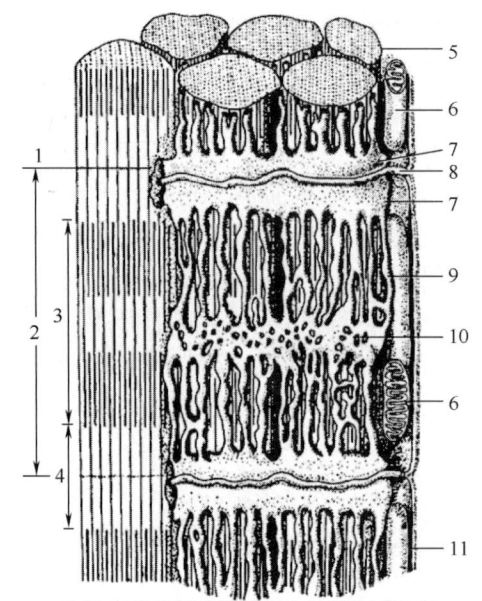

图 2-22　骨骼肌纤维超微结构示意图
1—Z 线　2—肌节　3—A 带　4—I 带　5—肌原纤维
6—线粒体　7—终池　8—横小管　9—纵小管
10—肌质网　11—肌细胞膜

球蛋白头部相结合的位点。原肌球蛋白是由较短的双股螺旋多肽链组成，首尾相连，嵌于肌动蛋白双股螺旋链的浅沟内。肌原蛋白由 3 个球形亚单位组成，分别简称为 TnT、TnI 和 TnC。肌原蛋白借 TnT 附于原肌球蛋白分子上，TnI 是抑制肌动蛋白和肌球蛋白相互作用的亚单位，TnC 则是能与钙离子相结合的亚单位。

电镜下观察肌原纤维的纵切，粗肌丝中央借 M 线固定，两端游离，位于肌节的 A 带。细肌丝的一端固定在 Z 线上，另一端插入粗肌丝之间，止于 H 带外侧。因此，I 带内只有细肌丝，A 带中央的 H 带内只有粗肌丝，而 H 带两侧的 A 带内既有粗肌丝又有细肌丝。在 A 带的横切面上，可见一条粗肌丝周围有 6 条细肌丝，而一条细肌丝周围有 3 条粗肌丝。两种肌丝在肌节内的这种规则排列以及它们的分子结构，是肌纤维收缩功能的主要基础。

关于肌纤维收缩的机制，目前多根据建立在以上构造的肌丝滑行学说解释。该学说认为，肌纤维的收缩并不是因粗肌丝或细肌丝的缩短而引起，而是在一系列细胞内生理活动的基础上，细肌丝向肌节中央滑动，肌丝滑进了 A 带之中，导致重叠部分增加，使得 I 带和 H 带的宽度缩小，其结果是缩短了肌节。在一条肌原纤维上串联的肌节的缩短，使该肌原纤维的长度大为缩短；一个肌纤维内并连的所有肌原纤维的缩短，表现为肌纤维收缩。

人与哺乳动物骨骼肌细胞的肌膜相对于 A 带与 I 带交界处向肌浆内凹陷形成小管网，它的走行方向与肌纤维长轴垂直，故称为横小管（或称 T 小管）。同一水平的横小管在细胞内分支吻合环绕在每条肌原纤维周围。横小管可将肌膜的兴奋迅速传到每个肌节。

肌纤维内特化的滑面内质网称为肌浆网，位于横小管之间，纵行包绕在每条肌原纤维周围，故又称为纵小管。肌浆网的膜上有丰富的钙泵（一种 ATP 酶），有调节肌浆中钙离子浓度的作用。位于横小管两侧的肌浆网膨大，呈环行的扁囊，称为终池，终池之间则是相互吻合的纵行小管网。一条横小管和其两侧的终池称为三联体。

二、心肌组织

心肌分布于心脏，构成心脏壁的肌层及邻近心脏的大血管壁。

光镜下，心肌纤维呈具有分支的短柱状，分支端-端互相连接成网，两条心肌纤维相连接处称为闰盘，该处细胞膜凹凸相嵌。心肌细胞的纵切面观察，可见染色不等的相间重复的横纹，但不如骨骼肌纤维的横纹规则。心肌纤维多为一个核，偶有两个核，常位于肌纤维中央。心肌纤维之间含有丰富的毛细血管（图 2-23）。

在电子显微镜下观察心肌的纵切时，可见心肌细胞的肌原纤维粗细差别很大，介于 0.2～2.3μm，粗的肌原纤维与细的肌原纤维可相互移行，相邻者又彼此接近以致分界不清。横小管位于 Z 线水平，管径约 0.2μm，较骨骼纤维的横管管径细，约 0.4μm。心肌细胞的肌浆网和终池不发达。终池为纵小管近横小管处的略微膨大，与横小管形成二联体，很少见三联体。在细胞核的两端具有丰富肌浆，其中的线粒体、高尔基复合体、糖原等，远较骨骼肌纤维丰富（图 2-24）。

在闰盘处除有缝隙连接外，还有特殊分化形成桥粒，使两侧的细胞膜彼此紧密连接。该处结构对电流的阻抗较低，另方面又因该处呈

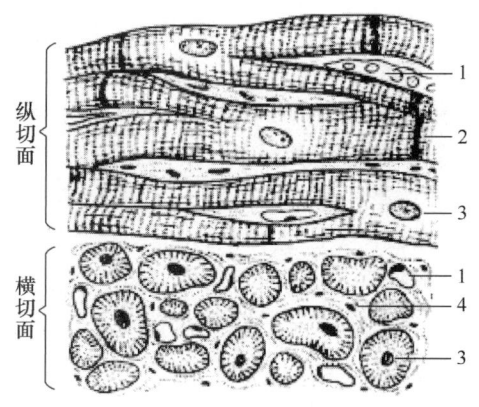

图 2-23 心肌示意图
1—毛细血管 2—闰盘
3—肌细胞核 4—成纤维细胞

间隙连接，内有 1.5～2.0nm 的嗜水小管，可允许钙离子等离子通透转运，兴奋易于由一个心肌纤维快速地传递给另一个心肌纤维。因此，正常的心肌细胞虽然彼此分开，但几乎同时兴奋而做同步收缩，提高了心肌收缩的效能，功能上体现了合胞体的特性，故常有"功能合胞体"之称（图 2-25）。

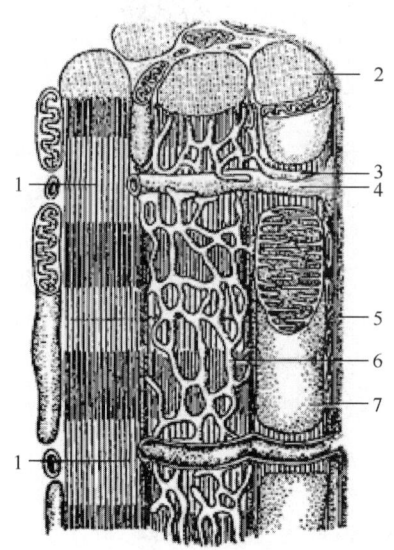

图 2-24 心肌纤维超微结构示意图
1—Z 线 2—肌丝束 3—终池
4—横小管 5—细胞膜 6—肌质网 7—线粒体

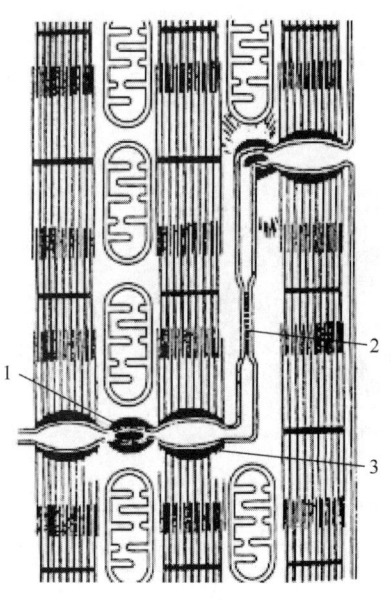

图 2-25 心肌闰盘超微结构示意图
1—桥粒 2—缝隙连接 3—中间连接

广义的心肌细胞包括组成心脏特殊传导系的细胞和组成心脏壁肌层的肌细胞（心工作肌细胞）。组成传导系统的细胞所含肌原纤维极少，或根本没有，因此均无收缩功能；但具有自律性和传导性，是心脏自律性活动的功能基础。

三、平滑肌

平滑肌主分布于内脏器官，如胃肠道、呼吸道、泌尿生殖道以及血管和淋巴管的肌层等处。受植物性神经支配，收缩缓慢而持久。

光镜下，平滑肌纤维一般呈长梭形，长度很不一致。小动脉壁上的平滑肌纤维长约 $20\mu m$，最长者可达 $500\mu m$（妊娠子宫），平滑肌的直径为 $5\sim20\mu m$。每个平滑肌纤维有一个细胞核，位于肌纤维中央，呈椭圆形，着色淡，可见 1~2 个核仁，当平滑肌纤维收缩时，细胞核常常呈螺旋状扭曲。平滑肌纤维横切面，直径一般较小，大小不等，呈圆形或不规则形（图 2-26）。

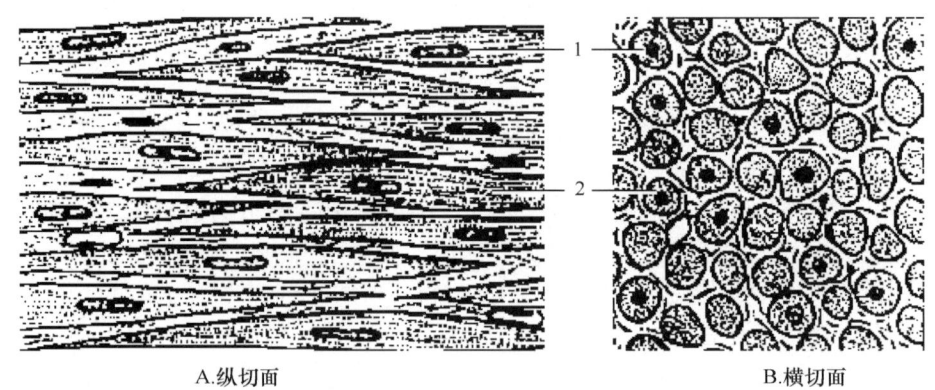

A.纵切面　　　　　　　　　　B.横切面

图 2-26　平滑肌示意图
1—细胞核　2—平滑肌细胞

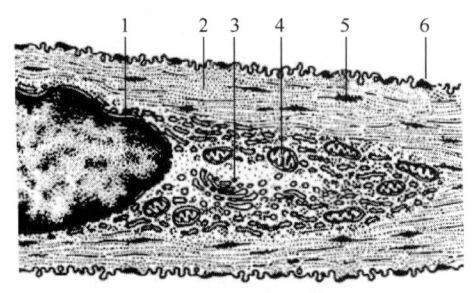

图 2-27　平滑肌纤维超微结构示意图（局部）
1—细胞核　2—肌丝　3—高尔基复合体
4—线粒体　5—密体　6—密斑

电镜下，平滑肌纤维表面不平整，肌膜向内凹陷形成许多小凹，一般认为他相当于横纹肌的横小管。在肌膜内面，有许多按一定距离排列的电子致密度高的区域，称为密区，他相当于横纹肌纤维的 Z 线。在细胞核的两端，肌浆比较丰富，含线粒体、高尔基复合体和少量粗面内质网，在细胞周边的肌浆中，含有平行排列的肌丝束，肌丝束之间的肌浆内也有许多排列整齐的电子致密度高的小体，称为密体（图 2-27）。

肌丝也有粗细两种，细肌丝直径 7nm，一端附着于密体上，另一端游离于肌浆中，粗肌丝散布于细肌丝之间。若干条粗肌丝和细肌丝集合成大小不等的肌丝束，相当于肌原纤维，又称为收缩单位。密体与密区之间有中间丝连接形成一种相互连接的网架，中间丝与收缩无关，在细胞内只起支持作用。

关于平滑肌纤维的收缩原理，目前仍不完全了解，一般认为也是通过肌丝的滑动原理来实现的。

在器官内，平滑肌纤维或散在地单独排列，如在消化管管壁的固有膜；或成束排列，如皮肤内的竖毛肌;或成层排列,如消化管管壁的肌层。平滑肌纤维之间一般以缝隙连接相结合,可使细胞间互通化学信息,神经冲动也能迅速扩散,而使互相连接的平滑肌纤维构成一个功能上的整体。平滑肌纤维相互平行,而且一个纤维的中间部分(宽部)与邻近肌纤维的两端(细部)紧密地联合在一起。平滑肌束和层之间有结缔组织,内含血管和神经纤维。

第五节 神经组织

神经组织是由神经细胞和神经胶质细胞构成的。神经细胞又称为神经元,是一种高度分化的细胞,能够感受刺激和传导冲动。神经胶质细胞是神经组织的辅助成分,具有支持、营养、绝缘和防御等功能。

一、神经元

神经元是神经组织中的结构和功能单位。神经元细胞体位于中枢神经系统的灰质和周围神经系统的神经节内,是神经元代谢和营养的中心(图2-28)。

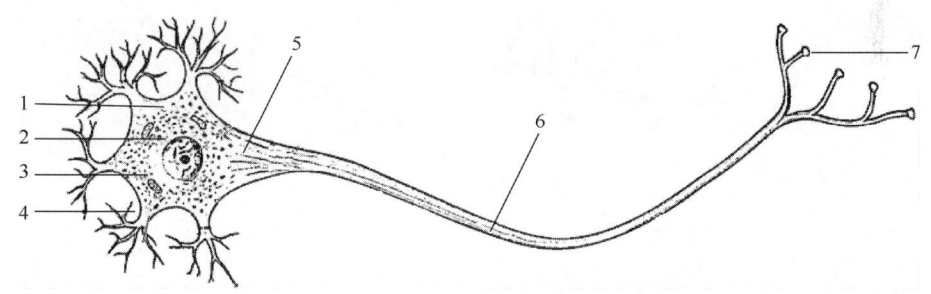

图2-28 神经元结构示意图
1—尼氏体 2—细胞核 3—线粒体 4—树突 5—轴丘 6—轴突 7—轴突末梢

光镜下,神经元的形态各异,常见的为星形、锥体形、梭形和圆形。胞体的大小不一,直径为4~150μm。一个典型的神经元由胞体和突起两部分组成,突起分树突和轴突两种。树突是从神经元胞体发出的一个至多个的突起,起始部较大,经反复分支而逐渐变细,形如树枝状。电镜下,树突表面粗糙常有许多棘状的小突起,称为树突棘,是形成突触的部位。树突的功能是将兴奋由树突末梢传导至细胞体。每个神经元只有一个轴突,轴突细而长,分支较少,发出的侧支与轴突长轴成直角。轴突的功能是将兴奋由细胞体传导至轴突末梢。神经元具有一个细胞核,大而圆,位于细胞中央,核膜清楚,异染色质少,因此光镜下核呈空泡状,着色浅,有1~2个大而圆的核仁。细胞质又称为核周质,分布有许多嗜碱性斑块或颗粒,称为尼氏体(Nissl body)。在发出轴突的一小块细胞质内,无尼氏体的分布,称为轴丘,轴突内也无尼氏体。电镜下,尼氏体是由许多平行排列的粗面内质网和游离核糖体,是神经元合成蛋白质的主要场所,当神经元受到损伤,机体过劳、衰老和中毒时,均能引起尼氏体减少,乃至消失。若损伤恢复或除去有害因素后,尼氏体又可恢复,因此尼氏体的形态结构可作为判定神经元功能状态的一种标志。

银染法显示,细胞质内有丰富的神经原纤维,在胞体内交织成网,树突和轴突内的神经原纤维则并行排列成束。电镜下，神经原纤维是由许多集合成束的神经微丝和神经微管构成的，神经原纤维构成神经细胞的支架，维持细胞的形态，还参与神经元内特别是突起内物质的运输（图2-29）。

根据神经元的突起的形态，神经元有三种基本形态，即多极神经元、双极神经元和假单极神经元（图2-30）。根据神经元的功能也可将神经元分为三种：感觉神经元可接受躯体内外刺激，将冲动传至中枢神经系统，胞体位于脑、脊神经节内，假单极和双极神经元大都属于此类；运动神经元是将冲动由胞体经轴突传至末梢，使肌肉收缩或腺体分泌，胞体位于中枢神经系统的灰质和植物性神经节内，多极神经元多数属于此类；联合神经元是介于前两种神经元之间传递信息，起联络作用的神经元，一般为多极神经元，其胞体和突起位于中枢神经系统，动物体内的绝大多数神经元都属于此类，动物进化程度越高，联合神经元就越多。

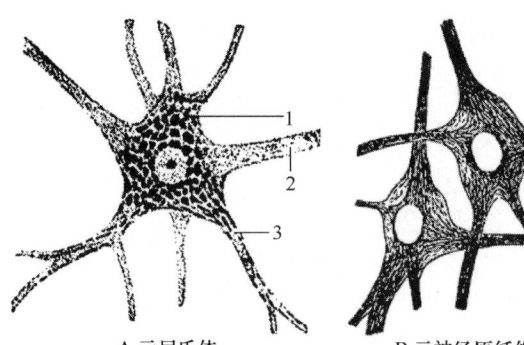

图2-29 神经元细胞体示意图
1—尼氏体 2—轴丘及轴突 3—树突

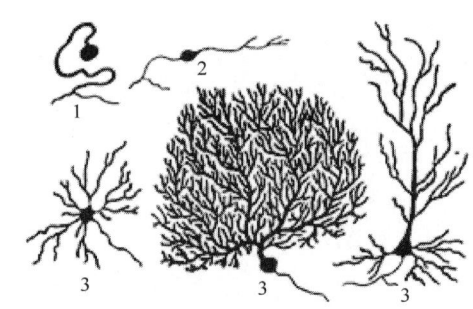

图2-30 神经元示意图
1—假单极神经元 2—双极神经元 3—多极神经元

二、神经元之间信息传递的结构

神经元是神经系统结构和功能单位。神经系统的任何一项功能活动，必须在多个神经元密切联系下，才能共同完成。

神经元与神经元之间和神经元与其他细胞之间实现神经冲动传递的接触点称为突触。一个神经元的轴突末梢可能与另一个神经元的树突构成轴-树突触，可能与另一个神经元的细胞体构成轴-体突触，还可能与另一个神经元的轴突构成轴-轴突触（图2-31）。

根据突触间神经冲动的传递的方式，突触分为化学性突触和电突触。

1. 化学性突触

化学性突触以神经递质（一类特殊

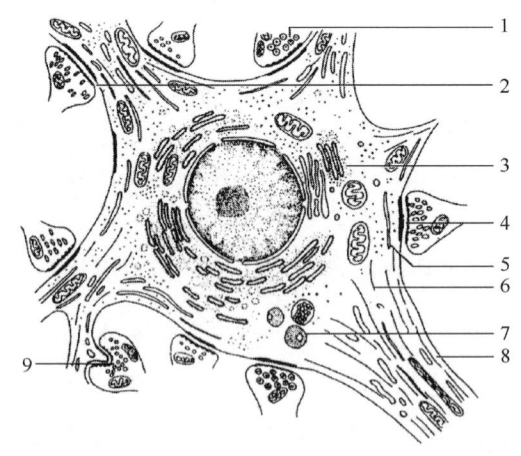

图2-31 多极神经元及其突触示意图
1—突触小泡 2—轴-树突触 3—尼氏体（粗面内质网）
4—轴-体突触 5—微管 6—神经原纤维 7—脂褐素
8—轴突 9—轴-棘突触

的化学物质）作为媒介，才能将兴奋传递至下一个神经元。

光镜下，化学性突触一般是由轴突末端膨大（称突触小体），贴于另一个神经元的胞体或树突上。电镜下，可见突触两侧细胞膜间有间隙，在结构上两者并不相通，前一种神经元轴突末端的膜，称为突触前膜；与突触前膜相对应的另一种神经元的胞体或树突的膜，称为突触后膜；突触前膜和后膜的结构均特化并增厚，两膜之间有宽 20～30nm 的突触间隙。突触小体的轴浆内，含有许多膜泡（突触小泡）和线粒体，突触小泡大小不一，形态多样，有圆形、扁圆形等，内含神经递质。突触后膜内存在着能够与相应神经递质结合的受体（图 2-32）。

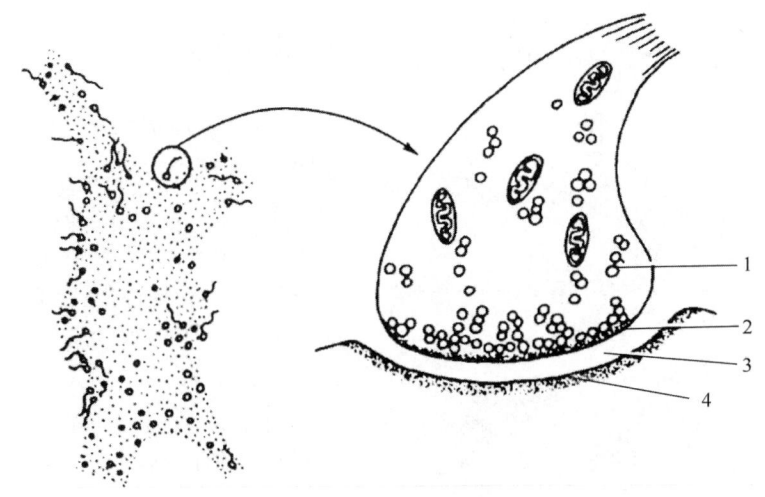

图 2-32　化学性突触超微结构示意图
1—突触小泡　2—突触前膜　3—突触间隙　4—突触后膜

2. 电突触

电突触主要见于鱼类和两栖类。电突触的前后膜是一种缝隙连接结构，两侧突触膜都无明显的增厚现象，膜内侧胞浆中也无突触小泡的汇聚，但存在一些把两侧突触膜连接起来的、直径约 2nm 的中空小桥，两侧神经元的胞浆（除大分子外）借以相通。如将分子量不大的荧光色素注入一侧胞浆中，往往可能通过小桥孔扩散到另一个神经元。电突触对神经冲动的传导不需要神经递质，而是通过电流传导，传导的方向决定于两个神经元之间的关系，这种传导是双向性的。

三、神经胶质细胞

神经胶质细胞广泛分布于中枢和周围神经系统内，一般染色只能显示细胞核，只有用特殊方法才能显示出整体形态。神经胶质细胞比神经细胞小，但其数量较神经细胞约多 10 倍，常分布在中枢神经组织的血管、神经元胞体和突起的周围，是一种多突起的细胞，但突起不分树突和轴突，胞质内无尼氏体和神经原纤维，无传导冲动的功能，对神经细胞起支持、营养、保护、形成髓鞘、绝缘和修复等作用。

1. 中枢神经内的神经胶质细胞

中枢神经内的胶质细胞包括星形胶质细胞、少突胶质细胞、小胶质细胞和室管膜细胞

（图2-33、图2-34）。

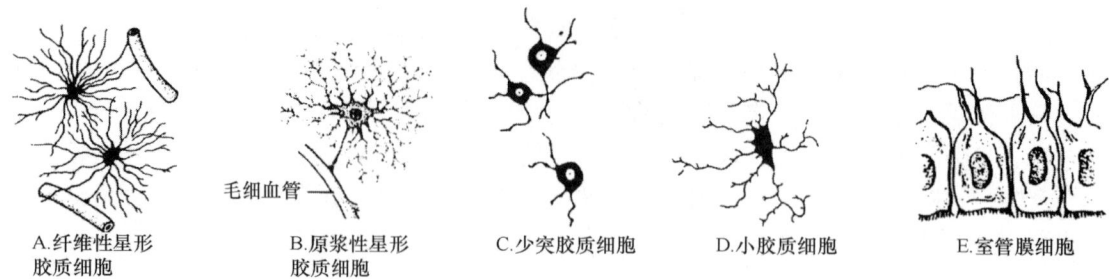

A.纤维性星形　　B.原浆性星形　　C.少突胶质细胞　　D.小胶质细胞　　E.室管膜细胞
　胶质细胞　　　　胶质细胞

图2-33　中枢神经系统神经胶质细胞的类型示意图

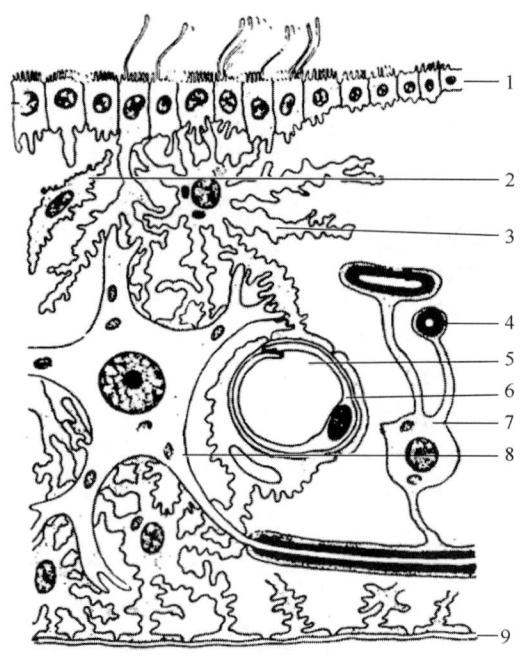

图2-34　中枢神经系统的胶质细胞与神经元、
毛细血管关系示意图

1—室管膜细胞　2—小胶质细胞　3—星形胶质细胞
4—有髓神经纤维（横切）　5—毛细血管　6—内皮细胞
7—少突胶质细胞　8—神经元　9—胶质界膜

（1）星形胶质细胞　星形胶质细胞是胶质细胞中体积最大、数量最多的一种。细胞体核大，圆形或椭圆形，染色质细小，染色较浅。银染色显示此类胶质细胞呈星形，从胞体发出许多长而分支的突起。星形胶质细胞的细胞质中含有大量交错排列的原纤维，伸入到胞突中并与胞突平行行走，是构成细胞骨架的主要成分。原纤维的超微结构是一种中间丝，称为胶质丝。根据胶质丝的含量以及胞突的形状可将星形胶质细胞分为两种：纤维性星形胶质细胞多分布在脑脊髓的皮质，突起细长，分支较少，胞质中含大量胶质丝；原浆性星形胶质细胞，多分布在灰质，细胞突起粗短，分支多，胞质内胶质丝较少。

星形胶质细胞的突起覆盖在神经元的胞体及突起周围形成胶质膜，起支持和分隔神经细胞的作用，在神经传导中起绝缘作用。星形胶质细胞突起的末端常膨大形成脚板，或称为终足，有些脚板贴附在邻近的毛细血管壁上，因此这些脚板又被称为血管足或血管周足，毛细血管85%～99%的面积被此种胶质细胞的脚板所覆盖，形成血脑屏障（图2-35），能从血液中吸收营养物质转运给神经元或阻止某些化学物质进入神经元。中枢神经系统受到损伤后，星形胶质细胞在脑瘢痕修复中起重要作用。

（2）少突胶质细胞　少突胶质细胞细胞体较小，多呈圆形或椭圆形，突起少，分支也少，核圆形或椭圆形，染色深。少突胶质细胞参与形成中枢神经系统内的有髓神经纤维的髓鞘。

（3）小胶质细胞 小胶质细胞数量较少，胞体较小，呈梭形或不规则形，由胞体发出一些细长且分支的突起，突起表面有小棘突，核小呈三角形，染色深。小胶质细胞可产生变形运动，具有很强的吞噬功能，属于单核巨噬细胞系统的细胞。

（4）室管膜细胞 室管膜细胞构成分布于脑室和脊髓中央管腔面的单层柱状上皮。细胞表面有微绒毛或纤毛突入于管腔内，细胞的基底面有一条细长的突起，伸入到脑和脊髓的深层。脑室特殊部位的室管膜形成的脉络丛，是产生脑脊液的地方。

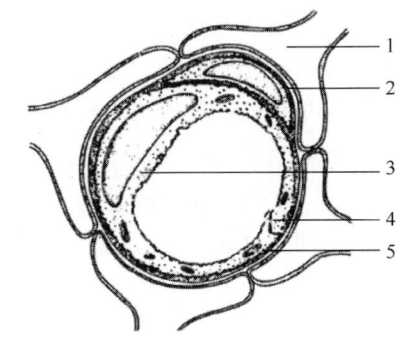

图2-35 血脑屏障超微结构示意图
1—星形胶质细胞的脚板 2—周细胞
3—毛细血管内皮细胞 4—紧密连接 5—基膜

2. 周围神经内的神经胶质细胞

周围神经内的胶质细胞包括施万细胞和卫星细胞。

（1）施万细胞 施万细胞沿神经元的突起分布，包裹在神经的突起外面，形成有髓神经纤维。施万细胞能分泌神经营养因子，促进受损的神经元的存活及其轴突的再生。施万细胞的胞核呈长卵圆形，其长轴与轴突平行，核周有少量胞质。由于施万细胞包在突起的外面，施万细胞最外面的一层胞膜与基膜一起往往称为神经膜，故又称为神经膜细胞。

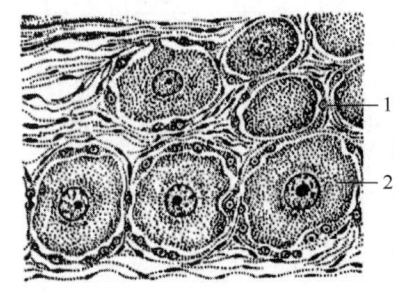

图2-36 周围神经节内的卫星细胞示意图
1—卫星细胞 2—神经细胞

（2）卫星细胞 卫星细胞位于周围神经节内，细胞体扁平或立方形细胞，细胞核为圆形或卵圆形，染色较深。卫星细胞在神经元胞体的周围形成一层包囊，故也称为被囊细胞。卫星细胞也包被假单极神经元的盘曲的突起，在T形分支处与施万细胞鞘相连续。卫星细胞能产生神经营养因子，维持神经元的生长和发育（图2-36）。

四、神经纤维

神经纤维是以神经细胞的突起（包括轴突与树突）为中轴，外包神经胶质细胞（施万细胞或少突胶质细胞）而构成。根据神经纤维有无髓鞘结构，分为有髓神经纤维和无髓神经纤维两种。

1. 有髓神经纤维

周围神经内的有髓神经纤维由轴突（或树突）、髓鞘、神经膜构成（图2-37）。髓鞘及神经膜呈鞘状分节段包裹在轴突的周围。在轴突的起始部无髓鞘包裹，称此部为起始段。起始段远侧的轴突部分髓鞘呈节段包卷轴突，形似藕节，其间断部位，轴膜裸露，称为神经纤维节，又称为郎飞结。两个相邻结之间的一段，称为结间体，它是由一个施万细胞所形成的髓鞘及其周围的神经膜构成。在有髓神经纤维形成之初，轴突或树突的一段陷入施万细胞形成的凹槽中，随后施万细胞以双层生物膜反复缠绕轴突或树突，形成髓鞘，故髓鞘主要是由类脂质和蛋白质所组成，称为髓磷脂（图2-38）。在常规染色标本上，因髓鞘中的类脂被溶解，仅见呈网状残存的蛋白质，称为神经角演网。在锇酸浸染标本上，髓鞘呈黑色，其中还可见数个呈漏斗形的斜裂，称为髓鞘切迹或施-兰切迹。电镜下，髓鞘为明暗相间的同心圆板层排列。施万细胞核呈长椭圆形，位于髓鞘边缘的少量胞质内，施万细胞的这一部分称为神经膜。髓鞘有保护和绝缘作用，可防止神经冲动的扩散。有髓神经纤维的神经冲动传导，是从一个郎飞结跳到相邻郎飞结的跳跃式传导，长的神经纤维，轴突就粗，髓鞘也厚。结间体也长，传导速度快。反之，传导速度慢。

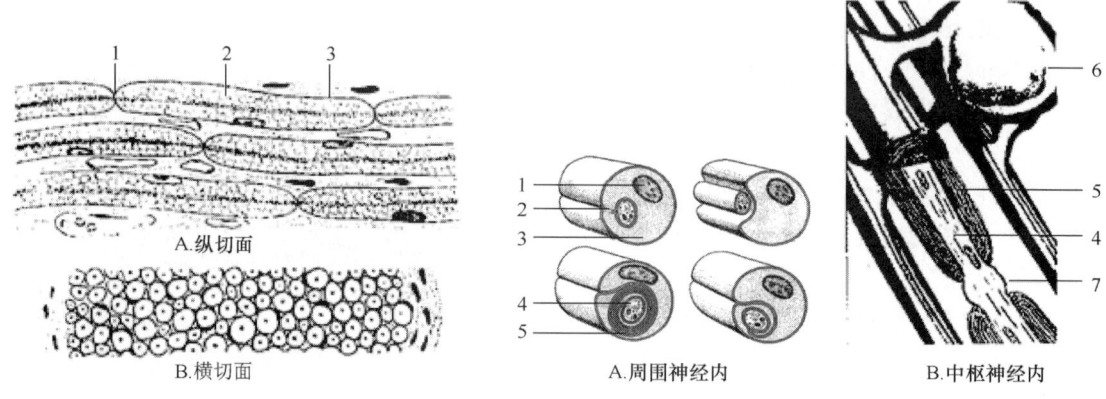

图2-37 有髓神经纤维切面示意图
1—神经纤维节 2—髓鞘 3—神经膜

图2-38 有髓神经纤维髓鞘生成示意图
1—施万细胞细胞核 2—轴突系膜 3—施万细胞
4—轴突 5—髓鞘 6—少突胶质细胞 7—郎飞结

中枢神经系统有髓神经纤维的髓鞘，由少突胶质细胞形成。一个少突胶质细胞的几个突起，可分别包卷几条轴突形成髓鞘，郎飞结较宽，无髓鞘切迹，其胞体位于神经纤维之间（图2-39）。

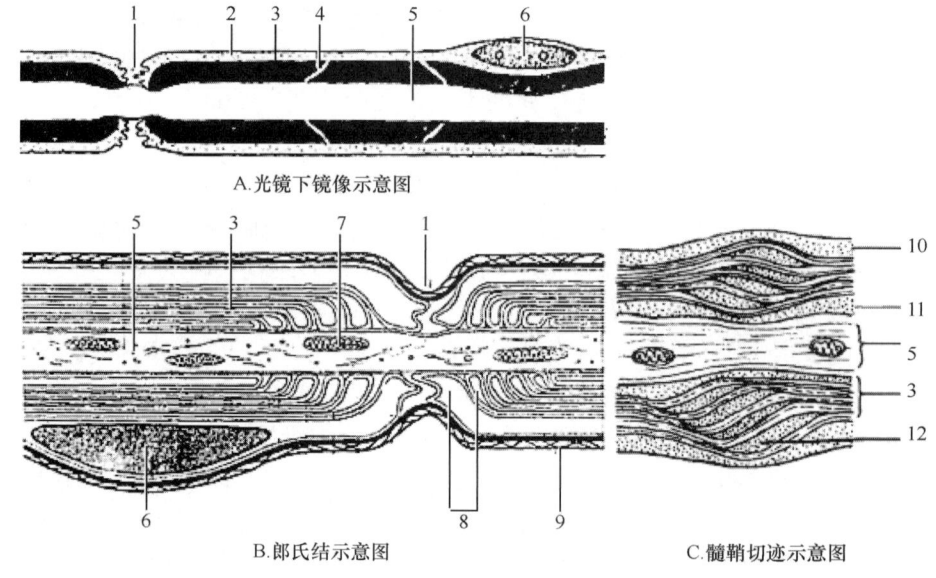

图2-39 有髓神经纤维结构示意图
1—郎飞结 2—神经膜 3—髓鞘 4—髓鞘切迹 5—轴突 6—施万细胞细胞核 7—线粒体
8—节旁环 9—神经内膜 10—外环细胞质 11—内环细胞质 12—细胞质通道（髓鞘切迹）

2. 无髓神经纤维

无髓神经纤维由较细的轴突及施万细胞构成（图2-40），无髓鞘结构、无郎飞结。电镜下可见一个施万细胞深浅不同的包裹多条粗细不等的轴突。无髓神经纤维的神经冲动传导是沿着轴突进行连续性传导，其传导速度比有髓神经纤维慢得多。植物神经的节后纤维和部分感觉神经纤维属无髓神经纤维。

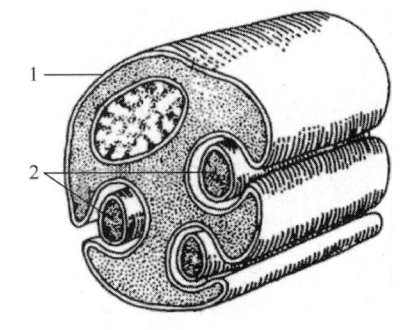

图2-40 周围神经内无髓神经纤维示意图
1—施万细胞 2—轴索

五、神经末梢

神经末梢是周围神经纤维的终末部分，它遍布于机体各组织或器官内，形成各式各样的特有结构。按其功能不同可分为感觉神经末梢和运动神经末梢两大类。

1. 感觉神经末梢

感觉神经末梢是指感觉神经元外周突（树突）的终末部分与周围的组织或细胞群共同所形成能感受环境刺激的结构，又称为感受器。感受器的功能接受内外环境的各种刺激，并将刺激转化为神经冲动（图2-41）。

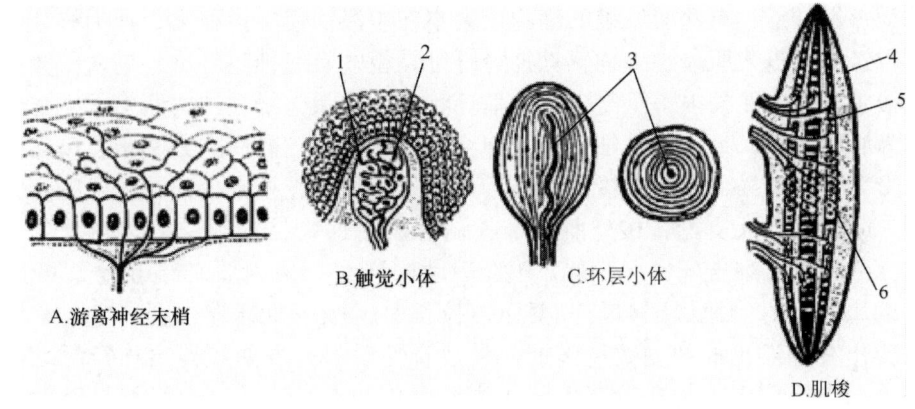

图2-41 感觉神经末梢示意图
1—被囊 2—神经末梢 3—内棍 4—背囊 5—梭内肌纤维 6—感觉神经末梢

根据感受器的分布和功能不同，可将感受器分为外感受器、内感受器、本体感受器三类。

外感受器包括分布于皮肤的各种感受冷、热、触、压和疼痛等刺激的感受器，也包括位于眼、耳、鼻等特殊的感受器官内的感受器。

内感受器分布于内脏及血管，感受内脏和血管的刺激。

本体感受器分布于骨骼肌、关节及肌腱，它们感受来自肌腱和关节的张力及位置改变的刺激。

根据感受器的形态结构不同，可将感受器分为游离神经末梢和被囊神经末梢两种。

游离神经末梢分布于表皮、角膜、黏膜上皮、浆膜、肌肉和结缔组织中，由较细的有髓或无髓神经纤维的终末部分失去施万细胞后，轴突裸露并反复分支，游离分散于上皮细胞或结缔组织中，如能感受冷、热和疼痛的刺激等的感受器。

被囊神经末梢的外面包有结缔组织被囊，其形式各种各样，大小不一，常见的如触觉小体、环层小体、肌梭。

触觉小体又称为梅氏小体，分布在皮肤的真皮乳头内，以手指掌面和足趾底面最多。小体呈椭圆形，直径为 30～100μm，周围有结缔组织形成被囊，内有许多横列的扁平触觉细胞。有髓神经纤维在被囊处失去髓鞘穿入被囊内，分支盘绕。主要功能是感受触觉。

环层小体又称为潘申尼小体，此种小体分布广泛，多见于真皮深层、皮下组织、肠系膜和胰腺的结缔组织中。小体多呈圆形或椭圆形，大小不一。小体的被囊是由扁平的结缔组织细胞和纤维形成的同心圆板层，板层间充满胶样物质。小体的中轴为一均质性的圆柱，称为内棍，神经纤维失去髓鞘后进入内棍，主要是感受压力、振动和张力觉等。

肌梭是一种感受肌肉长度变化或牵拉刺激的特殊的梭形感受装置，长为 1～7mm，外层为结缔组织囊，囊内有 6～12 根肌纤维，称为梭内肌纤维，结缔组织囊外的肌纤维称为梭外肌纤维，梭外肌纤维与梭内肌纤维呈平行排列。梭内肌纤维的两端为收缩成分，中间部分是感受装置。梭内肌纤维的中段肌浆较多，肌原纤维较少，有些肌纤维的细胞核排列成串，称为核链纤维；有些肌纤维的细胞核聚集在中段而使中段膨大，称为核袋纤维。有两种感觉神经纤维进入肌梭：一种感觉神经纤维是粗的有髓神经纤维，进入肌梭前失去髓鞘，在肌梭中段进入肌梭内，反复分支，呈环状或螺旋状包绕在梭内肌中段，含细胞核的部分，称为螺旋末梢；另一种是细的有髓神经纤维，进入被囊后失去髓鞘，反复分支，末梢终端略膨大呈花枝样，分布在梭内纤维近两端处，称为花枝末梢或花簇末梢。梭外肌纤维接受 α-运动神经元支配，梭外肌纤维收缩时梭内感受装置所受牵拉刺激减少；梭内肌纤维受 γ-传出纤维支配，γ-传出纤维活动增强时，梭内肌纤维收缩，可提高肌梭内感受器的敏感性。当肌肉因体位改变而被拉长时，梭内肌纤维长度的也同时增加，使感受装置传出神经发出的冲动数量增加，到达脊髓后，一方面经传出神经纤维使肌肉收缩，另一方面向高位中枢传递以产生肢体位置变化的本体感觉。故肌梭是感觉肌肉的运动和肢体位置变化的本体感受器，主要分布于抗重力肌，在调节骨骼肌的活动中起重要作用。

2. 运动神经末梢

运动神经末梢是指运动神经元的外周突的终末，终止于骨骼肌、心肌、平滑肌及腺体等处所形成的特定结构，支配肌肉收缩和腺体分泌。

运动终板是指分布于骨骼肌的神经纤维末梢与局部的肌膜共同形成的结构，也称为神经肌肉接点。运动神经元的轴突抵达所支配的骨骼肌纤维时失去髓鞘，其轴突反复分支，每一分支形成葡萄状膨大，与一条骨骼肌纤维的局部肌膜接触。电镜观察表明，这种接触点具有与化学性突触同样的构造，而电生理研究也表明，两者关于兴奋的传递也具有相同的过程。每一个运动神经元轴突的分支可支配多条骨骼肌纤维，如脊髓灰质腹角的一个运动神经元可支配 1000～2000 条骨骼肌纤维，这些肌纤维因同时接受该神经元传递来的兴奋，所以收缩活动也同步发生，被称为一个运动单位（图2-42）。

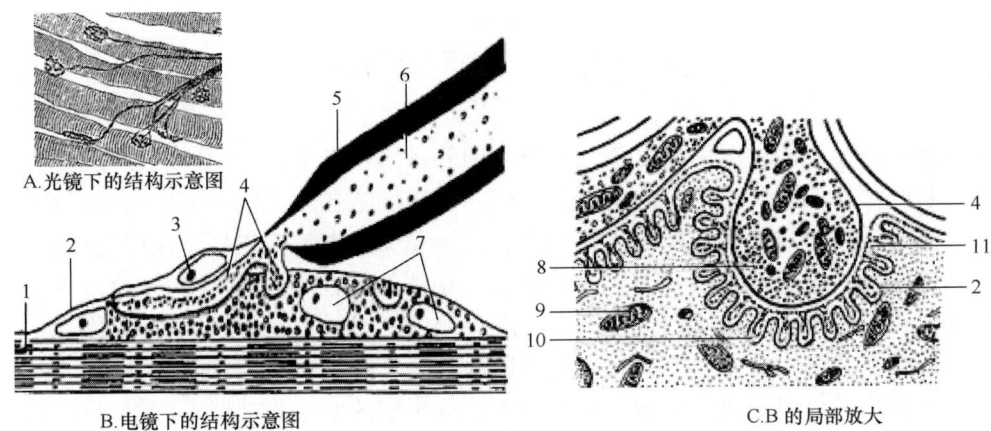

图2-42 运动终板的结构示意图
1—肌原纤维 2—肌膜 3—施万细胞细胞核 4—神经末梢 5—髓鞘 6—轴突
7—肌细胞细胞核 8—突触小泡 9—线粒体 10—连接褶 11—突触槽

其他运动神经末梢，包括平滑肌、心肌和腺上皮的运动神经末梢。这些地方的运动神经末梢结构简单，末梢分支膨大，形成扣状或网状，穿行于平滑肌纤维、心肌纤维或腺细胞之间。

第三章　骨与骨连结

　　动物体的骨骼有两种，一种是节肢动物体的外骨骼，是指动物的体表覆盖着的由表皮细胞层、基膜和角质层共同构成的坚硬的体壁。表皮细胞层由一层活细胞组成，向外分泌形成厚的角质层。角质层除了能防止体内水分蒸发和保护内部构造外，还能与内壁所附着的肌肉共同完成各种运动，因此被称为外骨骼。由于角质层并非是具有生命活性的物质，故其个体生长受限，其个体生长过程中会定期会发生蜕皮外，其体型也都不会太大。另一种是位于脊椎动物体内的骨骼，构成这类骨骼的骨是具有生命活性的器官，有一定的形态和功能，主要由骨组织构成，坚硬而富有弹性，有丰富的血管和神经，能不断地进行新陈代谢和生长发育，并具有改建、修复和再生的能力。这类骨通过骨连结组成骨骼，构成动物体支架，支撑软组织并承担其重量，赋予动物体一定的外形；形成体腔壁，保护内部器官；为骨骼肌提供附着面，并在运动中起杠杆作用；骨内的红骨髓有造血功能，黄骨髓可储存脂肪；骨内的钙和磷是动物体钙、磷代谢的储备仓库。

第一节　骨与骨连结概述

一、骨概述

1. 骨的形态

骨的形态与骨在体内所处的位置及功能密切相关（图3-1）。

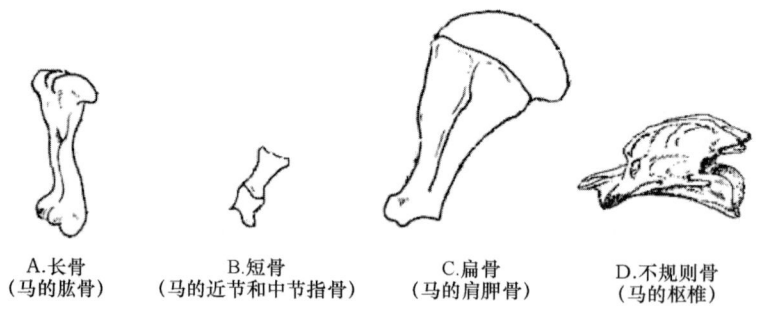

A.长骨　　　　B.短骨　　　　　　C.扁骨　　　　D.不规则骨
（马的肱骨）（马的近节和中节指骨）（马的肩胛骨）（马的枢椎）

图3-1　骨的形态示意图

　　（1）长骨　长骨呈长管状，中部称为骨体或骨干，两端膨大为骨端或骺。发育中的家畜，在骨体和骨端之间，存在有一骺软骨板（图3-2）。骨后软骨板的不断增生和骨化，可使骨干继续增长，成年后该软骨板骨化，形成干骺线。长骨多位于四肢，可产生较大幅度的运动。

　　（2）短骨　短骨形状近似立方体，与邻近的骨之间有较多的关节面，故多位于运动灵活、承受压力较大的部位，如前肢的腕骨和后肢的跗骨。

（3）扁骨　扁骨呈板状。扁骨有保护内部器官的作用，且可为肌肉提供较大的附着面，如额骨、肩胛骨等。

（4）不规则骨　不规则骨形态不规则，故功能多样，主要位于畜体中轴，如椎骨。

2. 骨的结构

骨由骨膜、骨质和骨髓构成，此外还有丰富的血管和神经分布。

（1）骨膜　骨膜分骨外膜和骨内膜。骨外膜分两层，外层为纤维层，有营养和保护作用。内层为成骨层，参与骨的生长和修补。当骨外膜受损，骨不易愈合。在肌肉和韧带附着处，骨外膜显著增厚。骨内膜主要衬附于骨髓腔面以及骨小梁表面。

（2）骨质　骨质是骨的主要成分，由骨组织构成，分为骨密质和骨松质。骨密

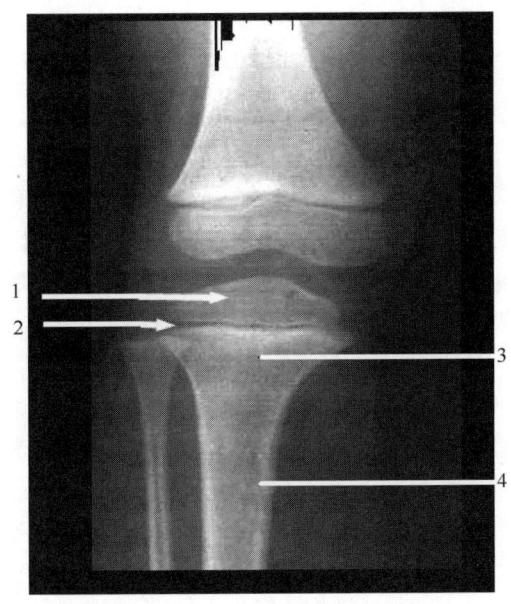

图3-2　幼龄长骨的分部
1—骨骺　2—骺软骨　3—干骺端　4—长骨骨干

质分布在骨的表层，厚而致密，由紧密排列的骨板构成，抗压、抗扭力强。骨松质位于骨内部，由针状或片状的骨小梁组成，骨小梁按重力方向和肌肉牵引的张力方向排列，这两种排列方式，使骨以最经济的材料，达到最大的坚固性和轻便性。在长骨中，骨密质主要位于骨干部，骨板可分为外环骨板、内环骨板、哈佛骨板和骨间板，骨干的中央为大的骨髓腔。在骺部，主要是骨松质。在短骨、不规则骨中，主要由骨松质构成，骨体外面的骨密质很薄。在扁骨中，骨密质主要分布在骨的非骨连结面，中间的骨松质称为板障（图3-3）。

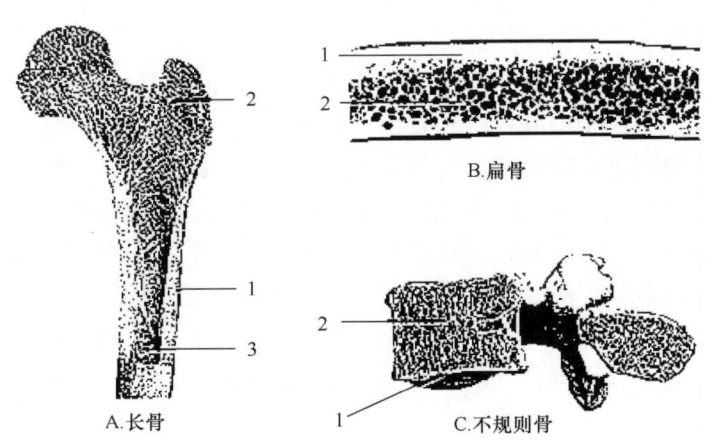

图3-3　骨质在骨内的分布示意图
1—骨密质　2—骨松质　3—骨髓腔

(3) 骨髓　骨髓位于长骨的骨髓腔和骨松质的网眼内，由多种类型的细胞和网状结缔组织构成。幼畜的骨髓均为红骨髓，具有造血功能，成年后长骨骨髓腔中的红骨髓逐渐发生脂肪沉积，转为黄骨髓。大量失血后，黄骨髓可以逆转为红骨髓，再次执行造血功能。骨松质中的红骨髓终生具有造血功能。

(4) 骨的血管和神经　骨有丰富的血管和神经。骨表面有肉眼明显可见的小孔，称为滋养孔。分布于骨质的血管和神经由此出入，在骨质内，供血管和神经行走的横向管道称为福克曼管，纵向管道称为哈佛管或中央管。分布于骨的神经主要是血管的运动神经和骨膜的感觉神经。

3. 骨的表面形态及名称

骨与骨之间以多种方式形成连结，骨表面附着骨骼肌，还有血管和神经伴行或经过骨的某个局部。适应不同的连结方式和不同大小形态的肌肉的附着，以及血管或神经的影响，故在骨的表面形成多种结构。

(1) 供肌肉和韧带附着的突起　突为骨表面突然高起的部分，其中较为细长的称为茎突；顶端尖锐的突起称为棘；粗糙而较高的突起称为结节或小结节；粗糙而较平的突起称为粗隆；边缘薄的长隆起称为嵴；低而细长的隆起称为线。另外还有其他一些特殊的名称，如转子、隆起等。

(2) 骨表面的凹陷　按大小和形态分别称为窝、凹或小凹、沟和压迹等。骨边缘向骨内的弧形凹称为切迹。

(3) 骨内的空腔　骨内的腔洞称为腔、窦或房，长形的腔洞称为管或道，腔或管的开口称为口或孔，不整齐的口称为裂孔。

(4) 关节面及其周围的结构　球形凸起的关节面称为头，球形凹入的关节面称为关节窝，滑车状的关节面称为滑车，圆柱状的关节面称为髁。髁附近非关节面的突起称为上髁。

4. 骨的化学成分与物理特性

新鲜骨呈乳白色或粉红色，干燥的骨轻而白。骨是体内最坚硬的组织，能承受很大的压力和张力，并富有弹性。骨的这种物理特性不仅取决于骨的形态和内部结构，还与骨的化学成分有密切关系。

骨的化学成分可依据一般的化学分类划分为有机物和无机物。有机物决定其弹性，主要成分有胶原纤维、骨黏蛋白和硫酸软骨素。骨中的无机物又称为骨盐，无机物决定其硬度，主要成分有磷酸钙和碳酸钙等，它们以羟磷灰石［$Ca_5(PO_4)_3OH$］和无定形的胶体磷酸钙等形式分布于有机物中。将骨煅烧除去有机物，则骨发脆易碎；若将骨浸在酸内以除去无机物，则骨变得较为柔软，长骨甚至可打结。骨中的有机物与无机物的含量比例随动物的营养、生理状态、年龄及运动而不断地发生变化。成年动物骨含有2/3的无机物和1/3的有机物，幼年动物有机物含量高，而老年动物则相反。妊娠期和泌乳期母畜，由于胎儿发育和泌乳的需要，在饲料调配不当时，易发生软骨病。为了预防软骨症，应注意饲料成分的调配。

5. 骨的生长发育

骨起源于胚胎时期的间充质，骨组织的生成过程称为骨化。在胚胎期，有两种成骨方式，一种是由胚性结缔组织膜演变成骨组织，称为膜性成骨，由此形成有骨组织称为膜化骨，如扁骨；另一种是先形成软骨，在软骨的基础上形成骨组织，称为软骨性成骨，由此形成的骨组织称为软骨化骨，如四肢的长骨。

(1) 膜化骨　在胚性结缔组织膜的一定部位开始形成骨化点，骨化点的间充质细胞大量繁殖，并分化为成骨细胞，周围血管增多，在成骨细胞的活动下，产生纤维和基质，形成类骨质，然后钙盐沉积，成骨细胞被埋入钙化的基质中而成为骨细胞。从骨化点逐渐向四周放射产生新骨质，使骨不断扩展。在新生骨质外面的结缔组织形成骨膜，骨膜下面的成骨细胞不断产生新的骨质，使骨逐渐加厚。骨的外形和内部结构在骨的生长过程中随着其机能及周围环境的改变而不断地进行改建，如已经形成的骨质又不断地被破骨细胞破坏、吸收和重新骨化，形成骨小梁，骨小梁交织成网状，形成骨松质，最终塑造成体骨的形态。

(2) 软骨化骨　在胚胎的早期，由间充质先形成透明软骨原基，这时的软骨已具有成年骨的雏形，外被软骨膜，并不断生长，达到一定体积后，在软骨中部出现初级骨化中心，在成骨细胞活动下钙盐沉积，形成骨质。与此同时，软骨膜内层的细胞分化为成骨细胞，在骨表面形成一薄层骨质，称为骨领。此时骨领表面的软骨膜也转化成骨膜，骨膜内层的成骨细胞不断形成新骨质，使加粗。同时，随着血管的长入，原来由初级骨化中心形成的骨质被破骨细胞破坏吸收，形成骨髓腔。由于成骨细胞的成骨作用和破骨细胞的破骨活动，使得骨越来越粗，骨髓腔越来越大。随后，在软骨原基两骨端的中心也出现次级（骺）骨化中心，同样经过造骨与破骨的复杂过程形成骺的骨松质。在成年前，在骨骺与骨干之间仍保留一层软骨，即骺软骨。骺软骨不断分裂，其骨干面的软骨不断骨化，从而使骨干不断加长。接近成年期，骺软骨的增生减弱，最后停止分裂，骺软骨消失，骨干和骨骺结合成一个整体，在原来骺软骨处留有痕迹称骺线，这时骨的长度不再增加，骺端关节面存留的薄层软骨终生不骨化，成为关节软骨。

骨的基本形态和构造是由遗传因素决定的，但骨在生长发育的过程中，体内外环境均对其形态结构产生一定的影响。影响骨生长发育的因素有神经、内分泌、维生素、营养、物理化学因素、疾病等。如神经系统调节骨的营养过程，功能加强时促进骨质增生，骨坚韧粗壮，反之，骨质变得疏松；内分泌系统影响钙、磷的吸收和沉积；维生素 D 促进肠道对钙、磷的吸收，缺乏时体内钙、磷减少，影响骨的钙化；维生素 A 调节成骨细胞和破骨细胞的作用，保持骨的正常生长；运动可促进骨正常发育。

6. 畜体全身骨骼的分区

(1) 中轴骨　包括头骨和躯干骨。头骨又分为颅骨、面骨。躯干骨又分为椎骨、肋、胸骨。

(2) 肢骨　包括前肢骨和后肢骨。前肢骨包括肩胛骨、肱骨、前臂骨（桡骨、尺骨）、腕骨、掌骨、指骨和籽骨。后肢骨包括髋骨（髂骨、坐骨、耻骨）、股骨、髌骨、小腿骨（胫骨、腓骨）、跗骨、跖骨、趾骨和籽骨。

(3) 内脏骨　位于运动系统之外的某些器官中，如牛的心骨和犬的阴茎骨。

牛、马全身骨骼示意图如图 3-4，图 3-5 所示。

二、骨连结概述

骨与骨之间借纤维结缔组织、软骨和骨相连结，称为骨连结。按骨连结的连结形式的不同可分为直接连结和间接连结两种。

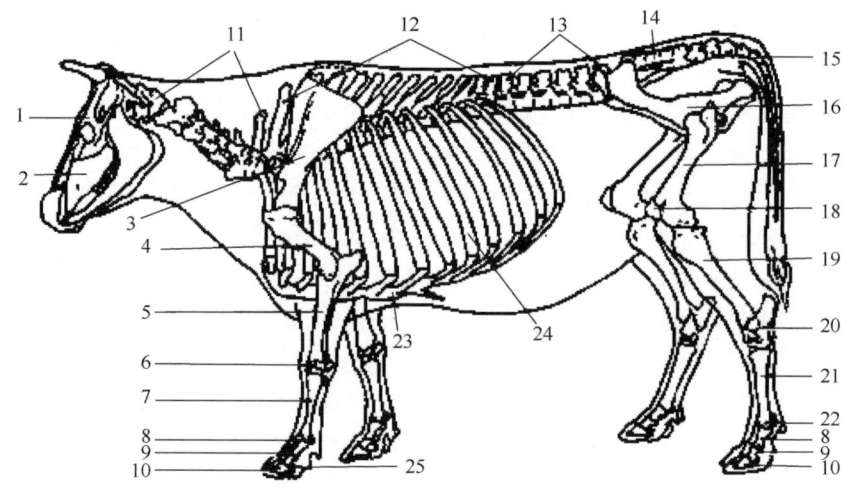

图 3-4 牛全身骨骼示意图

1—颅骨 2—面骨 3—肩胛骨 4—肱骨 5—前臂骨 6—腕骨 7—掌骨 8—系骨 9—冠骨
10—蹄骨 11—颈椎 12—胸椎 13—腰椎 14—荐椎 15—尾椎 16—髋骨 17—股骨
18—髌骨 19—胫骨 20—跗骨 21—跖骨 22—近籽骨 23—胸骨 24—肋骨 25—远籽骨

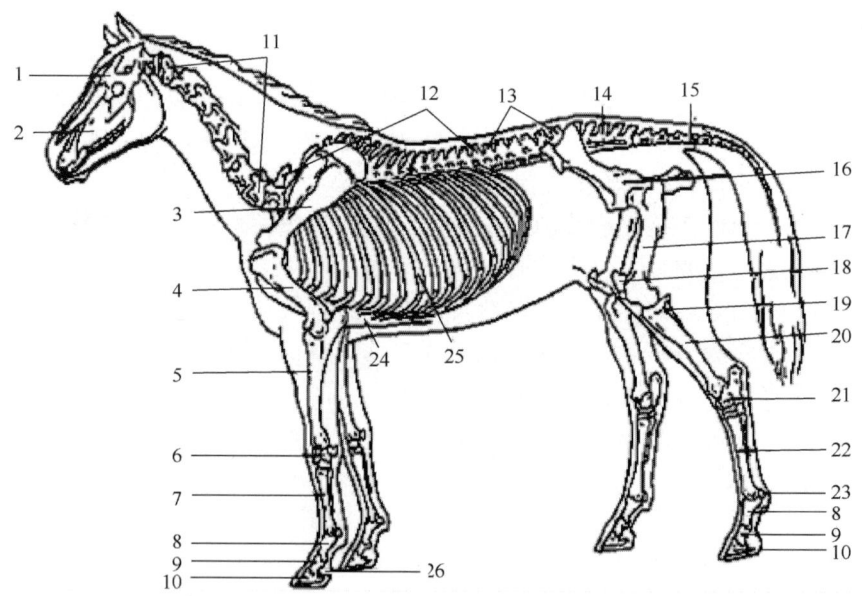

图 3-5 马全身骨骼示意图

1—颅骨 2—面骨 3—肩胛骨 4—肱骨 5—前臂骨 6—腕骨 7—掌骨 8—系骨
9—冠骨 10—蹄骨 11—颈椎 12—胸椎 13—腰椎 14—荐椎 15—尾椎 16—髋骨 17—股骨
18—髌骨 19—腓骨 20—胫骨 21—跗骨 22—跖骨 23—近籽骨 24—胸骨 25—肋骨 26—远籽骨

1. 直接连结

直接连结是指骨与骨之间借纤维结缔组织或软骨及骨直接相连，相邻骨面之间无间隙，运动范围极小或完全不能活动。根据连结组织不同，可分为纤维连结、软骨连结和骨性结合三种类型（图 3-6）。

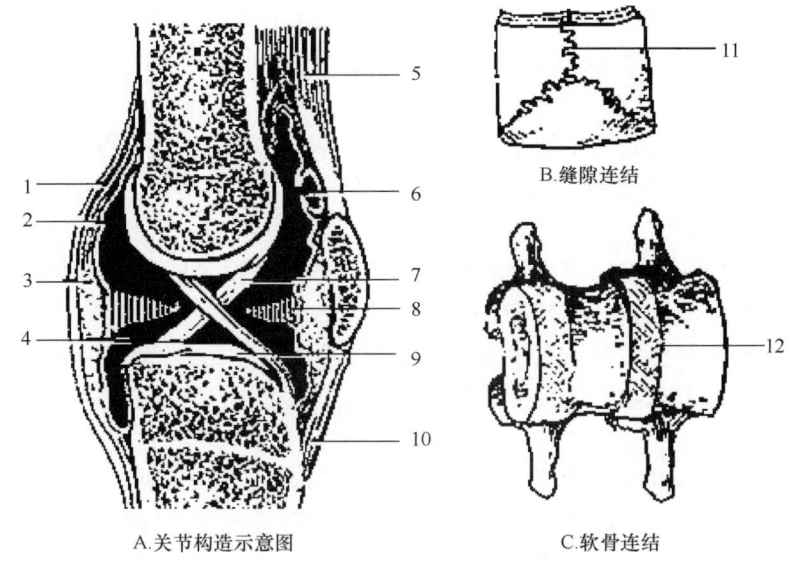

图 3-6 骨连结示意图
1—关节囊纤维层 2—关节囊滑膜层 3—滑膜襞 4—关节腔 5—肌肉 6—滑膜囊
7—关节内韧带 8—关节内软骨 9—关节面软骨 10—韧带 11—骨间膜 12—纤维软骨

（1）纤维连结 骨与骨之间借纤维结缔组织相连，形成纤维连结。可分为以下三类。

①韧带连结：连结两骨的纤维结缔组织比较长，呈富有弹性的条索状（称为韧带）或膜状。如椎骨棘突之间的棘间韧带、胫腓骨下端的胫腓骨间韧带。

②缝隙连结：两骨之间借很薄的纤维结缔组织膜相连。如颅骨和大多数面骨间的连结等。

③膜性连结：这种连结在位置上同缝隙连结；但相连两骨间距较宽，又有些类似韧带连结，却又比韧带薄。如前臂尺桡骨之间的骨间膜等。

（2）软骨连结 骨与骨之间借软骨相连，可缓冲震荡。此处的软骨有两种。

①透明软骨结合：两骨间借透明软骨连结，常为暂时性的结合，是胚胎时软骨骨骼的存留部分，并作为所连结骨的增长区，如骶软骨、蝶枕软骨结合等。此种连结到一定年龄即骨化形成骨性结合。

②纤维软骨结合：两骨间借纤维软骨连结，多位于人体中轴承受压力之处，坚固性大而弹性低，如椎间盘、耻骨联合等。

（3）骨性结合 两骨之间借骨组织相连结，一般由幼龄时的软骨结合骨化而成。骨性结合使两骨融合为一块，如髂骨、坐骨和耻骨之间及各荐椎之间的结合等。

2. 间接连结

间接连结又称为滑膜连结或关节，是骨连结的最高分化形式，骨与骨的相对面之间有腔隙，充以滑液，活动度大，如四肢的关节。

（1）关节的基本结构 关节的基本结构有关节面、关节囊和关节腔，这些结构为每一个关节所必备。

①关节面及关节面软骨：关节面是构成关节各相关骨的接触面，在关节面上覆盖一

层软骨，称为关节面软骨。每一关节至少包括两个关节面，一般为一凸一凹，凸的称为关节头，凹者称为关节窝。关节软骨表面光滑，富有弹性，有减轻冲击和吸收震动的作用。

②关节囊：关节囊由致密结缔组织构成的囊，附于关节面周围的骨面并与骨膜融合，像"袖套"把构成关节的各骨连结起来，密闭关节腔。关节囊的松紧和厚薄因关节的不同而异，活动较大的关节，关节囊较松弛而薄，反之亦然。关节囊可分为内外两层。外层是纤维层，由致密结缔组织构成，具有保护作用；内层是滑膜层，薄而柔润，由疏松结缔组织构成，能分泌滑液，有营养软骨和润滑关节的作用。

③关节腔：关节腔由关节软骨和关节囊滑膜层共同围成的密闭腔隙，腔内有少量滑液，具有润滑、缓冲震动和营养关节软骨的作用。关节腔内呈负压，对维持关节的稳定性有一定的作用。

（2）关节的辅助结构　关节除具备上述基本结构外，某些关节为适应特殊功能的需要而分化出一些特殊结构，以增加关节的灵活性或增强关节的稳固性。

①韧带：韧带是连于相邻两骨之间的致密纤维结缔组织束，可加强关节的稳固性。位于关节外面的韧带称为囊外韧带，如肘关节的尺侧副韧带及桡侧副韧带，位于关节腔内的韧带称为囊内韧带，如膝关节的前交叉韧带和后交叉韧带。

②关节内软骨：关节内软骨为存在于关节腔内的纤维软骨，有关节盘、关节唇两种。关节盘是位于两关节面之间的纤维软骨板，其周缘附着于关节囊内面，将关节腔分为两部。关节唇是附着于关节窝周缘的纤维软骨环，它加深关节窝，增大关节面，有增加关节稳固性的作用。

③滑膜襞和滑膜囊：有些关节的滑膜层重叠卷折，并突向关节腔而形成滑膜皱襞，有的其内含有脂肪和血管，则形成滑膜脂垫。在有些关节，滑膜从纤维层缺如或薄弱处膨出，充填于肌腱与骨面之间，则形成滑膜囊，内有少量滑液，可减少肌腱活动时与骨面之间的摩擦。

（3）关节的运动

关节的运动是指相互关节的骨绕关节的运动轴发生的转动。可分为以下四种。

①屈和伸：屈为关节沿横轴的运动，凡是运动时使构成关节的两骨接近，关节角变小的为屈，反之使关节角增大的为伸。

②内收和外展：内收和外展为骨绕关节沿纵轴的运动，运动时使骨向正中矢状面运动的为内收，反之使骨远离正中矢状面的为外展。

③旋转：旋转为骨环绕垂直轴的运动，向前内侧转动的称为旋内，向后外侧转动的称为旋外，如寰枢关节的运动属旋转运动。

④环转：环转骨的上端在原位转动，下端做圆周或椭圆运动，实际上是内收、外展和屈、伸相结合的一种运动。

（4）关节的类型

关节可根据构成关节的骨的数目、关节面的形态、关节运动轴的数目和关节运动时的相互关系进行分类。

①根据构成关节的骨的数目：分为单关节和复关节。

单关节：单关节由两块骨构成，如肩关节。

复关节：复关节由两块以上的骨组成，如膝关节和肘关节；或组成关节的两骨之间夹有关节盘，如股胫关节。

②根据关节面的形态：分为屈戌关节、车轴关节、椭圆关节、鞍状关节、球窝关节和平面关节等（图3-7）。

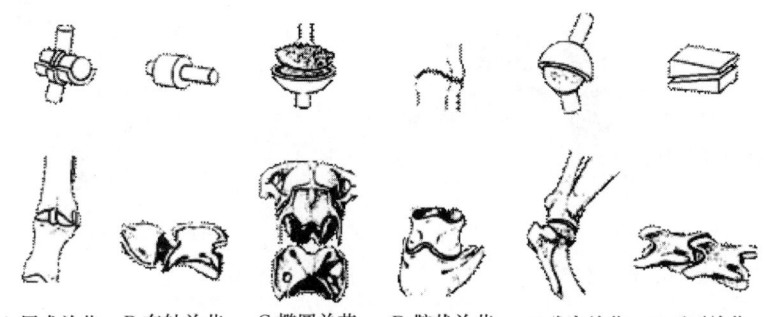

A.屈戌关节　B.车轴关节　C.椭圆关节　D.鞍状关节　E.球窝关节　F.平面关节

图3-7　间接关节的基本类型

屈戌关节：屈戌关节又称为滑车关节，一骨的关节面呈滑车状，另一骨的关节面为相应的关节窝，只能沿横轴进行屈伸运动，如肘关节、股膝关节。蜗状关节为滑车关节的变形。

车轴关节：车轴关节的关节头呈圆柱状，关节窝呈环状，如寰枢关节，可做垂直轴上的旋转运动。

椭圆关节：椭圆关节又称为髁状关节，关节头呈椭圆形或髁状，关节窝与之相适应，可绕两个轴进行运动，如寰枕关节。

鞍状关节：鞍状关节的成关节的两关节面都呈马鞍状，相互咬合，可进行屈伸和内收外展活动，如犬的远指节间关节。

球窝关节：球窝关节的关节头呈球状，有与之相适应的关节窝，可进行多种运动，包括屈伸、内收外展和旋转，如髋关节。

平面关节：平面关节的关节面曲度小，接近平面，运动幅度小，只能进行小范围的回旋和滑动，如椎间关节。

③根据关节运动轴的数目：分为单轴关节、双轴关节和多轴关节。

单轴关节：单轴关节是只能围绕一个轴进行运动的关节，家畜四肢的关节多为单轴关节，只能围绕横轴做屈伸运动。单轴关节包括屈戌关节和车轴关节。

双轴关节：双轴关节是可以围绕两个轴进行运动的关节，如寰枕关节，既可沿横轴做屈伸运动，又可绕纵轴左右摆动。双轴关节包括椭圆关节和鞍状关节。

多轴关节：多轴关节是具有三个互相垂直的运动轴的关节，可做多种方向的运动，如球窝关节。

第二节　头骨及其连结

头骨由扁骨和不规则骨构成，分颅骨和面骨两部分（图3-8）。

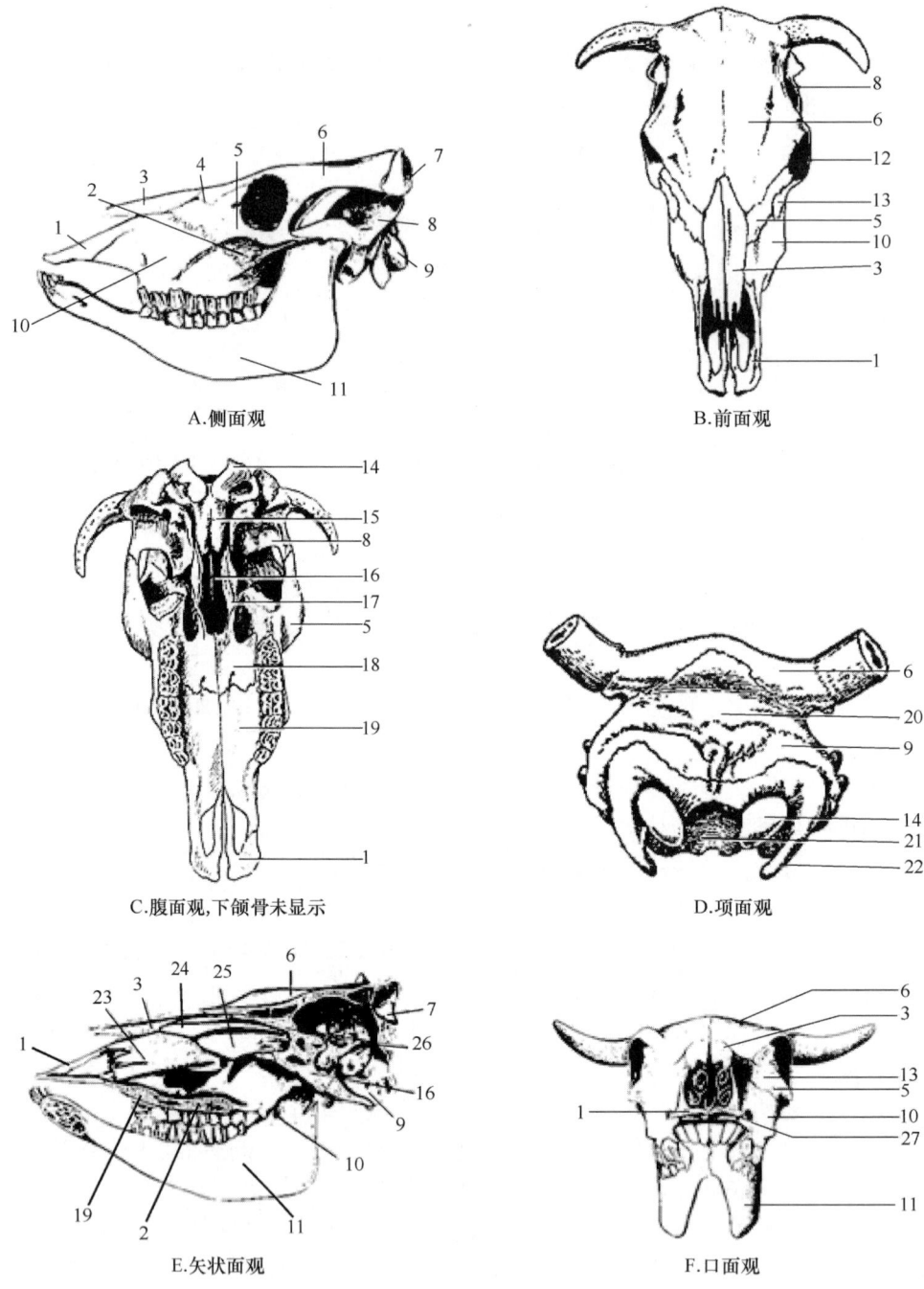

图 3-8 牛头骨

1—切齿骨 2—颚骨 3—鼻骨 4—泪骨 5—颧骨 6—额骨 7—顶骨 8—颞骨 9—枕骨 10—上颌骨 11—下颌骨 12—眶窝 13—泪骨 14—枕骨枕髁 15—枕骨体 16—蝶骨 17—翼骨钩突 18—腭骨水平板 19—上颌骨腭突 20—顶骨 21—枕骨大孔 22—枕骨茎突 23—下鼻甲骨 24—上鼻甲 25—中鼻甲 26—筛骨 27—犁骨

一、颅骨

颅骨围成颅腔。

(1) 枕骨 枕骨是1块不规则骨，构成颅腔的后壁和下底的后部分。枕骨的后上方有横向的枕嵴，猪的枕嵴特别高大。枕骨的后下方有枕骨大孔连通颅腔和椎管。枕骨大孔的两侧有枕骨髁，与寰椎的前关节凹构成寰枕关节。髁的外侧有茎突。

(2) 顶骨 顶骨是1对扁骨，构成颅腔的顶壁，其后面与枕骨相接，前面与额骨相接，两侧为颞骨。

(3) 顶间骨 顶间骨是1对小扁骨，常与相邻骨愈合，故外观不明显，但在其脑面有枕内结节，可资鉴别。

(4) 额骨 额骨是1对扁骨，位于顶骨的前方，鼻骨的后方，构成颅腔的前上壁和鼻腔的后上壁。额骨的外部有突出的眶上突，突的基部有眶上孔，突的后方为颞窝，突的前方为眶窝。额骨内的含气腔隙称为额窦，额窦正中有完整的中隔将额窦分为左右两半，窦的前部有一些细的裂隙与筛骨侧块内的筛鼻道相通（图3-9）。

(5) 筛骨 筛骨是1块不规则骨，位于颅腔和鼻腔之间。由一垂直板、一筛板和一对筛骨迷路组成。垂直板位于正中，与犁骨相接，两者共同将鼻腔后部分为左右两部。筛骨内的含气腔隙称为筛窦。

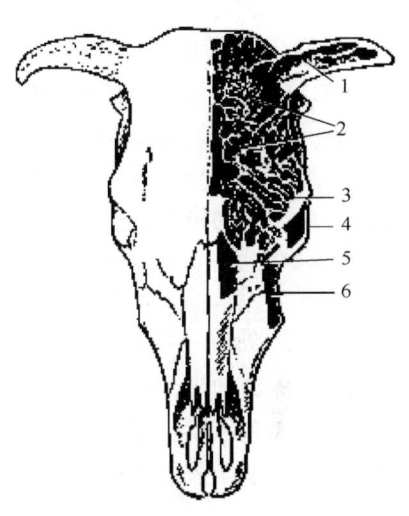

图3-9 牛的额窦和上颌窦
1—角腔 2—额大窦 3—额小窦
4—眶窝 5—上鼻甲窦 6—上颌窦

(6) 蝶骨 蝶骨是1块不规则骨，形如蝴蝶，构成颅腔下底的前部。分为一蝶骨体、两对翼（眶翼和颞翼）和一对翼突。蝶骨的后缘与枕骨及颞骨形成不规则的破裂孔。其前缘与额骨及腭骨相连处有4个孔与颅腔相通。4个孔由上而下为筛孔、视神经孔、眶孔和圆孔，圆孔向后以翼管通于后翼孔。蝶骨内的含气腔隙称为蝶窦。

(7) 颞骨 颞骨是1对不规则骨，位于颅腔的侧壁，可分为鳞部和岩部。鳞部向上与顶骨、额骨相接，在颅底与蝶骨相接，在外面有颧突伸出，与颧骨的突起合成颧弓。颧突根部有髁状关节面，与下颌髁构成关节。颞骨岩部位于鳞部与枕骨之间，骨外表面有外耳孔，中耳和内耳即位于其内的隧洞中。

二、面骨

面骨构成鼻腔、口腔和面部的支架。

(1) 上颌骨 上颌骨是1对不规则骨，几乎与面部各骨均相接连。它在腹面向正中矢状面伸出水平的骨板（腭突），与腭骨及颌前骨共同构成硬腭，将鼻腔与口腔分隔开。齿槽缘上具有臼齿齿槽，前方无齿槽的部分，称为齿槽间缘。骨内有眶下管通过。骨的外表面的弧形骨嵴称为面嵴，前方的孔为眶下孔。上颌骨内的含气腔隙称为上颌窦。

(2) 颌前骨 颌前骨是1对不规则骨，也称为切齿骨，位于上颌骨前方，参与构成鼻腔的侧壁。骨体上有切齿齿槽，骨体腹面向后伸出腭突，后接上颌骨的腭突。骨体背面向后伸出鼻突，与鼻骨之间形成鼻颌切迹。

（3）鼻骨　鼻骨是1对不规则骨，位于额骨的前方，构成鼻腔顶壁的大部。

（4）泪骨　泪骨是1对小骨，位于上颌骨后背侧和眼眶底的内侧。其眶面有泪囊窝和鼻泪管的开口。泪骨内的含气腔隙称为泪骨窦。

（5）颧骨　颧骨是1对不规则骨，在泪骨腹侧。前接上颌骨的后缘。下部有面嵴，并向后方伸出颧突，与颞骨的颧突形成颧弓。

（6）腭骨　腭骨是1对扁骨，位于上颌骨内侧的后方，形成鼻后孔的侧壁与硬腭的后部。腭骨内的含气腔隙称为腭窦。

（7）翼骨　翼骨是1对扁骨，为狭窄薄骨片，位于鼻后孔的两侧。

（8）犁骨　犁骨是1块扁骨，位于鼻腔底面的正中，背侧呈沟状，接鼻中隔软骨和筛骨垂直板，共同将鼻腔分隔为左右部分。

（9）鼻甲骨　鼻甲骨是2对卷曲的薄骨片，分别附着在鼻腔的两侧壁上，将每侧鼻腔分为上、中、下3个鼻道。

（10）下颌骨　下颌骨是1块不规则骨，是头骨中最大的骨，有齿槽的部分，称为下颌骨体，前部为切齿齿槽，后部为臼齿齿槽。下颌骨体之后没有齿槽的部分，称为下颌支。两侧骨体和下颌支之间，形成下颌间隙。下颌支的上部有下颌髁，与颞骨的髁状关节面构成关节。下颌髁之前有较高的冠状突。下颌支内侧面有下颌孔。下颌骨体外侧表面前部有颏（图3-10）。

（11）舌骨　舌骨位于下颌间隙后部，包括1个舌骨体和1对角舌骨、1对甲状舌骨、1对上舌骨、1对茎舌骨及1对基舌骨。舌骨体向前突出称为舌突。鼓舌骨与两侧颞骨的岩部相连。舌骨有支持舌、咽和喉的作用（图3-11）。

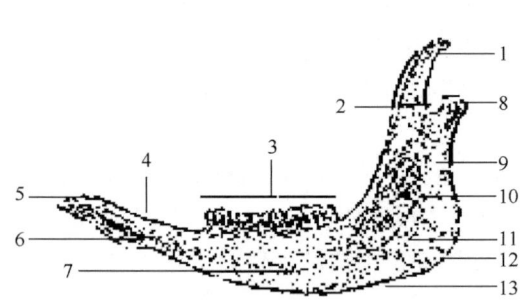

图3-10　牛的下颌骨（内侧面观）
1—冠状突　2—下颌切迹　3—臼齿　4—齿槽间缘
5—切齿　6—连接面　7—下颌体　8—髁突
9—下颌支　10—下颌孔　11—翼肌凹
12—下颌角　13—面血管切迹

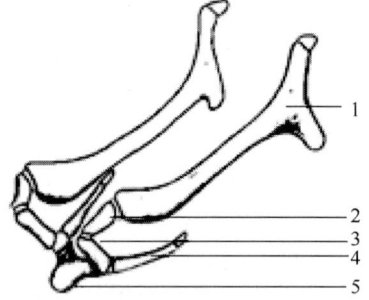

图3-11　牛的舌骨示意图
1—茎舌骨　2—上舌骨　3—角舌骨
4—甲状舌骨　5—基舌骨

三、头骨的连结

头骨连结多为纤维性缝隙连结。只有颞下颌关节是可动连接（图3-12）。

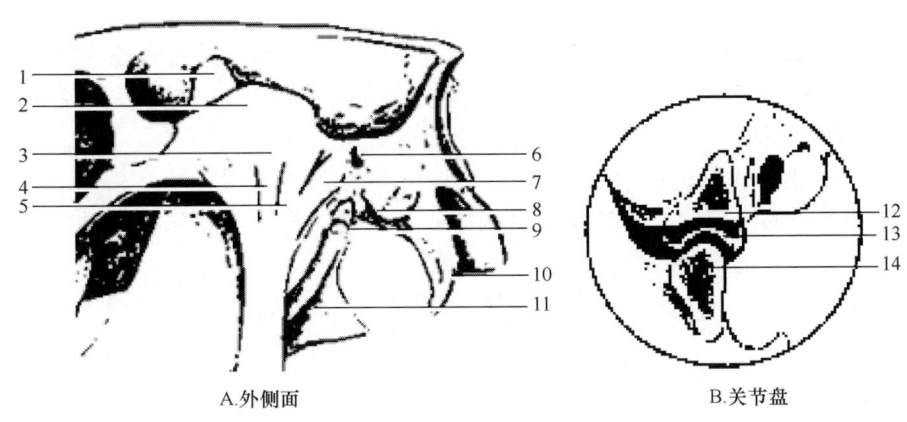

图 3-12 左颞下颌关节
1—下颌骨冠突 2—颞骨颧突 3—关节囊 4—外侧韧带 5、7—后侧韧带 6—外耳门 8—茎突
9—鼓舌骨 10—髁旁突 11—茎舌骨 12—颞下颌关节面 13—关节盘 14—下颌骨髁突

1. 颅骨的连结

颅部诸骨借纤维性缝隙骨连结构成颅腔，容纳脑及其相关构造。颅腔的顶壁主要是额骨，侧壁主要是颞骨，后壁包括顶骨、顶间骨和枕骨，底壁主要是枕骨基底部、蝶骨，前壁主要是筛骨。颅骨内面有与脑表面相适应的指状压迹。颅腔底壁分为三个颅窝。颅前窝位置较高，容纳嗅球和大脑半球的前部；颅中窝相当于蝶骨体的后部，容纳大脑底面、下丘脑和中脑；颅后窝位于枕骨体的背侧，容纳脑桥、延髓和小脑。

颅腔壁有许多孔、管、裂，供血管、神经通过。如牛的头骨，枕骨大孔前外缘的舌下神经孔为舌下神经进出的通道，颈静脉孔有舌咽神经、迷走神经和副神经通过；茎乳孔有面神经通过；颞孔是血管进出的孔；卵圆孔内有三叉神经的第 3 支（下颌神经）通出；眶圆孔内有动眼神经、滑车神经、外展神经以及三叉神经的第 2 支（上颌神经）和第 1 支（眼神经）通过；棘孔内有脑膜中动脉通过；视神经孔内有视神经通过；眶近前缘有泪囊窝，向下续鼻泪管通入鼻腔；筛孔内有筛前神经、筛后神经和血管通过；筛板孔内有嗅神经（嗅丝）通过。

2. 面骨的连结

面部诸骨的连结中，只有下颌关节是可动连接。它由下颌骨的关节突与颞骨颧突腹侧关节面构成。中间有软骨板，并有侧韧带和关节囊。面骨借骨连结形成动物面部的支架，并形成一些特定的孔洞，容纳相关的结构。

（1）骨性鼻腔 骨性鼻腔位于颅腔前方、口腔上方，呈圆桶状。背侧壁为鼻骨；侧壁为上颌骨、泪骨、切齿骨等；后壁为筛骨；底壁为腭骨水平部、切齿骨和上颌骨腭突组成的硬腭。鼻腔以鼻中隔分为左右两半，前方经鼻孔与外界相通，后方经鼻后孔通咽。鼻中隔分骨性和软骨性鼻中隔，骨性鼻中隔的后部由筛骨垂直板和犁骨组成。骨质鼻腔侧壁上附着有上下鼻甲骨，将每侧鼻腔分为上、中、下三个鼻道。

（2）骨性口腔 骨性口腔位于鼻腔腹侧，顶壁为硬腭，侧壁和底壁为下颌骨。

（3）鼻旁窦 鼻旁窦为一些头骨内存在有含气的腔洞的总称，它们直接或间接地与鼻腔相通,一般,由额骨内的额窦、筛骨内的筛窦、蝶骨内的蝶窦、上颌骨内的上颌窦和腭骨内的腭窦组成。鼻旁窦可增加头骨的体积而不增加其重量,并对眼球和脑有保护、隔热的作用,还具有对发音起共鸣的功用。另外,由于鼻旁窦内的黏膜和鼻腔的黏膜相延续,当鼻腔黏膜发炎时,常蔓延到鼻旁窦,引起鼻旁窦炎。

(4) 眶　围成眶的骨包括额骨、泪骨和颧骨,其后壁为蝶骨。

另外,在颞骨的内部,有复杂的隧道构成的骨迷路,容纳中耳和内耳的有关器官。

第三节　躯干骨及其连结

一、躯干骨

躯干骨包括椎骨、胸骨、肋骨及肋软骨。

1. 椎骨

椎骨参与脊柱的构成,按其位置分为颈椎、胸椎、腰椎、荐椎和尾椎。除颈段外,不同动物脊柱各段构成的椎骨数目不同。

以脊柱各段的拉丁文的第一个字母(大写)表示脊柱段,以右下标数字表示该段椎骨的数目,反映动物构成脊柱各段椎骨组成,称为脊柱式。如牛的脊柱式:$C_7T_{13}L_6S_5Cy_{18-20}$,猪的脊柱式:$C_7T_{14-15}L_6S_4Cy_{20-23}$,马的脊柱式:$C_7T_{18}L_6S_5Cy_{15-21}$,狗的脊柱式:$C_7T_{13}L_7S_3Cy_{20}$(6-23)。

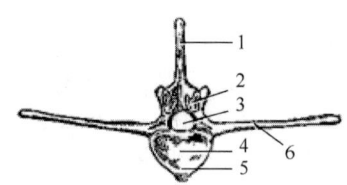

图3-13　椎骨的一般特征
1—棘突　2—后关节突　3—椎孔
4—椎窝　5—椎体　6—横突

(1) 椎骨的一般构造　各部位椎骨的形态虽然不同,但都由椎体、椎弓两部分构成。椎体位于腹侧,圆柱状,前端略凸出为椎头,后端略凹窝为椎窝。椎弓位于椎体背侧,是拱形的骨板,它与椎体共同围成椎孔。椎弓两侧与椎体续的部分称为椎弓根,每侧椎弓根的前缘和后缘各有一个切迹。从椎弓背侧向上伸出的突起称为棘突。从两侧横向伸出的突起称为横突。椎弓根背部前缘和后缘各有一对前后关节突。前关节突的关节面向上向前,后关节突的关节面向下向后,相邻的关节突构成椎间关节(图3-13)。

(2) 各段椎骨的形态特征　不同部位的椎骨,适应不同的功能,故在局部形成固有的特征。

①颈椎:绝大多数哺乳动物的颈椎数目为7枚。第3~6颈椎形态相似,其椎体发达,椎头和椎窝明显;关节突发达;横突一般两支分支,马的颈椎分三支。横突基部有前后方向的孔,称为横突孔。棘突较小,向前倾斜,其高度向后逐渐增高(图3-14、图3-15)。

第1颈椎又称寰椎,呈环状,椎孔背侧的骨板称为背侧弓,椎孔腹侧的骨板称为腹侧弓,向两侧平伸的骨板称为寰椎翼,其外侧缘可在体表触摸到(图3-16)。寰椎翼的腹侧面凹,称为寰椎窝。寰椎翼前部的一对孔通向椎窝,称为翼孔,后部的一对孔称为横突孔,孔的内侧壁有通向椎管的孔称为椎外侧孔,牛、猪的寰椎无寰椎孔,狗的寰椎则无翼孔。寰椎前面两侧形成较深的前关节凹,与枕骨的两枕骨髁构成关节;腹侧板后面形成后关节凹,呈鞍形,与第2颈椎的齿突成关节。

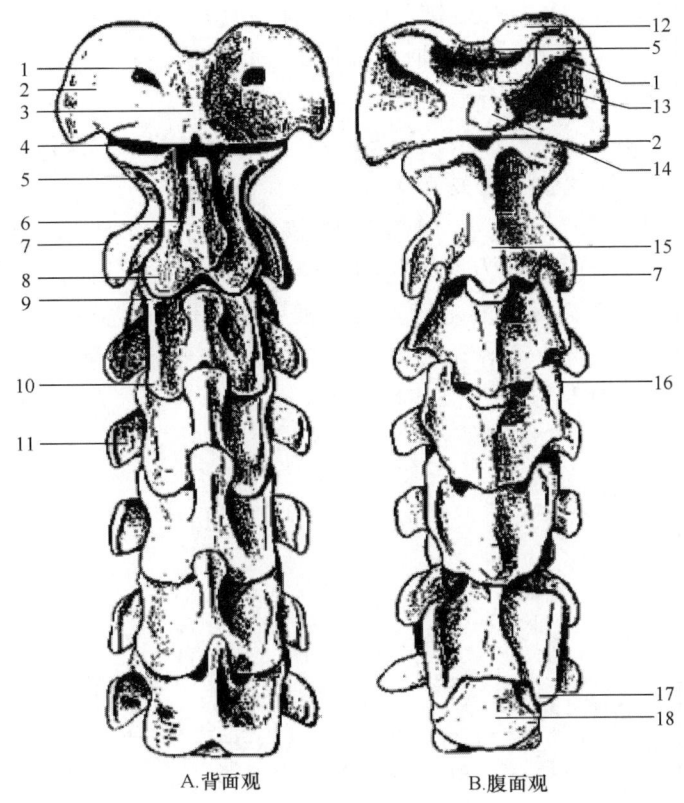

A.背面观　　B.腹面观

图 3-14　脊柱颈段

1—寰椎翼孔　2—寰椎侧块　3—寰椎背侧弓　4—枢椎前关节面　5—枢椎椎外侧孔　6—枢椎棘突　7—枢椎横突　8—枢椎后关节突　9—第3颈椎前关节突　10—第3颈椎后关节突　11—第4颈椎横突　12—寰椎前关节凹　13—寰椎窝　14—寰椎腹侧结节　15—枢椎腹侧嵴　16—横突腹侧结节　17—横突后腹侧结节　18—第7颈椎椎体

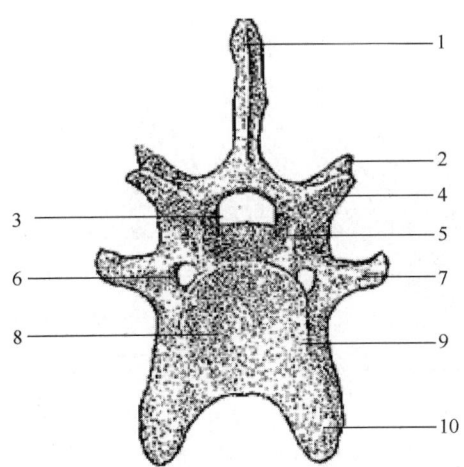

图 3-15　牛第6颈椎（后面观）

1—棘突　2—前关节突　3—椎孔　4—后关节突　5—椎弓　6—横突孔　7—横突背侧支　8—椎窝　9—椎体　10—横突腹侧支

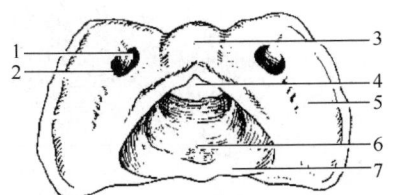

图 3-16　牛寰椎示意图（背侧面观）

1—椎外侧孔　2—翼孔　3—背侧弓　4—椎孔　5—寰椎翼　6—腹侧弓　7—关节面

第 2 颈椎又称为枢椎，其特征是椎头的前端有一齿突，齿突的腹侧及两侧的关节面与寰椎的后关节凹成关节（图 3-17）。枢椎椎体最长，棘突发达呈板状，椎弓根前部有大而圆的椎外侧孔，横突不分支，有横突孔。

第 7 颈椎在所有颈椎中椎体最短，棘突最高，横突不分支，无横突孔，后端椎窝两侧各有一后肋凹，与第 1 肋的肋头成关节。

②胸椎：马 18 枚，牛 13 枚，猪 14 枚或 15 枚。椎体大小较一致，侧面背部前后各有与肋骨小头成关节的关节面，称为椎体肋凹，最后一枚胸椎无后肋凹。棘突发达，以第 3~5 胸椎的棘突最高，形成鬐甲的基础。椎弓椎后切迹较前切迹深。横突小，其腹面有小关节面称为横突肋凹，与肋骨结节成关节。前关节突位于椎弓背侧面，后关节突位于棘突基部，面向后下方（图 3-18、图 3-19）。

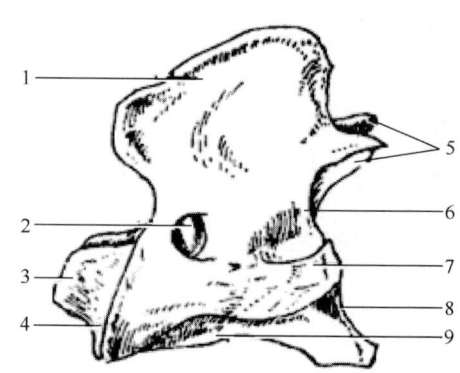

图 3-17 牛枢椎示意图（侧面观）
1—棘突 2—椎外侧孔 3—齿突
4—鞍状关节面 5—后关节突 6—椎后切迹
7—横突 8—椎窝 9—锥体

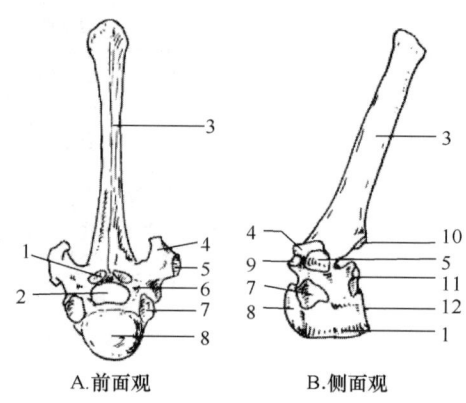

A.前面观　　B.侧面观

图 3-18 马胸椎示意图
1—关节前突 2—椎孔 3—棘突 4—横突
5—小关节面 6—椎弓 7—前肋凹 8—椎头
9—关节前突 10—关节后突 11—后肋凹 12—椎窝

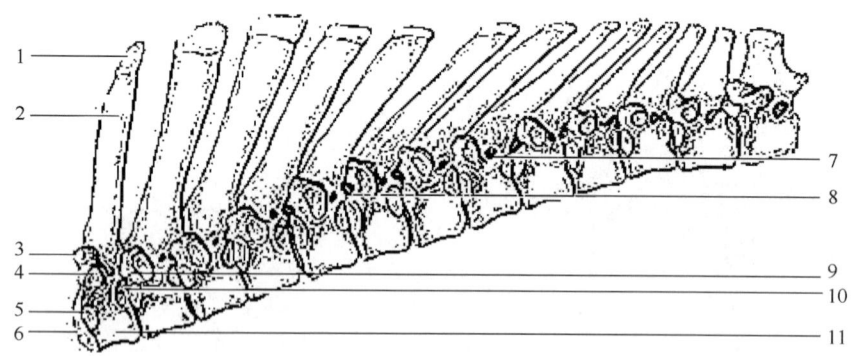

图 3-19 牛脊柱胸段（左外侧面）
1—第 1 胸椎棘突结节　2—第 1 胸椎棘突　3—第 1 胸椎前关节突　4—第 1 胸椎横突和横突肋凹
5—第 1 胸椎锥体前肋凹　6—第 1 胸椎锥体椎头　7—椎外侧孔　8—椎间孔
9—第 2 胸椎横突　10—第 1 胸椎锥体后肋凹　11—第 1 胸椎锥体

③腰椎：马和牛6枚，驴和骡5枚，猪和羊6枚或7枚。腰椎椎体长度与胸椎相近，椎头、椎窝不明显，棘突高度与原部胸椎相等，横突呈背腹扁的板状，均较发达，横突向两侧平伸。前关节突呈沟槽状，后关节突呈轴状，关节连结牢固（图3-20、图3-21）。

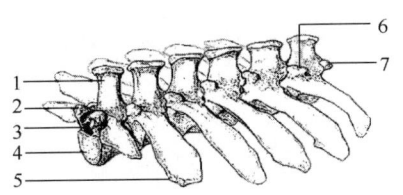 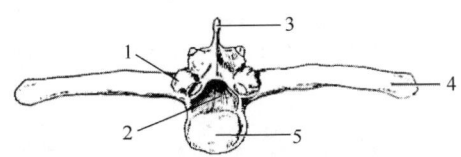

图3-20　牛脊柱腰段（前侧面观）
1—第1腰椎棘突　2—第1腰椎前关节突　3—第1腰椎椎孔
4—第1腰椎椎头　5—第2腰椎横突
6—第5腰椎椎后关节突　7—第6腰椎前关节突

图3-21　牛第五腰椎示意图（后外侧面）
1—后关节突　2—椎孔　3—棘突
4—横突　5—椎窝

④荐椎：马和牛5枚，羊和猪4枚，是构成骨盆腔顶壁的基础。成年家畜的荐椎愈合在一起，称为荐骨。荐骨的上面称为背侧面，下面称为盆面。第一荐椎椎体前端腹侧缘略凸，称为荐骨岬。荐骨棘突融合成荐正中嵴（马的荐椎的棘突不相愈合）。除第1荐椎前关节突外，其余关节突愈合成为荐中间嵴，两嵴之间在背侧面有荐背侧孔，盆面有荐盆侧孔，两孔相通。横突相互愈合成为荐骨侧部，又可分为前部的荐骨翼和后部的荐外侧嵴，荐骨翼的后下方有三角形的耳状面（图3-22）。

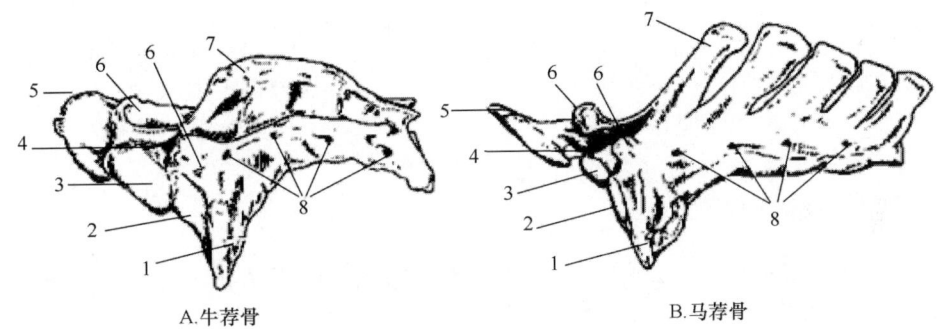

A. 牛荐骨　　　　B. 马荐骨

图3-22　荐椎示意图
1—耳状关节面　2—卵圆关节面　3—椎头　4—椎孔　5—荐骨翼　6—关节前突　7—棘突　8—荐背侧孔

⑤尾椎：尾椎数目变化大。前5（6）枚尚有椎骨的一般构造，向后则逐渐退化，后部尾椎仅保留棒状椎体，并逐渐变细。牛前几个尾椎椎体腹侧有成对的腹侧棘，中间形成一血管沟，供尾中动脉通过，可在此诊脉（图3-23）。

2. 肋

肋包括肋骨和肋软骨。肋骨是弓形的长扁骨，左右成对。其对数与胸椎数目相同。肋骨的椎骨端有肋骨小头和肋骨结节，分别与相应的胸椎椎体肋凹和横

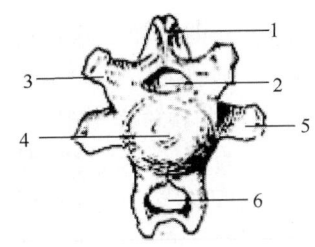

图3-23　牛的第1尾椎示意图
1—后关节突　2—椎孔　3—前关节突
4—椎头　5—横突　6—血管弓

突肋凹构成关节。肋骨的腹端面较凹,与肋软结合在一起,共同构成肋,肋软骨为透明软骨(图3-24)。

3. 胸骨

胸骨位于胸底部,由数个胸骨节片借软骨连接而成。其前端为胸骨柄;中部为胸骨体,两侧有肋窝;后端为剑状软骨。牛的胸骨较长,呈上下压扁状。马的胸骨呈船形,前部左右压扁,后部上下压扁(图3-25)。

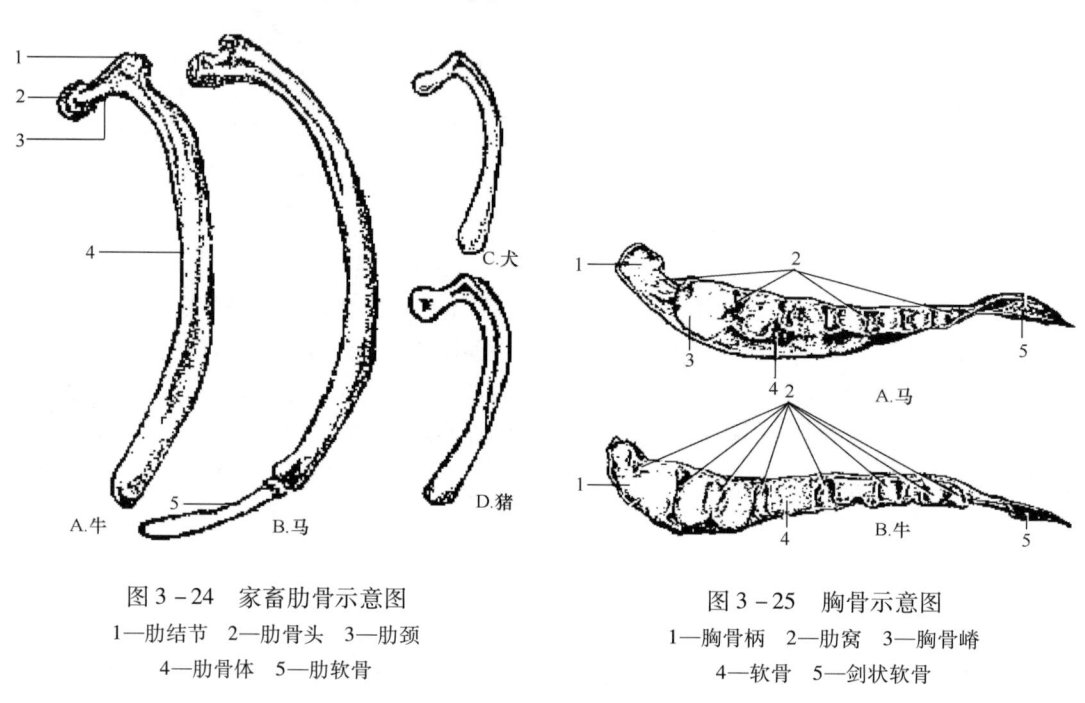

图3-24 家畜肋骨示意图
1—肋结节 2—肋骨头 3—肋颈
4—肋骨体 5—肋软骨

图3-25 胸骨示意图
1—胸骨柄 2—肋窝 3—胸骨嵴
4—软骨 5—剑状软骨

二、躯干骨的连结

躯干骨的连结包括脊椎骨之间的连结、胸椎与肋之间的连结和肋骨与胸之间的连结。

1. 脊椎骨之间的连结

脊椎骨之间的连结包括椎体间的连结和椎弓间连结。椎体间的连结形式有软骨结合和韧带连结;椎弓间的连结形式有关节和韧带连结(图3-26、图3-27)。

(1)软骨结合 软骨结合存在于相邻的椎体之间,在前位椎体的椎窝与后位椎体的椎头之间有一个由纤维软骨构成的软骨盘,称为椎间盘,成年动物的荐骨间发生骨性愈合,不存在椎间盘。椎间盘中央为柔软的髓核,为胚胎期脊索的遗迹;周围为纤维环(分纤维软骨部和结缔组织部)。椎间盘具有弹性,具有缓冲震荡和增加运动幅度的作用。椎间盘越厚的部位,运动范围越大;颈部和尾部的椎间盘最厚,故其运动范围最大。

(2)椎间关节 相邻椎骨椎弓上的前后关节突构成椎间关节,关节面之间可做小幅度运动。颈椎之间的椎间关节囊大而松,椎间盘较厚,故活动性大。腰部的关节囊小而紧,活动性也小。寰椎的前关节凹与枕髁构成寰枕关节为屈戌关节。寰椎的后关节凹与枢椎齿突构成寰枢关节,为车轴关节。两关节的关节囊较松,故较其他椎间关节有较大的活动幅度(图3-28)。

第三章 骨与骨连结

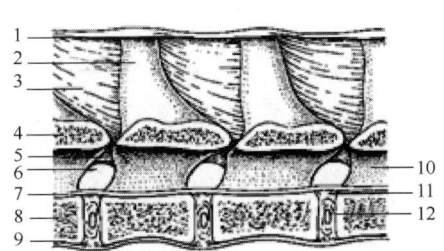

图 3-26 椎骨间的连结示意图（矢状面）
1—棘上韧带 2—棘突 3—棘间韧带
4—椎弓 5—椎弓间韧带 6—椎间孔
7—背侧纵韧带 8—锥体 9—腹侧纵韧带
10—椎管 11—椎间盘纤维环 12—椎间盘髓核

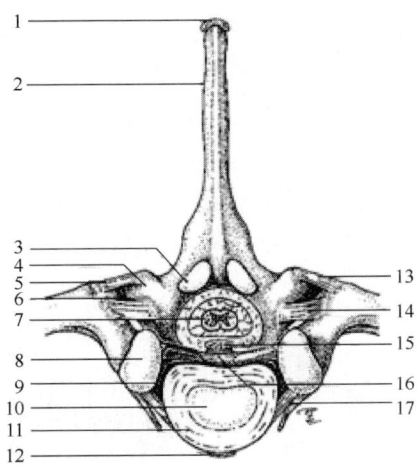

图 3-27 脊柱胸段横断面示意图
（前侧面，示椎体间及椎骨与肋骨之间的连结）
1—棘上韧带 2—棘突 3—前关节突 4—横突
5—肋结节 6—肋横关节 7—脊髓 8—肋头
9—肋横关节 10—椎间盘髓核 11—椎间盘纤维环
12—腹侧纵韧带 13—结节韧带 14—肋横韧带
15—背侧韧带及滑液囊 16—肋头韧带 17—头韧带

（3）椎间韧带 包括椎体间的韧带和椎弓间的韧带。椎体间的韧带包括背侧纵韧带和腹侧纵韧带；椎弓之间的韧带包括黄韧带、棘上韧带、棘间韧带和横突间韧带等。有人将背侧纵韧带、腹侧纵韧带、黄韧带、棘上韧带、棘间韧带和横突间韧带合称为脊柱总韧带。

①背侧纵韧带和腹侧纵韧带：背侧纵韧带位于椎体的背侧（椎管的腹侧壁），为起于枢椎、止于荐骨（食肉动物伸达尾椎）规则致密的结缔组织带。腹侧纵韧带位于椎体腹侧，为始于第 8 或第 9 胸椎、止于荐骨的盆面的规则致密结缔组织带。背侧纵韧带和腹侧纵韧带与椎体的骨外膜及椎间盘周壁紧密结合在一起，具有加固椎体间连结的功能。

②黄韧带：黄韧带是连结在椎弓板间的结缔组织带。

③棘上韧带：棘上韧带位于棘突的顶端，从枕骨的枕外隆凸伸至荐骨（犬从枢椎到荐骨）。棘上韧带在颈部特别发达，呈黄色而富有弹性，称为项韧带。项韧带分为左右两半，每半一般又分为背侧缘的索状部和深部宽大的

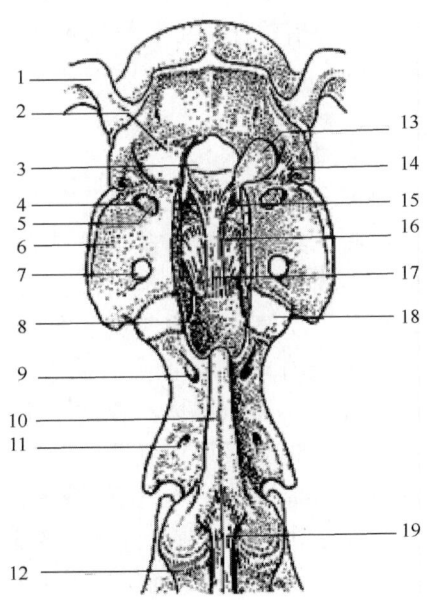

图 3-28 马寰枕关节和寰枢关节的韧带和
关节囊示意图（背侧面）
1—颧弓 2—寰枕关节囊背侧膜 3—大孔
4—翼孔 5—椎外侧孔 6—寰椎 7—横突孔
8—枢椎齿突 9—椎外侧孔 10—枢椎棘突
11—横突孔 12—第 3 颈椎 13—枕髁
14—寰枕外侧韧带 15—寰枕腹侧膜 16—纵韧带
17—右翼韧带 18—寰枕关节囊 19—项韧带

65

板状部。索状部呈圆索状，起于枕外隆凸，沿颈的背侧缘向后延伸，自第 2 颈椎向后逐渐变宽，附着于第 1 胸棘突的外侧面，向后延续为棘上韧带。板状部（犬无）呈板状，位于索状部和颈椎棘突之间，分前后两部，前部为双层，起于第 2~4 颈椎棘突两侧，向后向上与索状部融合，后部为单层（马为双层），起于第 5~7 颈椎棘突，止于第 1 胸椎棘突。猪的项韧带不发达。棘上韧带和项韧带的作用是连接和固定椎骨，协助头颈部肌肉支持头颈（图 3-29、图 3-30、图 3-31）。

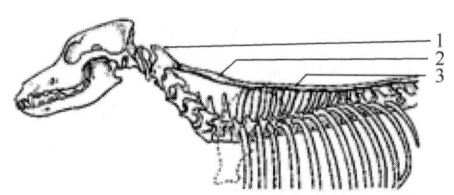

图 3-29　犬的项韧带示意图
1—枢椎　2—项韧带　3—棘上韧带

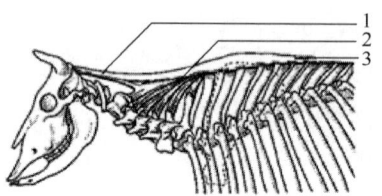

图 3-30　牛的项韧带示意图
1—项韧带索状部　2—项韧带板状部
3—棘上韧带

④棘间韧带和横突间韧带：棘间韧带和横突间韧带分别位于相邻椎骨的棘突、横突之间。

全部椎骨借软骨、关节与韧带连结形成脊柱，构成机体的中轴。其作用是保护脊髓及其神经根，支持头部，悬吊内脏，支持体重，传递冲力等。

脊柱的整体外形因姿势、畜种和品种而异。在胎儿时期，脊柱从头至尾凸向背侧。在成年动物，从侧面观察站立的家畜，可见有 4 个生理性的弯曲。颈曲位于颈的前端，凸向背侧，马的较明显，猪的不明显。颈胸曲位于颈胸交界处，凸向腹侧，形成脊柱的最低点。胸腰曲凸向背侧，由大部分胸椎和腰椎形成。荐曲不十分明显。脊柱的每一个弯曲都有其功能意义，如支持头的抬起、维持身体前后平衡、扩大体腔容积等。

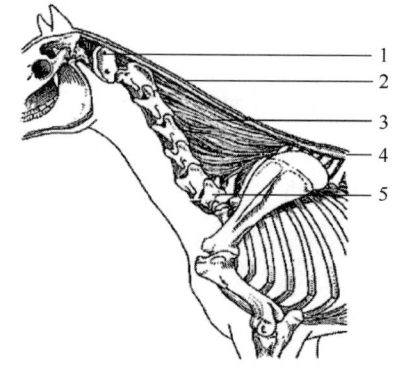

图 3-31　马的项韧带示意图
1—寰椎　2—项韧带索状部　3—项韧带板状部
4—棘上韧带　5—第 7 颈椎

各椎骨借骨连结形成脊柱后，各椎骨的椎孔在脊柱形成后彼此贯通，形成椎管，其内容纳脊髓及其辅助结构；前位椎骨椎弓根的后切迹与后位椎骨椎弓根的前切迹围成一孔，是脊神经及有关血管通过的地方；颈椎的横突基部有横突孔，横突孔借结缔组织形成横突管，供椎动脉通过。

2. 胸椎与肋之间的连结

胸椎与肋之间的连结包括肋椎体关节和肋横突关节，合称为肋椎关节。肋椎体关节由肋头上两个卵圆形小关节面与相邻两个椎体的前后肋凹构成，关节囊较紧，有辐韧带、接合韧带和肋颈韧带等副韧带加固。肋横突关节由肋结节与相应胸椎的横突肋凹构成，有肋横突韧带加固。胸廓前部的肋椎关节的活动性小，后部的肋椎关节的活动性大。肋椎关节向前转动时,使肋向前向外,胸腔变大,产生吸气运动;反之,向后转动时,使肋向后向内,胸腔变小,产生呼气运动。

3. 胸骨节片间的连结

胸骨节片间以软骨结合的方式连结为一体,牛、猪、绵羊的胸骨柄与胸骨体第1节片间为柄胸关节。随着年龄增长,胸骨节片间(特别是后部)的软骨或多或少地发生骨化,使其连结为一体。胸骨的胸腔面有胸骨韧带,其前端狭窄,附着于胸骨柄后缘正中,后端变宽附着于剑突软骨。或可分为左、中、右三支,左、右支分别位于同侧胸肋关节背侧,如马。

4. 胸骨与肋之间的连结

胸骨与肋的连结分以下3种情况。一是肋的肋软骨与胸骨肋窝构成胸肋关节,活动范围小,这种肋被称为真肋;二是后位肋的肋软骨依次附于前位的肋软骨,这种肋被称为假肋;三是肋软骨不与其他肋相接,前端游离于腹侧壁肌层间,这种肋被称为浮肋。浮肋的游离端及假肋的肋软骨的腹侧缘形成的弓状缘称为肋弓。

脊柱的胸段、肋和胸骨借骨连结构成的骨性笼形结构,称为骨性胸廓。骨性胸廓整体呈前缩后阔,背腹轴大于左右轴的桶状,其前缘为第1胸椎前缘、第1对肋和胸骨柄前缘,后缘为最后胸椎的后缘、肋弓及胸骨剑状软骨后缘。肋之间的间隙称为肋间隙。骨性胸廓容纳并保护着胸腔脏器,胸骨和肋在肌肉的拉力作用下产生的运动则形成胸式呼吸。

第四节　前肢骨及其连结

一、前肢骨

前肢骨包括肩带、肱骨、前臂骨(包括桡骨和尺骨)和前脚骨(包括腕骨、掌骨、指骨和籽骨)(图3-32、图3-33、图3-34)。

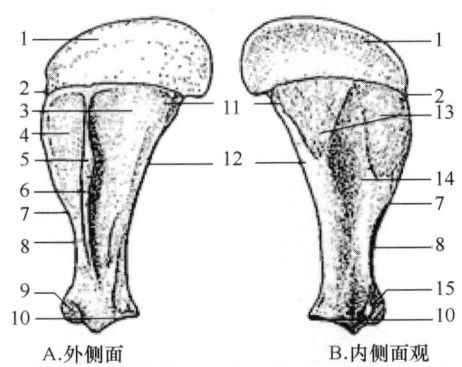

A.外侧面　　B.内侧面观

图3-32　马的左肩胛骨结构示意图
1—肩胛软骨　2—前角　3—冈下窝　4—冈上窝
5—肩胛冈结节　6—肩胛冈　7—前缘
8—肩胛切迹　9—盂上结节　10—关节盂(肩臼)
11—后角　12—后缘　13—锯肌面　14—肩胛下窝
15—喙突关节盂(肩臼)

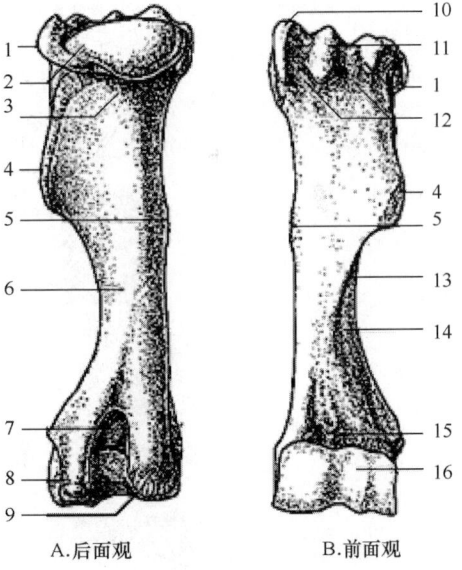

A.后面观　　B.前面观

图3-33　马的左侧肱骨结构示意图
1—大结节　2—肱骨头　3—肱骨颈
4—三角肌粗隆　5—大圆肌粗隆　6—肱骨干
7—鹰嘴窝　8—外侧上髁　9—内侧上髁
10—小结节　11—中间结节　12—二头肌沟
13—肱骨嵴　14—螺旋肌沟　15—桡骨窝　16—肱骨髁

1. 肩带　前肢肩带仅有一块肩胛骨，为三角形扁骨，斜位于胸廓前部两侧，约在第4胸椎棘突斜向第2肋中部。肩胛骨有内、外侧两面，前、后、背侧三个缘和前、后、腹侧三个角。外侧面有一纵行的骨嵴称为肩胛冈，肩胛冈中部有较粗厚的冈结节，其下端的尖突为肩峰。肩胛冈将外侧面分为前方较小的冈上窝和后方较大的冈下窝，分别供冈上肌和冈下肌附着。内侧面中部有大而浅的肩胛下窝。在窝的上方，前、后各有一粗糙的骨面，称为锯肌面，供腹侧锯肌附着。前缘较薄，后缘较厚，背侧缘较为粗糙，在生活状态下附有肩胛软骨。前角对应于第1~2胸椎棘突，后角对应于第6~7肋的椎骨端，腹侧角对应于第2肋的中部。腹侧角的后部有一圆形的浅窝，称为关节盂，也称为肩臼，与肱（臂）骨的肱（臂）骨头构成

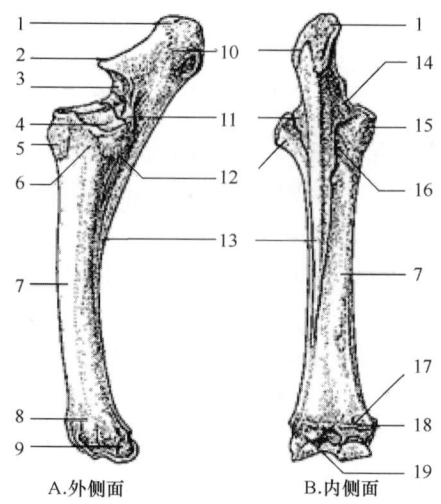

图 3-34　马的左侧前臂骨结构示意图
1—鹰嘴结节　2—肘突　3—滑车切迹　4—桡关节面
5—桡骨粗隆　6—桡骨头　7—桡骨干　8—腱沟
9—尺骨外侧颈突　10—鹰嘴　11—外侧冠突　12—外侧隆起
13—尺骨干　14—内侧冠突　15—内侧隆起　16—骨间隙
17—横嵴　18—内侧颈突　19—桡骨滑车

肩关节。关节盂的前上方有一突起，称为盂上结节，供臂二头肌长头附着；后方有盂下结节，供臂二头肌短头附着。关节盂内侧有一突起称为喙突，供喙臂肌附着。

猪的肩胛骨较宽，肩胛冈结节弯向冈下窝，末端不形成肩峰。

马的肩胛骨窄而长，有肩胛冈结节，无肩峰；喙突大而明显（图3-35）。

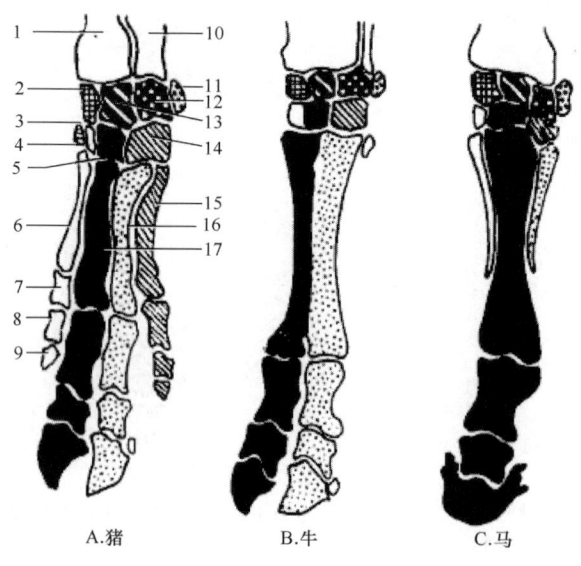

图 3-35　家畜的前脚骨骼构成示意图
1—尺骨　2—桡腕骨　3—第1腕骨　4—第2腕骨　5—第3腕骨　6—第2掌骨　7—近指节骨
8—中指节骨　9—远指节骨　10—尺骨　11—副腕骨　12—尺腕骨　13—中间腕骨
14—第4腕骨　15—第5掌骨　16—第4掌骨　17—第3掌骨

犬的肩胛骨无肩胛冈结节；肩峰呈钩状；冈上窝大。另有一锁骨，为不规则的三角形小薄骨片或软骨板（约1cm），埋藏于臂头肌内。

2. 肱骨　肱骨又称为臂骨，为长骨。近端后部有球形的关节面为肱骨头，与肩胛骨的关节盂构成关节。肱骨头下方前部有两个突起，外侧较大的称为大结节，其远侧有冈下肌面，供冈下肌附着；内侧较小的称为小结节，两者均可分为前、后两部。两结节之间有结节间沟，供臂二头肌长头腱通过。骨体呈不规则的圆柱体，外侧面有从后上方经由外侧面至前下方的螺旋状的臂肌沟，沟的前界为肱骨嵴，其近侧有三角肌粗隆，供三角肌附着；三角肌粗隆向后背侧有臂三头肌线，供臂三头肌附着。骨体内侧面中部有一卵圆形的粗面，称为大圆肌粗隆，供大圆肌附着。远端即肱骨髁，髁的端面呈滑车状，称为肱骨滑车与前臂骨成关节，两侧的突起分别称为内外上髁，肱骨髁的前面有较浅的桡窝，后面为较深的鹰嘴窝。

猪的肱骨无明显的肱骨嵴；螺旋肌沟浅；大圆肌粗隆不明显；三角肌粗隆小。

马的肱骨三角肌粗隆大，呈结节状；大圆肌粗隆明显；近端的中间结节显著，结节间沟一分为二（图3-36）。

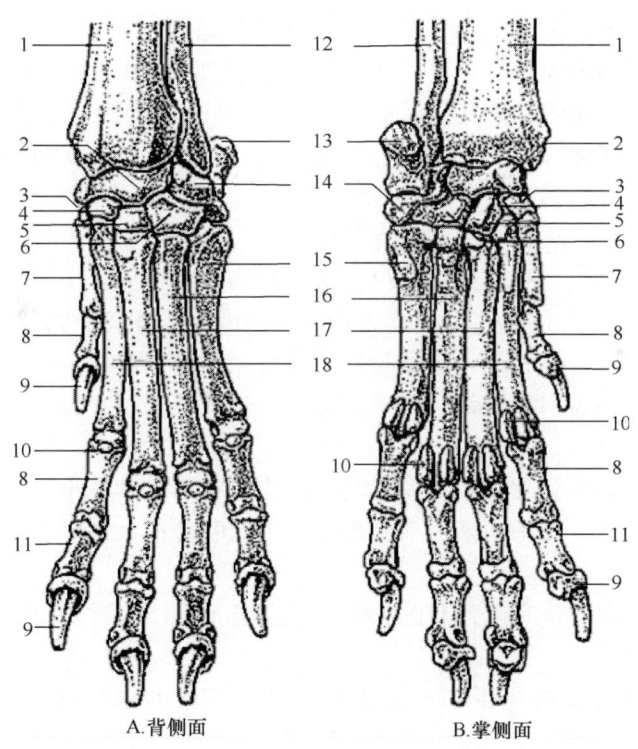

图3-36　犬左前脚部骨骼构成示意图

1—桡骨　2—中间腕骨　3—第1腕骨　4—第2腕骨　5—第3腕骨　6—第4腕骨　7—第1掌骨
8—近指节骨　9—远指节骨　10—籽骨　11—中指节骨　12—尺骨　13—副腕骨　14—尺腕骨
15—第5掌骨　16—第4掌骨　17—第3掌骨　18—第2掌骨

犬的肱骨头大；大小结节不分前后两部；骨体长而均匀；远端的鹰嘴窝和桡窝贯通为

滑车上孔。

3. 前臂骨

前臂骨包括位于前方较粗的桡骨和在后外侧较细的尺骨。桡骨位于前内侧，粗大，呈前后扁的圆柱体，微向前弓。桡骨后面粗糙，与尺骨相接。近端的关节面为桡骨头凹，与肱骨滑车成关节。近端的背内侧有粗糙的桡骨粗隆，为臂二头肌的止点。远端的关节面与腕骨成关节。尺骨位于后外侧，较桡骨长。近端骨面呈滑车状与肱骨滑车构成关节。关节面后部特别发达，高出桡骨的部分称为鹰嘴，其顶端粗糙称为鹰嘴结节，供臂三肌附着，其在体表形成的突起称为肘端。鹰嘴前缘的中部有一钩状的肘突（也称为冠状突），伸入肱骨的鹰嘴窝。尺骨骨体与桡骨紧密结合，但仍留有上下两个裂隙，分别称为前臂近骨间隙和前臂远骨间隙。尺骨远端向下突出，称为茎突。

在马、牛和羊等动物，桡骨发达；尺骨显著退化，仅近端发达；在猪、犬、兔和鼠等动物，尺骨比桡骨长。猪的桡骨短，尺骨发达，比桡骨粗长，近端大而长，约占全骨长的1/3；前臂骨间隙一个，位于近侧1/3处。马的桡骨发达，尺骨显著退化，仅近端发达，骨干除前臂骨间隙处外，均与桡骨结合，远端消失。犬的桡骨和尺骨发育程度相近。

4. 前脚骨

（1）腕骨 腕骨均为短骨，排成两列。不同动物适应不同的运动，发生较多的变异。

猪腕骨保留着原始组成，有8块，近侧列和远侧列各为4枚。近侧列由内至外依次为桡腕骨、中间腕骨、尺腕骨和副腕，远侧列由内至外依次为第1、第2、第3和第4腕骨。

肉食动物腕骨的桡腕骨与中间腕骨愈合，故有7块，但桡腕骨后内侧附着一粒掌籽骨。

马腕骨的第1腕骨常缺失，故一般有7块。

反刍动物腕骨有6枚，第1腕骨退化，第2和第3腕骨愈合。

（2）掌骨 掌骨均为长骨，由内向外分别称为第1、第2、第3、第4和第5掌骨。掌骨的近端与远侧列腕骨相关节，远端与近节指骨相关节。

犬有5块掌骨，均为小型长骨，第3和第4掌骨最长，第2和第5掌骨较短，第1掌骨最短。

猪有4块掌骨，第3和第4掌骨发育良好，第2和第5掌骨小，第1掌骨缺失。

反刍类有3块掌骨，第3和第4掌骨近端和中部联合成大掌骨，远端分离，第5掌骨较小，第1和第2掌骨缺失。

马有3块掌骨，中间是完全发育的大掌骨（第3掌骨），第2和第4掌骨退化为小掌骨，第1和第5掌骨缺失。

（3）指骨 指骨原始的指由5个指组成，每一完整的指骨从上至下顺次包括系骨、冠骨和蹄骨。蹄骨近端前缘突出称为伸腱突，底面凹且粗糙，称为屈腱面。

犬、猫、兔和鼠有5指，但第1指仅含二指节。远指节骨呈爪形，称为爪骨。

猪的第3指、第4指发达，第2、第5指小。

牛、羊有4指，第3指和第4指发育完全，与地面接触，称为主指；第2指和第5指退化，不与地面接触，称为悬指，内有两个不规则的指节骨。

马仅有第3指。

（4）籽骨 每一个指均包括一对近籽骨和一个远籽骨，即每指有3枚籽骨。近籽位于掌骨远端掌侧，远籽骨位于冠骨和蹄骨交界部掌侧。

二、前肢骨的连结

前肢带骨与躯干骨之间不形成关节，而是通过肩带肌与躯干相连。前肢关节依次是肩关节、肘关节、桡尺（近、远）关节、腕关节、掌骨间关节和指关节。

1. 肩关节

肩关节由肩胛骨的肩臼和肱骨的肱骨头构成，关节角顶向前。肩关节的关节头大，窝小而浅，关节囊松，无侧副韧带，故肩关节的活动性大，为多轴关节，理论上可以完成各种运动，但由于受内外侧肌肉的限制，主要进行屈伸运动，也可做小范围的内收、外展运动。犬的肩关节有内外侧盂肱韧带（图3-37）。

2. 肘关节

肘关节为复关节，由肱骨滑车与桡骨头凹、尺骨的滑车切迹形成，其中肱骨滑车与尺骨鹰嘴的滑车切迹构成肱尺关节，肱骨滑车与桡骨头凹构成肱桡关节。关节角顶向后。关节囊掌侧薄，背侧厚。两侧有侧副韧带，从肱骨远端内外侧连到桡骨近端内外侧，外侧侧副韧带短而厚，内侧侧副韧带长而薄。肘关节为单轴关节，只能做屈伸运动（图3-38）。

3. 桡尺（近、远）关节

牛、猪、犬均有桡尺近关节和桡尺远关节，马仅有桡尺近关节，除犬的桡尺远关节能做有限的旋前、旋后运动外，余均无活动性。桡骨和尺骨借前臂骨间膜连结，成年后骨化。两骨之间留有前臂骨间隙，牛有前臂近骨间隙和远骨间隙。

4. 腕关节

腕关节是由前臂骨远端、两列腕骨和掌骨近端共同构成的复关节，关节角顶向前，可进行屈伸运动。腕关节包括前臂腕关节（桡腕关节和尺腕关节）、腕中关节、腕间关节和腕掌关节。腕关节关节囊的纤维层包在整个腕关节的外面，背侧面薄而松，掌侧面厚而紧；滑膜层分为桡腕囊、腕间囊和腕掌囊，桡腕囊最大，活动性也最大，腕间囊次之，腕掌囊最

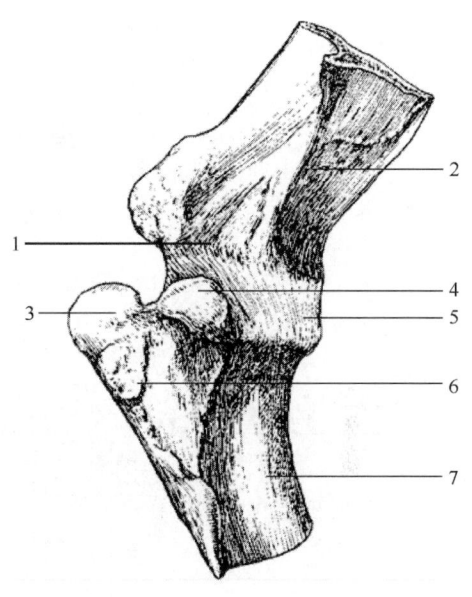

图3-37 马左肩关节示意图（外侧面）
1—肩胛骨盂上结节 2—肩胛骨肩胛冈
3—肱骨中间结节 4—肱骨大结节
5—关节囊 6—三角肌粗隆 7—肱骨

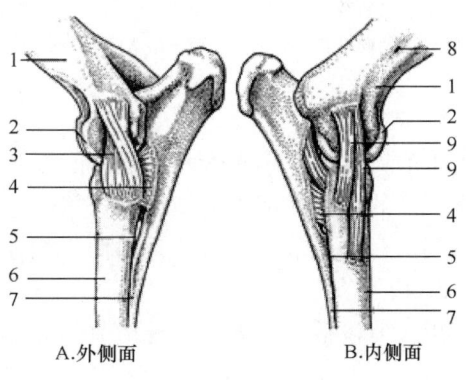

图3-38 马左肘关节示意图
1—肱骨 2—肱骨滑车 3—外侧副韧带
4—前臂骨间膜 5—前臂骨间隙 6—桡骨
7—尺骨 8—滋养孔 9—内侧副韧带

小，活动性也最小。腕关节的主要韧带有内外侧侧副韧带、桡腕背侧韧带、桡腕掌侧韧带、尺腕掌侧韧带、腕掌背侧韧带、腕掌掌侧韧带及腕骨之间的短韧带；内外侧侧副韧带下部均分为浅深两层，浅层长，深层短。腕关节掌侧的韧带发达，可防止腕关节过度背屈（图3-39、图3-40）。

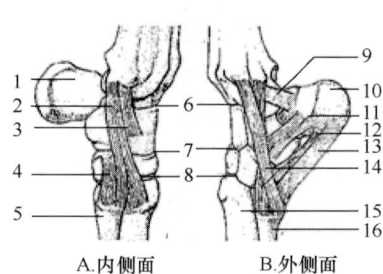

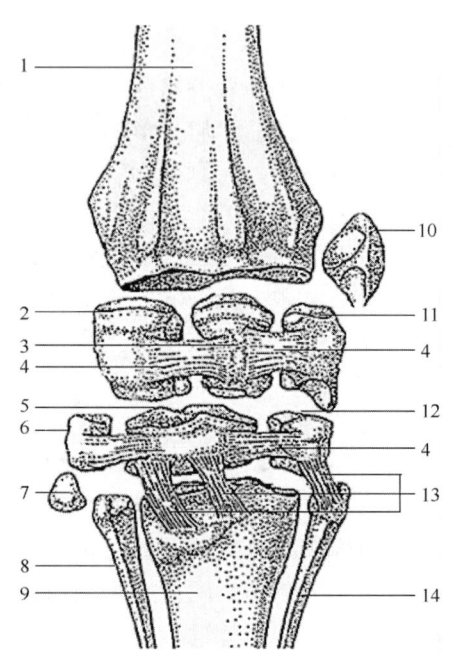

图3-39 马左侧腕部示意图
1—副腕骨 2—内侧副韧带长浅支 3—内侧副韧带近端深支
4—内侧副韧带远端深支 5—第2掌骨 6—前臂腕关节
7—腕中关节 8—腕掌关节 9—副尺骨韧带 10—副腕骨
11—副腕尺韧带 12—第4腕骨副韧带 13—副掌骨韧带
14—腕外侧副韧带长支和远支 15—第3掌骨 16—第4掌骨

图3-40 马左侧腕骨间的短韧带（背侧面）
1—桡骨 2—桡腕骨 3—中间腕骨
4—短横韧带 5—第3腕骨 6—第2腕骨
7—第1腕骨 8—第2腕骨 9—第3掌骨
10—副腕骨 11—尺腕骨 12—第4腕骨
13—腕掌韧带 14—第4掌骨

5. 掌骨间关节

牛的大掌骨与小掌骨之间借骨间韧带相连；猪的4枚掌骨之间互成关节，借骨间韧带相连；马的第2和第4掌骨与第3掌骨近端之间也构成关节，包在腕关节内；犬5枚掌骨的近端均互成关节，并有掌骨间韧带相连。

6. 指关节

指关节包括掌指关节、近指节间关节和远指节间关节（图3-41）。

（1）掌指关节 掌指关节常称为系关节或球节，由掌骨远端、近指节骨近端以及近籽骨构成，正常呈背屈状态。关节囊背侧壁厚，掌侧壁较薄。掌指关节有内外侧侧副韧带和籽骨韧带。籽骨韧带发达，连结近籽骨、掌骨、近指节骨和中指节骨。牛的籽骨韧带包括掌侧韧带、籽骨侧副韧带、指间籽骨间韧带、指间指节骨籽骨韧带、籽骨下韧带。掌侧韧带又称为籽骨间韧带，连接4个近籽骨。籽骨侧副韧带较短，连接远轴侧近籽骨与近指节骨。指间籽骨间韧带连接第3和第4指的两轴侧籽骨。指间指节骨籽骨韧带连接轴侧籽骨与对侧近指节骨中部。籽骨下韧带位于近籽骨下缘与近指节骨之间，分浅、深两层，浅层细，深层粗，在浅层深面交叉，称为籽骨交叉韧带。此外，还有指间近韧带，连于第3和第4指近指节骨之间，短而坚强。马无指间指节骨籽骨韧带、指间籽骨间韧带和指间韧带。马的籽骨下韧带分三层，浅层为籽骨直韧带，中层为籽骨斜韧带，深层为籽骨交叉韧带。

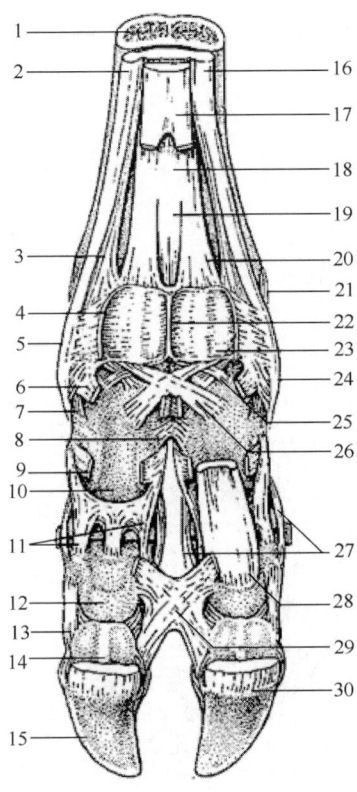 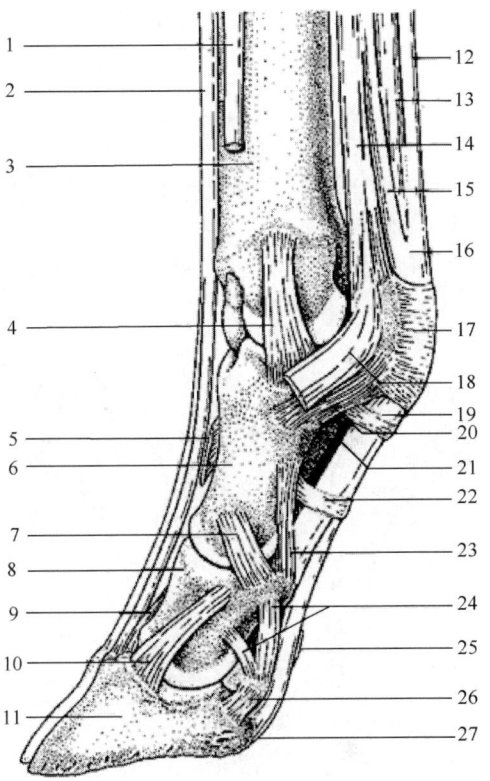

A. 掌侧面

1—大掌骨 2—悬韧带外侧支浅部 3—悬韧带外侧支深部 4—掌指关节掌侧环状韧带（断面） 5—悬韧带浅支外侧部（至伸肌腱） 6—近环状韧带 7—籽骨斜韧带 8—近指腱韧带 9—远环状韧带 10—近指节骨 11—外侧近指节骨间远轴侧韧带 12—中指节骨 13—籽骨远轴侧副韧带 14—外侧籽骨 15—远指节骨 16—悬韧带内侧支 17—连接指浅屈肌和悬韧带的粗支 18—悬韧带中部 19—悬韧带指间支 20—悬韧带中部内侧支 21—内侧掌指关节远轴侧副韧带 22—指间籽骨间韧带 23—内侧掌侧韧带 24—悬韧带浅支内侧部（至伸肌腱） 25—籽骨交叉韧带 26—内侧指间指骨籽骨韧带 27—内侧远轴侧副韧带 28—指浅屈肌腱止点 29—指间远韧带 30—指深屈肌腱止点

B. 外侧面

1—指外侧伸肌腱 2—指总伸肌腱外侧支 3—掌骨 4—掌指关节外侧副韧带 5—指外侧伸肌腱指间支 6—近节指骨 7—近指间关节外侧副韧带 8—中节指骨 9—近指间关节背侧韧带 10—远指间关节远轴侧副韧带 11—远节指骨 12—指浅屈肌腱 13—指深屈肌腱 14—骨间肌腱 15—悬韧带 16—悬韧带和指浅屈肌腱腱鞘 17—掌侧环状韧带 18—悬韧带分支 19—近环状韧带 20—籽骨外侧副韧带 21—籽骨外侧斜韧带 22—近指指骨远环状韧带 23—近指间关节远轴侧副韧带 24—籽骨远轴侧副韧带近部 25—远环状韧带 26—籽骨远轴侧副韧带远部 27—指深屈肌止点

图 3-41 牛左前脚的韧带和肌腱示意图

（2）近指节间关节　近指节间关节常称为冠关节，由近指节骨和中指节骨构成，有内外侧侧副韧带和掌侧韧带。

（3）远指节间关节　远指节间关节常称为蹄关节，由中指节骨、远指节骨和远籽骨构成，关节囊背侧及两侧强厚，掌侧较薄，有侧副韧带、背侧韧带、指间远韧带以及远籽骨的韧带。马还有与蹄软骨有关的韧带。

第五节　后肢骨及其连结

一、后肢骨

后肢骨由髋骨、股部骨骼、小腿骨骼和后足骨骼组成。

1. 髋骨

在胚胎发生上，后肢带由髂骨、耻骨和坐骨三枚扁骨组成，随着年龄生长，3 骨愈合成一块髋骨（图3-42）。

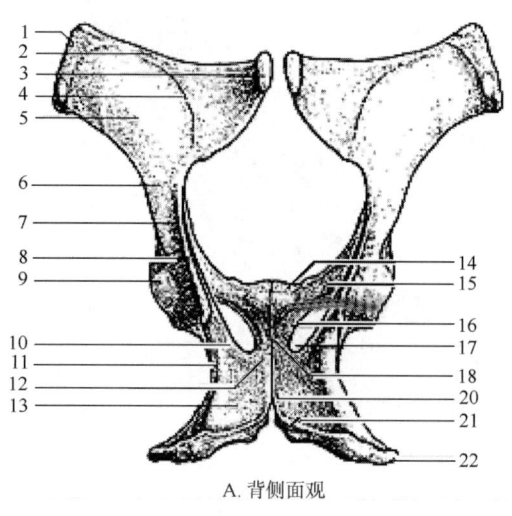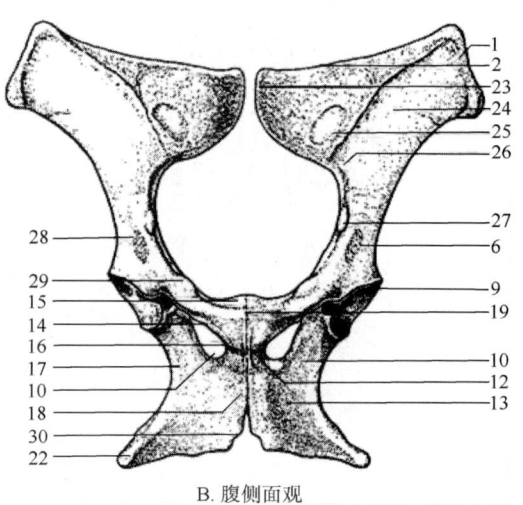

A. 背侧面观　　B. 腹侧面观

图3-42　马髋骨结构示意图

1—髋结节　2—髂嵴　3—荐结节　4—臀线　5—髂骨翼　6—髂骨体　7—坐骨大切迹　8—坐骨棘　9—髋臼
10—坐骨体　11—坐骨小切迹　12—坐骨支　13—坐骨板　14—耻骨梳　15—耻骨体　16—耻骨前支
17—耻骨后支　18—闭孔　19—耻骨联合　20—坐骨联合弓　21—坐骨弓　22—坐骨结节　23—荐结节和髂骨粗隆
24—髂肌面　25—耳状面　26—弓状线　27—腰小肌结节　28—股直肌起点　29—髂耻隆起　30—坐骨联合

（1）髂骨　髂骨为三角形的扁骨，从前上方斜向后下方，前方为宽而扁的髂骨翼，后方为三棱柱状的髂骨体。髂骨翼的外侧角称为髋结节，其在体表形成的突起称为腰角；内侧角称为荐结节，其在体表形成的突起称为臀端。翼的背外侧面称为臀肌面，腹侧面称为荐盆面。荐盆面的外侧部为大而平滑的髂肌面，内侧为小而粗糙的髂骨粗隆和耳状关节面。髂骨体的背内侧缘形成坐骨大切迹，大切迹后方为坐骨棘；髂骨体的腹侧有腰小肌结节。

(2) 耻骨 耻骨构成骨盆底壁的前部，分为耻骨支和耻骨体。耻骨支又分为横向的前支和纵向的后支。耻骨体参与形成髋臼，并与前支围成闭孔的前缘。前支的前缘称为耻骨梳。髂耻隆起，位于耻骨梳外侧。后支形成闭孔的内侧缘，后支内侧缘的联合面在正中与对侧的同名结构形成耻骨联合。

(3) 坐骨 坐骨构成骨盆底壁的后部，呈不规则的四边形，分为坐骨支、坐骨体和坐骨板。坐骨支与耻骨后支联合。坐骨前缘凹，与耻骨围成闭孔。两侧坐骨的内侧缘在正中形成坐骨联合，构成骨盆联合的后部。坐骨体参与形成髋臼，其背侧缘参与形成坐骨棘；坐骨棘后方有坐骨小切迹。两侧坐骨板的后缘形成坐骨弓，其后外侧角粗大，称为坐骨结节。

在后肢带的外侧面，髂骨、耻骨和坐骨体在相接处共同构成的关节窝称为髋臼。髋臼分环形的关节部（月状面）和粗糙的非关节部（髋臼窝），后者供股骨头韧带附着。关节部被髋臼切迹隔断，供韧带通过。髋臼与股骨头成关节。

2. 股部骨骼

股部骨骼包括 1 块股骨和 1 块髌骨。

(1) 股骨 股骨为最粗大的长骨。近端内侧有球形的股骨头，与髋臼成关节，头的中央有股骨头凹，供股骨头韧带附着；股骨头下缩细为斜向下方的股骨颈，其外侧有扁而高的大转子，其在体表的突起被作为髋关节的体表标志。骨体呈圆柱形，内侧缘上部有小转子，大、小转子之间有转子间嵴，嵴的内侧有较深的转子窝；骨体远侧部外侧缘有髁上窝，供趾浅屈肌附着；髁上窝外侧有外侧髁上粗隆，内侧缘有内侧髁上粗隆，供腓肠肌附着。股骨远端粗大，前部有股骨滑车，与膝盖骨构成关节；后部为股骨内、外侧髁，髁端的关节面与胫骨相关节；两髁间为髁间窝；两髁近侧部有内、外侧上髁；后上方有腘肌面；股骨外侧髁与股骨滑车之间有伸肌窝，趾长伸肌和第三腓骨肌附着于此，外侧髁上为腘肌窝。

牛股骨的大转子的高度超出股骨头。

猪股大转子的高度不超出股骨头，小转子不明显。

马股骨体后侧上半部平，外侧缘有较发达的第 3 转子，转子间嵴连于大转子与第 3 转子之间，大转子被一切迹分为前、后两部分（图 3-43）。

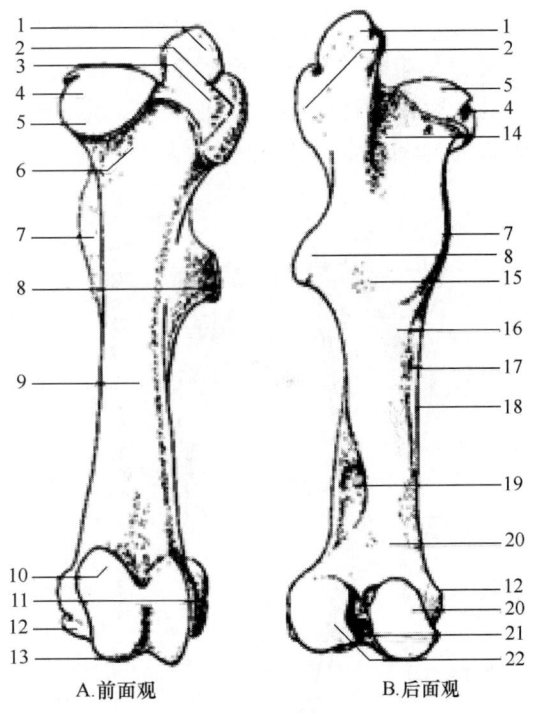

A. 前面观　　B. 后面观

图 3-43　马左侧股骨结构示意图
1—大转子前部　2—大转子后部　3—转子切迹
4—股骨头凹　5—股骨头　6—股骨颈　7—小转子
8—第三转子　9—股骨干　10—股骨滑车粗隆
11—外侧上髁　12—内侧上髁　13—股骨滑车
14—转子窝　15—二头肌粗隆　16—粗糙面
17—滋养孔　18—内侧唇　19—髁上窝
20—腘肌面　21—内侧髁　22—外侧髁

犬股骨大转子也不超出股骨头，股骨颈明显，远端的内、外侧髁不像牛、马那样发达，内、外侧髁后面上方各有一枚籽骨。

（2）髌骨　髌骨即膝盖骨，为体内最大的籽骨，包埋在股四头肌腱中，呈楔形，膝盖骨底向上，膝盖骨尖向下。前面粗糙；后面为关节面，与股骨滑车成关节；有一低嵴，将关节面分为内、外侧两部，内侧缘有软骨突，附着有膝旁纤维软骨。

3. 小腿骨

小腿骨包括1块胫骨和1块腓骨，均为长骨。

（1）胫骨　胫骨近端粗大，由胫骨内、外侧髁组成，与股骨髁成关节。两髁之间为髁间隆起，两髁后方有腘肌切迹。近端前面有胫骨粗隆，粗隆与外侧髁之间有伸肌沟。骨体上半部呈三棱柱状，胫骨前缘（胫骨嵴）由胫骨粗隆向下延续而成；骨体下部前后扁；骨体后面较平，有腘肌线和肌线。远端小，关节面具两沟和一中间嵴，称为胫骨蜗，与跗骨成关节；内侧有下垂的突起称为内侧踝，外侧有与踝骨成关节的关节面。

（2）腓骨　腓骨位于胫骨外侧，在不同动物发生不同程度的变异。

牛的腓骨骨体退化，仅保留两端。近端即腓骨头，与胫骨的外侧髁融合；远端形成单独的踝骨，呈四边形，也称为外侧踝，位于胫骨远端与跟骨之间。

猪和犬的腓骨发达，长度与胫骨相当，两骨之间有宽而长的小腿骨间隙。

马的胫骨发达，腓骨退化，腓骨近端粗大，称为腓骨头，骨体向下逐渐变尖细，远端与胫骨的远端愈合，构成外侧踝（图3-44）。

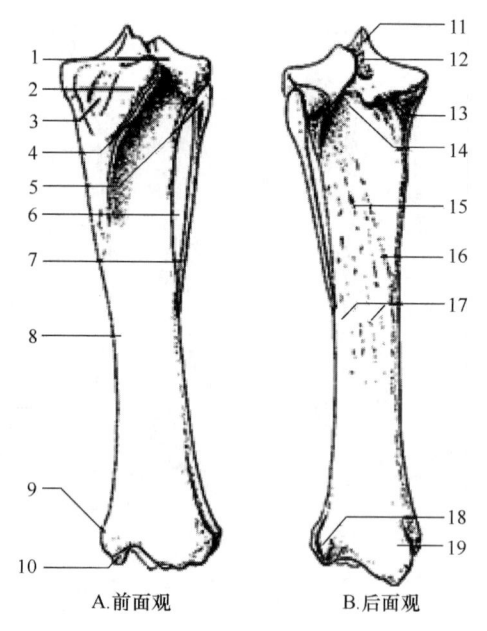

图3-44　马左侧小腿骨结构示意图
1—外侧髁　2—胫骨粗隆　3—粗隆沟　4—伸肌沟
5—腓骨头　6—骨间隙　7—腓骨　8—胫骨
9—内侧踝和腱沟（踝沟）　10—滑车　11—髁间隆起
12—髁间区　13—内侧髁　14—腘切迹　15—滋养孔
16—腘肌线　17—肌线　18—外侧踝　19—内侧踝

4. 后脚骨骼

后脚骨骼与前脚部骨骼一样，后脚部骨骼也因适应不同的蹄形而发生较多变异（图3-45）。

猪跗骨有7枚，近列两枚，为跟骨和距骨，距骨上、下均有滑车关节面，分别与小腿骨和跟骨构成关节，跟骨近端粗大称为跟结节；中列1枚，为中央跗骨，远列4枚，为第1、第2、第3和第4跗骨。犬的跗骨与猪的类似。

牛的跗骨5枚，排成3列。近列2枚，内侧为距骨，外侧为跟骨，均高而狭。中间列1枚，为愈合的中央跗骨和第4跗骨，合称为中央第4跗骨。远侧列2枚，内侧为小的第1跗骨，外侧是愈合的第2和第3跗骨，为不正的四方体。

马跗骨有6枚，近列和中列与猪的相同，远列为愈合的第1和第2跗骨、第3和第4跗骨。

跖骨与同种动物前肢掌骨相似，但牛的小跖骨为第2跖骨。

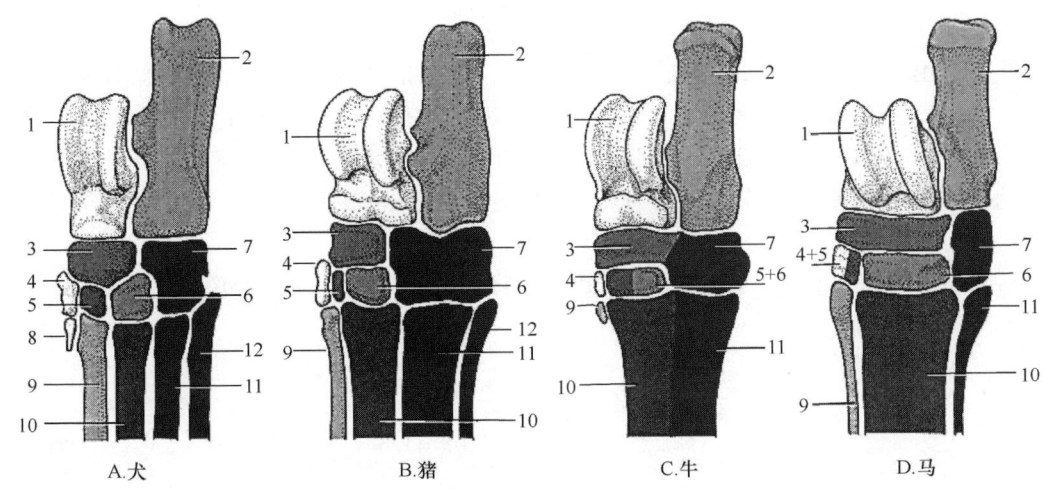

图 3-45 家畜跗部骨骼构成示意图
1—距骨 2—跟骨 3—中央跗骨 4—第1跗骨 5—第2跗骨 6—第3跗骨 7—第4跗骨
8—第1跖骨 9—第2跖骨 10—第3跖骨 11—第4跖骨 12—第5跖骨

趾骨和籽骨的形态、数目和排列均与同种动物的前肢相似。

二、后肢骨的连结

后肢骨的连结包括荐髂关节、髋关节、膝关节、跗关节、跖骨间关节和趾关节。

1. 荐髂关节

荐髂关节由荐骨翼和髂骨翼的耳状面构成，为平面关节，关节囊紧，周围有强大的荐髂腹侧韧带，将躯干与后肢连结在一起，故荐髂关节几乎不能活动。

后肢带骨的连结除荐髂关节外，还有骨盆韧带将髋骨与荐骨相连，包括荐结节阔韧带和荐髂背侧韧带。荐结节阔韧带为四边形的板状韧带，从荐外侧嵴和第1~2尾椎横突伸至坐骨棘和坐骨结节，形成骨盆腔的侧壁，其前缘与坐骨大切迹围成坐骨大孔，腹侧缘与坐骨小切迹围成坐骨小孔，供血管、神经通过。犬的此韧带从荐骨外侧缘后部和第1尾椎横突伸至坐骨结节，称为荐结节韧带。荐髂背侧韧带分为两部分，一部分呈索状，从髂骨荐结节伸至荐正中嵴，另一部分厚，呈三角形，从髂骨内侧缘伸至荐骨外侧缘（图3-46、图3-47）。

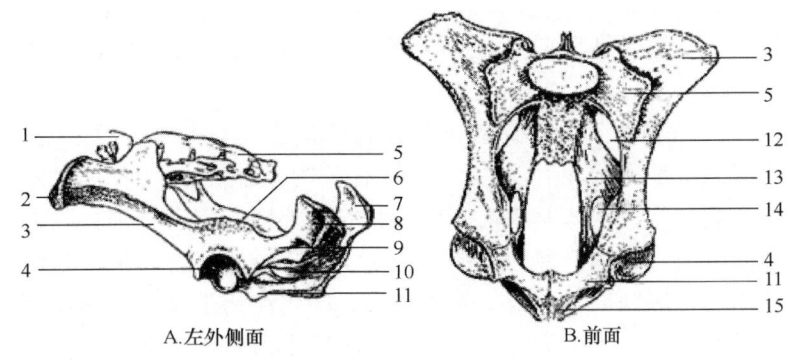

图 3-46 牛骨性骨盆示意图
1—第6腰椎 2—髋结节 3—髂骨 4—髋臼 5—荐骨 6—坐骨棘 7—右侧坐骨结节 8—左侧坐骨结节
9—坐骨支 10—闭孔 11—耻骨 12—髂骨孔 13—荐髂韧带 14—坐骨孔 15—耻骨联合

2. 髋关节

髋关节由髋臼和股骨头构成，属球窝关节，髋臼的周缘附有髋臼唇以加深髋臼，髋臼切迹由髋臼横韧带封闭。髋关节关节囊松而大，内侧薄，外侧厚，无侧副韧带，但有股骨头韧带，又称为圆韧带，短而强，经髋臼切迹连接股骨头凹与髋臼，可限制股骨外展活动。髋关节为多轴关节，主要进行屈伸运动，也可做小范围的内收、外展和旋转运动。

马属动物由腹直肌腱分出的副韧带也经过髋臼切迹，大部分与股骨头韧带合并，止于股骨头凹（图3-48）。

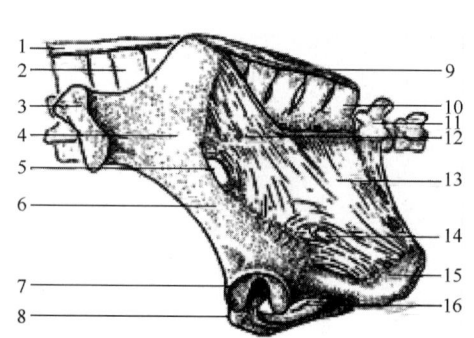 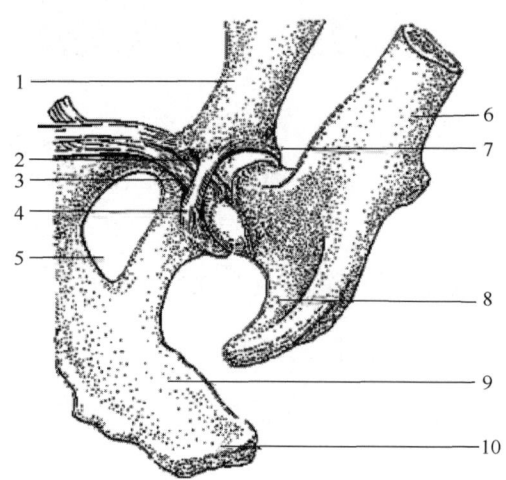

图3-47 马骨盆的韧带示意图（左外侧面）
1—棘上韧带 2—最后腰椎棘突 3—髋结节
4—荐结节 5—髂骨孔 6—髂骨 7—髋臼
8—耻骨 9—荐髂韧带短支 10—荐骨
11—第1尾骨 12—荐髂韧带长支
13—荐结节阔韧带（荐坐韧带） 14—坐骨孔
15—坐骨 16—闭孔

图3-48 马髋关节示意图（腹面观）
1—髂骨 2—耻骨前韧带 3—股骨头韧带
4—股骨股韧带 5—髋臼副韧带
6—股骨 7—髋臼唇 8—大转子
9—坐骨 10—坐骨结节

3. 膝关节

膝关节为股骨、膝盖骨和胫骨形成的复关节，包括股膝关节和股胫关节，关节角顶向前。

（1）股膝关节 股膝关节由股骨滑车与膝盖骨的关节面构成。关节囊薄而松，关节囊的上部有伸入股四头肌下方的滑膜囊。韧带有膝内、外侧支持带和膝韧带。猪、犬膝内、外侧支持带每侧各一条，即股膝内侧韧带和股膝外侧韧带，分别自膝盖骨内侧缘的软骨和外侧缘伸至股骨内、外侧上髁的粗糙面，犬止于腓肠肌籽骨。牛、马的支持带每侧各有两条，即股膝内、外侧韧带和膝内、外侧韧带，膝内侧韧带和膝外侧韧带分别自膝旁纤维软骨和膝盖骨外侧伸至胫骨粗隆的内、外侧。膝韧带由膝盖骨伸至胫骨粗隆的前面，牛和马的膝韧带称为膝中间韧带（图3-49）。

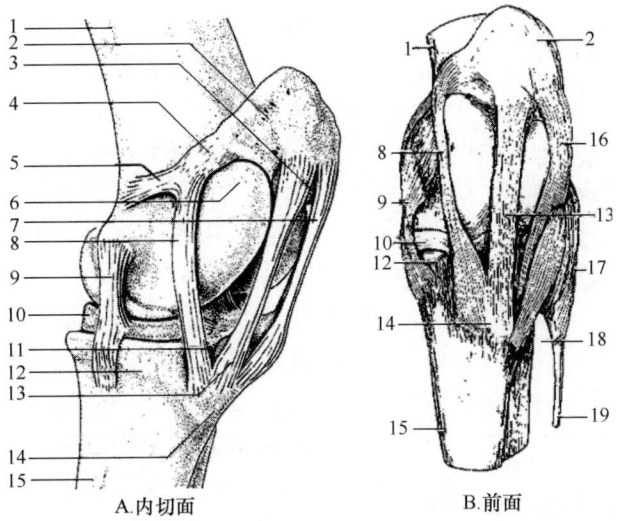

1—股骨 2—膝盖骨 3—膝盖骨下近囊 4—膝盖骨旁内侧纤维软骨 5—股膝内侧韧带 6—滑车结节
7—膝外侧韧带 8—膝内侧韧带 9—内侧副韧带 10—内侧半月板 11—膝盖骨下远囊 12—内侧髁
13—膝中间韧带 14—胫骨粗隆 15—胫骨 16—膝外侧韧带 17—外侧副韧带 18—小腿骨间隙 19—腓骨

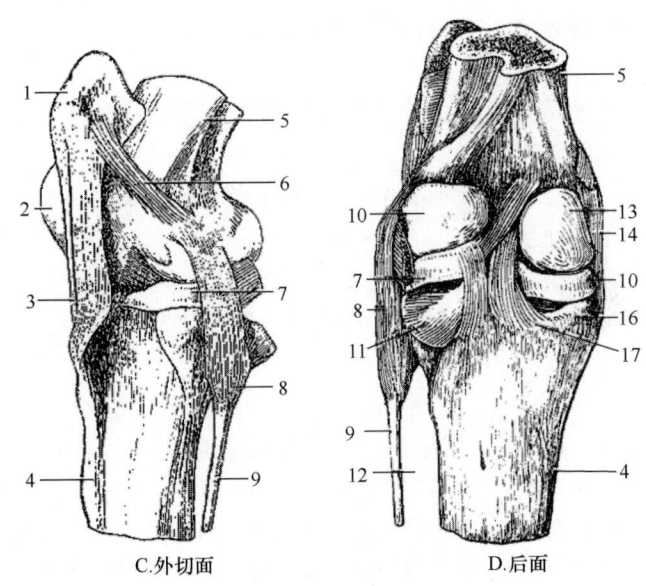

1—膝盖骨 2—滑车内侧嵴 3—膝中直韧带 4—胫骨 5—股骨 6—股膝外侧韧带 7—外侧半月板
8—股胫外侧韧带 9—腓骨 10—股骨外侧髁 11—胫骨外侧髁 12—骨间隙 13—股骨内侧髁
14—股胫内侧韧带 15—内侧半月板 16—胫骨内侧髁 17—后十字韧带

图3-49 马左侧膝关节示意图

股膝关节为滑车关节,其运动主要是膝盖骨在股骨滑车上滑动,在股四头肌的作用下向上滑动时,通过膝韧带牵引胫骨向前而伸膝关节,向下滑动时,胫骨向后而屈膝关节。

(2)股胫关节 股胫关节由股骨和胫骨的内、外侧髁构成,两骨间夹有内、外侧两个半月板,使不相符合的关节面相吻合,并减少震动。关节囊前面薄,后面厚,纤维层附

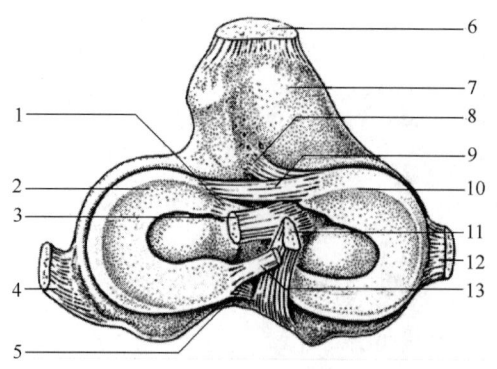

图3-50 犬左侧胫骨近端示意图
1—外侧半月板及胫骨前韧带 2—外侧半月板
3—前交叉韧带 4—外侧副韧带
5—外侧半月板及胫骨后韧带 6—膝韧带
7—胫骨粗隆 8—内侧半月板及胫骨前韧带
9—膝横韧带 10—内侧半月板 11—后交叉韧带
12—内侧副韧带 13—半月板股韧带

着于股胫关节的周围和半月板，滑膜层形成内侧和外侧股胫关节腔。在犬和反刍兽，内侧股胫关节腔与股膝关节腔相通；每一侧的关节腔又被半月板分为上、下两部分。半月板中央薄而凹，周缘厚而凸，内侧半月板呈C形，外侧半月板为不规则的卵圆形；半月板以短的韧带附着于胫骨的髁间隆起，外侧半月板还借半月板股骨韧带附着于股骨髁间窝的后部和胫骨的腘肌切迹。股胫关节的韧带有内、外侧侧副韧带和膝交叉韧带。膝交叉韧带为关节内韧带，前交叉韧带从胫骨的髁间隆起伸至股骨髁间窝外侧壁，后交叉韧带强大，从胫骨的腘肌切迹伸至髁间窝的前部（图3-50）。

股胫关节为椭圆关节，但由于受到股膝关节的限制，主要进行屈伸运动；在屈膝位时，由于股骨关节面后部较窄，也可做小范围的旋转运动。

4. 胫骨和腓骨之间的连结

胫骨和腓骨之间的连结包括胫腓近关节和胫腓远关节。由于各种家畜腓骨退化的程度不同，胫腓关节存在种间差异。

胫腓近关节在马、猪、犬为微动关节，其滑膜囊与股胫关节外侧滑膜囊交通。但在反刍兽中，腓骨头与胫骨外侧髁愈合。

胫腓远关节在犬和猪中由胫骨和腓骨的远端构成，在反刍兽中由胫骨远端与踝骨构成，但马的腓骨远端与胫骨远端愈合形成外侧踝。除牛之外，腓骨体与胫骨体之间通过小腿骨间膜连结。

5. 跗关节

跗关节又称为飞节，由小腿骨远端、跗骨和跖骨近端共同构成，为复关节和单轴关节，关节角顶向后，主要进行屈伸活动，包括小腿跗关节、跗骨间关节和跗跖关节。

小腿跗关节的活动性最大，其余各关节的活动范围很小。关节囊前壁薄，侧壁较厚，与侧副韧带结合，后壁最厚。纤维层为各关节所共有，滑膜层形成4个滑膜囊，即胫距囊、近跗间囊、远跗间囊和跗跖囊。胫距囊最大，在距骨的前方和两侧被肌腱分成数个滑膜盲囊，为跗关节的穿刺部位。

跗关节的韧带有内侧和外侧侧副韧带、跗背侧韧带、跗跖侧韧带和跗骨间韧带。内侧和外侧侧副韧带位于跗关节的内侧和外侧，均分浅层的长韧带和深层的短韧带，长韧带分别连结内、外侧踝与跗骨近端内、外侧，有的还附着于跖骨；外侧短韧带分别连结踝骨与跟骨及跟骨与大跖骨，内侧短韧带分胫距部、胫跟部及连结胫骨和内侧跗骨的部分。跗背侧韧带包括连结中央跗骨与距骨、第2和第3跗骨的韧带和距中央远列跗骨跖骨韧带。跗跖侧韧带即跖侧长韧带，牛分内、外侧支，连结跟结节与位于外侧的跗骨和跖骨。跗骨间韧带连接同列或邻列相邻跗骨（图3-51）。

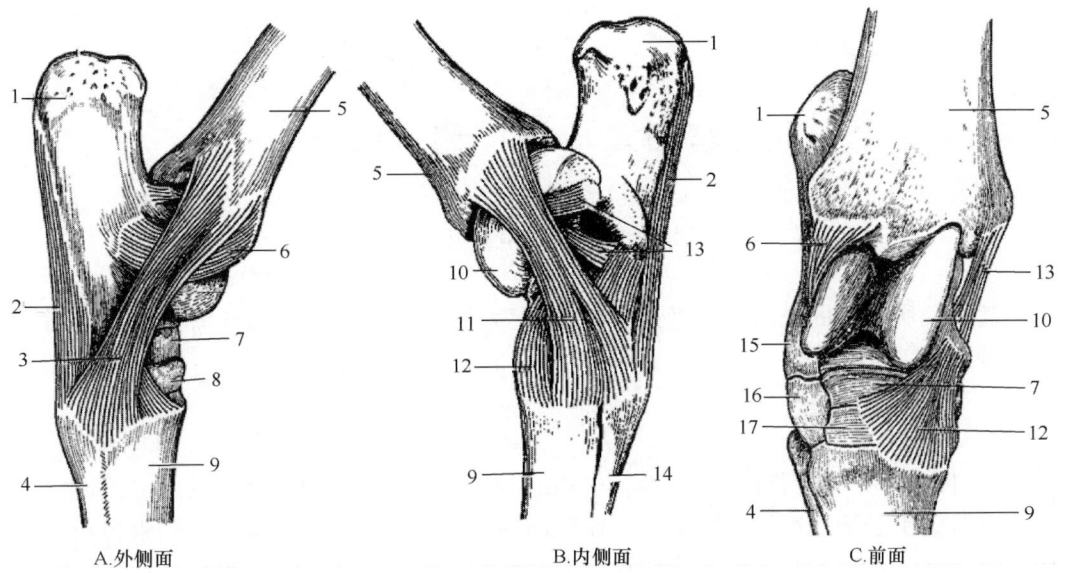

图 3-51　马右侧跗关节示意图

1—跟骨结节　2—跖侧韧带　3—外侧长韧带　4—第4跖骨　5—胫骨　6—外侧短韧带　7—中央跗骨
8—第3跗骨　9—第3跖骨　10—胫骨滑车　11—内侧长韧带　12—背侧韧带　13—内侧短韧带
14—第2跖骨　15—腓跗骨　16—第4跗骨　17—第4跗骨

6. 跖骨间关节和趾关节

跖骨间关节和趾关节分别与同种动物前肢的掌骨间关节和指关节相似。

第四章 骨 骼 肌

第一节 骨骼肌概述

运动系统所描述的肌肉特指骨骼肌（也称为横纹肌），它们附着于骨骼上，是运动的动力部分。

一、肌肉的构造

每一肌肉就是一个器官，可分为具有收缩能力的肌腹和无收缩能力的肌腱两部分。肌腹由骨骼肌组织借结缔组织结合而成。在肌肉内，肌纤维先集合成肌束，肌束再集合成一块肌肉的肌腹。每一条肌纤维周围的结缔组织称为肌内膜；若干肌纤维组成肌束，肌束周围的结缔组织称为肌束膜；整块肌肉外面包裹的结缔组织称为肌外膜，肌外膜与深筋膜相续，血管和神经沿肌束膜和肌内膜伸入肉内。肌肉内的结缔组织在肌腹两端，直接延续成的规则致密结缔组织条索或膜称为肌腱，它牢固地附着于骨上。肌腱没有收缩能力，却有很强的坚韧性和抗张力（图4-1）。

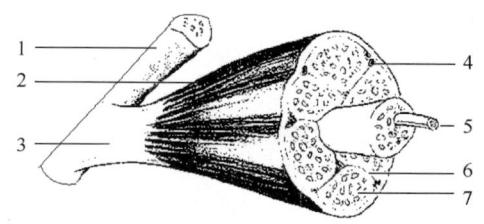

图4-1 骨骼肌结构示意图
1—骨 2—肌外膜 3—肌腱 4—血管 5—肌纤维 6—肌束膜 7—肌内膜

二、肌肉的形态

一般肌肉可分为纺锤形肌、多裂肌、板状肌和环形肌4种（图4-2）。

（1）纺锤形肌　纺锤形肌分布于四肢。在肌肉内部，肌纤维束的排列多与肌的长轴并行，收缩时使肌肉显著缩短，从而引起大幅度的运动。如臂头肌、臂二头肌等。

（2）多裂肌　多裂肌由许多短肌束组成，收缩的幅度不大，但收缩力较大而持久，主要分布于各椎骨之间，如背最长肌、髂肋肌等。

（3）板状肌　板状肌肌肉主要分布于腹壁和肩带部。多呈薄板状，有的呈扇形，如背阔肌；有的起点呈锯齿状，如腹侧锯肌等。板状肌的肌腱形成腱膜。

（4）环形肌　环形肌肌纤维环行，位于自然孔的周围，形成括约肌，如口轮匝肌、肛门括约肌等，收缩时可关闭自然孔。

第四章 骨 骼 肌

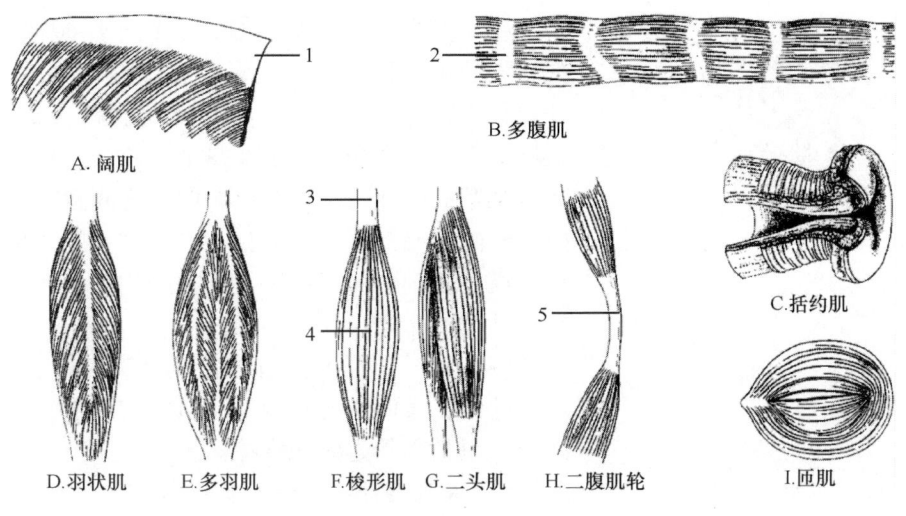

图4-2 骨骼肌的形态
1—腱膜 2—腱划 3—肌腱 4—肌腹 5—中间腱

三、肌肉起止点

肌肉一般是以其两端附着于骨，中间可能越过一个或几个关节。一般，躯干肌近中轴的附着点、四肢肌近端的附着点被称为起点，反之称为止点。当肌肉收缩时，相对固定位置不动的附着点称为定点，在肌肉拉力下发生移动的骨上面的附着点称为动点。

四、肌肉的命名

肌肉的命名一般是根据肌肉的功能、形态、位置、结构及肌纤维方向等来命名。大多数肌肉是综合几个特点来命名，少数只根据其一个最明显的特征命名。

五、肌肉的辅助器官

（1）筋膜　筋膜分为浅筋膜和深筋膜。浅筋膜位于皮下（也称为皮下组织），由疏松结缔组织构成，覆盖在全身肌的表面，有些部位的浅筋膜中有皮肌，营养良好的家畜在浅筋膜内蓄积有脂肪；浅筋膜发达的部位，皮肤具有较大的移动性。深筋膜由致密结缔组织构成，位于浅筋膜下。在某些部位深筋膜形成包围肌群的筋膜鞘；或伸入肌间，附着于骨上，形成肌肉之间的间隔；或提供肌肉的附着面。筋膜主要起保护、固定肌肉位置的作用（图4-3）。

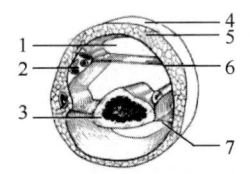

图4-3 筋膜鞘示意图
1—筋膜鞘 2—血管、神经鞘 3—骨 4—皮
5—浅筋膜（皮下筋膜）6—深筋膜 7—肌间隔骨膜

（2）黏液囊　黏液囊是封闭的结缔组织囊。壁内衬有滑膜，腔内有滑液。多位于骨的突起与肌肉、腱之间，具有减少摩擦的作用。位于关节附近的黏液囊多与关节腔相通，也可视为关节滑液囊的一部分。

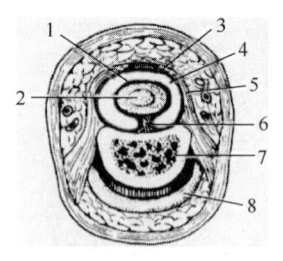

图 4-4 腱鞘结构示意图
1—滑膜层脏层　2—腱　3—滑膜层壁层
4—腱鞘腔　5—腱鞘纤维层
6—腱系带　7—骨　8—腱膜

(3) 腱鞘　腱鞘呈管状,多位于肌腱通过活动范围较大的关节处,由黏液囊包裹于腱外而成。腱鞘的外层称为腱纤维鞘,内层称为腱滑膜鞘。腱滑膜鞘呈双层套管状,紧包于肌腱的表面的称为内层,紧贴于腱纤维鞘的内面的称为外层,两层之间含有少量滑液。内、外两层相互移行的部分,称为腱系膜,内有血管、神经通过。腱鞘可起约束肌腱的作用,并可减少肌腱在运动时的摩擦(图 4-4)。

(4) 滑车　滑车为骨的滑车状突起,其上有供腱通过的沟,表面覆有软骨,与肌腱之间常垫有黏液囊,以减少肌腱与骨之间的摩擦。

(5) 籽骨　籽骨为位于关节角的小骨,有改变肌肉作用力方向及减少摩擦的作用。一般,髌骨被认为是体内最大的籽骨,其他如足部的籽骨。

第二节　皮　肌

皮肌为分布于浅筋膜内的薄层肌,紧贴于皮肤深面,个别地方附着于骨。皮肌并不完全覆盖畜体全身肌的表面,据其分布部位分为面皮肌、颈皮肌、肩臂皮肌和躯干皮肌。家畜中以犬的皮肌最发达。皮肌有颤动皮肤、驱赶蚊蝇、抖落水滴和灰尘等作用(图 4-5)。

一、面皮肌

面皮肌薄而不完整,位于下颌间隙、腮腺和咬肌表面,向前分出一条肌带连于口角,称为唇皮肌,可向后牵引和下掣口角。牛额部还

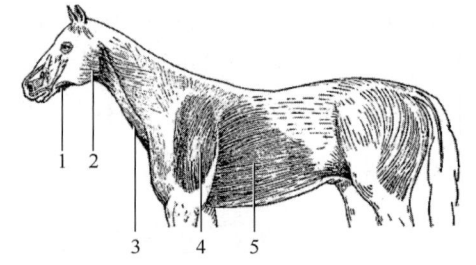

图 4-5　马皮肌示意图
1—唇皮肌　2—面皮肌　3—颈皮肌
4—肩臂皮肌　5—躯干皮肌

有宽大的额皮肌,自角突基部向前向外伸至上眼睑,与眼轮匝肌融合,可使额部皮肤起皱和提举上眼睑。

猪、马和犬的面皮肌均很发达。猪和马无额皮肌。

二、颈皮肌

马的颈皮肌起于胸骨柄,沿颈腹侧部向前延伸,起始部较厚,向前逐渐变薄、消失,有的马颈皮肌发达,可与面皮肌相连。猪颈皮肌分浅、深两层。犬颈部皮肌有颈阔肌、颈深括约肌和颈浅括约肌。犬颈阔肌发达,肌纤维由背后方斜向腹侧前方,在前方与面皮肌相连,颈浅括约肌和颈深括约肌极薄,前者肌纤维自背后方斜向腹前方,后者肌纤维自后腹方斜向背前方。牛颈皮肌缺如。

三、肩臂皮肌

肩臂皮肌位于肩臂部外侧面，牛的较窄，肌纤维方向垂直，上端附着于皮肤，下端连于前臂筋膜，后部斜向后上方移行为躯干皮肌。

猪肩臂皮肌较薄，呈带状或缺如。

四、躯干皮肌

躯干皮肌又称为胸腹皮肌，位于胸腹壁两侧，下缘伸至脐部附近。肌纤维纵行，前部分为浅、深两层。浅层移行为肩臂皮肌；深层与胸升肌和背阔肌融合，并以薄腱附着于肱骨小结节；后部伸入膝褶，移行为臀股筋膜。

猪和犬的胸腹皮肌发达，面积很大。犬胸腹皮肌几乎包着整个胸腹部，纤维由后上方斜向前下方。

第三节 头部的主要肌肉

头部肌可分为面肌、咀嚼肌、眼球肌、咽肌、喉肌、舌肌和舌骨肌（图4-6）。此处仅叙述面肌和咀嚼肌，其余肌肉在有关章节介绍。

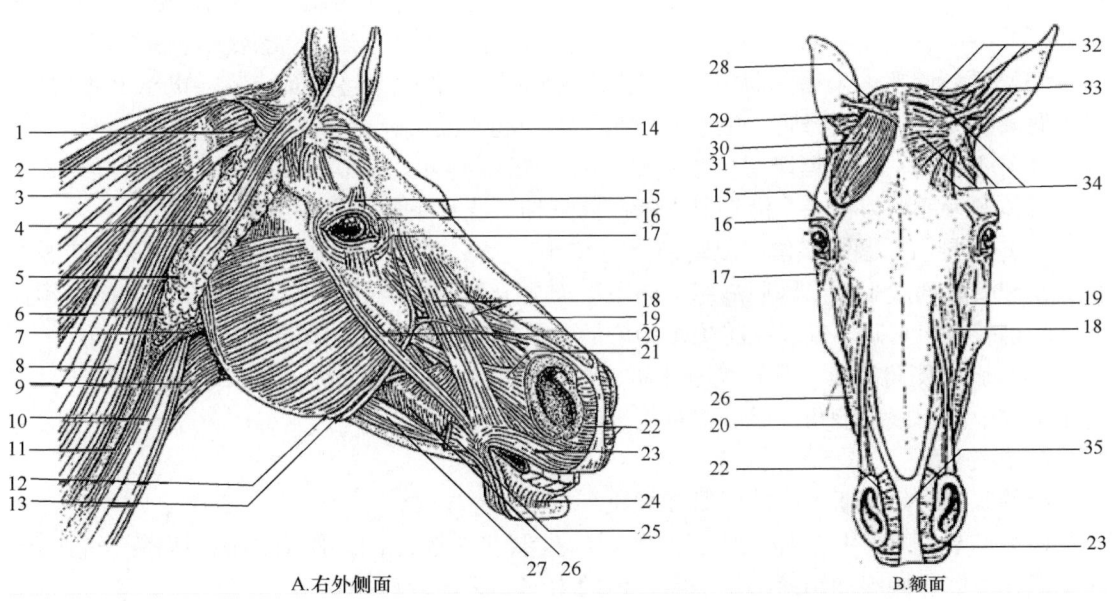

图4-6 马头部浅层肌示意图

1—头斜肌 2—夹肌 3—头最长肌 4—腮耳肌 5—腮腺 6—上颌静脉 7—舌面静脉 8—臂头肌
9—肩胛舌骨肌 10—胸头肌 11—颈静脉 12—腮腺管 13—面静脉 14—盾状软骨 15—眼内侧角提肌
16—眼轮匝肌 17—颧骨肌 18—鼻唇提肌 19—上唇提肌 20—颧肌 21—犬齿肌 22—鼻端开大肌
23—口轮匝肌 24—下切齿肌 25—面皮肌 26—颊肌 27—下唇降肌 28—耳廓中提肌
29—耳廓长、短旋肌 30—颞肌 31—耳廓降肌 32—耳廓长、中短提肌 33—耳廓内旋肌
34—盾状软骨张肌 35—上唇提肌终板

一、面肌

面肌多为薄肌，位置较浅，大部分起于面骨或面部筋膜，止于面部各自然孔裂周围，以开大或闭合这些孔裂。其中开大孔裂的多为辐射状排列的张肌，闭合孔裂的多为环行的括约肌。

1. 张肌

张肌有颧肌、鼻唇提肌、上唇提肌、犬齿肌、上唇降肌、下唇降肌、颧骨肌和眼内侧角提肌等。

（1）颧肌　颧肌位于颊部皮下，扁平，呈带状肌。起于颧弓和咬肌筋膜，止于口角后上方，并与口轮匝肌相融合。可牵引口角向后，以增大口裂。

（2）鼻唇提肌　鼻唇提肌位于鼻侧部皮下，薄而宽，呈三角形。起于额骨前部和鼻骨，前部分为浅、深两层，分别止于上唇和鼻翼。作用为提举上唇和开张鼻孔。

犬鼻唇提肌不分层。猪鼻唇提肌窄而薄，不分层。起于鼻背，止于上唇。

（3）上唇提肌　上唇提肌由面结节伸达鼻唇镜。起于面结节前方，肌腹呈扇形向前展开，经鼻唇提肌两层之间向前伸延，以数支小腱止于鼻唇镜。作用为提上唇。猪上唇提肌又称为吻突提肌，纺锤形，起于泪骨和上颌骨的犬齿窝，止于吻突尖部，可提举吻突。

（4）犬齿肌　犬齿肌又称为鼻孔外侧开肌，位于上唇提肌腹侧且与之平行。起于面结节，经鼻唇提肌两层之间向前伸延，以数支小腱止于外侧鼻翼。犬齿肌收缩可为开张鼻孔。

（5）上唇降肌　上唇降肌位于犬齿肌腹侧且与之平行。起于面结节，止于上唇腹侧。猪上唇降肌又称为吻突降肌，位于犬齿肌下方，起于面嵴，止于吻部皮肤。

（6）下唇降肌　下唇降肌位于下颌骨体颊齿部外侧，呈扁带状，肌纤维纵行。起于下颌骨体颊齿部的齿槽缘，沿颊肌下缘向前延伸，止于下唇。作用为降下唇。

（7）颧骨肌　颧骨肌位于眼眶前下方皮下，呈三角形，从眼眶前下方向腹侧扩展至颊筋膜和咬肌筋膜表面。因肌纤维走向不同而分为两部，前部较大，可提颊，又称为颊提肌；后部较小，可降下睑，又称为下睑降肌。马颧骨肌小，仅可降下睑。

（8）眼内侧角提肌　马和犬有此肌，曾称为皱眉肌，为带状小肌，起于额骨颧突根，止于上睑中部。眼内侧角提肌收缩可提上睑。

2. 括约肌

括约肌有口轮匝肌、眼轮匝肌和颊肌。

（1）口轮匝肌　口轮匝肌位于上下唇的皮肤与黏膜之间，肌束走向与唇缘平行，但在上唇正中被鼻唇腺和结缔组织隔断，作用为缩小或闭合口裂。

牛和犬的此肌不成完整的环形，猪和马的口轮匝肌完全环绕口裂。

（2）眼轮匝肌　眼轮匝肌位于眼睑的皮肤与睑筋膜之间，呈环形，围绕眼裂分布。作用为缩小或闭合睑裂。

（3）颊肌　颊肌位于口腔侧壁，宽而扁，分浅、深两层。浅层纤维横行（犊牛多呈"∧"形），深层纤维纵行，起于上下颌骨颊齿齿槽缘及齿槽间缘外侧面，部分纤维向下融合于下唇降肌，部分纤维向前伸至口角，融合于口轮匝肌。此肌可压扁颊部，将固体食物推送到上下齿弓之间，利于咀嚼，对液体食物的吸吮也起重要作用。

二、咀嚼肌

咀嚼肌配布于颞下颌关节周围,可开口、闭口及参与咀嚼运动,分为闭口肌和开口肌(图4-7)。

闭口肌发达,包括咬肌、颞肌、翼内侧肌和翼外侧肌。开口肌为二腹肌。

1. 闭口肌

(1) 咬肌 发达,位于下颌骨支的外侧面,表面有厚而发亮的腱膜。按肌纤维方向可分浅、深两层,绵羊分三层,分别起于上颌骨的面结节、面嵴和颧弓,止于下颌骨支的外侧面。两侧肌同时收缩可闭口,交替收缩可使下颌左右运动,以咀嚼食物。犬咬肌厚,呈卵圆形。

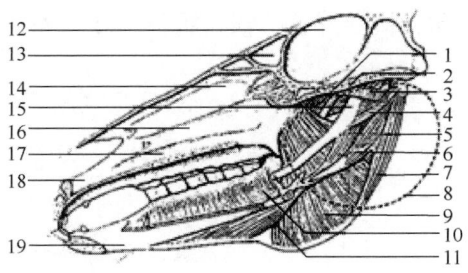

图4-7 马下颌的肌肉示意图(内侧面观)
1—翼外侧肌 2—下颌神经 3—头长肌
4—枕舌骨肌 5—茎突舌骨肌 6—二腹肌后部
7—枕下颌部(二腹肌分支) 8—咽喉囊
9—翼内侧肌 10—下颌舌骨肌 11—二腹肌前部
12—颅腔 13—额窦 14—内鼻甲 15—舌骨
16—上颌鼻甲骨 17—上颌骨
18—切齿骨 19—下颌骨

(2) 颞肌 位于颞窝,起于颞窝的粗糙面,止于下颌骨支的冠状突。犬颞肌发达,部分肌束与咬肌融合。

(3) 翼内侧肌 翼内侧肌发达,位于下颌骨支内侧面。起于腭骨、蝶骨翼突和翼骨,肌束呈扇形向下展开,止于下颌支的内侧面。翼内侧肌和咬肌、颞肌为协同肌,收缩可共同上提下颌,使上下齿弓互相咬合。两侧肌肉交替收缩使下颌左右运动,可进行咀嚼运动。

(4) 翼外侧肌 翼外侧肌较小,位于翼内侧肌背外侧,肌纤维多纵行。起于蝶骨翼突和翼腭窝,止于下颌骨髁突内侧面。

2. 二腹肌

马二腹肌由前、后肌腹和中间腱构成,前肌腹起自枕骨的静脉突,后肌腹止于下颌骨内侧面,后腹分出发达的枕下颌部(外侧支),发达,不与中间腱连接,直接止于下颌骨支后缘。为重要的开口肌。

其他家畜的二腹肌仅有一个前肌腹。

第四节 躯干部的主要肌肉

一、脊柱肌

脊柱肌分脊柱背侧肌和脊柱腹侧肌两组。背侧肌组较腹侧肌组发达。

1. 脊柱背侧肌组

脊柱背侧肌组位于脊柱的背外侧,部分被肩胛骨和肩带肌覆盖,分长肌和短肌。长肌由一系列同型的短肌束合并而成,跨越数个椎骨,起点和止点广泛,分3层,浅层为夹肌,中层为最长肌和髂肋肌,深层为棘肌、半棘肌和多裂肌。长肌群具有伸展、侧屈和稳固脊柱,以及提举头颈和尾等作用。短肌位于长肌的深面,紧贴椎骨,为节段性明显的小肌，包括横突间肌、棘间肌和回旋肌等（图4-8）。

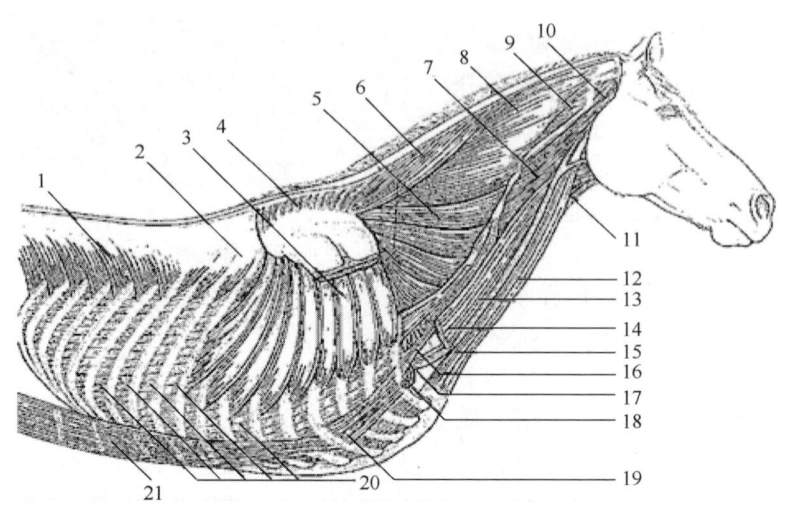

图4-8 马躯干浅层肌示意图

1—后背阔肌 2—前背阔肌 3—胸腹侧锯肌 4—胸菱形肌 5—颈腹侧锯肌
6—颈菱形肌 7—头长肌 8—夹肌 9—头后斜肌 10—头前斜肌 11—胸骨舌骨肌
12—胸头肌 13—颈静脉 14—肩胛舌骨肌 15—中斜角肌 16—臂神经丛
17—腹侧斜角肌 18—腋动脉 19—胸直肌 20—肋间外肌 21—腹直肌

（1）夹肌　夹肌宽而薄，略呈三角形，从鬐甲部伸向头部，后部被颈斜方肌和颈腹侧锯肌所覆盖。起于项韧带索状部和胸腰筋膜，分为头夹肌和颈夹肌，头夹肌（背侧部）止于枕骨项面和颞骨，颈夹肌止于寰椎翼。作用为伸或偏头颈。

（2）竖脊肌　竖脊肌为背肌中最粗大者，位于夹肌深面，充于棘突与肋角之间的深沟内，起自荐骨背面、腰椎和后位胸椎棘突、髂骨嵴背面及胸腰筋膜。肌束向上，至腰部渐分为3个纵行的肌柱，外侧为髂肋肌，中间为最长肌，最内侧为棘肌。

①髂肋肌：髂肋肌位于胸腰最长肌的腹外侧，由一系列小肌束组成，自髂骨伸延至第7颈椎，可分为2段：腰髂肋肌起于总腱，止于最后肋骨后缘；胸髂肋肌起始于前3（4）个腰椎横突和后8个肋骨外侧面，肌纤维向前越过数根肋骨后，止于肋骨椎骨端后缘和第7颈椎横突。水牛还有颈髂肋肌，附着于第1胸椎横突和后4个颈椎横突。作用为向后牵引肋骨，协助呼气。

②最长肌：最长肌为全身最大的三棱形肌，由许多肌束合并而成，富于腱质，位于胸椎和腰椎棘突与肋骨上端和腰椎横突所构成的三角区中，由髂骨伸至最后颈椎。起于总腱和荐椎、腰椎及后几个胸椎棘突，肌纤维向上逐次止于腰椎、胸椎和第7颈椎横突及肋骨上端。可按其位置及作用分为颈最长肌、背最长肌和腰最长肌。作用为伸颈、腰、背，协助呼吸，跳跃时提举躯干前部或后部。

③棘肌：棘肌位于最长肌内侧，紧贴棘突的两侧。起于总腱和下部胸椎的棘突，肌束越过1~2个椎骨，止于上部椎骨的棘突。可按其位置分为头棘肌、颈棘肌和胸棘肌。作用为伸头颈、背。

（3）横突棘肌 横突棘肌由多数斜行的肌束组成，排列于荐骨至枕骨的整个项背部，为竖脊肌所遮盖。其肌纤维自下位椎骨横突，斜向前内方止于前位椎骨的棘突。该肌由浅到深可分为3层：浅层的肌束可跨过4~6个椎骨，称为半棘肌；中层的肌束可跨过2~4个椎骨，称为多裂肌；深层的肌束一般止于前位相邻椎骨的棘突，或越过一个椎骨，称为回旋肌。横突棘肌两侧同时收缩时，使脊柱伸直；单侧收缩时，使脊柱转向对侧。

（4）横突间肌 横突间肌分腰横突间肌和颈横突间肌两部分。腰横突间肌连于相邻腰椎横突的前、后缘，可侧屈腰部脊椎和支持腰椎横突。颈横突间肌又分颈横突间背侧肌和颈横突间腹侧肌，颈横突间背侧肌填充于相邻颈椎横突与横突及横突与关节突之间；颈横突间腹侧肌位于第6至第2颈椎横突腹外侧、头长肌的背外侧，止于寰椎翼的后外侧缘，作用为侧屈颈部。

（5）头背侧大直肌 头背侧大直肌位于项韧带头端外侧，起于枢椎棘突顶端，跨越寰枢和寰枕关节，止于枕骨项面。可仰头。

（6）头背侧小直肌 头背侧小直肌位于头背侧大直肌深面，起于寰椎背侧弓，越过寰枕关节，止于枕骨项面。可仰头。

（7）头前斜肌 头前斜肌位于寰枕关节的背外侧，呈长方形，起于寰椎翼腹侧面和前缘，止于枕骨项面、颈静脉突和颞骨。可伸和回转头及固定寰枕关节。

（8）头后斜肌 头后斜肌位于寰椎和枢椎的背外侧，略呈长方形。起于枢椎棘突侧面和后关节突，止于寰椎翼背侧面。可回转寰椎和固定寰枢关节。

2. 脊柱腹侧肌组

脊柱腹侧的肌肉主要分布在颈椎腹侧和腰椎腹侧（图4-9、图4-10）。

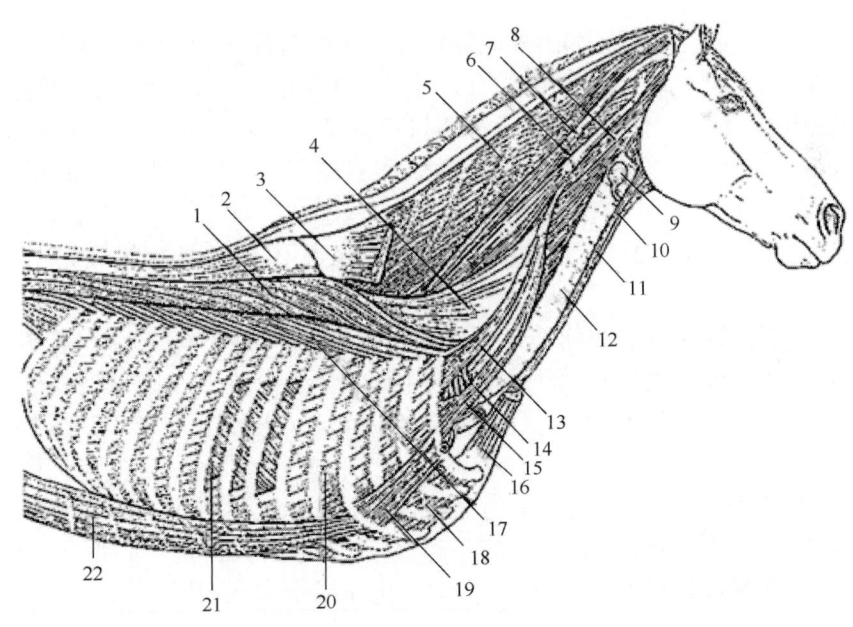

图4-9 马躯干浅层肌和中层肌示意图

1—胸最长肌 2—颈胸部棘肌 3—夹肌和脊肋横筋膜 4—颈最长肌 5—头半棘肌 6—寰最长肌 7—头最长肌 8—头长肌 9—甲状腺 10—胸骨甲状肌 11—胸骨舌骨肌 12—气管 13—中斜角肌 14—臂神经丛 15—腹斜角肌 16—胸头肌 17—胸髂肋肌 18—软骨间肌 19—胸直肌 20—肋外间肌 21—肋间内肌 22—腹直肌

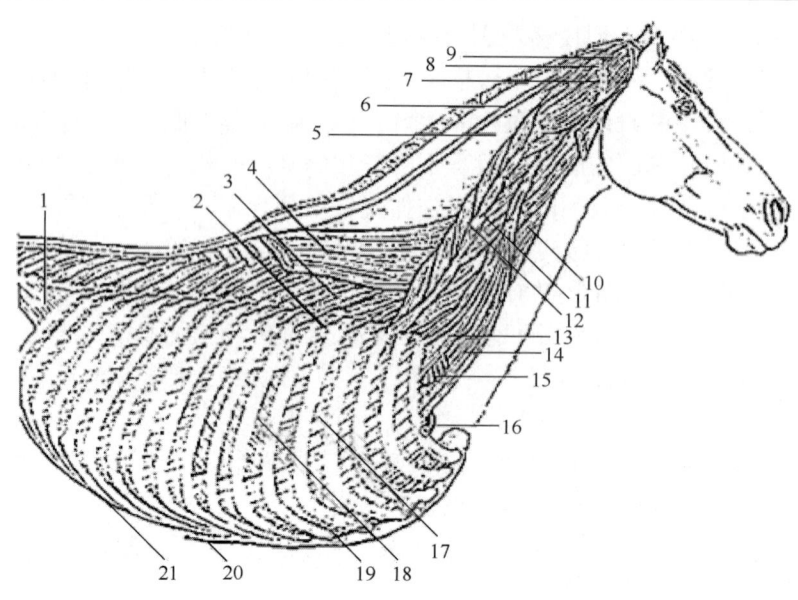

图4-10 马躯干部深层肌示意图

1—肋退肌 2—肋提肌 3—胸多裂肌 4—颈、胸棘肌 5—项韧带板状部 6—项韧带索状部 7—头后斜肌 8—头前斜肌 9—头背侧大直肌 10—颈长肌 11—颈多裂肌 12—颈横突间肌 13—中斜角肌 14—腹斜角肌 15—臂神经丛 16—腋动脉 17—肋间外肌 18—肋间内肌 19—肋软骨间肌 20—胸骨剑状软骨 21—肋弓

（1）颈椎腹侧肌群 包括斜角肌、头长肌、颈长肌、肩胛舌骨肌、头腹侧直肌和头外侧直肌。

①斜角肌 斜角肌位于颈后部腹外侧深层和前4个肋骨外侧，分三部分：腹侧斜角肌位于臂神经丛腹侧，起于第3～6颈椎横突，止于第1肋骨；中斜角肌位于臂神经丛背侧，起于第4～7颈椎横突，止于第1肋骨；背侧斜角肌扁平，呈三角形，起于第4～6颈椎横突，止于第2～4肋骨。马斜角肌只有中斜角肌和腹侧斜角肌。作用为屈或侧偏颈，向前牵引肋骨，协助吸气。

②头长肌 头长肌位于前几个颈椎的腹外侧，起于第2～6颈椎横突，止于枕骨肌结节。作用为屈头。

③颈长肌 颈长肌分颈部和胸部，分别附着于颈椎和前6（7）个胸椎椎体腹侧面。由一系列肌束组成，颈部的肌束由两侧向前内侧会合于中线，形成顶朝前的"＜"形，最前面的一个肌束，止于寰椎腹侧结节；胸部的肌束走向相反，形成顶朝后的"＞"形。作用为屈颈。

④肩胛舌骨肌 牛的肩胛舌骨肌称为横突舌骨肌，为三角形薄肌，在颈前部位于颈静脉沟底，将颈外静脉与颈总动脉隔开。起于第3～5颈椎横突，止于底舌骨。作用为向后牵引舌。猪、马肩胛舌骨肌起于肩胛下筋膜，止于舌骨体和甲状舌骨。犬肩胛舌骨肌缺如。

⑤头腹侧直肌 头腹侧直肌位于寰枕关节腹外侧，起于寰椎腹侧弓，止于枕骨基底部腹侧面。可屈寰枕关节。

⑥头外侧直肌 头外侧直肌位于寰枕关节外侧面，起于寰椎腹侧弓，止于枕骨颈静脉

突。可屈寰枕关节。

(2) 腰椎腹侧肌群

腰椎腹侧肌群包括腰小肌、腰大肌和腰方肌。

①腰小肌　腰小肌位于腰椎椎体腹侧面，狭而长，起于最后胸椎及前5个腰椎椎体，止于髂骨体的腰小肌结节。作用为屈腰荐关节和向下牵拉骨盆。

②腰大肌　腰大肌位于腰椎横突腹侧面、腰小肌外侧，宽扁而长，起于最后1~2个肋骨椎骨端、腰椎椎体和横突腹侧面，后部与髂肌合并，称为髂腰肌，止于股骨小转子。可屈腰和髋关节。

③腰方肌　腰方肌贴附于腰椎横突腹外侧，大部分被腰大肌所覆盖。起于后4个胸椎椎体腹外侧面和相应肋骨椎骨端，以及腰椎横突的腹侧面，止于腰椎横突前缘和髂骨翼的荐盆面。作用为两侧同时收缩时可固定腰椎，一侧收缩时可侧屈腰。

二、颈腹侧肌

颈腹侧肌位于颈部器官（食管和气管）的腹侧和腹外侧，为长带状肌，包括胸头肌和胸骨甲状舌骨肌（图4-11）。

(1) 胸头肌　胸头肌位于颈部腹外侧，由胸骨伸至头部，与臂头肌之间形成颈静脉沟，容纳颈外静脉。胸头肌分浅、深两部；浅部称为胸下颌肌，起于胸骨柄和第1肋骨，以腱膜止于下颌骨面血管切迹前方和咬肌筋膜；深部称为胸乳突肌，肌腹较宽，起于胸骨柄，沿气管腹侧面前行，经颈外静脉深面止于颞骨乳突。作用为屈头、颈，浅部还可协助开口。猪和犬胸头肌仅有胸骨乳突肌，起于胸骨柄，止于颞骨乳突。马胸头肌仅有胸下颌肌，起于胸骨柄，止于下颌支后缘。

(2) 胸骨甲状舌骨肌　胸骨甲状舌骨肌位于气管腹侧，呈长而窄的扁带状，大部分被胸头肌所覆盖。起于胸骨柄，初与对侧同名肌在正中线密接前行，约在颈中部肌腹变宽，分为紧贴并行的内、外侧两部，内侧部称为胸骨舌骨肌，前行止于底舌骨；外侧部称为胸骨甲状肌，止于甲状软骨。作用为吞咽后向后牵引舌和喉复位，吸吮时固定舌骨，有利于舌后缩。猪胸骨舌骨肌和胸骨甲状肌还起于第1肋骨下部，两侧同名肌不在正中线密接，胸骨舌骨肌中部有一腱划。

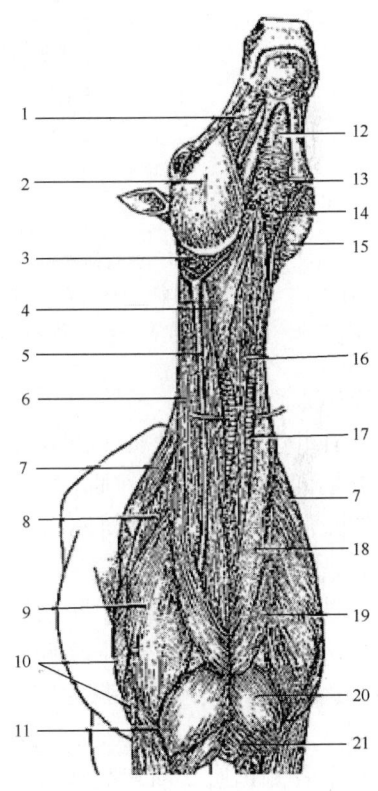

图4-11　马颈部浅层肌（腹面）
1—颊肌　2—咬肌　3—腮腺　4—肩胛舌骨肌
5—颈静脉　6—臂头肌　7—颈斜方肌
8—锁骨下肌　9—臂头肌　10—臂三头肌
11—臂肌　12—颌舌骨肌　13—下颌淋巴结
14—颌外静脉　15—翼内肌　16—胸骨甲状舌骨肌
17—气管　18—胸头肌　19—颈皮肌　20—胸降肌
21—胸降肌　21—腕桡侧伸肌

三、胸廓肌

胸廓肌位于胸廓两侧和腹侧以及胸、腹腔之间,与呼吸运动有关,分为吸气肌和呼气肌(图4-12)。

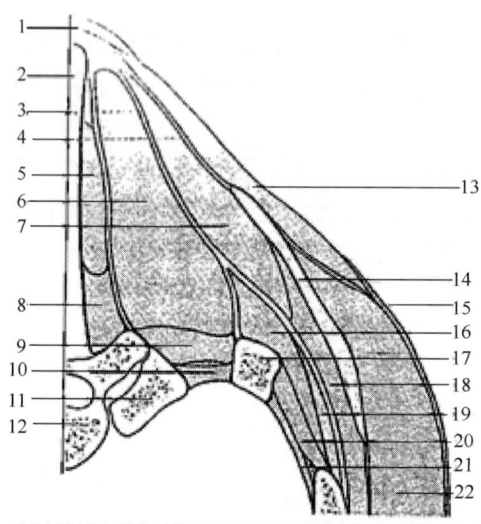

图4-12 躯干横断面示背部肌(经第8胸椎)

1—项韧带 2—棘突 3—脊肋横筋膜 4—躯干浅筋膜 5—棘肌 6—最长肌 7—菱形肌 8—多裂肌 9—肋提肌 10—肋间内肌 11—第8肋骨 12—第8胸椎 13—斜方肌 14—肩胛软骨 15—躯干皮肌 16—髂肋肌 17—第7肋骨 18—腹侧锯肌 19—背侧锯肌 20—肋间内肌 21—肋间外肌 22—背阔肌

1. 吸气肌组

吸气肌组包括肋间外肌、肋提肌、胸廓直肌、前背侧锯肌和膈。

(1)肋间外肌 肋间外肌位于肋提肌的腹侧、肋间隙浅层,但不伸达肋软骨间隙。起于前位肋骨后缘,肌纤维斜向后下方,止于后位肋骨前缘。可向前外方牵引肋骨,扩大胸腔横径,引起吸气。

(2)肋提肌 肋提肌位于肋间隙背侧端,为一系列短肌,肌纤维斜向后下方,起于胸椎横突,止于后一个肋骨椎骨端的前缘和外侧面。可协助吸气。

(3)胸廓直肌 胸廓直肌为四边形薄肌,位于胸廓前下部外侧面。起于第1肋骨下半外侧面,止于第3~4肋软骨。可向前牵引肋,协助吸气。

(4)前背侧锯肌 前背侧锯肌位于胸廓前部背外侧,被胸腹侧锯肌和背阔肌所覆盖,薄而宽,呈四边形,起于胸腰筋膜,肌纤维斜向后下方,以肌齿止于第6~8(9)肋骨椎骨端的前缘和外侧面。可向前牵引肋骨,协助吸气。

(5)膈 膈为宽大的马蹄形肌,位于胸、腹腔之间。膈的前面凸,后面凹,外周为肌质部,中央为腱质部。腱质部由强韧的腱膜组成,凸向胸腔,称为中心腱,向前可达第6~7肋骨的胸骨端。肌质部向上附着于中心腱,下周缘附着于胸廓下缘的内侧,按附着部位分为三部:胸骨部附着于剑状软骨背侧面;腰部由左右膈脚组成,右膈脚较长,附着于后2个胸椎及前5个腰椎腹侧;左脚较短,附着于前2个腰椎。肋部附着于肋弓的内侧面。猪膈的肌质部较大，腰部特别发达。

膈上有 3 个裂孔，供脉管、神经和食管通行，自上而下为：主动脉裂孔左右膈脚间的裂隙，位于最后胸椎腹侧，供主动脉、左奇静脉和胸导管等通过；食管裂孔为右膈脚上的裂隙，位于主动脉裂孔右下方，靠近中心腱的背侧缘，供食管和迷走神经食管背、腹侧干等通过；腔静脉孔为中心腱上的孔，位于食管裂孔的右下方，供后腔静脉等通过（图 4-13）。

膈是重要的呼吸肌，收缩时圆顶后退，胸腔容积扩大，引起吸气；复位时胸腔容积缩小，引起呼气。与腹肌同时收缩，可增加腹内压，协助呕吐、反刍、排粪和分娩等。

2. 呼气肌组

呼气肌组包括肋间内肌、肋退肌、胸廓横肌和后背侧锯肌。

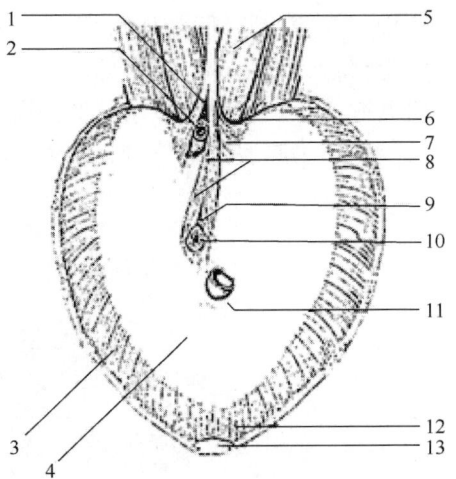

图 4-13 马膈肌示意图（后面观）
1—膈脚起始腱　2—主动脉和主动脉裂孔
3—膈肌肋部　4—膈肌中心腱　5—腰肌
6—腰膈弓　7—左膈脚外侧支　8—右膈脚腹侧支
9—迷走神经　10—食管和食管裂孔
11—腔静脉和腔静脉裂孔　12—膈肌胸骨部
13—胸骨剑状软骨

（1）肋间内肌　肋间内肌位于肋间外肌深面，向下伸入肋软骨间隙，起于后一肋骨的前缘，肌纤维斜向前下方，止于前一肋骨的后缘。可向后内侧牵引肋，改变胸腔容积，实现呼气运动。犬肋间内肌椎骨端的几个肌束称为肋下肌，它跨越 1 个或数个肋骨，在第 9~11 肋骨椎骨端为最为明显。

（2）肋退肌　肋退肌又称为腰肋肌，为三角形薄肌，位于最后肋骨椎骨端与前三个腰椎横突之间的夹角内。起于前 3 个腰椎横突，止于最后肋骨椎骨端后缘。可向后牵引肋骨，协助呼气。

（3）胸廓横肌　胸廓横肌位于胸骨和真肋肋软骨的胸腔面，为一扁平肌，起于胸骨韧带，止于第 2~6（8）肋软骨。可向内侧牵引肋，使胸腔容积缩小，协助呼气。

（4）后背侧锯肌　后背侧锯肌位于胸廓后部的背外侧，起于胸腰筋膜，肌纤维斜向前下方，以肌齿止于后 3（4）个肋骨椎骨端后缘。可向后牵引肋骨，协助呼气。

四、腹壁肌

腹壁肌分布于腹腔侧壁和底壁，分 4 层，由外向内依次为腹外斜肌、腹内斜肌、腹直肌和腹横肌，腹直肌位于腹底壁，其余三肌的肌腹位于腹腔侧壁（图 4-14~图 4-16）。

（1）腹外斜肌　腹外斜肌位于躯干皮肌深面，分肌质部和腱膜部，起始部为肌质部，以肌齿起于第 4（5）~13 肋骨的外侧面及肋间

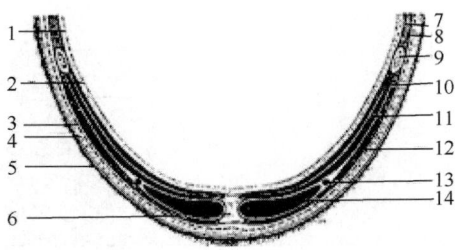

图 4-14 腹壁结构示意图（横断面）
1—浆膜壁层　2—横筋膜　3—躯干深筋膜
4—躯干浅筋膜　5—被皮　6—腹白线
7—肋间内肌　8—肋间外肌　9—肋骨
10—横嵴　11—腹内斜肌　12—腹外斜肌
13—腹壁前动脉　14—腹直肌

外肌表面的筋膜，肌纤维斜向后下方，从髋结节至第 11 肋骨下端，再沿肋弓向前至胸骨的弧线上移行为腱膜部。腱膜部较发达，深面与腹内斜肌腱膜紧密结合，止于腹白线、耻骨前腱和髋结节。腱膜从髋结节伸至耻骨前腱的部分特别强厚，称为腹股沟韧带，其前内侧有一裂隙，为腹股沟管外口，称为腹股沟管浅环（皮下环）。猪和犬腹外斜肌肌质部较发达。

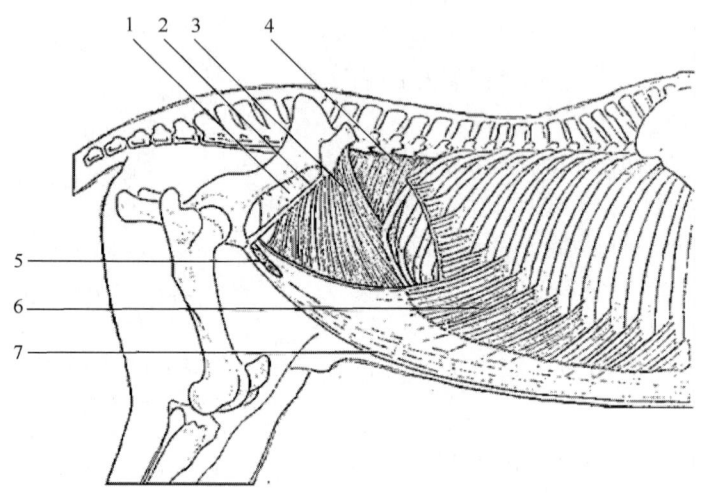

图 4-15 马腹壁的肌肉示意图（右外侧面）
1—髂筋膜 2—腹股沟韧带 3—腹内斜肌 4—腹横肌 5—腹股沟浅环
6—腹外斜肌（部分切除） 7—腹直肌（被腹直肌鞘覆盖）

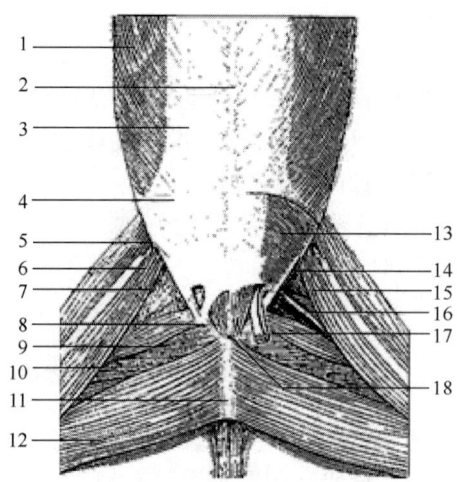

图 4-16 腹壁肌和股内侧肌示意图（腹面观）
1—腹外斜肌 2—腹白线 3—腹直肌鞘 4—腹外斜肌腱膜 5—腹股沟浅环 6—缝匠肌
7—股间隙（被骨筋膜覆盖） 8—腹直肌 9—耻骨肌 10—收肌 11—耻骨联合腱
12—股薄肌 13—腹内斜肌（出去覆盖的腹外斜肌腱膜） 14—腹股沟韧带
15—腹股沟深环 16—股管内的血管 17—鞘突膜和提睾肌 18—耻骨前腱

(2) 腹内斜肌　腹内斜肌位于腹外斜肌深面，起于髋结节及第 3~5 腰椎横突，肌纤维斜向前下方，以肌束止于最后肋骨中下部后缘，以腱膜止于腹白线和耻骨前腱，分肌质部和腱膜部，肌质部呈扇形，位于腹肋部，约在腹侧壁中部移行为腱膜部。腱膜分两层，外层与腹外斜肌腱膜结合，构成腹直肌鞘的外层；内层与腹横肌腱膜结合，构成腹直肌鞘的内层。

(3) 腹直肌　腹直肌位于腹底壁腹白线外侧。起于胸骨和后 10 个肋软骨的外侧面，肌腹宽而扁，肌纤维向后纵行，后端变窄，止腱形成强大的耻骨前腱止于耻骨前缘。肌腹有若干条腱划，腹壁前浅静脉（腹皮下静脉）由此进入胸腔。

(4) 腹横肌　腹横肌位于腹肌最内层，内面覆盖有腹横筋膜和腹膜。起于肋弓内侧面和前 5 个腰椎横突，肌纤维向下走行，以腱膜止于腹白线。腹横肌腱膜参与构成腹直肌鞘的内层。

腹壁肌形成坚韧的腹壁，保护和支持腹腔器官；腹壁肌收缩时，可增加腹压，协助呼气，排便及分娩等。

五、尾肌

尾肌分布于尾椎周围，尾筋膜紧裹于尾肌外面，并分出肌间隔，伸入各尾肌之间。尾肌有 6 块，包括荐尾背内侧肌、荐尾背外侧肌、荐尾腹内侧肌、荐尾腹外侧肌、尾骨肌、尾横突间肌，多数起于荐骨，止于尾椎，具有举尾、降尾和摆尾的功能。

六、躯干的筋膜及腹壁的特殊构造

1. 躯干的筋膜

躯干部的浅筋覆盖整个躯干，其中含有躯干皮肌。深筋膜按部位分为颈深筋膜、胸腰筋膜、腹黄膜和尾筋膜等部分。

(1) 颈深筋膜　在颈部，分浅、深两层：浅层分出一些肌间隔，形成许多筋膜鞘，包围颈部肌（如臂头肌、肩胛横突肌和斜方肌），并提供某些肌（如斜方肌、菱形肌）附着。深层在颈椎腹侧，分出椎前层和气管前层，包围食管、气管和喉返神经；还形成颈动脉鞘，将颈总动脉、颈内静脉和迷走交感干包在一起。

(2) 胸腰筋膜　胸腰筋膜又称背腰筋膜，位于脊柱的胸腰段，自棘突和棘上韧带向外伸展，并分出二片肌间隔，分别由最长肌的内、外侧缘伸入，附着于肋骨、肋间筋膜和腰椎横突，形成最长肌的筋膜鞘。胸腰筋膜在最长肌的外侧分浅、深两层：浅层作为背阔肌、斜方肌的起点，深层作为背侧锯肌、肋退肌及腹肌（腹直肌除外）的起点。

(3) 腹黄膜　草食动物的腹壁深层筋膜富含弹力纤维，呈黄色，强韧而富弹性，称腹黄膜。

(4) 尾筋膜　尾筋膜为臀筋膜向尾部延续，形成厚层筋膜鞘，包围尾部肌。

2. 腹壁的特殊构造

(1) 腹直肌鞘与腹白线　腹直肌鞘为包绕腹直肌的腹壁肌腱膜，腹内斜肌的腱膜在腹直肌外侧分为两层，分别从背侧和腹侧包被腹直肌，腹外斜肌的腱膜位于腹内斜肌腱膜腹层的腹面，腹横肌的腱膜位于腹内斜肌腱膜的背侧，两侧的腱膜在正中线相互交织，形成一白色纵行致密结缔组织带，称腹白线。

（2）腹股沟管　腹股沟管为位于腹底壁后部各肌肉间的一个斜行裂隙，腹侧壁主要是腹外斜肌腱膜构成；背壁主要是腹横筋膜、联合腱和腹股管反转韧带；前侧壁是腹内斜肌和腹横肌下部肌束的游离缘和联合腱的下缘，后壁是腹股沟韧带。腹股沟管的腹腔口称为腹股沟管深环，开口于腹腔，由腹内斜肌和腹股沟韧带围成；皮下口称为腹股沟管浅环，开口于腹外斜肌腱膜。雌性的腹股沟管内含有阴部外血管和生殖股神经。雄性还含有精索、睾提肌等结构。在雄性动物，若腹股沟管深环过大，小肠或腹腔内容物可经腹股沟管坠入阴囊，形成腹股沟阴囊疝。

第五节　前肢的主要肌肉

前肢肌按部位分为肩带肌、肩部肌、臂部肌、前臂部肌和前脚部肌（图 4-17～图 4-19）。

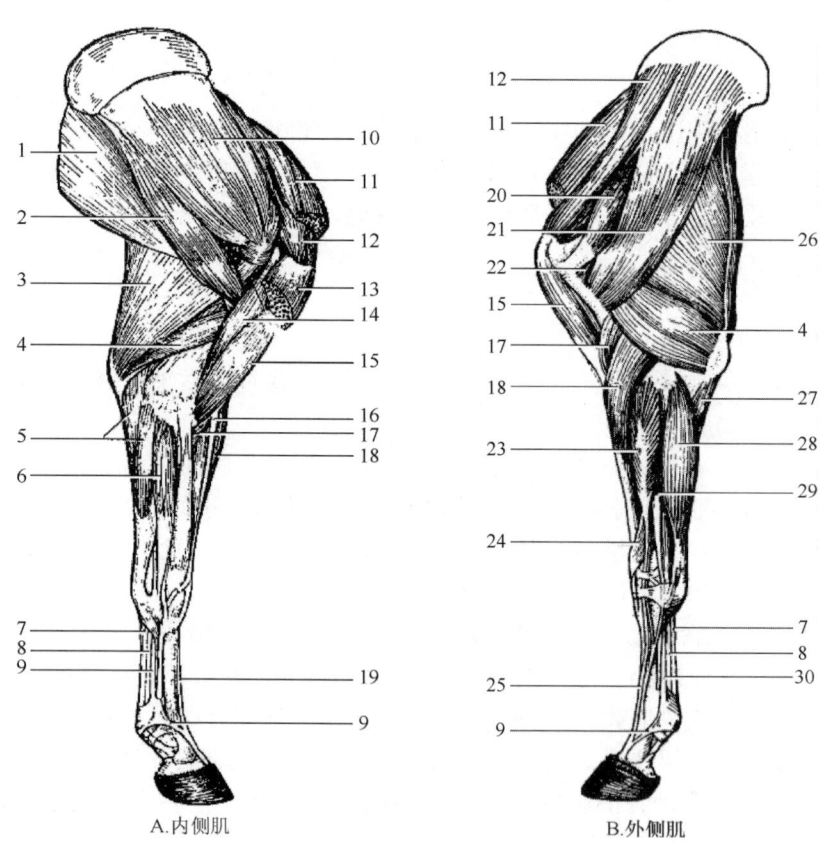

图 4-17　马左前肢示意图

1—背阔肌　2—大圆肌　3—臂三头肌　4—臂三头肌　5—腕尺侧屈肌　6—腕桡侧屈肌　7—指浅屈肌腱　8—指深屈肌腱　9—悬韧带及其分支　10—肩胛下肌　11—胸深前肌　12—冈上肌　13—胸深后肌　14—喙臂肌　15—臂二头肌　16—臂二头肌纤维索　17—臂肌　18—腕桡侧伸肌　19—指总伸肌腱　20—冈上肌　21—三角肌　22—小圆肌　23—指总伸肌　24—腕斜伸肌　25—指内侧伸肌腱　26—前臂阔筋膜张肌　27—指深屈肌尺骨头　28—腕外侧屈肌　29—指外侧伸肌　30—悬韧带

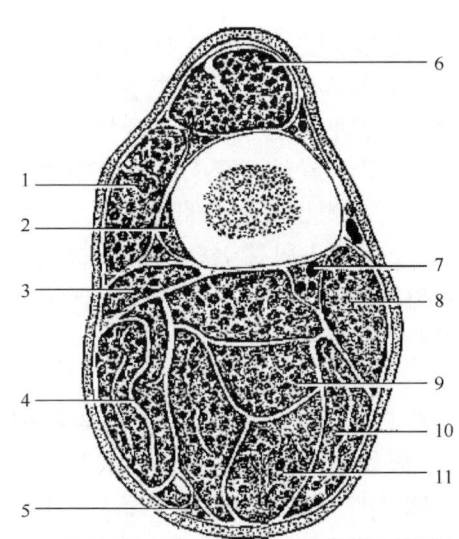

图 4-18 马左前臂横切面示意图
1—指总伸肌 2—腕斜伸肌 3—指外侧伸肌
4—腕外侧伸肌 5—尺神经及血管 6—腕桡侧伸肌
7—正中动脉及同名静脉和神经 8—腕桡侧屈肌
9—指深屈肌臂骨头 10—腕尺侧屈肌 11—指浅屈肌

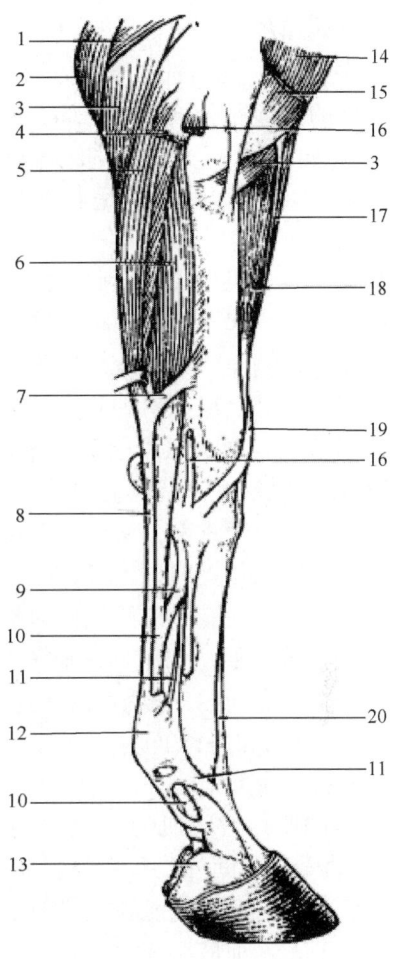

图 4-19 马左前臂内侧深层肌示意图
1—臂三头肌内侧头 2—臂三头肌长头
3—指深屈肌的尺骨头 4—腕尺侧屈肌 5—指浅屈肌
6—指深屈肌 7—指浅屈肌的桡骨头 8—指浅屈肌腱
9—指深屈肌腱头 10—指深屈肌腱 11—悬韧带及其分支
12—系关节掌侧环韧带 13—蹄软骨 14—臂肌
15—臂二头肌 16—腕桡侧屈肌 17—臂二头肌纤维索
18—腕桡侧伸肌 19—腕斜伸肌腱 20—指总伸肌腱

一、肩带肌

肩带肌为连接前肢与躯干的肌肉，大多数为阔肌，一般起始于躯干，止于肩胛骨和肱骨，根据位置，分为背侧组和腹侧组。

1. 背侧组 背侧组包括斜方肌、菱形肌、臂头肌、肩胛横突肌和背阔肌。

（1）斜方肌 斜方肌为三角形扁肌，位于肩颈上半部浅层，分颈、胸两部。颈斜方肌起于项韧带索状部，肌纤维由前上方斜向后下方；胸斜方肌起于前 10 个胸椎棘突，肌纤维由后上方斜向前下方；两部肌纤维均止于肩胛冈。功能为提举、摆动和固定肩胛骨，伸颈及向一侧屈颈。

（2）菱形肌　菱形肌位于斜方肌和肩胛软骨的深面。

牛、马的菱形肌分颈、胸两部，起于第2颈椎至第7（8）胸椎之间的项韧带索状部、棘上韧带和胸椎棘突。颈菱形肌厚而狭长，肌纤维斜向后下方（水牛的菱形肌肌纤维大部分纵行）；胸菱形肌薄，略呈长四边形，肌纤维接近垂直；两部均止于肩胛软骨内侧面。功能同斜方肌。

猪和犬的菱形肌分头菱形肌、颈菱形肌和胸菱形肌三部分。猪的头菱形肌起于枕骨；颈菱形肌很发达，起于第2颈椎至第6胸椎；胸菱形肌不发达，起于前6~8个胸椎棘突，止于肩胛软骨内侧面。犬的菱形肌的3个头分别起于项嵴、项韧带索状部及第4~6胸椎棘突；止于肩胛骨上缘和肩胛软骨的内侧面。

（3）臂头肌　臂头肌为前宽后窄的长肌，位于颈侧部浅层、颈斜方肌的下缘，自头部伸至臂部，构成颈静脉沟的上界，分为锁头肌和锁臂肌两部分。锁臂肌位于臂部，止于肱骨嵴。锁头肌位于颈部，又分为两部分，背侧部称为锁枕肌，起于枕骨和项韧带；腹侧部称为锁乳突肌，与夹肌同起于颞骨乳突；两部均止于锁骨腱划。臂头肌可牵引前肢向前、伸肩关节，在前肢踏地两侧同时作用时可伸展头颈，一侧收缩时可偏转头颈。

（4）肩胛横突肌　肩胛横突肌为薄的长肌，大部分被臂头肌覆盖，仅后部暴露在颈斜方肌与臂头肌之间的三角形区域内。起于寰椎翼和枢椎横突（牛）、第3颈椎横突（水牛），止于肩胛冈和肩臂筋膜。功能为牵引前肢向前或偏转头颈。

马无肩胛横突肌。

（5）背阔肌　背阔肌为三角形阔肌，位于胸侧壁上部，以宽的腱膜起于胸腰筋膜、第11~12肋骨、肋间外肌和腹外斜肌表面的筋膜；肌纤维由后上方斜向前下方，止于肱骨的大圆肌粗隆、臂三头肌长头内侧的腱膜和肱骨内侧结节。主要功能是向后上方牵引肱骨，屈肩关节，在前肢踏地时可牵引躯干向前，还可协助吸气。

马背阔肌只起于胸腰筋膜，不起于肋骨。

2. 腹侧组

腹侧组包括胸肌和腹侧锯肌。

（1）胸肌　胸肌位于胸底壁与前肢之间，分浅、深两层，浅层包括胸降肌和胸横肌；深层包括锁骨下肌和胸升肌。胸肌的主要功能为内收前肢及牵引躯干向前。

①胸降肌：胸降肌曾称胸浅前肌，起于胸骨柄，止于肱骨嵴。胸降肌与锁臂肌之间形成胸外侧沟，内有头静脉通过。

②胸横肌：胸横肌曾称胸浅后肌，薄而宽，起于胸骨腹侧面，止于前臂内侧筋膜。

③锁骨下肌：锁骨下肌曾称胸深前肌，为小的带状肌。牛的锁骨下肌起于第1肋软骨，止于臂头肌的锁骨腱划。马的锁骨下肌起于胸骨侧面和前4个肋软骨，止于冈上肌前面的筋膜。猪锁骨下肌起于胸骨和第1肋骨，止于冈上肌前面的筋膜和肩胛软骨前角。犬缺锁骨下肌。

④胸升肌：胸升肌曾称胸深后肌，呈长三角形，宽而薄。在胸肌中最大，表面被胸降肌、胸横肌和躯干皮肌覆盖。起于胸骨腹侧面和腹黄膜，止于肱骨大结节和小结节。

（2）腹侧锯肌　腹侧锯肌呈扇形，宽而厚，腹侧缘呈锯齿状，分颈、胸两部。颈腹侧锯肌较厚，起于第2~7颈椎横突和前3个肋骨，肌纤维斜向后上方；胸腹侧锯肌较薄，表面被有腱膜，肌纤维斜向前上方，起于第 4~9 肋骨，两部均止于肩胛骨锯肌面和肩胛软骨内侧面。左右腹侧锯肌形成一弹性吊带，将躯干悬挂在两前肢之间。前肢固定时，两侧肌同时收缩可提举躯干，一侧收缩可将身体重心移至对侧，便于提举同侧前肢；颈部收缩可举颈，胸部收缩还可协助吸气。

二、肩部肌

肩部肌按位置分为外侧组和内侧组。

1. 外侧组

外侧组位于肩关节的前方和外侧，包括冈上肌、冈下肌、三角肌和小圆肌。

（1）冈上肌　冈上肌位于冈上窝，肌腹全为肉质。起于冈上窝、肩胛冈和肩胛软骨，下端分为两支强腱，分别止于肱骨内、外侧结节。功能为伸展和固定肩关节。

（2）冈下肌　冈下肌位于冈下窝，表面有三角肌覆盖，起于冈下窝和肩胛软骨，以浅层的长腱止于肱骨外侧结节，止腱下有一滑膜囊。功能为屈和外展肩关节，还可起肩关节外侧侧副韧带的作用，加固肩关节。

（3）三角肌　三角肌位于肩关节后方，冈下肌、小圆肌和臂三头肌表面，略呈三角形。分肩峰部和肩胛部；肩峰部位于前方，起于肩胛冈下端的肩峰；肩胛部位于后方，起于肩胛骨后缘和冈下肌表面腱膜；两部会合后止于肱骨三角肌粗隆。功能为屈肩关节和外展肱骨。

马的三角肌只有肩胛部。

（4）小圆肌　小圆肌位于肩关节后外侧、三角肌深面，呈索状或楔形。起于肩胛骨后缘下部，止于肱骨外侧结节后部下方。功能为屈肩关节。

2. 内侧组

内侧组位于肩关节的内侧和后方，包括肩胛下肌、喙臂肌和大圆肌。

（1）肩胛下肌　肩胛下肌位于肩胛骨下窝，略呈三角形。起于肩胛下窝和肩胛软骨，肌腹分前、中、后三部，向前下方集中，下端以扁腱止于肱骨内侧结节。功能为屈肩关节，并起肩关节内侧侧副韧带的作用，加固肩关节。

（2）喙臂肌　喙臂肌斜位于肩关节和肱骨内侧面上部。起于肩胛骨喙突，止于肱骨前内侧面，远部向下可达肱骨远端。作用为屈肩关节。

（3）大圆肌　大圆肌位于肩胛下肌的后下方，呈长纺锤形。起于肩胛骨后缘上部，止于肱骨大圆肌粗隆。功能为屈肩关节和内收肱骨。

三、臂部肌

臂部肌分布于肱骨周围，起于肩胛骨和肱骨，跨越 1 或 2 个关节，止于前臂骨。分掌侧组和背侧组。

1. 掌侧组

掌侧组位于肱骨和肘关节的后方，可伸肘关节，包括臂三头肌、前臂筋膜张肌和肘肌，主要功能为伸肘关节。

（1）臂三头肌　臂三头肌位于肩胛骨与肱骨之间的夹角内，肌腹分长头、外侧头和内侧头三部：长头最大，呈三角形，起于肩胛骨后缘；外侧头位于长头的前下方，呈四边形，起于肱骨三角肌粗隆；内侧头最小，位于臂内侧面，起于肱骨内侧面。三个头均止于尺骨鹰嘴。在长头止腱下有腱下囊。功能为伸肘关节，长头还可屈肩关节。

犬的臂三头肌除以上3个起点外，还有副头（深头），起自肱骨颈的后部。

（2）前臂筋膜张肌　前臂筋膜张肌位于臂三头肌长头的后缘和内侧面，肌腹薄而狭长，起于肩胛骨后角和背阔肌腱膜，止于尺骨鹰嘴和前臂筋膜。功能为伸肘关节，也可屈肩关节和紧张前臂筋膜。

（3）肘肌　肘肌为一块小肌，位于臂三头肌外侧头深面，覆盖鹰嘴窝，起于肱骨下1/3的后面，止于鹰嘴外侧面。功能为伸肘关节，还可紧张肘关节囊，加固肘关节。

2. 背侧组

背侧组位于肱骨和肘关节的前方，包括臂二头肌、臂肌和旋前圆肌，主要功能为屈肘关节。

（1）臂二头肌　臂二头肌位于肱骨前面，呈纺锤形。以强腱起于肩胛骨盂上结节，行经肱骨结节间沟时有腱下囊（结节间囊）；以短腱止于桡骨粗隆，还分出一纤维带，下行与腕桡侧伸肌筋膜相连。功能为屈肘关节，可伸肩关节；站立时还可与腕桡侧伸肌一起，固定肩、肘和腕三个关节。

（2）臂肌　臂肌位于肱骨的臂肌沟中，起于肱骨上1/3的后面和外侧面，向下沿臂肌沟绕过肱骨外侧面和肘关节前面；止于桡骨粗隆（水牛的臂肌还止于尺骨）。功能为屈肘关节。

（3）旋前圆肌　旋前圆肌为薄的狭带状肌，位于肘关节内侧面、腕桡侧屈肌的前方，起于肱骨内侧上髁，止于桡骨近1/3内侧缘。功能为屈肘关节。

马缺旋前圆肌。

四、前臂部肌和前脚部肌

前臂和前脚部肌多为长的纺锤形多关节肌，起于肱骨远端或前臂骨近端，一部分止于腕骨或掌骨近端，为作用于腕关节的肌肉；另一部分止于指骨，为作用于指关节的肌肉。它们的起点、肌腹、肌腱及止点因动物前足部骨骼结构而有诸多适应。按部位分为背外侧组和掌内侧组。

1. 前臂背外侧肌

前臂背外侧肌肌腹位于前臂骨的背外侧，多为腕关节和指关节的伸肌。

（1）腕桡侧伸肌　腕桡侧伸肌位于前臂骨背内侧面，最大，上部在臂三头肌外侧头与臂肌之间。起于肱骨外上髁、冠状窝、三角肌隆，以长腱止于掌骨粗隆，肌腱通过腕关节前方时包有腱鞘。功能为伸腕关节，还可屈肘关节，在站立时可固定肩关节、肘关节和腕关节。

犬腕桡侧伸肌起于肱骨外侧上髁，向下分为两束，腕桡侧长伸肌薄弱，位于内侧浅层，止于第2掌骨近端；腕桡侧短伸肌强大，位于外侧深方，止于第3掌骨近端。

（2）指总伸肌　指总伸肌位于腕桡侧伸肌后外侧。起自肱骨外上髁及肘关节的外侧副韧带、尺骨。该肌以长的肌腱止于各功能性指骨远节的伸肌突，肌腱的数目与功能性指骨的数目相对应。各肌腱经腕背外侧时，由一个共同的滑液鞘包裹，并被伸肌支持带覆盖。指总伸肌有屈肘、伸腕和伸指的功能。

(3) 指外侧伸肌　指外侧伸肌位于前臂外侧面、指总伸肌的后侧。该肌一般起于肘关节外侧副韧带、肱骨外侧上髁、桡骨近端和尺骨的外侧面等处，其长腱沿腕和掌背外侧面下行，止于功能指的远节指骨，止点腱数目与动物前足骨骼结构相对应。功能同指总伸肌。

(4) 拇长展肌　拇长展肌又称腕斜伸肌，呈三角形，位于前臂的前外侧。起于前臂骨外侧面的下2/3骨缘，在指外侧伸肌和指总伸肌深面走向前下方，其腱斜行经过腕桡侧伸肌腱前面和腕关节内侧面，肌腱斜越腕关节时包有腱鞘。该肌在肉食动物止于第1掌骨，在猪和马止于第2掌骨，在反刍动物止于第3掌骨。功能为伸腕和指，在肉食动物中还有使第1指外展的功能。

2. 前臂后内侧肌　前臂后内侧肌肌腹位于前臂骨的掌内侧，多为腕关节和指关节的屈肌。

(1) 尺骨外侧肌　尺骨外侧肌位于前臂后外侧、指外侧伸肌后方，伸展在肱骨外上髁至腕骨及掌骨之间，其功能在不同动物存在明显差异。在肉食动物中，该肌初位于肘关节外侧副韧带后方，向下通过腕的外侧，止于第5掌骨近端，具有伸腕关节和使前肢外展的功能，故又称腕外侧伸肌。

在反刍动物和马中，该肌肌腱远端分为2支，主支止于副腕骨，小支止于第5掌骨（反刍类）或掌骨外侧（马）。由于主支止于副腕骨，而副腕骨恰在腕关节横轴的后方，故此肌具有屈腕关节的功能，也有伸肘关节的功能，故又称腕外侧屈肌。

(2) 腕桡侧屈肌　腕桡侧屈肌位于前臂内侧面、旋前圆肌后方。起于肱骨内侧上髁，在前臂下1/3转为圆腱，肌腱在腕部包有腱鞘。肉食动物的腕桡侧屈肌止于第2和第3掌骨的掌侧，反刍动物和猪的桡侧腕屈肌止于第3掌骨，马的桡侧腕屈肌止于第2掌骨。功能为屈腕关节，也可伸肘关节。

(3) 腕尺侧屈肌　腕尺侧屈肌位于前臂内侧面、腕桡侧屈肌后方。肌腹长而扁，起于肱骨内侧上髁、鹰嘴内侧面。两肌腹合为一总腱，止于副腕骨。功能为屈腕关节、伸肘关节，在肉食动物中，它还有使前肢旋后的功能。

(4) 指浅屈肌　指浅屈肌位于腕尺侧屈肌和指深屈肌之间。指浅屈肌起于肱骨内侧上髁、桡骨掌侧下1/3内缘。犬指浅屈肌肌腹在腕部水平续于肌腱，肌腱在副腕骨内侧面上方越过腕关节（有滑液囊），在掌部近1/3处分为4支长腱。在掌指关节近端，每一分支肌腱形成一套筒样的屈肌腱筒，环绕指深屈肌腱的相应分支。各分支分别止于第2、第3、第4、第5指的中节指骨的近端。功能为屈指关节和腕关节，可伸肘关节；在负重时，与骨间肌一起，有加固腕关节和指间关节的功能。

猪、牛的指浅屈肌肌腹分为浅部和深部，其腱分别经屈肌支持带的浅面和深面下行，于掌中部合成一总腱，旋即又分为内、外侧支，分别止于第3和第4指中指节骨的屈肌粗隆。

马指浅屈肌部分与指深屈肌合并，有多条肌腹，各肌腹在腕部形成一个强大的总腱，后者与一条强韧的纤维带合并成副韧带（桡上韧带、上翼状韧带），总腱穿过腕管，在掌指关节后面形成腱筒，供指深屈肌腱通过，此后止于第3指中指节骨。

(5) 指深屈肌　指深屈肌位于前臂后方，指浅屈肌深面，起自肱骨内上髁、尺骨鹰嘴和桡骨近骨间隙附近。肱骨头最大，起于肱骨内侧上髁，有3个肌腹。各肌腹在前臂远端续于一总腱，总腱沿副腕骨穿过腕管至掌部，在指浅屈肌腱和骨间肌之间下行，至系关节上方分支，分别穿过指浅屈肌的屈肌腱筒，止于每个功能指远节的掌面。指深屈肌的作用与指浅屈肌的相同。

（6）骨间肌　骨间肌位于掌骨掌侧，起自掌骨近端和腕关节囊，止于近侧籽骨远侧端肌腱有分支到其他肌肉的肌腱。在肉食动物和猪中，该肌主要由肌纤维构成，而在成年反刍动物和马中，该肌主要由结缔组织构成。

五、前肢肌的辅助构造

1. 前肢筋膜

（1）浅筋膜　前肢浅筋膜薄而疏松，肩臂部浅筋膜中含有肩臂皮肌。

（2）深筋膜　前肢深筋膜厚而坚韧，包裹整个前臂部肌，从其深面分出3个肌间隔附着于前臂骨，形成4个筋膜鞘，2个位于前臂背外侧，分别包裹腕桡侧伸肌和指总伸肌，1个位于内侧，包裹腕桡侧屈肌，最大的一个位于后方，包裹前臂部其余各肌。

前肢深筋膜按部位分为肩胛下筋膜、肩臂筋膜、前臂筋膜、腕筋膜、掌筋膜和指筋膜。其中前臂筋膜、腕筋膜、掌筋膜和指筋膜形成许多特殊结构，以辅助前肢肌的活动。腕筋膜在腕背侧形成伸肌支持带（腕背侧韧带），将伸肌腱紧束于桡骨远端的沟中；在腕掌侧特别增厚，形成屈肌支持带（腕横韧带），从副腕骨伸至腕内侧侧副韧带，形成腕管，供指屈肌腱和血管神经通过。掌筋膜在背侧很薄，与骨膜和指伸肌腱结合；在掌侧很强大，上部与屈肌支持带相延续，两侧附着于掌骨的内、外侧缘，形成固定指屈肌腱的筋膜鞘。指筋膜在掌侧发达，在每个主指的掌侧形成3个环状韧带，固定指屈肌腱。掌指关节掌侧环韧带两端附着于近籽骨，与籽骨沟形成一管，供指屈肌腱通过；指近侧环韧带位于近指节骨掌侧，紧贴指浅屈肌腱，两侧附着于近指节骨；指远侧环韧带位于中指节骨掌侧，主要由指间交叉韧带形成，覆盖指深屈肌腱。

2. 前肢腱鞘

（1）滑膜囊　前肢的一些肌腱经过腕部和指部时包有腱鞘，除腕尺侧屈肌和尺骨外侧肌外，前臂和前脚部肌的肌腱经过腕关节时均包有腱鞘，作用于腕关节肌的腱鞘较短，作用于指关节肌的腱鞘较长，两端一般都超出腕关节的范围。指总伸肌和指屈肌腱在指部也包有腱鞘。

（2）滑膜囊　前肢有许多滑膜囊，如鹰嘴皮下囊，三角肌、喙臂肌、冈下肌、肩胛下肌、小圆肌、臂三头肌、臂肌、腕桡侧伸肌、指总伸肌、指外侧伸肌、尺骨外侧肌和指深屈肌的腱下囊，以及臂二头肌桡骨囊等（图4-20）。

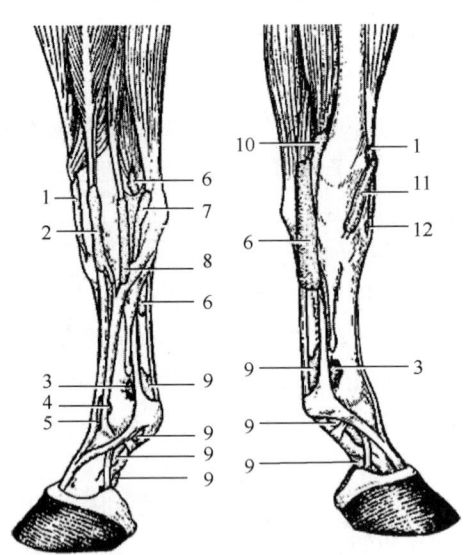

图4-20　马左侧腕、掌和指部的腱鞘和滑液囊示意图

1—腕桡侧伸肌腱的腱鞘　2—指总伸肌的腱鞘　3—系关节囊　4—指外侧伸肌腱下囊　5—指总伸肌腱下囊　6—腕鞘　7—腕外侧屈肌长腱的腱鞘和滑液囊　8—指外侧伸肌的腱鞘　9—指鞘　10—腕桡侧屈肌腱鞘　11—腕斜伸肌腱鞘　12—腕桡侧伸肌腱下囊

第六节 后肢的主要肌肉

后肢肌是推动身体前进的主要动力,故较前肢肌发达。后肢肌的肌腹位于髋骨和股骨周围,起于荐骨、髋骨和股骨,止于股骨、小腿骨和跖骨,主要作用于髋关节和膝关节,作用于跗关节。按部位分为臀股部肌、股部肌、小腿和后脚部肌(图4-21~图4-23)。

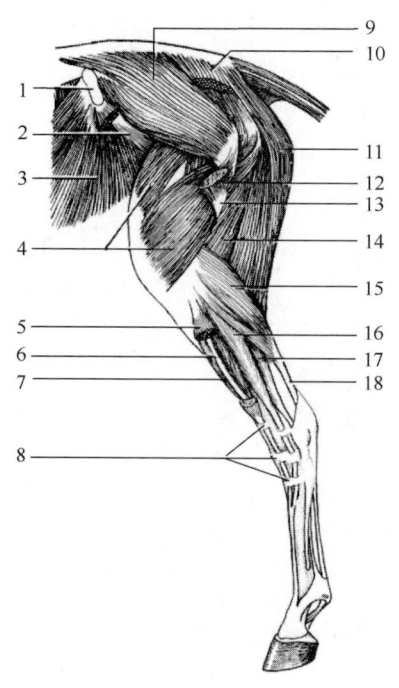 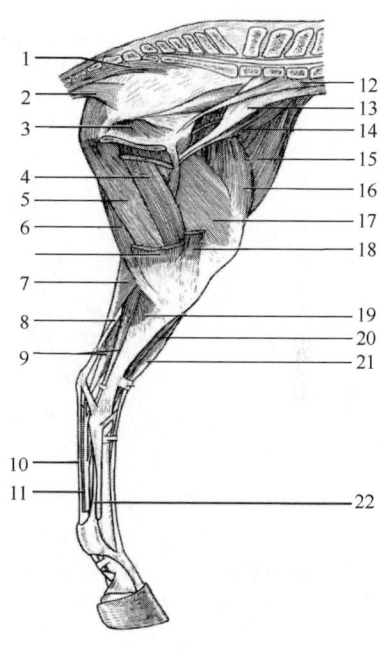

图 4-21 马左后肢中层肌示意图(外侧面)
1—臀结节 2—髂肌 3—腹内斜肌 4—股四头肌
5—趾长伸肌 6—第3骨腓肌 7—胫骨前肌
8—环韧带 9—臀中肌 10—股二头肌椎头
11—半腱肌 12—臀浅肌 13—第三转子
14—半膜肌 15—腓肠肌 16—趾外侧深肌
17—趾深伸肌 18—跟腱

图 4-22 马左后肢内侧肌肉示意图
1—荐尾腹内侧肌 2—尾骨肌 3—闭孔内肌
4—内收肌 5—半膜肌 6—半腱肌 7—股薄肌
8—腓肠肌 9—趾浅屈肌 10—趾浅屈肌腱
11—趾深屈肌腱 12—腰小肌 13—腰大肌
14—髂肌 15—阔筋膜张肌 16—股直肌
17—股内侧肌 18—缝匠肌 19—腘肌
20—胫骨前肌 21—趾长伸肌 22—悬韧带

一、臀股部肌

臀股部肌分为臀肌群、髂肌和盆内肌群。

1. 臀肌群

臀肌群包括臀浅肌、臀中肌、臀深肌。

(1) 臀浅肌 也称臀大肌,位于阔筋膜张肌与股二头肌之间,呈三角形。该肌仅在肉食动物中独立存在,在其他家畜中该肌与相邻的肌肉愈合。犬的臀浅肌较发达,为矩形的板状肌,起于臀筋膜、荐骨外侧部、髂骨结节、第1尾椎和荐结节韧带,止于大转子远

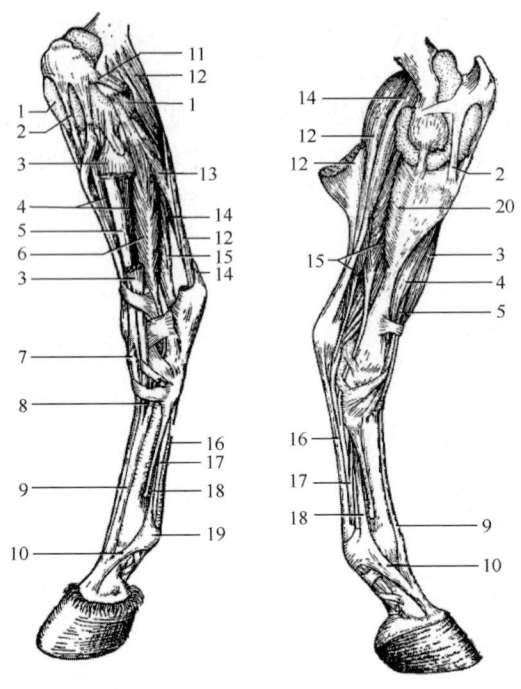

图4-23 马左侧小腿及后脚肌示意图
1—膝关节囊 2—膝直韧带 3—趾长伸肌 4—胫骨前肌 5—第3腓骨肌 6—趾外侧伸肌
7—胫骨前肌肌腱 8—趾短伸肌 9—趾长伸肌及趾外侧伸肌的止点腱 10—悬韧带的分支
11—膝外侧韧带 12—腓肠肌 13—比目鱼肌 14—趾浅屈肌 15—趾深屈肌 16—趾浅屈肌腱
17—趾深屈肌腱 18—悬韧带 19—系关节跖侧环韧带 20—腘肌

部。猪的臀浅肌分2部，浅部起于荐骨和臀筋膜，与阔筋膜张肌融合；深部起于荐骨和第1尾椎，与股二头肌相愈合。牛的臀浅肌完全融合于股二头肌。马的臀浅肌与阔筋膜张肌完全愈合。臀浅肌的功能为伸展股部。

（2）臀中肌 臀中肌位于髂骨的外侧面，被臀浅肌、臀筋膜和胸腰筋膜覆盖，大而厚。犬的臀中肌起始于髂嵴和臀线之间的骨面，马和猪的臀中肌还起自第1腰椎、腰最长肌腱膜、荐骨和荐结节阔韧带。臀中肌分深浅两部，止于股骨大转子，马的臀中肌还止于转子间嵴。臀中肌的作用为伸髋关节、外展和旋外后肢，参与蹴踢、竖立和推动躯干等动作。

肉食动物的臀中肌独立存在，其他家畜则与梨状肌愈合。

（3）臀深肌 臀深肌位于臀中肌深面，薄而宽，略呈扇形，具有多条腱划。起于髂棘附近，反刍动物的此肌还起于荐结节阔韧带，止于大转子。臀深肌的功能主要是旋内股骨，其他功能同臀中肌。

2. 髂肌和腰大肌

髂肌位于髂骨内侧面，起于髂骨翼和荐骨，肌腹分内侧部和外侧部，两部之间形成一沟，容纳腰大肌的后部；腰大肌起自腰椎椎体和横突、最后2个胸椎和肋骨，二肌合并称为髂腰肌，止于股骨小转子。

髂肌作用为屈髋关节，也可旋外后肢。

3. 盆内肌群

盆内肌群包括股方肌、闭孔外肌、孖肌和闭孔内肌等。

（1）股方肌　股方肌位于内收肌和半膜肌上部的前外侧，为容小的三角形。起于坐骨腹外侧缘，向前外侧下方伸延，止于股骨小转子附近。功能为伸髋关节和内收后肢。

（2）闭孔外肌　闭孔外肌呈锥形，大部分起于骨盆壁腹侧面，反刍动物和猪还起自骨盆壁腔面，止于股骨转子窝。功能为内收和旋外后肢。

（3）孖肌　孖肌位于坐骨外缘至转子窝之间。该肌由下下两块小肌（上孖肌和下孖肌）合成，其间夹着闭孔内肌的上部。上孖肌起于坐骨外缘近坐骨棘处，下孖肌起于坐骨上支的后部和坐骨结节，仅猫的上、下孖肌相互独立，其他动物均合并为单个肌，且与闭孔内肌联合，止于转子窝。功能为外旋股骨。

（4）闭孔内肌　闭孔内肌位于骨盆壁腔面，宽而薄。肉食动物的该肌起自坐骨和耻骨盆腔面，肌腹越过坐骨小切迹后形成一强腱，在孖肌和股方肌间行走，止于转子窝。马的该肌起自闭孔前缘和内侧缘、骨盆联合、坐骨和髂骨体腔面，肌腱经坐骨小孔与孖肌共同止于转子窝。功能为外旋股骨，协助伸髋关节。

二、股部肌

股部肌群包括股后肌群、股前肌群和股内侧肌群。

1. 股后肌群

股后肌群包括股二头肌、半腱肌、半膜肌。

（1）股二头肌　长而宽厚，位于臀股部的外侧、臀中肌的后方。起始部有两个头，椎骨头起于荐骨和荐结节阔韧带，坐骨头起于坐骨结节及坐骨腹侧面。股二头肌借腱膜与小腿筋膜和膝关节筋膜联合，间接止于膝盖骨、膝外侧韧带、胫骨前缘。向下与半腱肌联合后止于跟骨结节。股二头肌的功能非常复杂，一般的作用是伸、外展后肢和伸跗关节；前方的椎骨头具有伸髋关节和膝关节的功能；后方的椎骨头也伸髋关节，但屈膝关节。

反刍动物和猪的2个头不如其他家畜界限明显，椎骨头与臀浅肌合并，形成臀股二头肌。

（2）半腱肌　半腱肌位于臀股二头肌的后方，形成大腿后缘的轮廓。肌腹呈锥形。半腱肌起于坐骨结节腹侧面，沿半膜肌的后外侧面伸至小腿近端内侧，以腱膜止于胫骨前缘和跟结节。猪、马的半腱肌有2个头，坐骨头起于坐骨结节，椎骨头间接起于荐骨和第1尾椎。在站立时，功能为伸髋关节、膝关节和跗关节；后肢游离时，该肌有屈膝关节和使小腿旋外的功能。

（3）半膜肌　半膜肌位于臀股二头肌和半腱肌内侧，长而厚，呈三棱形。马半膜肌有2个头，起于荐结节阔韧带和第1尾椎，称为椎骨头，起于坐骨结节腹侧面，称为骨盆头，止于股骨内侧髁、股胫关节内侧副韧带和胫骨内侧髁。在站立时，半膜肌功能为伸髋关节和内收后肢；在后肢游离时，具有内收和缩回后肢的功能。

其他家畜的半膜肌仅有骨盆头。

2. 股前肌群

股前肌群包括阔筋膜张肌、股四头肌。

（1）阔筋膜张肌　阔筋膜张肌位于股前部皮下、臀中肌与股四头肌的夹角内，呈三角形。肉食动物的阔筋膜张肌起于髂结节和臀中肌的腱膜，向下呈扇形展开，借阔筋膜止于膝盖骨。反刍动物和马的阔筋膜张肌起于髂结节，借阔筋膜止于膝盖骨、膝外侧韧带和胫骨前缘。

阔筋膜张肌功能为紧张阔筋膜、屈髋关节和伸膝关节。

（2）股四头肌　股四头肌位于股骨前面和两侧，强大，由4个头组成。股直肌位于股骨前面，起于髂骨体；股内侧肌位于股骨内侧，起于股骨内侧上半部；股外侧肌最大，位于股骨外侧，起于股骨外侧面上部；股中间肌位于股骨前面和两侧面，被其余三肌包围，起于股骨前面。股四头肌的4个肌腹合并入一腱包裹膝盖骨后形成膝直韧带，止于胫骨粗隆。股四头肌功能为伸膝关节，股直肌也可屈髋关节。

3. 股内侧肌群

股内侧肌群包括缝匠肌、股薄肌、耻骨肌、内收肌。

（1）缝匠肌　缝匠肌位于股内侧前部皮下，细而长。犬的缝匠肌起于髂嵴和髂下棘，前者经阔筋膜前方转至股内侧，并与股筋膜和膝关节联合，后者与前者并行；肌腱与股薄肌肌腱汇合后止于胫骨前缘。反刍动物和马的缝匠肌起自腰小肌腱、髂筋膜（在起始部，反刍动物缝匠肌因股血管而分为2个头），向下与膝内侧韧带和小腿筋膜联合后止于胫骨粗隆。功能为屈髋关节、伸膝关节及内收后肢。

（2）股薄肌　股薄肌位于股内侧皮下，缝匠肌后方，宽而薄。起于骨盆联合和耻前腱，止于膝内侧韧带、小腿筋膜、胫骨近端前内侧缘。马的股薄肌还起自股骨头副韧带。功能为内收后肢和伸膝关节。

（3）耻骨肌　耻骨肌位于缝匠肌和股薄肌之间，呈锥形，且大部分被股薄肌所覆盖。起于耻骨前缘和髂耻隆起，止于股骨体内侧面和内侧上髁。功能为屈髋关节和内收后肢。

耻骨肌与缝匠肌之间的三角形空隙称为股三角或股管，有股动静脉、股神经和隐神经通过。猪的耻骨肌较发达。

（4）内收肌　内收肌位于耻骨肌和半膜肌之间，起于坐骨和耻骨的腹侧面，止于股骨下1/3后内侧面及膝关节内侧的筋膜和韧带。功能为内收后肢、伸髋关节及旋内股骨。

该肌在不同动物可分为数部分，包括大收肌、短收肌和长收肌。

三、小腿和后脚部肌

多为长纺锤形肌，肌腹绝大多数位于小腿部，以长的肌腱作用于跗骨、跖骨和趾部。其中跗关节的屈肌和趾关节的伸肌，多位于小腿背外侧；跗关节的伸肌和趾关节的屈肌位于小腿跖侧。按部位分背外侧肌和跖侧肌。

1. 背外侧肌

背外侧肌为屈跗关节和伸趾关节的肌肉，肌腹位于小腿上部的背外侧面，主要有6块肌，4块位于小腿背侧，重叠成3层，浅层为第3腓骨肌，中层为趾长伸肌和趾内侧伸肌，深层为胫骨前肌；2块位于小腿外侧，前为腓骨长肌，后为趾外侧伸肌。

（1）第3腓骨肌　第3腓骨肌位于小腿背侧皮下，呈扁纺锤形，与趾长伸肌一起以短腱起于股骨外侧髁的伸肌窝，肌腹向下伸延至小腿远端延续为一长扁腱，止于远侧跗骨或跖骨近端。在跗关节背侧面，第3腓骨肌与趾长伸肌一起被伸肌近支持带固定。第3腓骨肌功能为屈跗关节。

肉食动物第3腓骨肌缺如。

（2）趾长伸肌　趾长伸肌位于第3腓骨肌深面，呈长纺锤形，与第3腓骨肌共同起于股骨外侧髁伸肌窝，肌腱为每一功能趾分出一支，止于远节趾骨的伸腱突。功能为伸趾关节和屈跗关节。

（3）趾内侧伸肌　又名第3趾固有伸肌，起点与第3腓骨肌和趾长伸肌相同，在第3腓骨肌深面伴行于趾长伸肌前面，止于第3趾的冠骨。功能为伸第3趾。马无此肌。

（4）胫骨前肌　胫骨前肌位于胫骨前面最内侧，趾长伸肌和腓骨长肌深面。起于胫骨外侧髁和腓骨近端，止于跗骨的内侧面或跖骨近端。功能为屈跗关节。

（5）腓骨长肌　腓骨长肌位于小腿外侧面，趾长伸肌后方，呈长三角形。起于胫骨外侧髁、腓骨的近端和膝关节外侧副韧带，肌腹在小腿中部延续为一细长腱，越过跗关节屈肌的外侧面，转至跖侧面，止于内侧跖骨的近端。功能为屈跗关节，也可旋内后脚。

马的腓骨长肌缺如。

（6）趾外侧伸肌　趾外侧伸肌又称第4趾伸肌，在肉食动物该肌位于腓骨长肌深层，其他动物的此肌则位于浅层。

起于胫骨外侧髁和膝关节外侧侧副韧带，肌腹在小腿远端延续为一长腱，沿趾长伸肌腱外侧缘下行至趾部。肉食动物的该肌止于第5趾的远节趾骨；猪的该肌肌腱分2支止于每功能趾；反刍动物的该肌止于第4趾中趾节骨的背侧面；马的该肌肌腱并入趾长伸肌腱。功能为协助趾长伸肌伸趾关节。

此外拇长伸肌在肉食动物、绵羊和猪中成独立而细小的肌肉，山羊、牛和马的该肌则与胫骨前肌合并。起于腓骨近端和骨间膜，越过跗关节背侧面和第2跖骨，止于第1、2趾的远趾节骨。功能为伸趾并协助屈跗关节。

2. 跖侧肌

跖侧肌肌腹位于小腿跖侧，有5块肌：腓肠肌、比目鱼肌、腘肌、趾浅屈肌、趾深屈肌。这群肌肉起始于股骨的远端和（或）小腿骨的近端，跗关节的伸肌止于跟骨；趾关节的屈肌止于中节及远节趾骨。该肌群均接受胫神经支配。腓肠肌腱、比目鱼肌腱和趾浅屈肌腱，在跟结节上方合成一圆柱形强腱，称为跟总腱，附着于跟结节。

（1）腓肠肌　腓肠肌发达，位于小腿后部，臀股二头肌、半腱肌和半膜肌之间。肉食动物的腓肠肌起于股骨内、外侧髁；马的腓肠肌始于股骨髁上窝的内、外侧面。内侧头和外侧头于小腿中部合成一圆形强腱，止于跟结节。

（2）比目鱼肌　比目鱼肌为一薄带状小肌。反刍动物和马的此肌起于腓骨头，与腓肠肌外侧头愈合。猪的比目鱼肌很发达，位于腓肠肌外侧头的前方，起于股骨外侧上髁。犬的比目鱼肌缺如。

腓肠肌和比目鱼肌合称为小腿三头肌，功能为伸跗关节和协助屈膝关节。

（3）腘肌　腘肌位于胫骨近端和膝关节后面，呈三角形，以短腱起于股骨远端的腘肌窝，肌腹向内下方展开，止于胫骨近端后面。功能为屈膝关节。

（4）趾浅屈肌　趾浅屈肌位于小腿后方，上部夹于腓肠肌内、外侧头之间，呈纺锤形，肌腹多腱质。该肌起于股骨远端的髁上窝，在小腿下 1/3 转为强腱，起初位于腓肠肌腱前面，后经内侧面转至腓肠肌腱的后面，在跟结节处腱变宽扁，呈帽状，被内、外侧支持带固定于跟结节两侧，主腱继续经跗、跖侧面下行，为每一功能趾分出一支，止于中节趾骨。功能为屈趾关节，也可屈膝关节和伸跗关节。

（5）趾深屈肌　趾深屈肌位于胫骨后面。此肌起于胫骨后面和外侧缘，外侧浅头为较大的胫骨后肌；外侧深头为趾外侧屈肌，浅头与深头的肌腱合成主腱，经跗管向下延伸；内侧头为趾内侧屈肌，最小，其细腱约在跖骨跖侧上 1/4 并入主腱。主腱在骨间肌与趾浅屈肌腱之间向下延伸至趾部，在趾部的分支分布情况与前肢的指深屈肌相似。功能为屈趾关节和伸跗关节。

四、后肢肌的辅助构造

1. 筋膜

（1）浅筋膜　后肢浅筋膜（猪除外）不发达，营养良好的动物仅在臀股部存有较多脂肪。其余部位浅筋膜薄。

（2）深筋膜　后肢深筋膜较为发达，主要有髂筋膜、臀筋膜、阔筋膜、小腿筋膜、跗筋膜、跖筋膜和趾筋膜。

髂筋膜覆盖于腰小肌和髂腰肌的表面。

臀筋膜紧贴于臀肌表面，其深面供臀肌和臀股二头肌起始，并分出肌间隔伸入臀部各肌之间。

阔筋膜为股部的深筋膜很发达，包裹股部各肌，分出肌间隔伸入各肌之间，并作为部分股部肌的止点。阔筋膜位于股内侧的部分，习惯上称为股内侧筋膜。

小腿筋膜厚而坚实，分三层：浅层为股部深筋膜的延续，中层由股部浅层肌腱膜融合而成，浅、中两层结合成一总鞘，包裹所有小腿肌，并在小腿中部、跟腱前方紧密结合成一强带，附着于跟结节，以加强跟腱；深层紧裹跟腱前方的小腿诸肌，并形成 3 个筋膜鞘，分别包裹小腿背侧、外侧和胫骨后面各肌。

跗筋膜附着于跗背侧和跖侧的骨突和韧带。在跗背侧形成伸肌近、远支持带（环状韧带），以固定小腿背外侧肌腱的位置；在跖侧形成屈肌支持带（跖侧横韧带），变跗沟为跗管，供屈肌腱通过。

跖筋膜和趾筋膜与前肢的掌、指筋膜相似。

2. 后肢腱鞘和滑膜囊

小腿和后脚部肌腱行经跗关节时多数包有腱鞘，如第三腓骨肌、趾长伸肌、胫骨前肌、腓骨长肌、趾外侧伸肌和趾深屈肌。趾部也有腱鞘，如趾长伸肌和趾屈肌腱鞘。后肢也有许多滑膜囊，皮下囊有髂（髋）骨皮下囊、坐骨结节皮下囊、转子皮下囊、膝盖骨前皮下囊、胫骨粗隆皮下囊、内侧踝和外侧踝皮下囊及跟结节皮下囊等；肌下囊和腱下囊有股骨大转子处的臀中肌、臀深肌和臀股二头肌的转子囊，坐骨结节处的半腱肌和闭孔外肌坐骨囊，跗关节背内、外侧的胫骨前肌和腓骨长肌腱下囊，跟骨后面的趾浅屈肌跟骨囊，跖趾关节背侧的趾长伸肌和趾外侧伸肌腱下囊（图4-24）。

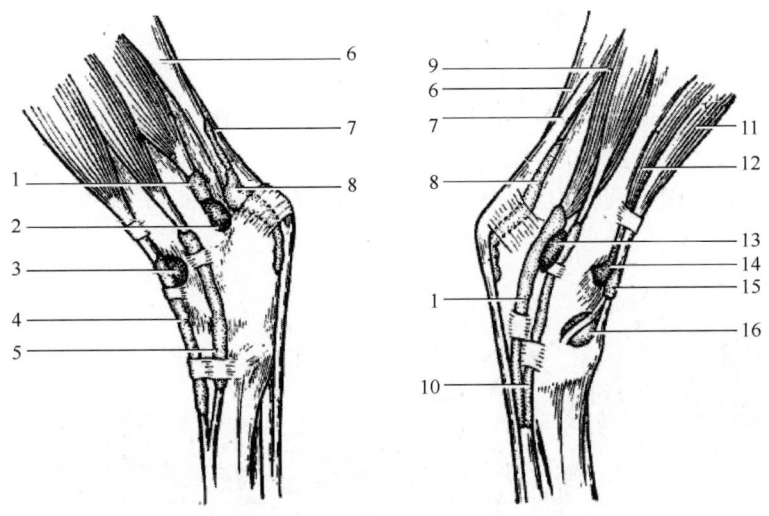

图4-24 马跗关节腱鞘和滑膜囊示意图

1—趾深屈肌腱鞘 2—胫跗囊的跖外侧囊 3—胫跗囊的背外侧囊 4—趾长伸肌腱鞘 5—趾外侧深肌腱鞘 6—腓肠肌 7—趾浅屈肌 8—趾浅屈肌腱下囊 9—趾深屈肌 10—趾长屈肌腱鞘 11—趾长伸肌 12—胫骨前肌 13—胫跗囊的跖内侧囊 14—胫跗囊的背内侧囊 15—胫骨前肌和第3腓骨肌腱鞘 16—胫骨前肌腱内侧的腱下囊

第五章 消化系统

消化系统的功能是摄取食物，并对其进行物理性的、化学性的和微生物性的消化，吸收营养物质，最后将残渣排出体外。

依据消化器的结构将其分为消化管和消化腺两部分（图5-1）。

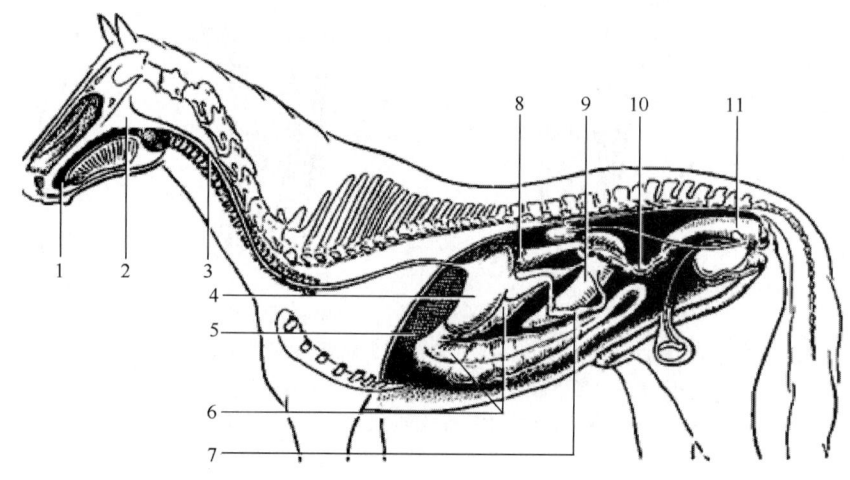

图5-1 马消化系统示意图
1—口腔 2—咽 3—食管 4—胃 5—肝脏 6—大结肠 7—小肠
8—胰脏 9—盲肠 10—小结肠 11—直肠

第一节 消 化 管

消化管包括口腔、咽、食管、胃、肠和肛门除口腔外，消化管的各段是典型的管状器官。

一、口腔

口腔为消化道的起始部，有采食、吸吮、咀嚼、尝味、吞咽和泌涎等功能。口腔前以口裂与外界相通，后与咽相接。在闭口状态下，口腔前壁为唇，侧壁为颊，顶壁为硬腭，口腔底前部由被覆黏膜的下颌骨切齿部构成，中、后部为舌所占据。上、下齿弓将口腔分为口腔前庭和固有口腔。

1. 唇

唇分上唇和下唇。上下唇的游离缘共同围成口裂，上下唇两侧汇合成口角。唇外覆皮肤，内衬黏膜，中间为口轮匝肌。黏膜深层有唇腺。唇富有神经末梢，较敏感。

各种家畜唇因食性而形态不同，活动性也有差异。牛唇短厚，坚实，不灵活，上唇中部和两鼻孔之间无毛，平滑而湿润，称为鼻唇镜，内有鼻唇腺，腺管开口于鼻唇镜表面。羊唇薄而灵活，上唇表面中间有明显的纵沟，称为人中。牛羊唇黏膜上长有角质的锥状乳头。马唇长而灵活，是采食的主要器官；上唇长而薄，表面正中有一纵浅沟；下唇较短厚，其腹侧有一明显的丘形隆起，称为颏。猪唇活动性小，口裂很大，上唇与鼻相连构成吻突，下唇尖小。犬唇薄而灵活，有许多触毛，人中明显，口裂大。

2. 颊

颊位于口腔两侧，参与咀嚼和吸吮作用。颊外覆皮肤，内衬黏膜，其间为颊肌。颊腺分布于颊黏膜下和肌肉内。牛、羊颊黏膜上有许多圆锥状乳头，尖端向后。在与第5（牛）或第3（马）上颊齿相对的颊黏膜上，有腮腺管的开口。

3. 硬腭

硬腭构成固有口腔的顶，向后与软腭延续。切齿骨腭突、上颌骨腭突和腭骨水平部构成硬腭的骨质基础；黏膜厚而坚实，上皮高度角质化，黏膜中无腺体，黏膜下有丰富的静脉丛。反刍兽的硬腭前端无上切齿，该处黏膜形成一对半月形厚而致密的角质板，称为齿枕。硬腭正中有一条纵行的腭缝，腭缝两侧有横行的腭褶，牛约有20条，马16~18条，猪20~22条。牛腭褶的游离缘呈锯齿状，马、猪、羊的光滑。腭缝前端有一突起，为切齿乳头。切齿乳头的两侧有切齿管的开口（马的为盲端），管的另一端通鼻腔（图5-2）。

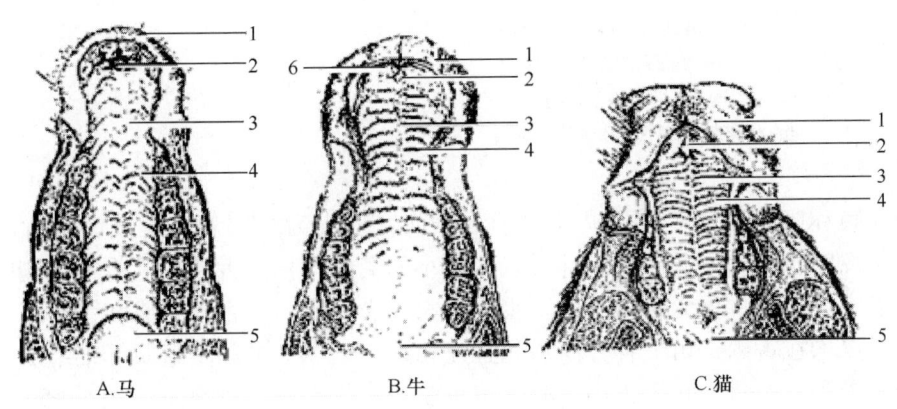

图5-2 硬腭示意图

1—上唇 2—切齿乳头 3—腭缝 4—腭褶 5—软腭 6—齿板

4. 口腔底和舌

口腔底大部分被舌所占据，仅前部由下颌骨切齿部构成，表面覆有黏膜，黏膜上有一对乳头，为舌下阜，马的下颌腺管、牛的下颌腺管和舌下腺管开口于此。猪和犬的舌下阜小，位于舌系带附近（图5-3）。

舌可分为舌尖、舌体和舌根三部。舌尖为舌前端游离的部分，舌体为位于两侧颊齿之间的部分，附着于口腔底，舌根为附着于舌骨的部分。舌尖和舌体交界处腹侧有与口腔底相连的黏膜褶，为舌系带，马有一条，牛和猪有两条。舌体与舌根以腭舌弓为界（图5-4）。

动物解剖学与组织胚胎学

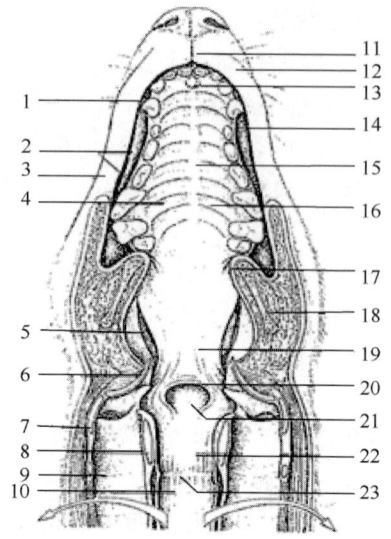
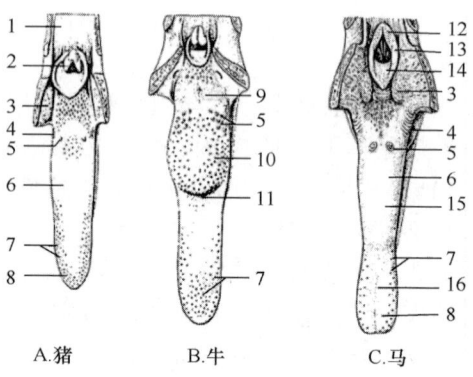

图5-3 犬的口腔和咽的示意图
（额切面，腹面观，切开气管）
1—唇前庭 2—颊前庭 3—颊 4—固有口腔
5—腭扁桃体 6—舌骨会厌肌和会厌软骨
7—甲状软骨 8—环状软骨 9—气管 10—食管
11—人中 12—上唇 13—切齿乳头 14—齿槽间隙
15—腭缝 16—腭褶 17—翼下颌褶和腭舌弓
18—下颌骨支 19—软腭或腭帆 20—腭咽弓
21—咽内口 22—咽的食管部 23—咽和食管的交界

图5-4 舌背面观
1—食管 2—喉口 3—腭扁桃体 4—叶状乳头
5—轮廓乳头 6—舌体 7—菌状乳头 8—舌尖
9—舌根 10—舌圆枕 11—舌隐窝 12—小角突
13—勺状会厌褶 14—会厌 15—舌背 16—舌正中沟

舌由黏膜和肌肉组成。舌黏膜被覆于舌表面，上皮为复层扁平上皮，舌背的黏膜较厚，角质化程度也较高，并形成不同形状和大小的突起，称为舌乳头。舌根背侧的黏膜内还含有淋巴上皮器官，称为舌扁桃体。舌的肌肉为横纹肌，分舌固有肌和舌外来肌。舌固有肌起、止点均在舌内，由三种方向不同且互相垂直的纵、横和垂直肌纤维组成。舌外来肌起始于舌骨和下颌骨，止于舌内，有茎突舌肌、舌骨舌肌、颏舌肌（图5-5）。

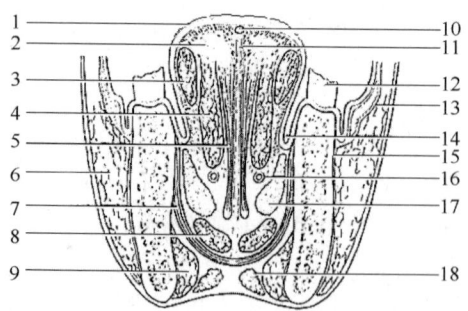

图5-5 马的舌和口腔下底示意图（横切面）
1—舌黏膜 2—舌固有肌 3—茎突舌肌 4—舌骨舌肌 5—颊舌肌 6—咬肌
7—下颌舌骨肌 8—颊舌骨肌 9—二腹肌 10—舌背软骨 11—舌中隔 12—臼齿
13—腹侧颊腺 14—舌下外侧隐窝 15—下颌 16—下颌管 17—多口舌下腺 18—下颌淋巴结

牛的舌圆而厚，表面粗糙，舌尖灵活，舌背后部有一椭圆形的隆起，为舌圆枕，其前方为深浅不等的舌窝。马的舌较长，舌尖扁平，舌体较大。猪的舌窄而长，舌尖薄。犬的舌前部宽而薄，后部较厚，灵活，舌背正中沟明显；舌尖腹侧正中有一纵向的梭形条索，称为蚓状体，由结缔组织、肌组织和脂肪组织构成。

牛、羊的舌乳头有以下五种。

（1）丝状乳头 丝状乳头分布于舌背的前部，尖端向后。牛的丝状乳头高度角质化，使舌粗糙如木锉，摄入的草料不易从口腔滑落。

（2）圆锥乳头和豆状乳头 圆锥乳头和豆状乳头分布于舌圆枕，前者钝而呈锥状，后者呈圆而扁平的豆状。丝状乳头、圆锥乳头和豆状乳头上皮中无味蕾，无味觉功能，仅起机械保护作用。

（3）菌状乳头 菌状乳头分布于舌背和舌尖的边缘，呈大头针帽状，数量较多，上皮中有味蕾。

（4）轮廓乳头 轮廓乳头分布于舌圆枕后部两侧，每侧有 8~17 个，轮廓乳头周围有一环状沟，沟内的上皮中含有味蕾。

马舌的乳头有丝状乳头、菌状乳头和轮廓乳头（一般有两个，位于舌背后部中线两侧，有时在两乳头之间的稍后方还有一个较小的乳头），在腭舌弓前方、舌背两侧左右各一个叶状乳头，略呈长椭圆形，由若干小叶状黏膜褶组成。上皮中含有味蕾。

猪、犬的舌除有丝状乳头、菌状乳头、轮廓乳头和叶状乳头外，舌根部尚有长而软的圆锥乳头分布。

5. 齿

齿是体内最坚硬的器官，嵌于切齿骨和上、下颌骨的齿槽内。上、下颌齿均排列成弓状，分别称上、下齿弓，上齿弓较下齿弓略宽。齿有切断、撕裂和磨碎食物的作用（图 5-6）。

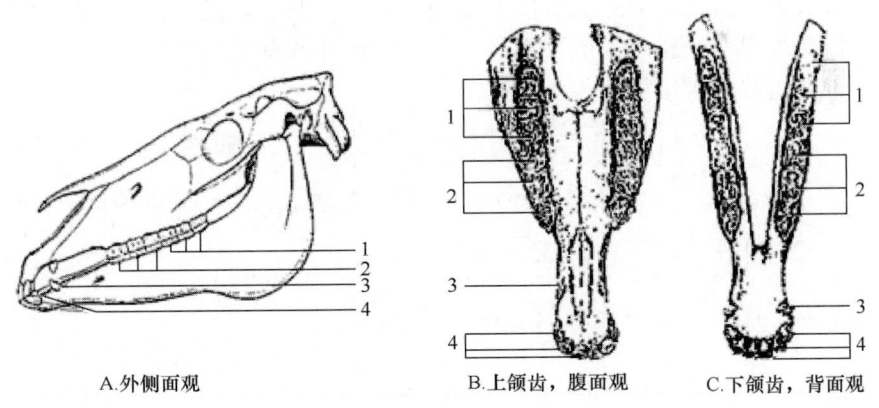

A. 外侧面观　　B. 上颌齿，腹面观　　C. 下颌齿，背面观

图 5-6　马的牙齿
1—后臼齿　2—前臼齿　3—犬齿　4—门齿

齿在形态上分为齿冠、齿颈和齿根三部分。露于齿龈外、突出与口腔的部分称为齿冠，被覆齿龈的部分称为齿颈，埋于齿槽内的部分称为齿根。齿内部有腔称为齿腔，齿根末端有孔称为齿根尖孔，通齿腔。活体状态时，齿腔内有齿髓。齿髓为富含血管、神经的结缔组织，有生长齿质和营养齿组织的作用。齿髓在与齿质交接处有成齿质细胞，可继续形成次生

齿质，致使齿腔随年龄不断减小。次生齿质因磨损在嚼面上出现时，色较暗，称为齿星。

包裹在齿颈周围和邻近骨上的黏膜称为齿龈，与口腔黏膜相延续，淡红色，神经分布较少；无黏膜下组织，与齿颈和齿根部的结缔组织（齿周膜）紧密相连。齿周膜又称为齿槽骨膜，为齿根与齿槽之间的致密结缔组织，含有丰富的神经、血管、淋巴管，将齿固着于齿槽内。

齿依据形态、位置和功能可分为切齿、犬齿和颊齿。切齿位于齿弓前部，与唇相对，嚼面呈刀形，齿根一个。犬齿位于齿槽间隙处，嚼面呈尖形，齿根一个。颊齿位于齿弓后部，分前臼齿和臼齿。大多臼齿嚼面呈多个棱嵴（多褶形齿）或凸（丘齿），齿根2~4个。

家畜的齿在出生之后逐个长出，除臼齿及猪和犬的第1前臼齿外，其余齿长至一定年龄时要按一定的顺序更换一次。更换前的牙齿称为乳齿，更换后的牙齿称为恒齿。乳齿一般较小，颜色较白，磨损较快。

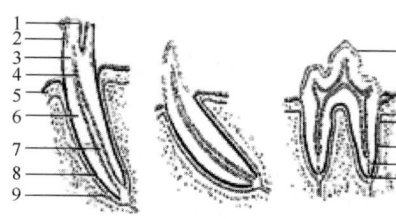

A.马切齿　B.猫犬齿　C.犬下颌第1臼齿

图5-7　长冠齿（A）和短冠齿（B、C）
1—黏合质　2—釉质　3—齿质　4—次生齿质
5—牙龈　6—齿根　7—含齿髓的齿腔
8—牙周韧带　9—牙槽骨　10—齿冠
11—齿颈　12—齿根管　13—根尖孔

根据齿冠的长短可将齿分为长冠齿和短冠齿。马和牛的颊齿、马的切齿及猪的犬齿为长冠齿，齿冠长，齿颈不明显，部分齿冠埋于齿槽中，在一定年龄内随嚼面的磨损而不断长出。长冠齿的嚼面上有1至数个被覆有釉质的漏斗状的凹陷，称为齿漏斗，又称为齿坎或黑窝；随着齿的磨损，齿漏斗前方会出现齿星。猪的切齿和臼齿、牛的切齿、马的犬齿及犬的齿为短冠齿，其嚼面无齿漏斗（图5-7）。

齿由三种高度钙化的齿质、釉质和黏合质构成。齿质构成齿的主体，略带黄色；釉质最坚硬，乳白色，被覆于齿冠外面；黏合质又称为齿骨质，略呈黄色，在短冠齿包裹于齿根外面，在长冠齿从齿根包于整个齿的外面，并深入齿漏斗或釉质纵褶内。

动物各种牙齿数量可用齿式表示，即

$$2\left[\frac{\text{切齿数}\ \text{犬齿数}\ \text{前臼齿数}\ \text{臼齿数}}{\text{切齿数}\ \text{犬齿数}\ \text{前臼齿数}\ \text{臼齿数}}\right] = \text{牙齿总数}$$

式中"—"线上表示一侧上颌的各种齿的数目，线下表示一侧下颌的各种齿的数目。

牛的恒齿式：$2\left[\dfrac{0\ \ 0\ \ 3\ \ 3}{4\ \ 0\ \ 3\ \ 3}\right]=32$

马的恒齿式：$2\left[\dfrac{3\ \ 1\ \ 3\text{-}4\ \ 3}{3\ \ 1\ \ 3(4)\ \ 3}\right]=40\sim42（44）$

猪的恒齿式：$2\left[\dfrac{3\ \ 1\ \ 4\ \ 3}{3\ \ 1\ \ 4\ \ 3}\right]=44$

犬的恒齿式：$2\left[\dfrac{3\ \ 1\ \ 4\ \ 2}{3\ \ 1\ \ 4\ \ 3}\right]=42$

牛、马、猪、犬的乳齿齿式如下：

牛的乳齿式：$2\left[\dfrac{0\ \ 0\ \ 3\ \ 0}{4\ \ 0\ \ 3\ \ 0}\right]=20$

马的乳齿式：$2\left[\dfrac{3\ \ 1\ \ 3\ \ 0}{3\ \ 1\ \ 3\ \ 0}\right]=28$

猪的乳齿式：$2\begin{bmatrix}3 & 1 & 3 & 0\\3 & 1 & 3 & 0\end{bmatrix}=28$

犬的乳齿式：$2\begin{bmatrix}3 & 1 & 4 & 0\\3 & 1 & 4 & 0\end{bmatrix}=32$

（1）猪齿的特点　除犬齿为长冠齿外，切齿和臼齿均为短冠齿。恒切齿呈圆锥形，上切齿较小，方向近垂直，排列较疏；下切齿方向近水平，排列较密。公猪的恒犬齿比母猪的发达，呈弯曲的三棱锥形，下犬齿弯向后方，可突出于口裂之外，上犬齿也弯向后外方，不如上犬齿发达。臼齿每侧7枚，前臼齿4个，属于切齿型，第1前臼齿较小，又称为狼齿，有时不存在。臼齿3个，属于丘齿型，后部臼齿的齿结节数目较多。

（2）马齿的特点　马切齿呈弯曲的楔形，下切齿的唇面有1条纵沟，上切齿有2条；嚼面有一齿漏斗，随着齿的磨损，在齿漏斗前方逐渐出现齿星，磨面的形状也由横椭圆形变成圆形、三角形甚至纵椭圆形。因此，根据马切齿的出齿、换齿、齿漏斗的磨损和消失、齿星的出现及磨面的形状，可作为年龄鉴别的依据。

（3）犬齿的特点　为短冠齿，乳犬齿小，常不露出齿龈外。公马的恒犬齿发达，呈弯曲的纺锤形。颊齿属于多褶形齿，上颊齿磨面较宽，除第1前臼齿和最后臼齿为三角形外，近似正方形，嚼面有2个齿漏斗和5个齿星，齿根有3枚，2个在外侧，1个在内侧。下颊齿磨面较窄，为长方形，嚼面无齿漏斗，有7个齿星，齿根有2个，一前一后。

二、咽和软腭

1. 软腭

软腭为含肌组织和腺体的黏膜褶，位于鼻咽部和口咽部之间。前缘附着于腭骨水平部，后缘凹，为游离缘，称为腭弓，包围在会厌前方。在猪中，游离缘正中常形成小的腭悬雍垂。软腭两侧与舌根和咽壁相连的两对黏膜褶，分别称腭舌弓和腭咽弓。软腭在吞咽过程中起活瓣的作用。吞咽时，软腭提起，同时会厌翻转盖住喉口，食物由口腔经咽进入食管。呼吸时，软腭下垂，空气经咽到喉或鼻腔（图5-8）。

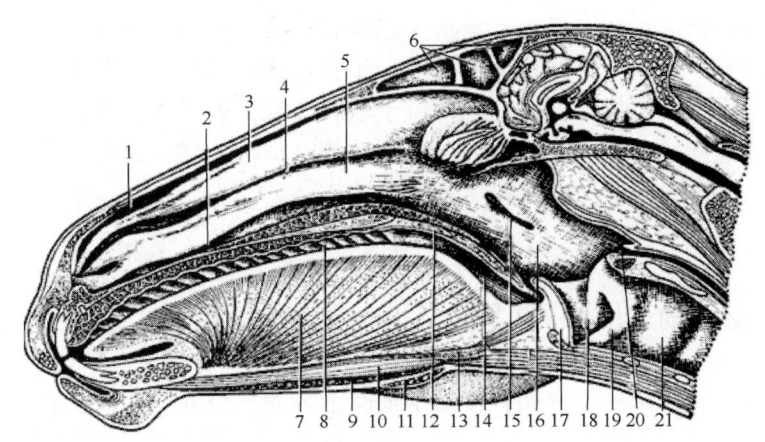

图5-8　马头矢状面示意图

1—上鼻道　2—下鼻道　3—上鼻甲　4—中鼻甲　5—下鼻甲　6—额窦　7—舌　8—腭褶
9—颌舌骨肌　10—颏舌骨肌　11—下颌淋巴结　12—软腭　13—舌骨　14—咽峡　15—咽鼓管咽口
16—咽　17—会厌　18—喉前庭　19—声带褶　20—食管口　21—气管

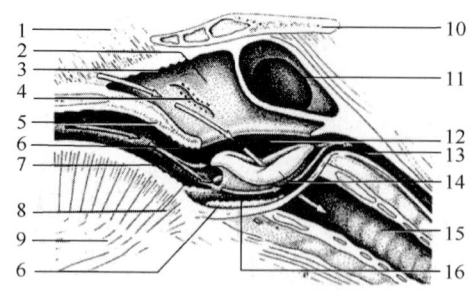

图 5-9 马过咽矢状切面左侧观示意图
1—鼻中隔 2—鼻咽部 3—咽扁桃体
4—咽鼓管口 5—软腭 6—腭扁桃体
7—口咽部（咽峡） 8—舌扁桃体 9—舌
10—蝶骨 11—咽喉囊 12—喉咽部
13—咽食管部 14—喉 15—食管 16—气管

牛的软腭较短而厚。猪的软腭也短而厚，但几乎呈水平位。马的软腭较长，后缘伸达会厌基部，因此难以用口呼吸。

2. 咽

咽为漏斗状的肌-膜性囊，为呼吸道和消化管所共用，位于口腔和鼻腔后方，喉和食管的前上方。咽腔分为口咽部、鼻咽部和喉咽部三部分（图5-9）。

（1）口咽部 又称为咽峡，位于软腭和舌之间，前方经软腭、腭舌弓和舌根构成的咽口与口腔相通，后方直接通喉咽部。牛口咽部侧壁上有腭扁桃体窦。

（2）鼻咽部 位于软腭背侧，前方经两个鼻后孔与鼻腔相通，后方直接通喉咽部。两侧壁上各有一咽鼓管咽口，经咽鼓管与中耳相通。马的咽鼓管在颅底和咽后壁之间膨大，形成咽鼓管憩室。牛、猪等鼻咽部的顶壁有咽中隔。

（3）喉咽部 为咽的后部，位于喉口背侧，较狭窄，后端分别经食管口和喉口与食管和喉相通。底壁在喉口两侧有梨状隐窝，平时可供液体如唾液流过。

咽壁由黏膜、肌膜和外膜构成。咽黏膜衬于咽腔内面，可分为呼吸部和消化部。软腭背侧面和腭咽弓以上为呼吸部，与鼻腔黏膜延续，覆以假复层柱状纤毛上皮；软腭腹侧面和腭咽弓以下为消化部，与口腔黏膜延续，覆以复层扁平上皮。咽黏膜内含有咽腺和淋巴组织。猪的咽黏膜在食管口上方形成咽憩室，为一短盲管，长3~4cm。咽的肌肉为横纹肌，包括缩肌（翼咽肌、腭咽肌、茎突咽前肌、舌骨咽肌、甲咽肌和环咽肌）和开张肌（茎突咽后肌），有缩小和开张咽腔的作用。外膜是包围在咽肌外面的一层纤维膜。

咽黏膜内淋巴组织较发达，大量的淋巴组织构成淋巴器官，称为扁桃体，其表面或较平滑或形成扁桃体滤泡。在家畜中，扁桃体主要有：舌扁桃体，位于舌根部背侧；腭扁桃体，位于咽部侧壁，反刍兽腭扁桃体较发达，牛长达3cm，并形成腭扁桃体窦，开口于口咽部侧壁上，猪无腭扁桃体；腭帆扁桃体位于软腭口腔面黏膜下，猪的特别发达；咽扁桃体，位于鼻咽部顶壁；咽鼓管扁桃体，位于咽鼓管咽口的侧壁内；会厌旁扁桃体，位于会厌基部两侧，牛和马无会厌旁扁桃体。

三、食管

食管为食物通过的长管道，连接于咽和胃之间，可分颈、胸、腹三部。食管颈部始于喉与气管的背侧，至颈中部渐渐偏至气管的左侧，到胸腔前口处位于气管左背侧。食管胸部位于胸纵隔内，又转至气管背侧，在胸主动脉下方向后延伸，牛大约在与第9肋骨（马在第13肋骨，猪在第12肋骨）相对处穿过膈的食管裂孔进入腹腔。食管腹部很短，开口于胃的贲门。

食管的黏膜上皮为复层扁平上皮，浅层细胞角化，角化程度因家畜食性不同而异；固有膜由疏松结缔组织构成，内含小血管、淋巴管和食管腺的导管；黏膜肌层为分散的纵行平滑肌束，近胃处形成一完整的肌层，猪食管的前半段无黏膜肌。

食管黏膜下层由疏松结缔组织构成，内含血管、淋巴管、神经、食管腺及淋巴小结，食管腺为混合腺，主要分泌黏液，通过导管排至黏膜表面，起保护和润滑作用。各种家畜食管腺分布不同，反刍兽和马仅见于咽和食管的连接部，猪在食管前半段形成腺体层，向后渐少（图5-10）。

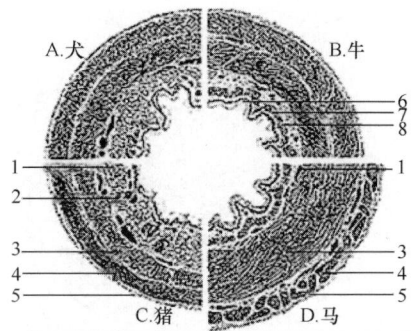

图5-10 家畜食管横切面示意图
1—黏膜下层 2—淋巴滤泡 3—环行肌层
4—纵行肌层 5—外膜 6—上皮
7—固有层 8—黏膜肌层

四、胃

胃为消化管的膨大部分，位于腹腔内，在膈和肝的后方，前端以贲门接食管，后端以幽门连十二指肠。胃有暂时储存食物、分泌胃液、食物的初步消化和推送食物进入十二指肠等作用。家畜的胃分为多室胃（复胃）和单室胃。

1. 单室胃

单室胃呈一端粗、一端细、弯曲成C（犬）、J（马）或U形（猪）的囊状。胃的凸缘称为胃大弯，朝向左腹侧；凹缘为胃小弯，朝向右背侧。贲门为胃的入口，与食管相连，位于小弯左侧，位置较高，在第11~13胸椎平面。幽门为胃的出口，与十二指肠相连，位于小弯右侧，位置较低，在倒数第2~3肋中、1/3交界处平面（图5-11）。

胃以贲门和胃小弯急转处形成的角切迹分为四部分：贲门周围为贲门部，贲门以上为胃底，贲门与角切迹之间为胃体，角切迹到幽门之间为幽门部。猪胃底近贲门处有扁平的锥形盲突，称为胃憩室；马胃的胃底向左后上方膨大形成胃盲囊。猪胃幽门部在胃小弯侧壁加厚形成一圆枕状隆起，突入幽门管腔，称为幽门枕，与对侧的唇形隆起相对，有关闭幽门的作用；马、犬胃幽门部内腔又分为两部分，左侧部分宽大，为幽门窦，右侧部分短狭，为幽门管，两者无明显分界。

胃的前面为壁面，与膈、肝相邻；胃的后面为脏面，与大网膜、肠、肠系膜和胰等接触。胃的左侧部大而圆，与脾上端和胰左叶相邻，胃的右侧部（幽门部）较小，急转向上，移行为十二指肠。胃的位置可随胃的空虚或充盈而发生变化，一般，空虚胃的大部分位于左季肋部，小部分在剑状软骨部及右季肋部，充盈时向后可达脐部。

单室胃可依据胃黏膜的特点分为混合型（食管-肠型）胃和腺（肠）型胃（图5-12）。

猪和马的胃为混合型胃，其黏膜分为无腺部和腺部。马胃的无腺部与腺部间有一明显的褶缘。无腺部位于贲门周围，与食管黏膜相似，色淡，被覆复层扁平上皮。腺部的黏膜有纵横交错的皱褶，当食物充满时，皱褶变小或消失。黏膜表面有许多由上皮下陷形成的小窝，称为胃小凹，为胃腺的开口处。腺部又分为贲门腺区、胃底腺区和幽门腺区，但各区之间并无明显的界限。猪胃的贲门腺区最大，包括胃憩室、胃底和部分胃体，向下伸达胃中部，黏膜薄、淡灰色；胃底腺区较小，主要位于胃体远侧部，但不达胃小弯，黏膜较厚，棕红色；幽门腺区最小，位于幽门部，黏膜薄，灰白色、灰红或灰黄色，内有幽门腺。

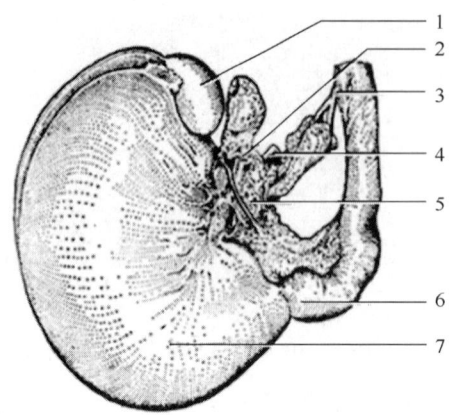

图 5-11 猪的胃和胰脏示意图
1—胃憩室 2—门静脉 3—胰管
4—食管 5—胰脏 6—胃幽门 7—胃

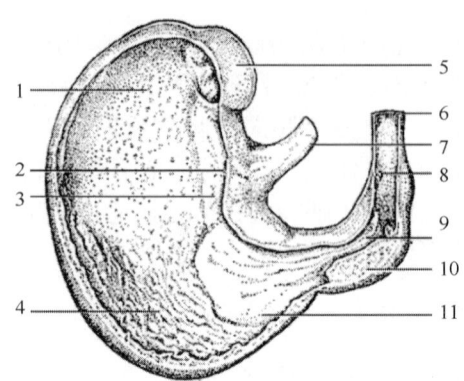

图 5-12 猪胃黏膜示意图
1—贲门腺区 2—贲门 3—贲门腺区 4—胃底腺区
5—胃憩室 6—十二指肠 7—食管 8—胆管开口
9—幽门 10—幽门圆枕 11—幽门腺区

犬胃属腺型（或肠型）胃，胃黏膜全部含有腺体，分为三个腺区：贲门处狭窄的灰白色区域为贲门腺区（贲门腺还散布于胃小弯）；胃底腺区很大，约占全胃的 2/3，黏膜厚，棕红色；幽门腺区位于幽门部，黏膜较薄，灰白色。

单室胃的无腺部黏膜上皮为复层扁平上皮，有腺部为单层柱状上皮，在两者交界处，复层扁平上皮突然转变成单层柱状上皮。腺部的上皮细胞经常脱落，约 3 天更新一次，由胃腺颈部的未分化细胞不断增殖补充。固有膜较厚，由富含网状纤维的结缔组织构成。其中布满密集排列的胃腺。在猪中，还含有大量浸润的白细胞和淋巴小结。黏膜肌由内环外纵两薄层平滑肌组成。肌纤维的收缩有助于腺体分泌物的排出。

胃底腺为胃的主要腺体，分布于胃底部，为单管状腺或分枝管状腺。腺体分颈部、体部和底部，颈部与胃小凹相连。组成胃底腺的细胞有 5 种，即主细胞、壁细胞、颈黏液细胞、内分泌细胞和未分化细胞。

主细胞又称胃酶原细胞，数量较多，主要分布于腺的体部和底部。细胞呈低柱状或锥体形，核圆形，位于细胞基部，胞质嗜碱性。电镜下，细胞基部含有大量粗面内质网，核上方有发达的高尔基复合体和圆形的酶原颗粒，内含胃蛋白酶原。胃蛋白酶原被分泌进胃腔后，在盐酸的作用下被激活成胃蛋白酶，可分解胃内蛋白质成为胨和多肽。幼畜的主细胞还分泌凝乳酶，使乳汁凝固，利于分解。

壁细胞又称盐酸细胞，多分布于腺的体部和颈部，细胞体积较大，圆形或钝三角形，核圆，位于细胞中央，胞质强嗜酸性。电镜下，细胞游离面的胞膜向细胞内深陷形成细胞内分泌小管，管壁上有许多微绒毛伸向分泌小管内腔，胞质内还含有丰富的线粒体和管泡状的滑面内质网。

颈黏液细胞位于腺的颈部。细胞呈柱状或不规则形，核扁平或新月形，位于细胞基部，胞质顶部充满黏原颗粒。猪的颈黏液细胞分布于腺体各部，以底部最多。颈黏液细胞分泌黏液。有人认为颈黏液细胞是主细胞的幼稚型。

未分化细胞位于腺的颈部。胞体较小，呈柱状。它能增殖分化形成胃黏膜的上皮细胞和胃腺的各种细胞。

贲门腺为单管状腺或分支管状腺，腺腔较大，腺细胞呈柱状，分泌黏液。在柱状细胞间有少量壁细胞和内分泌细胞。

幽门腺为分支管状腺，分支较多且有卷曲。腺细胞为柱状，分泌黏液。柱状细胞间夹有壁细胞和较多的内分泌细胞。

胃的黏膜下层由疏松结缔组织构成。内含较大的血管、淋巴管网和黏膜下神经丛，猪胃黏膜下层还含有淋巴小结。

胃的肌层很厚，由不完整的三层平滑肌组成。内层为斜行肌，仅分布于无腺部，在贲门部最厚，形成贲门括约肌；中层为环行肌，很发达，为肌层的主要部分，在幽门处形成幽门括约肌；外层为不完整的纵行肌，在胃大弯和胃小弯处较发达。猪胃幽门部在胃小弯侧肌层较厚，使幽门壁向内腔凸出，呈纵向长的鞍形隆起，称为幽门圆枕，它与对侧的唇形隆起相对，具有关闭幽门的作用。马幽门黏膜形成环形褶，称为幽门瓣（图5-13）。

胃的外膜大部分为浆膜。

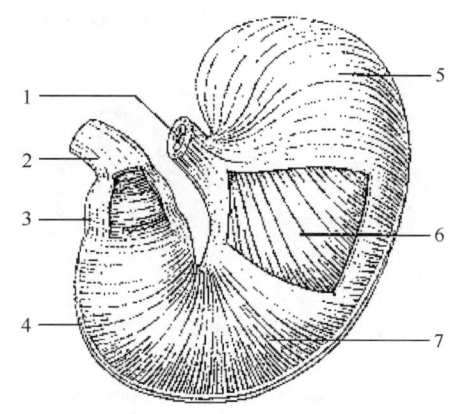

图5-13 胃的肌层示意图
1—食管 2—十二指肠 3—幽门纵行肌纤维
4—胃大弯纵行肌纤维 5—外斜行肌纤维
6—内斜行肌纤维 7—环形肌纤维

2. 多室胃

牛、羊的胃为多室胃，分瘤胃、网胃、瓣胃和皱胃四部分。前三胃无腺体分布，合称为前胃，主要起储存食物和发酵、分解粗纤维的作用，皱胃黏膜分布有消化腺，具有真正的消化作用，又称为真胃（图5-14、图5-15）。

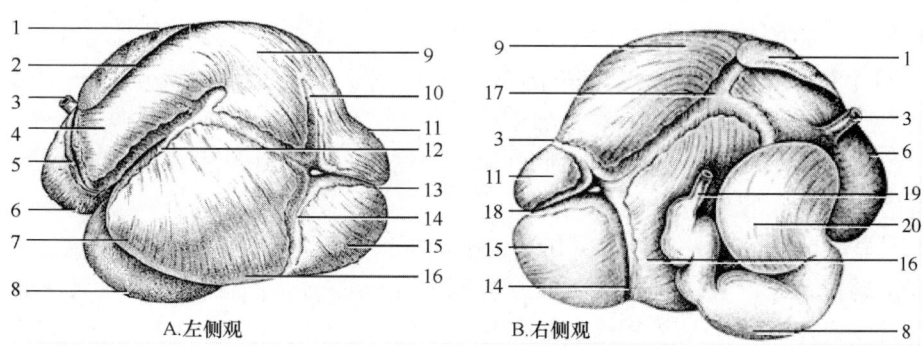

图5-14 牛胃
1—脾 2—左纵沟 3—食管 4—前背盲囊 5—瘤网购 6—网胃 7—前腹盲囊 8—皱胃
9—瘤胃背囊 10—背冠状沟 11—后背盲囊 12—前沟 13—后沟 14—腹冠状沟
15—后腹盲囊 16—瘤胃腹囊 17—右纵沟 18—后沟 19—十二指肠 20—瓣胃

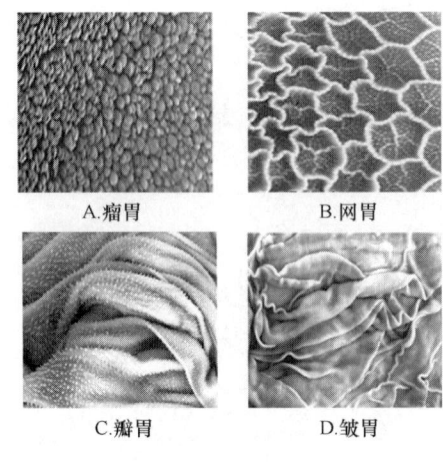

图 5-15　绵羊复胃各室黏膜表面的特征
A. 瘤胃　B. 网胃　C. 瓣胃　D. 皱胃

（1）瘤胃　瘤胃最大，约占四个胃室总容积的80%，为前后稍长、左右略扁的椭圆形大囊，占据腹腔左半部，其下半部还伸入腹腔右侧。瘤胃前端与第7～8肋间隙相对，后端伸达骨盆前口。瘤胃的左侧面为壁面凸，与脾、膈及左腹壁相接触；右侧面为脏面，与瓣胃、皱胃、肠、肝及胰等接触。背侧弯附着于膈脚和腰肌腹侧，腹侧弯隔着大网膜与腹腔底壁相接触。瘤胃前、后侧面有较深的前沟和后沟，左、右侧面有左、右纵沟，四条沟围成环状，将瘤胃分为背囊和腹囊。右纵沟向背侧发出右副沟，两沟之间围成瘤胃岛。由于瘤胃前、后沟较深，瘤胃背、腹囊在后端分别形成后背盲囊和后腹盲囊，在前端分别形成瘤胃房和瘤胃隐窝。后背盲囊和后腹盲囊前方分别有背侧冠状沟和腹侧冠状沟为界。在瘤胃壁的内面，与表面各沟相对应的加厚部分称为肉柱，背囊和腹囊即以前、后肉柱和左、右纵柱围成的瘤胃内口相交通。

瘤胃入口为贲门，位于瘤胃与网胃交界处，与第7或第8肋中点相对。在此处，瘤胃与网胃之间无明显的界线，形成一个穹隆，为胃房，也称为瘤胃前庭。瘤胃借瘤网口与网胃相通，瘤网口大，腹侧和两侧为瘤网褶，瘤网褶外表的对应部分为瘤网沟。羊瘤胃腹囊较大，且大部分位于腹腔右侧；后腹盲囊很大，后背盲囊不明显。瘤胃为许多共栖微生物提供了良好的生存环境，后者对粗纤维的发酵分解起着重大作用（图5-16）。

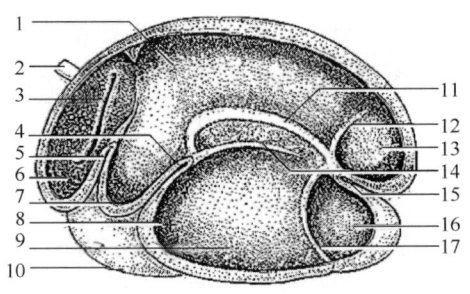

图 5-16　牛的瘤胃内侧面示意图
1—背囊　2—食管　3—网胃沟　4—前柱
5—瘤网胃褶　6—网胃　7—瘤胃房　8—瘤胃隐窝
9—腹囊　10—皱胃　11—右副柱　12—背侧冠状柱
13—后背盲囊　14—右纵柱　15—后柱
16—后腹盲囊　17—腹侧冠状柱

（2）网胃　牛的网胃在四个胃中最小，成年牛约占四个胃室总容积的5%，羊的略大。网胃略呈梨形，前后稍扁，位于季肋部正中矢面两侧、瘤胃房的前下方，与第6～9肋间隙相对。瘤胃房与网胃在腹侧以瘤网沟为界，但背侧分界不明显。膈面隆凸，与膈紧密相接；脏面平，与瘤胃房相接。网胃的底部接膈的胸骨部、肝、瓣胃和皱胃。瘤网口的右下方有网瓣口通瓣胃。网瓣口处有细而弯的爪状乳头。网胃因位置较低，食入胃内的金属异物易存留于网胃，若异物具有尖锐的棱、角或端部，可由于胃壁强力收缩而刺入胃壁，引起创伤性网胃炎；严重者还会穿过膈而刺入心包，继发创伤性心包炎。

网胃沟又称食管沟，起自贲门，沿瘤胃房和网胃右侧壁向下延伸至网瓣口。由左、右唇和网胃沟底构成，沟呈螺旋状扭曲，沟底在上部朝向后，中部朝左，下部朝前。犊牛的网胃沟功能完善，可扭转闭合成管，使乳汁由贲门经此及瓣胃沟直达皱胃网胃黏膜形成许多网格状皱褶，形似蜂房，故有蜂巢胃之称（图5-17）。

（3）瓣胃 在牛中，占四个胃总容积的7%~8%，呈两侧稍扁的球形，位于右季肋部，其体表投影位置相当于第7~11肋间隙的下半。羊瓣胃卵圆形，在四个胃中最小。体表投影位置相当于第8~10肋骨的下半，不接触右腹壁。瓣胃壁面隔着小网膜与膈、肝等接触，脏面与瘤胃、网胃、皱胃等贴连。凸缘为瓣胃弯，朝向右后上方，凹缘为瓣胃底，朝向左前下方，上部与网胃相连接的部分，称为瓣胃颈。瓣胃底的上、下端有网瓣口和瓣皱口，分别与网胃和皱胃相通。

（4）皱胃 为弯曲的长梨形囊，占四个胃总容积7%~8%。位于右季肋部和剑状软骨部，在瘤胃腹囊和网胃右侧、瓣胃的腹侧

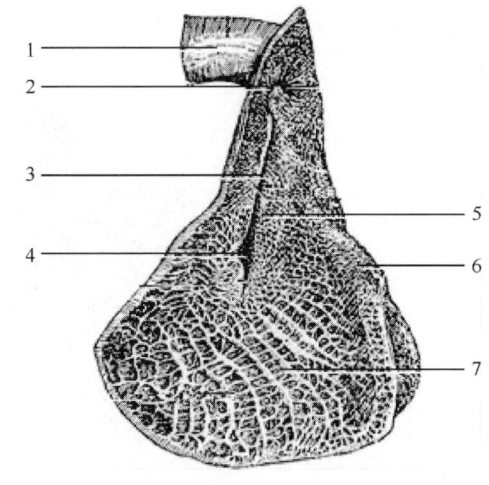

图5-17 牛胃的网胃沟（食管沟）
1—食管 2—贲门 3—网胃沟左侧唇 4—网瓣胃口
5—网胃沟右侧唇 6—瘤胃襞 7—网胃

和后方，体表投影与第8~12肋骨相对。皱胃脏面与瘤胃隐窝接触，充盈时可从瘤胃房下方越至左侧与左腹壁接触；壁面与右腹壁接触。大弯凸向腹侧，与腹腔底壁接触；小弯凹向背侧，与瓣胃接触，腔面有皱胃沟。皱胃前端呈盲囊状膨大，为皱胃底，继之为皱胃体，在瘤胃腹囊与瓣胃之间向后延伸，后端狭窄，为幽门部，借幽门与十二指肠相连。

初生犊牛因吃奶，皱胃特别发达，瘤胃与网胃相加的容积约为皱胃的一半。8周时，瘤胃和网胃的总容积约为皱胃的容积。12周时，两胃的容积超过皱胃的一倍。4个月以后，随着采食草料，前三个胃的发育加快，瘤胃和网胃的总容积约为皱胃的4倍。到一岁半时，瓣胃和皱胃的容积几乎相等，这时四个胃的容积基本上达到成年时的比例。

瘤胃、网胃和瓣胃的黏膜的上皮均为复层扁平上皮，没有腺体的分布，相当于混合型单室胃的无腺部，合称为前胃，主要起储存食物和发酵、分解粗纤维的作用。瘤胃黏膜呈棕黑色或棕黄色，表面有无数密集的棒状或片状乳头，以腹囊和盲囊内的最发达，肉柱和前庭的黏膜无乳头。网胃黏膜形成许多网格状皱褶，形似蜂房，故有蜂巢胃之称。瓣胃的黏膜形成百余片（绵羊70~80片，山羊80~88片）瓣胃叶，故有百叶胃之称。瓣胃叶呈新月形，附着于瓣胃弯，游离缘凹，朝向瓣胃底。瓣胃叶按宽窄可分为大、中、小和最小四级，相间排列，瓣胃叶上有许多乳头。瓣胃底无瓣胃叶，形成瓣胃沟，沟两侧有黏膜褶为界。瓣胃沟与大瓣胃叶游离缘之间围成瓣胃管，瓣皱口具有一对低矮的黏膜褶，称为皱胃帆，有启闭作用（图5-18、图5-19）。

皱胃黏膜光滑、柔软，在胃底和大部分胃体形成12~14片螺旋形大皱褶，称为皱胃旋褶。皱胃黏膜内含有腺体，其组织构造与单室胃的腺部相同。贲门腺区为围绕瓣皱口的狭带状小区的黏膜，色淡；胃底腺区包括大部分胃底和胃体的黏膜，灰红色；幽门腺区为幽门部的黏膜，略呈黄色。皱胃的胃底腺能分泌消化酶，具有真正的消化作用，又称真胃（图5-20）。

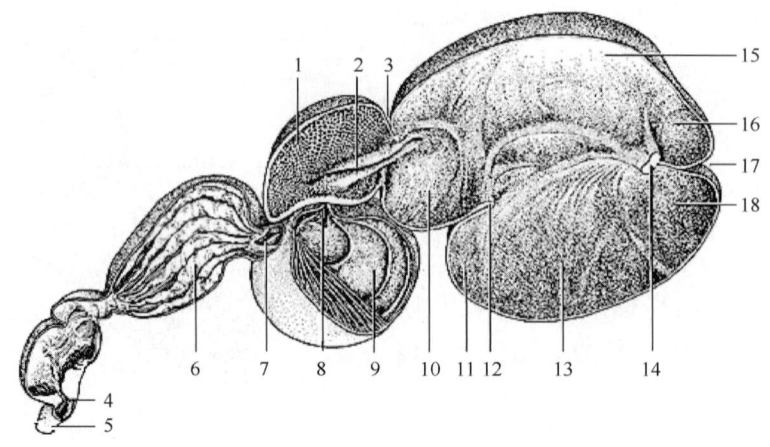

图 5-18　牛胃的内部构造示意图

1—网胃小房　2—食管沟　3—瘤网沟　4—幽门　5—十二指肠　6—皱胃螺旋褶
7—瓣皱口　8—网瓣口　9—瓣胃叶　10—前背盲囊　11—前腹盲囊　12—瘤胃前柱
13—瘤胃腹囊　14—瘤胃后柱　15—瘤胃背囊　16—后背盲囊　17—瘤胃后沟　18—后腹盲囊

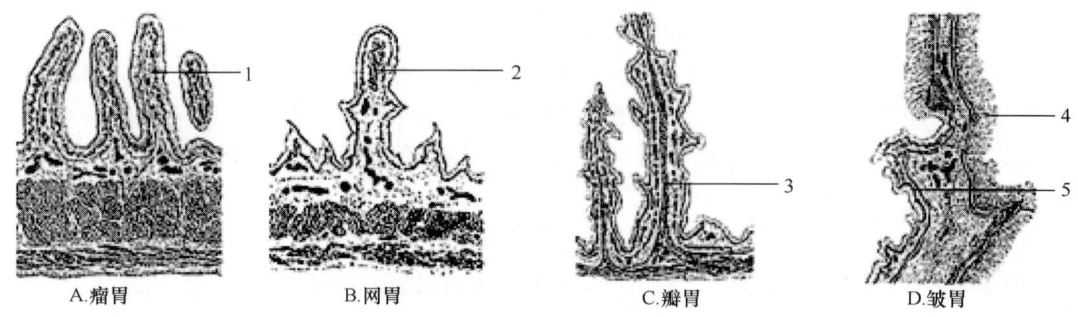

图 5-19　绵羊复胃各室黏膜表面的特征

1—瘤胃乳头　2—网胃嵴　3—瓣胃褶肌层　4—皱胃腺区黏膜　5—皱胃无腺区黏膜

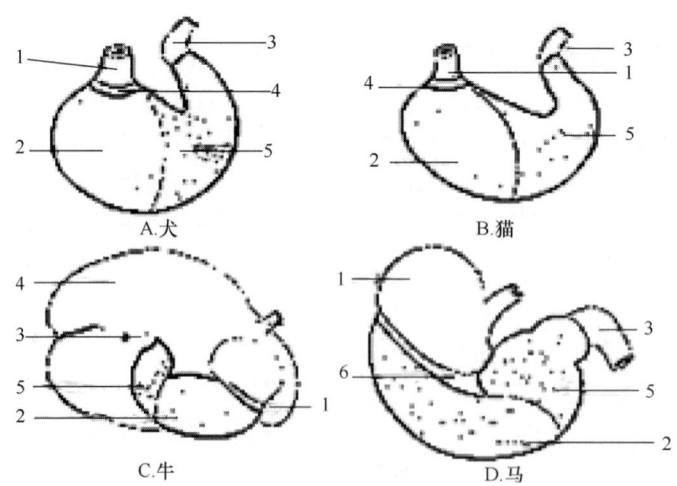

图 5-20　4 种动物胃黏膜分布示意图

1—无腺区　2—胃底腺区　3—十二指肠　4—贲门腺区　5—幽门腺区　6—贲门腺和幽门腺混合区

复胃的肌膜很发达,外层由外斜纤维和内环肌构成,内层由内斜纤维构成。皱胃的幽门括约肌不完整,在幽门小弯侧形成幽门枕,长约3.0cm,与幽门的启闭有关。

复胃外膜大部分为浆膜,但背囊顶部和脾附着处浆膜。

五、肠

1. 小肠 小肠又分为十二指肠、空肠和回肠,是食物进行消化吸收的主要部位。

(1) 十二指肠 十二指肠为小肠的第一段,位于右季肋部和腰部。十二指肠可分为三部三曲,顺次为前部、十二指肠前曲、降部、十二指肠后曲、升部和十二指肠空肠曲。

牛十二指肠的前部在第9~11肋骨下端起自幽门,在胆囊内侧沿肝的脏面向背侧伸延,形成乙状袢,后接十二指肠前曲;降部由此向后向上延伸,约在髋结节前方折转向内、向前,形成十二指肠后曲;升部由此向前,与降结肠并行,两者之间以十二指肠结肠襞相连,在右肾腹侧借十二指肠空肠曲延续为空肠(图5-21)。

猪的十二指肠前部在第10~12肋间隙平面起始于幽门,在肝的脏面向后背侧延伸,在右肾前方形成水平位的十二指肠前曲;降部在右肾腹侧与结肠之间向后伸延,至右肾后端折转向左向前,形成十二指肠后曲;升部由此向前,与降结肠并行,两者之间有十二指肠结肠襞相连,在肠系膜前动脉前方折转向右,形成十二指肠空肠曲,延接空肠(图5-22)。

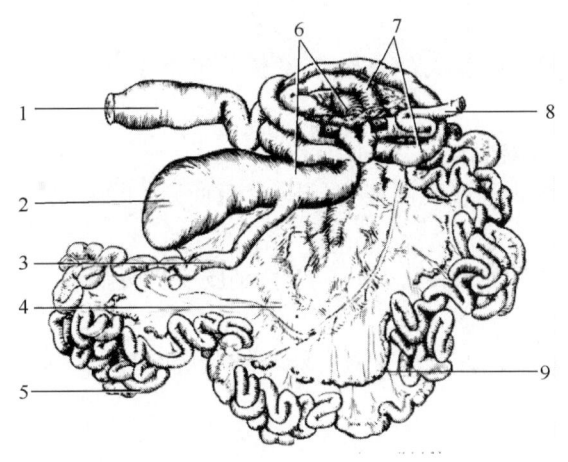

图5-21 牛肠示意图(右侧观)
1—直肠 2—盲肠 3—回肠 4—结肠旋袢
5—空肠 6—结肠初袢 7—结肠终袢
8—十二指肠 9—空肠淋巴结

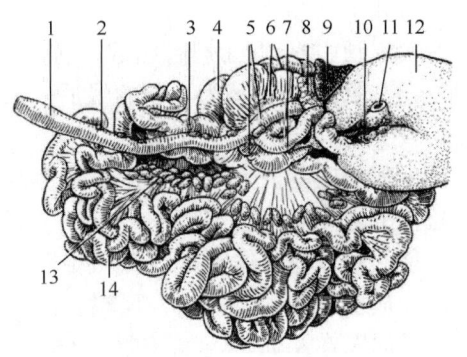

图5-22 猪肠示意图(右侧)
1—直肠 2—结肠淋巴结 3—回肠 4—盲肠
5—结肠终袢 6—结肠旋袢 7—十二指肠
8—胰 9—脾 10—胃淋巴结 11—食管
12—胃 13—空肠淋巴结 14—空肠

马十二指肠前部短而粗,自幽门起向右行,在肝的脏面形成乙状袢,第一曲凸向背侧,呈壶腹状,第二曲为十二指肠前曲,凸向腹侧,凹面与胰右叶接触;降部在肝右叶脏面和右背侧结肠之间向后背侧伸延,经右肾外侧缘及盲肠基部,于第3~4腰椎处折转向左,绕过盲肠基及肠系膜根后方,越过正中矢面折转向前,形成十二指肠后曲;升部很短,以短的十二指肠结肠襞与横结肠、降结肠起始部相连,在左肾腹侧,以十二指肠空肠

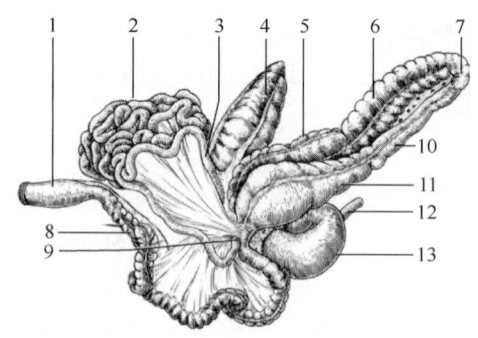

图 5-23 马肠示意图
1—直肠 2—空肠 3—回肠 4—盲肠 5—右下结肠
6—左下结肠 7—骨盆曲 8—小结肠 9—十二指肠
10—左上结肠 11—右上结肠 12—食管 13—胃

曲移行为空肠（图 5-23）。

犬十二指肠前部在肝的脏面，约于第 9 肋间隙平面折向右背侧，形成十二指肠前曲；降部系膜较长，并游离于大网膜外，沿腹腔右背侧壁后行，经右肾后端至第 5~6 腰椎平面，再从右斜向左侧，环绕盲肠和结肠起始部，形成十二指肠后曲；升部的系膜很短，行走于右侧的盲肠、升结肠、肠系膜根和左侧的降结肠、左肾之间，于肠系膜根部左侧以十二指肠空肠曲延接空肠。

（2）空肠 空肠为小肠的第二段，是小肠中最长的一段，形成多个肠袢盘曲腹腔。空肠肠系膜宽大，故其移动范围较大。

牛空肠形成多个肠圈，借短的空肠系膜附着于结肠旋袢周围，形似花环状，大部分位于腹腔右侧，少部分往往绕过瘤胃后端而至腹腔左侧。空肠外侧和腹侧隔着大网膜与腹壁相邻，内侧也隔着大网膜与瘤胃腹囊相邻，前方为瓣胃和皱胃，背侧为大肠。

猪空肠大部分位于腹腔的右半部，小部分位于腹腔左侧后部。由长而宽的小肠系膜（长 15~20cm）悬吊于胃后方的腰下部。

马空肠位于左髂部、左腹股沟部和耻骨部，借宽大的空肠系膜悬吊于第 1~2 腰椎腹侧，易和小结肠相混。

犬空肠由 6~8 个肠袢组成，位于肝、胃和盆腔前口之间。

（3）回肠 回肠为小肠的最后一段，与空肠一般无明显界限，较短而直，管壁较厚，且系膜变窄，向后续于大肠。

牛羊的回肠向前上方伸延，约在第 4 腰椎平面以回肠口开口于盲结肠交界处腹侧。回肠与盲肠之间有回盲襞相连。

猪回肠在左腹股沟部与空肠相连，走向前上方，末端突入盲肠与结肠的交界处的肠腔内，形成发达的回肠乳头，顶端有回肠口。

马回肠在左髂部起自空肠，向右向上，末端开口于盲肠基小弯偏内侧的回肠口，周围的环形黏膜襞形成稍突入盲肠腔的回肠乳头（图 5-24）。

犬回肠在腰下沿盲肠内侧面向前，以回肠口开口于结肠起始处。

（4）小肠壁的组织构造 小肠黏膜上皮为单层柱状上皮，以柱状细胞为主，其间夹有杯状细胞和少量内分泌细胞。

柱状细胞或称吸收细胞，形态呈高柱状，核椭圆形，位于细胞基部。细胞游离面有明显的纹状缘。电镜下，纹状缘是由密集的微绒毛组成。

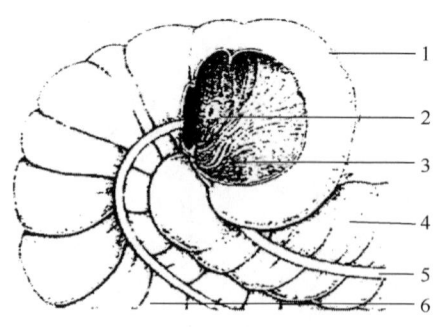

图 5-24 马的回盲口示意图
1—盲肠底 2—回肠乳头 3—盲结口
4—右下结肠 5—结肠外侧带 6—盲肠体

每个细胞有 1000~3000 根，使细胞的表面积扩大约 20 倍。微绒毛表面有一层细胞衣，其中含有多种水解酶（二糖酶、二肽酶等），有助于食糜的分解和营养物质的吸收。相邻细胞侧面的近腔面段有连接复合体，封闭细胞间隙，防止大分子物质进入。

杯状细胞散在于柱状细胞之间，从十二指肠至回肠末端逐渐增多。细胞形似高脚酒杯，分泌黏液，起保护和润滑作用。

小肠黏膜的固有膜富含网状纤维的结缔组织构成，分布于绒毛中轴和肠腺之间，内含丰富的血管、淋巴管、神经、平滑肌纤维及弥散的淋巴组织和淋巴小结。在十二指肠和空肠多为孤立淋巴小结；回肠的淋巴小结发达，常聚集成集合淋巴小结，并伸至黏膜下层。

小肠的黏膜肌层由内环外纵两薄层平滑肌构成。猪的两层间还夹有斜行肌纤维。

小肠壁的黏膜形成许多皱襞和肠绒毛突入肠腔内。皱襞由黏膜和黏膜下层共同构成，在反刍兽为永久性的环行皱襞，当小肠充满食糜时，皱襞也不展平；在马、猪、狗和猫则为非永久性的纵行皱襞，可随肠管扩张而展平。肠绒毛由上皮和固有膜组成，是小肠特有的结构（图 5-25）。绒毛的中轴为固有膜的结缔组织，含丰富的毛细血管网中央乳糜管及纵行的平滑肌纤维。肌纤维的收缩使绒毛运动，有助于血液和淋巴运行和营养吸收。在绒毛中央贯穿着 1~2 条粗大的毛细淋巴管，称为中央乳糜管。它以盲端起始于绒毛顶部，穿过黏膜肌汇入黏膜下层的淋巴管。其管壁内皮间有较大的间隙，无基膜，通透性很大，一些大分子物质和乳糜微粒易于进入管内。皱襞和绒毛使小肠黏膜的表面积显著扩大，有利于小肠进行营养物质的消化和吸收。

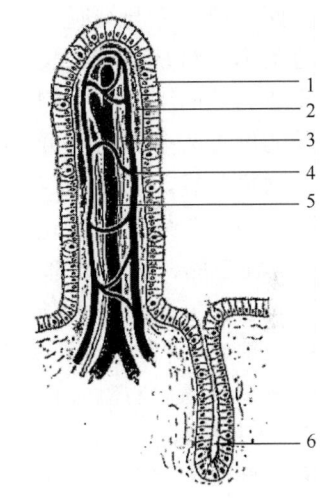

图 5-25 小肠绒毛结构示意图
1—黏膜上皮 2—固有膜 3—平滑肌细胞
4—毛细血管 5—中央乳糜管 6—肠隐窝和肠腺

小肠黏膜上皮下陷至固有膜内形成的单管状腺，与绒毛上皮相连续，开口于绒毛之间。小肠腺由五种细胞构成：柱状细胞，为肠腺的主要细胞成分，形态与黏膜的吸收细胞相似，但游离面的微绒毛较短少；杯状细胞，散在于柱状细胞之间；潘氏细胞，三五成群地分布于肠腺底部，细胞较大，呈锥体形，胞质顶部充满粗大的嗜酸性颗粒，颗粒内含锌、肽酶及溶菌酶等，猪、狗的肠腺内无潘氏细胞；内分泌细胞；未分化细胞，位于肠腺的下半部，夹在其他细胞之间，细胞较小，呈低柱状，常见分裂象，细胞不断分裂增殖，新生的细胞逐渐向上推移，分化为肠腺的细胞和绒毛上皮细胞。

黏膜下层由疏松结缔组织构成。在十二指肠段内含腺体，称为十二指肠腺或黏膜下腺，为分支管泡状腺。羊和狗的此腺仅分布于十二指肠前部；猪和羊的延伸至空肠；马的延伸至空肠达数米。黏膜下腺开口于肠腺底部或绒毛之间的黏膜表面，分泌碱性黏液，保护肠黏膜免受酸性胃液的侵蚀。

小肠的肌层由两层平滑肌组成，内环肌较厚，外纵肌较薄，两层间有肌间神经丛。

小肠的外膜均为浆膜。

2. 大肠

大肠又分为盲肠、结肠和直肠,主要功能是消化纤维素、吸收水分、形成和排除粪便。

马、猪和犬等的盲肠和结肠,肠壁肌层有纵行局部加厚条索,在外观上形成肠带,并使肠腔呈节段性向外膨出,形成肠袋;在营养良好的动物,沿肠带的浆膜的纤维层内常有脂肪组织向外呈垂状突出,称为肠脂垂。

(1) 盲肠　盲肠为短的盲管,前端通回盲口或结肠,末端游离。

牛的盲肠为圆筒状的盲管,牛长 0.5~0.7m,羊长约 0.37m,位于右髂部。自回肠口起向后伸延,向后可达骨盆前口,羊的盲肠则常伸入骨盆腔内。盲肠在腹侧借回盲襞与回肠相连,在回肠口前方与结肠相连。

猪的盲肠为圆筒状盲管,长 20~30cm,位于左髂部。盲肠起始部在左肾后腹侧,由此沿左侧腹壁向后向下并向内侧伸延至结肠旋襻后方,盲端达骨盆前口与脐之间的腹腔底壁。猪盲肠的位置与空肠的位置有关,空肠前甩时,盲肠常转到腹腔右侧。盲肠壁有 3 条盲肠带和 3 列盲肠袋。

马的盲肠粗大,外形略似逗点状,分为盲肠基、体和尖三部。长约 1.25m(驴不到 1m),位于腹腔右侧,从右髂部和腰部斜向前下方,伸达剑突软骨部。盲肠壁有 4 条盲肠带和 4 列盲肠袋。盲肠基为盲肠后上端最弯曲的部分,位于腹腔右后上部(包括右髂部、腰部和右季肋部)。背侧缘凸,为盲肠大弯;腹侧缘凹,称为盲肠小弯,有回肠口和盲结口;盲结口位于回肠口右侧,相距约 5cm,两者以黏膜皱襞隔开。前端为圆形盲囊,下垂至第 14~15 肋骨中部;后端在髋结节附近移行为盲肠体。盲肠体从盲肠基向前下方伸延,位于腹腔右下部(右髂部、右腹股沟部、耻骨部和脐部)。背侧面凹,为小弯,距肋弓 10~15cm,且与之平行;腹侧面与腹底壁接触;背内侧借回盲襞与回肠相连,背外侧借盲结襞与右腹侧结肠相连。盲肠尖为盲肠前下端的游离部,位于脐部和剑突软骨部。

犬盲肠弯曲状,后端尖,长 12.5~15cm。常位于腹腔右侧壁和正中矢面之间的中间区域,十二指肠降部和胰右叶的腹侧。其前端有盲结口通结肠(肉食兽的回肠仅与结肠相通),位于回肠口的外侧。

(2) 结肠　结肠根据形态和行程分为升结肠、横结肠和降结肠等段,升结肠为结肠中最长的一段。

牛、羊的结肠起始部口径与盲肠的相似,以后逐渐变细。升结肠顺次分为近襻、旋襻和远襻。近襻呈 S 形,大部分位于右髂部,在小肠和旋襻的背侧,其前部直径与盲肠近似,后部管径急剧减小与旋襻相似。近襻从回肠口起向前伸至第 12 肋骨下端附近,在此折转向后沿盲肠背侧伸达骨盆前口,然后再折转向前,在肠系膜左侧前行至第 2~3 腰椎腹侧延续为旋襻。旋襻位于瘤胃右侧,盘曲呈一平面的圆盘状,夹于总肠系膜两层之间,管径与小肠相似。旋襻分为向心回和离心回,两者在肠盘中心借中央曲相连。从旋襻右侧观察,牛结肠向心回和离心回在牛中各旋转 1.5~2 圈,绵羊 3 圈,山羊 4 圈。离心回最后一圈在相当于第一腰椎处延续为远襻。远襻位于近襻内侧,向后至第 5 腰椎处,再折转向前,沿肠系膜右侧前行至最后胸椎处,最后急转向左延续为横结肠。横结肠为自右向左横越肠系膜前动脉前方的一段结肠,很短,右侧接升结肠远襻,左侧折转向后移行为降结肠。降结肠为结肠的后段,沿肠系膜根的左侧面后行,在骨盆前口处形成 S 形弯曲,称为乙状结肠，入盆腔后延续为直肠。

猪结肠位于胃后方，主要在腹腔左侧半，起始部的直径与盲肠相似，以后逐渐变细。猪升结肠分为旋袢和远袢。旋袢在结肠系膜中盘曲成螺旋形的结肠圆锥，锥底宽，朝向背侧，附着于腰部和左髂部，锥顶向下向左与腹腔底壁接触。结肠旋袢由向心回和离心回组成。向心回位于结肠旋袢的外周，管径较粗，表面有 2 条结肠带和 2 列结肠袋，在第 3 腰椎平面起始于盲肠，从背侧面观察，以顺时针方向绕中心轴向下盘旋 3 圈至锥顶，折转方向为离心回，折转处为中央曲。离心回位于旋袢内部，管径较细，无结肠带和结肠袋，以逆时针方向绕中心轴向上盘旋 3 圈至锥顶。结肠远袢继承离心回，经十二指肠升部腹侧面，沿肠系膜根右侧向前延伸，移行为横结肠。横结肠在肠系膜根前方由右侧伸至左侧，于胰左叶左端前缘处，折转向后移行为降结肠。降结肠在胰腹侧和左肾内侧，靠近正中平面向后延伸至骨盆前口，移行为直肠。

马的升结肠体积庞大，容积约为盲肠的两倍，又称大结肠，占据着腹腔的大部分。马的升结肠排列成双层马蹄形，分四段三曲，从盲结口开始，顺次为右腹侧结肠、胸骨曲、左腹侧结肠、盆曲、左背侧结肠、膈曲、右背侧结肠。右腹侧结肠位于腹腔右下部，约在正对最后肋骨腹侧部附近，起始于盲肠基小弯的盲结口，沿右侧肋弓向下向前，沿腹底壁伸延至剑突软骨，在此转而向左为胸骨曲。左腹侧结肠位于腹腔左下部，自胸骨曲转而向后，沿腹底壁伸至盆腔前口，并急转向上向前，形成盆曲。左背侧结肠位于左腹侧结肠背侧，自盆曲起沿腹腔左侧壁向前伸延，在膈的后方向右形成膈曲。右背侧结肠位于右腹侧结肠背侧，自膈曲起沿腹腔右侧壁向后伸延达盲肠基内侧。右背侧结肠后部异常粗大，称为结肠壶腹。升结肠各段的管径差异明显。起始部最细，仅为 5～7.5cm，然后立即增粗，右、左腹侧结肠为 20～25cm（驴 20cm）；盆曲处又骤然变细，为 8～9cm；左背侧结肠自盆曲向前逐渐增粗，为 9～12cm，膈曲和右背侧结肠管径较粗，结肠壶腹管径最粗，可达 30～50cm（驴约 25cm）。因此，当饲养管理不善、升结肠蠕动不正常时，结症易发生在肠管口径粗细相交的部位。升结肠具有结肠带，各段数目不尽相同；左、右腹侧结肠均为 4 条，盆曲及左背侧结肠起始部为 1 条，左背侧结肠中部起为 3 条，并经膈曲延续到右背侧结肠。背侧和腹侧结肠之间有短的结肠系膜相连，右腹侧结肠与盲肠之间有盲结韧带相连，右背侧结肠末端的背侧和右侧与胰、盲肠底、膈和十二指肠等相连，升结肠的其余大部分肠管都是游离的。这也是马升结肠易变位的形态学基础。马的横结肠很短，在第 17～18 胸椎下方承接右背侧结肠末部，在肠系膜根前方由右向左，越过正中矢面至左肾腹侧，移行为降结肠。降结肠位于腹腔左上部，自肠系膜根左侧向后延伸至骨盆前口移行为直肠。降结肠管径小，又称为小结肠；降结肠系膜宽而发达，故常与空肠相混。降结肠有 2 条结肠带和 2 列结肠袋。降结肠也是结症常发的部位（图 5-26）。

犬的结肠较短，形成一 U 形肠袢。升结肠很短，沿十二指肠降部和胰右叶的内侧面向前至胃幽门部，然后向左，并越过正中矢面，为横结肠。降结肠沿左肾内侧缘（或腹侧面）向后行，然后斜向正中矢面，并延续为直肠。结肠各段的管径相似。

（3）直肠　直肠位于骨盆腔内，沿盆腔顶壁后行，在脊柱与子宫和阴道（母畜）或尿生殖褶和膀胱（公畜）之间，沿盆腔顶壁后行。

牛、羊直肠前部（约 3/5）为腹膜部，借直肠系膜悬挂于盆腔顶壁，后部为腹膜外部，很短，不形成明显的直肠壶腹。

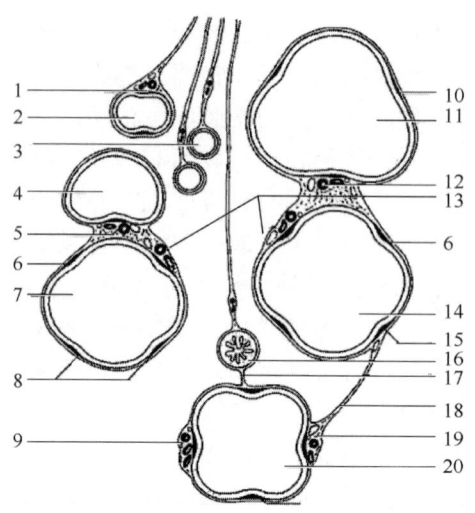

图 5-26 马结肠横切面示意图

1—结肠系膜带　2—降结肠　3—空肠　4—左上结肠和结肠系膜　5—结肠右动、静脉和淋巴结
6—结肠系膜外侧带　7—左下结肠　8—内外侧游离带　9—盲肠外侧带，盲肠内侧动脉、静脉，淋巴结
10—外侧游离带　11—右上结肠　12—升结肠系膜，结肠右动脉、静脉，淋巴结
13—结肠系膜内侧带结肠支，淋巴结　14—右下结肠　15—外侧游离带　16—回肠
17—回盲褶　18—盲结褶　19—盲肠外侧带，盲肠动脉、静脉　20—盲肠

猪的直肠周围常有大量的脂肪，起始部和降结肠等粗，其后管径逐渐增大为直肠壶腹。约于直肠全长一半时管径又变小。

马的直肠前部与降结肠相似，借直肠系膜悬挂于盆腔顶壁，为腹膜部；后部膨大为直肠壶腹，为腹膜外部。

犬直肠很短，后部略显膨大为直肠壶腹。

（4）大肠壁的组织构造　大肠壁的组织结构与小肠基本相似，但有以下特点：大肠黏膜无绒毛，上皮的柱状细胞游离面纹状缘不明显，杯状细胞较多；大肠腺发达，直而长，腺体中杯状细胞特别多，无潘氏细胞，腺体分泌碱性黏液，可中和粪便发酵产生酸性产物；肌层为内环外纵两层，马和猪的结肠和盲肠的外纵肌形成肌带，肌带间有分散的小肌带。

六、肛管和肛门

肛管为消化管的末段，黏膜被覆复层扁平上皮，以肛直肠线与直肠为界，顺次分为三区：肛柱区，黏膜形成纵行的肛柱，肛柱间为肛窦；中间区，很狭；皮区，围绕肛门内面，上皮角化。肛门为肛管的后口，有肛门内、外括约肌和肛提肌。肛门内括约肌由环肌层增厚形成，肛门外括约肌为横纹肌，起于尾椎，位于肛门内括约肌浅面，两肌的主要作用是关闭肛门。肛提肌起于坐骨棘和荐结节阔韧带，止于肛管壁，作用是排粪后将肛门缩回原位。

牛、羊等反刍兽的肛窦不明显。

猪的肛管短,肛门位于第 3~4 尾椎下方,不向外突出。

马肛管呈圆锥状突出于尾根下方。

犬肛管短,色泽较直肠黏膜暗,5~12mm 宽,有特殊的肛腺;中间区狭,0.5~1.5mm 宽;皮区 4cm 宽,色略紫,有细毛,被覆的皮肤内含皮脂腺及特殊的肛周腺。皮区两侧各有一小口通入肛旁窦。肛旁窦通常榛子大小,含灰褐色脂肪块,有难闻的异味(图 5-27)。

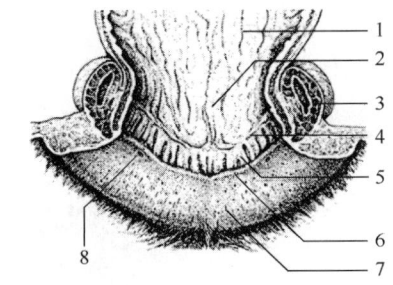

图 5-27 犬的肛管示意图
1—直肠 2—柱区 3—肛旁窦 4—肛直肠腺
5—肛周腺的中间区 6—肛皮肤线
7—皮肤区 8—肛旁窦分泌管开口

第二节 消 化 腺

消化腺包括胃腺、肠腺、肝、胰和唾液腺等。胃腺和肠腺如前述。

一、肝

肝为体内最大的腺体,有分泌胆汁、合成体内重要物质(血浆蛋白、脂蛋白、胆固醇、胆盐、糖原等)、储存糖原和维生素及解毒等重要功能。在胚胎时期,肝还是造血器官。

1. 肝的形态与位置

牛、羊的肝呈淡褐色至深红褐色,幼畜略带黄色。牛肝约占体重的 1.2%,羊肝占体重的 1.8%~2%。牛肝位于右季肋部,略呈长方形,长轴斜向后上方。膈面凸,与膈相邻;脏面凹,与网胃、瓣胃、皱胃、十二指肠、胰和右肾接触,并有上述器官形成的压迹(图 5-28)。

肝的右侧缘朝向后背侧,达第 12 肋间隙或第 13 肋骨上端,短而厚,有深的右肾压迹;左侧缘薄,朝向前腹侧,达第 6 肋间隙下端;腹侧缘朝向后下方,有胆囊及圆韧带切迹;背侧缘钝圆,朝向前上方,左侧有浅的食管压迹,其右侧有腔静脉沟,内有后腔静脉通过。牛肝分叶不明显,但仍可借胆囊窝和圆韧带切迹分为三叶,圆韧带切迹左侧者为左叶,胆囊右侧者为右叶,两者之间为中叶,后者以肝门为界分为背侧的尾叶和腹侧的方叶。尾叶包括覆盖于肝门上的乳头突和突出于肝右侧缘的尾状突。肝门位于脏面中部,门静脉、肝动脉、肝神经由此入肝,肝管、淋巴管由此出肝

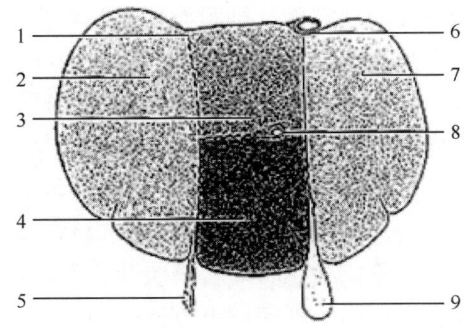

图 5-28 肝脏分叶模式示意图
1—食管压迹 2—肝左叶 3—肝尾叶 4—肝方叶
5—镰状韧带和圆韧带 6—后腔静脉 7—肝右叶
8—门静脉和肝动脉 9—胆囊

（图5-29）。胆囊呈梨形，羊的较长，附贴于肝脏面的胆囊窝内，小部分突出于肝腹侧缘以外，其位置在牛相当于第10~11肋间隙的下部。肝总管和胆囊管汇合成胆总管，开口于十二指肠前部乙状袢的第2曲。羊的胆总管与胰管合成一条总管，开口于距幽门25~40cm处的十二指肠内。

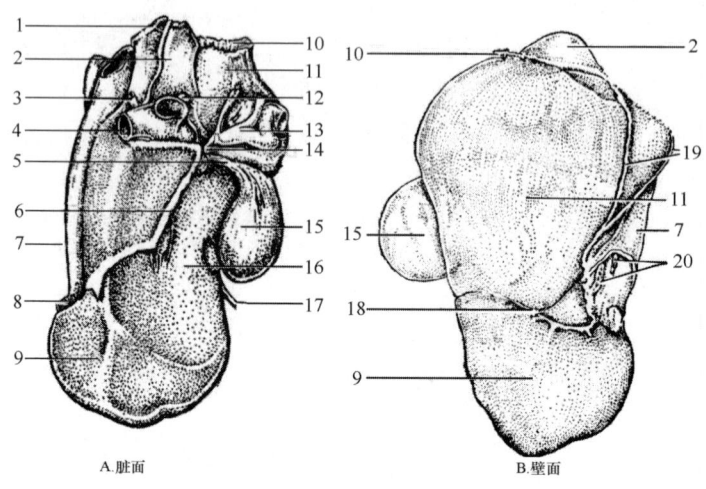

图5-29　牛肝示意图

1—肝肾韧带　2—尾状突　3—肝动脉　4—门静脉　5—胆囊管　6—小网膜　7—后腔静脉
8—左三角韧带　9—肝左叶　10—右三角韧带　11—肝右叶　12—肝门淋巴结　13—十二指肠
14—胆管　15—胆囊　16—方叶　17—肝圆韧带　18—肝镰状韧带　19—冠状韧带　20—肝静脉

猪肝相对较大，呈红褐色，中央厚而边缘薄。成年猪重1.0~2.5kg，占体重的1.5%~2.5%。肝位于腹腔最前部，大部分位于右季肋部，小部分位于左季肋部和剑突软骨部，肝的左侧缘伸达第9肋间隙和第10肋，右侧缘伸达最后肋间隙的上部，腹侧缘伸达剑状软骨后方3~5cm处的腹底壁。壁面隆凸，与膈和腹壁相邻；脏面凹，与胃和十二指肠等接触，并有这些脏器形成的压迹，但无肾压迹。肝背侧缘有食管切迹及后腔静脉通过。腹侧缘有3个深的切迹，将肝分为数叶。圆韧带切迹左侧者为左叶，以叶间切迹分为左外侧叶和左内侧叶；胆囊窝右侧者为右叶，同样以叶间切迹分为右外侧叶和右内侧叶；圆韧带切迹和胆囊窝之间的部分为中叶，又以肝门分为背侧的尾叶和腹侧的方叶。左外叶最大；方叶呈楔形，不达肝腹侧缘。猪肝尾叶无乳头突，尾状突不发达。猪胆囊位于方叶与右内侧叶之间的胆囊窝内。胆囊呈长梨形，不达肝腹侧缘，胆囊管较长，在肝门处与肝总管汇成胆总管，开口于距幽门2~5cm处不明显的十二指肠大乳头（图5-30）。

马肝占体重的1.2%，呈厚板状，质脆，棕红色。斜位于膈后方，大部分在右季肋部、小部分在左季肋部。膈面凸，朝向前上方，与膈紧贴，中部有腔静脉沟，供后腔静脉通过；脏面凹，朝向后下方，与胃、十二指肠、大结肠、盲肠等接触，并形成相应的压迹。中部略上方有肝门，门静脉、肝动脉和肝神经由此入肝，肝管、淋巴管由此出肝。背侧缘大部分钝厚，左侧有食管压迹；右侧缘薄而平直；左侧缘薄而隆凸；腹侧缘薄而不规则，有圆韧带切迹和叶间切迹，将肝分为3叶，叶间切迹右侧者为右叶，圆韧带切迹左侧者为左叶，两者之间为中叶。左叶又以切迹分为大的左外侧叶和小的左内侧叶。中叶又以

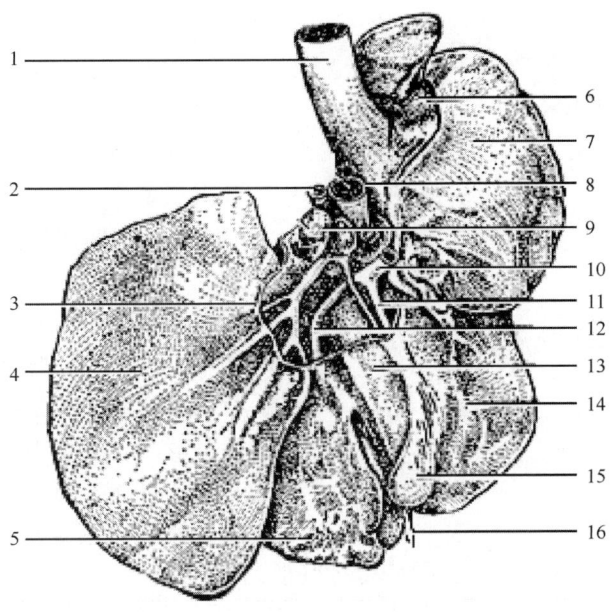

图5-30 猪肝示意图（脏面）
1—后腔静脉 2—肝动脉 3—小网膜附着线 4—肝左外叶 5—肝左内叶 6—尾状叶
7—肝右叶 8—门静脉 9—肝淋巴结 10—胆总管 11—胆囊管 12—肝总管
13—方叶 14—肝右内叶 15—胆囊 16—肝镰状韧带和圆韧带

肝门为界，分为腹侧的方叶和背侧的尾叶。尾叶向右伸出尾状突，无乳头突。左叶的前下方位置最低，与第7、8肋骨的胸骨端相对。右叶的后上方最高，与右肾前端接触，有较深的右肾压迹。马属动物的肝脏无胆囊。肝总管由左、右肝管汇成，长约5cm，在距幽门12～15cm处，与胰管一起斜穿十二指肠壁，开口于十二指肠壶腹（图5-31）。

犬的肝较大，其重量约占体重3%，棕红色，位于腹前部。肝壁面明显隆凸，与膈的弯曲度和相邻腹侧壁相一致；脏面凹，与胃、十二指肠前部和胰右叶相接。背侧缘右侧部有深的肾压迹，肾压迹左侧有腔静脉沟，供后腔静脉通过；左侧部的食管压迹较大。肝的左侧缘、

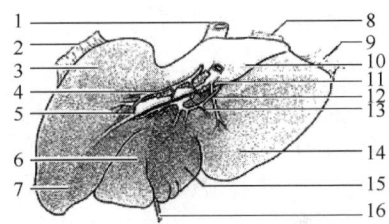

图5-31 马肝示意图（脏面）
1—后腔静脉 2—左三角韧带 3—肝左外侧叶
4—肝动脉和肝淋巴结 5—门静脉分支
6—肝左内侧叶 7—肝左外侧叶 8—肝肾韧带
9—右三角韧带 10—尾状突 11—门静脉
12—右肝管 13—胆管 14—肝右叶
15—肝方叶 16—镰状韧带和圆韧带

右侧缘和腹侧缘均薄，左侧缘通常达第10肋间隙或第11肋。肝的分叶与猪的相似，圆韧带切迹左侧者为左叶，又被深的叶间切迹分为左外侧叶和左内侧叶，左外侧叶最大，卵圆形，左内侧叶较小，棱柱状；胆囊右侧者为右叶，同样以深的叶间切迹分为右外侧叶和右内侧叶。胆囊与圆韧带切迹之间的部分为中叶，又以肝门为界分为腹侧的方叶和背侧的尾叶，尾叶包括左侧的乳头突和右侧的尾状突。原位固定的犬肝，叶与叶之间的交迭异常明显。胆囊位于胆囊窝内，通常不到肝的腹侧缘。犬的胆囊从脏面和壁面均可看到，因此，

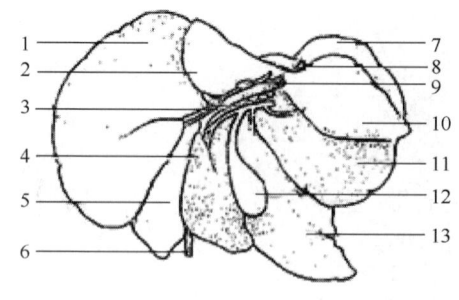

图 5-32 犬肝示意图（脏面）
1—肝左外侧叶　2—乳头突　3—门静脉　4—肝方叶
5—肝左内侧叶　6—镰状韧带和圆韧带　7—肾压迹
8—后腔静脉　9—肝动脉和肝门淋巴结　10—尾状突
11—肝右外侧叶　12—胆囊　13—肝右内侧叶

与肝接触。胆囊管与肝管汇合后形成胆总管，开口于距幽门5~8cm处的十二指肠大乳头（图5-32）。

2. 肝的固定

肝借后腔静脉、（左、右）三角韧带、冠状韧带、镰状韧带、圆韧带和小网膜与膈、腹壁和其他脏器相连。左三角韧带将肝左叶附着于膈食管裂孔区；右三角韧带将肝右叶附着于腹壁背外侧，其内侧有肝肾韧带；冠状韧带窄，沿肝的膈面从右三角韧带伸至后腔静脉，并经其腹侧延伸至食管压迹处的左三角韧带；镰状韧带薄，位于肝的膈面，沿圆韧带切迹至食管压迹的连线，向下向右，将肝附着于膈的中心腱。肝圆韧带为胚胎时期脐静脉的遗迹，在老龄动物中消失或不明显。小网膜连接肝与瓣胃、皱胃小弯和十二指肠。

3. 肝的组织结构

（1）被膜和小叶间结缔组织　肝的表面大部分被覆一层浆膜，纤维膜富含弹性纤维。纤维膜的结缔组织伸入肝实质，将实质分成许多肝小叶。小叶分界明显与否，因小叶间结缔组织发达程度而异，在猪、猫和骆驼中，小叶间结缔组织比较发达，肝小叶界限明显；马、牛等家畜，小叶分界不清。

（2）肝小叶　肝小叶为肝的基本结构单位，为不规则的多面棱柱体（图5-33）。长约2mm，宽1~1.5mm，切面上呈六角形。中央静脉位于小叶中央，管壁由内皮和少量结缔组织构成，它以盲端由肝小叶的顶端起始，走向肝小叶的基底部，在离开小叶后垂直连于小叶下静脉，在小叶行走的过程中，汇入窦状隙来的血液。

肝细胞呈单行排列成放射状，称为肝细胞板，在切面上肝板呈条索状，故又称为肝细胞索。在小叶周边有一层环形的肝板称界板。肝细胞呈多面体形，界限清晰，细胞体积较大，直径20~30μm，胞核大而圆，位于细胞中央。约有25%的细胞具双核。胞质在新鲜状态下呈黄色，HE染色呈嗜酸性的粉红色。肝细胞类似单层立方上皮，但由于排列不整齐，使肝板凹凸不平，并互相连接成网状。

在电镜下，可见细胞内含大量线粒体、溶酶体，板层状排列的粗面内质网，管状或泡状的滑面内质网，靠近胞核和胆小管分布有多个

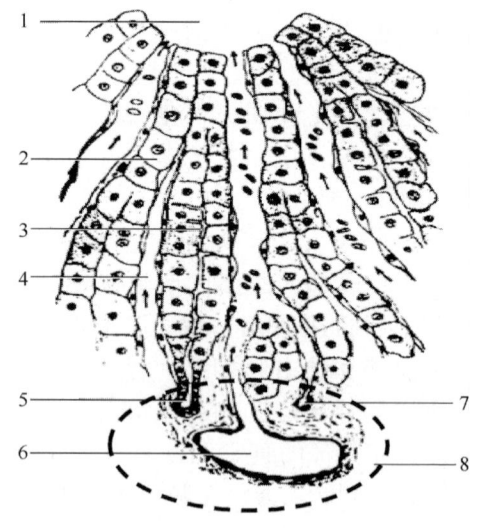

图 5-33 肝小叶示意图
1—中央静脉　2—肝细胞板　3—毛细胆管
4—肝血窦　5—小叶间胆管　6—小叶间静脉
7—小叶间动脉　8—门管区

高尔基复合体，另外还有糖原颗粒、脂滴等内含物。肝细胞板（索）之间不规则的间隙称为肝血窦，是肝小叶内血液流过的通道。窦壁由内皮细胞和肝巨噬细胞组成。肝巨噬细胞又称为 Kupffer 细胞。胞体大，形态不规则，有许多突起，突起多附着内皮细胞上，或横跨窦腔伸入内皮间隙中。电镜下，可见其胞质内含大量的溶酶体、吞噬体等。这种细胞有活跃的吞噬能力，能吞噬和清除血窦内的细菌、异物和衰老的红细胞等，属单核吞噬细胞系统。肝血窦的内皮细胞与肝细胞之间有一狭小的间隙，称为窦周隙，或称 Disse 隙，宽约 0.4μm，血窦内的血浆成分经内皮的窗孔进入窦周隙，肝细胞表面有许多微绒毛伸入窦周隙，即浸溶在血浆中，与血液进行充分的物质交换。窦周隙内还有散在的网状纤维，构成微细网架，起支持血窦的作用。储脂细胞位于窦周隙内，胞体小，形态不规则，胞质内含有许多脂滴。能储存脂肪和维生素 A，并能生成纤维，当慢性肝病或肝硬化时，储脂细胞增多，体积增大。

胆小管是由相邻的肝细胞部分胞膜凹陷形成的微细管道。直径 0.5~1μm，其分支相互连接成网格状，由肝小叶中央向周边行走。胆小管普通染色不易看出，用硝酸银染色可以看出。电镜下，肝细胞表面伸出许多微绒毛突入胆小管腔内，肝细胞分泌的胆汁排入胆小管。围成胆小管的肝细胞膜间有紧密连接，封闭胆小管，防止胆汁外溢。当肝细胞发生变性、坏死或胆道阻塞时，胆小管的正常结构被破坏，胆汁外溢进入血窦，则出现黄疸。

由于肝血窦和胆小管的形成，使肝细胞有三种不同的面：血窦面、细胞连接面和胆小管面。在血窦面有许多微绒毛伸入窦周隙内；细胞间连接面有各种连接结构，进行离子交换，信息沟通，以协调肝细胞的生理功能；胆小管面也有微绒毛伸入管腔，以利胆汁的分泌。

由肝门进出的门静脉、肝动脉和肝管，在肝内反复分支，伴行于小叶间结缔组织中，分别称为小叶间静脉、小叶间动脉和小叶间胆管。在肝的切片上，相邻几个肝小叶之间的结缔组织中，可见到这三种管道同时存在，此区称为门管区或汇管区。其中，小叶间静脉管径大、管壁薄、腔面不规则，由内皮和薄层结缔组织构成；小叶间动脉管径小、管壁厚、腔面圆整，内皮外有数层环行平滑肌；小叶间胆管由单层立方上皮构成。在门管区内还有淋巴管和神经分布。

（3）肝内胆汁的排出途径　胆汁由肝细胞生成后分泌至胆小管，胆小管汇成小叶内胆管（赫令管），小叶内胆管向肝小叶周边行走，将胆汁汇入小叶间胆管，最终汇成肝管出肝，左右肝管汇成肝总管。在消化间隙，肝总管内的胆汁经胆囊管进入胆囊储存（马属动物除外），在进食及消化食物时，胆囊内的胆汁经胆囊管、胆总管排入十二指肠，此时肝管内的胆汁也直接排入十二指肠。

4. 肝的血液循环

肝的血液供应丰富，来源于门静脉和肝动脉。

（1）肝门静脉　肝门静脉是肝的功能血管，汇集来自消化管的血液（胃、肠、脾、胰），约占肝总血流量的 3/4，其中富含营养物质，供肝细胞加工、储存和转化。门静脉的分支为小叶间静脉，其终末分支穿过界板汇入肝血窦。

（2）肝动脉　肝动脉是肝的营养血管。血液中含氧量高，入肝后分支形成小叶间动脉，其末端穿过界板进入肝血窦，故肝血窦内为混合血液。

肝血窦内的血液自肝小叶周边向中央流动,沿途与肝细胞进行充分的物质交换后,汇入中央静脉,中央静脉出肝小叶汇入小叶下静脉。小叶下静脉单独行走,最后汇合成肝静脉出肝,注入后腔静脉。

二、胰

胰分外分泌部和内分泌部。外分泌部占腺体的大部分,为消化腺,分泌胰液,内含多种消化酶,对蛋白质、脂肪和糖类的消化有重要作用。内分泌部为胰岛,属内分泌腺,分泌胰岛素和胰高糖素,对体内糖代谢起重要调节作用。

1. 胰的形态与位置

胰的形态因动物物种而异,一般分3叶:胰体、胰左叶和胰右叶。胰管有2种,主胰管从胰体走出,副胰管从胰右叶走出或从主胰管走出(图5-34)。

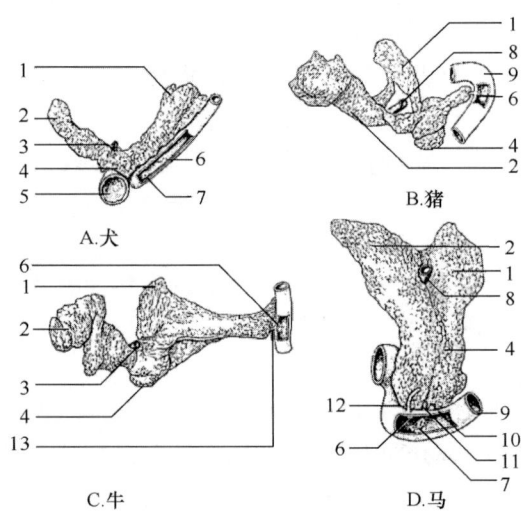

图5-34 家畜的胰示意图

1—胰右叶 2—胰左叶 3—门静脉胰切迹 4—胰体 5—幽门 6—十二指肠小乳头
7—十二指肠大乳头 8—门静脉 9—十二指肠 10—胆管 11—胰管 12—右侧胰管 13—左侧胰管

牛、羊胰呈不正的四边形,黄褐色,几乎全位于正中矢面右侧(右季肋部和腰部),从第12肋伸至第2~4腰椎腹侧。胰体位于肝的脏面,附着于十二指肠前部,背侧形成深的胰切迹,供门静脉通过;胰左叶较短,伸入瘤胃背囊与膈脚之间;胰右叶较长,沿十二指肠降部向后伸至右肾腹侧。牛无主胰管,副胰管从胰右叶走出,开口于十二指肠降部,在胆总管开口之后30~40cm处(图5-35)。羊胰无副胰管,主胰管与胆总管合成一条总管,开口于距幽门25~40cm处的十二指肠内。

猪胰略呈三角形,灰黄色或灰红色,位于最后2个胸椎和前2个腰椎的腹侧。胰体居中,位于胃小弯和十二指肠前部附近,在前部有胰环,供门静脉通过;胰左叶从胰体向左延伸,与左肾前端、脾上端和胃左端接触;胰右叶较左叶小,沿十二指肠降部向后至右肾前端。猪无主胰管,副胰管由右叶末端走出,开口于距幽门10~12cm处的十二指肠小乳头(图5-36)。

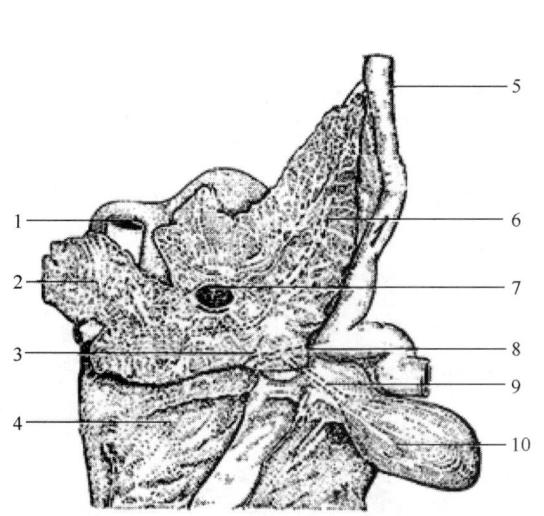
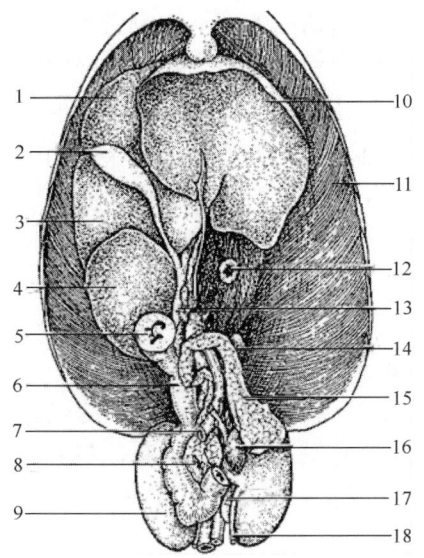

图 5-35 牛胰示意图（腹侧面）
1—后腔静脉 2—翼 3—肝总管 4—肝
5—十二指肠 6—胰管 7—门静脉
8—胆总管 9—胆囊管 10—胆囊

图 5-36 猪的肝和胰示意图（腹侧面）
1—肝左内叶 2—胆囊 3—肝右内叶 4—肝右外叶
5—幽门 6—十二指肠 7—门静脉 8—胰中叶
9—右肾 10—肝左外叶 11—膈 12—食管
13—胆管 14—胃淋巴结 15—胰左叶
16—肾上腺 17—肾淋巴结 18—输尿管

马胰略呈三角形，淡红色，位于第 16～18 胸椎下方的腹腔背侧壁，大部分在正中矢面右侧。胰体附着于十二指肠前部和肝右叶的脏面，后部中央有胰环，供门静脉通过；胰左叶较长，位于胃盲囊与左肾之间，背侧与脾相接；胰右叶较短，钝圆，位于右肾及右肾上腺腹侧。胰管与肝总管一起开口于十二指肠壶腹；副胰管较小，自胰管或其左支分出，开口于十二指肠壶腹对面的十二指肠小乳头。驴常无副胰管。

犬胰呈 V 形，左、右叶均狭长，两叶于幽门后方成锐角相连，连接处即为胰体。左叶在胃脏面和横结肠之间向左后方伸延，抵达左肾前端；右叶于十二指肠降部背侧、肝尾叶和右肾后端向后伸延，常终止于右肾后方不远处。胰管与胆总管一起（或紧密相伴）开口于十二指肠大乳头；副胰管较粗，开口于胰管入口处后方 3～5cm 处的十二指肠小乳头。

2. 胰的组织结构

胰腺表面被覆着薄层结缔组织，形成不明显的被膜。结缔组织向实质伸入，将其分成若干小叶，小叶间结缔组织不发达。胰腺实质由两类细胞群组成，构成内分泌和外分泌部两种功能。内分泌部为分布在外分泌部腺泡间的细胞群，称为胰岛（见内分泌系统）。胰腺外分泌部为浆液性复管泡状腺，由腺泡和导管组成。

腺泡大小不一，呈管状或泡状，由浆液性腺细胞围成。腺细胞呈锥体形，胞核大而圆，位于细胞基部，有明显的核仁。在细胞基部，胞质内充满粗面内质网、游离核糖体和纵行排列的线粒体，呈嗜碱性。高尔基复合体位于核上方，胞质顶部有许多圆形的酶原颗粒，呈嗜酸性。腺泡腔狭小，腔内有一些小而扁平的淡染的细胞，称为泡心细胞。

导管包括闰管、小叶内导管、小叶间导管和胰管。闰管细而长,由单层扁平上皮构成。小叶内导管变粗,管壁为单层立方上皮,在小叶间结缔组织内,汇成小叶间导管,最后形成一条粗大的胰管,开口于十二指肠。管壁上皮由单层低柱状逐渐变为高柱状,并夹有杯状细胞和内分泌细胞。导管上皮还能分泌大量的水和钠、钾、重碳酸盐等电解质,与腺泡分泌的消化酶共同构成胰液,排入十二指肠。

胰液内含胰蛋白酶、胰脂肪酶和胰淀粉酶等多种消化酶,帮助食物消化分解。

三、唾液腺

唾液腺指分泌唾液的所有腺体,包括一些小的壁内腺和三对大的壁外腺。壁内腺如唇腺、颊腺、腭腺、舌腺。壁外腺包括腮腺、下颌腺和舌下腺。唾液有浸润饲料、利于咀嚼、便于吞咽、清洁口腔和参与消化的作用(图5-37~图5-39)。

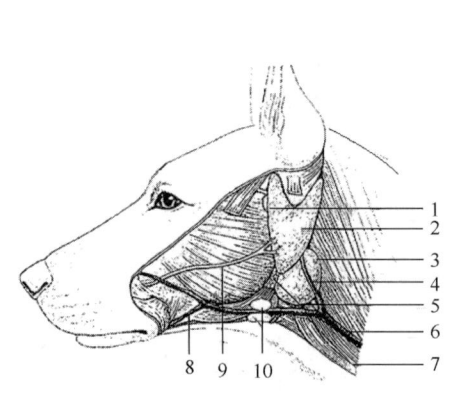

图5-37 犬的唾液腺示意图
1—腮淋巴结 2—腮腺 3—颌下腺 4—下颌静脉
5—单口舌下腺 6—颈外静脉 7—舌面静脉
8—下唇静脉 9—腮腺管 10—下颌淋巴结

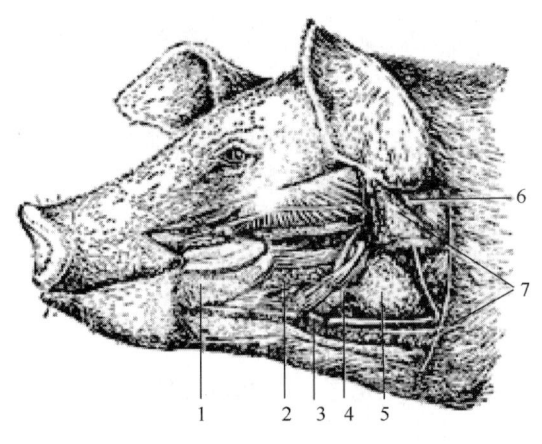

图5-38 猪的唾液腺
1—舌下腺管 2—舌下腺 3—下颌淋巴结
4—颌下腺管 5—颌下腺
6—咽喉外侧淋巴结 7—腮腺

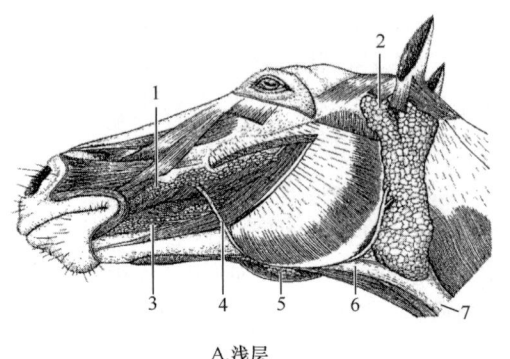

A.浅层

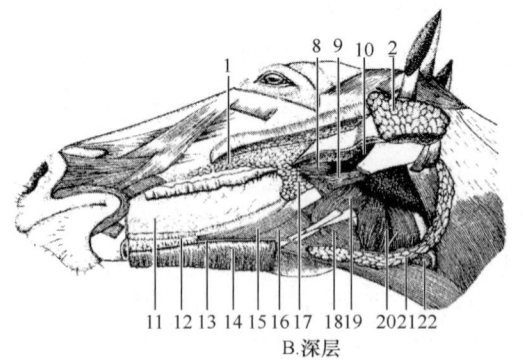

B.深层

图5-39 马的唾液腺(外侧面观)
1—颊上腺 2—腮腺 3—颊下腺 4—腮腺管 5—下颌淋巴结 6—颌外静脉 7—颈静脉 8—咽前缩肌
9—茎突咽肌 10—咽鼓管肌 11—舌 12—舌下腺 13—下颌腺管 14—颌舌骨肌 15—茎突舌肌
16—舌骨舌肌 17—腭腺 18—舌骨甲状肌 19—咽中缩肌 20—咽喉缩肌 21—下颌腺 22—甲状腺

1. 腮腺

腮腺导管开口于颊黏膜。

牛的腮腺位于下颌支后方，淡红褐色，呈狭长倒三角形，上部宽厚，大部分位于咬肌后部的表面，下端窄小，弯向前下方，位于舌面静脉与上颌静脉的夹角内。腺管起于腺体下部深面，伴随面血管沿咬肌的腹侧缘和前缘伸延，开口于与第5上颊齿相对的颊黏膜上。绵羊的腮腺腺管横过咬肌外侧面，山羊的腺管行程与牛的相似，腺管均开口于与第3、第4上颊齿相对的颊黏膜上。

马腮腺很大，黄灰色，位于耳根下方、下颌骨后缘与寰椎翼之间，呈长四边形，后下角嵌于舌面静脉与上颌静脉的夹角内，腺小叶明显。腮腺管起于腮腺前下部，由3~4条小支汇成，经下颌间隙向前伸延，至下颌骨面血管切迹处绕至面部，随同面动脉、面静脉沿咬肌前缘向上伸延，至颊部斜穿过颊肌，开口于与第3上颊齿相对的颊黏膜上的腮腺乳头。

猪腮腺很发达，呈三角形，淡黄色，位于耳根下方、下颌骨后缘的脂肪内。腮腺管经下颌骨腹侧缘转至咬肌前缘，开口于与第4、第5上颊齿相对的颊黏膜上。

犬腮腺小，呈不规则三角形。背侧端围绕在耳廓的基部，腹侧端小并覆盖下颌腺。腮腺管开口于相对第3上颊齿的颊黏膜，有时可见小的副腮腺。

2. 下颌腺

下颌腺导管开口于舌下阜。

牛的下颌腺比腮腺大，部分被腮腺覆盖，淡黄色，新月形，分叶明显，从寰椎翼腹侧向下向前沿下颌角延伸至下颌间隙，下端膨大呈球形，几乎与对侧腺体接触。腺管起于腺体前缘中部，向前延伸越过二腹肌前腹的表面，开口于舌下阜。

马的下颌腺比腮腺小，长而弯曲，位于腮腺和下颌骨的内侧，从寰椎翼腹侧向下向前延伸至舌骨体。下颌腺管起于下颌腺的前端，向前伸延，经舌下腺内侧至口腔底前部，开口于舌下阜。

猪下颌腺较小，淡红色，呈扁圆形，位于腮腺深面和下颌骨支内侧。腺管始于腺的外侧面，沿多口舌下腺内侧面向前延伸，开口于舌系带处的舌下阜。

犬下颌腺常较腮腺大，可达5cm长、3cm宽，团块状，淡黄色，上部为腮腺覆盖。下颌腺管开口于舌系带处并不明显的舌下阜。

3. 舌下腺

舌下腺又分为单口舌下腺和多口舌下腺，前者见于反刍兽、猪和肉食兽，导管汇合为一支开口于口腔；后者见于所有家畜，腺管小，有多条。

牛舌下腺位于舌体和下颌骨之间的黏膜下，分为上、下两部。上部为多口舌下腺，薄而呈淡黄色，由一串小叶组成，从下颌骨的切齿部向后延伸至腭舌弓，许多腺管直接开口于口腔底。下部为单口舌下腺，其总导管伴随下颌腺管一同开口于舌下阜。

马舌下腺最小，长而薄，位于舌体和下颌骨之间的黏膜下，从颏角向后伸至第4下颊齿处，为多口舌下腺，腺管有30多条，短而弯曲，直接开口于口腔底的黏膜上。

猪舌下腺同样位于舌体和下颌骨之间的黏膜下，可分前、后两部。前部较大，淡红色，为多口舌下腺，有8~10条导管，开口于舌体两侧的口腔底黏膜上；后部为单口舌下腺，淡黄红色，腺管伸延向前，开口于下颌腺管开口附近。

犬舌下腺淡红色，后部为单口舌下腺，腺管或开口于下颌腺管开口旁，或与之合并开口。前部为多口舌下腺，有8~12条腺管，或直接开口于口腔，或与单口舌下腺管连接。

4. 唾液腺的组织学

唾液腺的外面覆盖一层疏松结缔组织，伸入实质，将其分成许多腺小叶。

唾液腺腺泡呈泡状或管泡状，由单层立方上皮或锥形细胞围成，在腺泡与基膜之间有肌上皮细胞。唾液腺的导管系同胰脏。腺泡根据腺细胞的结构和分泌物的性质不同可分为三类：

（1）浆液性腺泡　浆液性腺泡由浆液性细胞组成。细胞核圆形，位于细胞基部，顶端胞质含有嗜酸性颗粒，基部胞质嗜碱性。分泌物稀薄如水，含唾液淀粉酶和黏液。

（2）黏液性腺泡　黏液性腺泡由黏液性细胞组成。细胞核扁圆形，位于细胞基部，胞质染色弱嗜碱性。分泌物黏稠，主要是黏蛋白。

（3）混合性腺泡　混合性腺泡由以上两者细胞组成。几个浆液性细胞附着于黏液性细胞的末端，称为浆半月。

腮腺属于纯浆液腺，颌下腺、舌下腺属于混合性腺。

第三节　网膜与肠系膜

网膜和肠系膜是双层的腹膜褶，其内夹有血管、神经、淋巴结和脂肪。

一、大网膜

牛的大网膜很发达，覆盖瘤胃腹囊的表面和肠管右侧面的大部分，分浅、深两层。浅层起始于瘤胃左纵沟，向下绕过瘤胃腹囊到腹腔右侧，沿右腹侧壁向上延伸，止于皱胃大弯及十二指肠前部后缘和降部腹侧缘；深层起于瘤胃右纵沟，沿瘤胃腹囊脏面向下达腹底壁，绕过肠管腹侧转向背侧，沿浅层深面上行至十二指肠降部，有时浅、深两层汇合后止于十二指肠。大网膜浅、深两层在瘤胃后沟互相移行，两层之间围成网膜囊后隐窝，瘤胃腹囊位于其中。网膜囊借网膜孔与腹膜腔相通。网膜孔由背侧的后腔静脉和腹侧的门静脉围成，通网膜囊前庭。网膜囊前庭由左侧的瘤胃、右侧的小网膜、前背侧的肝和后腹侧的瓣胃围成。大网膜的深层与瘤胃背囊的脏面围成网膜上隐窝，大部分肠管位于其中。网膜上隐窝向后与腹膜腔相通。

猪和犬的大网膜发达，呈花网状，起于胃大弯，向后连接横结肠和脾，形成的网膜囊几乎覆盖整个肠管，向后可达骨盆前口。猪大网膜的浆膜之间常有丰富的脂肪组织。在营养良好的犬中，大网膜也常积有大量脂肪。

马的大网膜不发达，呈网状，附着于胃大弯、十二指肠前部、右背侧结肠、横结肠和降结肠起始部，形成较小的网膜囊，褶叠于胃与右背侧结肠之间。

二、小网膜

牛的小网膜起始于肝的脏面，附着于肝门到食管压迹处，越过瓣胃而与皱胃小弯和十二指肠前部相接。

猪和犬的小网膜由胃小弯连向肝门。

马的小网膜附着于肝门与胃小弯和十二指肠前部之间,其中肝与胃之间的部分称为肝胃韧带,肝与十二指肠之间的部分称为肝十二指肠韧带。

三、肠系膜

牛、羊的大肠和小肠以一总肠系膜悬挂于腹腔背侧壁,总肠系膜的两层浆膜由脊柱向下左右分开,将升结肠近袢、旋袢、远袢以及盲肠的一部分包在中间。在旋袢的周围,两层浆膜合并形成短的空肠系膜,将空肠悬挂于结肠盘的周围。

猪的空肠系膜较长,犬空肠系膜宽而长,将空肠悬吊于腹腔背侧壁。结肠系膜将结肠附于腰下部。

马空肠系膜又称前肠系膜,阔而长(长约50cm),肠系膜根在第1~2腰椎腹侧围绕肠系膜前动脉而附着于腹腔顶,呈扇形伸至空肠和部分回肠。

第六章 呼 吸 系 统

动物机体在新陈代谢过程中,需要不断地从外界环境吸入氧气,呼出体内的二氧化碳,这种气体交换的过程称为呼吸。呼吸主要由呼吸系统来完成,但与心血管系统有密切的联系。整个呼吸过程包括三个环节:空气经呼吸道吸入肺内,与肺血管中的血液进行气体交换,称为外呼吸或肺呼吸;血液携带氧或二氧化碳往返循环于肺与全身器官、组织之间,称为气体运输;组织细胞与血液之间进行的气体交换(摄取氧,排出二氧化碳),称为内呼吸或组织(细胞)呼吸。

呼吸系统包括鼻、咽、喉、气管、支气管和肺等器官以及胸膜腔等辅助装置。鼻、咽、喉、气管和支气管是气体出入肺的通道,称为呼吸道,通常将鼻、咽、喉合称为上呼吸道,气管和支气管合称下呼吸道。呼吸道的构造特征是由骨或软骨作为支架,围成开放性的管腔,以保证气体畅通无阻。肺是气体交换的器官,主要由数量巨大、壁极薄的肺泡组成,且血管丰富,有利于气体交换(图6-1)。

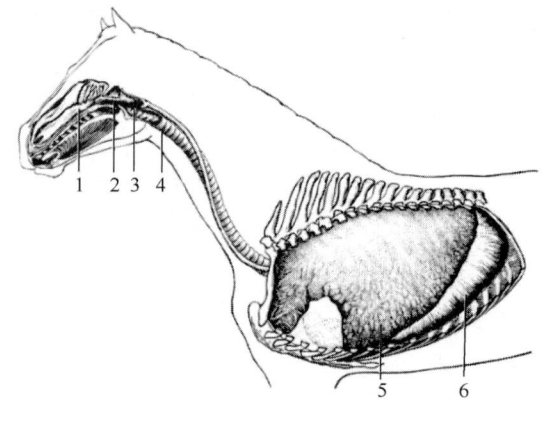

图6-1 马呼吸系统示意图
1—鼻腔 2—咽 3—喉 4—气管 5—肺 6—膈

第一节 呼 吸 道

一、鼻

鼻是呼吸道的起始部分,对吸入的空气有温暖、湿润和清洁作用;同时又是嗅觉器官。鼻位于口腔背侧,分为外鼻、鼻腔和鼻旁窦三部分(图6-2)。

1. 外鼻

外鼻分为鼻尖、鼻背和鼻根。鼻尖位于口的上方,有一对鼻孔。鼻孔为鼻腔的入口,由内侧鼻翼和外侧鼻翼围成。鼻翼为包有鼻翼软骨和肌肉的皮肤褶。鼻背形成鼻腔顶壁,移行至两侧成为鼻侧壁,向后至两眼眶间为鼻根。

鼻各部的形态因畜种而异。牛的鼻孔小,呈不规则的椭圆形,鼻翼厚而不灵活,两鼻孔之间与上唇中部形成平滑、无毛的鼻唇镜。羊、犬的鼻孔呈S形缝状,两鼻孔之间形成鼻镜。马的鼻孔大,呈逗点状,鼻翼灵活。猪的鼻孔小,呈卵圆形,鼻尖与上唇之间形成吻突。

2. 鼻腔

鼻腔为长圆筒状空腔,位于面部的上半部,由面骨构成支架,内衬黏膜。鼻腔的腹侧由硬腭与口腔隔开，前经鼻孔与外界相通，后经鼻后孔与咽相通。鼻腔正中有鼻中隔，将其等分为互不相通的左、右两半，鼻中隔的后部为筛骨垂直板，其余大部分为鼻中隔软骨；鼻中隔软骨的上缘附着于鼻背的内面，底缘位于犁骨沟内。鼻腔分为鼻前庭和固有鼻腔两部分。

鼻前庭为鼻腔前部衬着皮肤的部分，相当于鼻翼所围成的空间。鼻前庭外侧壁有缝状小孔，为鼻泪管的开口，称为鼻泪管口。马的鼻泪管口位于鼻前庭外侧下部距固有鼻腔黏膜0.5cm处。牛的鼻泪管口被下鼻甲的延长部所覆盖，不易见到。猪的鼻泪管口位于下鼻道的后部。此外，马鼻前庭背侧皮下有一盲囊，向后伸达鼻切齿骨切迹，称为鼻盲囊或鼻憩室；囊内皮肤呈黑色，生有细毛。

固有鼻腔位于鼻前庭之后，为鼻腔衬有黏膜的部分。每侧鼻腔的外侧壁上附有上鼻甲和下鼻甲，将鼻腔分为上、中、下三个鼻道。上鼻道较狭，位于鼻背与上鼻甲之间，后为盲端。中鼻道位于上鼻甲与下鼻甲之间，通嗅区

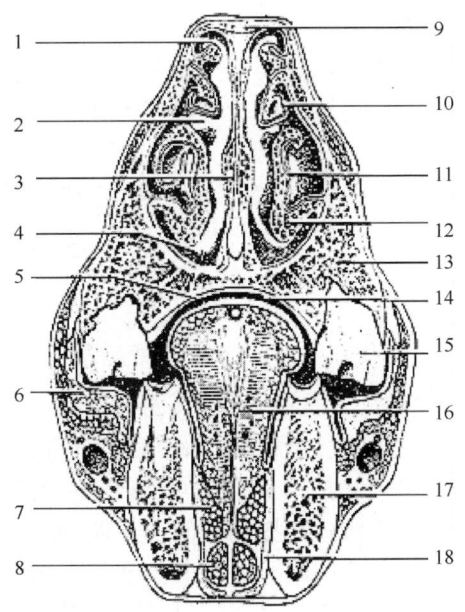

图6-2 马头横切面示意图
1—上鼻道 2—中鼻道 3—鼻中隔 4—下鼻道
5—硬腭 6—颊腺 7—舌下腺 8—颏舌骨肌
9—鼻骨 10—上鼻甲 11—下鼻甲 12—鼻静脉丛
13—上颌骨 14—口腔 15—第3前白齿
16—舌体 17—下颌骨 18—颌舌骨肌

及鼻旁窦。下鼻道最宽，位于下鼻甲与鼻腔底壁之间，通鼻后孔，为气体的主要通道。位于鼻甲与鼻中隔之间的空间称为总鼻道，与其他三个鼻道相通。上述四个鼻道整体呈E形。

固有鼻腔根据黏膜特征分为呼吸区和嗅区。呼吸区位于鼻前庭和嗅区之间，占固有鼻腔的大部分，黏膜呈粉红色，被覆假复层柱状纤毛上皮。黏膜富含腺体，分泌浆液和黏液，可湿润空气，粘着灰尘和异物（图6-3）。嗅区位于筛鼻甲和鼻中隔后部，黏膜颜色因畜种而异，马、牛呈灰黄色，山羊为黄色，绵羊为黑色，猪为棕色，被覆嗅上皮为嗅觉感受器（图6-4）。

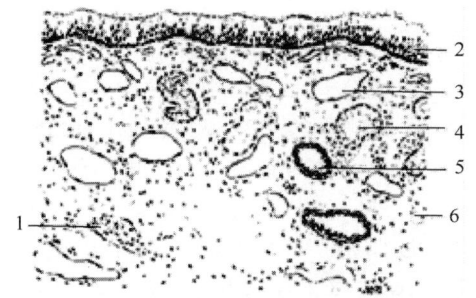

图6-3 鼻黏膜呼吸部示意图
1—神经纤维 2—纤毛上皮 3—小静脉
4—黏液腺 5—小动脉 6—固有膜

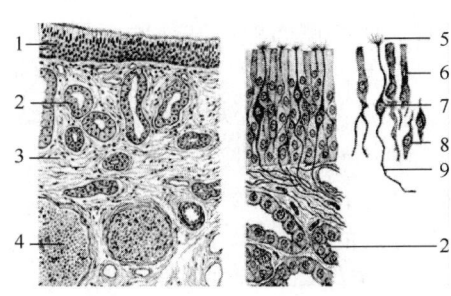

图6-4 鼻黏膜嗅部示意图
1—上皮 2—嗅腺 3—固有膜 4—神经纤维
5—嗅毛 6—支持细胞 7—嗅细胞 8—基细胞 9—轴突

3. 鼻旁窦

鼻旁窦为鼻腔周围头骨内、外骨板之间的空腔，直接或间接与鼻腔相通。鼻旁窦根据位置可分为额窦、上颌窦、蝶窦和腭窦。鼻旁窦内的黏膜与鼻腔黏膜相延续，所以当鼻腔黏膜发生炎症时，可波及鼻旁窦，引起鼻旁窦炎（图6-5）。

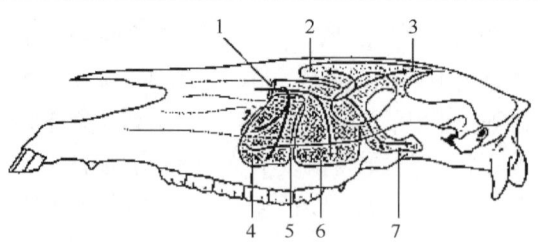

图6-5 马鼻旁窦示意图
1—鼻上颌口 2—上鼻窦 3—额窦 4—上颌前窦
5—上颌中窦 6—上颌后窦 7—蝶腭窦

二、喉

喉是呼吸道的软骨性短管，前端与咽相通，后端与气管相通。喉既是空气出入肺的通道，又是调节空气流量和发声的器官。喉位于头颈交界的腹侧、下颌间隙的后方，悬于两甲状舌骨之间。喉壁主要由喉软骨和喉肌组成，内面衬有喉黏膜（图6-6）。

1. 喉软骨

喉软骨有四种五块，即不成对的会厌软骨、甲状软骨、环状软骨和成对的勺状软骨，彼此以关节或韧带相连接（图6-7、图6-8）。

（1）环状软骨 位于第1气管软骨之前，呈指环状，背侧部较宽，称为板，两侧及腹侧部较狭，称为弓。环状软骨的前、后缘借弹性纤维膜分别与气管软骨及甲状软骨相连。

（2）甲状软骨 最大，位于环状软骨前方，弯曲成槽状，由左、右甲状软骨板在腹侧联合而成，构成喉的侧壁和底壁。甲状软骨板在背侧向前、后延伸，分别形成前角（猪缺）和后角，前角与前缘之间有甲状裂；左、右甲状软骨板联合处前缘和后缘分别有甲状前切迹（仅反刍兽有）和甲状后切迹，马的甲状后切迹很深，可

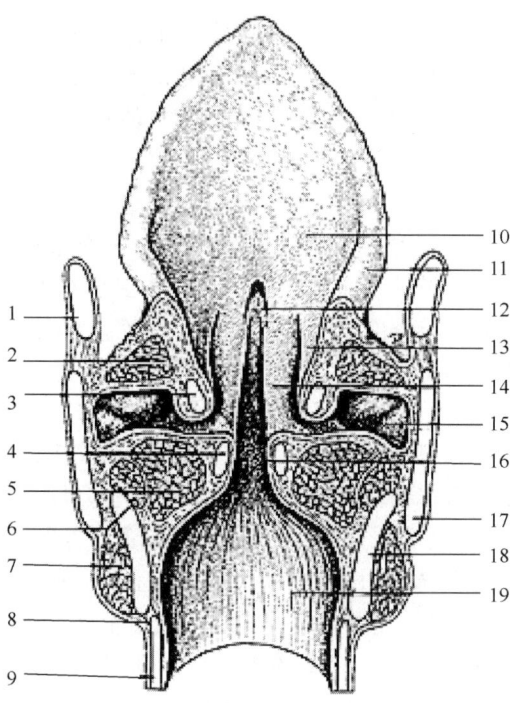

图6-6 马喉部水平切面示意图
1—舌骨 2—室肌 3—室韧带 4—声韧带
5—声带肌 6—环杓外侧肌 7—环甲肌
8—气管环韧带 9—第1气管软骨 10—会厌软骨
11—杓会厌褶 12—喉前庭和喉正中隐窝
13—前庭褶 14—声带褶 15—侧后室 16—声门裂
17—甲状软骨 18—环状软骨 19—声门下腔

作为喉内手术的通路。甲状软骨腹侧面后部（犬、猪和反刍兽）有一突起，称为喉结。

（3）会厌软骨 位于甲状软骨前部，呈叶片状，基部厚，由弹性软骨构成，借弹性纤维与甲状软骨体相连，尖端向舌根翻转。会厌软骨表面被覆黏膜，合称为会厌；会厌形成喉口的活瓣，吞咽时向后翻转可将其暂时关闭，以防止食物误入喉腔。

（4）勺状软骨 一对，位于环状软骨前上方，甲状软骨的背内侧，形状不规则，略

呈三面锥体形，分为底和尖，底部腹侧有声带突，供声韧带和声带肌附着；尖部附着有小角突。

2. 喉肌

喉肌附着于喉软骨上，属于横纹肌，分为外来肌和固有肌。

喉外来肌有甲状舌骨肌、舌骨会厌肌和胸骨甲状肌，作用于整个喉，可牵引喉前后移动；喉固有肌有环杓背侧肌、环甲肌、环杓外侧肌、甲杓肌和杓横肌，作用于喉软骨，可使喉腔扩大或缩小，紧张或松弛声带（图6-9）。

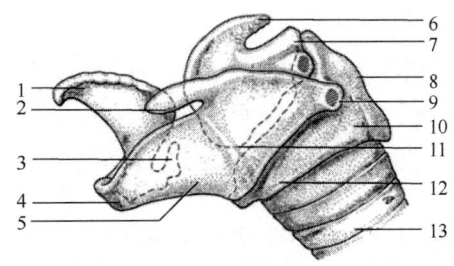

图6-7 马喉软骨示意图

1—会厌软骨 2—甲状软骨前突 3—会厌软骨楔状突
4—甲状软骨体 5—甲状软骨板 6—勺状软骨角突
7—勺状软骨肌突 8—环状软骨正中嵴 9—甲状软骨后突
10—环状软骨板 11—勺状软骨声带突
12—环状软骨弓 13—气管软骨

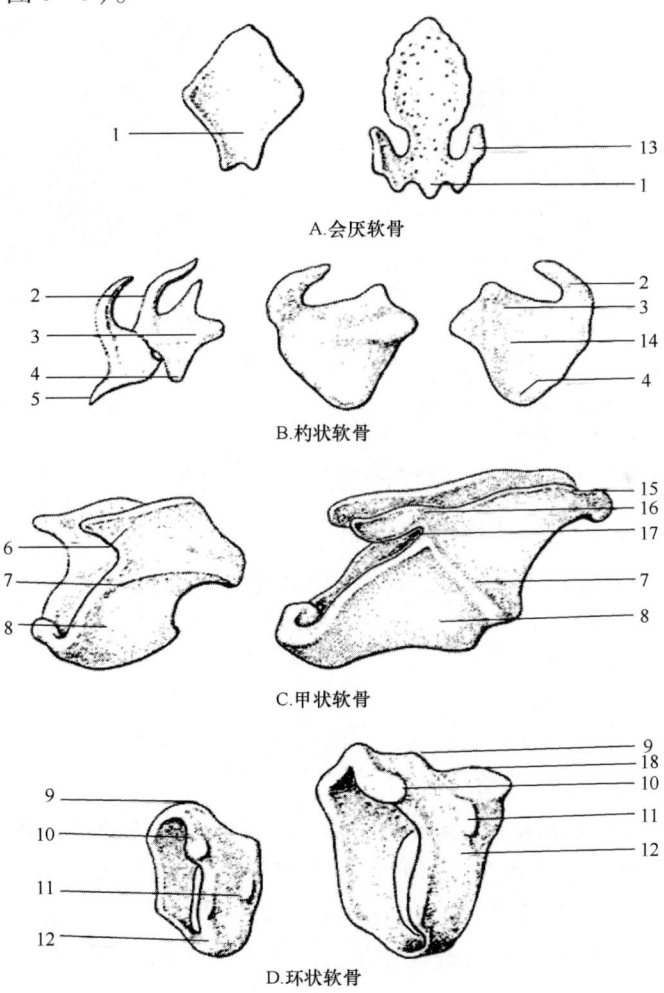

图6-8 犬（左）和马（右）的喉软骨

1—软骨柄 2—小角突 3—肌突 4—声带突 5—楔状突 6—前突 7—斜线 8—左板
9—正中嵴 10—环杓关节面 11—环甲关节面 12—软骨弓 13—楔状突 14—关节面
15—后突 16—前突 17—甲状切迹 18—环状软骨骨板

3. 喉腔

是由喉壁围成的管状腔，内面被覆喉黏膜，经喉口向前上方通喉咽部，向后通气管。喉口由会厌软骨、勺状软骨及勺状会厌襞围成。在喉腔中部的侧壁上，有一对黏膜褶，称为声襞。两声襞之间的裂隙称为声门裂，由上部较宽的软骨间部和下部较窄的膜间部构成。声襞与声门裂合称为声门。声襞是发声器官，当呼气时，空气通过声门裂的膜间部，振动声襞而发声。声襞将喉腔分为前、后两部分，前部称为喉前庭，其两侧壁的黏膜凹陷形成一对喉室；后部称为喉后腔，向后与气管相通。喉黏膜由上皮和固有膜组成，被覆于喉前庭和声襞的上皮为复层扁平上皮，喉后腔和马喉室的上皮为假复层柱状纤毛上皮，反刍兽、猪和犬会厌部的上皮内还分布有味蕾。固有膜内分布有淋巴小结和喉腺（图6-10）。

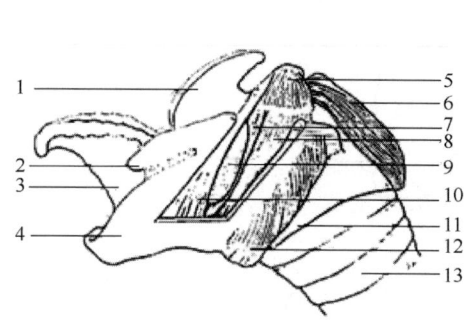

图6-9 马喉部肌肉示意图（切除部分甲状软骨）
1—勺状软骨小角突 2—甲状软骨前突 3—会厌软骨
4—甲状软骨 5—勺横嵴 6—环勺背肌 7—声带肌
8—环勺外侧肌 9—侧喉室 10—室肌 11—环状软骨
12—环甲肌 13—气管

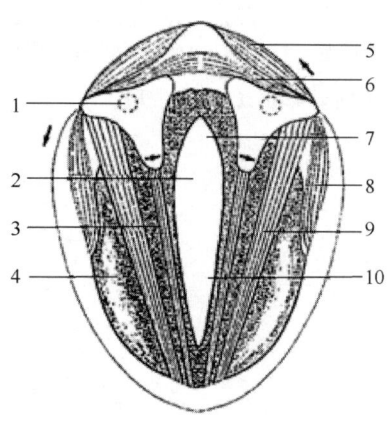

图6-10 马喉交叉部示意图（箭头示勺状软骨运动方向和声门变化方向）
1—环勺关节 2—声门裂 3—声带肌
4—侧喉室 5—环勺背侧肌 6—勺横肌
7—软骨间区 8—环勺外侧肌 9—室肌 10—膜间部

牛、羊的喉较短，会厌和声襞也短，声门裂宽大，无喉室。猪的喉较长，声门裂较窄，喉室口位于声韧带前、后两部之间。马的喉前庭有前庭襞。

三、气管和支气管

气管和支气管是气体出入肺的通道，为圆筒状长管，由软骨环构成支架。

1. 气管和支气管的形态与位置

气管由喉向后沿颈部腹侧正中线经胸腔前口入胸腔，然后经心前纵隔达心基背侧，在相当于第4~6肋间隙处分支为左、右两条主支气管，分别经肺门进入左、右肺。反刍动物和猪的气管在分为主支气管之前，在右侧先分出一支气管，又称为前叶或右尖叶支气管，进入右肺前叶。一般右主支气管较短粗，左主支气管稍长细（图6-11）。

牛的气管较短，垂直径大于横径，马的气管横径大于垂直径，猪的气管呈圆柱状。

2. 气管壁的组织结构

与一般中空性器官相比，气管壁仅分为黏膜、黏膜下层和外膜，黏膜无肌层，也没有肌膜，外膜中含有软骨环（图6-12）。

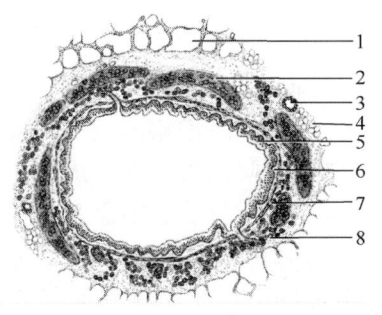

图 6 – 11　支气管横切面示意图

1—肺泡　2—透明软骨　3—支气管动脉　4—脂肪细胞
5—呼吸性上皮　6—固有膜　7—平滑肌　8—混合腺

图 6 – 12　呼吸性细支气管的上皮变化

（1）黏膜　黏膜由上皮和固有膜构成，无黏膜肌层。上皮为假复层柱状纤毛上皮，上皮下基膜明显，由五种细胞组成。

①纤毛细胞：纤毛细胞数量较多，形态呈柱状，游离面有许多纤毛和微绒毛。纤毛不断向喉头方向摆动，以清除黏膜表面的黏液、细菌和尘埃等，净化呼吸道。

②杯状细胞：杯状细胞夹在纤毛细胞间，核上方的胞质内含大量黏原颗粒。细胞分泌的黏液与腺体分泌物共同形成保护屏障，粘附空气中的尘粒。

③基细胞：基细胞位于上皮基部，细胞呈锥体形，胞核大，核仁明显。基细胞为未分化的细胞，可分化为纤毛细胞和杯状细胞。

④刷细胞：刷细胞形态呈柱状，游离面有许多短小的微绒毛。其功能尚未定论。

⑤小颗粒细胞：小颗粒细胞位于上皮基部，单个或成群分布。这种细胞属 APUD 系统的内分泌细胞，广泛存在于呼吸道的上皮和腺体内，胞体呈锥形或低柱状，银染时胞质内有大量嗜银颗粒。颗粒中主要含 5 – 羟色胺等物质，分泌扩散后可使局部的支气管和血管平滑肌收缩，从而调节气道管径的大小及肺的血流量。

固有膜中含有较多的弹性纤维、弥散的淋巴组织、浆细胞及腺体的导管。固有膜与黏膜下层交界处形成纵行的弹性纤维网。

（2）黏膜下层　黏膜下层为疏松结缔组织，其中分布有较多的胶原纤维、较大的血管、淋巴组织和混合腺。腺体导管开口于黏膜表面，分泌物使黏膜表面保持湿润。浆细胞能合成免疫球蛋白，当免疫球蛋白穿过黏膜上皮时，可与上皮细胞产生的分泌物结合，形成分泌性免疫球蛋白（SIgA），具有局部免疫功能。

（3）外膜　外膜由"C"字形透明软骨环及结缔组织构成，软骨的缺口朝向背侧，此处由平滑肌和富含弹性纤维的致密结缔组织构成。

支气管管壁结构与气管基本相同。

第二节　肺

肺是进行气体交换的器官。正常的肺呈粉红色，轻而柔软，富有弹性，入水不沉。肺表面被覆胸膜脏层，光滑、湿润、闪光。肺占体重的 1% ~ 1.5%。

一、肺的位置形态

肺位于胸腔内，在纵隔两侧，左右各一，右肺略大。肺略呈锥体形，具有三个面和三个缘。肋面隆凸，与胸腔侧壁接触，在固定标本上显有肋压迹；膈面略凹，与膈接触；内侧面较平，分为背侧的脊柱部和腹侧的纵隔部；内侧面常有纵隔内脏器官形成的压迹，如心压迹、食管压迹和主动脉压迹。心压迹的上方有肺门，是主支气管、肺血管、神经等出入肺的地方，这些结构被结缔组织包裹在一起，称为肺根，为肺的固着部。肺的大部分则游离于胸腔内，有利于呼吸时的扩张和收缩。背侧缘钝而圆，位于胸椎和肋骨之间的沟中。腹侧缘和底缘薄而锐，腹侧缘有心切迹，左肺的心切迹较右肺的心切迹大，与3～5（牛）或6（马）肋骨下部相对，是心音听诊的部位。

每肺又分为几个肺叶。肺的分叶以主支气管在肺内的第一级分支为准，肺叶之间以叶间裂分开。不同的动物肺分叶情况有差异（图6-13）。

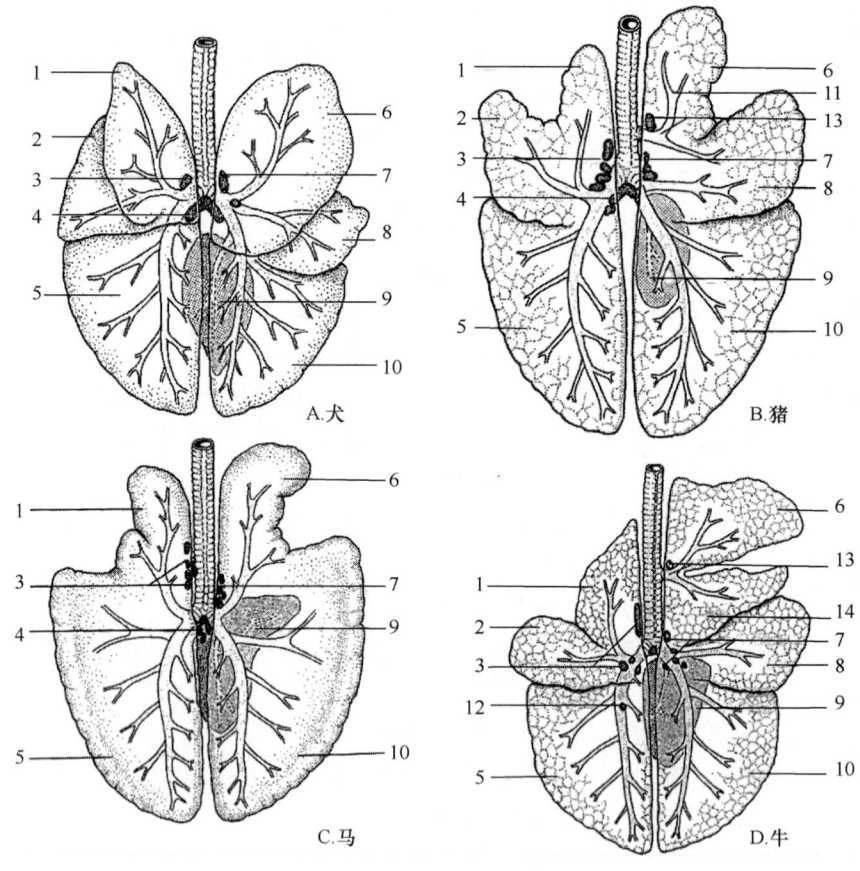

图6-13 家畜肺分叶示意图

1—左前叶前部 2—左前叶后部 3—左支气管淋巴结 4—中支气管淋巴结 5—左后叶
6—右前叶 7—右支气管淋巴结 8—中叶 9—副叶 10—右后叶 11—前支气管
12—肺淋巴结 13—前支气管和淋巴结 14—右前叶后部

牛、羊肺分叶明显。左肺分为前叶和后叶，右肺分为前叶、中叶、后叶和副叶，副叶附着于中叶和后叶。两肺的前叶又以腹侧缘的心切迹分为前、后两部分。反刍兽的右肺比左肺大得多，两者之比约为2:1。牛肺底缘的体表投影为从第6肋骨与肋软骨结合处到第11肋骨上端的弧线。

猪肺分叶明显，右肺略大。左肺分为前叶和后叶，前叶又以心切迹分为前部和后部；右肺分为前叶、中叶、后叶和副叶。猪肺底缘的体表投影为从第5肋间隙下端到第14肋骨或肋间隙上端的弧线。

马肺无叶间裂，分叶不明显。左肺分两叶，前叶小，在心切迹之前；后叶大，在心切迹之后。右肺分前叶、后叶和副叶。马肺底缘的体表投影为从第5肋间隙下端到第17肋骨上端的弧线。

犬肺叶间裂深，分叶明显。左肺分为前叶和后叶，前叶又分为前、后两部；右肺分为前叶、中叶、后叶和副叶（图6-14）。

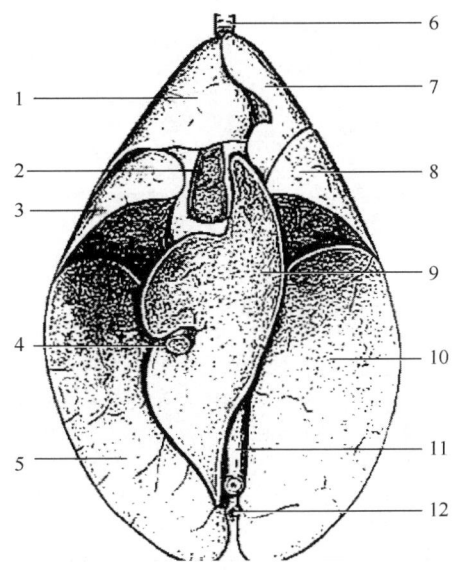

图6-14　犬肺膈面示意图
1—右肺前叶　2—心脏　3—右肺中叶
4—后腔静脉　5—右肺后叶　6—气管
7—左肺前叶前部　8—左肺前叶后部
9—右肺副叶　10—左肺后叶
11—食管　12—主动脉

二、肺的组织结构

肺表面覆有浆膜，深部由实质和间质组成。实质包括肺内各级支气管、肺泡管、肺泡囊和肺泡。间质为结缔组织、血管、淋巴管和神经（图6-15、图6-16）。

支气管进入肺门后反复分支，主支气管的第一级分支称为肺叶支气管；由肺叶支气管分出的分支称为肺段支气管，可有2级分支；肺段支气管的反复分支，管径在1mm以上的分支统称为小支气管，管径在1mm以下的分支为细支气管；细支气管末端的分支，直径在0.3~0.5mm的分支称为终末细支气管。自主支气管至终末细支气管的反复分支呈树枝状，并无气体交换功能，它们构成肺实质的导管部，也称为支气管树（图6-17）。终末细支气管以下的分支为肺的呼吸部，包括呼吸性细支气管、肺泡管、肺泡囊和肺泡。

一个肺段支气管连同它的各级分支和肺泡，称为肺段，肺的前叶、中叶和副叶有2个肺段，后叶有5~6个肺段。每一细支气管连同它的各级分支和肺泡，组成肺小叶（图6-18）。肺段和肺小叶均呈锥体形，其尖端朝向肺门，底面向着肺表面，透过胸膜的脏层可见肺小叶底部的轮廓，直径约1.0cm，牛、猪的肺小叶界线明显。

自叶支气管至小支气管，管壁结构均与气管壁的组织结构相同，即分为三层：黏膜、黏膜下层和外膜。但逐渐发生以下变化：黏膜上皮初仍为假复层纤毛柱状上皮，随管径变细，上皮由高变低，杯状细胞逐渐减少；固有层变薄，其外侧出现少量环形平滑肌束；黏膜下层内的气管腺逐渐减少；外膜结缔组织内的软骨由完整的软骨环变为不规则的软骨片，数量逐渐减少。

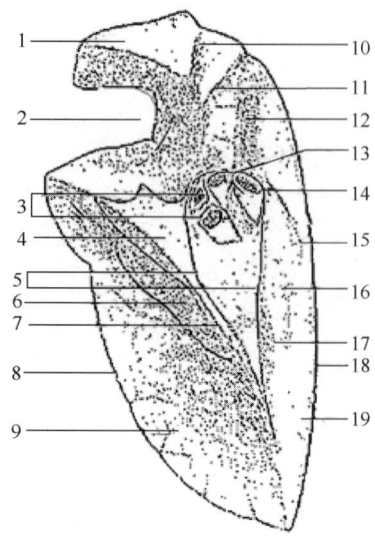

图6-15 马右肺内侧面示意图
1—前叶 2—心切迹 3—肺静脉 4—副叶
5—肋胸膜附着线 6—后腔静脉沟 7—底缘
8—腹侧缘 9—膈面 10—前腔静脉压迹
11—肋颈干和肋静脉丛压迹 12—气管压迹
13—肺动脉 14—右支气管 15—右奇静脉压迹
16—主动脉压迹 17—食管压迹
18—钝缘 19—后叶

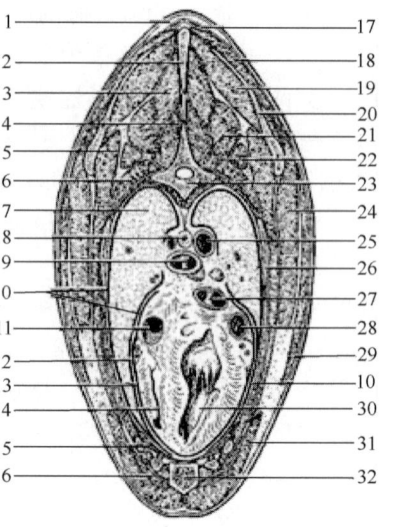

图6-16 经过第5胸椎横切面示意图
1—棘上韧带 2—第4胸椎棘突 3—颈背棘肌
4—背多裂肌 5—下锯肌 6—肋提肌 7—肺 8—食管
9—气管杈 10—胸膜腔 11—后腔静脉口 12—心包
13—心包腔 14—右心室 15—胸横肌 16—胸直肌
17—鬐甲黏液囊 18—斜方肌 19—菱形肌 20—肩胛骨
21—背最长肌 22—背髂肋肌 23—第5胸椎体
24—背阔肌 25—主动脉弓 26—第5肋骨 27—肺动脉
28—左心房 29—躯干皮肌 30—左心室
31—胸深后肌 32—胸骨

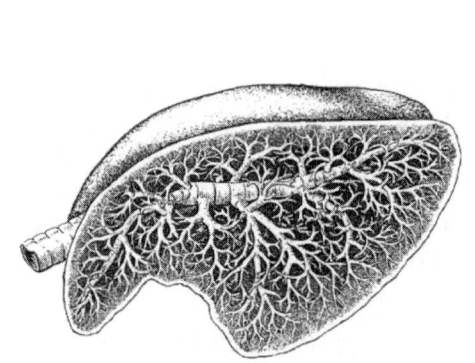

图6-17 支气管树示意图

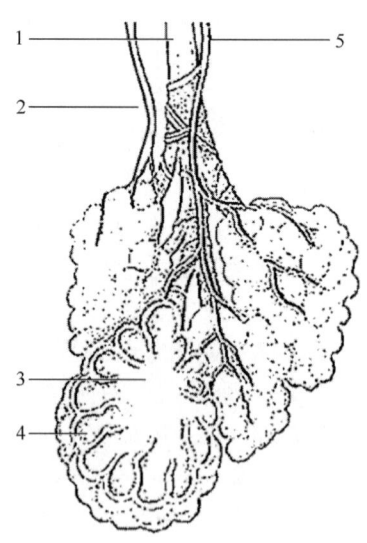

图6-18 肺小叶示意图
1—细支气管 2—小静脉 3—肺泡囊
4—肺泡 5—小动脉

细支气管黏膜上皮由假复层柱状纤毛上皮变为单层柱状纤毛上皮,杯状细胞和腺体减少乃至消失,软骨片基本消失,环行平滑肌明显。

终末细支气管上皮为单层柱状纤毛上皮,杯状细胞、腺体和软骨片均消失,平滑肌形成完整的环层,其肌纤维的收缩或舒张,使呼吸气流的阻力发生较大变化,可调节进入肺泡内的气流量。

呼吸性细支气管管壁上有肺泡开口;上皮由单层柱状纤毛上皮移行为单层柱状或立方上皮,肺泡开口处为单层扁平上皮;上皮下有少量结缔组织和平滑肌(图6-19)。

肺泡管是由许多肺泡囊和肺泡围成的管道,自身的管壁结构很少,仅存在于相邻肺泡开口之间的部分,此处表面有立方或扁平上皮被覆,上皮下有少量环行平滑肌及弹性纤维,故在切片上,可见于相邻肺泡之间的肺泡隔末端呈结节状膨大,此为肺泡管的结构特点。

肺泡囊是多个肺泡开口围成的囊泡状结构。与肺泡管结构相似,区别是在肺泡开口处无平滑肌,故肺泡隔末端无结节状膨大。

肺泡为多面形的薄壁囊泡,开口于肺泡囊、肺泡管或呼吸性细支气管。肺泡壁很薄,表面覆以单层扁平上皮。相邻的肺泡紧密相贴,其间隔以薄层结缔组织称为肺泡隔。

电镜下可见肺泡上皮有两种类型的细胞:Ⅰ型肺泡细胞,又称为扁平细胞,肺泡表面大部分衬以这种细胞。细胞扁平,表面光滑,核扁椭圆形,突向肺泡腔,无核部位菲薄,有利于气体交换。相邻细胞间有连接复合体,可防止组织液漏入肺泡腔。此型细胞主要参与构成呼吸膜。Ⅱ型肺泡细胞又称为立方细胞,嵌于Ⅰ型肺泡细胞之间。胞体较大,圆形或立方形,核圆形,胞质呈泡沫状。电镜下,细胞游离面有少量微绒毛。此型细胞除具有一般分泌细胞的结构特点,尚有一个显著特征,即胞质内含有许多膜包裹着嗜锇性板层小体。小体直径0.2~1.0μm,膜内有同心圆或平行排列的板层结构,其主要化学成分为磷脂(二棕酰卵磷脂)。该物质分泌后涂布于肺泡表面,称为表面活性物质,具有降低肺泡表面张力的作用。Ⅱ型肺泡细胞还有增殖分化的潜力,可以修复损伤的Ⅰ型肺泡细胞(图6-20)。

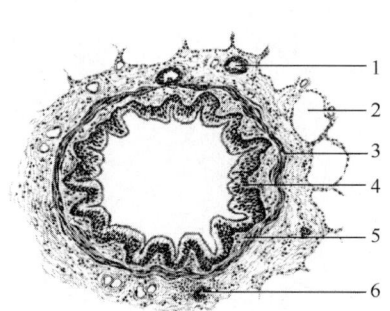

图6-19 细支气管横切面示意图
1—小动脉 2—肺泡 3—平滑肌
4—呼吸性上皮 5—固有膜 6—淋巴细胞

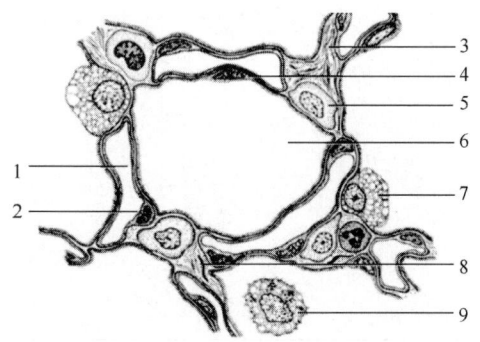

图6-20 肺泡壁示意图
1—毛细血管腔 2—毛细血管内皮细胞
3—胶原纤维 4—肺泡Ⅰ型细胞 5—隔细胞
6—肺泡腔 7—肺泡Ⅱ型细胞
8—弹性纤维 9—尘细胞

相邻肺泡间薄层结缔组织称为肺泡隔。其中分布着丰富的毛细血管网和大量弹性纤维。毛细血管网对于血液与肺泡之间的气体交换起重要作用。弹性纤维使肺泡具有弹性，若弹性纤维发生变性或断裂，影响肺泡回缩而持续处于扩张状态，则形成肺气肿。在肺泡隔中，还含有胶原纤维、网状纤维及成纤维细胞和巨噬细胞等。

肺泡壁上有圆形或卵圆形的小孔，称为肺泡孔。直径 10~15μm，是相邻肺泡之间的气体通道。当细支气管阻塞时，可通过肺泡孔建立侧支通气道。

血液中的单核细胞透出肺泡隔毛细血管壁进入肺组织，转化为肺泡巨噬细胞，细胞体积较大，形态不规则，胞质内含有吞噬的细菌、异物和红细胞等。吞噬了尘粒后的巨噬细胞称为尘细胞。该细胞常游走到有纤毛的部位，随纤毛摆动被排出体外，也可经淋巴管进入肺门淋巴结，或沉积于肺间质内。

肺表面活性物质、Ⅰ型肺泡细胞与基膜、薄层结缔组织、毛细血管基膜与连续的内皮共同构成肺泡和血液之间进行气体交换必须通过的结构，称为气血屏障，又称为呼吸膜。气血屏障很薄，总厚度不到 1μm。

三、肺血液供应的特点

肺内血管有两套，肺动脉及其分支和肺静脉为功能性血管，组成小循环；支气管动脉及其分支和支气管静脉为营养血管，属于大循环的一部分。

第七章 泌尿系统

泌尿系统是家畜重要的排泄系统。畜体在新陈代谢过程中，不断地产生各种代谢终产物（如二氧化碳、尿素、尿酸、肌酐、无机盐和水等），必须随时排出体外，才能维持正常的生命活动。这些代谢产物一部分由肺、皮肤和肠道排出，其他大部分以尿的形式经泌尿系统排出体外。肾在排泄活动中起最重要的作用。此外，肾通过泌尿参与体内水、电解质和酸碱平衡的调节；通过其内分泌功能产生多种生物活性物质，如肾素、前列腺素等，调节机体的其他生理功能。如果泌尿系统的功能发生障碍，代谢产物就会蓄积体内，从而破坏机体内环境的恒定，影响新陈代谢的正常进行，严重时甚至危及生命。

家畜泌尿系统由肾、输尿管、膀胱和尿道组成。肾是生成尿液的器官；输尿管为输送尿液至膀胱的管道；膀胱为暂时储存尿液的器官；尿道是排出尿液的管道。后三者合称尿路（图7－1～图7－3）。

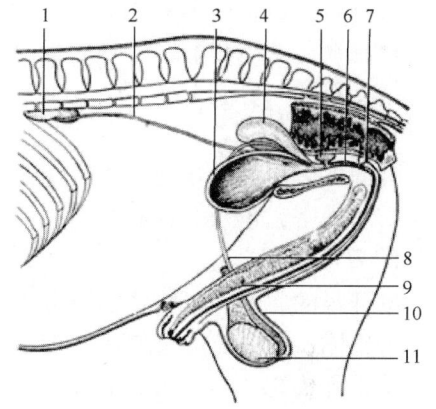

图7－1　公马泌尿生殖系统示意图
1—肾　2—输尿管　3—膀胱　4—精囊腺
5—前列腺　6—尿生殖道　7—尿道球腺
8—输精管　9—阴茎　10—阴囊　11—睾丸

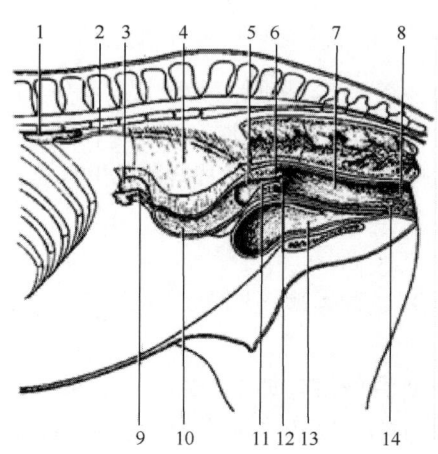

图7－2　母马泌尿生殖系统示意图
1—肾　2—输尿管　3—卵巢　4—子宫阔韧带
5—子宫体　6—子宫颈阴道部　7—阴道
8—阴道前庭　9—输卵管　10—子宫角
11—子宫颈　12—子宫颈外口　13—膀胱　14—尿道外口

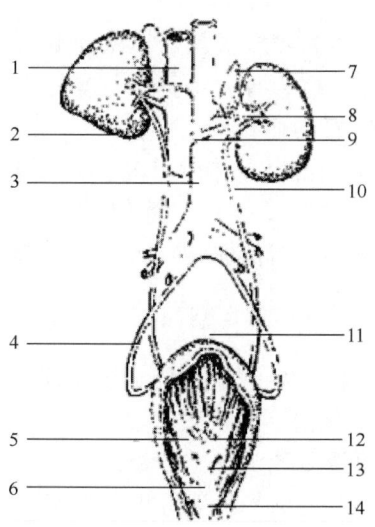

图7－3　马的泌尿器官示意图（腹面观）
1—后腔静脉　2—右肾　3—腹主动脉　4—脐动脉
5—输尿管柱　6—尿道褶　7—左肾上腺
8—肾动脉　9—肾静脉　10—输尿管　11—膀胱顶
12—膀胱三角　13—输尿管口　14—膀胱颈

151

第一节 肾

一、肾的形态与位置

肾是成对的实质性器官，红褐色至深褐色，一般呈豆形，位于腹主动脉和后腔静脉两侧、腰椎的腹侧。右肾位置略偏前，常与肝尾叶接触，并在其上形成肾压迹。肾的周围常包有大量的脂肪，称为肾脂肪囊。肾的内侧缘中部凹陷，为肾门，内陷形成肾窦。输尿管、肾血管、神经和淋巴管等由肾门出入肾。

二、肾的结构

肾的外表面为由致密结缔组织组成的纤维膜，白色薄而坚韧，称为被膜。肾被膜与实质连接不紧密，正常时容易剥离。

1. 肾的实质

剖开肾的实质，可将肾实质分为皮质和髓质。肾髓质位于内部，由多个圆锥体组成，称为肾锥体，锥底宽大与皮质相连，锥尖钝圆，称为肾乳头，与肾盂或肾盏相对。乳头端面有若干乳头孔，为乳头管的开口。切面上可见髓质有许多放射状淡色条纹，并伸入肾浅部的皮质，构成皮质内的髓放线。肾皮质主要位于肾的浅部，一部分伸入相邻肾锥体之间，称为肾柱。在周围皮质的髓放线之间的颗粒状辐射状条纹，称为皮质迷路，由肾小体、肾小管和血管构成。每个髓放线及附近的皮质迷路组成一个肾小叶（皮质小叶）。每个肾锥体和附近的皮质组成一个肾叶。

2. 肾盂和肾盏

肾盂为输尿管起始部在肾窦内的膨大部分，反刍兽缺。肾盂或输尿管（反刍兽）的一级分支称为肾大盏。肾大盏再分支包围每一肾乳头，称为肾小盏。

3. 肾的血管

肾的血液供给极为丰富。肾动脉由腹主动脉分出，经肾门入肾后分为数支，再分为叶间动脉进入肾实质，至皮、髓质交界处，分成若干弓状动脉，由其上分出许多互相平行的小叶间动脉，分支成入球动脉进入肾小体。静脉分支基本与动脉伴行，最后汇集成肾静脉出肾门。

三、肾的类型

根据肾叶愈合情况，可将哺乳动物的肾分为下列4种类型（图7-4）。

1. 平滑多乳头肾

平滑多乳头肾见于猪，人肾也属此种类型。此种肾的结构如上所述，各肾叶皮质完全合并，肾表面光滑无分界，但每一肾叶仍保留有独立的肾乳头，被肾小盏包住。后者开口于肾盂及其分支肾大盏内。

猪左、右肾均呈上下压扁的长椭圆形（图7-5），位于前四个腰椎横突腹侧。肾门位于肾内侧缘中部。右肾前端不与肝接触。猪肾脂肪囊很发达。皮质较厚，肾乳头有8~12个。输尿管在肾窦内扩大形成漏斗状的肾盂，向前后分出两支肾大盏，后者再分出8~12个肾小盏，包围每一个肾乳头。

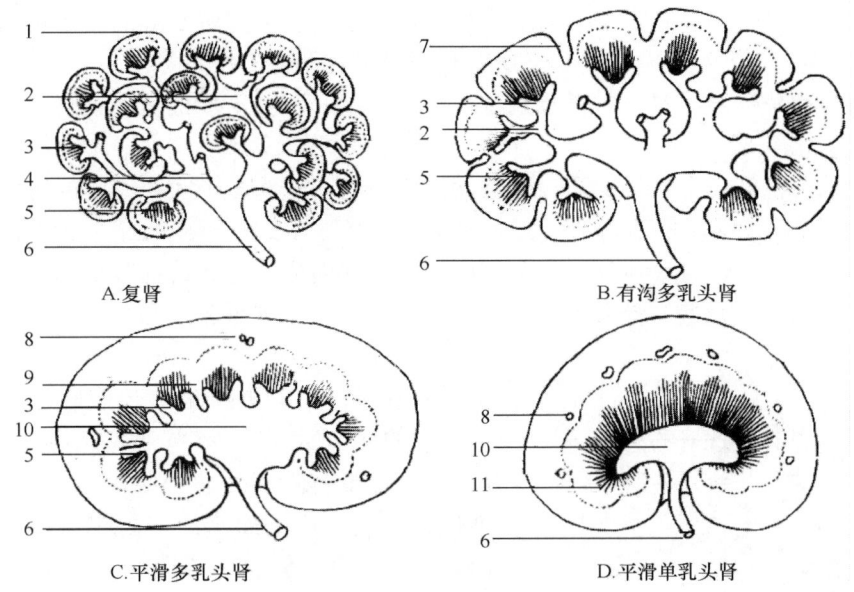

图7-4 哺乳动物肾类型示意图
1—小肾（肾小叶） 2—肾盏管 3—肾盏 4—肾窝 5—肾乳头
6—输尿管 7—肾沟 8—弓状血管 9—肾柱 10—肾盂 11—肾总乳头

2. 平滑单乳头肾

平滑单乳头肾多见于大多数哺乳动物，如马、羊、犬和兔等。各肾叶的皮质和髓质完全合并，肾乳头也愈合为一个总乳头，称为肾嵴，突入输尿管在肾内形成的肾盂中。

马肾右肾略大，呈圆角等边三角形，位于最后2~3个肋骨椎骨端及第一腰椎横突腹侧（图7-6）。背侧面凸，与膈及腰下肌接触；腹侧面稍凹，与肝、胰及盲肠底接触；内侧缘略凸圆，与右肾上腺和后腔静脉毗邻，中部有肾门；前端位于肝的肾压迹内。左肾呈长椭圆形或豆状，位于最后肋骨的椎骨端及前2~3腰椎横突腹侧。背侧面凸，与膈左脚及腰下肌接触；腹侧面凸，与小结肠起始部、十二指肠末端、左肾上腺及胰左叶相接；外侧缘与脾的基部相接；内侧缘前端与左肾上腺接触，中部有肾门。

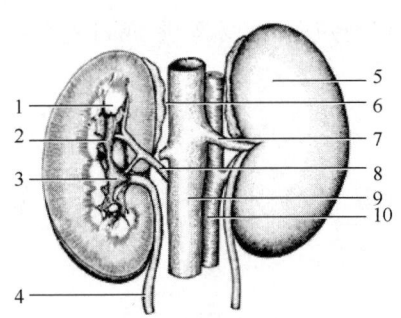

图7-5 猪肾示意图（腹面观）
1—肾乳头 2—肾盏 3—肾盂
4—输尿管 5—左肾 6—右肾上腺
7—左肾静脉 8—右肾动脉
9—后腔静脉 10—腹主动脉

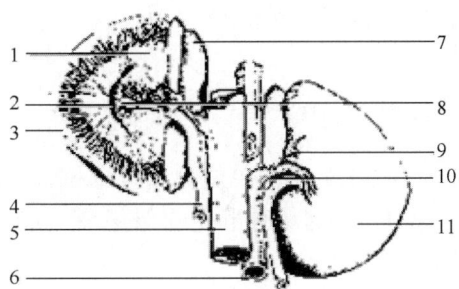

图7-6 马肾示意图
1—髓质 2—肾嵴 3—皮质 4—右输尿管
5—后腔静脉 6—腹主动脉 7—右肾上腺
8—肾盂 9—左肾静脉
10—左肾动脉 11—左肾

羊肾两肾均呈豆形。右肾位于前三个腰椎横突腹侧，前端位于肝的肾压迹内。左肾以短的系膜悬于第3~5腰椎横突腹侧，瘤胃充满时可推至正中线右侧。

犬肾两肾均呈豆形，左、右肾分别位于第2~4和第1~3腰椎横突腹侧。

3. 有沟多乳头肾

有沟多乳头肾见于牛。肾实质表面被深浅不一的沟分为多个大小不同的肾叶。在切面上，皮质位于外周，髓质位于内部，形成较明显的肾锥体；皮质嵌入相邻肾锥体间形成肾柱。肾叶的肾乳头大部分单独存在，个别由2个合并而成。输尿管在肾窦内不膨大形成肾盂，而是分为两条肾大盏，肾大盏分出若干短支，每一短支再分出几个肾小盏，包围每一个肾乳头。

牛肾右肾呈上下压扁的长椭圆形，表面被深浅不一的沟分为12~25个大小不同的肾叶（图7-7）。位于右侧最后肋间隙上部至第2（3）腰椎横突腹侧。背侧面隆凸，与腰下肌邻接；腹侧面较平，与肝、胰、十二指肠、结肠近袢等接触；前端位于肝的肾压迹内。肾门位于腹侧面前部近内侧缘处。左肾的形态与位置比较特殊。由于受瘤胃发育时推挤而沿纵轴转动45°以上，因此呈三棱形，通常位于第3~5腰椎椎体腹侧，但其位置常因瘤胃充盈程度而改变。左肾背侧面稍隆凸；腹侧面邻接结肠盘，左侧面与瘤胃接触，前端较小，后端较大而圆。肾门位于背侧面的前外侧，呈裂隙状。初生犊牛由于瘤胃不发达，左、右肾位置近乎对称。

4. 复肾

复肾多见于鲸、熊、水獭等动物。肾由许多独立的肾叶构成，又称为小肾。其数目因动物种类而不同。肾叶呈锥体形，外围的皮质为泌尿部，中央的髓质为排尿部，末端形成肾乳头，被输尿管的分支包住。

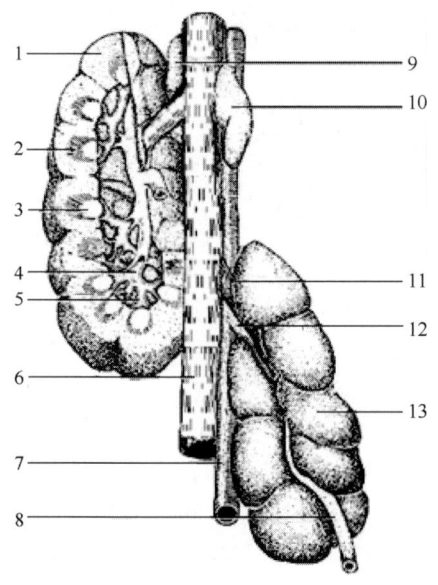

图7-7 牛肾示意图（腹面观）
1—皮质 2—髓质 3—肾乳头 4—肾盏管
5—肾盏 6—后腔静脉 7—腹主动脉
8—输尿管 9—右肾上腺 10—左肾上腺
11—肾静脉 12—肾动脉 13—左肾

四、肾的组织学

肾结构和功能的基本单位称，肾单位，牛约800万个，狗80万~120万个，兔20万~30万个。肾单位由肾小体和肾小管组成（图7-8）。

1. 肾小体

肾小体呈球形，直径约120μm。近髓质的肾小体体积略大。肾小体由血管球和肾小囊组成（图7-9）。

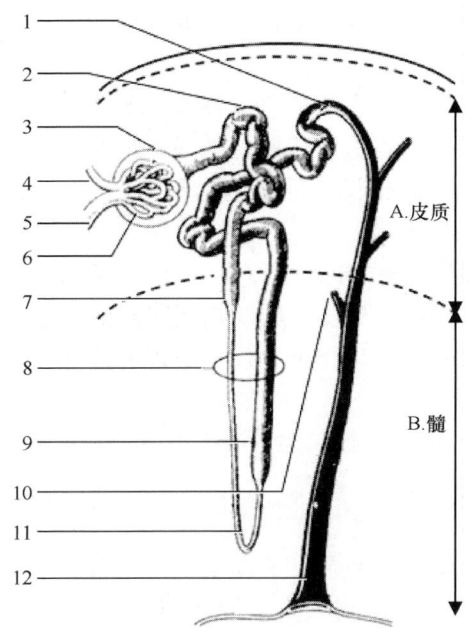
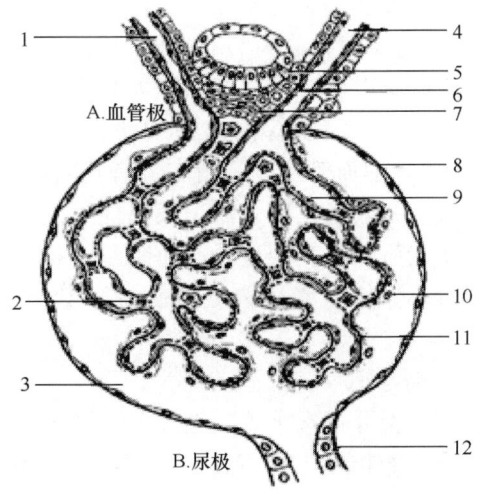

图 7-8 肾单位示意图
1—远端小管曲部 2—近端小管曲部 3—肾小体
4—出球小动脉 5—入球小动脉 6—血管球
7—近端小管直部 8—髓袢 9—远端小管直部
10—弓形集合管 11—细段 12—集合管

图 7-9 肾小体和肾小球旁器示意图
1—出球小动脉 2—球内系膜细胞 3—肾小囊
4—入球小动脉 5—致密斑 6—球旁细胞
7—球外系膜细胞 8—肾小囊壁层 9—内皮细胞
10—足细胞 11—基膜 12—近端小管

血管球是由一团盘曲的毛细血管袢组成，周围有肾小囊包裹。肾动脉在肾内反复分支形成入球动脉，经血管极进入肾小体后先分支成数小支，每个小支又分出许多毛细血管袢，构成血管球。毛细血管袢再汇成数小支，最后汇合成出球小动脉。入球小动脉管径较出球小动脉粗，使血管球内的血压较一般毛细血管高。

电镜下，血管球属于有孔的毛细血管，多数动物内皮的窗孔无隔膜，故当血液流经血管球时，其中大量的水分和小分子物质易于滤过。在毛细血管袢间有少量结缔组织，其中有些星形多突的细胞，胞核小，染色深，称为球内系膜细胞。一般认为它能够吞噬异物，清除沉积在基膜上的免疫复合物，参与基膜的更新，并有收缩功能，可调节血管球内的血流量（图7-10）。

2. 肾小囊

肾小囊是肾小管的起始端膨大、凹陷形成的杯状囊，包在血管球外面。囊壁分壁层和脏层，两层间有囊腔，腔内含滤液。壁层在外，

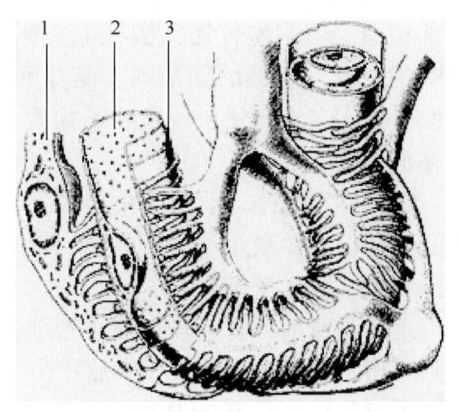

图 7-10 肾小球毛细血管和足细胞示意图
1—足细胞 2—内皮 3—基膜

由单层扁平上皮构成，在尿极与近端小管相接。脏层紧包在毛细血管袢的外面，由一层扁平多突起的足细胞构成。

电镜下足细胞发出较大的初级突起，初级突起又分出指状的次级突起，次级突起再分出许多小突起，突起相互交错排列成栅栏状，紧贴在毛细血管基膜的外面。突起之间有约 25nm 宽的裂隙，称为裂孔，裂孔处覆有 4~6nm 的裂孔膜。足细胞是重要的过滤装置，其突起内有微丝，通过突起胀大或收缩，调节裂孔的大小。

肾小体毛细血管内的物质滤入肾小囊腔，必须经过的结构称血-尿屏障（滤过屏障），由毛细血管的有孔内皮、有孔内皮和足细胞之间的基膜、足细胞突起间的裂孔膜共同构成。一般情况下，滤过膜只能通过相对分子质量 7 万以下的物质，所以滤液除不含大分子蛋白质外，其余成分与血浆基本相似。

肾小体的血管出入处称为血管极，血管极对侧为尿极，是肾小囊与近端小管的相接处。

3. 肾小管

肾小管分近端小管、细段和远端小管三部分，穿行于皮质和髓质之间。近端小管起始段与肾小囊相续，称为曲部，盘绕在肾小体周围，然后经髓放线下行至髓质，称为直部。直部进入髓质后管径突然变细，称为细段。此段折回皮质，管径增粗，成为远端小管直部。近端小管直部，细段和远端小管直部共同组成一个 U 形的袢状结构，称为髓袢。远端小管直部上行，入皮质迷路，在肾小体附近盘绕，构成远端小管曲部，并经过肾小体血管极的入球小动脉和出球小动脉之间，其末端与集合小管相连接。

光镜下观察时，可见近端小管曲部管径较粗，腔面不规则，管壁由立方形或锥体上皮细胞组成，细胞界限不清，胞质强嗜酸性，胞核大而圆，位于细胞基部。细胞游离面有排列紧密的微绒毛构成明显的刷状缘，可增加细胞的吸收面积。在微绒毛基部，胞膜内陷成小管或小泡，细胞以这种吞饮方式重吸收滤液中的蛋白质等物质。细胞侧面伸出许多侧突与相邻细胞的侧突交错相嵌。侧突的胞膜上有钠泵。细胞基部的质膜向内凹陷形成内褶，褶间的胞质内有纵列的杆状线粒体，共同形成光镜下可见的基底纵纹。细胞的侧突及基部的质膜内褶，扩大了细胞的表面积，有利于细胞内外的物质交换。直部的细胞与曲部相似，但细胞较矮，微绒毛、侧突和质膜内褶不及曲部发达。近端小管能把滤液中 80% 的水分、全部的葡萄糖、氨基酸以及大部分无机盐离子重吸收回到血液中，并能向管腔分泌 H^+、肌酐和马尿酸等物质，此外，有些药物如青霉素、磺胺类等也经此段上皮排泄。

细段管径最细，管壁为单层扁平上皮，胞质少，着色淡，胞核突向管腔。电镜下，细胞游离面仅有少量短小的微绒毛，也有侧突和质膜内褶。细段上皮甚薄。细段的主要功能是重吸收水分，浓缩尿液。

远端小管曲部管径较近端小管细，但管腔大而明显，管壁由单层立方上皮构成，细胞排列紧密，胞核圆形，位于细胞中央或近腔面。胞质弱嗜酸性，染色较近端小管淡。细胞表面无刷状缘，但有少量微绒毛，基部质膜内褶发达，有的可伸至细胞顶部，侧面也有侧突。直部上皮比曲部略高，基部质膜内褶不如直部发达。远端小管可主动重吸收钠排出钾，并可分泌 H^+ 和氨。远端小管还能继续吸收水分，进一步浓缩尿液。

集合小管可根据其行程分为弓形集合小管、直集合小管和乳头管三段。

弓形集合小管与远端小管曲部相连，呈弓形，进入髓放线，汇入直集合小管。直集合小管构成髓放线的轴心，由皮质向髓质下行沿途与其他直集合小管汇合在肾乳头处移行为较大的乳头管。集合小管的上皮为立方形，细胞界限明显，胞质着色淡，核圆，位于细胞中央。较大的集合小管上皮逐渐增高呈柱状，乳头管的上皮由单层高柱状过渡的复层柱状上皮，近乳头开口处转为变移上皮。集合管有重吸收钠和水分以及排出钾与氨的作用。

经过肾小管各段和集合小管的重吸收，最后形成的终尿仅为滤液的1%（图7-11）。

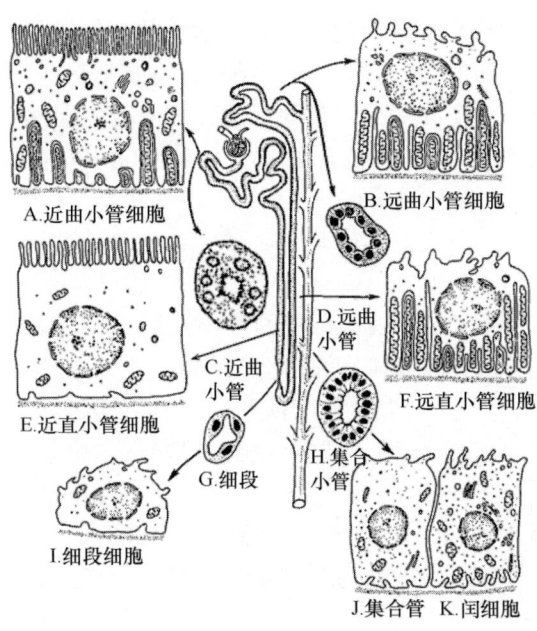

图7-11　肾小管各段上皮细胞示意图

4. 肾小球旁复合体（肾小球旁器）

肾小球旁复合体是肾小体血管极三角区几种结构的总称。包括球旁细胞、致密斑和球外系膜细胞。

（1）球旁细胞　球旁细胞位于入球小动脉进入肾小囊处。由动脉管壁中膜的平滑肌细胞转变而来。球旁细胞呈立方或多边形，胞核球形，胞质弱嗜碱性，内含肾素。肾素是一种蛋白酶，能使血浆中的血管紧张原转变为血管紧张素，引起血管平滑肌收缩、血压升高，并可刺激肾上腺皮质分泌醛固酮，促使肾小管吸钠排钾。球旁细胞还可产生肾性促红细胞生成因子，刺激骨髓生成红细胞。

（2）致密斑　致密斑由远端小管起始部靠近血管极的上皮细胞分化而来。细胞由立方形转变为高柱状，排列紧密，胞核靠近细胞顶部。致密斑与球旁细胞相贴。一般认为致密斑是一种化学感受器，可感受远端小管内滤液的钠离子浓度，调节球旁细胞分泌肾素。

（3）球外系膜细胞　球外系膜细胞位于血管极三角区内的一群细胞，又称为极垫细胞。细胞体积较小，着色较淡，有突起。此种细胞的功能尚不明确。

第二节 尿 路

一、输尿管

输尿管为将尿液从肾输送到膀胱的一对细长管道。起自肾盂（马、猪、羊）或肾大盏（牛），出肾门后，左、右侧输尿管在腹膜外分别沿腹主动脉和后腔静脉的外侧向后走行，横过髂内动脉的腹侧进入骨盆腔，在尿生殖襞（公畜）内或沿子宫阔韧带背侧缘（母畜）向后延伸，最后斜穿膀胱颈背侧壁，在肌膜和黏膜间斜行一段距离后（大动物3～5cm），以缝状的输尿管口开口于膀胱。这种结构可防止尿液逆流。

牛、羊左侧输尿管的位置常因左肾位置的变化而异，起始段先位于右侧输尿管腹侧，然后逐渐移至左侧，以后的行程与右侧输尿管相似。猪的输尿管在形态上比较特殊，起始部管径较大，向后逐渐变小，而且稍弯曲。

二、膀胱

膀胱为暂时储存尿液的器官，呈圆形至长卵圆，其形状和位置随所含尿液多少而有所不同。空虚时容积缩小而壁增厚，牛和马的约拳头大小，位于骨盆腔内；充满时容积则扩大而壁变薄，向前突入腹腔内。公畜膀胱背侧面与直肠、尿生殖襞、输精管末部、精囊腺等毗邻，母畜膀胱与子宫、子宫阔韧带和阴道邻接，直肠检查时可触摸到。牛的膀胱比马的长，充满尿液时可达腹腔底壁。猪的膀胱比较大，充满尿液时大部分突入腹腔内。

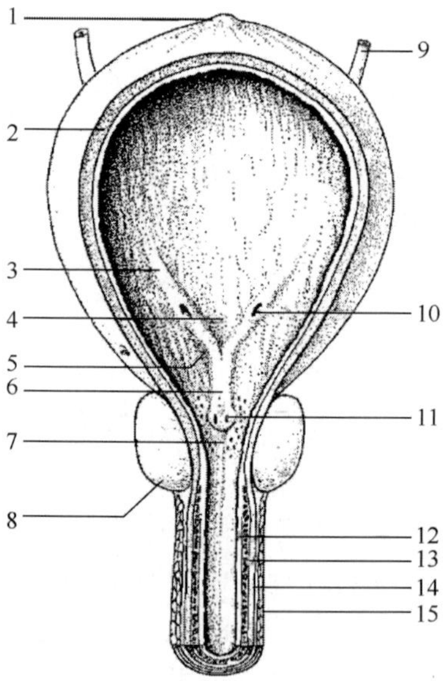

膀胱分为3部分，前端钝圆，称为膀胱尖（顶）；后端细小，称为膀胱颈；中间为膀胱体。膀胱顶中央有一疤痕，为胎儿时期脐尿管连接处的遗迹。膀胱颈延续为尿道，以尿道内口与之相通。

膀胱的黏膜厚而无腺体，形成不规则的皱褶，上皮为变移上皮。在近膀胱颈背侧壁上，输尿管末端行于黏膜下呈柱状隆起，称为输尿管柱，终于输尿管口。在输尿管口处有一对低的黏膜褶向后延伸，称为输尿管襞，两侧者向后汇合成尿道嵴，经尿道内口延续入尿道。两输尿管襞间的区域黏膜下组织不发达，在膀胱收缩时不起皱，称为膀胱三角。膀胱壁的外层在膀胱顶和体部为浆膜，在膀胱颈为结缔组织的外膜。浆膜沿膀胱的两侧和腹侧正中移行到骨盆腔壁，形成一对膀胱侧韧带和一膀胱正中韧带，借此固定膀胱的位置。侧韧带前缘为膀胱圆韧带，为胎儿脐动脉的遗迹（图7-12）。

图7-12 犬膀胱示意图
1—膀胱顶 2—黏膜和肌层 3—输尿管柱
4—膀胱三角 5—输尿管褶 6—输尿管嵴
7—前列腺管口 8—前列腺 9—输尿管
10—输尿管口 11—精阜和输精管口
12—黏膜层 13—尿道海绵体层
14—肌层 15—尿道肌

三、尿道

尿道为将尿液从膀胱排出的肌性管道，以尿道内口接膀胱颈，公畜的尿道外口开口于阴茎末端，母畜的尿道外口开口于阴道与阴道前庭交界处。母畜尿道较短，位于阴道腹侧，盆腔底壁，结构与膀胱相似。母牛尿道外口腹侧有一宽、深各 1~2cm 的小盲囊，朝向前下方，称为尿道下憩室，导尿时应避免插入憩室内。猪尿道下憩室较小。公畜尿道较长，又分为盆部和阴茎部，两者以坐骨弓为界，因兼有排尿和排精的作用，故又称为尿生殖道。

四、尿路的组织学结构

除尿道外，其他各部的组织结构均由黏膜、肌层和外膜组成，上皮均为变移上皮，输尿管和膀胱黏膜形成皱襞，固有膜由疏松结缔组织构成，马的肾盂和输尿管的固有膜内含有管泡状黏液腺。肌层都是由内纵、中环、外纵三层平滑肌构成，膀胱的中环肌层最厚，在颈部形成括约肌。输尿管外膜由疏松结缔组织构成。输尿管外膜大部分为浆膜，靠近肾的一段由疏松结缔组织构成。

第八章 生殖系统

生殖系统的主要功能是产生生殖细胞，繁殖后代，以保证种族延续。此外还能分泌性激素，促进生殖器官的生长发育和维持第二性征。动物的生殖器官根据功能和位置分为内生殖器和外生殖器。

第一节 雄性生殖器官

雄性内生殖器包括睾丸、附睾、输精管与精索、雄性尿道及副性腺；外生殖器包括阴茎、包皮和阴囊（图8-1～图8-3）。

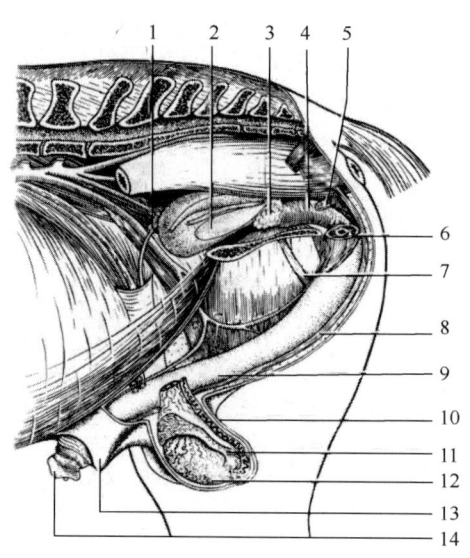

图8-1 公马生殖系统示意图（侧面观）
1—输精管 2—精囊腺 3—前列腺 4—尿生殖道 5—尿道球腺 6—坐骨海绵体肌 7—阴茎悬韧带
8—阴茎缩肌 9—阴茎 10—阴囊 11—附睾 12—睾丸 13—包皮 14—龟头

一、睾丸

1. 睾丸的形态与位置

睾丸位于阴囊内，左、右各一，是产生精子和分泌雄性激素的器官。睾丸呈略扁的椭圆体，分两端、两缘和两面。神经和血管进入的一端为头端，另一端为尾端；一侧有附睾附着，为附睾缘，另一侧为游离缘；外侧面稍隆凸，与阴囊外侧壁接触；内侧面平坦，与阴囊中隔邻接。

各种家畜睾丸在阴囊内的位置常不相同。牛的睾丸呈长椭圆形，羊的较圆，长轴与地面垂直。上端为睾丸头端，下端为尾端；内侧为睾丸的附睾缘，外侧为游离缘。猪的

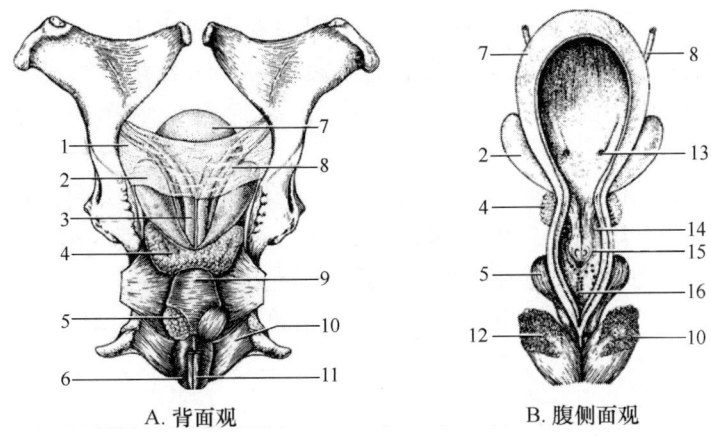

图8-2 公马生殖道骨盆部示意图

1—尿生殖褶 2—精囊腺 3—输精管壶腹 4—前列腺 5—尿道球腺 6—尿道球
7—膀胱 8—输尿管 9—尿生殖道 10—坐骨海绵体肌 11—阴茎缩肌 12—阴茎海绵体
13—输尿管口 14—前列腺管口 15—精阜 16—尿道球腺管口

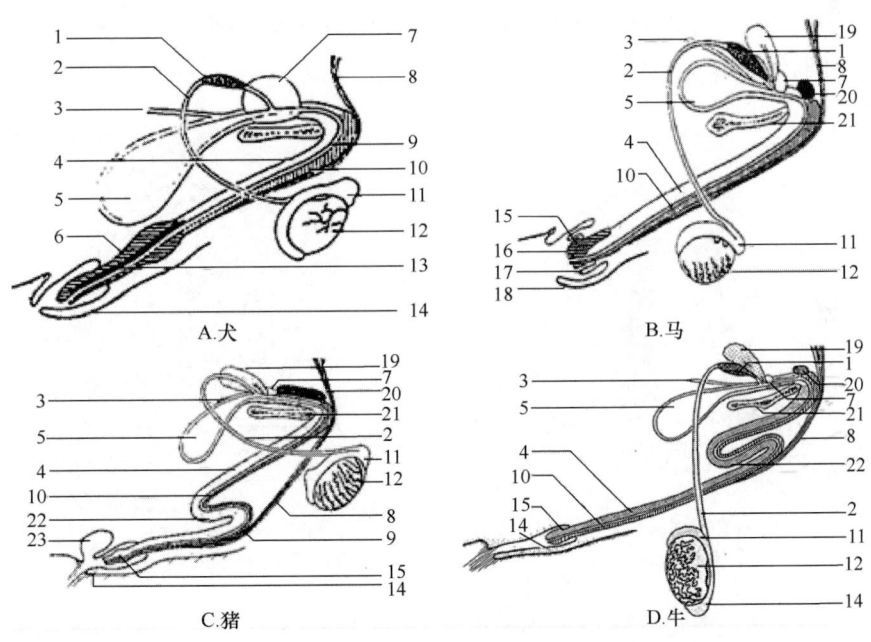

图8-3 家畜雄性生殖器官示意图

1—输精管壶腹 2—输精管 3—输尿管 4—阴茎海绵体 5—膀胱 6—龟头球
7—前列腺 8—阴茎缩肌 9—尿道 10—尿道海绵体 11—附睾 12—睾丸
13—阴茎骨 14—包皮 15—阴茎头 16—尿道突 17—包皮褶 18—外板
19—精囊腺 20—尿道球腺 21—坐骨 22—乙状弯曲 23—包皮憩室

睾丸很大，卵圆形，长轴由前下方斜向后上方。前下方为睾丸头端，后上方为尾端；前上缘为附睾缘，后下缘为游离缘。马的睾丸呈卵圆形，长轴几乎与地面平行。前、后端为睾丸头端和尾端；背侧为附睾缘，腹侧为游离缘。犬的睾丸呈卵圆形，长轴略向后上方倾斜。前下方为睾丸头端，后上方为尾端；前背侧为附睾缘，后腹侧为游离缘（图8-4）。

在胚胎时期，睾丸位于腹腔内，在肾附近。出生前后，在睾丸引带牵引下，睾丸和附睾从腹腔经腹股沟管下降到阴囊的过程，称为睾丸下降。各种家畜睾丸下降完成时间不一，牛在胚胎三月龄已完成，猪在出生前、后，马在出生后1周，犬也在出生后完成。如果一侧或双侧的睾丸和附睾没有下降到阴囊，称为单睾或隐睾，无生殖能力，不宜作为种畜。隐睾可进行手术矫正。

2. 睾丸的组织结构

睾丸表面被覆薄的浆膜，为鞘膜脏层，称为固有鞘膜。固有鞘膜下方为由致密结缔组织构成的白膜，白膜伸入睾丸中轴形成睾丸纵隔，纵隔分出很多睾丸小隔，将睾丸实质分为许多睾丸小叶。牛的睾丸实质呈黄色，羊的呈白色。猪的睾丸实质呈淡灰色。马的睾丸实质呈淡棕色。

睾丸的实质由生精小管（曲精小管）、直精小管、睾丸网和间质组织组成（图8-5）。每个睾丸小叶内有2~3条生精小管，生精小管近睾丸纵隔处变为直精小管，后者进入睾丸纵隔内相互吻合汇成睾丸网，睾丸网在睾丸头处接睾丸输出小管。生精小管之间的结缔组织称为间质组织。

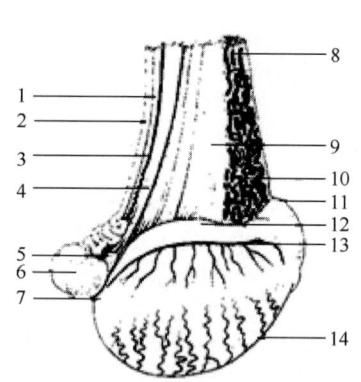

图8-4 公马右侧睾丸示意图（侧面观）
1—输精管系膜 2—输精管
3—输精管动脉 4—睾丸系膜 5—附睾尾
6—附睾尾韧带 7—睾丸固有韧带
8—睾丸动脉、静脉、神经和淋巴管 9—睾丸系膜
10—蔓状丛和动脉 11—附睾头 12—附睾体
13—睾丸囊入口 14—睾丸游离缘

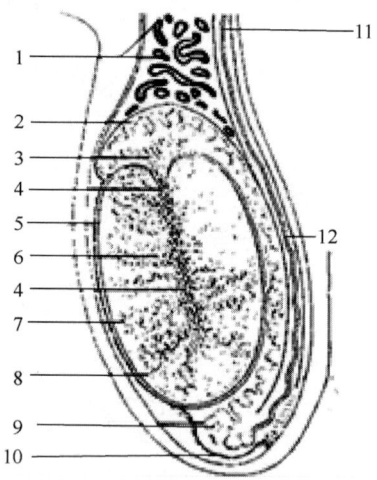

图8-5 公牛的睾丸、附睾示意图
1—睾丸动脉和蔓状丛 2—附睾头 3—输出管
4—睾丸网 5—白膜 6—睾丸纵隔
7—曲精小管 8—间隔 9—附睾管
10—附睾尾 11—输精管 12—附睾体

曲细精管呈盘曲的袢状管，为形成精子的部位，多数曲细精管的两端均连接直细精

管，有的以盲端起始于小叶边缘，向纵隔延伸与直细精管相接。曲细精管管壁由多层上皮细胞组成。上皮包括两种类型的细胞，即产生精子的生精细胞和支持细胞。上皮下有明显的基膜。基膜外有一层能收缩的肌样细胞。在性成熟的家畜中，曲细精管内的生精细胞分为精原细胞、初级精母细胞、次级精母细胞、精子细胞和精子几个发育阶段（图8-6）。

精原细胞是生成精子的干细胞，紧靠基膜分布，胞体较小，圆形或椭圆形，胞质清亮，胞核大而圆，染色深。由精原细胞分裂后产生的子细胞中，一部分仍保持其作为干细胞的分化能力，而另一部分是继续发育的细胞，再分裂后发育成初级精母细胞。初级精母细胞多位于精原细胞内侧1~2层，胞体最大，呈圆形，胞核大而圆，多处于分裂期。可见明显的分裂相。初级精母细胞经第一次成熟分裂，产生两个较小的次级精母细胞，其染色体为单倍体。次级精母细胞位于初级精母细胞内侧，细胞较小，核大而圆，淡染，次级精母细胞存在的时间很短，很快进行第二次成熟分裂，形成两个精子细胞（图8-7）。

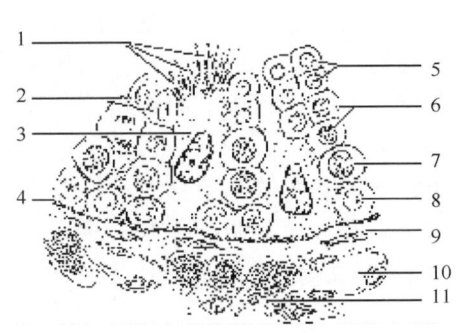 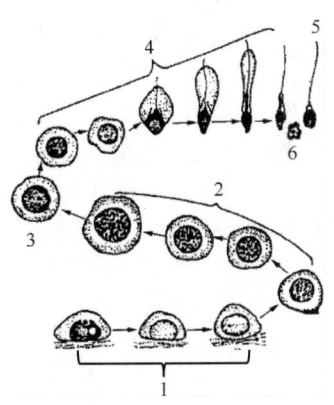

图8-6 生精小管上皮示意图
1—晚期精子形成 2—早期精子形成
3—支持细胞 4—基膜 5—早期精子细胞
6—次级精母细胞 7—初级精母细胞
8—精原细胞 9—肌样细胞
10—毛细血管 11—间质细胞

图8-7 精子发生示意图
1—精原细胞 2—不同发育阶段的初级精母细胞
3—次级精母细胞 4—不同发育阶段的精子细胞
5—精子 6—残余体

精子细胞靠近管腔排列成数层。细胞更小，核小而圆，染色深，有清晰的核仁。精子细胞不再分裂，而是经过复杂的形态变化，变成蝌蚪状的精子。此过程的主要变化是：胞核浓缩，高尔基复合体形成囊泡，覆盖于胞核头端构成顶体。中心粒迁移到胞核尾侧并发出一轴丝，线粒体汇聚于轴丝近端周围排列成螺旋形的线粒体鞘，在精子表面仅覆有薄层的胞质和胞膜，其余的胞质逐渐后移脱去。精子形似蝌蚪，包括头、颈、尾三部分，头部多呈扁卵圆形，染色深。刚形成的精子头部嵌于支持细胞的顶部，尾部游离在管腔，成熟后脱离支持细胞进入管腔（图8-8）。

支持细胞呈高柱状或锥体形，基部位于基膜上，顶部伸向管腔，常有多个正在形成的精子头部附着，细胞侧面有不同发育阶段的生精细胞嵌入，使细胞轮廓不清。胞质淡染，核三角形或椭圆形，着色淡，核仁明显。细胞内含丰富的滑面内质网、发达的高尔基复合体及较多的线粒体、溶酶体、微丝等细胞器，并含有丰富的类脂和糖原。电镜下，相邻支持细胞基部的侧突间有紧密连接，在紧密连接和基膜之间有精原细胞分布，在连接结构内侧有发育各阶段的精母细胞和精子细胞，这些细胞的营养物质只能通过支持细胞提供。在紧密连接内侧雄激素浓度较高，是精子发育的适宜微环境。当精原细胞转化为初级精母细胞时，连接结构可暂时开放，让其通过后又在该部迅速恢复连接。支持细胞的功能包括：对生精细胞有支持营养作用；吞噬精子形成过程中遗弃的残余胞质；合成能与雄激素结合的蛋白质，使曲细精管内的雄激素维持较高的浓度，以利于生精细胞的发育。

毛细血管内的血液和生精细胞之间发生物质交换所经过的结构称为血-睾屏障，在结构上它包括血管内皮和基膜、结缔组织、曲细精管的基膜和支持细胞。

直精小管和睾丸网的管壁衬以单层立方或扁平上皮，细胞游离面有短的微绒毛和一根纤毛。纤毛

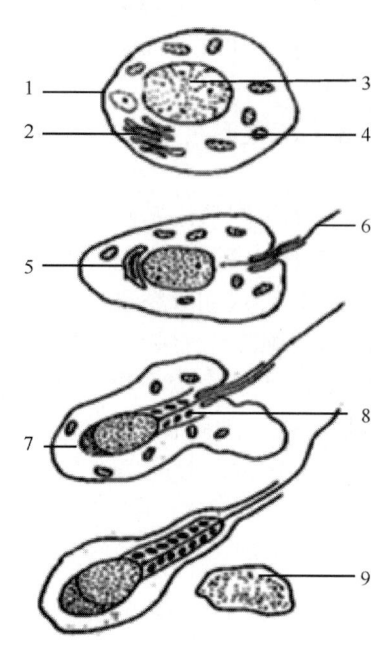

图8-8　精子的变态过程示意图
1—顶体颗粒　2—高尔基复合体　3—细胞核
4—线粒体　5—顶体囊泡　6—鞭毛
7—顶体　8—线粒体鞘　9—残余体

的摆动对管腔内液体有搅拌作用，有助于精子的运送。睾丸网管腔面极不规则。

二、附睾

附睾是储存精子和精子成熟的地方。呈新月形，附着于睾丸的附睾缘，分为附睾头、体、尾三部分。附睾头膨大，覆盖睾丸的头端，由十多条睾丸输出小管盘曲形成。附睾体、尾由睾丸输出小管合并形成的附睾管盘曲而成，其末端延续为输精管。附睾尾部是储存精子的主要部位，在附睾尾与睾丸尾间有睾丸固有韧带，在附睾尾与阴囊间有附睾尾韧带。

输出小管的上皮由无纤毛的低柱状细胞和有纤毛的高柱状细胞相间排列，故腔面显得凸凹不平，上皮基膜外有少量的平滑肌环绕。

附睾管高度盘曲，管腔较大，腔面也较平整，腔内含有大量精子及有关分泌物。上皮为假复层柱状上皮，游离面有细而长的微绒毛，基膜明显，基膜外侧有少量的结缔组织和一层环行平滑肌。上皮能够分泌促进精子成熟的物质，增强精子的运动能力。一般认为，生成于曲精小管的精子无运动能力，在附睾管经过一系列的成熟变化，获得运动能力，达到功能上的成熟，故附睾功能的异常，可影响精子的发育，导致不育。

三、输精管与精索

1. 输精管

输精管是将精子从附睾输送到尿道盆部的细管。起于附睾尾部的附睾管，沿附睾和精

索内侧上行，经腹股沟管入腹腔，在腹环处转折向后入盆腔，与输尿管共同行于尿生殖褶中，越过输尿管腹侧向后，最后开口于尿道盆部起始段背侧的精阜。除猪外，家畜输精管后段膨大，称为输精管壶腹，其中公马最发达，反刍兽次之，犬较小。反刍兽和马的输精管末端变细，与同侧的精囊腺导管汇合，形成射精管，开口于精阜。猪输精管与精囊腺管大多分别开口。犬因无精囊腺，输精管单独开口于尿道盆部。

输精管为壁厚腔小的肌性管道，管壁结构分黏膜、肌层和外膜三层。黏膜形成数条纵行的皱襞，上皮为假复层柱状上皮，其固有膜内含有较多的弹性纤维；肌层由内纵、中环和外纵三层平滑肌组成，外膜为纤维膜。输精管肌肉强力收缩时，有助于精液的快速排出。

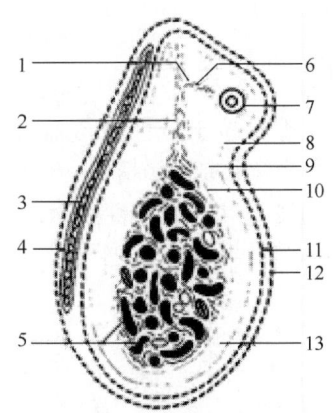

图8-9 鞘突近端部横切面示意图
1—精索系膜 2—睾丸近系膜
3—睾提肌 4—睾提肌筋膜
5—血管断面 6—输精管系膜
7—输精管 8—睾丸鞘膜壁层
9—鞘膜腔 10—睾丸鞘膜脏层
11—精索内筋膜 12—精索外筋膜
13—鞘突腔

2. 精索

精索是由睾丸血管、神经、淋巴管、平滑肌束及输精管等构成的扁平圆锥形结构，外被固有鞘膜；其基部附着于睾丸和附睾，上端达鞘膜管鞘环。精索经腹股沟管进入腹腔。精索内的睾丸动脉长而弯曲，睾丸静脉围绕动脉形成蔓状丛。猪和犬精索较长，牛次之，马较短。（图8-9）。

四、雄性尿道

雄性尿道是排出尿液和精液的管道（起始部一小段除外），又称为尿生殖道，分为盆部和阴茎部两部分，两部以坐骨弓为界，此处管腔变窄，称为尿道峡。

盆部位于骨盆腔底壁、直肠腹侧，起于膀胱颈的尿道内口，起始部背侧壁有一圆形隆起，称为精阜，有输精管和精囊腺导管开口。尿道内口至射精口的一段称为前列腺前部，是纯粹的尿道，其后为前列腺部，是尿液和精液的共同通道。

阴茎部位于阴茎腹侧，是阴茎的组成部分。沿阴茎腹侧的尿道沟向前延伸，在阴茎前端形成尿道突，有尿道外口与外界相通。

雄性尿道由黏膜、海绵层、肌膜和外膜构成。黏膜形成纵行皱褶，盆部有副性腺的开口，在尿道球腺开口处，牛和猪的黏膜形成半月形的黏膜襞或盲囊；黏膜被覆变移上皮，在尿道外口处移行为复层扁平上皮。固有层富含弹性纤维，在马和猪中有尿道腺。海绵层由黏膜下层中发达的静脉窦构成，阴茎部较发达，形成尿道海绵体。在尿道峡处，海绵体膨大形成阴茎球。肌膜的内层为平滑肌构成，牛又分为环肌（内）和纵肌（外）两层，猪仅环肌层，马仅纵肌层，犬环肌和纵肌相混杂；肌膜外层由横纹肌构成，牛、猪为环肌层，马为纵肌层，犬排列不规则。外层的横纹肌在盆部称为尿道肌，在阴茎部称为球海绵体肌。牛、羊的球海绵体肌不发达，仅覆盖在尿道球和尿道球腺的表面；猪的球海绵体肌发达，但向前延伸的距离较短；马的球海绵体肌分布较长，向前延伸至龟头。肌膜有协助射精和排空尿道中潴留的尿液的作用。外膜为结缔组织膜。

五、副性腺

副性腺是位于雄性尿道盆部周围的腺体，包括精囊腺、前列腺和尿道球腺（图 8 - 10）。其分泌物有稀释精子、营养精子和改善阴道环境等作用，有利于精子的运动和生存。副性腺的发育和功能受性激素的影响，如幼年去势家畜，腺体不能充分发育；性成熟后去势，腺体萎缩并停止分泌。

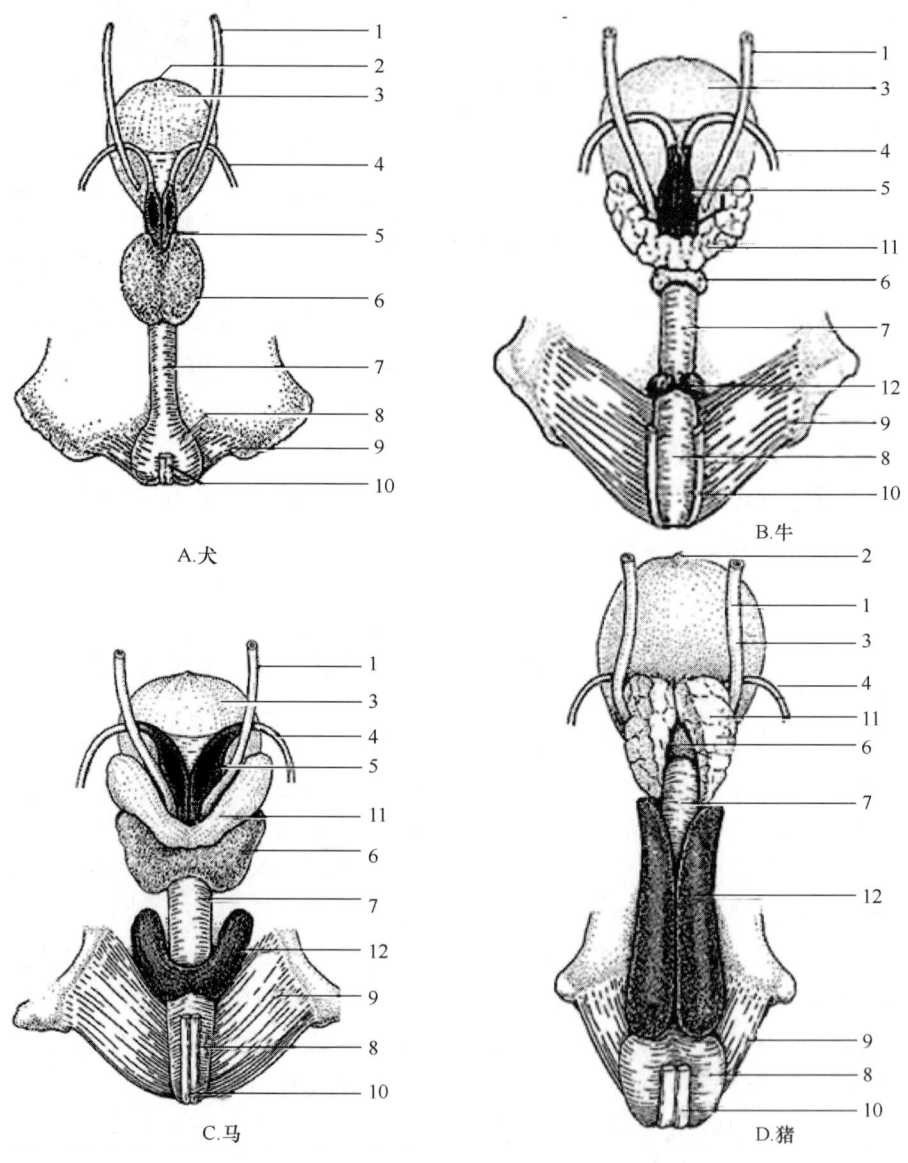

图 8 - 10　家畜副性腺示意图

1—输尿管　2—脐尿管瘢痕　3—膀胱　4—输精管　5—输精管壶腹　6—前列腺　7—尿道和尿道肌
8—球尿道海绵体肌　9—坐骨海绵体肌　10—阴茎缩肌　11—精囊腺　12—尿道球腺

1. 精囊腺

精囊腺一对，位于膀胱颈背外侧、输精管壶腹外侧，犬无精囊腺。牛的精囊腺较发达，为结实而分叶状的腺体；马的呈梨形囊状，又称为精囊，囊壁由腺组织构成；猪的特别发达，为三棱形、分叶状的淡红色腺体。马和牛的腺管与输精管汇合成射精管，经射精口开口于精阜；猪的精囊腺管直接开口于输精管开口旁的精阜上。精囊腺分泌白色或黄白色胶冻状液体，交配后在母畜阴道内形成栓塞防止精液流出；分泌物富含果糖，可为精子提供能量。

2. 前列腺

前列腺不成对，分为体部和扩散部。体部位于尿道盆部起始段背侧，扩散部位于尿道盆部管壁内，在海绵层与肌膜之间。牛、猪的前列腺体部较小，扩散部发达，包围尿道，羊无前列腺体部，仅有扩散部。马的前列腺体部由左、右叶和中间的腺峡组成。犬的前列腺体部为黄色球形，分左、右两叶，包围膀胱颈和尿道盆部起始部；扩散部薄，包围尿道盆部。前列腺小管较多，开口于精阜两侧或后方。前列腺分泌物可稀释精液，吸收精子产生的 CO_2，加强精子的活力。

前列腺的被膜为纤维膜，富含弹性纤维，基内还分布有平滑肌。腺实质主要由数十个复管泡状腺组成。腺泡的分泌部由单层立方上皮、单层柱状上皮及假复层柱状上皮构成。腺腔内常有分泌物浓缩形成的球形或卵形的嗜酸性板层小体，称为前列腺凝固体，此小体随年龄增长而增多，并可钙化为结石。腺泡之间有丰富的结缔组织和平滑肌。

3. 尿道球腺

尿道球腺一对，位于尿道盆部后端背侧。牛、马的尿道球腺为球形或卵圆形，猪的特别发达，呈柱形，位于尿道盆部后 2/3 两侧，部分被尿道球腺肌覆盖。犬无尿道球腺。马的尿道球腺管每侧有 6~8 条，开口于尿道盆部末端背侧的黏膜上；猪和牛每侧各 1 条，猪的开口于黏膜形成的盲囊内，牛的开口于半月形黏膜襞内，此黏膜襞给公牛导尿带来一定的困难。尿道球腺的分泌物稀薄而湿润，能湿润和清洁尿生殖道。

六、阴茎

1. 阴茎的一般构造

阴茎为雄性动物的交配器官，兼有排精和排尿的功能。阴茎分为阴茎根、体和游离部。阴茎根包括一对阴茎脚和尿道阴茎部起始段，阴茎脚左、右分开，附着于坐骨结节腹侧，外面被覆发达的坐骨海绵体肌。阴茎体由两阴茎脚汇合而成，成圆柱状，沿骨盆腹侧经两股之间向前延伸至腹底壁，并借阴茎悬韧带附着于骨盆腹侧面。游离部为阴茎游离的前端，包藏于包皮腔内，勃起时伸出，其形态因畜种而异，其前端除猪外形成阴茎头。

阴茎由皮肤、（浅、深）筋膜、阴茎海绵体和尿道阴茎部构成。阴茎海绵体为一长柱形体，构成阴茎背侧部，从阴茎脚向前伸达阴茎前端。背侧有阴茎背侧沟，供血管、神经通过，腹侧有尿道沟，容纳尿道阴茎部。阴茎海绵体外面包有致密结缔组织构成的白膜，白膜沿中轴形成阴茎中隔，明显程度因家畜而异，向内分出阴茎海绵体小梁，小梁之间的腔隙称为阴茎海绵体腔，实为扩大的毛细血管窦，充血时可使阴茎勃起。阴茎根据阴茎海绵体内结缔组织和海绵体腔的发达程度分为纤维型（牛、猪）、中间型（犬）和海绵型（马）三类。尿道阴茎部位于阴茎腹侧，中央为尿道，黏膜被覆变移上皮，在尿道外口处移行为复层扁平上皮，牛固有层内富含淋巴组织；尿道海绵体构造与阴茎海绵体的相似，在阴茎前端形成阴茎头海绵体，覆盖阴茎海绵体尖而构成阴茎头。阴茎的外层为皮肤，薄而柔软，富有伸展性（图8-11）。

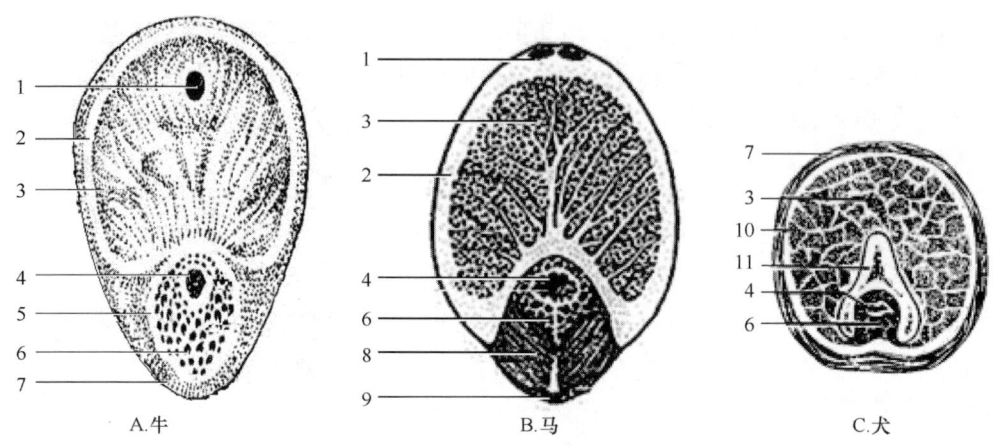

图8-11　家畜阴茎横切面示意图
1—阴茎海绵体血管　2—阴茎海绵体白膜　3—阴茎海绵体　4—尿道　5—尿道海绵体白膜
6—尿道海绵体　7—阴茎筋膜　8—球海绵体肌　9—阴茎缩肌　10—阴茎筋膜　11—阴茎骨

2. 阴茎肌

（1）坐骨海绵体肌　坐骨海绵体肌位于阴茎脚两侧，起于坐骨结节与坐骨弓，附着于阴茎脚。收缩时可压迫阴茎背静脉，使阴茎海绵体充血而呈勃起状态，所以称阴茎勃起肌。

（2）阴茎缩肌　阴茎缩肌为两条带状平滑肌，起于前几个尾椎或荐骨，经直肠和肛门两侧，至球海绵体肌后方，继而沿阴茎腹侧向前，止于阴茎头后方（马、犬）或乙状曲的第二曲处（牛、猪）。收缩时可使阴茎退缩。

（3）球海绵体肌　球海绵体肌由尿道肌伸延而成。牛的球海绵体肌仅覆盖于尿道球及尿道球腺表面；猪的球海绵体肌除覆盖于尿道球外，并稍后前延伸；马的球海绵体肌最发达，向前伸达阴茎头；犬的球海绵体肌也很发达，在尿道球处向后突出，易于在肛门下方摸到，并向前稍伸延。

3. 几种家畜阴茎特征

（1）牛和羊的阴茎　牛的阴茎属纤维型，呈圆柱状，坚实、细长，阴茎体在阴囊的后方形成一乙状弯曲，勃起时乙状曲伸直，射精后阴茎缩肌收缩，使阴茎头回复包皮腔内。阴茎游离部从后方观察时呈逆时针扭曲，使本应位于腹侧的尿道沟和阴茎缝位于阴茎右侧。阴茎头较小，右侧沟内有尿道突，顶端有小而呈狭缝样的尿道外口，因此牛排尿慢而呈喷射样。羊的尿道突较长，伸出阴茎头之外，绵羊的弯曲呈弓形，山羊的较短而直。射精时尿道突可迅速转动，将精液射在子宫颈外口周围。牛、羊阴茎海绵体白膜很厚，并包围于尿道阴茎部的外面，阴茎中隔只见于阴茎根至乙状弯曲第一曲处。

（2）猪的阴茎　猪的阴茎与牛相似，属纤维型阴茎，乙状曲位于阴囊和精索的前方，阴茎游离部呈螺旋状扭曲，尿道外口呈裂隙样，开口于阴茎头前端腹外侧。

（3）马的阴茎　马的阴茎粗大，呈左、右略扁的圆柱状，无乙状曲。马的阴茎属海绵型，因海绵体腔隙丰富，充血勃起时其长度可伸长1倍。阴茎头因海绵体发达而膨大，常称龟头，呈圆锥形，基部周缘隆凸，称阴茎头冠；阴茎头冠后方略微缩细，为阴茎头颈；阴茎头前腹侧有一凹窝，称阴茎头窝，内有尿道突，其上有尿道外口。

（4）犬的阴茎　犬的阴茎属中间型。呈圆柱状，阴茎体分海绵体部和骨部。海绵体部由二海绵体组成，借正中隔分开。骨部有阴茎骨，阴茎骨后端膨大，前端变细，形成纤维软骨突。阴茎头包在阴茎骨周围，分为阴茎头长部和阴茎头球。阴茎头长部位于阴茎骨细部周围，并向后延伸，覆盖于阴茎头球的前半。阴茎头球位于阴茎骨粗的近侧部周围，由尿道海绵体扩大而成；交配时极度扩张成球形，有助于阴茎在阴道内的存在，可延长阴茎在母犬阴道中的停留时间。

七、阴囊

阴囊是由腹壁形成的容纳睾丸、附睾和部分精索的囊袋。牛、马的阴囊位于两股之间，牛的呈瓶状，阴囊颈明显，皮肤呈淡的肉色，在阴囊颈前方常有2（1）对雄性乳头；马的呈球形，阴囊颈较明显，皮肤颜色较深或呈黑色。猪的阴囊位于肛门下方的股后部，与周围界线不明显。犬的阴囊呈球形，位于两股之间，约在包皮孔与肛门之间2/3处。阴囊壁的层次与腹壁相似，由外向内顺次为皮肤、肉膜、精索外筋膜、提睾肌、精索内筋膜和鞘膜壁层。

阴囊皮肤薄而有弹性，生有稀而短细的被毛，富含皮脂腺（猪无）和汗腺，有的家畜（马、犬）还含有色素。阴囊表面正中有阴囊缝，将其从外表分为左、右两半。

肉膜紧贴皮肤深面，相当于腹壁的浅筋膜，由含有弹性纤维的结缔组织和平滑肌束构成，沿阴囊的正中矢状面形成阴囊中隔，将阴囊腔分为互不相通的左、右两半。阴囊中隔背侧分为两层，沿阴茎两侧附着于腹壁。肉膜有调节阴囊内温度的作用，冷时肉膜收缩，使阴囊皮肤起皱，热时肉膜松弛，阴囊下垂。

精索外筋膜分两层，由腹外斜肌筋膜延续而来，以疏松结缔组织与肉膜和提睾肌及其筋膜相连。精索外筋膜在附睾尾附近与肉膜粘着，称为阴囊韧带。

提睾肌由腹内斜肌衍生而成，为横纹肌，经腹股沟管附着于总鞘膜的外侧和后面。提睾肌可上提睾丸和附睾靠近腹壁，与肉膜一起有调节阴囊内温度的作用。

精索内筋膜为腹横筋膜的延续，与其深面的鞘膜壁层愈合，合称为总鞘膜。

鞘膜壁层为腹膜壁层经腹股沟管延续至阴囊壁而成，贴衬于腹股沟管和阴囊壁内层。鞘膜壁层沿精索和睾丸系膜缘折转被覆于精索、睾丸和附睾表面，称为鞘膜脏层，又称为固有鞘膜，两者转折处形成睾丸系膜、附睾系膜和输精管系膜。鞘膜的壁层与脏层间的腔隙称为鞘膜腔，上部狭细称为鞘膜管，经鞘膜环与腹膜腔相通。如果鞘膜环扩大，腹腔中游离度较大的空肠会落入鞘膜管或鞘膜腔，引发腹股沟疝和阴囊疝。去势时，切开阴囊壁各层，切断附睾尾韧带和睾丸系膜，结扎、切断输精管和精索，才能摘除睾丸和附睾（图8-12）。

八、包皮

包皮为包裹阴茎游离部的双层皮肤鞘。外层与腹壁皮肤连续，结构与周围皮肤相似。内层无被毛和皮肤腺，但有淋巴小结和包皮腺，结构似黏膜，与外层疏松连接，内、外两

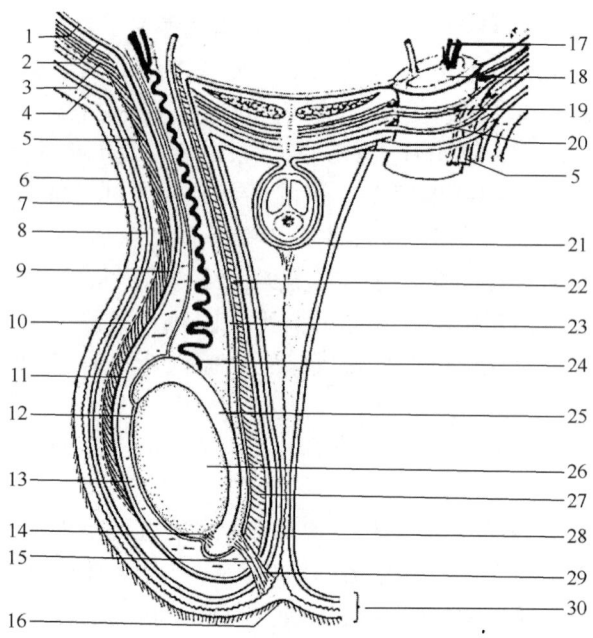

图8-12 牛阴囊和睾丸被膜示意图

1—腹膜 2—横筋膜 3—腹内斜肌 4—躯干浅筋膜 5—睾提肌 6—皮肤 7—肉膜 8—精索浅筋膜 9—精索深筋膜 10—睾提肌筋膜 11—睾丸鞘膜壁层 12—睾丸鞘膜脏层（睾丸外膜） 13—鞘突腔 14—睾丸固有韧带 15—附睾尾韧带 16—阴囊缝 17—睾丸血管、神经和淋巴管 18—鞘膜环 19—腹股沟深环 20—腹股沟浅环 21—阴茎 22—输精管系膜 23—输精管 24—睾丸动脉 25—附睾 26—睾丸 27—睾丸系膜 28—阴囊中隔 29—阴囊韧带 30—阴囊

层在包皮口处转折移行。包皮内层与阴茎游离部间形成包皮腔。

牛的包皮腔狭长，包皮口周围生有长毛；猪的包皮腔很长，前宽后窄，前部背侧壁有一圆口，通包皮憩室，包皮口周围生有长的硬毛；马的包皮与其他家畜的不同，内、外层折转移行处形成包皮口，内层形成圆筒状的包皮褶，包皮褶远侧折转处增厚形成包皮环；在包皮口的下方边缘，常有两个乳头，为发育不全的乳房遗迹（图8-13）；犬的包皮前部呈圆筒状。

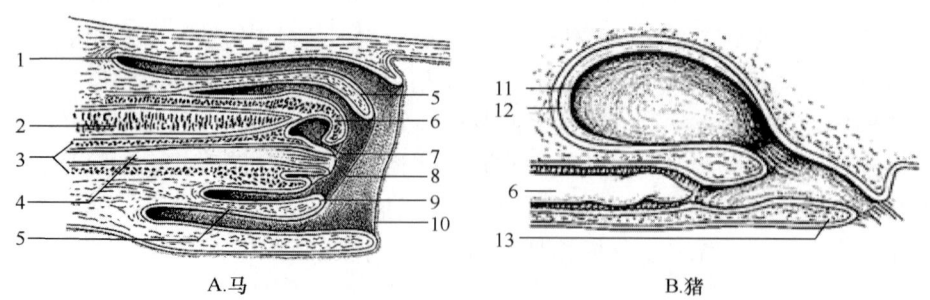

图8-13 马和猪的阴茎头和阴茎包皮示意图

1—包皮腔 2—阴茎海绵体 3—尿道海绵体 4—尿道 5—包皮褶 6—阴茎头 7—阴茎头窝 8—尿道突 9—包皮环 10—包皮口 11—包皮憩室 12—中隔 13—阴茎包皮

反刍兽和猪有一对包皮前肌和一对包皮后肌（猪有时缺如），犬有一对包皮前肌；包皮肌在交配时能将包皮向后牵拉使勃起的阴茎伸出，交配后能使包皮恢复原位。

第二节 雌性生殖器官

雌性生殖器官由内生殖器和外生殖器组成。内生殖器包括卵巢、输卵管、子宫、阴道和阴道前庭；外生殖器即外阴（图8-14、图8-15）。

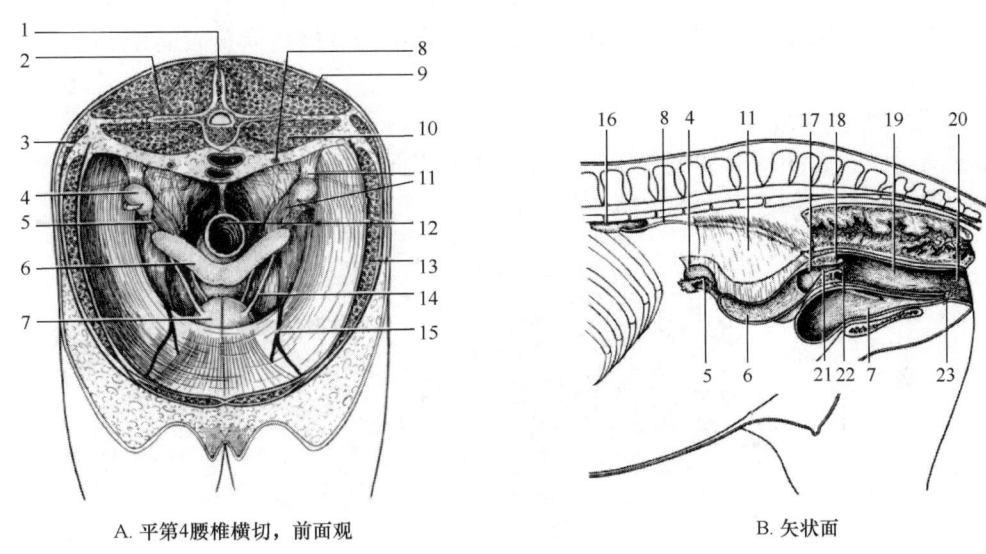

图8-14 母马生殖系统示意图

1—第4腰椎棘突 2—背最长肌 3—腹外斜肌 4—卵巢 5—输卵管 6—子宫角 7—膀胱 8—输尿管 9—臀中肌 10—腰大肌 11—子宫阔韧带 12—直肠 13—腹内斜肌 14—膀胱圆韧带 15—阴部腹壁动脉 16—肾 17—子宫体 18—子宫颈 19—阴道 20—阴道前庭 21—子宫颈 22—子宫颈外口 23—尿道外口

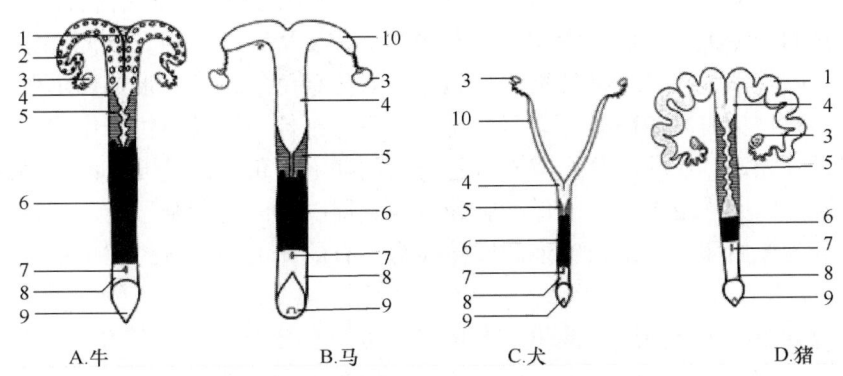

图8-15 家畜的雌性生殖器官示意图

1—角间韧带 2—子宫角和子宫阜 3—卵巢和输卵管 4—子宫体 5—子宫颈和子宫颈管 6—阴道 7—尿道外口 8—阴道前庭 9—阴门和阴蒂 10—子宫角

一、卵巢

1. 卵巢的形态与位置

卵巢是产生卵子和分泌雌激素的实质性器官。子宫的形态因物种不同而有差异，一般呈卵圆形或圆形，借卵巢系膜悬挂于肾后方的腰下部，猪和反刍兽的稍后移，位于盆腔入口处，经产后子宫垂向前下方。卵巢分两缘、两端和两面。卵巢背侧与卵巢系膜相连，称为卵巢系膜缘，系膜缘有神经、血管、淋巴管出入卵巢，此处称为卵巢门；卵巢腹侧为游离缘。前端与输卵管伞相接，称为输卵管端；后端借卵巢固有韧带与子宫角相连，称为子宫端。卵巢无专门的排卵管道，成熟卵泡破裂时，卵细胞直接从卵巢表面排出，此过程称为排卵。

2. 卵巢的组织结构

卵巢的组织结构随动物种类、年龄和性周期的不同而异，但都是由表面的被膜、浅层的皮质和深层的髓质构成（图8-16）。

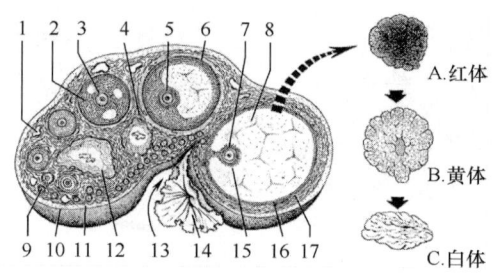

图8-16 卵巢构造示意图

1—血管 2—卵泡上皮 3—卵细胞 4—卵巢基质 5—透明带 6—生长卵泡 7—放射冠
8—卵泡腔 9—初级卵泡 10—浆膜 11—白膜 12—萎缩卵泡 13—排卵凹
14—输卵管漏斗 15—卵丘 16—颗粒层 17—卵泡膜

卵巢表面除系膜附着处，均被覆有表面上皮，幼年动物多呈单层立方形，随着年龄的增长逐渐变为扁平形。表面上皮下面为致密结缔组织构成的白膜。白膜伸入实质形成基质，由较致密的结缔组织构成，含大量的网状纤维和少量弹性纤维及胶原纤维。基质内的细胞呈梭形，胞核细长，是一种幼稚型细胞。基质的结缔组织参与形成卵泡膜及间质腺。

卵巢的实质包括皮质和髓质，大多数动物皮质位于外周，髓质位于中央，而马属动物皮髓质位置正好相反。皮质内分布着发育各阶段的卵泡、黄体及填充其间的基质。

卵巢皮质内的卵泡由中央的卵母细胞和包在它周围的卵泡细胞组成。根据发育程度的不同，卵泡分为原始卵泡、生长卵泡和成熟卵泡。有的卵泡在发育过程中退化，称为闭锁卵泡。

原始卵泡分布于皮质浅层，体积小数量多，可散在分布（马、猪和反刍兽），或聚集成群（肉食兽）。每个原始卵泡由中央的一个初级卵母细胞和周围一层扁平的卵泡细胞构成。多胎动物可看到2~6个初级卵母细胞。初级卵母细胞处于第一次成熟分裂前期，直到性成熟，原始卵泡才陆续生长发育。

生长卵泡由原始卵泡生长发育而成。根据发育阶段不同，生长卵泡又分为早期生长卵泡（初级卵泡）和晚期生长卵泡（次级卵泡）两个连续的阶段。

初级卵泡是原始卵泡开始发育到卵泡腔形成前的阶段。光镜下观察时其主要特点是：初级卵母细胞体积增大，胞质内卵黄颗粒及线粒体增多；细胞周围出现一层嗜酸性物质，称为透明带，是初级卵母细胞和卵泡细胞共同分泌的产物，主要成分为糖蛋白；卵泡细胞由扁平形逐渐发育成立方或柱状，由单层细胞分裂增殖为多层细胞。电镜下可见卵母细胞表面有很多微绒毛伸入透明带，卵泡细胞也有许多突起伸向透明带，两者在透明带内密切接触，有利于卵泡细胞将营养物质输送给卵母细胞。随着初级卵泡体积增大，卵泡周围的结缔组织围绕卵泡形成很薄的卵泡膜。

在次级卵泡，卵泡细胞增至2~6层，由于卵泡细胞不断地分泌卵泡液，使卵泡细胞间出现许多小的腔隙，并逐渐融合成大的卵泡腔。在卵泡液的挤压下，卵母细胞和其周围的一部分卵泡细胞移至卵泡一侧形成一丘状隆起，称为卵丘。卵母细胞周围柱状的卵泡细胞围绕透明带呈放射状排列，称为放射冠；衬在卵泡内壁的卵泡细胞，呈数层密集排列，称为颗粒层，这一部分卵泡细胞改称为颗粒细胞。与此同时，卵泡膜也分化为内外两层，内层含较多的网状纤维和梭形或多边形细胞（膜细胞），毛细血管丰富，细胞可分泌雌激素；外层为结缔组织膜，血管较少，有平滑肌纤维分布，富含胶原纤维，与周围组织无明显界限。

生长卵泡发育到最后阶段称为成熟卵泡。由于卵泡液激增，使成熟卵泡体积显著增大，向卵巢表面隆起，卵泡腔也变得更大，卵泡细胞停止增生，故颗粒层逐渐变薄；卵泡膜内外两层分界更清。初级卵母细胞完成成熟分裂的第一次分裂，生成一个较大的次级卵母细胞和一个很小的第一极体。第一极体位于次级卵母细胞和透明带间的间隙（卵周隙）内。次级卵母细胞随即进入成熟分裂的第二次分裂，但停滞在分裂中期。

由于卵泡液迅速增多，卵泡体积进一步增大，突出于卵巢表面，颗粒层及卵泡膜逐渐变薄，并出现一个卵圆形透明小区，称为小斑。此时，卵泡液及卵泡壁的胶原酶、透明质酸酶活性增强，分解卵泡壁及白膜，小斑处首先破裂，卵细胞、透明带及周围的放射冠随卵泡液一起排出，此过程称为排卵。

排卵后，卵泡壁塌陷，卵泡膜的血管破裂出血，使卵泡腔内充满血液，称为血体（红体）。在垂体分泌的促黄体生成素作用下，颗粒层细胞增大变为多角形，胞质内出现类脂颗粒，发育成粒性黄体细胞；卵泡膜内层细胞也发生类似变化，形成体积较小，胞质着色较深的膜性黄体细胞，至此，血体转变为黄体。卵泡膜外层形成黄体被膜。

一般认为粒性黄体细胞分泌孕酮，膜性黄体细胞分泌雌激素。孕酮可刺激子宫腺的分泌和乳腺的发育，并抑制垂体分泌促卵泡激素，抑制卵泡的发育。

黄体形成后发育很快，其存在时间的长短取决于排出的卵细胞受精与否，如果卵细胞未受精，黄体维持两周左右即退化，此种黄体称为假黄体；如果卵细胞受精，黄体继续维持其大小和分泌功能达数月，称为真黄体或妊娠黄体。

马、牛和肉食兽的黄体细胞内含有一种黄色的脂色素，称为黄体色素，故新鲜时整个黄体呈黄色，猪和羊的黄体细胞缺少这种色素，黄体色淡，呈肉色。

卵巢内大多数的卵泡都不能发育成熟，而在各发育阶段中逐渐退化，这些退化的卵泡称为闭锁卵泡。原始卵泡退化的最多，且不留任何痕迹；初级卵泡退化时，卵细胞萎缩，透明带皱缩，卵泡细胞离散，结缔组织侵入卵泡内形成瘢痕；次级卵泡退化时，卵母细胞核偏位、固缩，透明带塌陷，颗粒层松散并脱落入卵泡腔，卵泡壁塌陷，内膜细胞体积增大，被结缔组织分隔成团索状，在啮齿兽和肉食兽中形成间质腺。

卵巢髓质由富含弹性纤维的疏松结缔组织构成，其中分布有大量的血管、淋巴管及神经。在卵巢门处还有少量的平滑肌纤维。在卵巢门靠近卵巢系膜根部有成群的上皮样细胞，称为门细胞，其形态结构与睾丸间质细胞相似，能分泌少量雄激素。

3. 几种家畜卵巢的特征

（1）牛的卵巢 牛的卵巢较小，为略扁的椭圆形，羊的为球形，表面因有凸出的黄体或卵泡而不平整。卵巢位于骨盆腔前口侧缘的中部略下方，怀孕和经产母牛的卵巢前移入腹腔，位于耻骨前缘的前下方。牛每一卵巢重15~19g。

（2）猪的卵巢 猪的卵巢呈卵圆形，其位置、形态因年龄而异。性成熟前较小，表面光滑，位于荐骨岬两侧稍后方，腰小肌腱附近。接近性成熟时，体积增大，表面有许多突出的卵泡，呈桑葚状，位于髋结节前缘横切面处的腰下部。性成熟后及经产母猪卵巢的体积更大，表面因有卵泡和黄体突出而呈结节状，卵巢前移至膀胱之前，髋结节前缘约4cm的横断面上或在髋结节与膝关节连线中点的水平面上。体重150kg的母猪，每一卵巢重8~14g。

（3）马的卵巢 马的卵巢最大，呈豆形，游离缘有一凹陷，称为卵巢窝，成熟的卵泡仅由此处排出。位于第4（右侧）~5（左侧）腰椎横突的腹侧，距顶壁8~10cm处。每一卵巢重40~80g。

（4）犬的卵巢 犬的卵巢小，呈长圆形，表面因有卵泡和黄体突出而呈结节状。位于肾后方、第3~4腰椎横突腹侧，完全包在卵巢囊内。

二、输卵管

输卵管是输送卵子和受精的弯曲的肌性管道，位于卵巢与子宫角之间的输卵管系膜内，外侧的输卵管系膜与内侧的卵巢固有韧带、卵巢系膜和卵巢共同构成卵巢囊，藏纳卵巢。卵巢囊是保证卵巢排出的卵细胞顺利进入输卵管的一个有利条件。输卵管可分为漏斗部、壶腹部、峡部和子宫部4段。

输卵管漏斗部为输卵管卵巢端漏斗状的膨大部分。其游离缘有许多不规则的皱褶，形似伞状，称为输卵管伞。中央有与腹膜腔相通的输卵管腹腔口。输卵管壶腹部为输卵管从腹腔口到峡部管腔较粗的部分，是精子和卵子结合受精的部位。输卵管峡部为输卵管后段连接子宫角的狭窄部分。子宫部为输卵管末端位于子宫壁内的部分，短而窄，以输卵管子宫口开口于子宫角一小的乳头上，见于马和食肉类。在猪和反刍兽中，输卵管逐渐延续为子宫角（图8-17）。

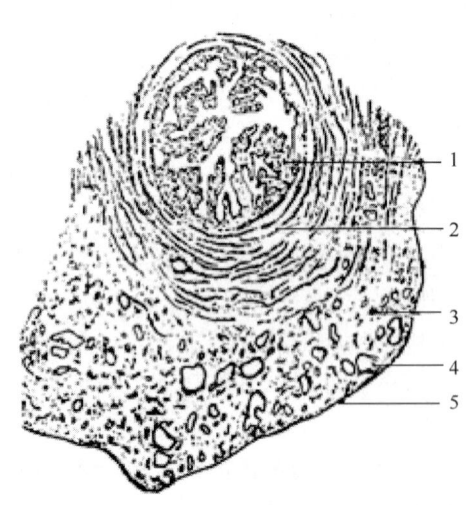

图8-17 输卵管壶腹部组织构造示意图
1—黏膜皱襞 2—环肌层 3—纵肌层
4—血管 5—外膜（浆膜）

家畜种类不同，输卵管形态有一定差异。牛的输卵管较长，弯曲度中等，壶腹不明显，与子宫角之间无明显界限，卵巢囊宽大。猪的输卵管长，壶腹部较粗而弯曲，后部较细而直，与子宫角之间无明显分界，卵巢囊宽大。马的输卵管较长，输卵管壶腹部明显且特别弯曲，有子宫部，输卵管与子宫之间界限明显，卵巢囊浅。犬的输卵管较短较细，弯曲较少，卵巢囊深。

输卵管壁由黏膜、肌膜和浆膜三层构成，无黏膜下组织。黏膜形成许多纵行的皱褶，以壶腹部最多，且反复分支；近子宫端，皱褶减少而低矮。黏膜上皮为单层柱状上皮（猪、反刍兽有一部分为假复层柱状上皮）。上皮细胞分为有纤毛的柱状细胞和无纤毛的分泌细胞，纤毛细胞的纤毛的摆动有助于卵的运送，分泌细胞的分泌物供给卵的营养。固有膜由疏松结缔组织构成，含有多种细胞（如浆细胞、肥大细胞及嗜酸性粒细胞）血管、平滑肌束。肌膜由内环、外纵两层平滑肌构成，在峡部最厚，因有的肌束呈螺旋状排列，故层间分界不明显。

三、子宫

1. 子宫的形态与类型

子宫为孕育胎儿的肌性器官。前与输卵管相接，后与阴道相通，大部分位于腹腔内，小部分位于盆腔内，借子宫系膜（子宫阔韧带）附着于腹腔顶壁和盆腔侧壁。

根据左、右两侧子宫的合并程度，哺乳动物的子宫分为三种类型。

（1）双子宫　双子宫的左、右两侧子宫未合并，独立存在，分别开口于阴道，或以一共同口开口于阴道。见于袋鼠、兔等。

（2）单子宫　单子宫的左、右两侧子宫完全合并，仅形成单一的子宫体，以子宫颈开口于阴道。见于人和高等灵长类。

（3）双角子宫　双角子宫左、右两侧子宫仅后部合并，形成子宫体和子宫颈，前部仍然分开，为左、右子宫角。家畜均为双角子宫，子宫角位于腹腔内，子宫体呈圆筒状，位于骨盆腔内，部分在腹腔内。子宫颈位于骨盆腔内，阴道前方的部分称为阴道前部，突入阴道内的部分称为阴道部。子宫颈壁厚，内腔狭窄，称为子宫颈管；子宫颈管分别以子宫内口和外口与子宫体和阴道相通。子宫角与子宫体的内腔称为子宫腔。

牛、羊的子宫的子宫角前部左、右分开，先弯向前外下方，在转向后上方，卷曲呈绵羊角状；后部左、右合并，分叉处有角间背侧、腹侧韧带相连。子宫体很短。子宫颈长，有阴道部。子宫角和子宫体的内膜上有许多个圆或卵圆形隆起，称为子宫阜，是形成胎盘的地方。羊子宫阜60多个，顶部凹陷。左、右子宫角后部之间有子宫帆，故有人称其为双分子宫。子宫颈管因黏膜突起互相嵌含而呈螺旋状，平时紧闭。子宫外口的黏膜形成辐射状的皱襞，形似菊花。

猪的子宫的子宫角特别长，弯曲似小肠袢，子宫体很短，子宫不发达，无子宫阜；子宫颈长，无阴道部，与阴道间无明显界限；子宫颈黏膜形成两列半球形隆起，称为子宫颈枕，相间排列，因此子宫颈管呈螺旋状。

马的子宫呈Y形，左、右子宫角完全分开，为典型的双角子宫。子宫角略弯曲呈弓形，子宫体较长，约与子宫角等长，子宫内膜无子宫阜；子宫颈短，有明显的子宫颈阴道部，子宫外口的黏膜褶呈花冠状。

犬的子宫角细长而直，子宫体短（2~3cm），子宫颈最短（1cm），子宫颈有阴道部。

2. 子宫的组织结构

子宫壁由黏膜（内膜）、肌膜和浆膜组成。子宫内膜上皮在马和犬为单层柱状上皮，猪和反刍兽为假复层或单层柱状上皮。固有膜的浅层细胞成分较多；深层细胞成分较少，内有子宫腺。子宫腺为分支管状腺，其多少因动物物种、胎次和发情周期而异，其分泌物有营养早期胚胎的作用。牛、羊的子宫阜上无子宫腺。肌膜厚，分为内环肌层和外纵肌层，内层较厚，两者之间为血管和神经分布的血管层。牛、羊的子宫阜的血管层特别发达。子宫外膜为浆膜（图8-18）。

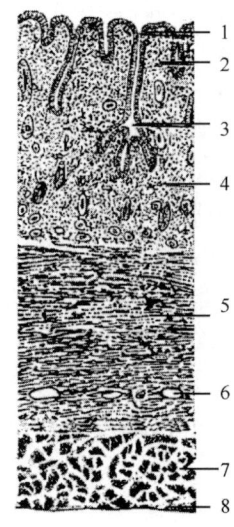

图8-18 子宫壁组织构造示意图
1—子宫腺口 2—固有膜浅层 3—子宫腺
4—固有膜深层 5—环肌层
6—血管 7—纵肌层 8—外膜（浆膜）

3. 子宫的固定

子宫阔韧带为固定子宫、输卵管和卵巢的腹膜襞，由两层浆膜构成，其内含有分布于卵巢、输卵管和子宫的血管、淋巴管和神经，还含有平滑肌组织，与子宫肌的外纵层相连续，在分娩过程中有助于提升下坠的子宫，以利胎儿产出。子宫阔韧带分为子宫系膜、输卵管系膜和卵巢系膜三部分。卵巢系膜为阔韧带前的前部。输卵管系膜起始于卵巢系膜外侧面。子宫系膜与子宫的系膜缘相连，其外侧缘为子宫圆韧带，为胚胎期部分脐动脉退化的遗迹。子宫系膜中含有三条血管，分别是卵巢动、静脉的子宫支，子宫动、静脉和阴道动、静脉的子宫支。其中子宫动脉在妊娠时明显增粗。

四、阴道和阴道前庭

阴道和阴道前庭是雌性动物的交配器官和产道，均为中空的肌性器官。阴道位于子宫颈与阴道前庭之间，背侧为直肠，腹侧为膀胱和尿道，牛、马、犬阴道腔前部因有子宫颈阴道部突入而形成环形（马）或半环形隐窝（牛），称为阴道穹窿；阴道腔后端与阴道前庭间以尿道外口为界，在尿道外口紧前方有阴道黏膜形成的环行襞（马、猪）或横襞（牛），称为阴瓣，以驹和仔猪最为发达。

阴道壁由三层构成。黏膜形成纵褶，衬以复层扁平上皮，固有膜内无腺体；肌膜分为内环、外纵两层；外层为发达的疏松结缔组织，含有许多血管。

阴道前庭位于阴道和外阴之间，黏膜为复层扁平上皮，呈淡红至黄褐色，常形成纵褶。黏膜内有淋巴小结、前庭大腺和前庭小腺。前庭大腺位于前庭外侧壁，见于牛和猫，偶见于绵羊。前庭小腺位于前庭外侧和/或腹侧壁，见于犬、猪、绵羊和马。在阴道前庭前方、尿道外口的腹侧，牛、猪有一短盲囊，称为尿道下憩室，导尿时应注意。阴道前庭壁内有黏膜下静脉丛，在马和犬形成勃起组织，称为前庭球，位于前庭侧壁。静脉丛外有前庭缩肌，向后与阴门缩肌延续，两肌相当于公畜的球海绵体肌。

176

五、雌性外阴

外阴（阴门）为雌性生殖器官的末部，属外生殖器，由左、右阴唇构成。两阴唇之间形成阴门裂，背、腹端分别称为背侧连合和腹侧连合。在阴唇腹侧连合内有阴蒂窝，内有小而突出的阴蒂头，与雄性动物的阴茎为同源器官，由阴蒂海绵体组成。阴蒂分为阴蒂脚、体和头三部分。牛的阴蒂头呈锥形，阴蒂窝不明显。猪的阴蒂体长而弯曲，阴蒂头不发达，位于浅而狭的阴蒂窝内。马的阴蒂发达，阴蒂头圆而膨大，位于深的阴蒂窝内，通常在阴门裂的腹侧端可以看到。犬阴蒂体发达，阴蒂头不发达，略突出于浅的阴蒂窝内。

第九章 心血管系统

心血管系统由心脏和血管两部分构成，心脏是脉管系的主要动力器官，血管构成心血管系统的血液循环管道（图9-1）。

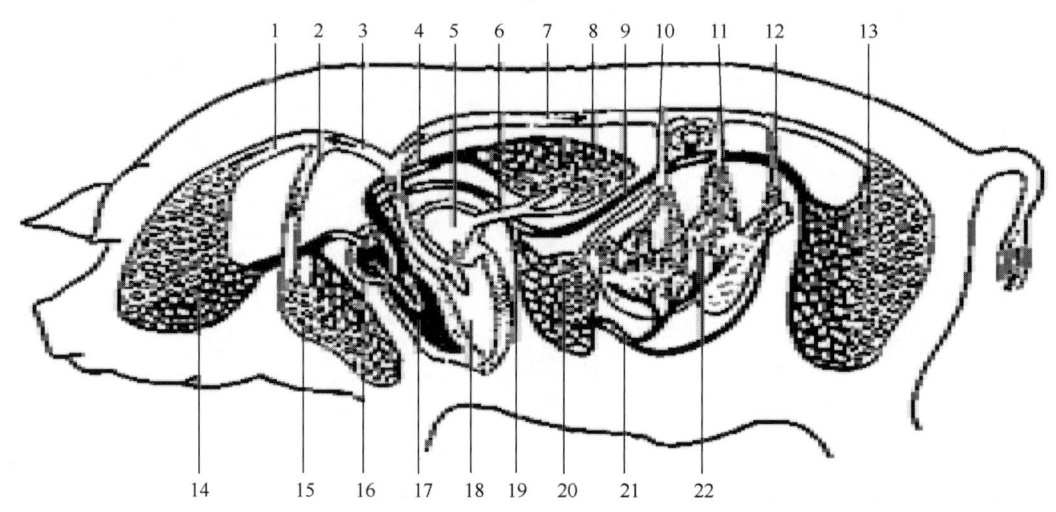

图9-1 猪血液循环示意图

1—颈总动脉 2—腋动脉 3—臂头动脉 4—肺动脉 5—左心房 6—肺静脉 7—主动脉
8—肺毛细血管网 9—后腔静脉 10—腹腔动脉 11—肠系膜前动脉 12—肠系膜后动脉
13—骨盆和后肢毛细血管网 14—头颈部毛细血管网 15—前肢毛细血管网 16—右心房
17—右心室 18—左心室 19—肝静脉 20—肝毛细血管网 21—门静脉 22—胃肠道毛细血管网

第一节 心　　脏

一、心脏的形态和位置

心为中空的肌质器官，呈倒圆锥形，外有心包包围。心的上部宽大，为心底，与出入心的大血管相连，位置固定。心的下部尖而游离，为心尖。心的前缘隆凸，称为右心室缘；后缘短而平直，称为左心室缘；心的左侧面称为心耳面，右侧面称为心房面。心底有呈C形的冠状沟，将心分为上部的心房和下部的心室。心室左、右侧面各有一纵沟，分别称为锥旁室间沟（左纵沟）和窦下室间沟（右纵沟），为左、右心室外表的分界标志。牛、羊的左心室缘还有一条中间沟，向下伸向心尖。上述沟内有营养心的血管和脂肪（图9-2）。

心位于胸纵隔内，夹于左、右肺之间，略偏左侧（马心约3/5、牛心约5/7位于正中

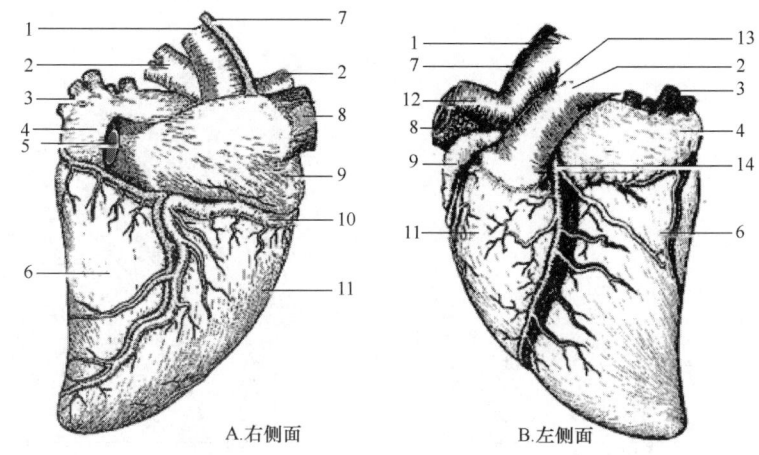

图 9-2 马心示意图

1—主动脉 2—肺动脉 3—肺静脉 4—左心房 5—后腔静脉 6—左心室 7—奇静脉 8—前腔静脉
9—右心房 10—右冠状动脉 11—右心室 12—臂头动脉干 13—主动脉韧带 14—左冠状动脉

线左侧），在第3至第6肋骨之间。牛心底约位于肩关节水平线上，心尖距膈2~5cm；马心底约位于胸中点稍下方，心尖距膈5~8cm，距胸骨1~2cm。

二、心腔构造

心腔由房间隔和室间隔分为左、右两半，每半由房室隔分为心房和心室，同侧的心房与心室经房室口相通（图9-3~图9-5）。

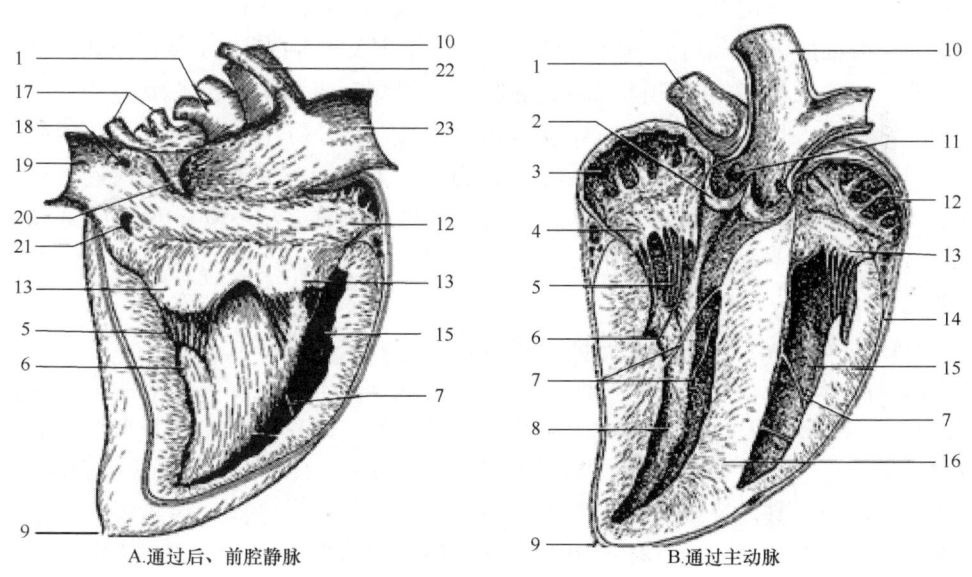

图 9-3 马心纵切面示意图

1—肺动脉 2—主动脉瓣 3—左心房 4—二尖瓣 5—腱索 6—乳头肌 7—心横肌 8—左心室 9—胸骨心包韧带
10—主动脉 11—冠状动脉口 12—右心房 13—三尖瓣 14—心包腔 15—右心室 16—室间隔
17—肺静脉 18—卵圆窝 19—后腔静脉 20—静脉间嵴 21—冠状窦 22—奇静脉 23—前腔静脉

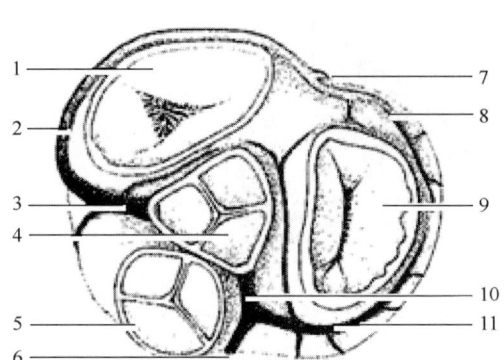
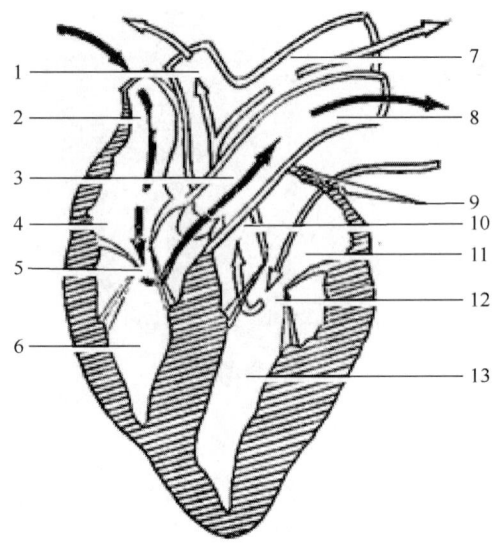

图9-4 马心经心房横切面示意图
1—右房室口和三尖瓣 2—右旋支 3—右冠状动脉
4—主动脉口和主动脉瓣 5—肺动脉口和肺动脉瓣
6—圆锥旁室间支 7—窦下室间支 8—左冠状支
9—左房室口和二尖瓣 10—左冠状动脉 11—左旋支

图9-5 血液在心腔内的通路示意图
1—臂头动脉总干 2—前腔静脉及后腔静脉
3—肺动脉口 4—右心房 5—右房室口 6—右心室
7—主动脉 8—肺动脉 9—肺静脉 10—主动脉口
11—左心房 12—左房室口 13—左心室

1. 右心房

右心房位于心底右前部，由腔静脉窦和右心耳组成。腔静脉窦为静脉的入口部，背侧壁及后壁分别有前腔静脉和后腔静脉的开口，两腔静脉口之间有半月形的静脉间结节，具有分流血液、避免互相撞击的功能。后腔静脉口的腹侧有冠状窦，为心大静脉、心中静脉以及牛的左奇静脉入口处，窦口常有瓣膜（冠状窦瓣），可防止血液倒流。在后腔静脉口附近的房间隔上，有浅深不一的凹窝，称为卵圆窝，为胚胎时期卵圆孔的遗迹。

右心耳为锥形盲囊，尖端向左伸达肺干前方，内面有许多梳状肌，终止于终嵴。右心房经右房室口与右心室相通。

2. 右心室

右心室位于右心房腹侧，略呈曲面三角形，不达心尖，室底有右房室口和肺干口，室腔有乳头肌及隔缘肉柱。乳头肌有三个，一个在前壁，两个在室间隔。隔缘肉柱也称为心横肌，连于心室侧壁与室间隔之间，有防止心室过度扩张的作用。右房室口为右心室的血液入口，呈卵圆形，由致密结缔组织构成的纤维环围成。口的周缘有三片三角形的瓣膜，由心内膜折转形成，其游离缘有腱索与乳头肌相连，称为右房室瓣或三尖瓣；当心室收缩时，室内压上升高于房内压时，使瓣膜互相合拢而关闭右房室口，由于腱索和乳头肌的牵引，可防止瓣膜向心房翻转和血液倒流。肺动脉干口位于右心室左上方，为右心室的血液出口，由纤维环围成。口的周缘有三片口袋状的瓣膜，袋口朝向肺动脉干，称为肺动脉干瓣或半月瓣；当心室舒张时，室内压下降低于肺动脉干压时，血液注入袋腔使瓣膜互相靠拢，从而关闭肺动脉干口，以防止血液逆流入心室。靠近肺动脉干口处的右心室部分称为

第九章 心血管系统

动脉圆锥。

3. 左心房

左心房位于心底的左后部，其构造与右心房相似。左心房背侧壁的后部，有5~8个肺静脉口。左心耳为锥形盲囊，其盲端向前伸达肺动脉干后方，腔内有梳状肌。左心房经左房室口与左心室相通。

4. 左心室

左心室位于左心房腹侧，呈圆锥状，其构造与右心室相似。室底朝上，有主动脉口和左房室口；室尖向下，伸达心尖；室腔内有乳头肌两个，隔缘肉柱有两条，均较粗。左房室口为左心室的血液入口，圆形或卵圆形，由纤维环围成，口的周缘有二片三角形的瓣膜，其游离缘借腱索与心室乳头肌相连，称为左房室瓣，或二尖瓣、僧帽瓣。功能与右房室瓣相同。主动脉口位于心基中部，为左心室的出口，呈圆形，其纤维环上附着有三片袋状的主动脉瓣，牛的纤维环内有左、右二块心骨，马、猪、犬则为心软骨，老年常骨化。

三、心壁构造

心壁由心外膜、心肌和心内膜构成（图9-6）。

1. 心外膜

心外膜为覆盖心表面的浆膜，即心包浆膜的脏层，表面光滑、湿润，内含小的血管、淋巴管、神经、脂肪细胞等。

2. 心肌

由心肌组织构成，被房室口纤维环分隔成心房肌和心室肌两个独立的肌系，因此心房和心室可在不同时间内收缩和舒张。心房肌薄，分浅、深两层，浅层为左、右心房所共有，深层为各心房所独有，由袢状肌和环状肌组成。心室肌厚，左心室最厚，约为右心室壁的3倍。心室肌分外斜行、中环行和内纵行三层。浅层起始于房室口的纤维环，呈螺旋形绕至心尖，形成心涡后，终止于对侧心室的乳头肌；浅层肌穿过对侧中层肌而成为深层肌。中层起始于乳头肌，呈"∽"形，经心室壁、室间隔和另一心室壁而止于乳头肌。

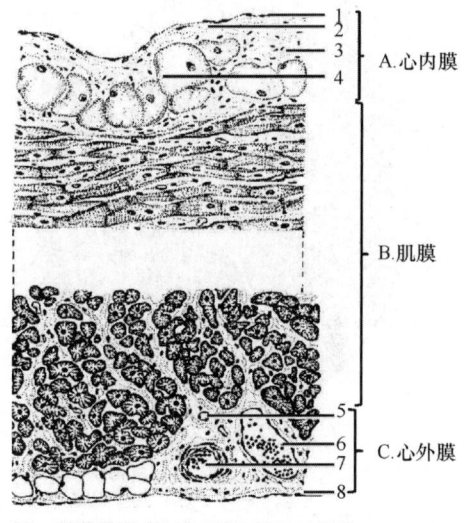

图9-6 心壁构造示意图
1—内皮 2—内皮下层 3—心内膜下层
4—浦肯野纤维 5—毛细血管 6—小静脉
7—小动脉 8—间皮

在心房肌内有特殊的内分泌肌细胞，胞质内含有特殊的分泌颗粒——肽类物质，称为心房利钠尿多肽，具有利尿、排钠、扩张血管、降血压的功能。

3. 心内膜

心内膜可分成三层：腔面为内皮；内皮的深层为内皮下层，由薄层致密的结缔组织构成；心内膜下层由疏松结缔组织及其中的血管、神经和蒲金野氏纤维构成。

心内膜与大血管的内膜相延续，并在房室口和动脉口皱褶，形成房室瓣、肺干瓣和主动脉瓣，瓣膜表面覆盖内皮细胞，内部为致密结缔组织。

四、心脏特殊传导系统

心传导系统由特殊的心肌纤维所组成，能自发性地产生和传导兴奋，从而使心肌进行有规律的收缩和舒张。心传导系包括窦房结、房室结、房室束（干和脚）和浦肯野纤维。窦房结为心的正常起搏点，位于前腔静脉与右心耳之间的终沟内，在心外膜下；由薄而分支的结细胞网织构成，与心房肌相连。房室结位于房间隔右心房面的心内膜下，在冠状窦口的前下方；由排列不规则的小分支细胞构成，与心房肌和房室束相连。房室束干为房室束短而圆或扁的近侧部分，始于房室结，穿过纤维环至室间隔上部，向下分为左、右两束，分别沿室间隔的左、右侧面心内膜向下伸延，分支分布于室间隔，并有分支经隔缘肉柱分布于心室侧壁。房室束左、右束的细小分支最后在心内膜下交织成网，即浦肯野纤维网。一般认为窦房结的兴奋性最高，能自动产生节律性的兴奋，传至心房肌，使心房收缩；同时经心房肌传至房室结，再经房室束干、脚及浦肯野纤维传至心室肌，使心室收缩。在病理情况下，如心传导系发生异常兴奋点或传导阻断，就会出现心律失常（图9-7）。

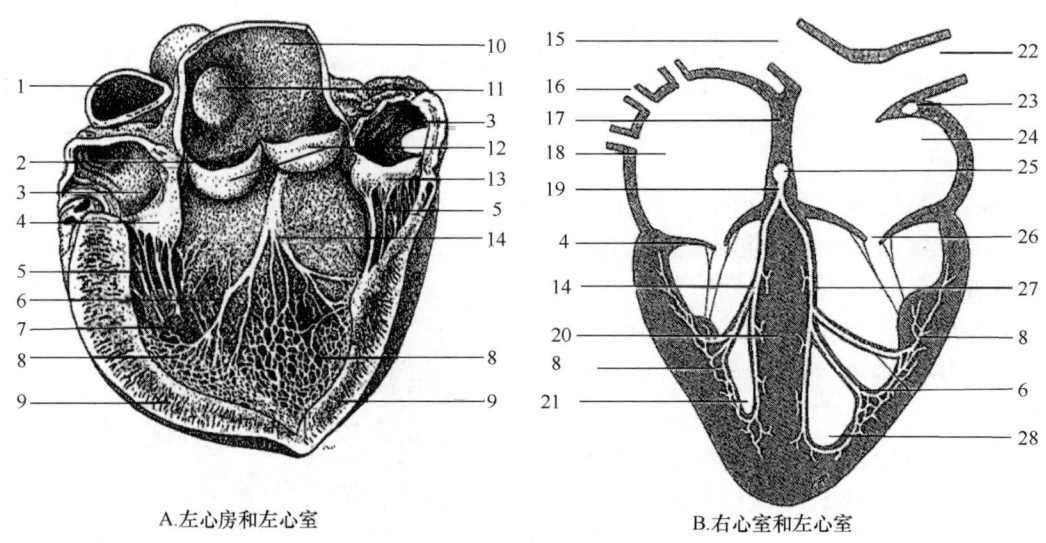

图9-7 心脏的传导系统示意图

1—肺动脉干 2—右冠状动脉支 3—左心房 4—左房室口和二尖瓣 5—腱索 6—肌束（隔缘肉柱）
7—乳头肌 8—浦肯野纤维 9—左心室壁 10—主动脉 11—臂头动脉干 12—主动脉半月瓣 13—房室瓣
14—左束 15—后腔静脉 16—肺静脉 17—房间隔 18—左心房 19—His束 20—室间隔 21—左心室
22—前腔静脉 23—窦房结 24—右心房 25—房室结 26—右房室口和三尖瓣 27—右束 28—右心室

五、心的血管

1. 动脉

营养心的动脉称为冠状动脉，分左、右两支。左冠状动脉起始于主动脉的左后窦，从左心耳与动脉圆锥之间穿出，入冠状沟。牛的左冠状动脉粗大，分出锥旁室间支和中间支（左室缘支），后延续为旋支，左冠状动脉和锥旁室间支在冠状沟内延伸，中间支沿左纵沟延伸，有少数水牛在心右侧面转折为窦下室间支，在同名沟内向下伸达心尖。马的左冠动脉较细，分出锥旁室间支后延续为旋支。犬的左冠状动脉粗大，比右冠状动脉大一倍，分支与马的相同。猪的左冠状动脉较粗。右冠状动脉起始于主动脉的前窦，从肺干和右心耳之间穿出，入冠状沟。牛的右冠状动脉较细，在多数个体伸至窦下室间沟而成为窦下室间支。马的右冠状动脉较粗，分出窦下室间支后延续为旋支。猪、犬右冠动脉的分支与马的相同。

2. 静脉

心的静脉有心大静脉、心中静脉、心右静脉和心最小静脉。心大静脉起始于心尖附近，与左冠状动脉的锥旁室间支伴行，自锥旁室间沟向上伸延入冠状沟，绕过左心室缘至心房面，开口于右心房的冠状窦。心中静脉起始于心尖附近，与右冠状动脉的窦下室间支伴行，沿窦下室间沟向上延伸，开口于冠状窦。心右静脉有数支，沿右心室上行，横过冠状沟注入右心房。心最小静脉数目较多，位于心肌内，注入所有心腔，主要为右心室和右心房。

六、心包

心包为包在心外的纤维浆膜囊，分为纤维层和浆膜层。纤维层又称为纤维性心包，为心包的外层，薄而坚韧，背侧附着于心底的大血管，腹侧以胸骨心包韧带与胸骨后部相连。浆膜层又称为浆膜性心包，为心包的内层，分壁层和脏层。壁层紧贴于纤维层内面，在心底沿大血管转折为脏层。脏层贴于心肌外表面，构成心外膜。壁层与脏层之间的腔隙称为心包腔，内有少量清亮、淡黄色的心包液。在纤维心包外被覆有心包胸膜。心包有维持心的位置及减少心与相邻器官摩擦的功能（图9-8）。

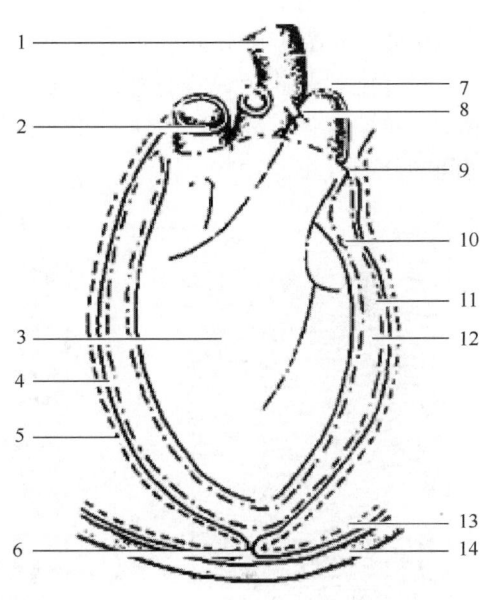

图9-8 心包示意图
1—主动脉 2—前腔静脉 3—心脏 4—纤维膜
5—心包胸膜 6—胸骨心包韧带 7—肺动脉
8—主动脉韧带 9—心包壁层和脏层相转折
10—心包脏层 11—心包壁层 12—心包腔
13—肋胸膜 14—胸壁

第二节 血 管 概 述

血管根据其结构和功能的不同，可分为动脉、毛细血管和静脉3种。动脉是将血液由心运输到全身各部的血管，静脉是将血液由全身各部运输到心的血管，毛细血管是位于动脉与静脉之间的微细血管，互相连接成网，遍布全身，是血液与组织液进行物质交换的场所。

一、动脉

动脉根据管径的粗细可分为大、中、小、微动脉四等,由最大的动脉至最小的动脉,管径的大小和管壁的结构是逐渐变化的,其间没有截然的分界,其中以中动脉的管壁结构比较典型,从内向外可分为内膜、中膜、外膜三层。

除主动脉、肺动脉、颈总动脉等大的动脉以外,凡解剖学中有名称的动脉都属中动脉。中动脉管壁的内膜可分为以下三层:腔面的内皮;中层的内皮下层,由薄层的结缔组织组成,其中含有少量的纵行平滑肌;深层的内弹性膜,为弹性蛋白构成的薄膜,膜上有小孔。在血管的横断面上,内弹性膜由于收缩常呈明显的波浪状,成为内膜与中膜的分界线。中膜较厚,由 10~40 层环行平滑肌组成,肌间含有弹性纤维和胶原纤维。外膜由结缔组织构成,在靠近中膜处有较多的弹性纤维,构成外弹性膜,但没有内弹性膜明显。在外膜中还可见到营养血管壁的血管、神经、毛细淋巴管等。由于中动脉管壁的主要成分为平滑肌,收缩性强,故又称为肌性动脉,其生理意义在于调节器官的血流量,实现血液在器官间的分配(图 9-9)。

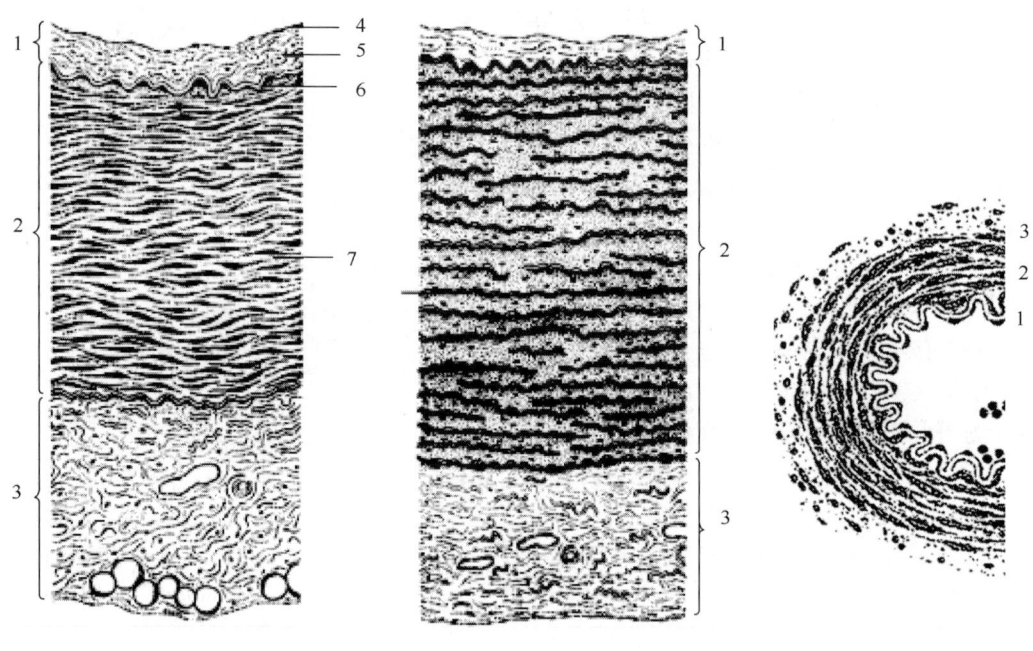

图 9-9 动脉管壁的微细结构示意图
1—内膜 2—中膜 3—外膜 4—内皮 5—内皮下层 6—内弹性膜 7—平滑肌纤维

大动脉指靠近心脏的动脉,包括主动脉、肺动脉干、臂头动脉总干、颈总动脉等。与中动脉管壁的内皮下层相比,大动脉的内皮下层较厚,有纵性胶原纤维、弹性纤维、平滑肌纤维;内弹性膜与中膜相连续,两者之间没有明显的分界;中膜较厚,由 40~70 层弹性纤维组成,纤维之间有少量的平滑肌纤维;外膜较薄,外弹性膜与中膜相连续。由于大动脉管壁具有多层的弹性膜,致其弹性较大,其生理意义在于将心脏的间断射血转变为血管内的连续血流,故称为弹性动脉,或弹性储器血管(图 9-10)。

小动脉的管径在 1mm 以下,肉眼已不好辨认。小动脉管壁也分三层:一般内弹性膜

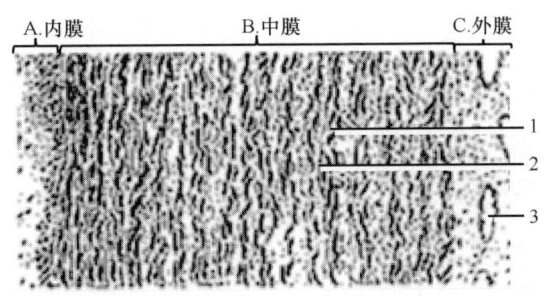

图 9-10 大动脉管壁示意图
1—平滑肌纤维 2—弹性纤维 3—营养血管

不明显，较大的小动脉可有完整的内弹性膜；中膜有 2~5 层平滑肌，在光镜下，由于平滑肌收缩，内膜不十分平整；外膜很薄，与所在部位的结缔组织互相融合，一般没有外弹性膜。

微动脉的管径在 0.3mm 以下。微动脉的内膜无内弹性膜，中膜仅 1~2 层平滑肌，外膜也很薄。

虽然每条小动脉、微动脉的管腔细小，但数量众多，其总的横截面很大，当小动脉管径改变时，往往较大地改变血液循环的阻力，进而影响血压。血液在血管系统中流动时所受到的总的阻力，大部分发生在小动脉，特别是微动脉，故称它们为阻力血管；又因它们位于毛细血管之前，所以又称为毛细血管前阻力血管。

二、静脉

静脉是血液由毛细血管引回心脏的一系列血管。根据管径的大小，也分为大、中、小、微静脉。中、小静脉常常与相应的动脉相伴而行，但数量较动脉多。

同级的静脉管壁与动脉相比，静脉的口径大而不规则，血管关闭时常塌陷；管壁比动脉薄，平滑肌和弹性纤维少，故弹性小；中膜较薄，外膜厚，内、外弹性膜不发达，故三层膜分界不清；有些部位有瓣膜，如四肢、颈部大的静脉内有间隔分布。静脉瓣是由内膜（内皮和内皮下层）向管腔突入的皱襞所形成的两个相对的半月状的瓣膜，其游离缘朝向血流的方向，有防止血液倒流的作用（图 9-11）。由于静脉数量大，口径大，管壁薄，易扩张，通常安静时，静脉内容纳 60%~70% 的循环血量，故又称为容量血管。

中静脉管壁与中动脉相比，它的管径较大，管壁较薄，弹性小；内膜薄，仅有内皮和内皮下层，多数无内弹性膜；中膜也薄，其中环形的平滑肌排列疏松，含有较多的结缔组织，故收缩力弱；外膜中无外弹性膜，且比中膜厚（图 9-12）。

大静脉管壁的结构与中静脉相似，但比中静脉壁厚；内皮下层含有胶原纤维、弹性纤维和纵行的平滑肌束；内弹性膜有较大的窗孔。

小静脉管腔稍大而不规则，管壁薄，仅有 1~2 层平滑肌，由于收缩力很弱，在观察普通切片时，管腔内常可

A.开放　　B.闭合

图 9-11 静脉瓣的功能示意图

见到残存的血液（图9-13）。

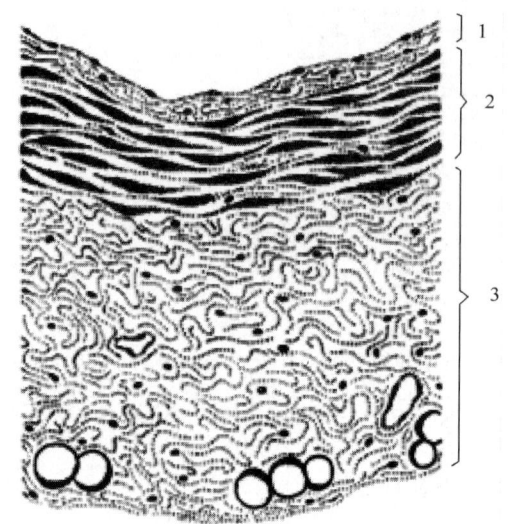

图9-12 中静脉管壁结构示意图
1—内膜 2—中膜 3—外膜

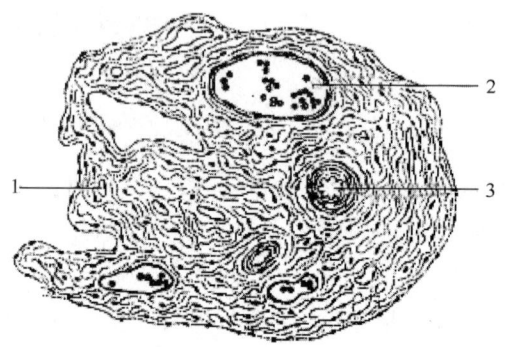

图9-13 小动脉和小静脉的比较示意图
1—毛细血管 2—小静脉 3—小动脉

三、毛细血管

毛细血管是连于动、静脉之间、管径只有7~9μm的血管。毛细血管是动物体内管径最细、管壁最薄、分布最广的血管。在器官和组织内交织成网，在代谢旺盛的组织内，毛细血管很丰富，如心、肝、肺、肾、骨骼肌和许多腺体等，而在骨、肌腱、韧带等处的毛细血管稀疏。

毛细血管壁由内皮、基膜和周细胞围成。内皮细胞很薄。小的毛细血管由1~2个内皮细胞围成，仅可通过一个红细胞。较粗的毛细血管可由3~4个内皮细胞围成，内皮细胞的基底面附于基膜上。内皮外有一种扁平并具有突起的细胞，称为周细胞。电镜下，周细胞近似未分化细胞，核较长，弯向内皮层；周细胞可能在炎症或创伤后血管生长和再生时，能分化为内皮细胞、成纤维细胞和平滑肌细胞等（图9-14）。

根据毛细血管结构的特点，电镜下可分为三类（图9-15）。一类是连续毛细血管，此种毛细血管内皮连续，相邻细胞间有紧密连接、缝隙连接或桥粒，基膜完整，内皮胞质内有许多吞饮小泡，物质交换主要依靠内皮细胞的胞饮和胞吐来完成；主要分布在肌组织、结缔组织、肺及中枢神经系统。另一类是有孔毛细血管，此种毛细血管内皮细胞无核的部位很薄，有许多小孔，孔径60~80nm，多数孔外有比细胞膜还薄的膜封闭（4~6nm），内皮细胞少见吞饮小泡，基膜完整；主要分布胃、肠黏膜、肾血管球和内分泌腺中。还有一类是窦状毛细血管，又称为血窦，此种毛细血管腔大而不规则；内皮细胞有孔，细胞之间相互不连续，基膜不完整甚至缺如；主要分布肝、脾、骨髓和内分泌腺中。

第九章 心血管系统

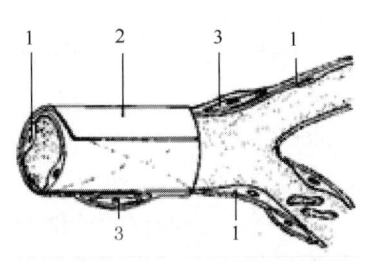

图9-14 毛细血管管壁构造示意图
1—内皮细胞 2—基膜 3—周细胞

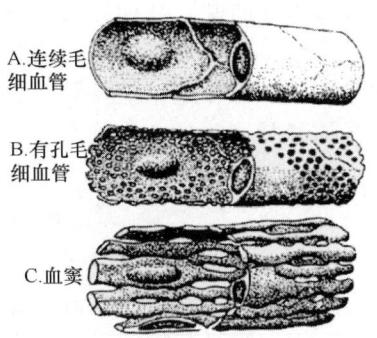

图9-15 毛细血管壁的类型

四、血液循环与微循环

微动脉、毛细血管网和微静脉之间的血液循环称为微循环。微循环的结构有简有繁，典型的微循环由微动脉、后微动脉、毛细血管前括约肌、通血毛细血管、真毛细血管、微动脉和微静脉吻合支组成（图9-16）。

在微循环，血液流动的途径有三条：一是血液经微动脉、后微动脉、毛细血管前括约肌进入真毛细血管，然后汇入微静脉，这一通路是血液与组织细胞进行物质交换的主要场所，故称为营养通路或迂回通路。二是血液从微动脉、后微动脉进入通血毛细血管，再汇入微静脉的通路，此通路能在器官处于生理静息状态下促进血液迅速回流，故称为直捷通路，在骨骼肌中多见。三是血液从微动脉、动静脉吻合支进入微静脉的通路，该通路起着调节局部毛细血管的血流量的作用，在如指尖、趾端、唇、鼻、外耳皮肤等处多见。

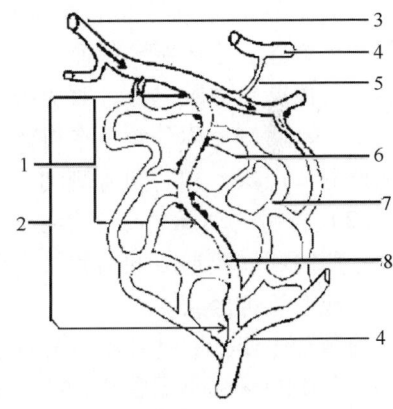

图9-16 微循环示意图
1—后微动脉 2—直捷通路 3—微动脉
4—微静脉 5—动静脉吻合支
6—毛细血管前括约肌 7—真毛细血管
8—通血毛细血管

第三节 肺循环的血管

从右心室射出的贫氧血入肺动脉，经过肺动脉在肺内的逐级分支，流至肺泡周围的毛细血管网，在此进行气体交换，使贫氧血变成富氧血，然后经肺内各级肺静脉属支汇入肺静脉，注入左心房。血液沿上述路径的循环称为肺循环或小循环。肺循环的特点是路程短，只通过肺，主要功能是完成气体交换。

肺动脉干起始于右心室动脉圆锥顶端的肺动脉干口，在左、右心耳之间向上向后伸延，从主动脉左侧伸达后方，分为左、右两支肺动脉，经肺门入肺，牛和猪的右肺动脉还分出前叶支至右肺前叶。肺动脉在肺内随支气管反复分支，最后形成毛细血管网，围绕在肺泡外周，为气体交换的场所。肺动脉干起始处膨大形成三个肺动脉干窦。肺动脉干与主动脉之间有动脉韧带相连，是胚胎期动脉导管的遗迹。肺静脉由肺毛细血管汇集而成，最后形成数支肺静脉（牛约7支、马5~8支、猪约5支、犬约6支），将血液导入左心房。

第四节　体循环的血管

由左心室射出入主动脉的血流，经各级动脉分支，流至全身各器官的毛细血管网，借助组织液与组织细胞进行物质和气体交换，再经过静脉系各级属支，汇聚成上、下腔静脉流回右心房。血液经上述路径的循环称为体循环或大循环。体循环的特点是路程长而复杂，以富氧和各种营养物质的血液滋养全身各部，并将其代谢产物运回心脏再循环。

一、体循环血管分布的一般规律

（1）血管的分布与畜体的结构，尤其是骨骼的结构相一致，反映在单轴性、两侧对称性和分节性。畜体躯体的血管主干如主动脉，沿中轴骨骼（脊柱）呈单支分布，躯体的构造有体壁与内脏之分，对应的血管也有壁支和脏支；由主动脉发出分布于躯干和四肢的侧支，呈两侧对称分布；在机体分节明显的部位如胸、腰部，分布于此处的血管也相应地保持分节现象，如肋间背侧动（静）脉、腰动（静）脉等。

（2）较粗的动脉主干多沿躯干的深面、四肢的内侧、关节的屈侧和较隐蔽的部位，如骨、肌肉和筋膜形成的沟和管内延伸，且常与静脉和神经伴行，包在共同的结缔组织鞘内，形成血管神经束。

静脉常比伴行的动脉粗，分深静脉和浅静脉，故数目也较多。深静脉多与同名动脉伴行，一条中动脉和小动脉常有两条静脉伴行。浅静脉位于皮下，无动脉伴行，称为皮下静脉，在体表可见，常用于采血、放血和静脉注射等。

（3）由血管主干分出的侧支，常以最短的距离到达所分布的器官，其管径粗细与器官的功能相适应。在代谢功能旺盛的器官，如心、肾和甲状腺等，分布的血管较粗，分支也较丰富。血管一般以锐角分支，以利于血液快速流动；但分布于附近器官的侧支，常以近似直角的角度分出。有小叶构成的器官，如肝、肺、肾，动脉常由器官门进入，按小叶的结构分布。在肌肉、韧带和神经中，动脉由数处进入，按纤维的行程分布。

①侧副支与侧副循环：与主干并行的侧支称为侧副支，血流方向与主干相反的侧副支称为返支。侧副支常互相吻合，或与主干吻合形成侧副循环，即主干的血液可经侧副支流回到主干。这一特点的意义在于当主干血流受阻时，侧副支可部分地代替主干，在一定程度保证主干的血液灌流区的血液供应。

②吻合支：相邻血管之间常有分支相连，称为吻合，该分支称为吻合支。吻合有平衡血压、转变血流方向和起侧副支的作用。根据连结方式的不同，主要有以下几种类型的吻合。

动脉弓：相邻两动脉的分支呈弓状吻合，由动脉弓分出分支到相应的血液灌流区，如空肠动脉弓和马蹄骨内的终动脉弓。

动脉网：动脉的终末分支在同一平面上互相吻合呈网状，如腕背侧动脉网。

血管丛：血管在一定的小区域内相互吻合成稠密的血管网，如椎静脉丛。

异网：两端均为动脉的毛细血管网。血液经小动脉、动脉性毛细血管，再汇合成小动脉，如肾小球、硬膜外异网。

动静脉吻合：指小动脉与小静脉直接相连，而不经过毛细血管，此称动、静脉吻合。这一通路的开放或关闭，起着调节局部毛细血管的血流量的作用，如指尖、趾端、唇、鼻、外耳皮肤等处。

二、体循环的动脉

体循环的动脉包括主动脉及其各级分支。主动脉起始于左心室的主动脉口，在肺干与左、右心房之间上升，称升主动脉，出心包后向后、向上呈弓状延伸至第6胸椎腹侧，称主动脉弓。主动脉弓向后延续，其中从第五（牛）、六（马）胸椎腹侧向后延伸至膈的这一段称胸主动脉；穿过膈的主动脉裂孔之后，沿腰椎腹侧向后伸延的部分，称腹主动脉。腹主动脉在第五或第六腰椎腹侧分为左、右髂外动脉、左、右髂内动脉及荐正中动脉（牛）等终末分支（图9-17）。

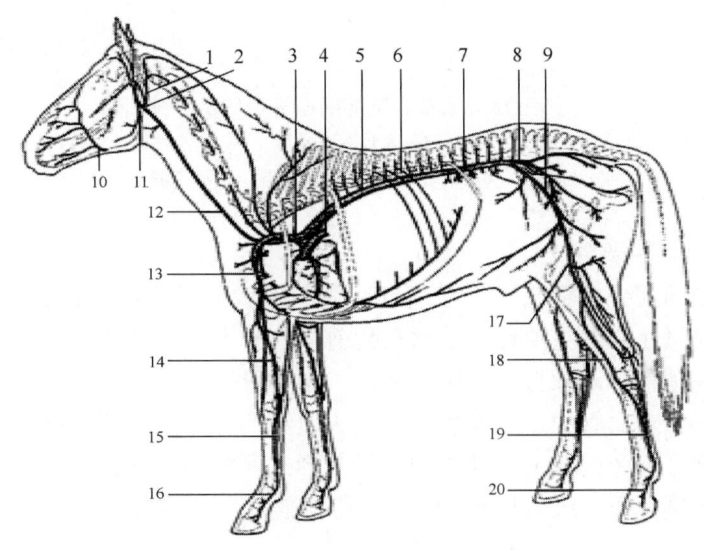

图9-17 马全身主要动脉示意图

1—枕动脉 2—颈内动脉 3—臂头动脉总干 4—肺动脉 5—主动脉 6—肋间动脉 7—腰动脉
8—髂内动脉 9—髂外动脉 10—面动脉 11—颈外动脉 12—颈总动脉 13—臂动脉 14—正中动脉
15—指总动脉 16—指外侧动脉 17—股动脉 18—胫前动脉 19—跖背外侧动脉 20—趾外侧动脉

1. 升主动脉及其主要分支

升主动脉起始处膨大，在对应三个主动脉瓣处形成三个主动脉窦。由此处分出左、右两支冠状动脉，供应心壁的血液（图9-18）。

（1）左冠状动脉 左冠状动脉起始于主动脉的左后窦，从左心耳与动脉圆锥之间穿出，入冠状沟。

（2）右冠状动脉 右冠状动脉起始于主动脉的前窦，从肺干和右心耳之间穿出，入冠状沟。

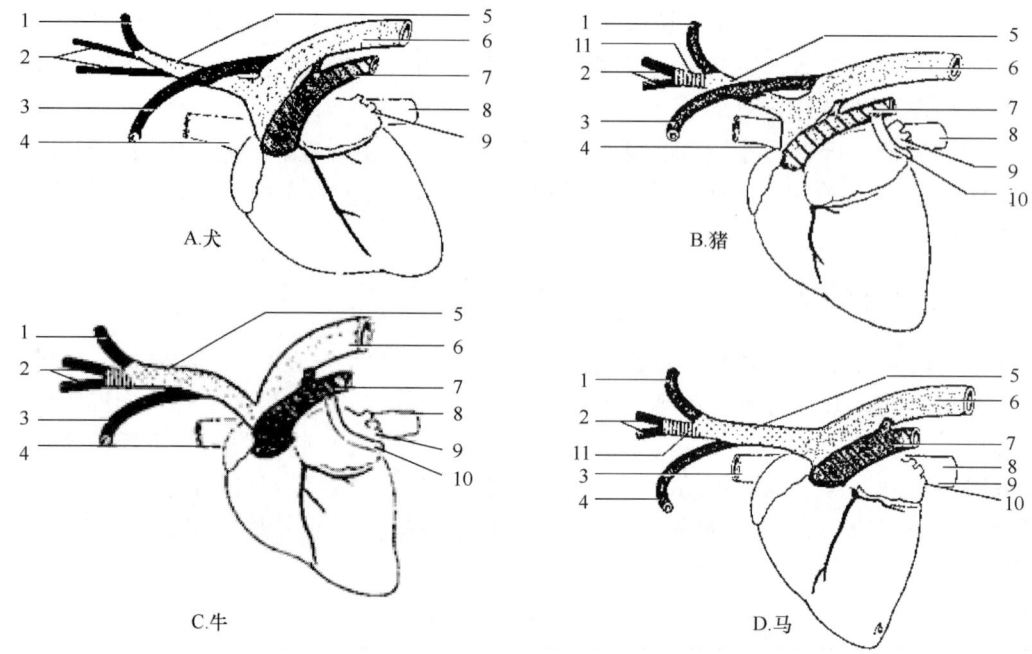

图9-18 家畜心基部的血管比较示意图
1—右锁骨下动脉 2—颈总动脉 3—左锁骨下动脉 4—前腔静脉 5—臂头动脉干
6—主动脉 7—肺动脉 8—后腔静脉 9—肺静脉 10—奇静脉 11—双颈干

2. 主动脉弓及其主要分支

主动脉弓凸面向前分出臂头干，沿气管腹侧与前腔静脉之间向前延伸，至第1（牛）或第2（马）肋间隙处分出左锁骨下动脉至胸前口处分出双颈动脉干后，延续为右锁骨下动脉。猪、犬的左锁骨下动脉自主动脉弓分出。主动脉弓血管壁外膜下有感觉神经末梢形成的盘状感受器，它对血管的扩张发生反应，为血液的压力感受器，称为主动脉弓压力感受器。位于主动脉弓近旁，有上皮细胞构成的圆形或卵圆形小体，称为主动脉旁体，它能接受血液中二氧化碳分压、氧分压和pH变化的刺激，为血液的化学感受器（图9-19）。

（1）锁骨下动脉 锁骨下动脉自臂头干分出后向前、向下和向外侧呈弓状延伸，绕过第1肋骨前缘出胸腔后称为腋动脉，在前肢内侧向下延伸，依部位分别称为腋动脉、臂动脉、正中动脉、指掌侧第3总动脉、第3和第4指掌轴侧固有动脉。

①肋颈干：肋颈干起自锁骨下动脉起始部的背侧，在第1肋的前缘向前向上延伸，由后向前顺次发出肋间最上动脉、肩胛背侧动脉和颈深动脉（牛、猪）后，主干延续为椎动脉。

肋间最上动脉：在胸椎与颈长肌之间的沟中向后伸延，沿途分出前数对肋间背侧动脉。犬缺肋间最上动脉，但有走行于肋骨颈背侧的胸椎动脉。

肩胛背侧动脉：在第1肋骨前方（牛、犬）或第2（马）肋间隙起始于肋颈干，沿颈腹侧锯肌的深面向上延伸，分布着甲部的肌肉和皮肤。猪的肩胛背侧动脉在第1肋间隙起始于锁骨下动脉。

颈深动脉：经第1肋前缘（牛）、第1肋间隙（马、犬）或第2肋间隙（猪）出胸腔，于头半棘肌与项韧带之间前行，分布于颈背侧的肌肉和皮肤。颈深动脉与椎动脉及枕

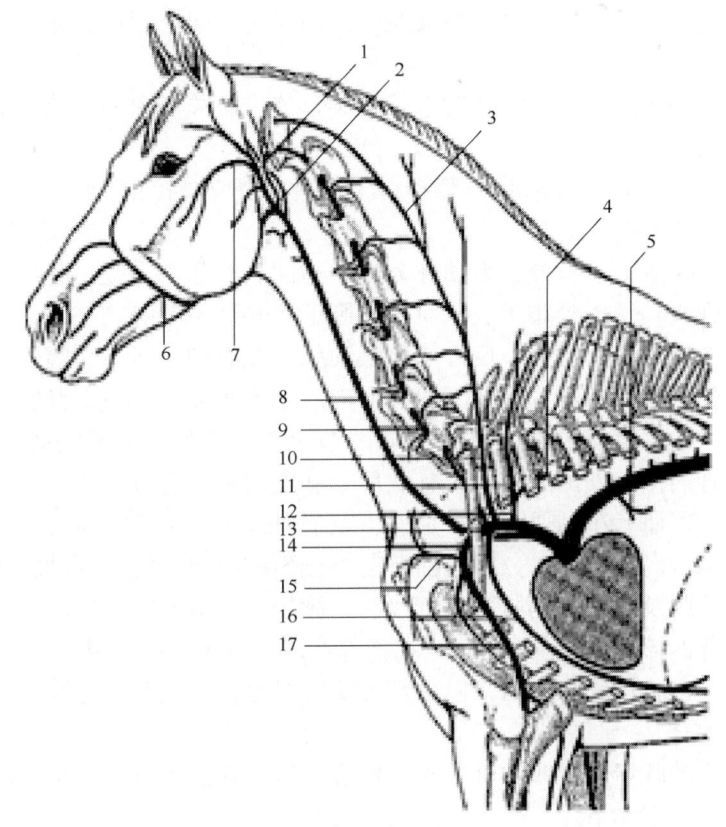

图 9 – 19 马头臂动脉干及其主要分支示意图
1—上颌动脉 2—舌面干 3—颈深动脉 4—肋间最上动脉 5—支气管-食管干 6—面动脉
7—面横动脉 8—颈总动脉 9—椎动脉 10—颈深动脉 11—肩胛背侧动脉 12—肋颈干
13—臂头动脉干 14—左锁骨下动脉 15—颈前动脉 16—胸廓内动脉 17—动脉

动脉之间均有吻合支。马、猪的颈深动脉常分出第 1 肋间背侧动脉。

椎动脉：与同名静脉、神经伴行，经横突管向前向上延伸，最后经第 2、3 颈椎之间的椎间孔（牛）、翼切迹（犬）或翼孔进入椎管，左、右椎动脉前端合并形成基底动脉。在每一椎间孔附近，椎动脉发出背侧支、腹侧支和脊髓支，分别分布于颈背侧肌、颈腹侧肌和脊髓。椎动脉在前方有吻合支与枕动脉相连。

②胸廓内动脉：胸廓内动脉在第 1 肋内侧面自锁骨下动脉分出，较大，沿胸骨背侧面向后延伸至第 7 肋软骨间隙，分为肌膈动脉和腹壁前动脉；沿途还分出肋间腹侧支、心包膈动脉、胸腺支、纵隔支、穿支等；在猪和犬还发出乳房支。

肌膈动脉：沿腹横肌在肋弓上的附着缘向后向上延伸，分支分布于膈和腹横肌。

腹壁前动脉：经第 9 肋软骨与剑状软骨之间出胸腔，并分出浅支—腹壁前浅动脉，分别沿腹直肌的深面和浅面向后伸达脐部，与腹壁后动脉及腹壁后浅动脉吻合。

肋间腹侧支：胸廓内动脉、肌膈动脉、腹壁前动脉及腹壁前浅动脉向上发出的分支均称肋间腹侧支，与肋间背侧动脉吻合。

③颈浅动脉：颈浅动脉曾称颈升动脉（牛）或肩颈干，在正对第 1 肋骨处自锁骨下

动脉分出,在臂头肌、斜方肌和肩胛横突肌的深面向前、向上延伸,分布于肩关节前方的肌肉及颈浅淋巴结。

④腋动脉:腋动脉为锁骨下动脉的直接延续,位于肩关节内侧,分出旋肱前动脉之后延续为臂动脉。主要分支如下。

胸廓外动脉:在第 1 肋骨前缘自腋动脉分出,沿胸外侧沟延伸,分布于胸肌、臂头肌、臂二头肌及三角肌。

肩胛上动脉:在肩关节上方自腋动脉分出,与同名静脉、神经一起,经冈上肌与肩胛下肌之间伸至肩胛骨外侧,分布于冈上肌、肩胛下肌和肩关节等。

肩胛下动脉:较粗,在肩关节后方起自腋动脉,在肩胛下肌与大圆肌之间向后向上延伸,主要分为三支:胸背动脉:沿背阔肌深面向后上方延伸,分布于背阔肌、大圆肌、臂三头肌长头、胸深肌等;旋肩胛动脉:在肩关节上方由肩胛下动脉分出,分为内、外两支,分布于肩胛骨内侧和外侧的肌肉;旋肱后动脉经肩关节后方转向外侧,分支分布于三角肌、臂三头肌、臂肌、小圆肌、冈下肌等。在臂肌后面,旋肱后动脉分出桡侧副动脉,伴桡神经沿螺旋肌沟向下延伸,分布于前臂前外侧面的肌肉。桡侧副动脉还分出前臂浅前动脉、肱骨滋养动脉及中侧副动脉。前臂浅前动脉细小,沿前臂背侧皮下伸延,至掌背侧下 1/3 处分为指背侧第 2、第 3 总动脉,在指部形成指背侧固有动脉。

旋肱前动脉:自腋动脉分出后,向前穿过喙臂肌至臂二头肌,分布于此二肌,并在外侧与旋肱后动脉吻合。

⑤臂动脉:臂动脉沿喙臂肌和臂二头肌后缘下行,在前臂近端分出骨间总动脉后延续为正中动脉。主要分支如下。

臂深动脉:较小,在臂中部自臂动脉分出,分数支分布于臂三头肌、肘肌、臂肌和前臂筋膜张肌。

尺侧副动脉:在臂部下 1/3 处自臂动脉分出,沿臂三头肌内侧头腹侧缘走向后下方,与同名静脉和尺神经一起经尺沟下行,沿途分支分布于臂三头肌长头和内侧头、肘肌、腕尺侧屈肌和指屈肌,分支参与形成肘关节网,并在腕关节上方与骨间前动脉的骨间支相吻合。尺侧副动脉在腕部分出腕背侧支,除参与形成腕背网外,并沿掌骨背外侧下行,为指背侧第 4 总动脉,向下延续为指背侧固有动脉。

二头肌动脉:在尺侧副动脉起点稍下方自臂动脉分出,向前进入臂二头肌,还分支到大圆肌、胸深肌、喙臂肌。

肘横动脉:在肱骨滑车近端自臂动脉分出,常与二头肌动脉起于同一总干,在臂二头肌深面、臂肌和腕桡侧伸肌之间向下延伸,分支分布于臂肌、臂二头肌、腕桡侧伸肌和指总伸肌等。

骨间总动脉:在前臂近端自臂动脉分出,向后外侧伸向前臂近侧骨间隙,分为骨间前动脉和骨间后动脉。骨间后动脉分布于指屈肌和前臂骨骨膜。骨间前动脉穿过前臂近侧骨间隙,分出骨间返动脉后,沿前臂骨背外侧面伸向腕部,在前臂远端分为腕背侧支和骨间支。腕背侧支参与形成腕背网。骨间支穿过前臂远侧骨间隙后,分出腕掌侧支后延续为掌侧支,掌侧支又分为浅支和深支。浅支向下与正中动脉,桡动脉的掌浅支吻合形成掌浅弓。深支在腕后面与桡动脉吻合形成掌深弓。骨间前动脉有分支至指的伸肌和拇长展肌。骨间返动脉沿尺骨外侧面上行,分布于指的伸肌、腕尺侧伸肌和拇长展肌。

⑥正中动脉：正中动脉为臂动脉的直接延续，与同名静脉、神经一起沿正中沟下行至掌远端，与骨间前动脉骨间支的浅支、桡动脉掌浅支共同形成掌浅弓。主要分支如下。

前臂深动脉：在前臂近端自正中动脉发出，分支到腕桡侧屈肌、腕尺侧屈肌、指浅屈肌、指深屈肌。

桡动脉：在前臂中部自正中动脉分出，沿桡骨与腕桡侧屈肌之间向下延伸，主要分支有：腕背侧支：在腕关节上方自桡动脉分出，走向背侧，参与构成腕背网；腕掌侧支：在腕关节后方自桡动脉分出，分布于腕关节掌侧；掌浅支为桡动脉分出掌深支后向下的延续，参与构成掌浅弓；掌深支在掌近端自桡动脉分出，参与形成掌深弓。

马正中动脉还分出一支桡近动脉，参与腕背网的形成。

腕背网：由尺侧副动脉的腕背侧支、骨间前动脉的腕背侧支、桡动脉的腕背侧支吻合而成。由腕背网分出掌背侧第3动脉，沿掌骨的背侧纵沟向下延伸，至掌远端与指背侧第3总动脉吻合。

掌浅弓：由骨间前动脉骨间支之掌侧支的浅支、桡动脉的掌浅支及正中动脉在系关节上方吻合而成，从掌浅弓分出指掌侧总动脉（数目因动物足构造而异），其中指掌侧第3总动脉粗大，可视为正中动脉的延续。指掌侧总动脉伸向指部，形成指掌侧固有动脉。

掌深弓：由骨间前动脉骨间支之掌侧支的深支与桡动脉掌深支吻合而成，位于悬韧带与掌骨掌侧之间。由掌深弓发出掌心动脉（数目因动物足构造而异），于掌远侧互相吻合，并与掌浅弓相接。

马的腕背网由桡近动脉的腕背侧支、肘横动脉、骨间前动脉的背侧支和尺侧副动脉的腕背侧支吻合而成，由此向下分出掌背侧第2和第3动脉，但仅伸至掌背侧中部稍下方。掌深弓由正中动脉掌侧支的深支和桡动脉掌深支共同构成，由此向下分出掌心第2、第3动脉。桡动脉的浅支在掌近端终止于正中动脉。正中动脉延续为指掌侧第2总动脉。马的掌浅弓如果存在，由正中动脉末端与其掌侧支浅支的末端在掌中部吻合而成，由此向下分出指掌侧第2总动脉和第3总动脉，向下形成指内侧动脉和指外侧动脉（第3指掌固有动脉）。

（2）双颈干及其分支 双颈干为头颈部的动脉总干，短而粗，于胸前口分为左、右颈总动脉。颈总动脉位于同侧的颈静脉沟深部，与颈内静脉（牛）和迷走交感干形成神经血管束，沿食管（左侧）或气管（右侧）背外侧向前延伸，至寰枕关节腹侧分为颈内动脉和颈外动脉。牛颈总动脉在颈部沿途发出胸锁乳突支、甲状腺后动脉、甲状腺前动脉、喉前动脉、咽升动脉等侧支，分支分布于颈部肌肉、食管、气管、皮肤、甲状腺、咽、喉和软腭等结构（图9-20）。

①颈内动脉：颈内动脉自起始部分出枕动脉（牛、猪），之后向前向上延伸，猪和犬的颈内动脉经颈动脉管入颅腔，马的颈内动脉经动脉切迹入颅腔，分布于脑和脑膜。在胚胎时期，牛颈内动脉经颈静脉孔进入颅腔，在出生后的前个月，颈内动脉颅外部退化成为小的结缔组织带，其功能由颈外动脉的分支代替。

颈内动脉起始处血管略膨大，称为颈动脉窦，壁内含有压力感受器，可感受血压的变化。位于颈总动脉分叉处或附近，有含上皮样化学感受器细胞的小结节，称为颈动脉球或颈动脉体，可感受血液中CO_2和O_2含量的变化，为血液的化学感受器。

枕动脉向背侧延伸至寰椎腹侧，分支分布于枕部肌肉、皮肤、软腭、中耳、咽和脑膜等。马和犬的枕动脉由颈外动脉分出。

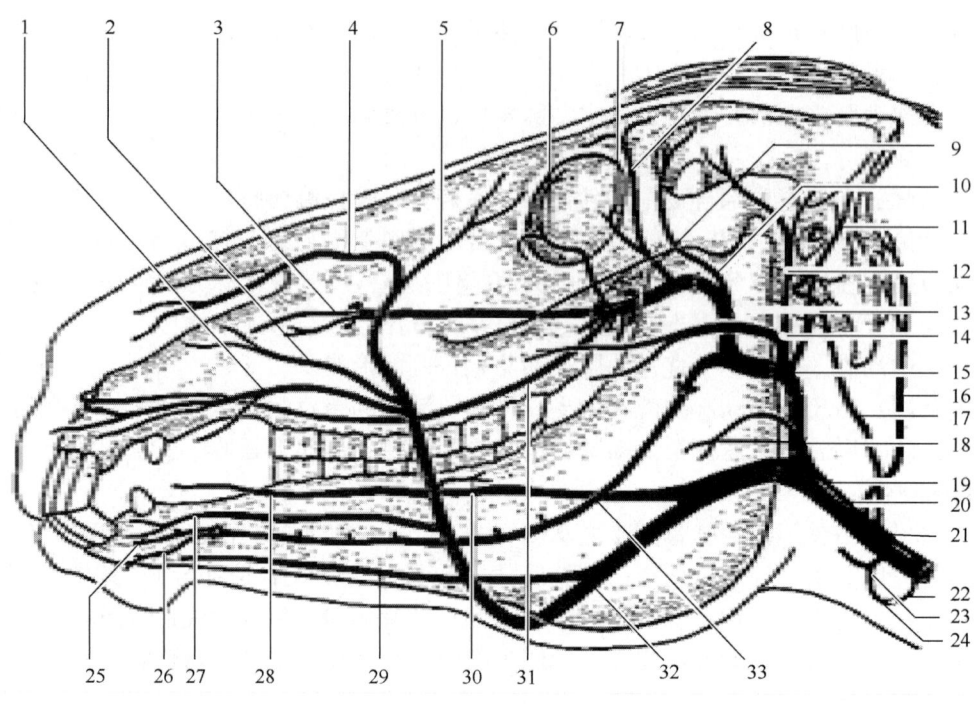

图9-20 马头部的主要动脉示意图
1—上唇动脉 2—鼻外侧动脉 3—眶下动脉 4—鼻背侧动脉 5—眶角动脉 6—颞动脉
7—筛动脉 8—眶上动脉 9—眼外动脉 10—颞深动脉 11—耳后动脉 12—耳前动脉 13—上颌动脉
14—面横动脉 15—颞浅动脉 16—枕动脉 17—颈内动脉 18—咬肌支 19—舌面干 20—颈外动脉
21—颈总动脉 22—甲状腺后动脉 23—喉前动脉 24—甲状腺前动脉 25—齿支 26—颊动脉
27—下唇动脉 28—舌动脉 29—舌下动脉 30—咬肌动脉 31—腭大动脉 32—面动脉 33—下齿动脉

②颈外动脉：颈外动脉为颈总动脉的直接延续，向前上方伸达颞下颌关节下方，分出颞浅动脉后延续为上颌动脉。颈外动脉的主要分支如下。

舌面干：牛和马的舌面干在二腹肌后腹内侧起自颈外动脉起始部腹侧，经二腹肌前缘走向前下方，分为舌动脉和面动脉，马的舌面干还分出腭升动脉。羊无面动脉，舌动脉直接起于颈外动脉。猪和犬的舌动脉和面动脉则分别直接由颈外动脉分出。

舌动脉：舌动脉沿途分出分布于下颌腺、舌下腺、舌根、舌尖、舌背、舌肌和会厌。猪的舌动脉还分出腭升动脉和咽升动脉。

面动脉：在翼内侧肌内侧走向前下方，绕过下颌骨腹侧缘的面血管切迹转而向上至面部，与同名静脉、腮腺管伴行，沿咬肌前缘向上延伸。面动脉的分支分布至二腹肌、翼肌、咬肌、颊肌、下颌腺、颊腺、上下唇、口角、内眼角、眶下部和鼻外侧部。

耳后动脉：耳后动脉由颈外动脉分出，经腮腺深面伸向耳基部，分支分布于腮腺、鼓室黏膜、镫骨肌和鼓膜张肌、耳廓内面皮肤、颅底和颞区。主干分耳外侧支、耳中间外侧支、耳中间内侧支分别分布于耳廓外侧面的外侧缘、中间和内侧缘，并在耳尖部互相吻合。在伴行的同名静脉处有耳部针灸穴位（血针穴位）。

咬肌支：咬肌支在耳后动脉相对处自颈外动脉分出，较小，向前下方入咬肌。

颞浅动脉：颞浅动脉约在颞下颌关节腹侧由颈外动脉分出，在腮腺深面向上延伸，分支分布于腮腺、腮腺淋巴结、咬肌、颞下颌关节（颞下颌关节支）、耳前部肌肉和皮肤、脑硬膜、泪腺、上、下眼睑。主干延续为耳内侧支，沿耳外侧面内侧缘分布。

牛、羊等有角动脉沿额骨的颞线走向角根，分支到角真皮和角突。

羊的面横动脉特别发达，分支分布于上唇和下唇。

上颌动脉：上颌动脉为颈外动脉的延续，在下颌骨支和翼内侧肌之间向前向内伸至翼腭窝，分为眶下动脉和腭降动脉。上颌动脉主要分布于翼肌，咬肌，颞肌，下颌舌骨肌，颊肌，颊腺，颊齿，切齿，软腭，硬腭，额窦，硬膜外前异网，下颌骨，颏部、鼻唇部和额部肌肉和皮肤，鼻甲骨和鼻腔黏膜，眼及其附器。

3. 胸主动脉及其分支

胸主动脉及其分支分为壁支和脏支。壁支为成对的肋间背侧动脉、肋腹背侧动脉、膈前动脉。脏支为支气管动脉和食管动脉。前者分支到胸壁、膈及腹前部的肌肉和皮肤；后者分支到肺、食管与支气管等。

（1）肋间背侧动脉　肋间背侧动脉前几对（牛、犬1~3对，马、猪1~5对）由肋颈干分出，其余均由胸主动脉分出，沿椎体的外侧面向上延伸至相应肋间隙上端，分出背侧支后，沿相应肋骨的后缘下行，末端与胸廓内动脉或肌膈动脉的肋间腹侧支吻合，分布于肋间肌、肋骨、胸膜和躯体外侧的皮肤。背侧支分出肌支和脊髓支，分支分布于胸壁的肌肉、皮肤和脊髓。猪、犬的肋间背侧动脉还分出乳房支至前部乳房。

（2）肋腹背侧动脉　肋腹背侧动脉沿最后肋骨的后缘下行，分支分布于腹前部的肌肉和皮肤。

（3）膈前动脉　膈前动脉仅见于马，在第16胸椎平面自胸主动脉分出，进入左、右膈脚。

（4）支气管动脉和食管动脉　猪、马、犬则常以一短干——支气管食管动脉起始于胸主动脉，然后分为支气管支和食管支。支气管动脉伴随左、右支气管入肺，为肺的营养动脉。食管动脉向下分为前、后两支，分支分布于食管、心包和纵隔。牛的支气管动脉和食管动脉常分别起自胸主动脉。

4. 腹主动脉及其分支

腹部的动脉主干为腹主动脉，沿腰椎腹侧向后延伸，分为壁支和脏支。壁支有膈后动脉、腹前动脉和腰动脉。脏支有腹腔动脉、肠系膜前动脉、肾动脉、睾丸动脉雄性或卵巢动脉雌性、肠系膜后动脉（图9-21）。

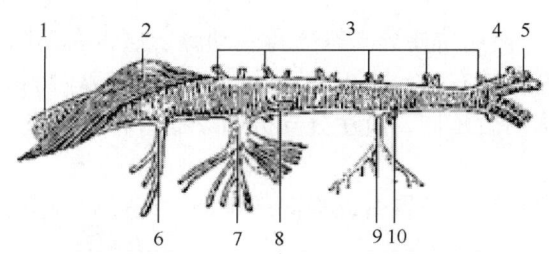

图9-21　马腹主动脉分支示意图

1—胸主动脉　2—膈　3—腰动脉　4—髂外动脉　5—髂内动脉　6—腹腔动脉　7—肠系膜前动脉　8—肾动脉　9—肠系膜后动脉　10—睾丸（卵巢）动脉

（1）膈后动脉　犬的膈后动脉起自肠系膜前动脉起始处后方的腹主动脉。牛、羊、猪的起点不定，可起自腹腔动脉、腹主动脉、腰动脉、胸主动脉，甚至肠系膜前动脉等。马缺如。膈后动脉分布于膈脚，并分出肾上腺前支至肾上腺。

（2）腹前动脉　腹前动脉仅见于猪和犬。猪的在第3腰椎平面起自腹主动脉，犬的常与膈后动脉同起于一总干，分支分布于腹横肌、腰肌等。

（3）腰动脉　腰动脉牛、马有6对，猪6~7对，犬7对。除最后1对起始于髂内动脉外，其余均起自腹主动脉，在相应腰椎横突的后缘向外延伸，分支有脊髓支、背侧支、内侧皮支和外侧皮支，分布于脊髓、腰腹部的肌肉和皮肤。

（4）腹腔动脉　腹腔动脉短而粗，在第1腰椎（牛和犬）或第17~18胸椎平面自腹主动脉分出，分为数支，分布于胃、肝、脾、胰、十二指肠前部、网膜等腹腔脏器。反刍兽与其他家畜腹腔动脉分支的差异较大，分别叙述。

①牛、羊的腹腔动脉短而粗，除可分出膈后动脉分布于膈外，主要分为肝动脉、脾动脉和胃左动脉（图9-22）。

a. 肝动脉：肝动脉自腹主动脉分出后，向前向下延伸，与门静脉一起经肝门入肝，除分出分支至肝和胆囊外，还有以下分支。

胃右动脉：胃右动脉在小网膜内沿皱胃小弯延伸，分布于幽门和十二指肠起始部，并与胃左动脉吻合。

胃十二指肠动脉：胃十二指肠动脉为肝动脉的终末分支，又分为两支。胰十二指肠前动脉在胰右叶与十二指肠降部之间向后延伸，分布十二指肠和胰，并与十二指肠后动脉吻合。

胃网膜右动脉：胃网膜右动脉经十二指肠降部伸达皱胃大弯，分布于皱胃、胰、十

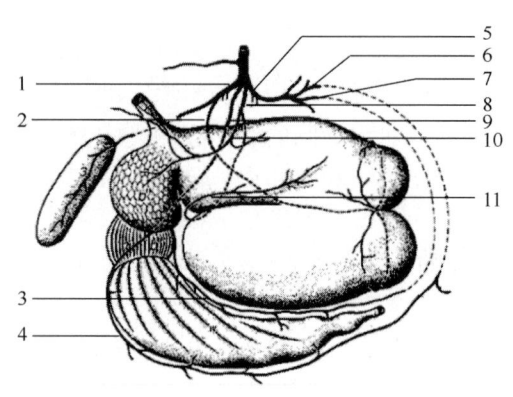

图9-22　牛的腹腔动脉示意图
1—脾动脉　2—瘤胃右动脉　3—胃左动脉
4—胃网膜左动脉　5—肝动脉　6—胃网膜右动脉
7—胃右动脉　8—瘤胃左动脉　9—胃左动脉
10—网胃动脉　11—瘤胃左动脉

二指肠、大网膜等，并与胃网膜左动脉吻合。

胰支：分布于胰。

b. 脾动脉：脾动脉自腹主动脉分出后，向前向左延伸，在贲门后方横过瘤胃前庭至脾门，分为2~3支入脾。沿途主要分支有瘤胃左动脉、瘤胃右动脉和胰支。

瘤胃左动脉：瘤胃左动脉有时起于胃左动脉，沿瘤胃背囊右侧向前延伸，经前沟绕至瘤胃左侧，然后沿左纵沟向后延伸，沿途分支分布于瘤胃背、腹囊，并分出网胃动脉，后者分出膈支和食管支。

瘤胃右动脉：瘤胃右动脉沿瘤胃右纵沟向后延伸，绕过后沟至瘤胃左侧，沿左纵沟向前与瘤胃左动脉吻合。

胰支：分布于胰。

c. 胃左动脉：胃左动脉为腹腔动脉的延续干，沿瘤胃右侧向前向下延伸，分出胃网膜左动脉和网胃副动脉后，沿瓣胃大弯和皱胃小弯向后延伸，分支分布于瓣胃、皱胃小弯

和幽门，并与肝动脉的胃右动脉吻合。胃网膜左动脉沿瓣胃小弯和皱胃大弯延伸，分支分布于瓣胃、皱胃大弯和大网膜，并与胃网膜右动脉吻合。网胃副动脉分布于网胃右侧壁。

②单胃动物的腹腔动脉：单胃动物的腹腔动脉左侧和左肾上腺的前端为邻，右侧和右膈脚为邻。它的主要分支为肝动脉、胃左动脉及脾动脉（图9-23）。

a. 肝动脉：肝动脉在胰背侧和门静脉伴行，向前下方伸延，越过胰最前部的背侧沟，穿过肝淋巴结组，进入小网膜，最后入肝。它依次分支如下。

胰腺支：胰腺支有两条，一支进入胰左叶，一支进入胰头。

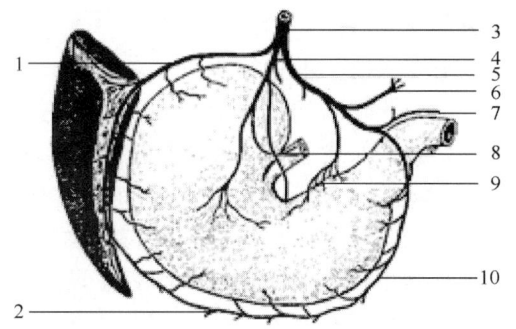

图9-23 马腹腔动脉示意图
1—脾动脉 2—胃网膜左动脉 3—腹腔动脉
4—胃左动脉 5—肝动脉 6—肝支
7—胰十二指肠前动脉 8—食管支
9—胃右动脉 10—胃网膜右动脉

胃十二指肠动脉：胃十二指肠动脉向右侧伸延，越过门静脉的腹侧，趋向幽门和十二指肠第一部之间，在胰右叶内分为两支：一支是胰十二指肠动脉，先在胰右叶中顺十二指肠第一部后行，出胰右叶后，顺十二指肠第二部的系膜缘后行，最后，在胰头后端和十二指肠第三部之间向左转弯，和上述的胰头支吻合，吻合支向前下伸延，和第一支空肠动脉吻合；另一支是胃网膜右动脉，越过幽门脏面，顺着胃大弯右部，于大网膜的胃缘中向左伸延，和胃网膜左动脉吻合（图9-24）。

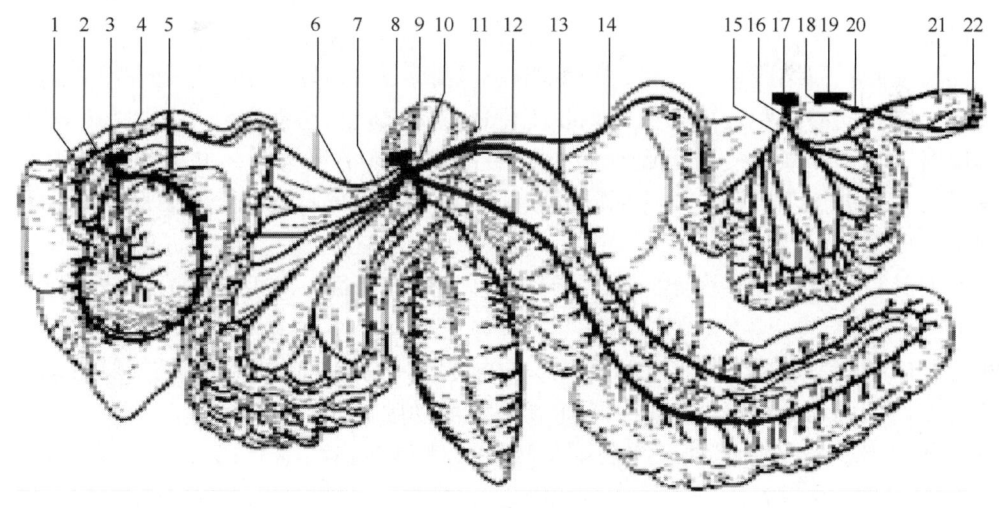

图9-24 马的胃肠动脉示意图
1—肝动脉 2—胃动脉 3—腹主动脉 4—腹腔动脉 5—脾动脉 6—空肠动脉 7—回肠动脉
8—肠系膜前动脉 9—回盲结肠动脉 10—盲肠动脉 11—下结肠动脉 12—上结肠动脉 13—结肠中动脉
14—结肠左动脉 15—肠系膜左动脉 16—肠系膜后动脉 17—腹主动脉 18—直肠前动脉
19—髂内动脉 20—阴部内动脉 21—直肠中动脉 22—直肠后动脉

肝固有动脉：肝固有动脉最后依次分出三支入肝，其中第一支进入肝门右侧部，第二支又分为两支进入肝门中央部，第三支也分两支，进入肝门左侧部。因此，肝门有肝固有动脉的五支入肝。上述第二支于分两支入肝之前，向右侧分出胃右动脉，下降到胃小弯的脏面，分布于胃幽门部。第三支于分两支入肝之前，分出一个大支，分布于胃小弯的壁面，其中有一个食管支，顺食管腹侧穿食管裂前行入胸腔。

b. 脾动脉：脾动脉在胰左叶和胃左部之间，和胃脾静脉为伴，向左后方行，在脾下1/3处离开脾门，在大网膜中顺胃大弯向右行，成为胃网膜左动脉，和胃网膜右动脉吻合。脾动脉于根部向前下方分出胃左动脉及憩室动脉。胃左动脉，向前下方行，到胃小弯的脏面，呈放射状分支。憩室动脉始部与胃左动脉始部相邻，向左前方行，旋即向后弯，分布于胃憩室。

马的胃左动脉由腹腔动脉分出。

（5）肠系膜前动脉　肠系膜前动脉为分布到小肠、盲肠、大部分结肠和胰的动脉干，是腹主动脉的最大分支，短而粗，在第1（马和猪）或第2（牛和犬）腰椎平面自腹主动脉腹侧分出，向下向右行经胰左叶与后腔静脉之间，经横结肠后方进入总肠系膜，主干在结肠旋襻与空肠之间的空肠系膜内向后延伸，末端延续为回肠动脉。肠系膜前动脉的主要分支如下。

胰支：胰支分布于胰。猪、马、犬肠系膜前动脉缺胰支。

胰十二指肠后动脉：胰十二指肠后动脉沿十二指肠升部向后延伸，分支分布于十二指肠升部和胰，并与胰十二指肠前动脉相吻合。

结肠中动脉：结肠中动脉分支到横结肠和降结肠，并与结肠左动脉吻合。

侧副支：在结肠旋襻与肠系膜前动脉的主干之间向后延伸，两者间有分支相吻合，末端与主干会合，并与回肠动脉相连，分支分布于空肠和回肠。羊、猪、马、犬肠系膜前动脉缺侧副支。

回结肠动脉：回结肠动脉较粗，分为四支。结肠右动脉分布于结肠离心回和远襻；结肠支分布于结肠向心回和近襻；回肠系膜支行经回肠系膜和回盲襞分布于回肠，末端与回肠动脉吻合，猪、马缺此支；盲肠动脉行经回盲襞分布于到盲肠，并分出回肠系膜对侧支，沿回肠背侧分支于回肠，并与回肠系膜侧支吻合。马盲肠发达，有盲肠内侧动脉和盲肠外侧动脉两条。

空肠动脉：空肠动脉有多条，起自肠系膜前动脉的凸面，并互相吻合形成动脉弓，分布于空肠。

猪、马的结肠右动脉和结肠中动脉以一总干起于肠系膜前动脉，犬的结肠右动脉、结肠中动脉与回结肠动脉共同以一总干起于肠系膜前动脉。

（6）肾动脉　肾动脉成对，约在第2腰椎腹侧自腹主动脉分出，左肾动脉较右肾动脉起始位置靠后，且较长。肾动脉在肾门附近分为数支入肾，分布于肾及脂肪囊，还分出肾上腺后支分布于肾上腺，分出输尿管支分布于输尿管、脂肪囊及肾淋巴结。

（7）肠系膜后动脉　肠系膜后动脉在第4～5腰椎处自腹主动脉分出，于结肠系膜内走行，分为前、后两支。

结肠左动脉：结肠左动脉为前支，沿降结肠系膜向前延伸，分布于降结肠后部，并与结肠中动脉吻合。

直肠前动脉：直肠前动脉为后支，沿直肠背侧向后延伸，分支分布于直肠前部及降结肠末端。牛的直肠前动脉在乙状结肠处发出乙状结肠动脉。

睾丸动脉或卵巢动脉：睾丸动脉或卵巢动脉成对，在肠系膜后动脉根部附近由腹主动脉分出。在雄性个体中称为睾丸动脉，分出后沿腹侧壁向后向下入鞘膜管，参与构成精索，从睾丸头部进入睾丸，分布于睾丸、附睾、精索、鞘膜、输精管等。近睾丸处睾丸动脉高度盘曲，围绕在睾丸静脉形成的蔓状丛周围。在雌性个体中称为卵巢动脉，分出后在子宫阔韧带中向后延伸，分出输卵管支和子宫支后，经卵巢系膜入卵巢，分布于卵巢。输卵管支分布于输卵管。子宫支曾称子宫前动脉，分布于子宫角前部和输卵管后部。

5. 髂内动脉及其分支

髂内动脉　为分布于骨盆部的动脉干，沿荐骨翼的盆面、荐结节阔韧带的内侧面向后延伸，途中分出许多侧支，分布于荐臀部的肌肉、皮肤和骨盆腔内的器官。牛、猪的髂内动脉主要有以下分支。

（1）脐动脉　脐动脉胎儿时期很粗大，于骨盆前口处自髂内动脉分出，沿膀胱侧韧带的游离缘伸向膀胱顶及脐，出生后管壁增厚，管腔变小，末端闭塞而形成膀胱圆韧带。脐动脉的主要分支：输尿管支，细小，分布于输尿管；膀胱前动脉，较小，沿膀胱侧韧带向后延伸，分布于膀胱前部；输精管动脉，在雄性个体中，沿输精管进入精索，分布于输精管及其筋膜；子宫动脉，在雌性个体中，曾称子宫中动脉，粗大，沿子宫阔韧带延伸至子宫角，分布于子宫角和子宫体，并与卵巢动脉的子宫支、阴道动脉的子宫支吻合，妊娠后变粗大，直肠检查时能够触摸到该动脉的搏动，母马的子宫动脉由髂外动脉分出。

（2）髂腰动脉　髂腰动脉起始部位不定，常在脐动脉起点后方自髂内动脉分出，细小，主要分布于髂腰肌。在牛体中还分出第6对腰动脉。

（3）臀前动脉　臀前动脉在髂腰动脉后方起自髂内动脉，常有1~2支，出坐骨大孔，分布于臀肌和臀股二头肌。在牛体中常发出第1、2荐支分布于荐部。

（4）前列腺动脉或阴道动脉　前列腺动脉或阴道动脉约在坐骨棘中部起自髂内动脉。在雄性个体中称前列腺动脉，分支分布于输尿管、输精管、前列腺、精囊腺、尿道和膀胱后部。在雌性个体中称阴道动脉，在阴道腹侧面分为前、后两支。前支称子宫支，曾称子宫后动脉，沿阴道和子宫的侧壁向前延伸，分布于子宫颈、子宫体、阴道，并分出膀胱后动脉至膀胱后部，输尿管支至输尿管及尿道支至尿道，后支沿阴道背外侧向后延伸，分出直肠中动脉，分布于直肠中段，向后延续为会阴背侧动脉，分布于阴道前庭，并发出直肠后动脉，分布于直肠后段和肛门。

（5）臀后动脉　出坐骨小孔，分布于臀股二头肌、孖肌等。马的臀后动脉发达，在马分出臀前动脉、荐支、尾正中动脉和尾腹外侧动脉，自臀前动脉分出髂腰动脉和闭孔动脉。

（6）阴部内动脉　阴部内动脉为髂内动脉的延续干。雄性个体的阴部内动脉分出尿道动脉、直肠后动脉和会阴腹侧动脉后，延续为阴茎动脉。尿道动脉分布于尿道盆部和尿道球腺中；直肠后动脉分布在直肠后段和肛门等处；会阴腹侧动脉在坐骨弓背侧起自阴部内动脉，经坐骨海绵体肌深部伸向会阴部，分布于坐骨海绵体肌和会阴部皮肤，有时还分出直肠后动脉；阴茎动脉绕坐骨弓向后向下延伸，分为三支，阴茎球动脉分布于阴茎球，阴茎深动脉分布于阴茎海绵体，阴茎背动脉沿阴茎背侧向前延伸，分布于阴茎体和阴茎头。雌性个体的阴部内动脉分出尿道动脉、前庭动脉和会阴腹侧动脉后，延续为阴蒂动脉。前庭动脉分布于阴道前庭；会阴腹侧动脉分布于会阴部和阴门，并分出阴唇背侧支和乳房支，分布于乳房；阴蒂动脉分布于前庭球和阴蒂。

马、犬的髂内动脉主要分为两支，即臀后动脉和阴部内动脉（图 9-25）。

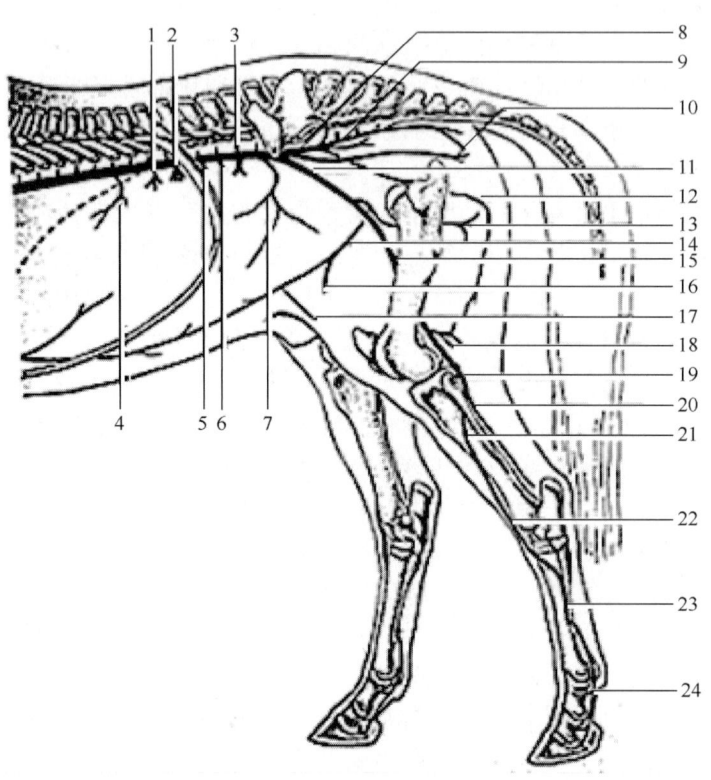

图 9-25 马盆腔和后肢的主要动脉示意图

1—腹腔动脉 2—肠系膜前动脉 3—肠系膜后动脉 4—膈前动脉 5—肾动脉 6—睾丸（卵巢）动脉 7—旋髂深动脉 8—髂内动脉 9—荐动脉 10—臀后动脉 11—髂外动脉 12—阴部内动脉 13—股深动脉 14—阴部腹壁动脉干 15—股动脉 16—阴部外动脉 17—腹壁后动脉 18—股后远动脉 19—腘动脉 20—胫后动脉 21—胫前动脉 22—足背动脉 23—跖背侧第3动脉 24—趾跖外侧动脉

6. 荐正中动脉及其分支

牛的荐正中动脉是腹主动脉向后的延续干，沿荐骨腹侧正中延伸，沿途分出荐支入荐腹侧孔，分布于脊髓（脊髓支）和肌肉（背侧支）。主干向后伸达尾椎腹侧正中，称为尾正中动脉。后者在尾椎腹侧的血管沟内向后延伸，至第4、第5尾椎处浅出至尾腹侧皮下，在此可触摸脉搏，是牛的诊脉部位。尾正中动脉沿途发出尾支，并在尾椎横突背侧和腹侧吻合形成尾腹外侧动脉和尾背外侧动脉，分布于尾部肌肉、皮肤。多数中国水牛缺荐正中动脉，尾正中动脉由髂内动脉分出的左、右荐外侧动脉汇集而成。

7. 髂外动脉及其分支

髂外动脉及其延续支是后肢动脉的主干，约在第6腰椎腹侧由腹主动脉分出，沿髂骨前缘和后肢的内侧面向趾端延伸，按部位顺次为髂外动脉、股动脉、腘动脉、胫前动脉、足背动脉和跖背侧第 3 动脉（图 9 - 26）。

（1）髂外动脉　髂外动脉为腹主动脉的终支之一，至耻骨前缘延续为股动脉。

①旋髂深动脉：旋髂深动脉在骨盆前口上 1/3 处由髂外动脉前缘分出，沿腹壁内侧面向前延伸，穿过腹横肌，约在髋结节相对处分为前、后两支。前支伸向髋关节，分布于腹横肌、腹内斜肌、腹外斜肌、髂腰肌、腰最长肌等。后支伸向后外侧，穿过腹壁沿阔筋膜张肌深面下行至膝褶，分布于腹壁肌、阔筋膜张肌、髂下淋巴结、股直肌、躯干皮肌等。

②股深动脉：股深动脉约在耻骨前缘由髂外动脉后方分出，向前分出阴部腹壁干后延续为旋股内侧动脉。

阴部腹壁干：阴部腹壁干有时在股深动脉起点稍下方直接从髂外动脉分出，向前下方延伸至腹股沟管深环处，分为腹壁后动脉和阴部外动脉。腹壁后动脉沿腹直肌外侧缘向前伸至脐部，与腹壁前动脉相吻合，分布于腹直肌和腹内斜肌。阴部外动脉穿过腹股沟管至浅环处，分为两支：腹壁后浅动脉、阴囊腹侧支或阴唇腹侧支。腹壁后浅动脉沿腹直肌浅面向前延伸，在脐部与腹壁前浅动脉吻合，分布于腹底壁肌肉、皮肤和腹股沟浅淋巴结，在公牛中有分支至包皮（母牛的腹壁后浅动脉也称为乳房前动脉，分支分布于乳房前部）；阴囊腹侧支分布至阴囊；阴唇腹侧支，曾称为乳房后动脉，分支到乳房后部和乳房淋巴结。乳房前、后动脉在乳房内均分出乳房支，分布于乳腺。

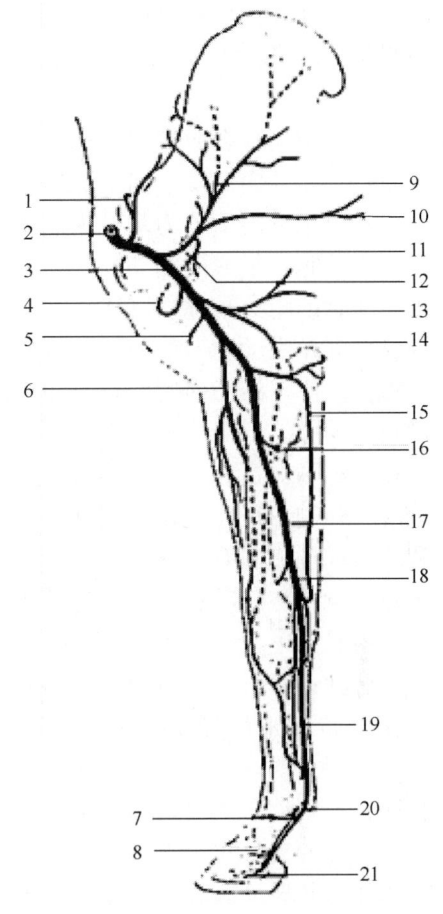

图 9 - 26　马前肢主要动脉示意图（内侧面）
1—肩胛上动脉　2—腋动脉　3—臂动脉　4—旋肱前动脉
5—二头肌动脉　6—肘横动脉　7—近指节背侧支
8—中指节背侧支　9—旋肩胛动脉　10—胸背动脉
11—旋肱后动脉　12—肩胛下动脉　13—臂深动脉
14—桡侧副动脉　15—尺侧副动脉　16—骨间总动脉
17—正中动脉　18—桡动脉　19—指掌侧第 2 总动脉
20—指掌侧内侧动脉　21—终弓

腹后动脉：在股深动脉起点附近自股深动脉或阴部腹壁干分出，在腹内斜肌内侧或其内与腹直肌外侧缘平行向前延伸，分布于腹外斜肌。

旋股内侧动脉：为股深动脉的直接延续，沿内收肌向后向下延伸至臀股二头肌深面，分出闭孔支、深支、升支、横支和髋臼支，分布于股内侧和股后肌群，并有分支到腘淋巴结。

雄性马的髂外动脉还分出提睾肌动脉至提睾肌，雌性马的髂外动脉分出子宫动脉。

（2）股动脉　股动脉为髂外动脉的直接延续，在股管内向下延伸至膝关节后方，在腓肠肌内、外侧头之间延续为腘动脉。股动脉的主要分支如下。

①旋股外侧动脉：旋股外侧动脉曾称股前动脉，在股管内自股动脉向前分出，经股直肌与股内侧肌之间进入股四头肌，分为降支、横支和升支，分布于股四头肌、髂腰肌和臀肌。

②隐动脉：隐动脉在股管中部自股动脉向后分出，与内侧隐静脉和隐神经伴行，出股管后在股部和小腿部内侧皮下向下延伸，在小腿远端延续为后支。后支在跗部分出内侧踝支和跟支后，于跟骨内侧分为足底内侧动脉和足底外侧动脉。

足底内侧动脉：足底内侧动脉在跖内侧近端分为深支和浅支。深支与足底外侧动脉的深支及足背动脉的跖穿动脉共同构成足底深弓，依动物后脚部的骨骼和肌肉的构造，由此动脉弓分出数支跖底动脉，沿跖骨与骨间中肌之间伸向远端，在跖远端互相汇合，并与跖侧总动脉吻合。浅支沿跖内侧下行，在跖远端分为几支趾跖侧总动脉，后者伸向趾部，形成趾跖侧固有动脉。

足底外侧动脉：足底外侧动脉在跖外侧近端分为浅支和深支。深支参与构成足底深弓。浅支沿跖外侧下行，在跖远端延续一支趾跖侧总动脉，并向趾部延伸形成趾跖轴侧固有动脉和趾跖远轴侧固有动脉。

③膝降动脉：膝降动脉在股管远端由股动脉分出，向前下方延伸，分布于股四头肌、缝匠肌、半膜肌。

④股后动脉：股后动脉由股动脉向后分出，进入腓肠肌内、外侧头，而后分为上、下两支。上支分布到趾浅屈肌、臀股二头肌、腘淋巴结等。下支分布到腓肠肌、趾浅屈肌等。

⑤腘动脉：腘动脉为股动脉分出股后动脉之后的直接延续，在腘肌深面分为胫后动脉和胫前动脉，并分支分布于附近的肌肉。

胫后动脉：胫后动脉较细，分布于腘肌、趾浅屈肌、趾深屈肌等。

胫前动脉：胫前动脉为腘动脉的直接延续，粗大，穿过小腿骨间隙，沿胫骨前肌与胫骨背侧之间向下延伸，至跗背侧延续为足背动脉。胫前动脉沿途分出小腿骨间动脉、胫骨营养动脉、外侧踝前动脉、内侧踝前动脉及浅支，分支分布于胫骨背外侧的肌肉及胫骨，浅支向下延伸至跖背侧中部，依动物后脚部的骨骼和肌肉的构造，分为数支趾背侧总动脉，其中趾背侧第3总动脉在系关节附近与跖背侧第3动脉吻合，随后分出趾背侧固有动脉及趾间动脉，分布于趾部。

足背动脉：足背动脉位于跗关节背侧，分出跖外侧动脉、跖内侧动脉和跖穿动脉后，向跖背侧延伸为跖背侧第3动脉。跖背侧第3动脉沿跖背侧沟向下延伸，在系关节附近与趾背侧第3总动脉吻合。

三、体循环的静脉

全身静脉汇集成心静脉、奇静脉、前腔静脉和后腔静脉四个静脉系（图9-27）。

1. 心静脉

心静脉属支有心大静脉、心中静脉、心右静脉和心小静脉。

2. 奇静脉

奇静脉为胸壁的静脉主干。因家畜种类不同，可分为左奇静脉和右奇静脉。猪缺右奇静脉，牛的右奇静脉不发达，马、犬缺左奇静脉。

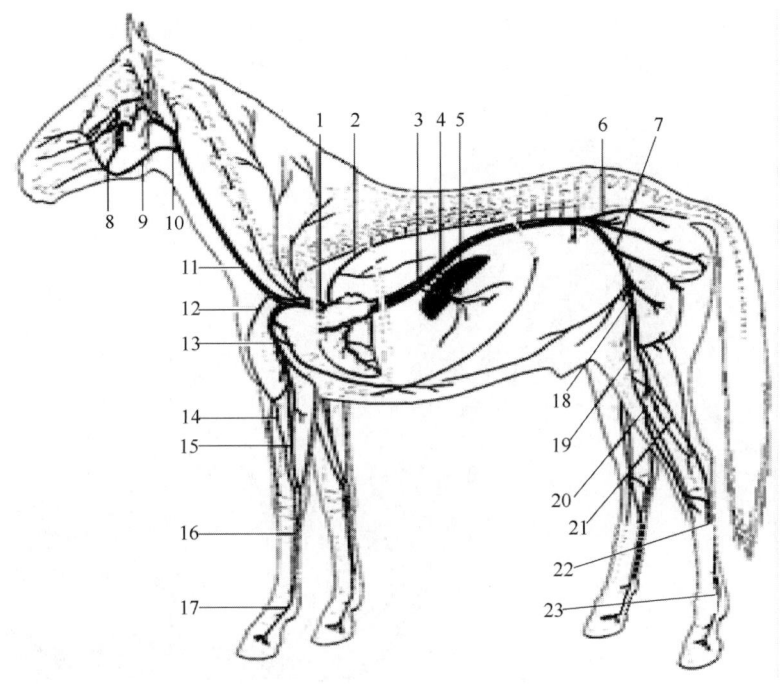

图 9-27 马全身主要静脉示意图

1—前腔静脉 2—奇静脉 3—后腔静脉 4—肝静脉 5—门静脉 6—髂内静脉 7—髂外静脉 8—面静脉 9—颈、颌外静脉 10—颌内静脉 11—颈静脉 12—臂皮下静脉 13—臂静脉 14—前臂皮下静脉 15—正中静脉 16—掌心外侧静脉 17—指外侧静脉 18—股静脉 19—隐静脉 20—胫骨前静脉 21—胫返静脉 22—跖底外侧静脉 23—趾外侧静脉

（1）左奇静脉　左奇静脉为牛、猪胸壁的静脉主干，起于第1、第2腰椎腹侧（牛）或最后胸椎腹侧（猪），经膈主动脉裂孔，沿胸主动脉左背侧缘向前伸延，至第3胸椎处（牛）或第7、第6胸椎处（猪）向前下方，越过主动脉左侧转而向后向右延伸，最后注入右心房冠状窦。左奇静脉的属支有第1、第2对腰静脉、肋腹背侧静脉、肋间背侧静脉（牛左侧为第4或第6以后的肋间背侧静脉、右侧为第7或第6以后的肋间背侧静脉，有的先与对侧或同侧的肋间背侧静脉吻合后再汇入奇静脉）、食管静脉、支气管静脉、心包静脉和纵隔静脉。以上静脉与同名动脉伴行。

（2）右奇静脉　右奇静脉为马、犬胸壁的静脉主干，起于第1腰椎腹侧，于腹主动脉右侧入胸腔，在纵隔内伸达第6胸椎处，向下横过食管、气管右侧面注入前腔静脉或直接注入右心房。其属支有第1、第2对腰静脉、肋腹背侧静脉、第6～17对肋间背侧静脉、支气管食管静脉，马、犬有的个体还有半奇静脉。半奇静脉由胸腔左侧最后4~7条肋间背侧静脉汇集而成，并汇集第1腰静脉和膈静脉的静脉血。牛的右奇静脉细，由右侧第2（3）～5（6）肋间背侧静脉汇集而成，注入前腔静脉。

3. 前腔静脉

前腔静脉为收集头、颈、前肢和部分胸壁和腹壁血液回流入右心房的静脉干，短而粗，牛、马由两侧的颈内、外静脉和两侧的锁骨下静脉在胸前口处汇合而成，猪、犬两侧的颈外静脉和两侧的锁骨下静脉先汇集成两侧的臂头静脉，然后合并形成前腔静脉。前腔静脉位于心前纵隔内,臂头干的右腹侧,约在第 4 肋骨相对处穿过心包,经主动脉右侧注入右心房的腔静脉窦。前腔静脉的侧支有肋颈静脉、胸内静脉和右奇静脉(图 9-28)。

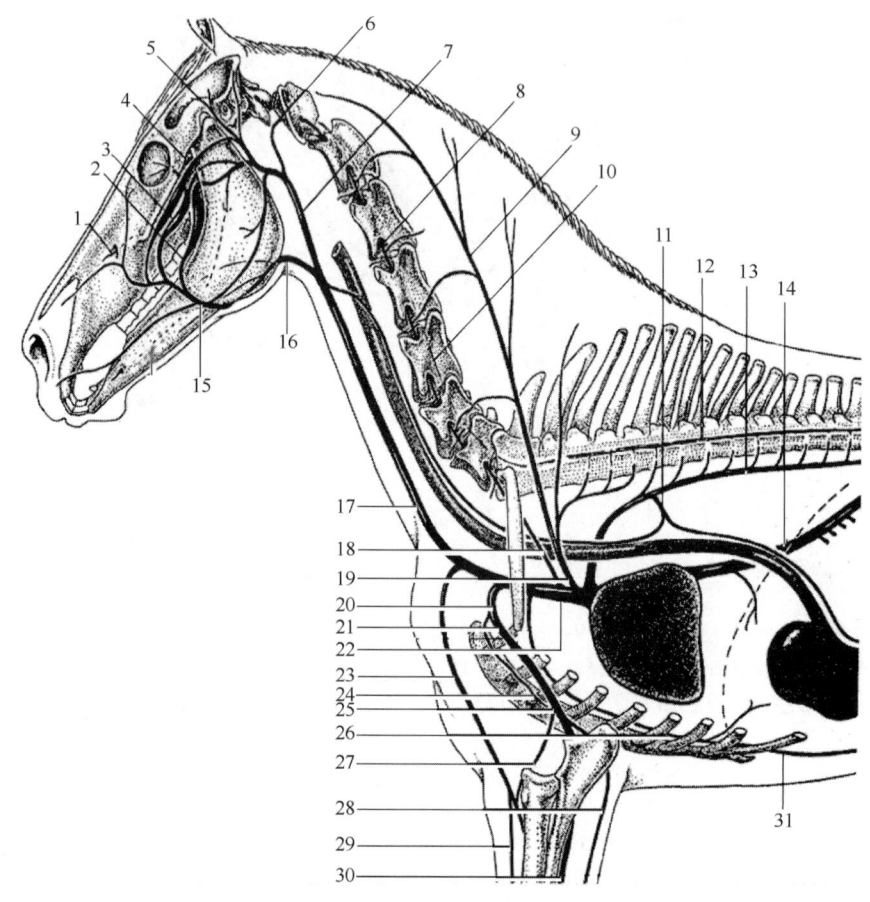

图 9-28 马前腔静脉及其主要属支示意图

1—眶下静脉 2—颊静脉 3—面深静脉 4—面横静脉 5—颞浅静脉 6—枕静脉 7—上颌静脉
8—椎静脉 9—颈深静脉 10—椎丛 11—支气管-食管静脉 12—奇静脉 13—后腔静脉
14—舌下静脉 15—面静脉 16—舌面静脉 17—颈外静脉 18—椎静脉 19—肋颈静脉
20—锁骨下静脉 21—腋静脉 22—前腔静脉 23—头静脉 24—胸廓外静脉 25—臂静脉
26—胸廓内静脉 27—肘正中静脉 28—尺侧副静脉 29—副头静脉 30—正中静脉 31—腹壁前静脉

(1) 颈内静脉 颈内静脉见于牛、猪、犬,为由甲状腺静脉、枕静脉和颈外动脉伴行静脉(犬、猪)汇集而成的细小静脉,与颈总动脉、迷走交感神经干伴行,沿食管(左侧)或气管(右侧)的背外缘向后延伸。牛的左、右颈内静脉在胸前口稍前方先汇合成总干,再注入左、右颈外静脉汇合处。猪、犬的则分别注入左、右颈外静脉。

(2) 颈外静脉 颈外静脉由舌面静脉和上颌静脉汇集而成,为头颈部粗大的静脉干。颈外静脉的属支有舌面静脉、上颌静脉、颈浅静脉、头静脉和副头静脉等。马因无颈内静脉,该静脉常称为颈静脉。颈外静脉位于颈静脉沟内,因其直接位于皮下而易于触及,并且在颈前部颈外静脉与颈总动脉之间有肩胛舌骨肌相隔,是临床上采血、放血、输液的重要部位。

①舌面静脉：舌面静脉由面静脉和舌静脉汇集而成。

面静脉与面动脉伴行，有与同名动脉伴行的眼角静脉、鼻背静脉、鼻外侧静脉、上唇静脉、口角静脉、下唇静脉等属支，还有面深静脉注入。牛的面深静脉由腭降静脉和眶下静脉汇集而成，自咬肌深面向下延伸注入面静脉，途中形成面深静脉丛。面深静脉有分支与颊静脉和上颌静脉吻合。马的面深静脉由眶下静脉、腭降静脉和眼外静脉在翼腭窝汇合而成，经上颌结节与咬肌之间走向前下方，在面崤前端附近注入面静脉，其中部形成纺锤形膨大，称为面深静脉窦。

舌静脉由舌下静脉和舌深静脉集合而成，在下颌间隙与面静脉汇合成舌面静脉。

②上颌静脉：牛的上颌静脉在颞下颌关节腹侧由翼丛与颞浅静脉汇集而成，在腮腺深面向后向下延伸，至腮腺后下角处与舌面静脉汇合成颈外静脉，沿途有和耳后静脉汇入。翼丛汇集翼肌静脉、颊静脉、咬肌静脉、颞深静脉、下齿槽静脉、咽静脉等的静脉血。颞浅静脉汇集耳前静脉、面横静脉、上睑外侧静脉、角静脉、眼外背侧静脉等的血液。以上各支静脉多与同名动脉伴行。马上颌静脉的分支有翼丛、颞浅静脉、咬肌腹侧静脉、耳后静脉、枕静脉和甲状腺前静脉。颞浅静脉汇集耳前静脉和面横静脉的血液。翼丛有舌下支与舌静脉相连。

③颈浅静脉：颈浅静脉与颈浅动脉伴行，收集肩前部静脉血注入颈外静脉。

④头静脉：头静脉为前肢的浅静脉干，曾称为臂皮下静脉，无动脉伴行。起于蹄静脉丛，牛的向上依次汇集为指掌侧固有静脉、指掌侧总静脉、掌心静脉和桡静脉，再延续为头静脉，沿前臂内侧面上行，并经前臂前面入胸外侧沟向上向内延伸，最后注入颈外静脉。头静脉在前臂部有副头静脉注入，并经肘正中静脉与臂静脉（深静脉干）相连。

⑤副头静脉：副头静脉位于前脚部背侧，起于蹄静脉丛，向上延续为指背侧固有静脉、指背侧总静脉，然后汇合为副头静脉，注入头静脉。

（3）锁骨下静脉　锁骨下静脉为前肢的深静脉干。起于蹄静脉丛，向上依次汇入第3、第4指掌轴侧固有静脉、指掌侧第3总静脉、正中静脉、臂静脉和腋静脉，上述静脉干及其属支均与同名动脉伴行。腋静脉伴随同名动脉自肩关节内侧向前向上伸达胸前口，在第1肋骨前缘汇入锁骨下静脉。锁骨下静脉为一短粗的静脉干，与颈外静脉（牛、马）汇合形成前腔静脉。猪、犬先汇集为左、右臂头静脉，再合并形成前腔静脉。锁骨下静脉虽有同名动脉，但并不伴行。

（4）肋颈静脉　肋颈静脉与肋颈动脉干伴行，有肋间最上静脉、肩胛背侧静脉、颈深静脉、椎静脉等属支，均与同名动脉伴行。肋颈静脉注入前腔静脉。

（5）胸廓内静脉　胸廓内静脉与同名动脉伴行。在膈处胸廓内动脉分为两终支处由腹壁前静脉和肌膈静脉汇合而成，沿胸骨背侧前行，在第1肋骨内侧弯曲向上，注入前腔静脉。胸廓内静脉沿途有肋间腹侧静脉、穿支、纵隔静脉、胸腺静脉和心包膈静脉汇入。腹壁前静脉的属支腹壁前浅静脉，称腹皮下静脉，在母畜特别是母牛中很发达，主要收集乳房的静脉血，在躯干皮肌深面，沿腹壁腹外侧面向前蜿蜒延伸，常见凸出于皮下，在剑状突与肋弓的夹角内经"乳井"穿过腹壁入胸腔，注入腹壁前静脉。

4. 后腔静脉

后腔静脉为收集腹部、骨盆部、尾部及后肢血液入右心房的静脉干。由左、右髂总静脉在第5~6腰椎腹侧汇合而成，沿腹主动脉右侧向前延伸，至右膈脚处与腹主动脉分开，向下行经肝膈面的腔静脉沟，并在此有数支肝静脉汇入，此后穿过膈的腔静脉裂孔进入胸腔，注入右心房。后腔静脉在途中有肝静脉、肾静脉、睾丸静脉或卵巢静脉、膈前静脉、膈后静脉、腹前静脉、腰静脉等属支汇入（图9-29）。

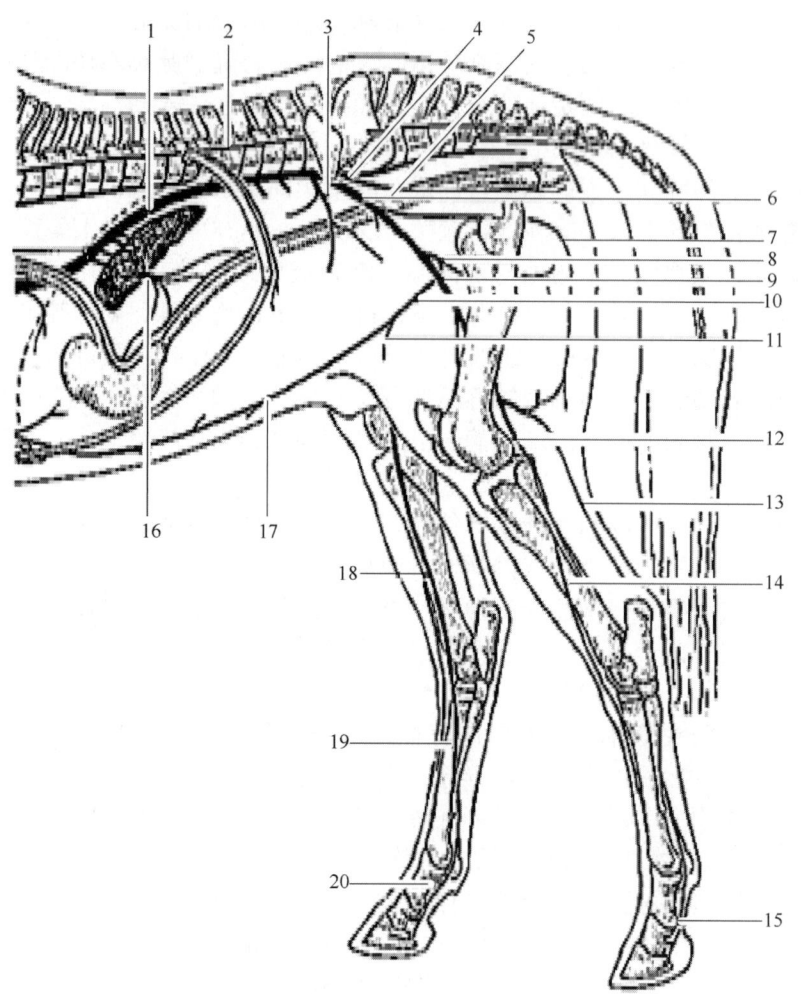

图9-29　马后腔静脉及其主要属支示意图

1—后腔静脉　2—椎丛　3—旋髂深静脉　4—髂内静脉　5—阴部内静脉　6—髂外静脉　7—闭孔静脉　8—股深静脉　9—股静脉　10—阴部腹壁静脉　11—阴部外静脉　12—腘静脉　13—外侧隐静脉　14—胫前静脉　15—趾跖外侧静脉　16—门静脉　17—腹壁后静脉　18—内侧隐静脉　19—趾背侧第2总静脉　20—趾跖内侧静脉

（1）肝静脉　一般有3~4支，马的肝静脉常达5支，完全位于肝实质内，直接注入后腔静脉。肝静脉由窦状隙、中央静脉、小叶下静脉依次汇集而成。

门静脉是收集腹腔内不成对脏器（胃、脾、胰、小肠、直肠后段以外的大肠）血液回流的静脉主干，其属支有胃十二指肠静脉、脾静脉、肠系膜前静脉和肠系膜后静脉。门静脉位于后腔静脉腹侧，穿过胰，与肝动脉一起经肝门入肝。两者在肝小叶间分支分别称为小叶间动脉、静脉，均开口于肝小叶的窦状隙。窦状隙的血液汇流入中央静脉，中央静脉汇合成小叶下静脉，最后汇集成数支肝静脉。肝动脉为肝的营养血管，门静脉为肝的功能性血管（图9-30）。

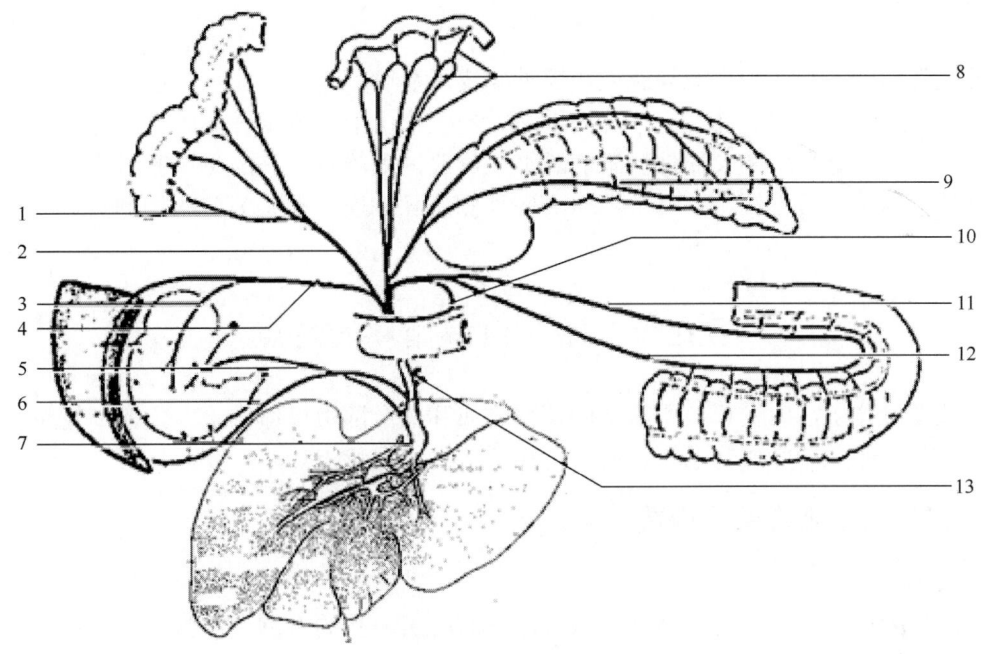

图 9 - 30 马肝门静脉系统示意图
1—结肠左静脉 2—肠系膜后静脉 3—胃左静脉 4—脾静脉 5—胃右静脉 6—胃网膜右静脉 7—门静脉
8—空肠静脉 9—盲肠静脉 10—结肠中静脉 11—结肠右静脉 12—结肠支 13—肠系膜前静脉

（2）肾静脉 与同名动脉伴行，汇集肾与肾上腺的静脉血。犬的左睾丸静脉或左卵巢静脉也汇入肾静脉。

（3）睾丸静脉或卵巢静脉 与同名动脉伴行，除牛、绵羊、犬左侧睾丸静脉、牛、山羊、犬左卵巢静脉外，一般注入后腔静脉。

（4）髂总静脉 由髂内静脉和髂外静脉在盆腔前口处汇集而成，为收集后肢、骨盆腔、尾部等处血液的短静脉干。最后一对腰静脉、左睾丸静脉（牛、绵羊）、左卵巢静脉（牛、山羊）和荐正中静脉直接注入髂总静脉。

①髂内静脉：为骨盆腔的静脉主干，与髂内动脉伴行，其属支有臀前静脉、臀后静脉、输精管静脉、前列腺静脉、阴部内静脉等，均与同名动脉伴行。

②髂外静脉：为后肢的静脉主干，是髂总静脉的直接延续，沿髂骨体伸向股管，向下依次为股静脉、腘静脉、胫前静脉和足侧背静脉，均与同名动脉伴行。髂外静脉的属支有旋髂深静脉（牛）、股深静脉、闭孔静脉（马）、输精管静脉或子宫静脉（马）等。股深静脉由阴部腹壁静脉和旋股内侧静脉汇合而成。阴部腹壁静脉由腹壁后静脉和阴部外静脉汇合而成。阴部外静脉汇集公畜阴囊和阴茎或母畜乳房的静脉血，并与阴部内静脉吻合。母牛阴部外静脉的腹壁后浅静脉很发达，向前与腹壁前浅静脉吻合，经"乳井"进入胸腔，注入胸内静脉。

后肢的浅静脉干为内侧隐静脉脉与外侧隐静脉，均注入深静脉干。

内侧隐静脉：又称为大隐静脉或小腿内侧皮下静脉，在跗关节内侧起于足底内侧静脉，与隐动脉和隐神经伴行，注入股静脉。除反刍动物外，内侧隐静脉在半腱肌止点附近分为前、后两支。

外侧隐静脉：又称为小隐静脉或小腿外侧皮下静脉，无动脉伴行，约在小腿下 1/3 处由前、后两支汇合而成。前支起于蹄静脉丛，向上依次汇集成趾背侧固有静脉、趾背侧总静脉和外侧隐静脉。牛和犬的外侧隐静脉汇入旋股内侧静脉，马的注入股后静脉，猪的注入旋股外侧静脉。后支在跗关节下部与足底外侧静脉相连，沿跗关节跖外侧面上行与前支汇合。

第五节　胎儿血液循环的特点

胎儿在母体子宫内发育，所需要的营养物质和氧全部由母体供给，代谢产物也经母体排出。因此，胎儿的心血管系统就有与之相适应的一些特点。

一、胎儿心血管系统构造特点

1. 卵圆孔

卵圆孔为房间隔上的自然裂孔，沟通左、右心房，孔的左侧有瓣膜，保证血液只能从右心房流向左心房。

2. 动脉导管

动脉导管位于肺动脉干与主动脉之间。由右心室入肺干的血液大部分经动脉导管流入主动脉。

3. 脐动脉和脐静脉

脐动脉为髂内动脉（牛、猪）或阴部内动脉（马）的分支，沿膀胱侧韧带至膀胱顶，再沿腹底壁前行至脐孔，经脐带至胎盘，在此分支形成毛细血管网，依靠渗透和扩散作用与母体子宫的毛细管网进行物质交换。脐静脉（牛和食肉动物有两条，马、猪一条）起于胎盘毛细血管网，经脐带由脐孔进入胎儿腹腔，沿肝的镰状韧带向前延伸，经肝左叶与方叶之间的圆韧带切迹入肝。

4. 静脉导管

静脉导管见于牛和食肉动物，为脐静脉在肝内的一个小分支，连接脐静脉与后腔静脉。脐静脉血约有 1/9 经此旁道绕过肝。

二、胎儿血液循环径路

胎盘毛细血管经脐静脉（血液氧饱和度为 80%）入肝，经肝窦、肝静脉或静脉导管到后腔静脉（血液氧饱和度为 67%），与身体后躯的静脉血（氧饱和度 26%）相混合，然后流入右心房，约有 3/5 经卵圆孔进入左心房、左心室，再经臂头干到头颈部及前肢。头颈部及前肢的静脉血由前腔静脉（血液氧饱和度为 31%）回流到右心房、右心室，然后进入肺干，约有 4/5 经动脉导管流入主动脉弓（血液氧饱和度为 52%），再经胸主动脉、腹主动脉到躯体后部（血液氧饱和度为 58%），由髂内动脉的分支（牛）或髂外动脉（马）的分支脐动脉再到胎盘（血液氧饱和度为 58%）。降主动脉内的血液约有 2/3 进入脐动脉。由此可见，胎儿的动脉血液为混合血，但各部血液的混合程度不同，到头颈部、前肢的血含氧和营养物质较丰富，以适应胎儿的发育需求（图9-31）。

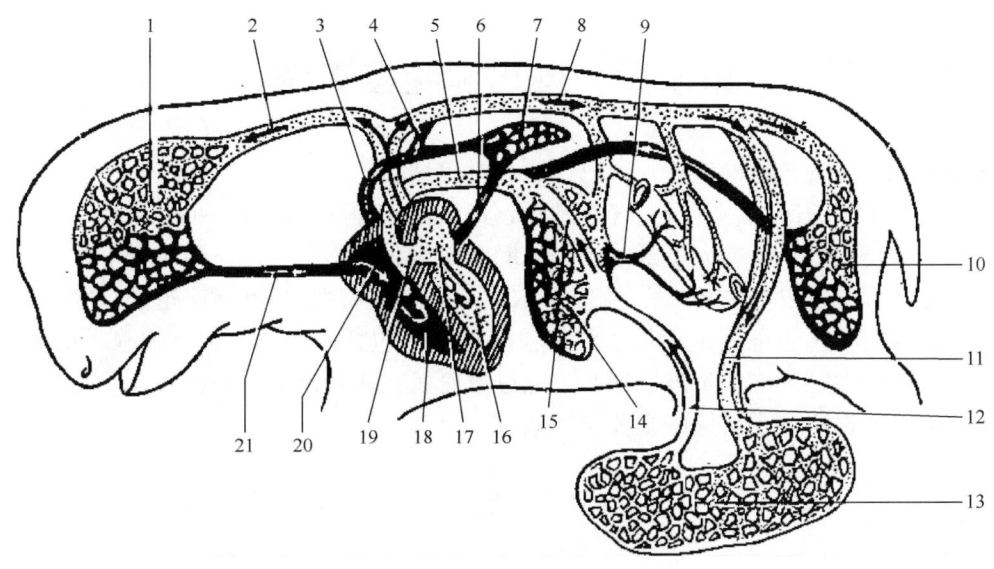

图9-31 胎儿血液循环路径示意图
1—体前部毛细血管网 2—血液流向体前部的动脉 3—肺动脉 4—动脉导管
5—后腔静脉 6—肺静脉 7—肺毛细血管网 8—主动脉 9—门静脉 10—体后部毛细血管网
11—脐动脉 12—脐静脉 13—胎盘毛细血管网 14—肝毛细血管网 15—静脉导管
16—左心室 17—左心房 18—右心室 19—卵圆孔 20—右心房 21—前腔静脉

三、心血管系统出生后的变化

出生后，由于脐带切断，胎盘循环终止，机体需要的营养物质的来源、代谢废物的排泄途径以及气体交换的场所发生了变化，导致血液循环路径也发生了相应的改变。

1. 脐动脉远端逐渐闭合

脐动脉由脐至膀胱顶一段逐渐退化形成膀胱圆韧带，近端称为膀胱动脉。

2. 脐静脉逐渐闭合

脐静脉逐渐闭合形成肝圆韧带，静脉导管逐渐闭合成为静脉导管索。

3. 动脉导管逐渐闭合

出生后动脉导管收缩闭合，逐渐形成动脉韧带。

4. 卵圆孔逐渐闭合

出生后由于肺发挥作用，由肺静脉流入左心房的血液大量增加，左心房压力增高，同时由于肺扩张和脐静脉闭合，右心房压力降低，使左、右心房压力相等；左心房压力增高，压迫卵圆孔瓣膜紧贴房中隔，从而逐渐闭合、封闭形成卵圆窝。

第十章　淋巴和免疫系统

淋巴和免疫系统包括淋巴管、淋巴组织和淋巴器官。

淋巴管始于组织间隙，管道内含有淋巴，最终汇入静脉。因此，可看作是心血管系的辅助结构。淋巴组织是含有大量淋巴细胞的网状组织，包括弥散淋巴组织和淋巴小结。淋巴小结又分为集合淋巴小结和孤立淋巴小结，主要分布在消化道和呼吸道的黏膜层和黏膜下层。淋巴器官大多由淋巴组织构成，外包有被膜，包括淋巴结、脾、胸腺、扁桃体等。淋巴组织和淋巴器官都能产生淋巴细胞，通过淋巴管或血管进入血液循环，参与机体的免疫活动，因而淋巴系统是机体的主要防御系统。

第一节　淋　巴　管

一、淋巴管

淋巴管为淋巴回流的管道系统，多与静脉系伴行，包括毛细淋巴管、淋巴管、淋巴干和淋巴导管。

1. 毛细淋巴管

毛细淋巴管以稍膨大的盲端起始于组织间隙，彼此吻合成网，除无血管分布的结构（上皮、角膜、晶状体、软骨等）、脑、脊髓、骨髓等处无分布外，广泛分布于全身。毛细淋巴管与毛细血管彼此相邻，但不相通，其形态结构与毛细血管相似，均由单层内皮细胞构成。毛细淋巴管管径粗细不一，内皮细胞呈覆瓦状，细胞间有小的间隙，具有类似瓣膜的结构，这种结构一方面可保证毛细淋巴管比毛细血管具有更大的通透性，使一些不易透过毛细血管的大分子物质，如蛋白质、细菌、异物等，易于进入毛细淋巴管内；另一方面只允许体液进入毛细淋巴管，而不允许逆向流动。小肠壁绒毛的毛细淋巴管是吸收脂肪的通道，其淋巴呈乳白色，故称乳糜管。

2. 淋巴管

淋巴管由毛细淋巴管汇集而成。淋巴管的形态结构与静脉类似，但管腔较小，数目较多，彼此吻合较静脉更广泛；管壁较薄，瓣膜更多；管径粗细不均，常呈串珠状。在淋巴管汇集的径路上常有一个或数个淋巴结，引导淋巴进入淋巴结的淋巴管称为淋巴输入管，离开淋巴结的称为淋巴输出管，通常淋巴输入管的数目较多。淋巴管按其所在的位置可分为浅、深淋巴管，两者以深筋膜为界。浅淋巴管汇集皮肤、皮下组织的淋巴，多注入浅淋巴结内；深淋巴管汇集肌肉、骨骼和内脏器官等的淋巴，多伴随血管神经束走行。浅、深淋巴管之间有小支吻合。

3. 淋巴干

淋巴干为机体一个区域内较大的淋巴集合管。淋巴管经过一些淋巴结后，汇集成较大的淋巴干。主要的淋巴干有气管淋巴干、腰淋巴干和内脏淋巴干（图10-1）。

(1) 气管淋巴干 又称颈静脉干,有两条,左右对称,起于咽后内侧(猪、犬)或外侧(牛)淋巴结或颈深前淋巴结(马),分别伴随左、右颈总动脉沿气管的腹内侧向后延伸,收集左、右侧头颈部、肩胛部和前肢的淋巴。左气管淋巴干注入胸导管,右气管淋巴干注入右淋巴导管或前腔静脉或右颈外静脉。

(2) 腰淋巴干 有两条,起始于髂内侧淋巴结,分别沿腹主动脉和后腔静脉向前延伸,注入乳糜池。腰淋巴干汇集骨盆壁、骨盆腔器官、后肢及部分腹壁的淋巴。

(3) 内脏淋巴干 一条,很短,由肠淋巴干和腹腔淋巴干形成,注入乳糜池。肠淋巴干汇集空肠、回肠、盲肠和大部分结肠的淋巴。腹腔淋巴干汇集胃、脾、肝、胰和十二指肠的淋巴。有时这两个淋巴干不汇合,分别单独注入乳糜池。

4. 淋巴导管

淋巴导管为机体最大的淋巴集合管,由淋巴干汇集而成,有两条,即胸导管和右淋巴导管。

(1) 右淋巴导管 为右淋巴导管的延续,较短。位于胸腔入口附近,汇集右侧头颈部、肩带部、前肢及胸壁和胸腔器官右侧半的淋巴,注入前腔静脉或右颈外静脉。马的右淋巴导管长,起于纵隔前淋巴结,沿途收集颈浅淋巴结、颈深后淋巴结的淋巴,在第1肋前方注入颈外静脉,开口处有瓣膜。

(2) 胸导管 为全身最大的淋巴管,汇集除右淋巴导管以外的全身淋巴。它始于乳糜池,穿过膈的主动脉裂孔或右膈脚外侧

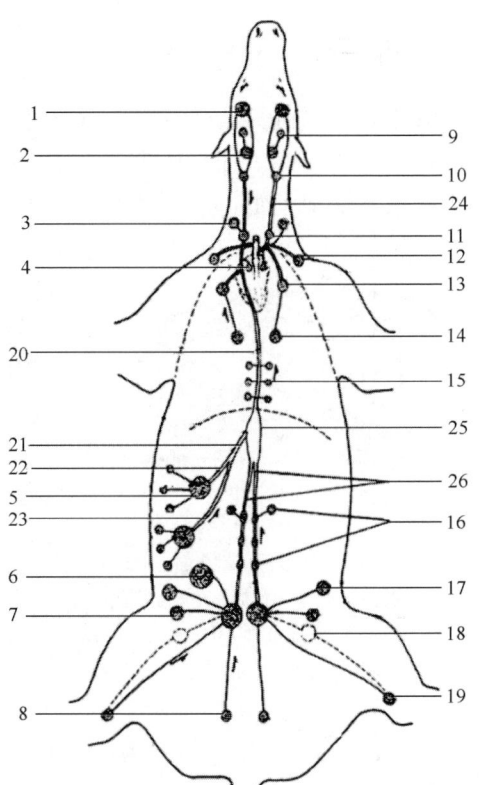

图 10-1 马全身淋巴管和淋巴结分布
示意图(背侧面观)
1—下颌淋巴结 2—咽后淋巴结
3—颈浅淋巴结 4—胸腹侧淋巴结
5—腹腔淋巴结 6—肠系膜后淋巴结
7—腹股沟浅淋巴结 8—肛门直肠淋巴结
9—腮淋巴结 10—颈前淋巴结
11—颈后淋巴结 12—腋淋巴结
13—纵隔淋巴结 14—支气管淋巴结
15—胸背淋巴结 16—腰淋巴结
17—髂下淋巴结 18—腹股沟深淋巴结
19—腘淋巴结 20—胸导管
21—内脏淋巴干 22—腹腔淋巴干
23—肠淋巴干 24—气管干
25—乳糜池 26—腰淋巴干

(牛)入胸腔,沿胸主动脉的右上方向前延伸,然后越过食管和气管的左侧面向下走行,于胸腔入口处注入前腔静脉或左颈外静脉。有时胸导管分为两条,最后仍合并为一条。

乳糜池为胸导管膨大的起始部,呈梭形,位于最后胸椎和前1~3个腰椎的腹侧,在腹主动脉和膈右脚之间。左、右腰淋巴干和内脏淋巴干注入乳糜池。

二、淋巴的产生与淋巴循环

血液流经毛细血管动脉端时，部分血浆渗出毛细血管壁，到达组织细胞之间，形成组织液。通过物质交换，细胞从组织液中获得营养物质和氧，并将废物及二氧化碳排入组织液。组织液不断地产生，也不断地被运走。组织液的去路：一部分进入毛细血管静脉端，经静脉系回心；另一部分则进入毛细淋巴管，形成淋巴，经淋巴管系回流入前腔静脉（图10-2）。淋巴管的瓣膜可阻止淋巴的逆流。淋巴管周围动脉的搏动、肌肉的收缩、呼吸时胸腔压力变化对淋巴管的影响及新淋巴液的不断生成，均可促使淋巴向心流动，最后汇入前腔静脉，形成淋巴循环，故淋巴循环是血液循环的辅助部分，淋巴系为心血管系的辅助装置。淋巴为无色透明的液体，其成分与血浆类似，流经淋巴结后即带有淋巴细胞。淋巴结、胸腺、脾以及淋巴组织所产生的淋巴细胞，通过淋巴管或血管进入血液循环。

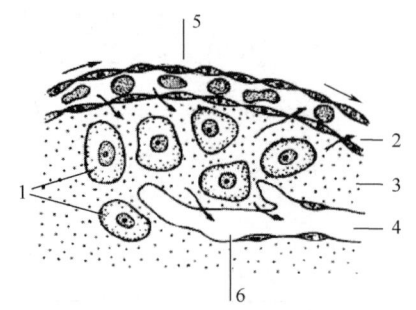

图10-2 组织液循环示意图
1—细胞内液 2—血浆 3—组织液
4—淋巴液 5—毛细血管 6—毛细淋巴管

第二节 淋巴器官

淋巴器官以淋巴组织为主要功能的细胞群构成。淋巴组织是一种特殊的网状组织，是指动物体内含有大量淋巴细胞的组织，由网状细胞的网眼中充满淋巴细胞，伴随少许的单核细胞、浆细胞所构成。淋巴组织可因淋巴细胞的聚集程度和方式的不同，分为弥散淋巴组织和密集淋巴组织。

弥散淋巴组织中，淋巴细胞排列疏松，无特定外形，与周围的结缔组织无明显的分界，主要分布于消化管、呼吸道和泌尿生殖道的黏膜内，常称为上皮下淋巴组织，形成有害因子入侵的屏障，以抵御外来细菌或异物的入侵。此外，分布于淋巴结的副皮质区、扁桃体的淋巴小结间的弥散淋巴细胞、脾白髓动脉周围淋巴鞘等处。

密集淋巴组织中，淋巴细胞排列紧密，与周围组织有结缔组织分界。如胸腺小叶皮质中密集的T淋巴细胞。有的脏器内，密集淋巴组织形成球形或长索状，前者称为淋巴小结，后者称为淋巴索。淋巴小结主要分布于淋巴结的皮质部、脾白髓、扁桃体及腔上囊等器官，此外还分布于消化管和呼吸道等处的黏膜中，若淋巴小结单独或分散存在，称为淋巴弧结；如淋巴小结多个聚集在一个区域，称为淋巴集结。例如，空肠的淋巴弧结和回肠的淋巴集结。淋巴索主要分布淋巴结和脾内，形成淋巴索和脾索等。

淋巴器官包括淋巴结、血淋巴结、扁桃体、胸腺和脾，是畜体主要免疫能力的组成部分。

一、淋巴结

1. 淋巴结的形态

淋巴结在活体内呈微红色或微红褐色，在尸体内略呈黄灰白色，也可因所处环境而有所变化。如城市和工矿区家畜的支气管淋巴结可能因碳粒沉着而显黑色，长期食用叶黄素较多的饲料或服用四环素类药物的家畜淋巴结可能有不同程度的黄染，食用高脂质饲料消化后肠系膜淋巴结可能呈乳白色。淋巴结呈圆形、椭圆形或长圆形，其大小和数目也因畜种和个体而异，牛的淋巴结较大，数目较少，约 300 个；马的淋巴结较小。数目较多，约 8000 个。淋巴结常集合成淋巴结群或索。

2. 淋巴结的组织结构与功能

（1）被膜和小梁　淋巴结的表面有致密结缔组织构成薄的被膜。被膜伸入淋巴结内形成许多粗细不等的小梁，小梁互连成网，构成淋巴结的粗支架，网状细胞和网状纤维构成淋巴结的细支架（图 10-3）。

（2）皮质部　皮质部位于淋巴结的外周，被膜的下方，由淋巴小结、副皮质区和皮质淋巴窦三部分构成。

①淋巴小结：位于皮窦的下方，是由密集的淋巴细胞形成的圆球状结构，受抗原刺激后，在中央部分可出现浅色区的生发中心。分布在淋巴小结的淋巴细胞主要为 B 淋巴细胞，但也有少量 T 淋巴细胞，在生发中心还可以见到许多巨噬细胞和有丝分裂相。

②副皮质区：位于淋巴小结深部（下方）的一片弥散淋巴细胞，无一定形态，此区主要聚集大量来自胸腺的 T 淋巴细胞，故又称为胸腺依赖区。此区还含有丰富的毛细血管后微静脉。

③皮质淋巴窦：位于被膜、小梁与淋巴小结之间的不规则腔隙。在被膜一侧有数条输入淋巴管通入皮窦，窦内衬以内皮细胞。有许多网状细胞以突起相连，网孔内有巨噬细胞、淋巴细胞、浆细胞和其他白细胞等。

（3）髓质部　髓质部位于淋巴结的深部，色浅，由髓索和髓窦两部分构成（图10-4）。

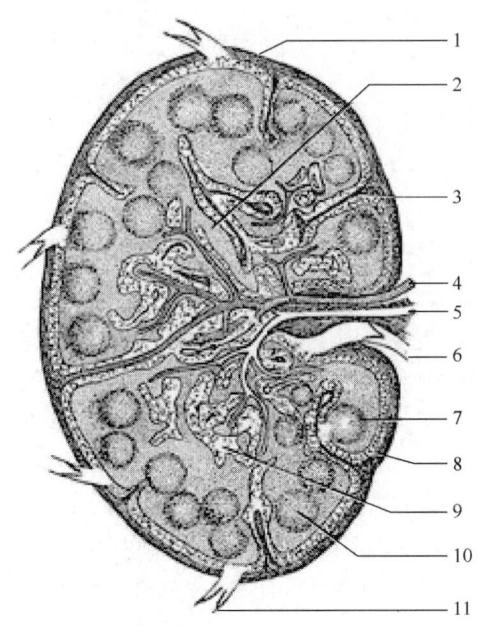

图 10-3　淋巴结构造示意图
1—被膜　2—髓索　3—小梁　4—动脉　5—静脉
6—输出淋巴管　7—淋巴小结　8—皮窦　9—髓窦
10—生发中心　11—输入淋巴管

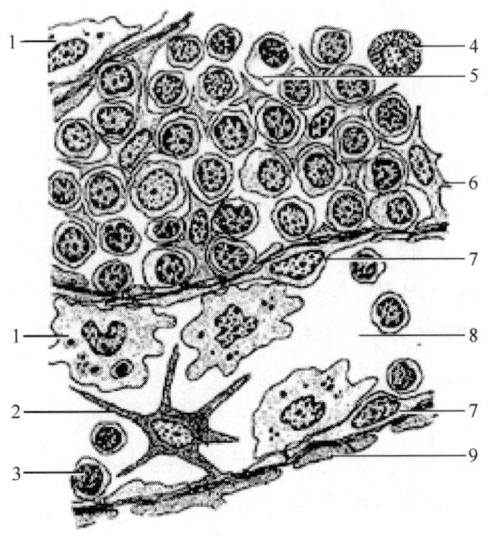

图 10-4　淋巴结髓索和髓窦示意图
1—巨噬细胞　2—星形内皮细胞　3—淋巴细胞
4—肥大细胞　5—浆细胞　6—网状细胞
7—内皮细胞　8—髓窦　9—网状细胞突起

①髓索：由副皮质延续而来，呈条索状，又称为淋巴索，髓索互连成网，其中含有大量的 B 淋巴细胞、巨噬细胞、浆细胞及少量 T 淋巴细胞。当与抗原物质发生免疫反应时，它们的数量可大量增加。

②髓窦：髓索与髓索之间、髓索与小梁之间的空隙称为髓窦，其结构与皮窦相似，但腔隙较大，巨噬细胞较多，因此滤过淋巴的作用较强。髓窦与皮窦相通，由皮质淋巴窦来的淋巴经过髓窦，最后经输出淋巴管流出。

猪淋巴结的组织结构比较特殊，皮质部和髓质部的位置恰好相反，即淋巴小结和副皮质区位于淋巴结的中央，而相当于髓质的部分位于外周，并不形成髓索，称为周围组织。但在成年猪的一些淋巴结中也有淋巴小结位于外周部位。输入和输出的淋巴管位置也是相反，即输入淋巴管先进入淋巴结的中央，然后沿淋巴窦向外流出，分别从表层的不同部位穿过被膜离开淋巴结。

（4）淋巴细胞再循环　淋巴细胞随同淋巴由输出淋巴管流出淋巴结，经多级淋巴管的汇聚，由胸导管进入血液循环，淋巴细胞随血流再进入淋巴结，通过毛细血管后微静脉时，进入胸腺依赖区，这样如此不断重复循环，称为淋巴细胞再循环。参加淋巴细胞再循环的大多是 T 淋巴细胞，也有少量 B 淋巴细胞。通过再循环，使淋巴细胞周流全身的免疫器官和淋巴组织，有利于识别和发现抗原，保持对特异性抗原的"记忆"，将免疫的信息传递给全身各处淋巴器官中的淋巴细胞，以扩大和提高免疫应答能力。

（5）淋巴结的功能

①滤过淋巴：淋巴结常聚集成群，沿淋巴管排列并与淋巴管相通，淋巴从中滤过。淋巴结对淋巴的净化作用很大，淋巴窦内的大量巨噬细胞可将淋巴中的抗原物质，如病菌、大分子类物质等加以清除。因此成为机体的第二道防线。

②参与免疫反应：淋巴结也是一个重要的免疫器官。各种抗原物质进入淋巴结，首先被巨噬细胞吞噬、处理，并将抗原的特性传递给 B 淋巴细胞，使其大量繁殖后形成浆细胞产生抗体，行使体液免疫功能。巨噬细胞也可激活 T 淋巴细胞，使其分裂增生，产生具有免疫功能的 T 淋巴细胞，释放细胞毒，行使细胞免疫的功能。

3. 淋巴结的分布

浅淋巴结多位于体表凹陷处的皮下，如颈浅淋巴结，而深淋巴结分布于深部的大血管附近、血管主干分叉处、器官门附近、纵隔和肠系膜等处。淋巴结一般有固定的局部位置，其输入管导引附近器官或部位的淋巴，通过输出管汇入附近的淋巴结、淋巴干或淋巴导管。当某一器官或部位发生病变时，有关淋巴结的细胞迅速增殖，体积增大。故了解局部淋巴结的正常位置、大小、引流区域及其导流的方向，对临床诊断、病理剖检及兽医卫生检验有重要的指导意义。

在哺乳动物，接受身体相同区域淋巴的淋巴结集中位于身体的特定部位，这个淋巴结或淋巴结群称为该区域的淋巴中心。一个淋巴中心有一个或多个淋巴结或淋巴结群。淋巴中心通常按所在部位或引流区域命名，家畜有 19 个淋巴中心。

头颈部有 5 个淋巴中心：腮腺淋巴中心、下颌淋巴中心、咽后淋巴中心、颈浅淋巴中心、颈深淋巴中心。

前肢有 1 个淋巴中心：腋淋巴中心。

后肢有 2 个淋巴中心：腘淋巴中心、髂股淋巴中心。

腹壁和骨盆壁有4个淋巴中心：腰淋巴中心、荐髂淋巴中心、腹股沟股淋巴中心、坐骨淋巴中心。

腹腔有3个内脏淋巴中心：腹腔淋巴中心、肠系膜前淋巴中心、肠系膜后淋巴中心。

胸腔有4个淋巴中心：胸背侧淋巴中心、胸腹侧淋巴中心、支气管淋巴中心、纵隔淋巴中心。

(1) 腮腺淋巴中心　有1个淋巴结群，即腮腺淋巴结群，位于颞下颌关节的后下方，部分或完全被腮腺覆盖。牛有1个大的或2~4个小的淋巴结，猪有2~3个淋巴结，马有6~10个小淋巴结。牛和犬的腮腺淋巴结在体表可触知。引流区域为头上半部的肌肉和皮肤，汇入咽后外侧和内侧淋巴结。

(2) 下颌淋巴中心　有1个淋巴结群，即下颌淋巴结群。牛的下颌淋巴结有1~3个小淋巴结，犬、猪有2~5（6）个小淋巴结，呈卵圆形。牛的位于下颌间隙中，在下颌骨支后内侧，胸头肌和颌下腺之间。引流区域为头下半部的肌肉和皮肤，口腔、扁桃体、唾液腺和鼻腔前半部，汇入咽后外侧淋巴结。马的下颌淋巴结双侧共有70~150个小淋巴结，形成一个尖端向前的"V"形淋巴结链，位于下颌血管切迹附近，汇入咽后内侧淋巴结和颈深前淋巴结。牛、犬和马的下颌淋巴结可触知，但注意区别牛的下颌淋巴结与颌下腺（图10-5）。

另外，猪和猫在舌面静脉与上颌静脉汇合处腹侧，下颌腺后方胸乳突肌表面，有下颌副淋巴结群，完全被腮腺所覆盖，有2~4个淋巴结。引流下颌淋巴结、颈腹侧前部和胸前部，汇入颈浅淋巴结（图10-6）。牛在下颌骨前缘附近位于翼肌内侧面，可有翼肌淋巴结，但不恒定。

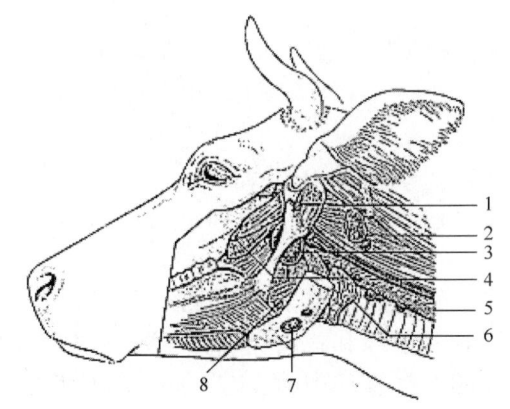

图10-5　牛头部和颈部的深层淋巴结示意图
1—舌骨后淋巴结　2—咽后外侧淋巴结　3—咽后内侧淋巴结
4—翼肌淋巴结　5—颈深前侧淋巴结　6—甲状腺
7—颌下腺和下颌淋巴结　8—舌骨前淋巴结

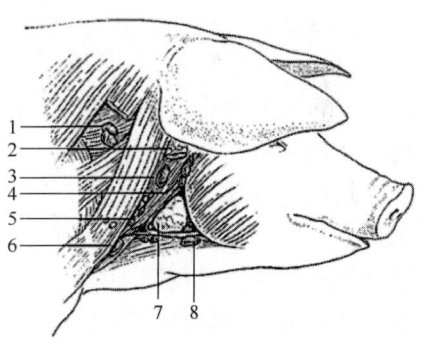

图10-6　猪头部和颈前部的淋巴结示意图
1—颈浅背侧淋巴结　2—腮腺（断面）
3—咽后外侧淋巴结　4—腮腺淋巴结
5—颈浅中淋巴结　6—颈浅腹侧淋巴结
7—颌下腺　8—下颌淋巴结

(3) 咽后淋巴中心　有2个淋巴结群，即咽后外侧淋巴结群和咽后内侧淋巴结群，引流腮腺及其附近的皮肤，颈前部和项部肌肉，部分头骨、口、咽、喉、唾液腺、甲状腺、鼻腔后半部，外耳等及腮腺淋巴结和下颌淋巴结的淋巴，汇入气管淋巴干。

①咽后外侧淋巴结：牛有1个大的和1~3个小淋巴结，猪有1~3个淋巴结，马有8~15个淋巴结，犬有1~3个淋巴结，但不恒定存在。牛的位于环椎翼腹内侧、下颌腺的深层。

②咽后内侧淋巴结：位于咽的背外侧，牛有一个大的和2~3个小的淋巴结，猪、犬有1~2个淋巴结，马有20~30个淋巴结。牛的咽后内侧淋巴结汇入咽后外侧淋巴结，咽后外侧淋巴结的输出管形成气管淋巴干。

另外，舌骨前、后淋巴结不恒定存在，长1~1.5cm。舌骨前淋巴结位于甲状舌骨外侧面，引流舌的淋巴，汇入咽后内、外侧淋巴结。舌骨后淋巴结位于茎舌骨背侧端，引流下颌的淋巴，汇入咽后外侧淋巴结。

(4) 颈浅淋巴中心　有数群淋巴，因动物而异。牛、犬和马有颈浅淋巴结群，猫有颈浅背侧和腹侧淋巴结群，猪有颈浅背侧、中和腹侧淋巴结群。此外，牛和绵羊有颈浅副淋巴结群。引流头后半部颈部、胸壁和前肢皮肤和肌肉、前肢骨（尺骨除外）、胸部乳房的淋巴，汇入胸导管或右气管淋巴干。

①颈浅淋巴结群：见于牛、马和犬，又称肩前淋巴结。牛的位于肩关节前上方，臂头肌和肩胛横突肌的深层，通常有1个淋巴结，长1~10cm，活体可触摸。马的颈浅淋巴结有60~130个小淋巴结，在臂头肌深面形成长链。汇入颈深后淋巴结。

②颈浅副淋巴结群：见于牛和绵羊。位于斜方肌和肩胛横突肌下方，通常在岗上肌前缘，有5~10个小淋巴结，暗红色，部分为血淋巴结，部分为普通淋巴结，汇入颈浅淋巴结。

③猪颈浅背侧淋巴结群：见于猪和猫。位于肩关节前上方的腹侧锯肌表面，被颈斜方肌和肩胛横突肌所覆盖。

④颈浅中淋巴结群：见于猪。位于臂头肌深面的颈外静脉表面，有不恒定的两群。

⑤颈浅腹侧淋巴结群：见于猪和猫。猪有3~5个淋巴结，位于腮腺后缘与臂头肌之间。

(5) 颈深淋巴中心　有3群，即颈深前淋巴结群、颈深中淋巴结群和颈深后淋巴结群，反刍动物还有肋颈淋巴结群和菱形肌下淋巴结群。猪、犬、猫和小反刍动物的颈深前、中淋巴结有时缺。引流头颈、前肢的淋巴，汇入胸导管或右淋巴导管。

①颈深前淋巴结群：牛的颈深前淋巴结群在气管起始部位于甲状腺附近，有4~6个淋巴结，有时缺如；马的颈深前淋巴结群位于甲状腺前缘和背内侧缘，有30~40个淋巴结；猪颈深前淋巴结群在喉与甲状腺之间位于前两个气管环表面，有1~5个淋巴结，常缺如。

②颈深中淋巴结群：牛颈深中淋巴结群位于颈中部气管的外侧，有1~7个淋巴结；马的颈深中淋巴结群位于颈中部气管的外侧，有1~7个淋巴结；猪颈深中淋巴结群位于甲状腺背侧、气管腹外侧，有2~7个淋巴结，大多数猪常缺如。

③颈深后淋巴结群：牛的颈深后淋巴结群在第一肋紧前方位于气管两侧，有2~4个淋巴结，引流咽、喉、气管、食管、胸腺和颈腹侧肌及前肢的淋巴，汇入胸导管或气管淋巴干或颈总静脉。马颈深后淋巴结群在第1肋前方位于气管腹侧，两群共有60~70个淋巴结，引流情况与牛的相似。猪颈深后淋巴结群不成对，有1~14个淋巴结，位于甲状腺后方、气管腹侧，被胸腺所覆盖。

④肋颈淋巴结群：见于反刍动物。在肋颈干前缘位于第1肋前缘内侧。

⑤菱形肌下淋巴结群：见于反刍动物。位于颈菱形肌下方，靠近其腹侧缘和肩胛骨前角。

（6）腋淋巴中心　有3个淋巴结群：腋淋巴结群、冈下肌淋巴结群和肘淋巴结群。

①腋淋巴结群：包括腋固有淋巴结、第1肋腋淋巴结和腋副淋巴结。牛有腋固有淋巴结、第1肋腋淋巴结、腋副淋巴结和冈下肌淋巴结；马有肘淋巴结和腋固有淋巴结；犬有腋固有淋巴结和腋副淋巴结；猪只有第1肋腋淋巴结。腋淋巴结群引流前肢、胸底壁和腹底壁前部皮肤、乳房的淋巴，汇入颈深后淋巴结或颈外静脉。马的肘淋巴结和犬的肘淋巴结可触知。

腋固有淋巴结：牛的位于肩关节后方、大圆肌内侧第2肋间隙或第3肋表面，常为一个卵圆形淋巴结，引流前肢的淋巴，汇入第1肋腋淋巴结或颈深后淋巴结。

第1肋腋淋巴结：牛位于胸升肌与第1肋或肋间隙之间，有1~3个淋巴结，引流肩臂部肌以及腋固有淋巴结的淋巴，汇入颈深后淋巴结和胸导管或气管淋巴干。

腋副淋巴结：牛的位于第4肋表面，不恒定，汇入腋固有淋巴结。

②冈下肌淋巴结群：牛的在臂三头肌长头尖水平位于冈下肌后缘，不恒定，引流背阔肌的淋巴，汇入腋固有淋巴结。

③肘淋巴结群：马的在肘关节附近位于臂内侧，由5~20个淋巴结组成，引流前臂和前脚部结构的淋巴，汇入腋固有淋巴结。绵羊有时可见肘淋巴结。

（7）腘淋巴中心　有腘淋巴结，位于臀股二头肌与半腱肌之间，腓肠肌外侧头起始部的脂肪中，牛、犬有1个淋巴结，马有3~12个淋巴结，猪有时缺如。引流后肢小腿下部肌肉和皮肤的淋巴，汇入髂内侧淋巴结（牛）或腹股沟深淋巴结（马）。

猪的腘淋巴结分为腘浅淋巴结和腘深淋巴结。腘浅淋巴结见于80%的猪，位于股二头肌与半腱肌之间皮下；腘深淋巴结见于40%的猪，位于股二头肌与半腱肌之间、腓肠肌表面。

（8）髂股淋巴中心　又称腹股沟深淋巴中心，有1群，即髂股淋巴结或腹股沟深淋巴结，由其位置所决定。在猪、牛和绵羊体，该群位于髂骨体前方的腹腔内，称为髂股淋巴结；在山羊和马体，该群位于股管入口，称为腹股沟深淋巴结（山羊和马）。此外，牛还有腹壁淋巴结。髂股淋巴结引流后肢、腘淋巴结、腹壁肌肉和腹膜的淋巴，汇入髂内侧淋巴结。

牛的髂股淋巴结位于股深动脉起始处之前的髂外动脉的前面，通过直肠检查可触知，在荐骨岬腹外侧8~13cm处、髂骨体前方。牛的腹壁淋巴结不恒定，位于腹直肌内面、耻骨梳附近的腹壁后动脉表面。

马的腹股沟深淋巴结位于股管内股深动脉起始部的股动脉周围，由16~35个淋巴结组成。猪的髂股淋巴结位于股深动脉附近，靠近阴部腹壁干起始部。犬的髂股淋巴结位于股深动脉的起始部，不恒定。

（9）腰淋巴中心　主要有2群，即腰主动脉淋巴结群和肾淋巴结群，此外，牛有腰固有淋巴结，马有卵巢淋巴结，猪有膈腹淋巴结和睾丸淋巴结。腰淋巴中心引流附近的腹膜、肌肉和泌尿生殖器的淋巴，经腰淋巴干汇入乳糜池（图10-7）。

①腰主动脉淋巴结群：位于腹主动脉和后腔静脉的背外侧；数目较多，马有30~160

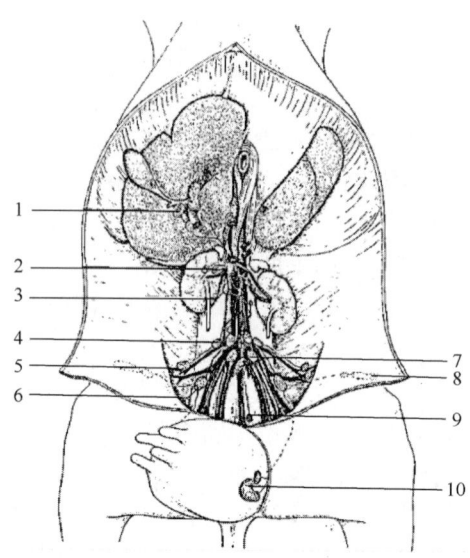

图10-7 牛腹腔和盆腔的淋巴结示意图
1—肝淋巴结 2—肾淋巴结 3—腹主动脉淋巴结 4—髂内侧淋巴结 5—髂外侧淋巴结 6—腹股沟深淋巴结
7—荐淋巴结 8—髂下淋巴结 9—肛门直肠淋巴结 10—腹股沟浅淋巴结（乳腺淋巴结）

个淋巴结，牛有12~25个淋巴结，犬有约15个淋巴结，猪有8~20个淋巴结；引流背腰部肌肉、腹膜、肾和肾上腺的淋巴，汇入腰淋巴干或乳糜池。

②肾淋巴结群：位于肾门的肾血管附近，有1~3个淋巴结，不易与腰主动脉淋巴结分开。引流肾、肾上腺的淋巴，汇入乳糜池或腰主动脉淋巴结。

③腰固有淋巴结：见于牛，位于腰椎椎间孔附近，其位置与交感神经节相混淆，常位于最后肋与第1腰椎横突、第1与第2腰椎横突、第4与第5腰椎横突及第5与第6腰椎横突之间。

④卵巢淋巴结：见于马，位于卵巢系膜内，汇入腰主动脉淋巴结或髂内淋巴结。

⑤膈腹淋巴结：见于猪，在腹前血管后方位于髂腰肌外侧面，偶见一侧或双侧缺失。引流来自腹膜、腹肌和髂外侧淋巴结，汇入肾淋巴结、腰主动脉淋巴结腰干或乳糜池。

⑥睾丸淋巴结：见于猪，位于睾丸动脉和静脉表面。

（10）荐髂淋巴中心 主要有四群淋巴结群，即髂内侧淋巴结群、髂外侧淋巴结群、腹下淋巴结群和肛门直肠淋巴结群，在猪和马中还有子宫淋巴结，在马中有闭孔淋巴结；犬无髂外侧淋巴结和肛门直肠淋巴结，荐髂淋巴中心引流后肢、荐臀部、骨盆腔器官和一部分腹壁的淋巴，经腰淋巴干注入乳糜池。

①髂内侧淋巴结：为畜体后部重要的淋巴结，位于旋髂深动脉起始部附近；牛有1~4个淋巴结，马有3~25个淋巴结，猪有2~6个淋巴结，犬有1~2个淋巴结；犬有时单侧或两侧缺如。荐淋巴结为髂内侧淋巴结的亚群，位于荐正中动脉起始部，牛有2~8个淋巴结。

②髂外侧淋巴结：位于旋髂深动脉前、后支之间或附近，数目不定，牛有1个淋巴结，水牛有2~5个淋巴结，猪有1~3个淋巴结，马有4~20个淋巴结，有时单侧缺如。

③腹下淋巴结：马的位于髂内动脉或其分支附近，引流盆部和尾部肌、盆腔生殖器官

的淋巴，汇入髂内侧淋巴结。

④肛门直肠淋巴结：位于直肠腹膜外部的背外侧，牛有12~17个淋巴结，猪有6~10个淋巴结，马有15~45个淋巴结，汇入髂内侧淋巴结和肠系膜后淋巴结。

⑤子宫淋巴结：见于猪和马，位于子宫阔韧带内，不恒定，汇入髂内侧淋巴结或腰主动脉淋巴结。

⑥闭孔淋巴结：见于马，位于闭孔动脉前缘，引流阔筋膜、阔筋膜张肌、髂腰肌、股四头肌、臀肌和髋关节等的淋巴，汇入荐淋巴结。

（11）腹股沟股淋巴中心　又称腹股沟浅淋巴中心，主要有腹股沟浅淋巴结和髂下淋巴结，此外，在牛、绵羊和马中有髋淋巴结，在牛中有髋副淋巴结和腰旁窝淋巴结。腹股沟股淋巴中心引流荐臀部、大小腿内侧、腹底壁和胸侧壁的皮肤，乳腺和外生殖器的淋巴，输出管汇入髂内侧淋巴结。

①腹股沟浅淋巴结：雌性马的腹股沟浅淋巴结位于乳房基部后上方或外侧的皮下，又称为乳房淋巴结，雌性猪的腹股沟浅淋巴结猪的位于最后乳房的后外侧，常有两个。雄性动物的腹股沟浅淋巴结又称为阴囊淋巴结；雄性牛的阴囊淋巴结位于阴茎背侧、精索的后方；雄性马的阴囊淋巴结分两群，有20~100个淋巴结组成，分别位于精索前、后；雄性猪、犬的阴囊淋巴结位于阴茎外侧、腹股沟管皮下环的前方。

②髂下淋巴结：又称股前淋巴结，位于阔筋膜张肌前缘的膝褶中，常为一大而长的淋巴结，活体上易于触摸。猪的形成长的淋巴结团块。引流腹壁、骨盆、股部和小腿皮肤的淋巴，汇入髂内、外侧淋巴结。

③髋淋巴结：见于牛、绵羊和马，位于髋结节下方，阔筋膜张肌内侧，髋关节前方12~15cm处。引流阔筋膜、阔筋膜张肌和股四头肌，汇入髂外侧、髂内侧或髂股淋巴结。

④髋副淋巴结：见于牛，在阔筋膜张肌上、中1/3处前缘附近，位于该肌外侧面或包埋其中。引流骨盆部皮肤的淋巴，汇入髂下或髂股淋巴结。

⑤腰旁窝淋巴结：见于牛，为1~2个小的皮下淋巴结，位于第1肋后方、腰椎横突末端附近的腹胁中部。引流腰部和腹胁部皮肤，汇入髂股和髂下淋巴结。

（12）坐骨淋巴中心　主要为坐骨淋巴结，引流臀部肌肉、尾部和肛门的淋巴，汇入荐淋巴结和髂内侧淋巴结。牛的坐骨淋巴结有1~2个，位于荐结节阔韧带的外侧、坐骨大孔附近，在臀中肌内侧。

此外，牛、猪、绵羊有臀淋巴结，反刍动物有荐结节淋巴结。牛的臀淋巴结位于臀股二头肌内侧，在荐结节阔韧带后缘前方3~5cm、坐骨小切迹背侧2~3cm处。牛的荐结节淋巴结位于荐结节阔韧带内侧和坐骨结节内侧。

（13）腹腔淋巴中心　包括腹腔淋巴结群、胃淋巴结群、肝淋巴结群、胰十二指肠淋巴结群、脾淋巴结群、网膜淋巴结群（马），引流腹腔脏器的淋巴，注入腹腔淋巴干。

①腹腔淋巴结群：位于腹腔动脉起始部的附近。牛有2~5个，引流脾的淋巴；猪有2~4个，马有12~30个，引流肝、胰、脾、膈、肺、纵隔和腹膜的淋巴；犬有2~7个，引流肝、胆、胰和十二指肠的淋巴。

②胃淋巴结群：牛的胃淋巴结沿胃各室表面的血管分布，按其所在部位分为2~8个瘤胃右淋巴结、1~2个瘤胃左淋巴结、2~8个瘤胃前淋巴结、1~7个网胃淋巴结、6~12个瓣胃淋巴结、2~7个瘤皱胃淋巴结、2~8个网皱胃淋巴结、3~6个皱胃背侧淋巴结

和 1~4 个皱胃腹侧淋巴结。引流相应部位的淋巴。

马的胃淋巴结群沿胃左动脉分布，有 15~20 个淋巴结，引流胃、肝、网膜、食管、纵隔和肺的淋巴。

猪的胃淋巴结位于贲门或沿胃左动脉分布，难以与腹腔淋巴结区分。

犬的胃淋巴结位于胃贲门处，引流食管、胃、胰、纵隔和膈的淋巴。

③肝淋巴结群：位于肝门附近，沿门静脉、肝动脉和胆管分布，牛有 6~15 个淋巴结，羊有 2~4 个淋巴结，猪有 2~7 个淋巴结，马有 4~10 个淋巴结，犬有 1~2 个淋巴结，引流肝、胰、十二指肠和皱胃（反刍兽）的淋巴，汇注于腹腔淋巴干。牛的肝副淋巴结位于肝的钝缘，与后腔静脉和膈右脚相贴近。

④胰十二指肠淋巴结群：位于胰腹侧与十二指肠之间的系膜上，主要引流胰、十二指肠的淋巴，汇入肠淋巴干。

⑤脾淋巴结群：牛的脾淋巴结又称房淋巴结，有 1~7 个淋巴结，位于瘤胃前囊与左膈脚之间；马的位于脾门附近，与脾血管伴行，有 10~30 个淋巴结；猪的沿脾血管分布，部分淋巴结位于脾门背侧，有 1~5 个淋巴结。引流脾、胃、胰、网膜等，汇入腹腔淋巴结。

⑥网膜淋巴结群：见于马，位于胃大弯及其附近、大网膜和胃脾韧带，有 14~20 个淋巴结。引流胃和大网膜的淋巴，汇入腹腔淋巴结。

（14）肠系膜前淋巴中心　有四群淋巴结群，即肠系膜前淋巴结群、空肠淋巴结群、结肠淋巴结群、盲肠淋巴结群（牛、马）和回结肠淋巴结群（猪），后四者主要引流同名器官的淋巴，汇入肠系膜前淋巴结，肠系膜前淋巴结的输出管形成肠淋巴干。

①肠系膜前淋巴结群：牛、猪和犬的肠系膜前淋巴结群均位于肠系膜前动脉根部，数目不等，一般有 2~3 个淋巴结；牛的引流腹腔淋巴结、瘤胃前淋巴结及脾的淋巴，汇入肠淋巴干。猪的肠系膜前淋巴结群很难与胰十二指肠淋巴结和结肠淋巴结区分，引流结肠、胰和来自空肠淋巴结及结肠淋巴结的淋巴（图 10-8）。

马的肠系膜前淋巴结群位于前肠系膜根部，有 70~80 个淋巴结，引流小肠、盲肠及大结肠的淋巴。

②空肠淋巴结群：位于空肠系膜内，牛有 10~50 个淋巴结，排成链状；猪的排列成两排，每排有 4~40 个淋巴结；马有 35~90 个淋巴结，位于空肠动脉起始部或空肠系膜内。引流空回肠的淋巴。

③结肠淋巴结群：牛的结肠淋巴结群一般有 7~40 个淋巴结。一部分在浅层，位于结肠旋袢右侧；一部分在深层，位于结肠之间。引流结肠、盲肠、空肠和回肠的淋巴，汇入肠淋巴干。

猪的结肠淋巴结群约有 50 个淋巴结，位于结肠圆锥轴心，邻近结肠右动脉及其分支，引流盲肠和结肠的淋巴。

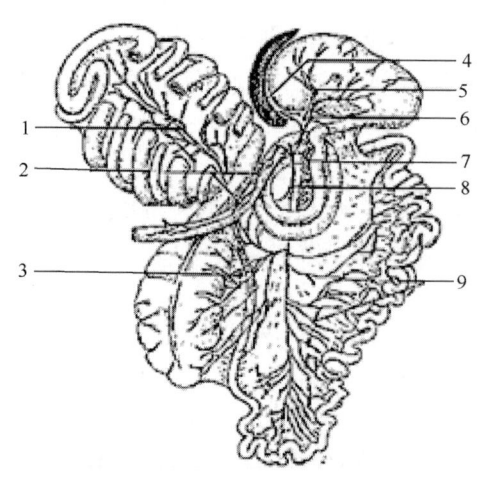

图 10-8　猪小肠淋巴结示意图
1—结肠淋巴结　2—结肠左侧淋巴结　3—髂荐淋巴结
4—脾淋巴结　5—胃淋巴结　6—肝淋巴结
7—胰十二指肠淋巴结　8—肠干　9—空肠淋巴结

犬的结肠淋巴结群有 5~8 个淋巴结，引流回肠、盲肠和结肠的淋巴。

马的结肠淋巴结群有 3000~6000 个小淋巴结，位于背、腹侧结肠之间的系膜中，引流大结肠、回肠和大网膜的淋巴，汇入肠系膜前淋巴结。

④盲肠淋巴结群：见于牛和马。牛的盲肠淋巴结群位于回盲韧带内，有 1~3 个淋巴结，引流盲肠和回肠的淋巴，汇入结肠淋巴结或肠淋巴干。马的盲肠淋巴结群沿盲肠内侧、外侧和背侧肠带分布，有 500~700 个淋巴结，引流盲肠和十二指肠、回肠的淋巴，汇入肠系膜前淋巴结。

⑤回结肠淋巴结群：见于猪。有 5~9 个淋巴结，位于回盲褶和回肠口附近。

（15）肠系膜后淋巴中心　主要有肠系膜后淋巴结群，在马中还有膀胱淋巴结群。肠系膜后淋巴结群位于降结肠和直肠肠系膜内，与肠系膜后动脉及其分支相伴。

牛的肠系膜后淋巴结群引流降结肠和肛门直肠淋巴结的淋巴，汇入髂内侧淋巴结。

马的肠系膜后淋巴结群有 1680~1900 个淋巴结，引流小结肠、直肠、腹膜、网膜和肛门直肠淋巴结的淋巴，汇入腰淋巴干或髂内侧淋巴结或腰主动脉淋巴结，与后两者不易区分。马的膀胱淋巴结，位于膀胱侧韧带内，有 1~2 个淋巴结，引流膀胱和前列腺的淋巴。

猪的肠系膜后淋巴结群有 7~12 个淋巴结，不易与肠系膜前淋巴结和肛门直肠淋巴结区分。

犬有肠系膜后淋巴结群 2~5 个淋巴结，主要引流降结肠的淋巴。

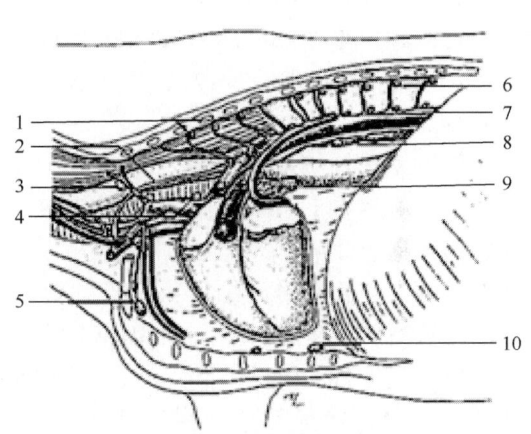

图 10-9　牛胸腔淋巴结示意图
1—肋间淋巴结　2—胸导管　3—肋颈淋巴结
4—纵隔前淋巴结　5—胸骨前淋巴结　6—肋间淋巴结
7—胸主动脉淋巴结　8—纵隔后淋巴结
9—气管支气管淋巴结　10—胸后淋巴结

（16）胸背侧淋巴中心　有两群，即肋间淋巴结群和胸主动脉淋巴结群，两者借交感干分开。引流肩带肌群、胸膜、纵隔、胸壁和腹壁上半的淋巴，直接或间接汇入胸导管（图 10-9）。

①肋间淋巴结群：位于肋间隙上端、肋骨头前方的脂肪中。犬有 1 个淋巴结，位于第 5 或第 6 肋间隙肋头关节处。猪缺如。

②胸主动脉淋巴结群：位于胸主动脉和胸椎椎体（牛 5~13 胸椎，马 6~17 胸椎，猪 6~14 胸椎）之间的纵隔脂肪中。犬缺如。

（17）胸腹侧淋巴中心　有胸骨淋巴结群和膈淋巴结群。

①胸骨淋巴结群：胸骨淋巴结群引流胸壁和腹壁下半的淋巴，右侧的汇入右淋巴导管，左侧的汇入胸导管。在马、牛、羊，胸骨淋巴结又分为胸骨前淋巴结和胸骨后淋巴结。牛的胸骨前、后淋巴结位于胸骨前、后部背侧的脂肪内，沿胸内血管分布，数目不定。引流胸壁和腹壁下半的淋巴，右侧的汇入右淋巴导管，左侧的汇入胸导管。猪、犬只有胸骨前淋巴结，犬的胸骨前淋巴结群位于第 2 肋软骨或肋间隙内侧；猪的胸骨前淋巴结群，位于前腔静脉腹侧、两侧胸廓内动脉和静脉之间的胸骨柄表面。

②膈淋巴结群：见于牛和马。牛的位于膈的后腔静脉孔和膈神经终止处，引流膈和纵隔的淋巴，汇入纵隔后淋巴结。马的位于后腔静脉腹侧缘附近膈表面，常缺如，引流膈和肝的淋巴，汇入胸骨前、后淋巴结和纵隔后淋巴结。

（18）气管淋巴中心 有五群，即气管支气管左、中、右、前淋巴结群和肺淋巴结群。犬、马无气管支气管前淋巴结群。主要引流心、肺、支气管的淋巴，左侧的汇入胸导管，右侧的汇入右气管淋巴干或右淋巴导管（图10-10）。

①气管支气管左淋巴结群：位于气管叉前方的气管左侧，主动脉弓和左肺动脉之间，牛有1~2个淋巴结，猪有2~7个淋巴结，马有8~10个淋巴结。

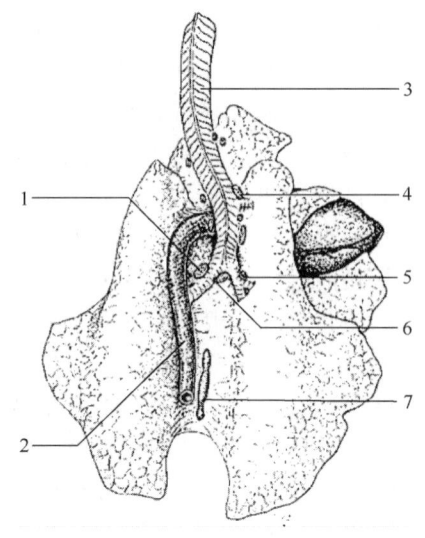

图10-10 牛肺和气管处的淋巴结示意图
1—气管支气管左淋巴结 2—胸主动脉 3—气管
4—气管支气管前淋巴结 5—气管支气管右淋巴结
6—气管支气管中淋巴结 7—纵隔淋巴结

②气管支气管中淋巴结群：位于气管分叉的背侧附近，牛有1~3个淋巴结，马有9~20个淋巴结，猪有2~5个淋巴结。

③气管支气管右淋巴结群：位于气管分叉前方的气管右侧，牛有1~3个淋巴结，马有4~6个淋巴结，猪有1~3个淋巴结。

④气管支气管前淋巴结群：马、犬缺如。位于右肺气管支气管前方的气管右侧，牛有1~3个淋巴结，猪有2~5个淋巴结。

⑤肺淋巴结群：位于肺内，见于50%~60%的牛、马，沿主支气管分布。

（19）纵隔淋巴中心 主要有三群，即纵隔前、中、后淋巴结群，马还有项淋巴结群。猪缺纵隔中淋巴结群，犬缺纵隔中、后淋巴结群。纵隔淋巴结中心位于胸纵隔中，引流心、膈、胸膜、心包、食管、气管、胸腺和气管支气管淋巴结的淋巴，汇入胸导管或右淋巴导管或右气管淋巴干。

①纵隔前淋巴结群：位于心前纵隔内，随气管、食管、臂头动脉干和前腔静脉分布，牛有4~9个淋巴结，附近常有血淋巴结；马有40~100个淋巴结，猪有1~10个淋巴结，犬有1~6个淋巴结。

②纵隔中淋巴结群：位于心的背侧、主动脉右侧的食管背侧，牛有1~5个淋巴结，马有4~14个淋巴结，绵羊一般缺如。

③纵隔后淋巴结：位于主动脉弓后方、胸主动脉和食管之间的纵隔内，牛有1~3个淋巴结，马有1~7个淋巴结，猪有1~3个淋巴结。

④项淋巴结：约2/3的马存在，在第1肋间隙位于颈最长肌内侧、颈深动脉表面。引流肩带和颈部肌系、肩胛骨、第2~7颈椎，汇入纵隔前淋巴结。

二、脾

1. 脾的形态与位置

脾是畜体中最大的淋巴器官，位于腹前部、胃的左侧。形态因物种而异（图10-11）。

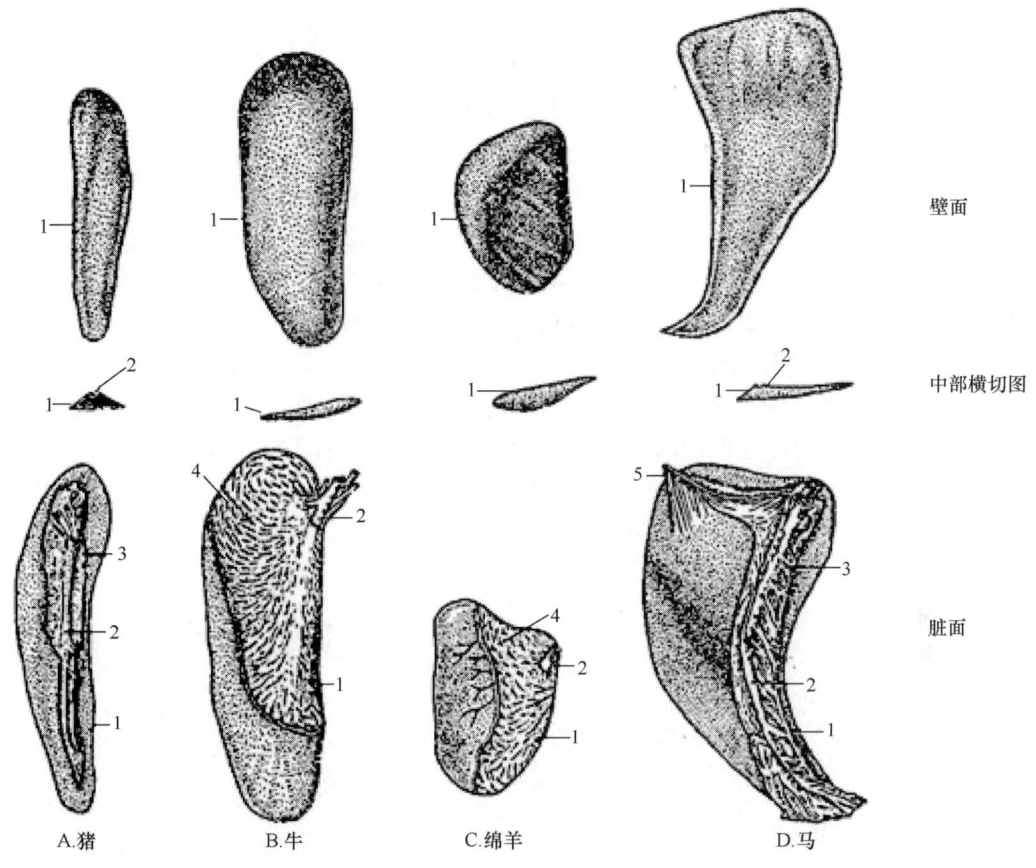

图 10-11 家畜脾的形态比较示意图
1—前缘 2—脾门 3—胃脾韧带 4—脾和瘤胃粘连处 5—脾悬韧带

牛脾呈长而扁的椭圆形，蓝紫色，质较硬。位于左季肋部，贴附于瘤胃背囊左前面，从最后2肋骨椎骨端斜向前下方达第8～9肋骨下1/3。壁面略凸接膈，脏面略凹贴瘤胃左面；上部以腹膜及结缔组织附着于膈左脚及瘤胃，下部游离；脏面上1/3近前缘处稍凹为脾门，有血管神经出入。

羊脾扁平，略呈钝三角形，红紫色，质较软，位于瘤胃的左侧，长轴斜向前下方，由最后肋骨的椎骨端伸至第10肋间隙的出中部。脾门靠近脏面前上角。

马脾呈扁平镰刀形，蓝红色或铁青色，位于胃大弯左侧。上端宽，以短的脾悬韧带附着于胃盲囊、左肾和膈左脚，与后2、3肋骨椎骨端和第1腰椎相对；下端窄，游离，与第10、第11肋骨下1/3相对。壁面稍凸，接膈及左腹壁；脏面稍凹，有一纵嵴，嵴上有沟，为脾门。嵴的前、后面分别称胃面和肠面，与胃、肠相接触。

猪脾长而狭，呈暗红色，质地较硬。脾长轴几乎呈背腹向，位于胃大弯左侧；上端较宽，位于后3个肋骨椎骨端下方，前方为胃，后方为左肾，内侧为胰左叶；下端稍窄，位于脐部，靠近腹腔底壁。脏面有一纵嵴，将脏面分为几乎相等的胃区和肠区，分别与胃和结肠接触。脾门位于纵嵴上。壁面凸，与腹腔左侧壁接触。脾借胃脾韧带与胃疏松相连。

犬脾略呈舌形，中部稍狭，紫红褐色，质较硬。上端与最后肋骨椎骨端及第1腰椎横突腹侧相对，与膈左脚、胃的左侧面及左肾邻接。壁面凸，贴于左腹壁；脏面凹，上有纵嵴，为脾门所在处，同时大网膜也附着于此。

脾由间质和实质构成。间质为结缔组织，包于脾外表的为被膜。被膜结缔组织伸入实质内形成许多小梁，分支互相吻合，构成网状支架。实质为脾髓，分白髓和红髓。白髓呈灰白色，由致密的淋巴组织构成，沿动脉分布，分散于红髓之间，包括淋巴小结和动脉周围淋巴鞘，后者为包围中央动脉的长筒状淋巴组织。红髓位于白髓周围，因含大量红细胞而呈红色，由脾索和脾窦构成。脾可产生淋巴细胞和巨噬细胞，参与机体的免疫和防卫活动，同时也是机体造血、滤血、灭血和清除衰老血细胞的器官。

2. 脾脏的组织结构与功能

（1）被膜与小梁　脾脏表层覆有光滑的浆膜，由较厚的致密结缔组织构成，结缔组织内伸构成小梁，小梁互连形成脾的粗支架。被膜及小梁上有发达的平滑肌。

（2）实质　淋巴组织构成脾的实质，无皮质和髓质之分，而分为白髓、红髓和边缘区三部分，脾区无淋巴窦，但有大量的血窦（图10-12、图10-13）。

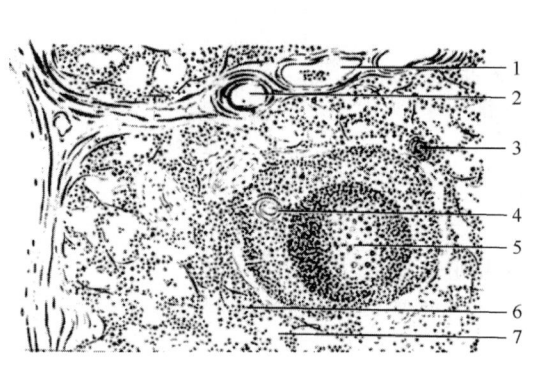

图10-12　脾组织构造示意图
1—小梁静脉　2—小梁动脉
3—小动脉　4—中央动脉
5—生发中心　6—髓索　7—脾窦

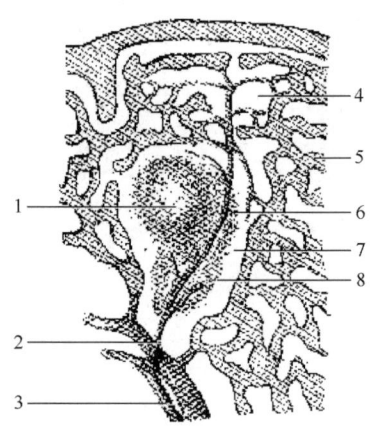

图10-13　脾血液循环示意图
1—白髓　2—小梁静脉　3—小梁动脉
4—脾窦　5—脾索　6—中央动脉
7—边缘区　8—动脉周围淋巴鞘

①白髓：在新鲜脾的切面上，呈分散的灰白色小点状，故称为白髓。主要由致密的淋巴组织构成，它又可分为动脉周围淋巴鞘和淋巴小结两部分。

动脉周围淋巴鞘：环绕中央动脉周围的一层弥散淋巴组织，呈圆筒状，主要是T淋巴细胞及少量是巨噬细胞组成，属胸腺依赖区。当发生细胞免疫时，T淋巴细胞大量分裂增殖，鞘也变厚。中央动脉是小梁动脉进入实质后的分支，有1~2条（其位置不一定在中央，习惯上称为中央动脉）。

淋巴小结：又称为脾小体，常位于白髓的一侧，结构与形态和淋巴结内的淋巴小结相似，也由大量B淋巴细胞构成，当发生体液免疫时，淋巴小结可增多、变大，并可出现生发中心。

②红髓：占脾实质的大部分，位于被膜下方，小梁周围。因含大量的血细胞，在新鲜脾的切面上呈现红色。红髓由脾索和脾窦组成。

脾索由含有血细胞的淋巴细胞索构成，互相连接成网，索中的淋巴细胞主要是 B 淋巴细胞，还有血细胞和巨噬细胞。

脾窦位于脾索之间，窦壁内皮细胞为长杆状，连接不紧密，细胞沿窦长轴平行排列，外面的基膜不完整，有网状纤维环绕，有利于血细胞的出入。

③边缘区：位于白髓和红髓的交界外，有几层扁平的网状细胞呈同心圆排列，此处淋巴细胞较白髓稀疏，混有少量红细胞，边缘区含 T 淋巴细胞和 B 淋巴细胞，并有一定数量巨噬细胞，此区有许多中央动脉的分支开口，所以是血液进入白髓和红髓的重要通道。边缘区是产生免疫反应的重要部位。

（3）脾的功能

①滤血：脾索及边缘区内含有大量的巨噬细胞，当血液流经脾时，可吞噬、清除血液中的异物、病原体及衰老的红细胞和血小板，是机体的第三道防线。

②造血：胚胎早期的脾有造血功能，后被骨髓替代而变成淋巴器官。在抗原的刺激下可产生大量淋巴细胞和浆细胞。在大失血或某些病理情况下，仍可恢复造血功能。

③储血：脾可将血液浓缩储于脾窦和脾索内，当机体需血时，脾被膜及小梁平滑肌收缩可将脾内血液释入血流。

④免疫：脾内淋巴细胞中 40%～50% 为 B 淋巴细胞，35% 为 T 淋巴细胞，还有少量 K 淋巴细胞和 NK 淋巴细胞。受抗原刺激时，可活化并产生相应的免疫功能。脾是体内产生抗体最多的器官。

脾虽有以上许多重要功能，但在成年后，若摘除脾，其功能可由其他器官代偿，如淋巴结、肝及骨髓等，故影响不是很大，但机体抵抗力降低。

三、胸腺

1. 胸腺的形态与位置

牛、猪胸腺分为一胸叶和一对颈叶，胸叶大，位于心前纵隔内，向前分为左、右颈叶，沿气管两侧分布，前端可达喉部。羊胸腺与牛类似，呈淡黄色。单蹄类和肉食类动物的胸腺主要在胸腔内。新生动脉的胸腺在生后继续发育，至性成熟期体积最大，到一定年龄（牛 4～5 岁，犬 1 岁，马、羊 2～3 岁，猪 2.5 岁左右）即开始退化直至消失。胸腺是机体另一重要的淋巴器官，可产生有免疫力的淋巴细胞和胸腺素，是淋巴结和脾正常发育以及机体免疫功能所必需的器官（图 10-14）。

2. 胸腺的组织结构与功能

（1）被膜　胸腺表面包有结缔组织被膜，被膜伸

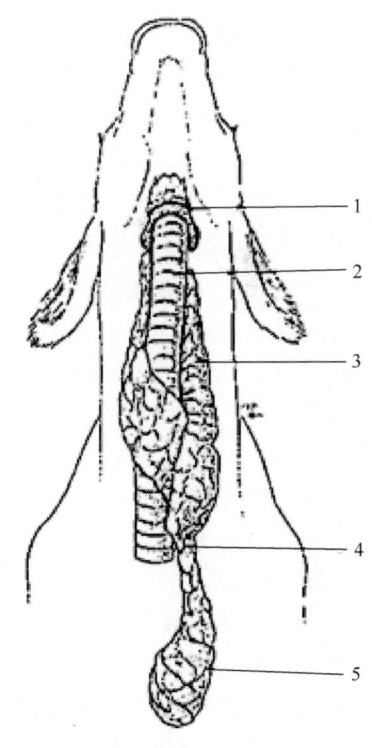

图 10-14　犊牛胸腺示意图
1—甲状腺　2—气管　3—颈叶
4—中间叶　5—胸叶

入实质，构成小叶间隔，把实质分成许多不连续的小叶，每个小叶 1~2mm，又清楚地分成皮质和髓质两部分。

（2）实质 可分为皮质和髓质（图 10-15）。

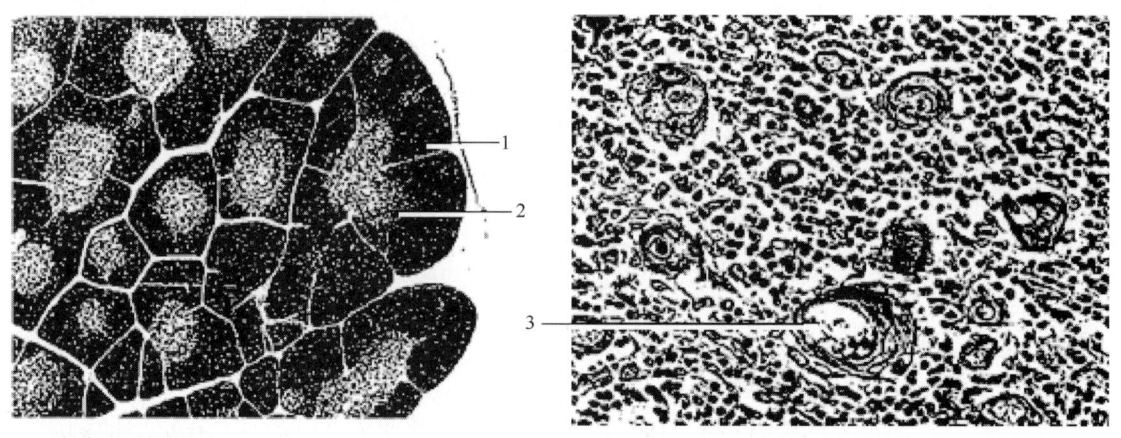

A. 低倍，示胸腺小叶　　　　　　　　　　B. 高倍，示髓质内的胸腺小体

图 10-15　胸腺组织构造
1—皮质　2—髓质　3—胸腺小体

①皮质：位于小叶的边缘，由数量众多的大、中、小淋巴细胞和巨噬细胞填充于上皮网状组织内构成。上皮网状细胞的突起构成胸腺的支架，能分泌胸腺激素并诱导淋巴细胞的分化，还参与构成胸腺屏障。皮质形成了一个淋巴细胞发育的微环境，淋巴干细胞在胸腺激素的诱导下繁殖、分化，带上特异的膜标记，形成大量的 T 淋巴细胞。在 T 淋巴细胞形成的过程中，巨噬细胞能把那些发育不健全、功能不旺盛的淋巴细胞大量地吞噬掉，只有少量的发育成熟，并通过毛细血管后微静脉进入血液循环，迁移到全身各处的淋巴组织或淋巴器官内，并且不断地进行再循环，一旦与抗原相遇，就可分裂繁殖成大量的 T 淋巴细胞，执行细胞免疫的功能。

上皮网状细胞有两种：被膜下和小叶间隔表面的为单层扁平形，构成了胸腺与外环境之间的屏障；其余上皮网状细胞为星形，构成支架。

②髓质：位于小叶中央，颜色浅淡，内含的淋巴细胞较少而显得上皮网状细胞较多。在髓质内常可见到大小不等的小体，它是由退化的上皮性网状细胞呈同心圆排列而成，外层细胞形态不完整，中央细胞已变性解体，成为均质的嗜酸性物质，有时还见到钙质沉淀，这种小体称为胸腺小体。胸腺小体的功能不详，但缺乏胸腺小体则不能培育出 T 淋巴细胞（图 10-16）。

③血-胸腺屏障：在血液和淋巴细胞之间有一个严密的屏障结构，为了保障淋巴细胞在胸腺微环境内的发育不受干扰，血液内的大分子物质是不易进入胸腺内的，称为血-胸腺屏障。血-胸腺屏障由下列数层构成：连续性毛细血管及内皮细胞间的紧密连接；内皮下完整的基膜；毛细血管与网状组织之间的间隙（血管周隙）及其中的巨噬细胞；上皮网状细胞下连续的基膜；一层连续的上皮网状细胞（图 10-17）。

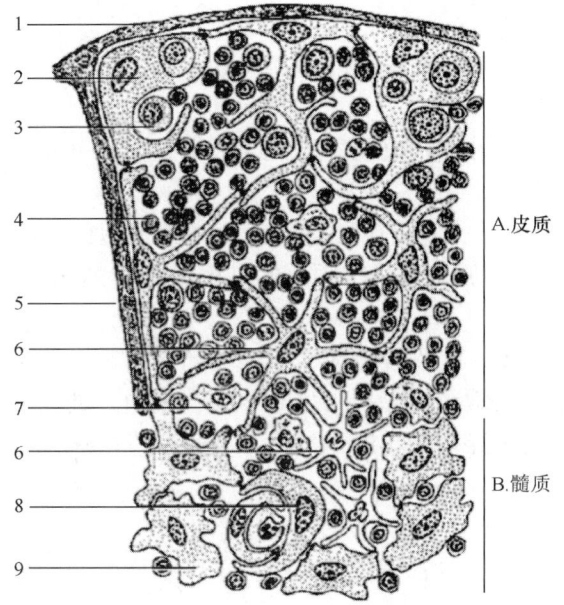

图 10-16 胸腺的细胞类型及分布示意图
1—被膜 2—被膜下上皮细胞 3—幼稚胸腺细胞
4—胸腺细胞 5—小叶间隔 6—交错突细胞
7—巨噬细胞 8—胸腺小体上皮细胞 9—髓质上皮细胞

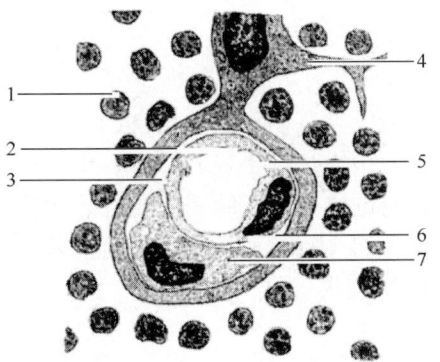

图 10-17 血-胸屏障示意图
1—淋巴细胞 2—上皮细胞基膜
3—血管周隙 4—上皮细胞 5—内皮细胞
6—内皮细胞基膜 7—巨噬细胞

（3）胸腺的功能

①T淋巴细胞的成熟：胸腺能把来自骨髓的干细胞分化为具有细胞免疫功能的T淋巴细胞。若切除新生动物的胸腺，该动物则缺乏T淋巴细胞，细胞免疫能力大大下降，也不能排除异体移植物，同时机体产生抗体的能力也明显下降而导致死亡。若数月后再切除胸腺，此时大量T淋巴细胞移至周围淋巴器官和淋巴组织，已能行使免疫功能，故影响不大。

②分泌多种激素：上皮网状细胞分泌胸腺激素，可诱导T淋巴细胞的分化和成熟；巨噬细胞分泌白细胞介素Ⅰ，促进胸腺细胞的增殖与分化。

③肥大细胞发育分化：胸腺能够促进肥大细胞的发育和分化。

四、扁桃体

扁桃体由淋巴组织构成，属淋巴上皮器官，为机体重要的防御器官，分布于舌、咽等处。在家畜中，扁桃体主要有下列几群：舌扁桃体，位于舌根部背侧；腭扁桃体，位于咽部侧壁，反刍兽腭扁桃体较发达，牛的长达3cm，并形成腭扁桃体窦，开口于口咽部侧壁上，猪无腭扁桃体；腭帆扁桃体，位于软腭口腔面黏膜下，猪的特别发达；咽扁桃体，位于鼻咽部顶壁；咽鼓管扁桃体，位于咽鼓管咽口的侧壁内；会厌旁扁桃体，位于会厌基部两侧，牛和马缺。

五、血结和血淋巴结

血结和血淋巴结是两种比较特殊的免疫器官，不普遍存在于所有动物。

1. 血结

血结主要存在于反刍动物，但也见于马、人和其他灵长类。血结沿内脏血管分布，往往成串存在，为暗红色小体。

血结表面被膜的结缔组织伸入内部形成小梁，小梁互相连接，构成不发达的网状支架。被膜和小梁中分布有较多的血管和一些平滑肌。血结实质内的淋巴组织排列成索状，或构成淋巴小结。

血结没有输入和输出淋巴管，含有大量血窦，而无淋巴窦。血结血窦包括边缘窦和中间窦。边缘窦位于被膜下方；中间窦穿行于淋巴索和淋巴小结之间，吻合成网。被膜的血管，有的先通入边缘窦，再通入中间窦；有的先穿行于小梁，然后离开小梁直接通入中间窦。血结具有过滤血液和进行免疫应答的作用。

2. 血淋巴结

血淋巴结见于鼠、牛、羊、猪和人类，位于脾血管附近，或包埋于胸腺后面的结缔组织内。血淋巴结的构造介于血结和淋巴结之间。

血淋巴结的被膜较薄，小梁不发达。实质虽可分为皮质和髓质，但分界不明显。皮质淋巴细胞排列较密，可见淋巴小结，但轮廓不清楚；髓质淋巴细胞排列较稀疏。

血淋巴结具有输入和输出淋巴管。但由于毛细血管与淋巴窦相通，故窦腔内同时存在血液和淋巴。窦分布于被膜下、小梁旁和淋巴组织之间，彼此沟通成网。被膜下窦接受输入淋巴管的淋巴，将其注入小梁旁窦，然后经髓窦汇集于输出淋巴管。

第三节 单核吞噬细胞系统

一、单核吞噬细胞系统的概念与组成

单核吞噬细胞系统是由分散在许多器官和组织中的形状相似、名称各异的细胞构成，包括疏松结缔组织中的组织细胞、血液中的单核细胞、骨组织的破骨细胞、神经组织中的小胶质细胞、肝脏中的枯否氏细胞、肺脏中的尘细胞、淋巴器官中的巨噬细胞。

当异物或细菌侵入机体时，吞噬细胞可将其吞噬以至消灭。这些吞噬细胞分布极广，几乎全身各处均有，它们均来自骨髓中的造血干细胞，分化为单核细胞后进入血流，又从不同部位穿出血管壁，进入组织分化为以上各种形态相似、名称为各异的细胞。单核吞噬细胞系统概念是在网状内皮系统的基础上发展起来的。1924 年，有研究者将全身各处能吞噬染料（如墨汁、台盼蓝等）的细胞，如淋巴结、脾、骨髓和消化管的网状细胞，肝、脾、肾上腺和脑垂体血窦的内皮细胞等，称为网状内皮系统，并认为这些细胞均起源于网状细胞。以后的实验证明，网状细胞和内皮细胞的吞噬功能不明显，其起源也不同于具有活跃吞噬功能的巨噬细胞。因此，研究者提出单核吞噬细胞系统的概念。

单核吞噬细胞系统的概念认为，在免疫系统中有一类细胞，虽然其名称不同、形态各异、分别分布于多种器官和组织中，但它们具有共同的祖先，即均来源于骨髓的幼单核细

胞，并且具有活跃的吞噬功能，这类细胞归纳在一起，称为单核吞噬细胞系统。在细胞类别上，它包括结缔组织的组织细胞、肝的枯否氏细胞、肺的尘细胞、神经组织的小胶质细胞、骨组织的破骨细胞、表皮的郎格汉斯细胞、淋巴组织和淋巴器官的巨噬细胞及交错突细胞、胸膜腔和腹膜腔内的巨噬细胞等，这些细胞可能均属巨噬细胞或是其亚型。

幼单核细胞来源于骨髓的多能干细胞，进一步分化为单核细胞后进入血液。单核细胞的吞噬能力很弱，但它穿出血管壁进入其他组织后还能继续发育，细胞质内的细胞器尤其是溶酶体大量增加，吞噬能力明显增强，在不同组织中分别分化为上述各种细胞。中性粒细胞虽有吞噬作用，但不是由单核细胞分化而来，故不属于单核吞噬细胞系统。

二、单核吞噬细胞系统的功能

（1）清除外来及体内不需要的物质，如外源性的细菌、病毒、异物等，同源性衰老及突变的细胞，因此有体内"清扫细胞"之称号。

（2）吞噬和处理抗原并将抗原特异性传递给T淋巴细胞、B淋巴细胞，激活淋巴细胞的免疫功能，并能保留抗原特性，持续地进行免疫诱导。

（3）分泌生物活性物质，如抗体、干扰素、溶菌酶、活化因子、凝血因子等数十种活性物质，与淋巴细胞、粒细胞、肥大细胞、血小板等在功能上互相促进和制约。

（4）吞噬较大的异物，如染料颗粒、抗原抗体复合物、病原虫、肿瘤细胞等，因此在防止细胞癌变上有一定作用。

第十一章 脊髓和脊神经

第一节 脊　　髓

脊髓是中枢神经的低级部分，由胚胎时期神经管的后部发育而成，仍保持节段性。脊髓发出脊神经（牛有37～38对）分布于躯干和四肢，是两躯干和四肢的初级反射中枢，内含许多上、下行传导束，与脑部各级中枢有着广泛的联系，是联系躯体和脑部的枢纽，在正常情况下，脊髓的活动总是在脑的控制下进行的（表11-1）。

表11-1　脊髓主要传导束的位置、起止和主要功能

类别	传导束名称	位置	起始	终止	主要功能
上行传导束	薄束	后索	T5以下脊神经节	薄束核	身体同侧的本体感觉和精细触觉
	楔束	后索	T4以上脊神经节	楔束核	
	脊髓小脑后束	外侧索	脊髓同侧背核	小脑	反射性本体感觉、躯干和下肢非意识性本体感觉
	脊髓小脑前束	外侧索	脊髓中间内侧核		
	脊髓丘脑前束	前索	脊髓后角固有核	丘脑	身体对侧粗略触觉和压觉
	脊髓丘脑侧束	外侧索			身体对侧痛觉和温度觉
下行传导束	皮质脊髓侧束	外侧索	端脑新皮质运动区	脊髓同侧前角	同侧肌肉的运动
	皮质脊髓前束	前索		脊髓双侧前角	双侧躯干肌肉的运动
	红核脊髓束	外侧索	红核	前角	调节同侧屈肌的运动
	前庭脊髓束	前索	前庭外侧核		调节同侧伸肌的运动
	顶盖脊髓束	前索	中脑上丘		完成视、听觉防御反射
	内侧纵束	前索	前庭神经核		完成头颈肌和眼外肌反射
	网状脊髓束	前索、外侧索	脑干网状结构		调节肌肉张力

一、脊髓的位置与形态

脊髓位于椎管内，前端在枕骨大孔与延髓相连，后端止于第2荐椎前半部（2月龄牛可达第3荐椎）。脊髓呈背、腹向略扁的圆柱状，依其与脊椎的对应关系分为颈部、胸部、腰部、荐部和尾部。脊髓全长粗细不等，有两处膨大，前方的为颈膨大，位于第6颈髓至第2胸髓的范围内，后方的为腰膨大位于第4腰髓至第2荐髓的范围内。由于此两处的脊

髓发出脊神经分别参与形成臂神经丛和腰荐神经丛，分布于前肢和后肢，其内的神经细胞和纤维数目大增，故形成膨大。在腰膨大之后脊髓逐渐变细呈圆锥状，称为脊髓圆锥。从脊髓圆锥向后伸出一根非神经性的软膜细丝，称为终丝，终丝外包以硬膜丝，附着于尾椎锥体背面，有固定脊髓的作用。在胚胎发育过程中，由于脊髓比脊柱生长慢，脊髓逐渐短于椎管，即所谓的脊髓上升，因此，荐神经和尾神经从脊髓发出后要在椎管内向后延伸一段距离，才能到达相应的椎间孔走出椎管。所以在脊髓圆锥周围可见有较长的神经排列，整个结构形似马尾，故称为马尾。

脊髓表面有几条并行的纵沟，背侧面正中的纵沟较浅，称为背正中沟；其深部有隔，称为背正中隔；腹侧面正中的纵沟较浅，称为腹正中裂；这两条沟、裂将脊髓分为大致相等的左、右两半。在背正中沟的两侧各有一浅沟，称为背外侧沟，脊神经的背侧根丝经此沟进入脊髓。在腹正中裂的两侧也有不太明显的浅沟，称为腹外侧沟，脊神经的腹侧根丝由此沟走出脊髓。

脊髓分为若干节段，脊神经根作为脊髓节段的外在标志，即每一对脊神经根丝所附着的那一段脊髓就是脊髓的一个节段。每个脊髓节段通过一对脊神经支配一对体节。每一节段的脊髓接受来自脊神经的感觉纤维，形成背侧根，也发出运动纤维，形成腹侧根。背侧根是感觉性的，较长，其上有脊神经节，由感觉神经元胞体聚集而成，其中枢突构成背侧根丝，由背外侧沟进入脊髓。腹侧根是运动性的，由腹侧角运动细胞的轴突组成，经腹外侧沟走出脊髓。背侧根和腹侧根在椎间孔附近合并成脊神经，经椎间孔出椎管（图11-1~图11-3）。

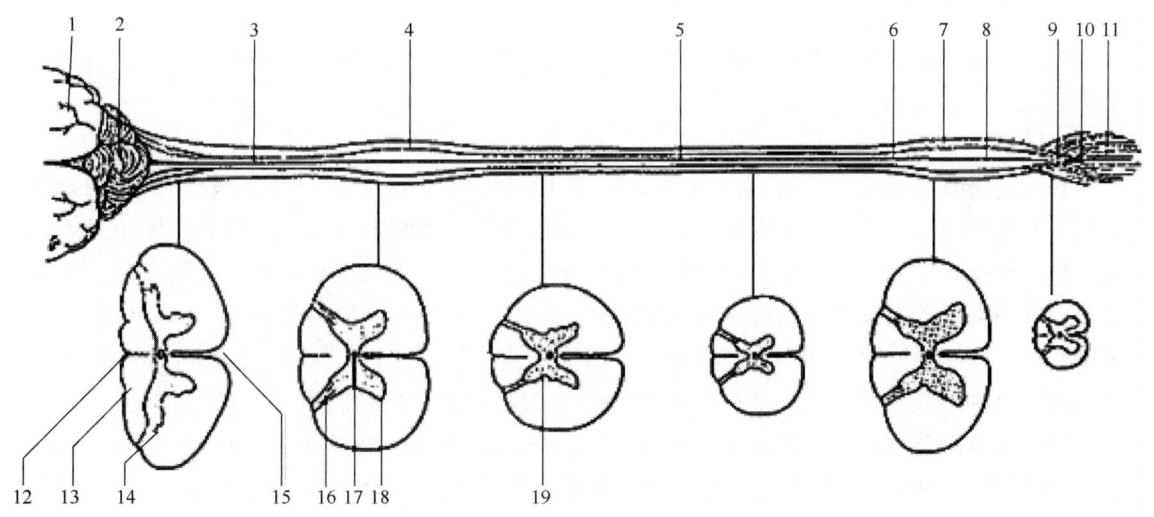

图11-1　脊髓示意图（背侧面和横断面）
1—大脑　2—小脑　3—颈段脊髓　4—颈膨大　5—胸段脊髓　6—腰段脊髓
7—腰膨大　8—荐段和尾段脊髓　9—脊髓圆锥　10—终丝　11—马尾　12—背侧正中沟
13—背侧中间沟　14—背侧外侧沟　15—腹正中裂　16—背侧角　17—中央管　18—腹侧角　19—外侧角

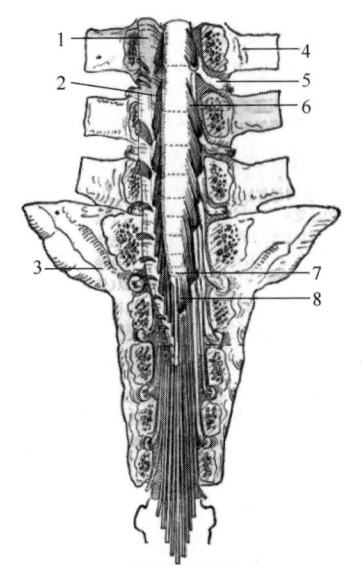 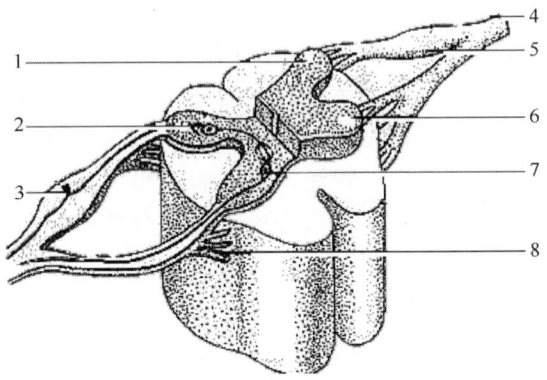

图 11-2 马脊髓的后段
（剥除椎弓的背侧，切开脊硬膜）
1—脊硬膜 2—脊神经腹侧根 3—荐骨 4—腰椎横突
5—脊神经节 6—背侧根 7—脊髓圆锥 8—马尾

图 11-3 脊髓节段示意图
1—灰质后角 2—中间神经元 3—感觉神经元
4—脊神经 5—脊神经节 6—灰质前角
7—运动神经元 8—脊神经腹侧根的根丝

二、脊髓的内部结构

脊髓的实质由灰质和白质组成，脊髓中央有一很细的中央管，纵贯脊髓全长，向前通第4脑室，内含脑脊液。

1. 灰质

在脊髓的横切面上，灰质位于中央，呈H形（蝶翼形），一对背侧突较小，称为背侧角；一对腹侧突较大，称为腹侧角。在颈膨大和腰膨大，背侧角和腹侧角最大。中央管周围的中央中间质、中央管背侧和腹侧的灰质称为灰质连合，在背侧角和腹侧角之间是外侧中间质。在脊髓胸段和腰段前部，外侧中间质的外侧还有一个不太明显的外侧角。从立体的角度来看脊髓，背侧角、腹侧角和外侧角前后相连成柱状，分别称为背侧柱、腹侧柱和外侧柱。

灰质由神经元胞体、树突及神经胶质细胞组成。背侧柱内的神经元主要是中间神经元，接受脊神经节内感觉神经元的冲动，传导至运动神经元或下一个中间神经元，这些神经元聚集成一些核团，如背角固有核、胸核。外侧柱的神经元为交感神经节前神经元，组成中间外侧核，荐髓内相应部位的神经元为副交感神经节前神经元。腹侧柱的神经元为运动神经元，分为内、外两群，内侧群支配躯干肌，外侧群支配四肢肌。腹侧柱内的神经元有两种，一种较大，称为α运动神经元，支配一般的骨骼肌；另一种较小，称为γ运动神经元，支配肌梭内肌纤维。腹侧柱内还有副神经脊髓核。脊髓划分成10层，背侧角分为6层，中间带为第7层，腹侧角分为2层，中央管周围为第10层。

2. 白质

脊髓白质位于周边部位，被灰质柱分为3对索，背侧索位于背正中沟与背侧柱之间，腹侧索位于腹正中裂与腹侧柱之间，外侧索位于背侧柱与腹侧柱外侧之间。白质由有髓纤维和无髓纤维集合而成的纤维束组成，纤维束长短不一，长的纤维束组成纵走的上、下行传导束，短的纤维束组成固有束（图11-4）。

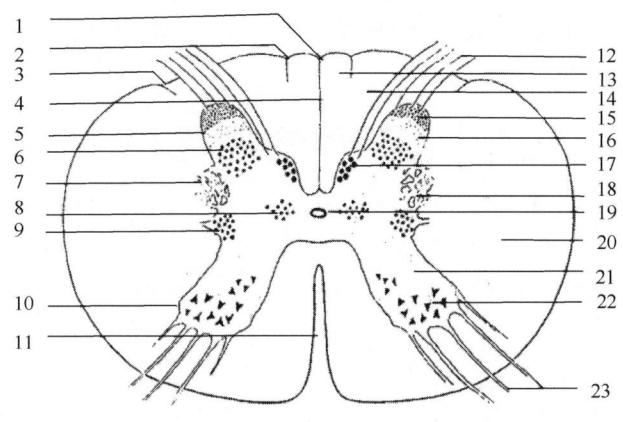

图11-4　脊髓颈段横切面示意图

1—背正中沟　2—背侧中间沟　3—背外侧沟　4—背正中隔　5—背侧角　6—背侧固有核　7—网状结构　8—中央内侧核　9—中央外侧核　10—腹侧角　11—腹正中沟　12—脊神经背侧根　13—薄束　14—楔束　15—海绵带　16—胶状带　17—胸核　18—背外侧中间部　19—中央管　20—白质外侧索　21—灰质前角　22—运动核　23—脊神经腹侧根

三、脊髓的功能

1. 传导功能

脊髓白质内含有许多传导束，是完成传导功能的结构基础。除头面部外，全身的深、浅感觉及大部分内脏感觉都要通过脊髓才能传导到脑，产生感觉，脑对躯干和四肢骨骼肌的运动以及部分内脏的调控也要通过脊髓才能实现。若脊髓受损，就会引起感觉障碍和运动失调。

2. 反射功能

如前所述，脊髓是躯干和四肢的初级反射中枢，可见它具有反射功能，而且是脊髓的固有反射，完成这种反射的结构是脊髓固有装置，包括背侧根、灰质、固有束和腹侧根。感觉纤维进入脊髓后，分为上行支和下行支，沿途分出侧支进入背侧柱，与中间神经元相联系，后者再与同侧或对侧腹侧柱的运动神经元相联系。因此，刺激一段脊髓的感觉纤维时，可引起本段或邻近各段的反射。躯体反射主要是指一些骨骼肌的反射活动，如牵张反射、屈肌反射等。内脏反射主要有立毛反射、排尿反射、排便反射、性反射等。在正常情况下，脊髓的反射活动总是在脑的控制下进行的（图11-5）。

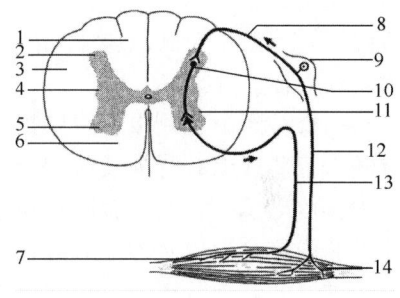

图11-5　脊髓的反射弧示意图
1—白质背侧索　2—灰质背侧柱
3—白质侧索　4—灰质侧柱　5—灰质腹侧柱
6—白质腹侧索　7—运动终板和肌肉
8—脊神经背侧根（脊神经节神经元轴突）
9—脊神经节　10—中间神经元
11—躯体运动神经核
12—感觉神经纤维（脊神经节神经元树突）
13—运动神经纤维　14—肌梭（感受器）

第二节 脊 神 经

脊神经是与脊髓相连的周围神经，呈节段性排列，也就是说，每一椎骨有一对相应的脊神经。脊神经按部位分为颈神经、胸神经、腰神经、荐神经和尾神经。各种家畜脊神经数因椎骨数不同而异（表11-2）。

表11-2 家畜脊神经分类、数目表

名称	牛	马	猪	狗	兔
颈神经（对）	8	8	8	8	8
胸神经（对）	13	18	14~15	13	12~13
腰神经（对）	6	6	7	7	7~8
荐神经（对）	5	5	4	3	4
尾神经（对）	5~6	5~6	5	5~6	6
合计（对）	37~38	42~43	38~39	36~37	37~38

脊神经为混合神经，内含4种纤维成分。躯体传入纤维的神经元胞体位于脊神经节，其周围突分布于皮肤和骨骼肌的外感受器和本体感受器，中枢突止于脊髓背角或延髓；内脏传入纤维的神经元胞体位于脊神经节，其周围突分布于心血管和胸腹腔脏器的内感受器，中枢突止于脊髓灰质柱；躯体传出纤维起始于脊髓腹角运动神经元，支配骨骼肌；内脏传出纤维起始于脊髓灰质中间外侧核的植物性节前神经元，换元后节后纤维支配心肌、平滑肌和腺体。

每一脊神经由背侧根和腹侧根组成。背侧根为感觉根，内含传入纤维，由背外侧沟进入脊髓，背侧根上有脊神经节，位于椎管内或椎间孔，内含假单极神经元。腹侧根为运动根，内含传出纤维，起自脊髓腹角运动神经元，从腹外侧沟走出脊髓。背侧根和腹侧根在硬膜外腔内联合形成脊神经。脊神经经椎间孔或椎外侧孔出椎管，分为背侧支和腹侧支。一般来说，背侧支分布于脊柱背侧的肌肉和皮肤，腹侧支分布于脊柱腹侧和四肢的肌肉和皮肤。分布于肌肉的称为肌支，分布于皮肤的称为皮支，分布于关节的称为关节支，连接二神经干的分支称为交通支。

一、颈神经

1. 背侧支

颈神经的背侧支分为内侧支和外侧支，内侧支位于头半棘肌内侧，外侧支位于头半棘肌与夹肌之间，分布于颈背外侧的肌肉和皮肤。特殊的背侧支：枕下神经，为第1颈神经背侧支，分布于头后斜肌、头背侧大直肌、耳后肌及其附近的皮肤；枕大神经，为第2颈神经背侧支，分布于耳后肌、头后斜肌和颈背侧面的皮肤。

2. 腹侧支

腹侧支分布于颈腹外侧和前肢的肌肉和皮肤。第1~4颈神经的腹支参与构成颈神经丛。第5~8颈神经的腹支参与构成臂神经丛（图11-6）。

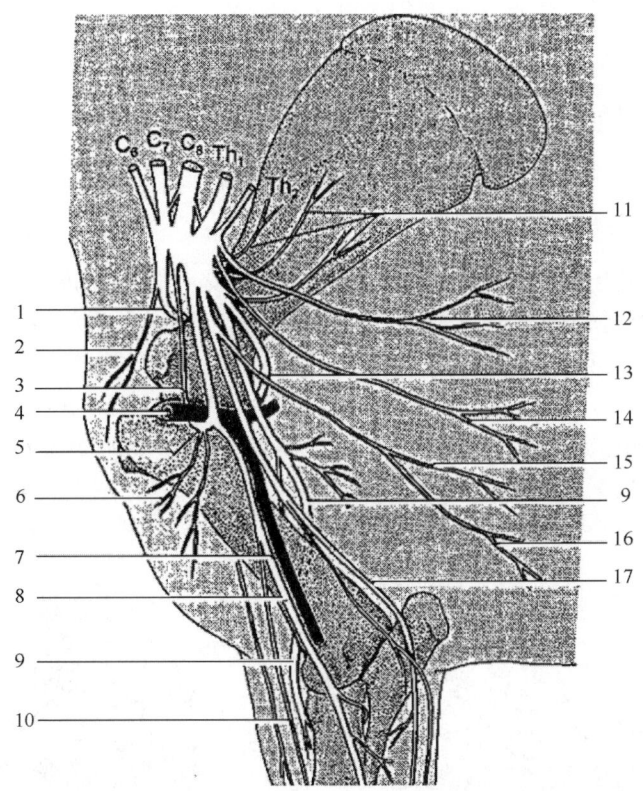

图 11-6 马前肢臂神经丛及其主要分支示意图（右前肢内侧面）
1—肩胛上神经 2—胸肌前神经 3—肌皮神经 4—腋动脉 5—腋袢 6—肌皮神经近支 7—臂动脉
8—正中神经 9—桡神经 10—肌皮神经远支 11—肩胛下神经 12—胸长神经 13—腋神经
14—胸背神经 15—胸外侧神经 16—胸肌后神经 17—尺神经

二、胸神经

1. 背侧支

背侧支从肋提肌后方穿出，分为内侧支和外侧支；内侧支沿背多裂肌表面走行分布于棘肌，外侧支从背最长肌与髂肋肌之间穿出，分布于脊柱背侧的肌肉和皮肤。

2. 腹侧支

腹侧支又称为肋间神经，伴随肋间背侧动脉沿肋骨的后缘向下延伸，分布于肋间肌、胸肌、胸廓横肌、膈、腹肌、躯干皮肌和脐以前的皮肤。前两对胸神经的腹侧支参与构成臂神经丛。最后胸神经的腹侧支称为肋腹神经，沿最后肋骨的后缘向下延伸，在最后肋骨腹侧端附近分为2支，外侧支穿过腹内、外斜肌，分布于躯干皮肌和皮肤。内侧支行经腹内斜肌与腹横肌之间入腹直肌。

三、腰神经

1. 背侧支

背侧支分为内侧支和外侧支，分布于腰部和臀部的肌肉和皮肤。其中后三对腰神经的外侧支形成臀前皮神经，分布于臀部皮肤。

2. 腹侧支

腹侧支主要构成腰荐神经丛，也有分支至腰下肌。

四、荐神经

1. 背侧支

背侧支经荐背侧孔走出，分为内侧肌支和外侧皮支。肌支分布于荐骨及附近尾部背面的肌肉。前3对荐神经外侧支形成臀中皮神经，分布于臀部皮肤。后3对荐神经外侧支分布于尾根部皮肤。

2. 腹侧支

腹侧支经荐盆侧孔走出，主要参与形成荐神经丛，其中前2荐神经腹侧支形成腰荐干，其余形成阴部神经、会阴神经和直肠后神经（图11-7、图11-8）。

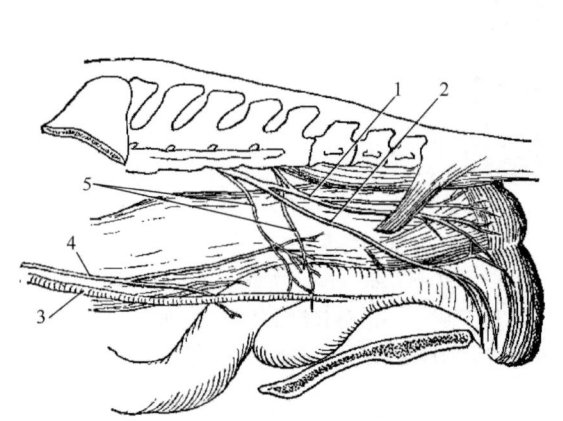

图11-7 马盆腔和会阴部的神经
1—直肠后神经 2—阴部神经
3—输尿管 4—腹下神经 5—盆神经

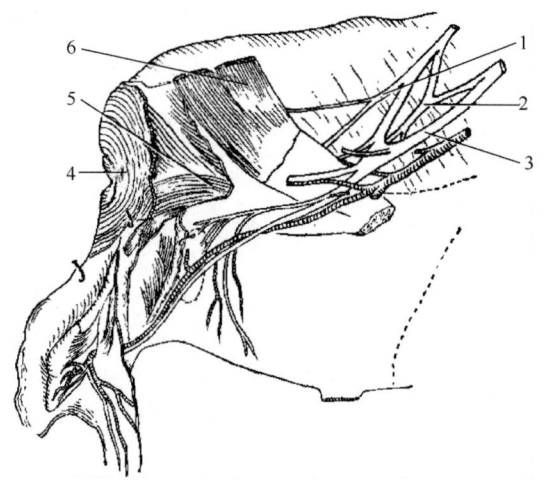

图11-8 牛会阴部的神经
1—直肠后神经 2—盆神经 3—阴部神经
4—肛门括约肌 5—肛提肌 6—尾骨肌

五、尾神经

背侧支和腹侧支出椎间孔后分别联合形成尾背侧丛和尾腹侧丛，向后伸达尾尖，分布于尾背侧和腹侧的肌肉和皮肤。

六、颈神经丛

颈神经丛一般由第1~4颈神经的腹侧支构成。颈丛的皮支分布于枕部、颈部、胸壁上部、肩部和耳廓及其附近的皮肤。颈丛深支主要支配颈部深肌、舌骨下肌群和膈。

1. 枕下神经

枕下神经神经纤维来自第1颈神经背侧支，分布于头后斜肌、头背侧大直肌、耳后肌及其附近的皮肤。

2. 枕大神经

枕大神经神经纤维来自第 2 颈神经背侧支，分布于耳后肌、头后斜肌和颈背侧面的皮肤。

3. 耳大神经

耳大神经神经纤维来自第 2 颈神经腹侧支，分别形成分布于外耳皮肤。

4. 颈横神经

颈横神经神经纤维来自第 2、第 3 颈神经腹侧支，分布于腮腺部和下颌间隙的皮肤。

5. 锁骨上神经

神经纤维来自第 5~6 颈神经的腹侧支，分布于肩部和胸部皮肤。

6. 颈袢

颈袢神经纤维来自第 1 颈神经腹侧支和舌下神经，分布于胸骨甲状舌骨状肌和肩胛舌骨肌。

7. 膈神经

膈神经神经纤维来自第 5~7 颈神经的腹侧支，经胸前口入胸腔，沿纵隔向后延伸，横过心基部，分布于膈。

七、臂神经丛

臂神经丛由第 6、第 7、第 8 颈神经和第 1、第 2 个胸神经的腹侧支组成，位于肩关节的内侧，主要分布于前肢。

1. 肩胛上神经

肩胛上神经神经纤维来自第 6 和第 7 脊神经的腹侧支，由臂神经丛前部发出，经冈上肌与肩胛下肌之间绕过肩胛骨的前缘，分布于冈上肌和冈下肌。由于位置关系，临床上常见肩胛上神经麻痹。

2. 肩胛下神经

肩胛下神经神经纤维来自第 6、7 颈神经腹侧支，常有 2 支，分布于肩胛下肌。

3. 肌皮神经

肌皮神经神经纤维来自第 6、8 颈神经腹侧支，腹侧支，由臂神经丛前部发出，经腋动脉外侧和腹侧与正中神经相连形成腋袢，在肩关节附近发出近肌支至喙臂肌和臂二头肌，主干伴正中神经向下延伸，至臂的中部与正中神经分开，分出远肌支分布于臂二头肌和臂肌，主干延续为前臂内侧皮神经，经臂肌和臂二头肌之间，从臂二头肌和臂头肌之间穿出至前臂内侧面，分布于前臂和腕背内侧面的筋膜和皮肤。

4. 腋神经

腋神经神经纤维来自第 7、8 颈神经腹侧支，由臂神经丛中部发出，向后下方经肩胛下肌与肩胛下动脉之间走向外侧，分支分布于肩胛下肌、大圆肌、小圆肌和三角肌。腋神经在三角肌深面分出前臂前皮神经，从三角肌肩峰部与肩胛部之间或三角肌与臂三头肌长头之间走出，分布于前臂背内侧面的皮肤。

5. 胸肌前神经

胸肌前神经神经纤维主要来自第 7、第 8 颈神经腹侧支，有数支，分布于胸升肌以外的胸肌。

6. 胸肌后神经

胸肌后神经神经纤维来自第 7、第 8 颈神经腹侧支，分布于胸升肌。

7. 胸长神经

胸长神经神经纤维来自第 7、第 8 颈神经腹侧支，经斜角肌之间走向外侧，分布于胸腹侧锯肌。

8. 胸背神经

胸背神经神经纤维来自第 7、第 8 颈神经腹侧支，横过大圆肌，分布于背阔肌，在绵羊还分布于大圆肌和胸升肌。

9. 胸外侧神经

胸外侧神经神经纤维来自第 8 颈神经和第 1、第 2 胸神经的腹侧支，伴胸外静脉向后延伸，分布于躯干皮肤、胸壁和腹壁的皮肤。

10. 桡神经

桡神经神经纤维来自第 7、第 8 颈神经和第 1 胸神经的腹侧支，由臂神经丛后部发出，走向后腹侧，经大圆肌、臂三头肌长头和内侧头之间进入肱骨臂肌沟，分为深支和浅支。沿途分出肌支至前臂筋膜张肌、臂三头肌和肘肌。深支穿过臂肌和腕桡侧伸肌，分布于腕和指的伸肌。浅支从臂肌和腕桡侧伸肌之间走出，在臂三头肌外侧头下缘分出前臂外侧皮神经，分布于前臂背外侧的皮肤，主干沿腕桡侧伸肌内侧向下伸至腕部和掌部，分布于第 3 和第 4 指的背侧。

桡神经因其位置和径路，易受压迫、牵引而损伤，临床上可见桡神经麻痹。桡神经麻痹位置较低时，丧失伸腕伸指的能力；麻痹位置较高时，不能伸展肘、腕和指关节，该肢不能负重，处于屈曲状态。

11. 正中神经

正中神经神经纤维来自第 8 颈神经和第 1、2 胸神经的腹侧支，从臂神经丛的后部发出，经过腋动脉内侧与肌皮神经相连形成一总干，沿臂动脉前缘向下延伸，至臂中部与肌皮神经分开后，经肘关节内侧进入前臂正中沟。正中神经在前臂近端分出肌支分布于旋前圆肌、腕桡侧屈肌、腕尺侧屈肌和指屈肌；分出前臂骨间神经进入前臂骨间隙，分布于骨膜。然后正中神经沿指浅屈肌内侧面向下延伸，在掌远端分为内、外侧支，分布于掌桡侧半肌肉和皮肤。正中神经在臂部损伤时可累及全部分支，表现为前臂不能旋前，屈腕无力，拇指、食指不能屈曲，拇指不能对掌，鱼际肌萎缩，手掌平坦。感觉障碍以拇指、食指和中指的末节为明显。亦可见明显的血管收缩和营养障碍。

12. 尺神经

尺神经神经纤维来自第 8 颈神经和第 1、第 2 胸神经的腹侧支，从臂神经丛的后部发出，沿臂动脉的后缘走向后下方，经前臂部尺沟延伸，其间先分出前臂后皮神经分布于前臂后面的皮肤，在臂远端分出肌支分布于腕尺侧屈肌和指屈肌。在副腕骨上方分为背侧支和掌侧支，至掌尺侧半肌肉和皮肤。尺神经在臂部损伤时，主要表现为屈腕能力减弱，小鱼际肌及骨间肌明显萎缩，各掌指关节过伸，第 4、第 5 指的指间关节弯曲，其感觉障碍则以手尺侧缘为主。

八、腰荐神经丛

腰荐神经丛可分为腰神经丛和荐神经丛。腰神经丛由后四对腰神经的腹支相吻合形成，荐神经丛由前四对荐神经的腹支形成。腰神经丛的一部分和荐神经丛相互吻合，故合称为腰荐神经丛（图11-9、图11-10）。

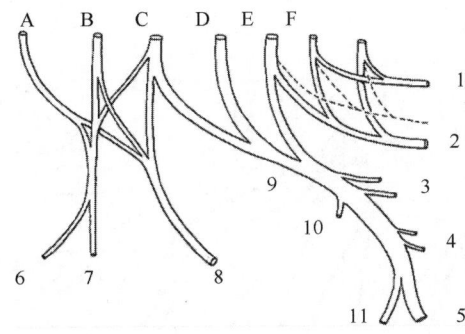

图11-9 腰荐神经丛示意图

A. 第4腰脊神经 B. 第5腰脊神经 C. 第6腰脊神经 D. 第1荐脊神经 E. 第2荐脊神经 F. 第3荐脊神经
1—直肠后神经 2—阴部神经 3—臀后神经 4—股后神经 5—胫神经 6—生殖股神经
7—股神经 8—闭孔神经 9—坐骨神经 10—臀前神经 11—腓神经

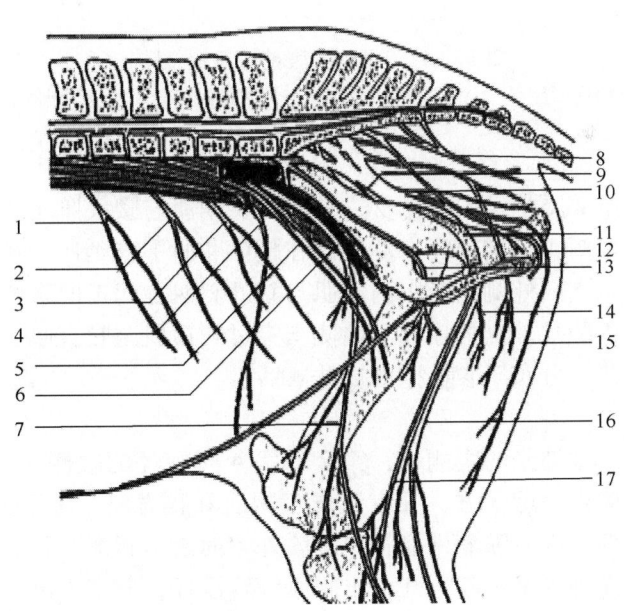

图11-10 马腰荐神经丛及其主要分支示意图（右后肢内侧面）

1—最后胸神经腹侧支 2—髂腹下神经 3—髂腹股沟下神经 4—股外侧皮神经 5—生殖股神经
6—股神经 7—隐神经 8—直肠后神经 9—臀前神经 10—臀后神经 11—坐骨神经
12—阴部神经 13—闭孔神经 14—股后皮神经 15—胫神经 16—腓总神经 17—小腿后皮神经

1. 髂腹下神经

髂腹下神经为第 1 腰神经的腹侧支，从腰方肌与腰大肌之间走出，经第 2 腰椎横突末端腹侧在腰髂肋肌下方延伸，在髋结节水平面腹膜外表面分为内侧支和外侧支。外侧支经腹横肌与腹内斜肌之间及腹内斜肌与腹外斜肌之间走向腹侧，在髋结节下方穿出腹外斜肌，分布于腹侧壁的皮肤，途中有肌支至腹横肌和腹外斜肌。内侧支穿过腹横肌至腹直肌，再穿过腹直肌及腹内斜肌和腹外斜肌腱膜分布于腹底壁的皮肤（图 11 – 11）。

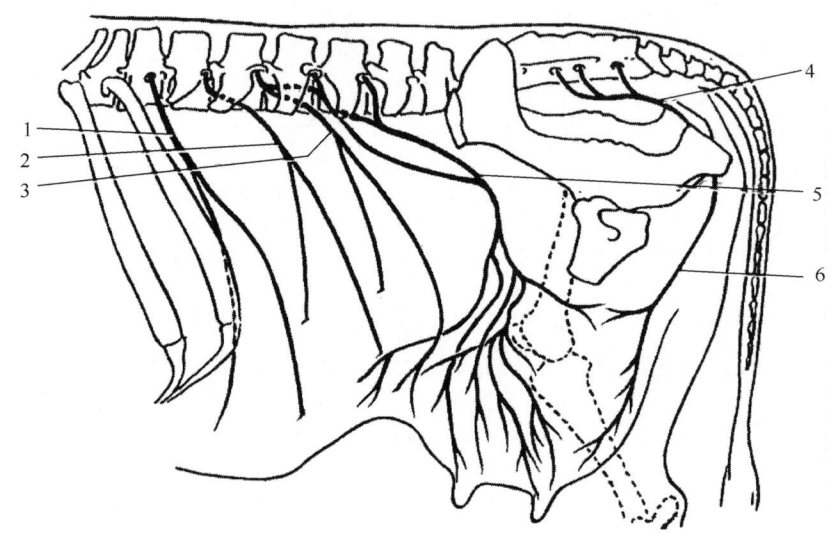

图 11 – 11　母牛的腹壁神经示意图

1—阴部神经　2—精索外神经　3—会阴神经乳房支　4—髂腹股沟神经　5—髂下神经　6—最后肋间神经

2. 髂腹股沟神经

髂腹股沟神经为第 2 腰神经的腹侧支，从腰横突间肌与腰大肌之间走出，发出分支至腰肌和腰方肌，主干经第 4 腰椎横突末端腹侧在腰髂肋肌下方延伸，在髋结节平面腹膜外表面分为内侧支和外侧支。外侧支经腹内斜肌与腹外斜肌之间走向腹侧，在髋结节前下方穿出腹外斜肌，分布于膝褶外侧的皮肤。内侧支穿过腹横肌至腹直肌，再穿过腹直肌及腹内斜肌和腹外斜肌腱膜，分布于腹底壁的皮肤。

3. 生殖股神经

生殖股神经为第 3 腰神经的腹侧支，第 2 和第 4 腰神经的腹侧支也有纤维参与组成，在腰大肌与腰小肌之间走向后下方，并有肌支至腰肌和腰方肌，主干分为生殖支和股支，伴旋髂深动脉向后延伸，以后随髂外血管在腹膜外表面走向腹侧至腹股沟管，此 2 支通常合并后入腹股沟管，在管内又重新分开，出腹股沟管浅环，分布于母畜的乳房、公畜的提睾肌、阴囊和包皮。马的股支分布于提睾肌和腹内斜肌，生殖支入腹股沟管，伴阴部外动脉出腹股沟管浅环，分布于外生殖器官和腹股沟部皮肤。

4. 股外侧皮神经

股外侧皮神经神经纤维来自第 3 和第 4 腰神经腹侧支，在有些动物也来自第 5 腰神经的腹侧支，穿过腰肌在腹膜外表面伸向髋结节，伴旋髂深动脉后支穿过腹外斜肌，沿髂下淋巴结深面向下延伸，分布于股部皮肤。

5. 股神经

股神经神经纤维来自第 4 至第 6 腰神经的腹侧支，为腰神经丛中最大的神经，经腰大肌与髂肌之间走出，有分支至髂腰肌，在耻骨梳平面分出隐神经，主干伴旋股外侧动脉经股直肌与股外侧肌之间入股四头肌。隐神经从缝匠肌后缘走出，有分支至该肌，伴隐静脉沿后肢内侧面向下延伸，分布于股部和小腿内侧面的皮肤，在马向下可达系关节。股神经的破坏导致膝关节的被动屈曲、肢体不能负重以及该肢内侧面的感觉缺失。

6. 闭孔神经

闭孔神经神经纤维来自第 4 至第 6 腰神经的腹侧支，在腹膜下沿髂骨体内侧伸向闭孔，分支分布于闭孔外肌盆内部，出闭孔后分布于内收肌、耻骨肌、股薄肌和闭孔外肌。该神经易被胎儿挤压受损，引起前述 4 肌麻痹。

7. 臀前神经

臀前神经神经纤维来自第 6 腰神经和第 1 荐神经的腹侧支，经坐骨大孔出盆腔，分布于臀肌和阔筋膜张肌。

8. 臀后神经

臀后神经神经纤维来自第 1、第 2 荐神经（偶见第 3 荐神经）的腹侧支，经坐骨大孔出盆腔，沿荐结节阔韧带和臀深肌外面向后延伸，分为 2 支，背侧支分布于臀中肌，腹侧支分布于臀股二头肌。马的臀后神经分成背侧干和腹侧干，背侧干分布于臀中肌、臀浅肌和股二头肌；腹侧干分为肌支和股后皮神经。肌支至半腱肌。股后皮神经在坐骨结节下方从股二头肌与半腱肌之间走出，分布于臀股后外侧面。

9. 坐骨神经

坐骨神经神经纤维来自第 6 腰神经和第 1、2 荐神经的腹侧支，是全身最粗大的神经，经坐骨大孔出盆腔，在荐结节阔韧带和臀深肌之间走向后腹侧，在孖肌、闭孔外肌腱和股方肌表面经过股骨大转子与坐骨结节之间绕至髋关节后方，在臀股二头肌与内收肌、半腱肌和半膜肌之间下行，在股中部分为腓总神经和胫神经。坐骨神经在臀部和股部分出肌支分布于孖肌、股方肌、股二头肌、半腱肌和半膜肌；一些神经纤维穿过股后肌分布于股后面的皮肤，在羊称为臀后皮神经。

（1）股后皮神经　股后皮神经在髋股关节的后面由坐骨神经主干背侧缘分出，在坐骨小孔附近分为 2 支，内侧支经臀后动脉与阴部内动脉形成的夹角入盆腔，合并于阴部神经或其会阴深神经，外侧支缺失或加入阴部神经近皮支，或穿过股二头肌后缘分布于股后面和会阴部的皮肤。

（2）腓总神经　腓总神经在臀股二头肌与腓肠肌外侧头之间走向前下方，至胫骨外侧髁稍下方分为腓浅神经和腓深神经。它在股远端 1/3 处分出小腿外侧皮神经，分布于小腿背外侧面的皮肤。腓总神经损伤，导致小腿前外侧伸肌麻痹，出现足背屈、外翻功能障碍，呈内翻下垂畸形。运动障碍表现为伸拇、伸趾功能丧失，呈屈曲状态，感觉障碍表现为小腿前外侧和足背前、内侧感觉障碍。

①腓浅神经：腓浅神经沿趾外侧伸肌与腓骨长肌之间向下延伸，其起始部附近发出肌支至趾外侧伸肌，在跗结节处发出分支至足背及趾背的大部分皮肤及跗关节囊。

②腓深神经：腓深神经初在腓骨长肌与趾外侧伸肌之间的沟中下行，然后沿趾长伸肌

下行,沿途分出肌支支配小腿前肌群和足背肌,皮支分布于第 1、2 趾相邻的皮肤。

(3) 胫神经 初在腓肠肌两个头之间下行,分出肌支至腘肌、比目鱼肌、趾深屈肌和腓肠肌外侧头,然后在腓肠肌外侧头与趾浅屈肌之间下行,在小腿远端 1/3 位于跟腱前方,约在跟结节处分为足底内、外侧神经。胫神经在其起始部发出分支至趾浅屈肌和腓肠肌外侧头,还分出小腿后皮神经,初在腓肠肌外侧头和臀股二头肌之间下行,于小腿中部至皮下,分布至小腿、跗部、跖部后外侧的皮肤。损伤胫神经,引起小腿后侧屈肌群及足底肌麻痹,出现足背屈、外翻畸形,足运动障碍表现为足不能跖屈,不能屈趾和足内翻。小腿后面及足底感觉迟钝或丧失。

①足底内侧神经:足底内侧神经在骨间中肌与屈肌腱之间的沟中下行,分布于趾跖侧面的皮肤、关节囊和趾。

②足底外侧神经:足底外侧神经在骨间中肌与屈肌腱之间的沟中下行,在跖近端分出深支至骨间中肌,分布于关节囊和趾。

10. 阴部神经

阴部神经神经纤维来自第 2、4 荐神经的腹侧支,在髂内动脉背侧沿荐结节阔韧带内侧面向后腹侧延伸,分出肌支至尾骨肌和肛提肌;在坐骨小孔附近,分出近皮支和远皮支,分布于阴囊、阴唇和股后部的皮肤;分出会阴深神经,后者接受股后皮神经的内侧支,经尾骨肌和肛提肌外侧面向后延伸,分支分布于尿道肌、肛门外括约肌、雄性的球海绵体肌和坐骨海绵体肌及雌性的阴道、前庭大腺和前庭缩肌。主干绕过坐骨弓分为阴茎背神经和阴囊包皮支,在雌性分出乳房支后成为阴蒂背神经。阴囊包皮支分布于阴囊和包皮。阴茎背神经沿阴茎背外侧面向前延伸,分布于阴茎。阴蒂背神经分布于阴蒂和前庭。

11. 直肠后神经

直肠后神经神经纤维来自第 4 或第 4、5 荐神经的腹侧支,常有 2 支,在尾骨肌与直肠之间向后延伸,分支分布于直肠、尾骨肌、肛提肌、肛门外括约肌、肛门周围的皮肤、雄性的阴茎缩肌、雌性的阴道前庭、前庭缩肌、阴蒂缩肌和阴唇。

第十二章　脑和脑神经

第一节　脑

脑是中枢神经的高级部位，由胚胎时期神经管的前部发育而成。脑位于颅腔内，其外形与颅腔的形状大小符合一致。脑分为端脑（大脑）、间脑、中脑、脑桥、延髓和小脑，通常将中脑、脑桥和延髓合称为脑干，也有人将间脑列入脑干。神经管的内腔则随着脑各部的分化形成了脑室系统。

脑的背侧面主要可见大脑和小脑，大脑位于前方，小脑居于后方，大脑横裂将大脑与小脑隔开。大脑纵裂将大脑分为左、右大脑半球。在大脑纵裂的深部，有横行的宽大纤维束连接两侧大脑半球，称为胼胝体。

脑腹侧面的最后部分是延髓。延髓前方为横向突出的脑桥，两者以脑桥沟为界。脑桥前方可见呈倒八字形叉开的左大脑脚和右大脑脚，两大脑脚之间的凹陷为脚间窝。脚间窝前方为丘脑下部。丘脑下部后部的小丘状隆起为乳头体，其前方为灰结节，脑垂体借漏斗与之相连。再向前可见一对视神经相连形成视交叉，视交叉向后延续为视束。大脑脚前部外侧的丘状隆起为梨状叶后部。脑前部为嗅脑。

在正中矢状面的后部，背侧可见略呈球形的小脑。小脑腹侧的脑室是第4脑室，前通中脑水管，后连脊髓中央管。第4脑室顶壁的前部是前髓帆，后部为后髓帆和第4脑室脉络丛；底壁的后部是延髓开放部，前部为脑桥。中脑水管连通第4脑室和第3脑室，中脑导水管的顶壁是四叠体，底壁是大脑脚。中脑前方为间脑，其内的脑室是第3脑室。第3脑室的顶壁为第3脑室脉络膜；底壁为丘脑下部，可见乳头体、脑垂体、视交叉等结构；前壁为终板和前连合。在间脑前上方可见大脑半球内侧面和胼胝体横断面。胼胝体下方为端脑隔。隔两侧为侧脑室，隔下方为穹隆（图12-1、图12-2）。

一、脑干

脑干是大脑、小脑、间脑和脊髓间信息传递的重要结构，是运动信息和感觉信息传导束的必经之路，也是许多基本生命活动调节的中枢所在，故若脑干严重损伤后可危及生命。脑干还有一些重要的反射中枢，如中内的瞳孔对光反射中枢、脑桥的角膜反射中枢等。

1. 脑干的外形

脑干的末部是延髓，呈前宽后窄、背腹略扁的柱状，位于枕骨基底部背侧，后端在枕骨大孔处连接脊髓，前借延髓脑桥沟、髓纹与脑桥为界。脊髓的前正中裂和前外侧沟均延伸到延髓的腹侧面，前正中裂与前外侧沟之间的纵行隆起为锥体，内含锥体束。锥体束的大部分纤维在锥体的下段越过中线交叉至对侧形成梳瓣样的锥体交叉。前外侧沟外侧的卵圆形隆起为橄榄。前外侧沟中有舌下神经根与延髓相连，橄榄的背方自上而下依次有舌咽神经、迷走神经和副神经的根丝附着。延髓前端、锥体两侧的横行隆起为斜方体。斜方体

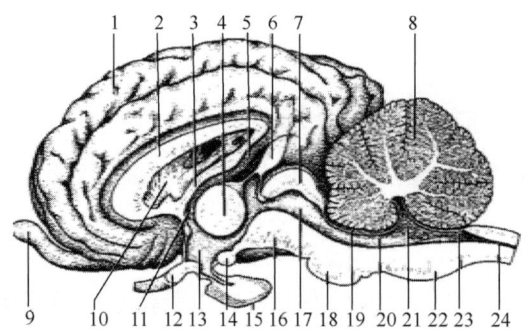

A. 正中矢状切面
1—大脑半球 2—胼胝体 3—穹窿 4—丘脑中间块
5—脉络丛 6—松果体 7—四叠体 8—小脑
9—嗅球 10—透明隔 11—室间孔 12—视交叉
13—第3脑室 14—乳头体 15—脑垂体
16—大脑脚 17—中脑导水管 18—脑桥 19—前髓帆
20—第4脑室 21—脉络丛 22—延髓
23—后髓帆 24—脊髓中央管

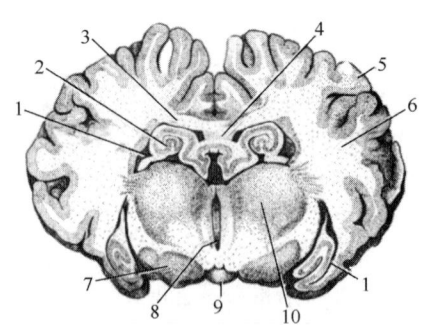

B. 横切面
1—侧脑室 2—海马 3—胼胝体
4—透明隔 5—大脑皮质 6—大脑髓质
7—大脑脚 8—第3脑室
9—乳头体 10—视丘

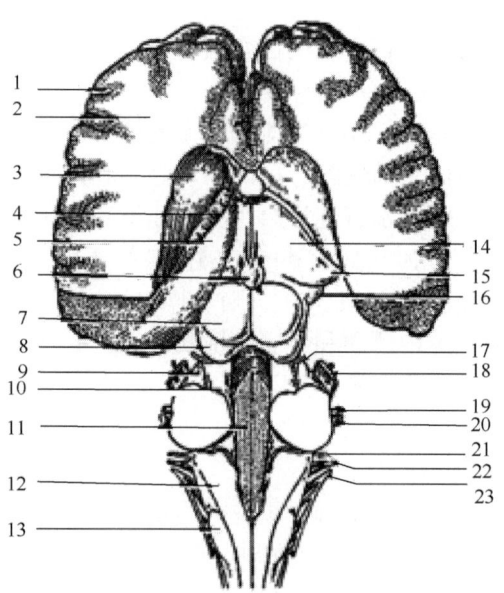

C. 背侧切除一部分，示海马、基底核和脑干的背侧面
1—大脑皮质 2—大脑白质 3—尾状核
4—侧脑室脉络丛 5—海马 6—松果体 7—前丘
8—后丘 9—小脑中脚 10—小脑前脚
11—第4脑室底 12—小脑后脚 13—小结节 14—丘脑
15—外侧膝状体 16—内侧膝状体 17—滑车神经
18—三叉神经 19—面神经 20—前庭耳蜗神经
21—舌咽神经 22—迷走神经 23—副神经

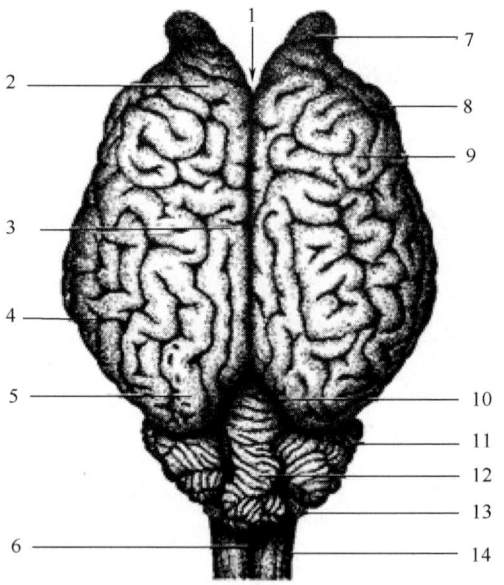

D. 背面
1—大脑纵裂 2—额叶 3—顶叶
4—颞叶 5—枕叶 6—背正中沟
7—嗅球 8—脑沟 9—脑回
10—大脑横裂 11—小脑半球
12—小脑蚓部 13—脉络丛 14—延髓

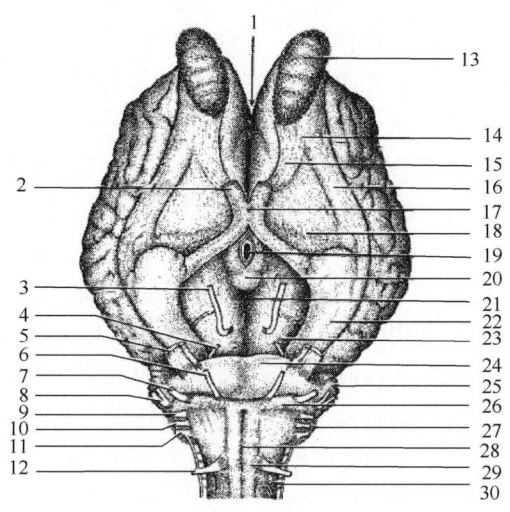

E. 底面

1—大脑纵裂 2—视神经 3—动眼神经 4—滑车神经 5—三叉神经 6—外展神经
7—面神经 8—听神经 9—舌咽神经 10—迷走神经 11—副神经 12—舌下神经
13—嗅球 14—嗅束 15—内侧束回 16—外侧束回 17—视神及交叉 18—嗅三角
19—漏斗 20—乳头体 21—脚间窝 22—梨状叶 23—大脑脚 24—脑桥 25—小脑
26—斜方体 27—脉络丛 28—腹正中裂 29—延髓锥体 30—延髓

图 12 – 1　马脑底面示意图

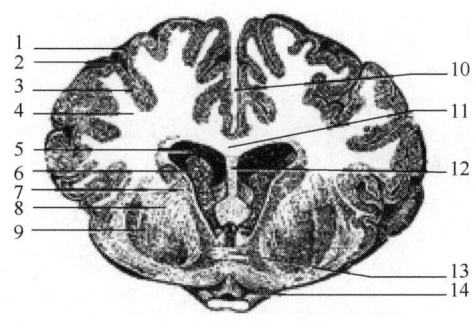

图 12 – 2　大脑半球横切面示意图

1—脑回 2—脑沟 3—大脑皮质 4—大脑白质 5—侧脑室 6—侧脑室脉络丛
7—尾状核 8—内囊 9—豆状核 10—大脑纵裂 11—胼胝体 12—透明隔 13—前连合 14—视束

是由耳蜗神经核发出的横行纤维束组成的，在斜方体外侧端由前向后分别可见面神经根和前庭耳蜗神经根与脑相连。

延髓背侧面大部分被小脑覆盖，后部形态与脊髓相似，称为闭合部，前部中央管敞开成第 4 脑室的后部，称为开放部。闭合部背侧中线可见背正中沟，其两侧为背侧索（薄束和楔束），在闭合部前段分别膨大形成 2 个结节，内侧的为薄束核结节，内隐薄束核，外侧的为楔束核结节，内隐楔束核。楔束结节向前延续为绳状体，又称为小脑后脚，构成第 4 脑室后部的侧壁，由联系脊髓、延髓与小脑的纤维束组成。

脑桥的腹侧面横向隆起，为脑桥基底部，正中线上有纵行的浅沟，基底部的横行纤维束从两侧走向背侧连接小脑，称为脑桥臂，又称小脑中脚。在基底部向脑桥臂移行处可见三叉神经根与脑相连。脑桥背侧面凹陷，构成第4脑室的前部，两侧的隆起为小脑前脚，又称为结合臂，主要由齿状核和间位核发出至中脑的纤维组成。

第4脑室是位于小脑与延髓和脑桥之间的菱形空腔，前连中脑水管，后通脊髓中央管。第4脑室的顶从前向后由前髓帆、小脑、后髓帆和第4脑室脉络丛组成。前髓帆是张于小脑前脚之间的白质薄板，滑车神经根经此出脑。后髓帆是附着于小脑后脚之间的白质薄板，除去后髓帆之后，残留在小脑后脚内侧缘的膜质带为第4脑室带；附着在中央管开口背侧的后髓帆的后部称为闩，为两侧的第4脑室带在脑室后角相会形成的三角形白质薄板。第4脑室脉络丛由室管膜外被软膜和血管构成，伸入第4脑室腔，能分泌脑脊液。其上有一对外侧孔，第4脑室内的脑脊液经此孔流入脑蛛网膜下腔。第4脑室侧壁的前部为小脑前脚，后部为小脑后脚。在小脑后脚转向背侧进入小脑的后方，两侧角伸展到小脑后脚背侧，为第4脑室外侧隐窝。第4脑室底呈菱形，故名为菱形窝，由延髓和脑桥背侧面组成。菱形窝正中线的纵沟为正中沟，将菱形窝分为左、右两半；两侧与正中沟平行的浅沟为界沟，将每半又分成内侧部和外侧部。在菱形窝的前部，正中沟与界沟之间有内侧隆起，隆起的一部分（面神经丘）是由面神经根盘绕外展神经核而成；在界沟与小脑前脚之间有蓝斑。在菱形窝后部，前方内侧的小隆起为舌下神经三角，内隐舌下神经核；其外侧的灰隆起为迷走神经三角，又名为灰翼，内隐迷走神经副交感核；在外侧部靠近小脑后脚可见一隆起，为前庭内侧核隆起，内隐前庭神经核；其外侧有一隆起为听结节，内隐耳蜗神经核。在第4脑室外侧缘后端、中央管口上方有一小的嵴样区，为最后区。

中脑较小，位于脑桥和间脑之间。腹侧面可见两条粗大的纵行隆起，为大脑脚，呈倒八字形，两脚间的凹窝为脚间窝，乳头体后方的脚间窝因有许多血管穿通，称为后穿质。大脑脚表面有大脑脚内侧沟和外侧沟。动眼神经根从大脑脚内侧沟走出，在其出脑处前方可见横行纤维带，为脚横束。该束起于后丘臂与内侧膝状体结合处，横越大脑脚，消失于大脑脚内侧沟。中脑背侧面可见两对圆丘状的隆起，称为四叠体，前方的一对较大，为前丘，后方的一对较小，为后丘，从前髓帆走出的滑车神经根经过后丘后方。

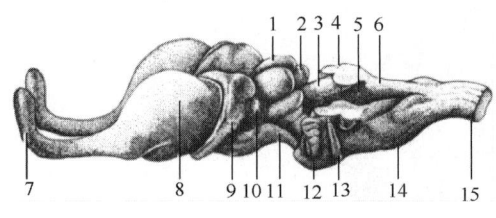

图12-3 马脑干示意图
1—前丘 2—后丘 3—小脑前脚 4—小脑中脚
5—菱形窝 6—小脑后脚 7—嗅球 8—纹状体
9—外侧膝状体 10—内侧膝状体 11—大脑脚
12—脑桥 13—斜方体 14—延髓 15—脊髓

从前丘和后丘分别向前外侧伸出一条隆起，为前丘臂和后丘臂，分别连接外侧膝状体和内侧膝状体。在中脑外侧面，有一块三角形区域位于后丘和后丘臂、大脑脚与脑桥前沟之间，为丘系三角，深部有外侧丘系纤维通过（图12-3）。

2. 脑干内部结构

延髓闭合部与脊髓构造相似，在其余部位，由于纤维束在脑干内多交叉行走，打乱了脊髓那样的灰质、白质的界限，灰质不再连贯成柱，而是分离为断续的神经核团；在延髓开放部和脑桥背面由于第四脑室的形成，使灰质由背腹排列方向变成内外排列方向，即界沟内侧为运动神经柱、界沟外侧为感觉神经柱；脑干中央区出现较大范围的网状结构。脑干的神经核分三类，即脑神经核、非脑神经核白质和网状结构。

(1) 脑干的脑神经核　脑神经核指其神经元发出的纤维组成脑神经，或脑神经的传入纤维终止于此的神经核。以下简要介绍主要的脑神经核。

①舌下神经运动核：舌下神经运动核位于菱形窝后部舌下神经三角深部，其后部位于延髓闭合部中央管腹外侧。该核发出纤维走向腹侧，经腹外侧沟出脑组成舌下神经，分布于舌。

②迷走神经副交感核：迷走神经副交感核位于迷走神经三角深部、舌下神经运动核背外侧。该核发出的纤维构成迷走神经的主要成分，与来自疑核的纤维一起经延髓外侧面的背外侧沟出脑，分布于颈部和胸腹腔脏器。

③舌咽神经副交感核：舌咽神经副交感核由迷走神经副交感核向前延伸，发出纤维加入舌咽神经，分布于腮腺。

④孤束核：孤束核位于迷走神经副交感核的外侧、孤束周围。迷走神经、舌咽神经和面神经的感觉纤维入脑后形成孤束，味觉纤维止于核的前部，一般内脏感觉纤维止于余部。

⑤疑核：疑核又名迷走神经和舌咽神经运动核，位于延髓被盖腹外侧、橄榄核与三叉神经脊束核之间，核的后部也称为副神经运动核。此核发出纤维行向背外侧，加入迷走神经和舌咽神经副交感核的纤维，从延髓外侧面出脑，分布于咽喉肌。

⑥三叉神经脊束核：三叉神经脊束核位于延髓被盖外侧，从脊髓前部伸至脑桥，分后部、极间部和前部。三叉神经、面神经、舌咽神经和迷走神经中的一般躯体感觉纤维入脑后形成三叉神经脊束止于此核，传递痛、温和触觉。该核发出纤维行向对侧，参与组成三叉丘系，止于丘脑腹后内侧核。

⑦耳蜗神经核：耳蜗神经核分背侧核和腹侧核。背侧核位于小脑后脚背外侧面听结节内。腹侧核位于第8对脑神经腹侧耳蜗部与斜方体结合处。耳蜗神经核接受耳蜗神经纤维，发出的部分二级纤维行向腹侧形成斜方体。

⑧前庭神经核：前庭神经核位于延髓和脑桥背外侧、前庭内侧核隆起深部、三叉神经脊束及其核背内侧，分前庭后核、内侧核、外侧核和前核。前庭后核位于三叉神经脊束及其核的背内侧面、小脑后脚的内侧，内侧核和外侧核位于后核的紧前方，前核位于内侧核和外侧核的前背侧。前庭核接受前庭神经纤维，发出二级纤维组成前庭小脑束、前庭脊髓束和内侧纵束。

⑨面神经运动核：面神经运动核位于延髓和脑桥交界处被盖的腹外侧部，由此核发出的运动纤维行向背内侧，绕过外展神经运动核背侧，形成面神经膝，然后转向腹外侧于斜方体外侧端出脑，分布于面部表情肌。

⑩面神经副交感核：面神经副交感核位于网状结构外侧部，发出节前纤维参与中间神经的组成，分布于泪腺、鼻腺、腭腺和唾液腺。

⑪外展神经运动核：外展神经运动核位于延髓和脑桥交界处、第4脑室底面神经丘深部，由此核发出的运动纤维走向腹外侧，从锥体外侧出脑，分布于眼球缩肌和外直肌。作者用HRP法证实，支配山羊眼球退缩肌的运动神经元位于外展神经副核，后者位于斜方体背侧核的背外侧。

⑫三叉神经运动核：三叉神经运动核位于脑桥被盖的背外侧，在面神经运动核和斜方体背侧核的紧前方背侧，由此核发出的纤维走向前外侧出脑，组成三叉神经运动根，加入下颌神经分布于咀嚼肌。

⑬三叉神经感觉核：三叉神经感觉核有三叉神经脊束核、脑桥感觉核和中脑束核。三叉神经脑桥感觉核位于脑桥被盖背外侧、三叉神经运动核外侧，是传递面部触压觉的中继核，该核发出的二级纤维行向对侧，参与组成三叉丘系。三叉神经中脑束核位于第 4 脑室室周灰质和中脑水管周围中央灰质的外侧缘，内含大型单极细胞。此核可能传递咀嚼肌、表情肌和眼外肌的本体感觉。

⑭动眼神经运动核：动眼神经运动核位于前丘平面中央灰质的腹侧、内侧纵束的背内侧，分为几个亚核，发出纤维走向腹外侧，从脚间窝出脑，分布于眼外肌。

⑮动眼神经副交感核：动眼神经副交感核位于动眼神经运动核前部背内侧，由此核发出的节前纤维随动眼神经走行，节后纤维分布于睫状肌和瞳孔括约肌。

⑯滑车神经运动核：滑车神经运动核位于后丘平面中央灰质的腹侧、内侧纵束的背侧，发出纤维先绕中央灰质向外至三叉神经中脑束平面，再向后、向背内侧，在前髓帆内交叉至对侧，于后丘后外侧出脑，支配眼外肌。

依其功能特点，脑神经核可以简单地分为运动核和感觉核，也可细分为以下 7 种类型：

①一般躯体运动核：一般躯体运动核包括动眼神经核、滑车神经核、外展神经核和舌下神经核，发出运动纤维支配由肌节演化而来的横纹肌。

②特殊内脏运动核：特殊内脏运动核包括三叉神经运动核、面神经核和疑核，发出运动纤维支配由鳃弓肌演化而来的横纹肌，如咀嚼肌、表情肌和咽喉横纹肌。

③一般内脏运动核：一般内脏运动核包括动眼神经副交感核、面神经副交感核、舌咽神经副交感核和迷走神经副交感核，发出纤维支配内脏平滑肌、心肌和腺体。

④一般内脏感觉核：一般内脏感觉核为孤束核，接受来自内脏黏膜或血管壁等处的感觉纤维。

⑤特殊内脏感觉核：特殊内脏感觉核为孤束核前部，接受味觉纤维。

⑥一般躯体感觉核：一般躯体感觉核包括三叉神经中脑核、感觉主核和脊束核，接受来自头部皮肤和横纹肌的感觉纤维。

⑦特殊躯体感觉核：特殊躯体感觉核包括前庭核和耳蜗核，接受来自位听器官的感觉纤维。

脑神经核在脑干的排列，由中线向外侧依次为一般躯体运动核、特殊内脏运动核、一般内脏运动核、一般内脏感觉核、一般躯体感觉核和特殊躯体感觉核。特殊内脏感觉核与一般内脏感觉核同为一核柱。

（2）脑干的非脑神经核　脑干的非脑神经核是不与脑神经相连的脑干神经核。

①薄束核和内侧楔束核：薄束核和内侧楔束核分别位于薄束核和楔束核结节的浅部，接受薄束和楔束本体感觉纤维，发出二级纤维行向腹内侧，在中线左、右交叉后于锥体背侧前行，为内侧丘系，上行至丘脑外侧核。

②外侧楔束核：外侧楔束核位于内侧楔束核外侧，接受部分楔束的纤维，发出纤维至小脑。

③橄榄核：橄榄核在锥体交叉前方位于锥体背外侧，呈橄榄形。分主核、背侧和内侧副核。橄榄核接受大脑皮质、红核、纹状体等处来的纤维，发出纤维至小脑。

④脑桥核：脑桥核位于脑桥腹侧部，由散在于纵行和横行纤维束间的细胞集团组成，接受大脑皮质的纤维，发出横行纤维越过中线至对侧，形成小脑中脚走向背侧，进入小脑。

⑤斜方体背侧核：斜方体背侧核以前称为上橄榄核，位于脑桥被盖腹侧部，主核呈 S 形，接受双侧耳蜗背侧核二级纤维的侧支或终支，发出纤维参与组成双侧外侧丘系。

⑥斜方体腹侧核：斜方体腹侧核散在于斜方体纤维中，是斜方体纤维与外侧丘系纤维之间听觉通路的中脚站。

⑦蓝斑核：蓝斑核在第 4 脑室底前部位于蓝斑深部、臂旁核和三叉神经中脑核腹内侧，由含色素的细胞组成，是脑内最大的去甲肾上腺素能神经元群（A6），它与中枢神经各部几乎都有联系。作者曾用 HRP 法证明，它有纤维投射至猪的大脑皮质。该核可能与睡眠、脑电觉醒及运动、内脏和神经内分泌活动的调节有关。

⑧红核：红核属于锥体外系核团，位于动眼神经运动核与黑质之间中脑被盖中央，大而圆，分两部分。小细胞部较新，占据核的前部，发出中央被盖束至延髓；大细胞部较旧，占据核的中部和后部，发出红核脊髓束，很快交叉至对侧，称为被盖腹侧交叉，后行途中经过三叉神经和面神经运动核背外侧及三叉神经脊束核腹侧，最后进入脊髓外侧索，终止于脊髓灰质腹侧角。红核接受来自小脑、大脑皮质等处的传入纤维。

⑨黑质：黑质属于锥体外系核团，位于大脑脚脚底与被盖之间，分致密部和网状部，细胞内含黑色素颗粒。黑质接受纹状体和大脑皮质的纤维，发出纤维至纹状体和丘脑。

⑩脚间核：脚间核位于脚间窝背侧的中脑被盖中缝区，接受缰核来的纤维。

⑪被盖背侧核和腹侧核：被盖背侧核和腹侧核分别位于脑桥和中脑交界处内侧纵束的背侧和腹侧。

（3）脑干的白质　脑干的白质包括脑干自身各核团的联系纤维，大脑、小脑和脊髓间的联系纤维，脑干神经核与其他中枢部位神经元的联系纤维等，其构造非常复杂。此处仅简要介绍长的纤维束的主干，其中上行的传导束主要包括内侧丘系、脊髓丘系、三叉丘系和外侧丘系，下行传导束即锥体系。

①内侧丘系：内侧丘系位于脊髓后索、传导躯体和上下肢深感觉和精细触觉的薄束和楔束，进入延髓后终于薄束核和楔束核。薄束核和楔束核发出的纤维弯向腹内侧，称为弓状纤维。弓状纤维绕中央管至延髓腹侧，双侧纤维互相交叉至延髓中线对侧，形成内侧丘系后前行，最后终于丘脑腹后外侧核。

②脊髓丘系：脊髓丘系在脑干，延续于脊髓侧索、传导对侧躯干和四肢浅感觉的脊髓丘脑侧束，与传导双侧躯干和四肢粗略触觉的脊髓丘脑前束合在一起，向前终于丘脑腹后外侧核。

③三叉丘系：三叉丘系传导头面部的痛、温和粗略触觉三叉神经感觉纤维终于三叉神经脊束核和三叉神经脑桥核，后者发出的纤维交叉至对侧集合为三叉丘系前行，终于背侧丘脑腹后外侧核。

④外侧丘系：外侧丘系前庭蜗神经中传导听觉的纤维终于蜗神经核，后者发出的纤维大部分在脑桥腹侧交叉至对侧形成斜方体，然后在上橄榄核的背外侧转折向上，构成外侧

丘系，与对侧小部分不交叉的纤维合后者折向前行，经下丘终于内侧膝状体。

⑤锥体系：锥体系自大脑皮质发出的控制骨骼肌随意运动的锥体束在进入脑干后，一方面不断地分出相应纤维至有关脑神经躯体运动核，这一部分纤维统称为皮质核束；另一方面与四肢和躯干骨骼肌运动相关的纤维，下行至锥体，在锥体后部大部分纤维交叉至对侧形成皮质脊髓侧束，小部分不交叉的纤维为皮质脊髓束。皮质脊髓前、侧束进入脊髓后逐节段终于脊髓前角运动神经元。

（4）脑干的网状结构　脑干网状结构是指在脑干内除界限清楚、功能明确的神经细胞核团和神经纤维束外，尚有纵横交错的神经纤维交织成网，网眼内散布着大小不等的神经细胞体群。其结构占据脑干的广泛范围，如在脑干被盖部横断面，它占据内侧2/3和外侧1/3。脑干网状结构极其复杂，在脑干网状结构内散在分布着40余个细胞核团，其纤维与大脑、小脑、间脑、脊髓以及脑干神经核的神经元均有密切联系并，借助上述各联系纤维束执行其复杂的神经功能，包括觉醒与睡眠的调节、肌肉张力调节、呼吸调节、呕吐和心血管反射等。

二、小脑

小脑位于延髓和脑桥的背侧，参与构成第4脑室的顶壁。小脑通过3对小脑脚与脊髓和其他脑部联系，其功能是维持身体平衡、调节肌紧张和协调肌肉运动。

1. 小脑的形态和分部

小脑略呈球形，表面有两条近乎平行的纵沟，将小脑分为中间的蚓部和两侧的小脑半球；表面有许多横沟，将小脑分成许多叶片，有少数横沟较深，称为裂，将小脑分成若干小叶。蚓部从前到后顺次分为小脑小舌、中央小叶、山顶、山坡、蚓小叶、蚓结节、蚓锥体、蚓垂和小结。小脑根据功能和纤维联系分为三叶，即绒球小结叶、前叶和后叶。前叶和后叶合称小脑体，两者以原裂为界。绒球小结叶与小脑体以蚓锥小结裂（以前称为后外侧裂）为界。

小脑按发生分为古小脑、旧小脑和新小脑。古小脑即绒球小结叶，接受来自前庭神经和前庭神经核来的纤维，又称为前庭小脑，与维持平衡有关。旧小脑包括前叶蚓部及后叶的蚓锥体和蚓垂，主要接受脊髓小脑束的纤维，又称为脊髓小脑，与调节肌紧张有关。新小脑为剩余小脑部分，主要接受经脑桥核中继而来的大脑皮质纤维，又称为脑桥小脑，与精细随意运动的调节有关。

2. 小脑内部结构

小脑的表层为灰质，称为小脑皮质，深部为白质，白质呈树枝状伸入小脑各叶片，称为小脑活树。白质内存在灰质团块，为小脑核。小脑皮质由分子层、梨状神经元层和颗粒层组成。小脑核有三对，顶核位于第4脑室顶背侧、正中线两旁，发出纤维止于前庭神经核和脑干网状结构；小脑间位核位于顶核外侧，有内侧间位核（球状核）和外侧间位核（栓状核）；小脑外侧核（齿状核）位于最外侧。小脑间位核和外侧核发出的纤维经小脑前脚进入脑干，交叉之后，前行纤维止于红核、丘脑和苍白球；后行纤维止于延髓等处。小脑的白质主要由皮质核束和经三对小脑脚出入的传入传出纤维组成。小脑前脚（结合臂）主要由间位核和外侧核发出投射至红核和丘脑的传出纤维组成，也含少量传入纤维，如脊髓小脑腹侧束。小脑中脚（脑桥臂）由脑桥小脑束组成。小脑后脚（绳状体）主要由来自脊髓和延髓的传入纤维组成,如脊髓小脑背侧束、楔小脑束、橄榄小脑束、前庭小脑束、网状小脑束,也含少量传出纤维,如小脑投射到前庭核和网状结构的纤维。

三、间脑

间脑位于中脑和端脑之间。由于端脑的左、右大脑半球高度发育和扩展,间脑背面和侧面被两大脑半球遮盖,仅腹侧面的一些结构,如视交叉、灰结节、脑垂体和乳头体暴露于脑腹侧面。

1. 间脑的外形

间脑一般被分成丘脑、丘脑后部、丘脑上部、丘脑下部和丘脑底部五个部分。两侧丘脑和丘脑下部相互接合,中间夹一矢状腔隙称为第3脑室。第3脑室经其两侧的室间孔与侧脑室相通,向下通过脑导水管与第4脑室相通。

(1) 丘脑 丘脑位于间脑背侧,由一对卵圆形的灰质团块组成,内侧面形成第3脑室侧壁的背侧部,有灰质连接两侧丘脑,称为丘脑间黏合。丘脑间黏合下方有一不太明显的浅沟,为丘脑下沟,是丘脑与丘脑下部之间的分界线。背侧面游离,前端有不太明显的丘脑前结节,内隐丘脑前核群。外侧面与纹状体和内囊相连,丘脑与尾状核之间有一浅沟,称为终沟,沟内有终纹。丘脑腹外侧与丘脑底部相连。

(2) 丘脑后部 丘脑后部由内侧膝状体和外侧膝状体组成,即丘脑后端背外侧的两个小隆起。内侧膝状体较小,位于后方,借后丘臂与后丘相连,为听觉皮质下中枢。外侧膝状体较大,位于前方,借前丘臂与前丘相连,是视觉的皮质下中枢。

(3) 丘脑上部 丘脑上部是间脑后背侧的正中部,由丘脑缰纹、缰、缰连合和松果体组成。丘脑缰纹是位于丘脑背侧面与内侧面交界处丘脑带深部的纤维束,向后止于缰。缰深部有缰核,两侧缰之间有缰连合相连。松果体是一个锥形小体,位于前丘前方的正中线上,借松果体柄连于第3脑室顶后部。

(4) 丘脑下部 丘脑下部位于丘脑腹侧,内侧面形成第3脑室侧壁的腹侧部,外侧面邻接丘脑底部和大脑脚,腹侧面外露于脑腹侧面,前方可见两视神经联合成视交叉,向后延续为视束;视交叉后方为灰结节,脑垂体借漏斗与之相连;灰结节后方的圆形隆起为乳头体。

(5) 丘脑底部 丘脑底部位于大脑脚背内侧、丘脑下部外侧和丘脑腹外侧,从外表观察不到。

2. 间脑的内部结构

(1) 丘脑 丘脑表面覆盖一薄层白质称带状层,伸入丘脑内部形成Y字形内髓板,它将丘脑分成前核群、内侧核群和外侧核群。前核群位于丘脑前结节的深部,分为前背侧核、前内侧核和前腹侧核,接受乳头丘脑束纤维,投射至大脑半球扣带回,其功能与内脏活动有关。内侧核群位于内髓板内侧,为丘脑背内侧核,此核联系广泛,可能是联合躯体和内脏冲动的整合中枢。有人将背内侧核和前核群划归为与大脑边缘系统关系密切的丘脑核。外侧核群位于内髓板外侧,分背侧组和腹侧组。背侧组由前向后为背外侧核、后外侧核和枕核,属于丘脑联络核。腹侧组由前向后分为腹前核、腹外侧核和腹后核。有人将腹前核和腹外侧核划归为与运动关系密切的丘脑核,它们接受小脑、纹状体等的纤维,投射至运动皮质。腹后核分内侧部和外侧部,内侧部接受三叉丘系纤维,外侧部接受脊髓丘脑束和内侧丘系纤维，两部均投射到顶叶（中央后回）。外侧核群外侧的薄层白质为外髓板，后者外侧的灰质为丘脑网状核。位于内髓板内的灰质称为板内核，有中央内侧核、旁中央核、中央外侧核、丘脑中央核和束旁核。位于第3脑室背侧半室周灰质和中间块内的灰质核团称为中线核。板内核、中线核和网状核属于非特异性丘脑核。

（2）丘脑后部　内侧膝状体由内侧膝状体核组成，接受来自后丘的纤维，发出纤维终止于大脑皮质颞叶（薛氏回）。外侧膝状体由外侧膝状体核组成，接受来自视束的纤维，发出纤维终止于大脑皮质枕叶。

（3）丘脑上部　丘脑缰纹是起源于隔区、视前区、杏仁核等部位的纤维束，在丘脑带深方向后行终止于对侧缰核，部分纤维经缰连合止于对侧缰核。缰核位于缰内，分内侧缰核和外侧缰核，发出纤维组成后屈束终止于脚间核等。

（4）丘脑下部　丘脑下部由前向后分为视前区、前区、中间区（结节区）和后区。此外，以穹隆为界将丘脑下部分为内侧区和外侧区。在视前区和丘脑下部前区，主要有室周核、视前核、下丘脑前核、视交叉上核、视上核和室旁核。视交叉上核位于视交叉背侧，接受直接来自视网膜的纤维，可能参与调节内分泌的昼夜节律。视上核位于视束前部的背侧，室旁核位于第3脑室侧壁，居于乳头丘脑束和穹隆之间。视上核与室旁核以大细胞为主，是丘脑下部的大细胞神经分泌系统，分泌催产素（OT）和加压素（VP），发出纤维组成视上垂体束和室旁垂体束，经漏斗柄终止于垂体后叶。丘脑下部中间区包括丘脑下部背内侧核、腹内侧核、漏斗核和丘脑下部外侧区等结构。丘脑下部背内侧核位于室旁核腹侧，边界不清。丘脑下部腹内侧核较大，位于背内侧核腹侧，内有饱食中枢。漏斗核又名弓状核，位于第3脑室底腹外侧、背内侧核腹内侧，发出纤维参与组成结节垂体束。丘脑下部外侧区位于穹隆外侧，内有端脑内侧束通过，含有结节核和摄食中枢。丘脑下部后区包括丘脑下部背侧区、后背侧区、乳头体前核和乳头体核等结构。乳头体核分乳头体内侧核和外侧核，接受穹隆纤维，发出乳头丘脑束终止于丘脑前核。丘脑下部结构复杂，联系广泛，主要通过端脑内侧束、穹隆、终纹、乳头脚、背侧纵束、乳头被盖束、乳头丘脑束等与前脑和脑干联系，通过视上垂体束、室旁垂体束和结节垂体束调节垂体的内分泌活动。丘脑下部是一个植物性神经皮质下中枢，是边缘系统的重要组成部分，管理内脏活动，如参与情绪反应，调节摄食、水平衡、体温和内分泌活动，影响睡眠、觉醒和生物钟。

（5）丘脑底部　丘脑底部由未定带、丘脑底核、脚内核和豆状袢等结构组成。丘脑底核位于大脑脚背内侧，与苍白球有联系。

（6）第3脑室　第3脑室是间脑内围绕丘脑间粘合的矢状环行腔隙，后连中脑水管，前方经室间孔与侧脑室相通。顶壁为第3脑室脉络丛，在室间孔与侧脑室脉络丛相连。前部的上1/3为前连合和穹隆，下2/3为灰质终板。室腔突入视交叉前方形成视隐窝，伸入漏斗形成神经垂体隐窝（漏斗隐窝），在后连合上方突入松果体形成松果体隐窝。

四、端脑

端脑又称大脑，由左、右大脑半球组成，大脑纵裂将两大脑半球分开，裂底有巨大横行纤维束胼胝体连接两侧大脑半球；大脑横裂将大脑半球与小脑分开。大脑半球表面为灰质，称为大脑皮质，皮质深方为白质，白质内藏灰质团块纹状体。每一大脑半球由新皮质和嗅脑组成，分凸面（背外侧面）、内侧面和底面，新皮质位于背外侧面和部分内侧面，嗅脑位于底面。半球内的腔隙称为侧脑室。

1. 新皮质

（1）新皮质的外形　新皮质占整个大脑皮质的绝大部分，主要位于大脑半球的凸面，在外侧面下缘以嗅脑外侧沟与嗅脑分开，在内侧面上部以胼压沟与扣带回分开。新皮质表面凹凸不平，布满深浅不等的沟，这些沟称为脑沟，脑沟间的隆凸称为脑回。大脑半球表面在胚胎时期是平滑的，以后由于表面皮质各部发展不平衡而出现了脑沟和脑回。大脑半球前端称为前极（额极），后端称为后极（枕极）。

大脑半球凸面的脑沟主要有：

①嗅脑外侧沟：嗅脑外侧沟位于背外侧面与底面交界处，分为前部和后部，将嗅脑与新皮质分开。

②薛氏裂：薛氏裂又称大脑外侧裂，位于大脑半球外侧面，起自嗅脑外侧沟中部，在牛、马中分为三支。

③外薛氏沟：外薛氏沟位于薛氏沟周围，马有前、后两支，牛仅有一支，牛的与嗅脑外侧沟后部平行。

④上薛氏沟：上薛氏沟是背侧面最深和最显著的脑沟，位于外薛氏沟背侧，起始于背外侧面前、中1/3交界处，向前接对角沟，分为前、中、后三部分，后部常作为颞叶与顶叶的分界线。

⑤冠状沟：冠状沟位于背侧面前部，约与大脑纵裂平行，其后端常接袢状沟。

⑥袢状沟：袢状沟位于背侧面中部，由内侧面延伸至背侧面，其前端常与冠状沟相连。

⑦十字沟（中央沟）：十字沟位于袢状沟前方，由内侧面斜向伸向前外侧。

⑧缘沟（矢状沟）：缘沟位于背侧面后部，是一条纵沟，与上薛氏沟后部平行。

大脑半球凸面的脑回主要有：

①薛氏回：薛氏回位于薛氏沟周围。

②外薛氏回：外薛氏回位于外薛氏沟与上薛氏沟之间。

③十字前回和十字后回：十字前回和十字后回又称为中央前回和中央后回，分别位于十字沟前方和后方。

④外缘回：外缘回位于缘沟与上薛氏沟中、后部之间。

⑤缘回：缘回位于缘沟内侧。

⑥脑岛：脑岛位于薛氏沟前方、薛氏前回与嗅脑外侧沟之间。

大脑半球内侧面的脑沟和脑回主要有：

①胼胝体沟：胼胝体沟是围绕胼胝体背侧缘的细沟。

②压沟：压沟是位于大脑半球背侧缘与胼胝体中间的长深沟。

③扣带回：扣带回位于压沟与胼胝体沟之间。

（2）新皮质的内部结构

①皮质：典型的新皮质由6层组成，由外向内依次为分子层、外颗粒层、外锥体层、内颗粒层、内锥体层和多形层。新皮质分为额叶皮质、顶叶皮质、颞叶皮质和枕叶皮质。此外，有人把大脑皮质（包括古皮质和旧皮质）分为许多区和V型。皮质各部的结构不

同，其功能也各不相同，因而在皮质上形成了完成某种功能的中枢，如运动中枢、感觉中枢、听觉中枢、视觉中枢等，但这种功能定位的概念完全是相对的，这种中枢只不过是执行这种功能的核心部位而已。一般，运动区位于十字前回，感觉区位于十字后回和冠状回，听觉区位于薛氏回，视觉区位于外缘回。

②白质：白质由神经纤维组成，分为联络纤维、联合纤维和投射纤维三种。

联络纤维：联络纤维是连接同侧大脑半球不同脑回和各叶之间的纤维，分为短纤维和长纤维。短纤维连接相邻的脑回，呈U形，称为弓状纤维。长纤维连接相距较远的脑部，主要有扣带、上纵束、下纵束和钩束。

联合纤维：联合纤维是连接两侧大脑半球的纤维，包括胼胝体、前连合和海马连合。胼胝体是位于大脑纵裂底部的宽厚纤维板，其后端为胼胝体压部，中间为胼胝体干，前端弯曲为胼胝体膝，再向后下方延续为胼胝体嘴。胼胝体主要连接双侧大脑半球相对应的区域。前连合是位于穹隆前方、灰质终板上端的联合纤维，分为前、后两部。

投射纤维：投射纤维是大脑皮质和皮质下中枢的联系纤维，含上行纤维（如丘脑皮质投射）和下行纤维（如锥体束）。投射纤维主要经过内囊。内囊是宽厚的白质纤维带，位于丘脑、尾状核与豆状核之间，分为前部（额部）、膝和后部（枕部），前部位于尾状核头与豆状核之间，后部位于尾状核尾、丘脑与豆状核之间，膝位于尾状核与丘脑结合处。

③纹状体：纹状体是位于大脑半球基底部的灰质团块，为皮质下的运动调节中枢，属于锥体外系，包括尾状核、豆状核等结构。尾状核呈弓形，分为尾状核头、体和尾。尾状核头大，构成侧脑室底的前部，向后逐渐变细为体，尾状核尾小，在马中可达平外侧膝状体中部平面。尾状核与丘脑之间有终纹相隔，与豆状核之间以内囊相隔。伏隔核位于尾状核腹内侧，有前连合穿过。它可能是尾状核的腹内侧延伸部分。豆状核近似双凸透镜，位于内囊腹外侧，分两部分，背外侧部为壳，腹内侧部称为苍白球，细胞排列较疏。尾状核前部与壳之间有内囊纤维相隔，纤维间保留有灰质，因而使这部分灰质核团在外观上呈纹理状，故名为纹状体。尾状核和壳在发生上较新，称为新纹状体；苍白球在发生上较早，称为旧纹状体。屏状核是位于脑岛与豆状核之间的灰质，以外囊与豆状核分开，以最外囊与脑岛相隔。

2. 嗅脑

嗅脑位于大脑半球的底面，分为底部、隔部和边缘部。

（1）嗅脑底部　嗅脑底部包括嗅球、嗅脚和梨状叶。嗅球呈卵圆形，位于大脑半球的最前方，有嗅神经与其相连。嗅球后面与嗅脚相连。嗅脚沿大脑半球底面向后延伸，在后方分成内侧嗅束和外侧嗅束。两嗅束之间的三角形区域称为梨状叶前部，以前称为嗅三角。其前部稍隆凸称为嗅结节，其后部有血管穿通，称为前穿质。外侧嗅束向后连接梨状叶后部，其表面的灰质称为外侧嗅回。嗅脑外侧沟位于外侧嗅束外侧，将嗅脑与新皮质分开。内侧嗅束向后伸至大脑半球内侧面连接隔区，其内侧有嗅脑内侧沟。梨状叶后部以前称为梨状叶，是大脑脚和视束外侧的梨状隆起，其前端内侧有突出的海马结节，深方隐藏杏仁体。梨状叶后部内有空腔，为侧脑室后角。梨状叶表面的灰质为海马旁回，以前称为海马回。梨状叶属于旧皮质。杏仁体由皮质内侧核群（内侧杏仁核、皮质杏仁核、外侧嗅束核、中央核）和基底外侧核群（基底杏仁核和外侧杏仁核）组成，杏仁核主要通过终纹与连合前区等联系。

（2）嗅脑隔部 嗅脑隔部包括胼胝体下区（旁嗅区）和终板旁回（胼胝体下回），位于大脑半球内侧面、终板和前连合前方。隔区内的皮质下核有内侧隔核和外侧隔核。对角回是梨状叶前部后缘邻近视束处外观光滑的斜带，斜角带与内侧嗅束终止于隔区。端脑隔以前称为透明隔，位于穹隆体与胼胝体之间的中线上，构成侧脑室的内侧壁，由左、右隔板组成，大部分动物左、右隔板在中线愈合，有些动物的左、右隔板间有腔隙，称为端脑隔腔。

（3）嗅脑边缘部 嗅脑边缘部为古皮质，主要由海马、齿状回、束状回和胼胝体上回组成。海马呈 C 形，从梨状叶的海马结节起由后向前内侧沿侧脑室底延伸，在前方正中与对侧海马相接。海马构成侧脑室底的后部，其表面被覆薄层纤维，称为室床，室床纤维沿海马外侧缘聚集形成海马伞。海马伞的纤维走向前内侧延续为穹隆脚，左、右穹隆脚在前方相连形成穹隆体，两脚间有联合纤维相连称为穹隆连合。穹隆体在前连合背侧、室间孔前腹侧 1/3 平面分开形成两个穹隆柱，向腹侧止于乳头体。穹隆下器官位于穹隆体腹侧。海马由分子层、锥体细胞层和多形层组成。海马接受来自次级嗅皮质、连合前区和对侧海马等处的纤维，发出纤维组成穹隆，主要止于乳头体，也有纤维至中脑被盖、连合前区、视前区。齿状回位于海马的内侧，借海马沟与旁海马回分开，其表面有横沟而得名，在胼胝体压部下方延续为束状回，束状回连接胼胝体上回。胼胝体上回是位于胼胝体背侧面的薄层灰质，又称为灰被，内含一对细纤维束，分别称内侧纵纹和外侧纵纹。齿状回由分子层、颗粒层和多形层组成。

（4）边缘系统 边缘系统扣带回、海马旁回、海马结构、隔区和梨状叶等结构形成相对恒定的弯曲脑回环行在脑干周围，称为边缘叶。边缘叶和附近结构相似的皮质（如脑岛），以及皮质结构（包括杏仁核、隔核、丘脑下部、丘脑上部 1 丘脑前核以及中脑被盖内侧区等），借十分密切的纤维联系构成了一个统一的功能系统，其功能主要与情绪活动、内脏活动和记忆有关，称为边缘系统。

第二节 脑　神　经

脑神经是与脑相连的周围神经，共有 12 对。其中，嗅神经、视神经和前庭耳蜗神经，仅由感觉神经纤维组成，为感觉神经；动眼神经、滑车神经、外展神经、副神经和舌下神经，仅由运动神经纤维组成，为运动神经；三叉神经、面神经、舌咽神经和迷走神经含感觉神经纤维和运动神经纤维，为混合神经。此外，在动眼神经、面神经、舌咽神经和迷走神经中含有副交感节前纤维。有人研究发现，上述归类可能并不恰当，如有人认为舌下神经中含感觉纤维。在含感觉纤维的脑神经根上有脑神经节，如三叉神经节、膝神经节、螺旋神经节、前庭神经节、舌咽神经和迷走神经的近神经节和远神经节。此外，头部还有睫状神经节、蝶腭神经节、下颌神经节和耳神经节 4 对副交感神经节，位于一些脑神经及其分支上（图 12-4）。

一、嗅神经

嗅神经为感觉神经，内含特殊内脏传入纤维，传导嗅觉，由鼻腔嗅黏膜中嗅细胞的轴

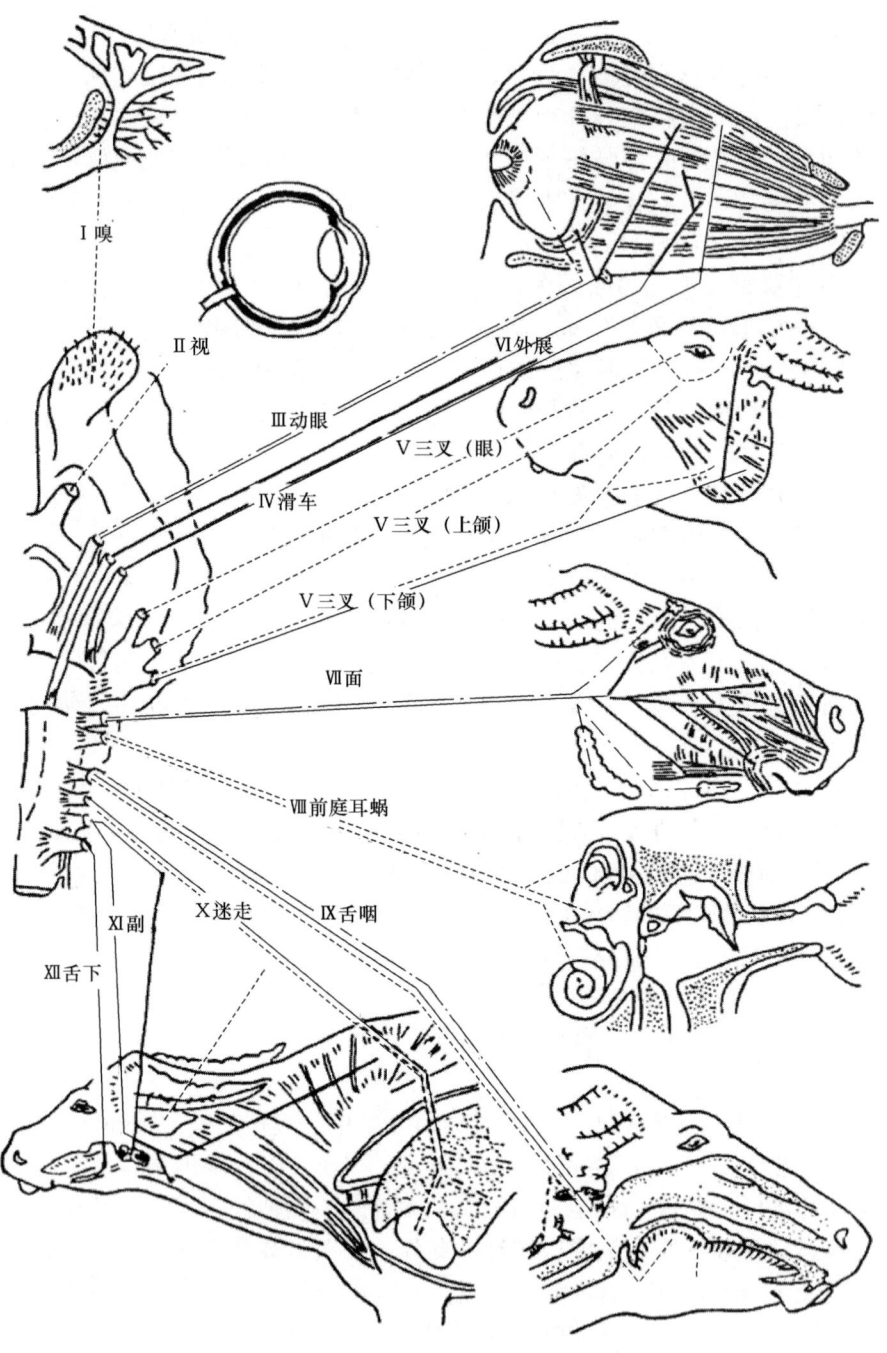

图 12-4 脑神经分布示意
------ 感觉纤维 ——— 运动纤维 -·-·- 副交感纤维

突集合成嗅丝,向前穿过筛孔进入颅腔,止于嗅球。

终神经起于鼻中隔后部,穿过筛板进入颅腔,连接嗅束内侧的脑区。其颅内段上有终神经节。

犁鼻神经起于犁鼻器背侧面,穿过筛板进入颅腔,连接副嗅球。

二、视神经

视神经为感觉神经,内含特殊躯体感觉纤维,传导视觉,由眼球视网膜神经节细胞的轴突组成,经视神经孔进入颅腔,两侧视神经在丘脑下部前腹侧吻合成视交叉,来自视网膜鼻侧的感觉纤维交叉到对侧,与对侧眼视网膜颞侧的感觉纤维共同组成视束,止于外侧膝状体。

三、动眼神经

动眼神经为眼肌运动神经,内含一般躯体运动纤维和一般内脏运动纤维,分别起始于动眼神经运动核(支配眼肌)和副交感核(支配瞳孔括约肌和睫状肌)。动眼神经从脚间窝出脑,经眶圆孔(牛)或眶孔(马)出颅腔,分为背侧支和腹侧支。背侧支分布于眼球上直肌和上睑提肌。腹侧支较长,分支分布于眼球内直肌、下直肌和下斜肌。睫状神经节位于腹侧支上,起始于动眼神经副交感核的节前纤维在此神经节内换元,节后纤维组成睫状短神经,支配瞳孔括约肌和睫状肌。

四、滑车神经

滑车神经是最细小的脑神经,为眼肌运动神经,内含一般躯体运动纤维,起始于滑车神经运动核,从前髓帆前缀出脑,经眶圆孔(牛)或眶孔(马)出颅腔,支配眼球上斜肌。

五、三叉神经

三叉神经是最大的脑神经,为混合神经,内含一般躯体感觉纤维和特殊内脏运动纤维,前者组成大的感觉根,上有三叉神经节,感觉神经元的中枢突止于三叉神经脑桥感觉核和三叉神经脊束核,周围突组成眼神经、上颌神经和下颌神经;后者起始于三叉神经运动核,组成小的运动根,加入下颌神经,分布于咀嚼肌。

1. 眼神经

眼神经为感觉神经,经眶圆孔(牛)或眶孔(马)出颅腔,分为泪腺神经、额神经和鼻睫神经。

(1) 泪腺神经　泪腺神经分布于泪腺和上眼睑。另有分支(颧颞支)分布于颞部皮肤,并分出角神经分布于角基部,临床上做断角手术时常封闭此神经。

(2) 额神经　额神经牛的额神经从眶上突前方伸延至上眼睑和额部皮肤,马的穿过眶上孔称为眶上神经,分布于上眼睑和额部皮肤。额神经分出额窦神经,穿过眶内侧壁分布于额窦黏膜。

(3) 鼻睫神经　鼻睫神经牛的在眼球内直肌与上斜肌之间分为筛神经和滑车下神经。筛神经经筛孔入颅腔,再穿过筛板至鼻腔,分布于鼻中隔和上鼻甲。滑车下神经伸至内眼角,分布于上眼睑、额部皮肤、第三眼睑、结膜、泪阜等。鼻睫神经还分出睫状长神经分布于眼球壁,分出交通支连睫状神经节。眼神经还供给眼上直肌、内直肌、上斜肌和眼球退缩肌本体感觉神经。

2. 上颌神经

上颌神经为感觉神经，经眶圆孔（牛）或圆孔（马）出颅腔，在翼腭窝中分为数支。

（1）颧神经　颧神经分出颧颞支（见泪腺神经）和颧面支。颧面支伸至外眼角，分支分布于下眼睑及其附近的皮肤。

（2）翼腭神经　翼腭神经曾称为蝶腭神经，其上有分散的翼腭神经节，分为三支。鼻后神经经蝶腭孔入鼻腔，分布于鼻中隔、下鼻甲、筛鼻甲和鼻腔底壁黏膜；腭大神经经腭管分布于硬腭和齿龈黏膜；腭小神经分布于软腭；眶下神经为上颌神经的延续，经上颌孔入眶下管，在管内分支分布于上颌齿，出眶下孔后分为三支。鼻外支分布于鼻背部皮肤，鼻内支分布于鼻前庭黏膜、上唇和鼻孔，上唇支分布于上唇。

3. 下颌神经

下颌神经为混合神经，经卵圆孔（牛）或破裂孔（马）出颅腔，分为数支。下颌神经上有耳神经节。

（1）咀嚼肌神经　咀嚼肌神经、颊神经和翼外侧肌神经同起一总干，沿颞下颌关节的前方向外侧伸延，分出颞深神经伸向背侧至颞肌，主干经下颌切迹走出称为咬肌神经，分布于咬肌。

（2）颊神经　颊神经最粗，穿过翼外侧肌至其外侧，途中有分支至颞肌，主干向前伸至颊部，分支分布于颊腺、颊黏膜和腮腺。牛的腮腺支沿腮腺管至腮腺。

（3）翼外侧肌神经　翼外侧肌神经从内侧面入翼外侧肌。

（4）翼内侧肌神经　翼内侧肌神经从后缘入翼内侧肌。

（5）耳颞神经　耳颞神经向外后方绕过下颌支的后缘，在腮腺深面分为两支。面横支在咬肌外侧面前行与面神经的上颊支相连，分布于咬肌部和颊部皮肤。耳前神经在腮腺内与耳睑神经相连。

（6）舌神经　舌神经与下齿槽神经同起一总干，在翼内侧肌的外侧面走向腹侧，接受来自面神经的鼓索，此后在下颌舌骨肌与舌骨舌肌之间向前腹侧走行，分出舌底神经分布于口腔底，舌支分布于舌前 2/3。

（7）下齿槽神经　下齿槽神经为下颌神经终支的后支，在翼内侧肌与下颌骨之间向腹侧走行，经下颌孔入下颌管，在管内分出后、中、前下齿槽支分布于下颌齿，主干出颏孔为颏神经，分布于颏部及其附近的皮肤。下齿槽神经在入下颌孔前分出下颌舌骨肌神经，分布于二腹肌前腹、下颌舌骨肌及下颌间隙前部的皮肤。

六、外展神经

外展神经为眼睑运动神经，内含一般躯体传出纤维，起始于外展神经运动核，从锥体前端两侧出脑，经眶圆孔（牛）或眶孔（马）出颅腔，分为两支，分布于眼球外直肌和眼球退缩肌。

七、面神经

面神经为混合神经，内含 4 种纤维成分。特殊内脏运动纤维起始于面神经核，支配表情肌；一般内脏运动纤维起始于面神经副交感核，支配颌下限、舌下腺和泪腺等；特殊和一般内脏传入神经元胞体位于膝神经节，中枢突止于孤束核，周围突分布于舌前 2/3 味蕾；一般躯体感觉纤维神经元胞体位于膝神经节，中枢突止于三叉神经脊束核，周围突分布至外耳道等处的皮肤（经迷走神经）。其中的一般内脏运动纤维、特殊和一般内脏感觉纤维及一般躯体感觉纤维组成中间神经。

面神经从斜方体外侧端出脑，经内耳道入面神经管，再经茎乳突孔出颞骨岩部。在面神经管内，面神经上有膝神经节，由此分出岩大神经和鼓索。岩大神经（含副交感神经纤维和感觉神经纤维）经骨小管出颞骨岩部，与岩深神经（含交感神经纤维）组成翼管神经，经翼管至翼腭窝，连入翼腭神经节。鼓索含感觉神经纤维和副交感神经纤维，经骨质小管，横越鼓室，出岩鼓裂，经上颌动脉和下颌神经深方连入舌神经。感觉纤维来自舌前 2/3 的味蕾，副交感纤维至下颌神经节。

面神经出面神经管后有以下分支：耳内支分布于耳内面皮肤；耳后神经分布于耳肌；二腹肌支分布于二腹肌后腹；耳睑神经沿颞浅静脉走向背侧，分为 2 支，耳前支支配耳前肌，颧支伸向外眼角，支配眼轮匝肌、额肌等；颊支为面神经的终支，分为 2 支，颊背侧支粗大，穿出腮腺沿咬肌表面向前延伸，耳颞神经有面横支与其相连；颊腹侧支沿咬肌腹侧缘向前延伸；颊支分布于颊、唇和鼻部的肌肉（图 12-5、图 12-6）。

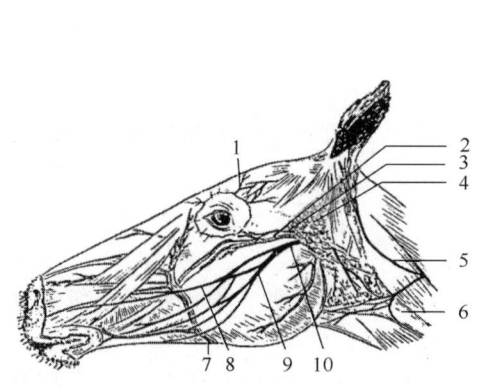

图 12-5 马头部浅层神经示意图
1—额神经 2—面横动脉 3—腮腺
4—颞浅神经 5—第 2 颈神经 6—颈静脉
7—面动脉 8—颊背侧支 9—颊腹侧支 10—面神经

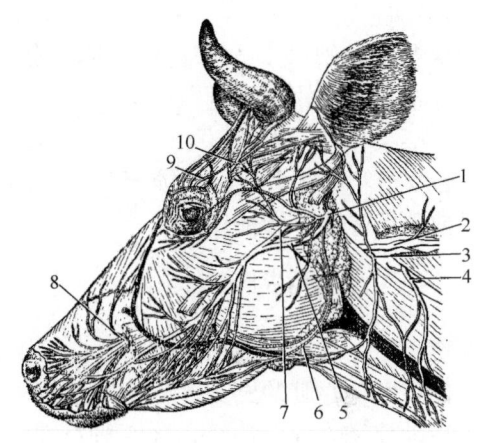

图 12-6 牛头部浅层的神经
1—面神经 2—副神经 3—第 2 颈神经
4—第 3 颈神经 5—颊背侧支 6—颊腹侧支
7—耳颞神经 8—眶下神经 9—额神经 10—角神经

八、前庭耳蜗神经

前庭耳蜗神经在面神经根外侧与延髓相连，为感觉神经，内含特殊躯体感觉纤维，分前庭神经和耳蜗神经。前庭神经上有前庭神经节（位于内耳道底），内含双极神经元，其周围突分布于半规管的壶腹嵴、椭圆囊斑和球囊斑，中枢突入脑止于前庭神经核和小脑，司平衡觉。耳蜗神经上有螺旋神经节（位于蜗轴内），内含双极神经元，其周围突分布于螺旋器（科蒂氏器），中枢突入脑止于耳蜗神经核，司理听觉。

九、舌咽神经

舌咽神经从延髓外侧面出脑，与迷走神经和副神经一起经颈静脉孔（牛）或破裂孔

（马）出颅腔，沿鼓泡内面走向腹侧。舌咽神经上有 2 个神经节，近（颈静脉）神经节位于破裂孔内，远（岩）神经节位于鼓泡内侧壁上。

舌咽神经为混合神经，内含 4 种纤维成分，特殊内脏运动纤维起始于疑核，支配茎突咽后肌；一般内脏运动纤维起始于舌咽神经副交感核，支配腮腺；特殊和一般内脏传入纤维神经元胞体位于远神经节内，周围突分布至舌后部味蕾、颈动脉窦、颈动脉体、咽和舌后部黏膜，中枢突入脑止于孤束核；一般躯体感觉纤维神经元胞体位于近神经节内，周围突分布至内耳道皮肤。

舌咽神经有以下分支。

1. 鼓室神经

鼓室神经起始于远神经节，走向背侧经颞骨岩部与鼓部之间的骨小管入鼓室，与来自颈内动脉丛的颈动脉鼓室神经组成鼓室丛，由该丛发出岩小神经，伴骨膜张肌神经延伸入耳神经节。鼓室神经提供副交感纤维至腮腺和感觉纤维至中耳。

2. 颈动脉窦支

颈动脉窦支分布于颈动脉窦。

3. 咽支

咽支有 1～2 支，与来自喉前神经咽支和颈前神经节的纤维组成神经丛，由该丛发出纤维分布于咽和软腭的肌肉和黏膜。

4. 舌支

舌支沿茎突舌骨后缘向前至舌根，分布于舌后 1/3。牛和绵羊的舌咽神经在延续为舌支之前干上有咽外侧神经节。

十、迷走神经

迷走神经是行程最长、分布最广的脑神经。迷走神经支配呼吸、消化两个系统的绝大部分器官以及心脏的感觉、运动以及腺体的分泌。

迷走神经为混合神经，含 4 种纤维成分，特殊内脏运动纤维起始于疑核，支配咽喉肌；一般内脏运动纤维起始于迷走神经副交感核，支配心肌、颈部和胸腹腔内脏器官平滑肌和腺体；一般躯体感觉纤维神经元胞体位于近（颈静脉）神经节，其周围突经迷走神经耳支分布于外耳后面和外耳道的皮肤，中枢突入脑止于三叉神经脊束核；一般内脏感觉纤维神经元胞体位于远（结状）神经节，其周围突分布于会厌部的味蕾及咽喉、颈部和胸腹腔内脏器官的黏膜，中枢突入脑止于孤束核。

迷走神经在延脑侧方和脑相连，由经颈静脉孔（牛）或破裂孔（马）出颅腔。迷走神经先和舌咽神经及副神经在一起后行，在头长肌下面颈枕动脉处，遇到交感神经的颈前神经节以后，即与颈部交感干伴行，两者借结缔组织疏松地相互联系，形成迷走交感干。在颈前部，迷走神经、颈部交感干及颈总动脉在一起，位于咽上方、食管侧方；在颈中部，它们位于气管侧方；在颈后部，交感干走向背侧至椎神经节，迷走神经在食管左侧或气管右侧面入胸腔。

在胸部，左、右迷走神经的走行和位置各异。左侧迷走神经在左锁骨下动脉的下方入胸腔，后行到主动脉弓的左侧面，再后行到食管腹侧面，称为迷走神经腹侧干；右侧迷走神经在右锁骨下动脉和颈动脉总干之间入胸腔，在气管右侧面后上行到食管背侧面，称为迷走神经背侧干。左、右侧的迷走神经在主动脉弓后方、食管左右侧有多条吻合支连接。迷走神经腹、背侧干和食管在一起向后行走，沿途分支参加肺丛和食管丛，然后穿过膈的食管裂到腹腔，分支分布于胃前、后壁，其终支为腹腔支，参加腹腔丛。

迷走神经在颅、胸和腹部发出许多分支，下面介绍几个较重要的分支。

1. 颈部的分支

（1）喉上神经　喉上神经起自下神经节，在颈内动脉内侧下行，在舌骨大角处分内、外支。外植支配环甲肌。内支与喉上动脉一同穿甲状舌骨膜入喉，分布于声门裂以上的喉黏膜以及会厌、舌根等。

（2）颈心支　颈心支有上、下两支，下行入胸腔与交感神经一起构成心丛。上支有一支称为主动脉神经或减压神经，分布至主动脉弓壁内，感受压力和化学刺激。

2. 胸部的分支

（1）喉返神经　右喉返神经在右迷走神经经过右锁骨下动脉前方处发出，并勾绕此动脉，返回至颈部。左喉返神经在左迷走神经经过主动脉弓前方处发出，并绕主动脉弓下方，返回至颈部。在颈部，两侧的喉返神经均上行于气管与食管之间的沟内，至甲状腺侧叶深面、环甲关节后方进入喉内，称为喉下神经，分数支分布于喉。其运动纤维支配除环甲肌以外所有的喉肌，感觉纤维分布至声门裂以下的喉黏膜。喉返神经在行程中发出心支、支气管支和食管支，分别参加心丛、肺丛和食管丛。

（2）支气管支和食管支　支气管支和食管支是左、右迷走神经在胸部分出的一些小支，与交感神经的分支共同构成肺丛和食管丛，自丛发细支至气管、肺及食管，除支配平滑肌和腺体外，也传导脏器和胸膜的感觉。

3. 腹部的分支

（1）胃前支和肝支　胃前支在贲门附近发自迷走腹侧干。胃前支沿胃小弯向右，沿途发出4~6个小支，分布到胃前壁，其终支分布于幽门部前壁。肝支有1~3条，作为肝丛的一部分，随肝固有动脉分支分布于肝、胆囊等处。

（2）胃后支　胃后支在贲门附近发自迷走背侧干，沿胃小弯深部走行，沿途发支至胃后壁。终支分布于幽门窦及幽门管的后壁。

（3）腹腔支　腹腔支发自迷走神经背侧干，向右行，与交感神经一起构成腹腔丛，伴随腹腔干、肠系膜上动脉及肾动脉等分布于脾、小肠、盲肠、结肠、横结肠、肝、胰和肾等大部分腹腔脏器。

反刍动物的迷走神经背侧干转向贲门右侧，分出数个分支，主干延续为瘤胃背侧支。腹腔支穿过腹腔肠系膜前神经节，与交感神经一起伴随动脉分支分别于腹腔消化器官；瘤胃右支分布于瘤胃背囊和腹囊；瘤胃房支分布于瘤胃房；瘤胃前沟支、胃沟支、网胃后支、皱胃大弯支、瓣胃支和皱胃脏面支分别分布于胃沟、网胃、瓣胃和皱胃。迷走神经腹侧干在瘤胃左侧面发出交通支与背侧干相连，分布于前庭左侧面；分出瘤胃房支、网胃前支、幽门支、肝支、胃沟支、瓣胃支和皱胃壁面支，分布于瘤胃房、网胃膈面、胃沟、瓣胃和皱胃。

十一、副神经

副神经为运动神经，内含特殊内脏运动纤维，由颅根和脊髓根组成。颅根纤维起始于延髓疑核后部，从延髓外侧出脑。脊髓根纤维起始于颈髓腹角运动神经元，从脊神经背侧根与齿状韧带之间出脊髓汇成一神经干，向前延伸经枕骨大孔入颅腔。两根合并形成副神经，经颈静脉孔（牛）或破裂孔（马）出颅腔，分为两支，内支加入迷走神经，分布于喉肌；外支经枕动脉外侧、下颌腺深面向后延伸，越过第一颈神经腹侧支分为背侧支和腹侧支。背侧支在肩胛横突肌与锁枕肌之间延伸至斜方肌，分布于斜方肌；腹侧支分布于胸头肌和臂头肌。

十二、舌下神经

舌下神经为舌的运动神经，内含一般躯体运动纤维，起始于延髓舌下神经运动核，从锥体后端两侧出脑，经舌下神经孔出颅腔，经枕动脉内侧及颈总动脉外侧向前腹侧延伸，再经舌下肌外侧面与二腹肌内侧向前延伸，分布于舌骨肌和舌肌。

第十三章 植物性神经

在分布于内脏器官、血管和皮肤的平滑肌、心肌和腺体的内脏神经中，也包含感觉（传入）神经和运动（传出）神经。通常将内脏神经中的运动神经称为植物性神经，将植物性神经及其相关的神经中枢合称为植物性神经系，由于内脏器官、血管和皮肤的平滑肌、心肌和腺体的活动通常不能随意控制，故又名自主神经系统。根据神经信息传导路和功能特点，植物性神经分为交感神经和副交感神经。

植物性神经与躯体运动神经相比，在低级中枢、分布范围、形态结构和机能方面有许多不同之处。

1. 低级中枢

躯体运动神经的低级中枢位于脑干脑神经运动核和脊髓灰质腹侧角，而植物性神经的低级中枢位于脑神经副交感核及脊髓胸部、腰前部和荐部灰质中间外侧核。

2. 支配器官

躯体运动神经支配骨骼肌，而植物性神经支配平滑肌、心肌和腺体。

3. 从低级中枢到效应器所需神经元数目

躯体神经从低级中枢到周围效应器只需一个神经元。而植物性神经从低级中枢到效应器则需两个神经元，第一个神经元称为节前神经元，其胞体位于脑干和脊髓内，其轴突称为节前纤维；第二个神经元称为节后神经元，其胞体位于植物性神经节内，节前神经元的轴突在此处与第二个神经元构成突触，后者的轴突称为节后纤维，分布至效应器。一个节前神经元能与许多节后神经元构成突触，能使许多效应器同时活动。植物性神经节有三：椎旁神经节位于脊柱两侧，如交感神经干上的交感干神经节；椎下神经节位于脊柱下方，如腹腔肠系膜前神经节、肠系膜后神经节；终末神经节位于内脏器官壁内（器官内神经节）或器官附近（器官旁神经节），如盆神经节。植物性神经的节前纤维可能通过2个或2个以上的植物性神经节，但只在其中的一个神经节内更换神经元（图13-1）。

4. 分布方式

躯体运动神经常以神经干的形式分布，而植物性神经则常攀附脏器或血管表面形成植物性神经丛，由丛再发出分支分布至效应器。

5. 神经纤维的粗细

躯体运动神经纤维一般为较粗的有髓纤维，而植物性神经的节前纤维为细的有髓纤维，节后纤维为细的无髓纤维。

6. 意识控制

躯体运动神经一般都受意识支配，而植物性神经则在一定程度上不受意识的直接控制。

7. 传导的神经信息对效应器的作用

躯体运动神经传导的神经信息对骨骼肌细胞仅能发生兴奋效应，植物性神经按功能特点又分为交感神经和副交感神经神经，大多数器官受交感神经和副交感神经的双重支配，且对同一器官，交感和副交感神经对它的调节效应是拮抗的。

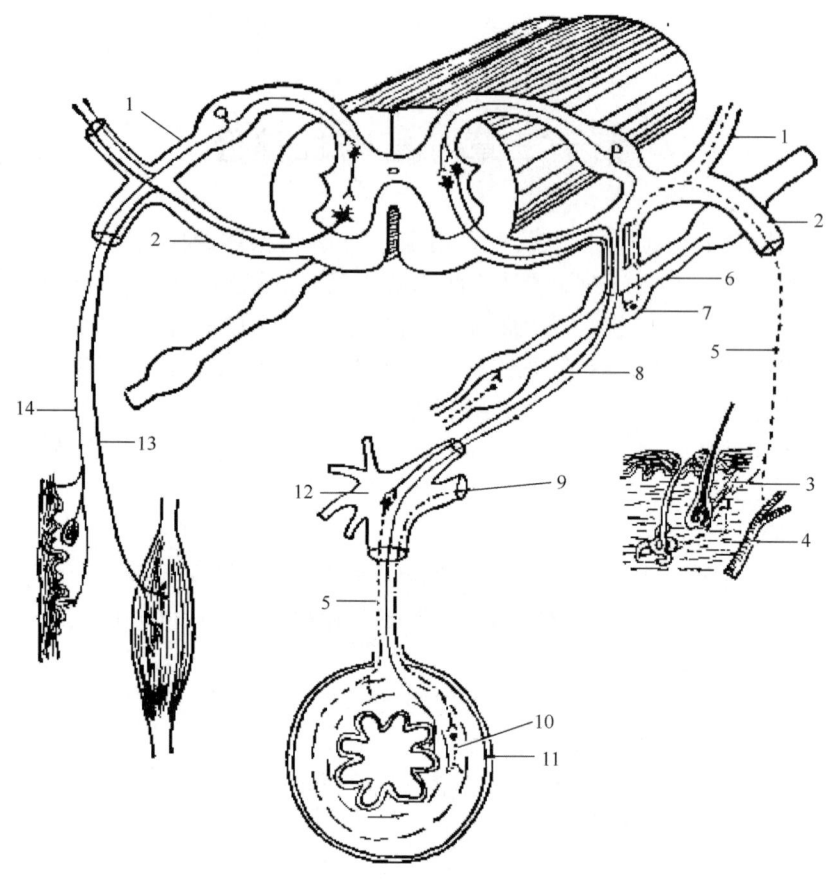

图 13-1 脊神经和植物性神经反射径路示意图
1—脊神经背侧支 2—脊神经腹侧支 3—竖毛肌 4—血管 5—交感节后神经纤维
6—交感神经干 7—椎神经节 8—交感节前神经纤维 9—副交感节前神经纤维
10—副交感节后神经纤维 11—消化管 12—椎下神经节 13—运动神经纤维 14—感觉神经纤维

第一节 交感神经

一、交感神经的基本结构

交感神经的低级中枢位于胸段和腰前段脊髓灰质外侧角，周围部由交感干、神经节（椎旁神经节和椎下神经节）及其分支和神经丛等结构组成。

胸段和腰前段脊髓灰质外侧角的交感神经的节前神经元发出的纤维随相应脊髓节段的脊神经出椎管，在腹支内行走很短距离，即分出白交通支。白交通支是连接交感干与脊神经的有髓节前纤维，因髓鞘反光发亮，故呈白色。白交通支内的节前纤维入交感干之后有4种去向：终止于相应的椎旁神经节；在交感干内前行或向后延伸，终止于前方或后方的椎旁神经节；穿过椎旁神经节，组成内脏大神经、内脏小神经和腰内脏神经，终止于椎下神经节；少数节前纤维直接到达肾上腺髓质。

交感干由一系列的椎旁神经节和节间支组成，成对，位于脊柱腹外侧，从颈前端向后伸至尾部。交感干上的椎旁神经节借灰、白交通支与脊神经相连。

灰交通支是连接交感干与脊神经的节后纤维，大多数无髓鞘，故颜色灰暗。灰交通支内的节后纤维离开交感干后有3种去向：灰交通支返回脊神经，随其分布至躯干和四肢的血管、汗腺、竖毛肌；围绕动脉走行，形成神经丛，并随动脉分布至所支配的器官；由神经节直接发出分支形成神经，单独走向所支配的器官，如发出胸心神经至心。

二、交感干和椎旁神经节

交感干分为颈部交感干、胸部交感干、腰部交感干、荐部交感干和尾部交感干（图13-2）。

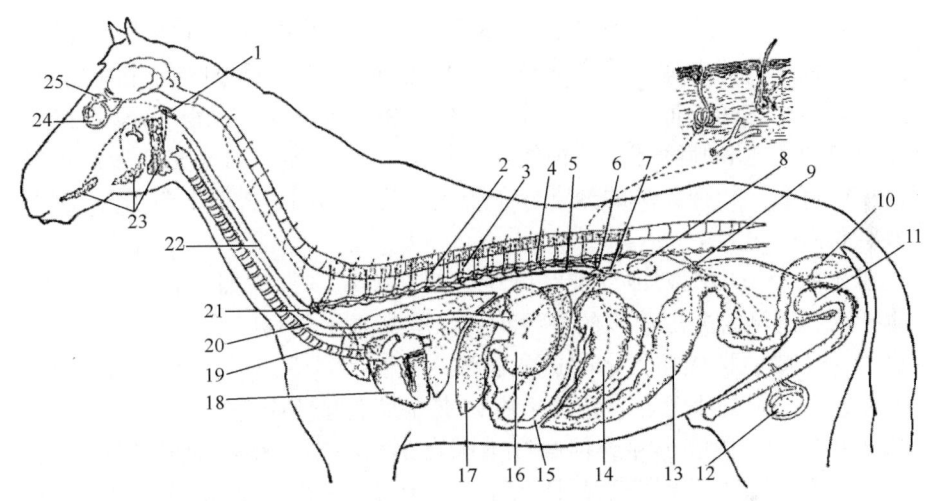

图 13-2 交感神经分布示意图
（实线示节前神经纤维，虚线示节后神经纤维）
1—颈前神经节 2—白交通支 3—灰交通支 4—交感神经干 5—内脏大神经 6—内脏小神经 7—腹腔肠系膜前神经节 8—肾 9—肠系膜后神经节 10—直肠 11—膀胱 12—睾丸 13—大结肠 14—盲肠 15—小肠 16—胃 17—肝 18—心 19—气管 20—食管 21—星状神经节 22—颈部交感干 23—唾液腺 24—眼球 25—泪腺

1. 颈部交感干

颈部交感干由来自胸前部脊髓的节前纤维组成，干上有4个神经节，即颈前神经节、颈中神经节、椎神经节和颈胸神经节。颈交感干在颈后部加入迷走神经形成迷走交感干，于颈总动脉背侧向前延伸，在寰椎平面与迷走神经分开，走向颈前神经节。

（1）颈前神经节 颈前神经节呈梭形，牛的位于枕骨颈静脉突的内侧、鼓泡的腹内侧。由此神经节分出颈静脉神经、颈内动脉神经、颈外动脉神经及至颈动脉窦、副神经、舌下神经和第1~3颈神经的分支。颈静脉神经加入舌咽神经和迷走神经分布。颈内动脉神经和颈外动脉神经分别沿同名动脉形成颈内动脉丛和颈外动脉丛，随血管分布于头部。颈内动脉丛还分出岩深神经，与岩大神经相连形成翼管神经，随翼腭神经的分支分布至口鼻黏膜。

（2）颈中神经节 山羊有颈中神经节，位于椎神经节前方，或与椎神经节合并，或散在颈交感干上。由该节发出颈心神经至心丛。马、牛常无颈中神经节。

（3）椎神经节 椎神经节又称为颈中椎神经节，位于锁骨下袢前、后支结合处，在肋颈动脉起始部前方2~4cm处，牛左侧椎神经节有时与颈胸神经节合并或紧连。在山羊和马中，由该神经节发出椎心神经至心丛。

（4）颈胸神经节 颈胸神经节又称为星状神经节，由颈后神经节与前2个胸神经节合并而成，位于第1肋椎关节腹侧、颈长肌表面，前连椎神经节，后接胸交感干。由此神经节发出交通支至臂神经丛，并形成椎神经。椎神经入横突管向前延伸，出分支连接第2~7颈神经。该神经节还分出数条颈胸心神经至心丛，分布于心及心基部的大血管。

2. 胸部交感干

胸部交感干位于胸椎椎体及颈长肌两侧，由颈胸神经节向后延伸至膈，分出胸心神经、内脏大神经和内脏小神经，分布于胸腹腔脏器。

（1）胸神经节 在每个肋骨头部的交感干上有不大的梭状胸神经节，神经节的数目与肋骨的数目一致，前两个胸神经节常与颈后神经节合并形成颈胸神经节。由第一胸神经节发出分支至心神经丛和肺神经丛。心神经丛位于主动脉弓和肺动脉弓基部之间，心神经丛发出分支到肺神经丛和肺静脉。肺神经丛是由第一胸神经节的分支和迷走神经的分支，在肺根部相吻接形成。肺神经丛的分支分布于支气管及肺门，并沿支气管分支的途径，向内深入到肺实质内。

（2）内脏大神经 内脏大神经神经纤维来自第6~13胸段脊髓的灰质外侧柱神经元发出的节前纤维，逐渐合并形成大的神经干，与胸交感干并列向后延伸，在最后胸椎后方离开胸交感干，经腰小肌与膈脚之间进入腹腔，连接肾上腺丛、腹腔肠系膜前神经节和丛。内脏大神经有一系列小分支直达肾上腺，支配肾上腺髓质。

（3）内脏小神经 内脏小神经神经纤维来自最后一节胸髓和前两节腰髓灰质外侧柱神经元发出的节前纤维，从腰部交感干分出，连接肾上腺丛和腹腔肠系膜前神经节和丛，且有分支参与构成肾神经丛。兔的内脏小神经常并入内脏大神经内，而不单独存在。

3. 腰部交感干

腰部交感干较细，在腰椎两侧沿腰小肌内侧缘向后延伸，干上常有6个腰神经节，但由于神经节合并或在两神经节之间出现中间神经节，因此也可见到少于或多于6个的。前3个腰神经节借灰、白交通支与腰神经相连，但后三个腰神经仅有灰交通支与腰神经相连，节后纤维随腰神经分布。腰部交感干分出内脏小神经和腰内脏神经，后者连接肠系膜后神经节。

4. 荐部交感干和尾部交感干

荐部交感干细，沿荐骨骨盆面、荐腹侧孔的内侧向后延伸，牛常在第5荐椎处（马在第3荐神经节处）分为内侧支和外侧支。外侧支向后行，与尾神经的腹侧支相连。两侧的内侧支常在第1~2尾椎处汇合成一支，向后延伸可达第7尾椎。在两内侧支汇合处有一神经节，称为奇神经节。荐部交感干有5个荐神经节，但可见神经节愈合，最少可至3个。尾部交感干上常有4个尾神经节。荐神经节和尾神经节借灰交通支与荐神经和尾神经相连。

三、椎下神经节

1. 腹腔神经节

腹腔神经节成对，呈圆形，位于腹腔动脉起始部。

2. 肠系膜前神经节

肠系膜前神经节较长，单个，位于肠系膜前动脉根部。

腹腔神经节和肠系膜前神经节借短而强的神经纤维相连。它们接受来自内脏大神经和内脏小神经的纤维，发出节后纤维与来自迷走神经背侧干的纤维一起组成腹腔丛和肠系膜前丛，沿腹腔动脉和肠系膜前动脉的分支分布至肝、胃、脾、胰、肠和肾等脏器。肠系膜前神经节与肠系膜后神经节之间有节间支相连。

3. 肠系膜后神经节

肠系膜后神经节较小，位于肠系膜后动脉根部后方，有时成对。它接受来自腰内脏神经的节前纤维和肠系膜前神经节的节间支，发出节后纤维随肠系膜后动脉的分支至结肠，随睾丸动脉至精索、附睾和睾丸，随卵巢动脉至卵巢、输卵管和子宫角；还分出腹下神经随输尿管入盆腔，参与组成盆神经丛。

第二节　副交感神经

一、副交感神经的基本结构

副交感神经低级中枢位于脑干的脑神经副交感核和荐髓第 2～4 节段的中间外侧核，节前纤维伴动眼神经、面神经、舌咽神经、迷走神经和盆神经走行，在终末神经节更换神经元，节后纤维分布于心肌、平滑肌和腺体。头部的终末神经节较大，有睫状神经节、翼腭神经节、耳神经节和下颌神经节。位于胸腔、腹腔和盆腔的终末神经节均较小。副交感神经根据中枢所在的部位分为颅部和荐部两部分（图 13-3）。

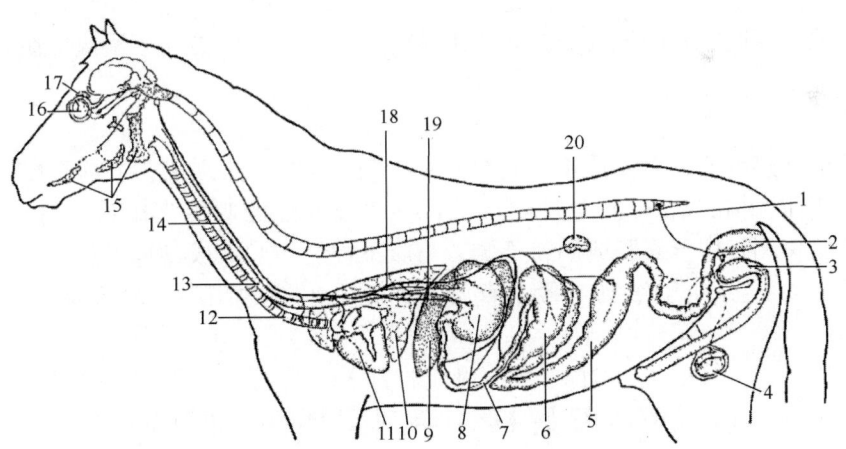

图 13-3　副交感神经分布示意图
（实线示节前神经纤维，虚线示节后神经纤维）
1—盆神经　2—直肠　3—膀胱　4—睾丸　5—大结肠　6—盲肠　7—小肠　8—胃　9—肝
10—肺　11—心　12—气管　13—食管　14—迷走神经　15—唾液腺　16—眼球
17—泪腺　18—迷走神经食管背侧干　19—迷走神经食管腹侧干　20—肾

二、颅部的副交感神经

颅部的副交感节前神经元位于中脑、脑桥和延髓的脑神经副交感核,节前纤维随动眼神经、面神经、舌咽神经和迷走神经走行至副交感神经节,节后纤维分布于特定的器官。

1. 动眼神经内的节前纤维

动眼神经内的节前纤维起始于动眼神经副交感核,随动眼神经走至睫状神经节,节后纤维组成睫状短神经,穿入眼球壁,分布于瞳孔括约肌和睫状肌。睫状神经节附着在动眼神经腹侧支上。

2. 面神经内的节前纤维

面神经内的节前纤维起始于面神经副交感核,一部分纤维经岩大神经分布,一部分经鼓索分布。岩大神经穿过颞骨岩部内一骨管,与交感系的岩深神经相连形成翼管神经,后者经翼管向前延伸至翼腭神经节,节后纤维随颧神经分布至泪腺,随腭大神经和鼻后神经至腭腺和鼻腺。鼓索穿过中耳,由岩鼓裂走出,加入舌神经走行,在下颌神经节更换神经元,节后纤维分布于下颌腺和舌下腺。翼腭神经节由 5~7 个小神经节组成,在翼腭窝内位于鼻后神经背外侧面。下颌神经节在下颌腺管向外侧经过二腹肌前腹处位于下颌腺管附近。

3. 舌咽神经内的节前纤维

舌咽神经内的节前纤维起始于舌咽神经副交感核,经岩小神经至耳神经节,节后纤维随颊神经分布于腮腺和颊腺。耳神经节在下颌神经出卵圆孔处位于其内侧面,与颊神经和咬肌神经总干起始部相对。

4. 迷走神经内的节前纤维

迷走神经内的节前纤维起始于迷走神经副交感核,为迷走神经的主要成分,随迷走神经分支至胸腔和腹腔脏器附近或壁内的终末神经节,节后纤维分布于胸腹腔脏器。

三、荐部副交感神经

荐部的副交感节前神经元位于荐髓第 2~4 节段的中间外侧核,节前纤维随荐神经腹侧支出荐盆侧孔,构成盆神经。盆神经由第 3~4 荐神经的腹侧支组成,有 1 支或 2 支,沿骨盆侧壁向腹侧延伸至直肠或阴道外侧,与腹下神经一起形成盆神经丛,丛内有小的盆神经节,节后纤维分布于结肠后段、直肠、膀胱、雄性的阴茎、雌性的子宫和阴道等器官。

第三节 交感神经与副交感神经的区别

交感神经与副交感神经均属植物性神经,而且常常共同支配同一个器官,形成双重神经支配,但两者在低级中枢、分布范围、生理功能和末梢释放的化学递质等方面各有特点。

一、节前神经元所在的部位不同

交感神经的节前神经元位于脊髓胸段和腰前段(T1 - L3)灰质外侧角,副交感神的节前神经元则位于脑干的脑神经副交感核和脊髓荐部（S2-4）灰质中间外侧核。

二、节后神经元所在的部位不同

交感神经的节后神经元位于椎旁神经节和椎下神经节，而副交感神经的节后神经元位于终末神经节。因此，交感神经节前纤维较短而节后纤维较长，副交感神经则节前纤维较长而节后纤维较短。

三、分布范围不同

交感神经的分布范围广泛，几乎全身所有的器官都有交感神经分布，而副交感神经的分布则比较局限，例如，皮肤和肌肉内的血管、汗腺、竖毛肌和肾上腺髓质等就缺乏副交感神经分布。

四、节后纤维末梢释放的化学递质不同

交感神经与副交感神经节前纤维末梢释放的化学递质均为乙酰胆碱，副交感神经节后纤维末梢释放的递质仍是乙酰胆碱，但大部分交感神经节后纤维末梢释放的则是去甲肾上腺素或肾上腺素，也有小部分交感神经节后纤维末梢（如支配汗腺和骨骼肌的舒血管节后纤维）释放乙酰胆碱。

五、对同一器官的作用不同

交感神经与副交感神经分布至同一器官，但两者的作用是拮抗的，例如，交感神经使某器官活动加强时，副交感神经则使该器官的活动减弱，反之亦然。一般来说，交感神经主管应急性活动，使机体的代谢加强，能量消耗加快；而副交感神经主管建设性活动，促进营养物质的吸收，加强能量储备，减少消耗。当机体应付环境剧烈变化时，交感神经的活动明显加强，广泛动员内脏器官的潜在力量，以适应机体代谢的需要，于是出现心跳加快、血压升高、支气管扩张、瞳孔散大、消化和排便受到抑制等现象。当机体处于安静状态时，副交感神经的活动则加强，出现心跳减慢、血压下降、瞳孔缩小、消化活动加强等现象。正是由于交感神经与副交感神经在机能上保持正常的对立统一，机体才能更好地适应环境的变化。

第十四章　神经传导路

　　来自体内、外环境的各种刺激作用于遍布全身各处的感受器，经感受器的换能作用转化为神经冲动，神经冲动通过感觉（传入）神经元传入中枢神经的不同部位，再经中间神经元传至大脑皮质，经过分析和综合，发放适当的神经冲动，经另一些中间神经元传出，最后经运动（传出）神经元至效应器，做出相应的反应。一种神经信息在神经系统内传导所经过的所有结构组成了该信息的传导通路，通常把由感受器经周围神经、脊髓、脑干、间脑到大脑皮质的传导通路称为感觉传导路，把由大脑皮质经脑干、脊髓、周围神经到效应器的传导通路称为运动传导路。

第一节　感觉传导路

一、躯体浅部感觉传导路

　　躯体浅部感觉传导路传导皮肤和黏膜痛觉、温觉与触压觉，由三级神经元组成（图 14 - 1）。

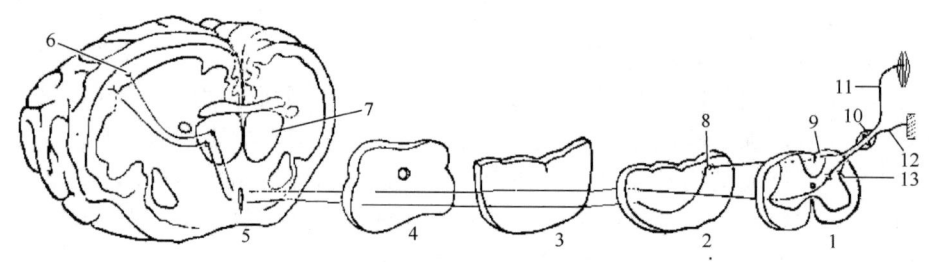

图 14 - 1　感觉传导路径示意图

1—脊髓　2—延髓　3—脑桥　4—中脑　5—间脑　6—大脑皮质　7—丘脑　8—楔束核和薄束核
9—楔束和薄束　10—脊神经节　11—本体感觉神经元　12—皮肤浅感觉神经元　13—脊髓背侧柱

1. 躯干和四肢的浅部感觉传导路

（1）痛觉、温觉传导路　第一级神经元胞体位于脊神经节内，其周围突组成脊神经的感觉纤维，分布于躯干和四肢部皮肤的浅部感受器，中枢突组成脊神经的背侧根进入脊髓，止于灰质背侧角及中间带，与背侧柱内的二级神经元形成突触。第二级神经元的轴突经白质前连合交叉至对侧外侧索，组成脊髓丘脑侧束和腹束，沿外侧索腹侧前行，经延髓、脑桥、中脑至丘脑，与丘脑腹后外侧核内的三级神经元形成突触。位于丘脑的第三级神经元的轴突经内囊至大脑皮质的感觉区。

（2）触觉、压觉传导路　第一级神经元胞体位于脊神经节内，其周围突组成脊神经的感觉纤维，分布于皮肤的触觉、压觉感受器（触觉小体、环层小体等），中枢突组成脊神经背侧根进入脊髓灰质背侧柱，在此与二级神经元形成突触。第二级神经元的轴突经白质前连合交叉至对侧腹侧索，组成脊髓丘脑腹侧束，沿腹侧索前行，经延髓、脑桥、中脑至丘脑腹后外侧核，在此与三级神经元形成突触。第三级神经元的轴突经内囊至大脑皮质的感觉区。

2. 头面部的浅感觉传导路

头面部的浅感觉传导路为三叉丘系，传导头面部的痛温觉和触压觉。第一级神经元胞体位于三叉神经节，其周围突组成三叉神经的感觉纤维，分布于头面部皮肤和黏膜的浅部感受器，中枢突组成三叉神经感觉根，入脑后分为升支和降支，升支传导触压觉，止于三叉神经脑桥感觉核，降支传导痛温觉，止于三叉神经脊束核。由三叉神经脑桥感觉核和脊束核内第二级神经元发出的纤维大部分交叉至对侧组成三叉丘系，作为内侧丘系内侧未独立的部分，经中脑前行至丘脑腹后内侧核形成突触。第三级神经元发出纤维经内囊至大脑皮质感觉区。

二、躯体深部感觉传导路

深部感觉又称为本体感觉，包括位置觉、运动觉等，分意识性深部感觉传导路和非意识性深部感觉传导路。

1. 意识性深部感觉传导路

意识性深部感觉传导路传导躯干和四肢的本体感觉至大脑皮质，由三级神经元组成。第一级神经元胞体位于脊神经节内，其周围突构成脊神经的感觉纤维，分布于躯干和四肢的肌、腱、关节等深部感受器（肌梭、腱梭）和触觉小体，中枢突经背侧根进入脊髓背侧索，来自躯干前部和前肢的纤维组成楔束，来自躯干后部和后肢的纤维构成薄束，分别前行至延髓的楔束核和薄束核，在此处与二级神经元形成突触。第二级神经元发出的纤维行向腹内侧，在中线左、右交叉后于锥体背侧前行，形成内侧丘系，经脑桥、中脑至丘脑，与丘脑腹后外侧核内的三级神经元构成突触。第三级神经元发出纤维经内囊至大脑皮质感觉区。

2. 非意识性深部感觉传导路

非意识性深部感觉传导路传导本体感觉至小脑，由二级神经元组成。第一级神经元胞体位于脊神经节内，其周围突构成脊神经的感觉纤维，分布于肌、腱、关节等深部感受器，中枢突经脊神经背侧根进入脊髓背侧柱，在此处与二级神经元形成突触。第二级神经元发出纤维分别组成脊髓小脑背侧束和腹侧束，沿外侧索浅层前行，脊髓小脑背侧束经小脑后脚至小脑皮质，脊髓小脑腹侧束经小脑前脚至小脑皮质。

三、视觉传导路和瞳孔对光反射路

1. 视觉传导路

视觉冲动的传导由三级神经元组成。第一级神经元为视网膜中层的双极细胞，其周围突至光感受器（为视网膜外层的视锥细胞和视杆细胞），中枢突与视网膜内层的二级神经元（神经节细胞）形成突触。第二级神经元的轴突在视神经乳头处集合形成视神经。视神经经视神经孔入颅腔，两侧的视神经在丘脑下部前区腹侧联合形成视交叉，向后延续为视束。在视交叉中，只有来自视网膜鼻侧半的纤维交叉至对侧视束，而来自颞侧半的纤维不交叉加入同侧视束。因而一侧视束含有同侧视网膜颞侧半与对侧视网膜鼻侧半的纤维。视束中大部分纤维至外侧膝状体，在此处与三级神经元形成突触。第三级神经元发出纤维组成视放射，经内囊至大脑皮质枕叶，产生视觉。视束中尚有少数纤维至前丘，前丘发出纤维组成顶盖脊髓束和顶盖延髓束，止于脑干的运动神经核和脊髓腹角运动神经元，完成视觉反射活动。

2. 瞳孔对光反射路

强光照射一侧瞳孔，引起两侧瞳孔缩小的反应称为瞳孔对光反射。瞳孔对光反射路由视网膜起始，经视神经、视交叉和视束，再经前丘臂至顶盖前区。该区是瞳孔对光反射中枢，发出纤维止于两侧动眼神经副交感核。后者发出纤维随动眼神经至睫状神经节，睫状神经节发出节后纤维分布于瞳孔括约肌和睫状肌，使双侧瞳孔缩小。

四、听觉传导路

听觉传导路由三级神经元组成。第一级神经元是螺旋神经节内的双极神经元，其周围突至内耳的螺旋器，中枢突组成耳蜗神经，与前庭神经一起组成前庭耳蜗神经，入脑后至耳蜗背侧核和腹侧核，在此与二级神经元形成突触。第二级神经元发出纤维一部分形成斜方体，越过中线至对侧前行，形成外侧丘系，一部分纤维不交叉，参加同侧的外侧丘系。还有一部分纤维在斜方体背侧核和腹侧核等核团换元后再加入同侧或对侧外侧丘系。外侧丘系纤维在丘系三角深部前行，经后丘臂至内侧膝状体，在此处与三角神经元形成突触。第三级神经元发出纤维组成听放射，经内囊至大脑皮质颞叶，产生听觉。外侧丘系尚有部分纤维至后丘，后丘发出纤维参与组成顶盖延髓束和顶盖脊髓束，止于脑干运动神经核和脊髓腹角运动神经元，完成听觉反射活动。

五、平衡觉传导路

传导前庭器官在头部位置变化时所感受的刺激，以本体感觉和视觉共同参与身体的平衡调节。第一级神经元是前庭神经节的双极细胞，其周围突分布于半规管的壶腹嵴及球囊和椭圆囊的囊斑，中枢突组成前庭神经，与耳蜗神经一起组成前庭耳蜗神经，入脑后止于前庭神经核。前庭核发出纤维至丘脑，再到大脑皮质前庭代表区。

前庭核还发出纤维至脑干内核团、小脑和脊髓腹角，参与平衡反射的调节。①前庭核发出纤维组成内侧纵束，止于动眼神经核、滑车神经核、外展神经核、副神经核和颈髓腹角运动神经元，完成转眼、转头的协调运动和眼球肌的前庭反射。②前庭核发出纤维组成前庭脊髓束，止于脊髓腹角运动神经元，完成躯干和四肢的姿势反射。③前庭核及部分前庭神经纤维至前庭小脑，再由小脑发出纤维至前庭核、脑桥及延髓网状结构，以维持身体的平衡。④前庭核有纤维至网状结构，与迷走神经副交感核、舌咽神经核等相联系，故在前庭器官受到强烈刺激时会出现植物性神经反应，如恶心、呕吐、出汗等。

六、内脏感觉传导路

内脏感觉传导路分为一般内脏感觉传导路和特殊感觉（味觉、嗅觉）传导路。内脏感觉传导路现在仍不十分清楚。由于各类内脏器官的功能不同，接受刺激的性质不同，内脏感觉也就不同，加之其分布的感觉神经不同，其中枢通路也就各异。一般认为，内脏的痛觉经交感神经传导，但盆腔脏器痛觉经盆内脏神经传导，有些内脏感觉如饥饿感、膨满感和尿意等则由副交感神经传导。味觉由迷走神经、舌咽神经和面神经传导。

1. 经交感神经和盆内脏神经传导的内脏感觉

第一级神经元胞体位于脊神经节，其周围突随交感神经或盆内脏神经分布至内脏器官，中枢突进入脊髓背侧柱，在此与二级神经元形成突触。第二级神经元发出纤维沿同侧或对侧腹外侧索前行，伴脊髓丘脑束至丘脑腹后核，再传导至大脑皮质。内脏痛觉传入纤维进入脊髓后也可经固有束前行，经多次中继后，部分纤维经灰质连合交叉至对侧前行入脑干网状结构，在后者中继后前行至丘脑板内核与中线核。部分痛觉也可能经背侧索前行。由丘脑发出的痛觉冲动，主要传至大脑边缘叶。

2. 经迷走神经、舌咽神经和面神经传导的内脏感觉

第一级神经元胞体位于结状神经节（远神经节）、岩神经节（远神经节）和膝神经节，其周围突随迷走神经、舌咽神经和面神经分布至内脏器官，中枢突伴迷走神经、舌咽神经和面神经入脑，与孤束核内的二级神经元形成突触。孤束核发出纤维前行可能止于丘脑（腹后内侧核、板内核、中线核）和丘脑下部，再传至大脑皮质。

3. 味觉传导路

第一级神经元胞体位于膝神经节、迷走神经和舌咽神经远神经节，周围突分布至舌部味蕾，中枢突加入面神经、舌咽神经和迷走神经至延髓孤束核前端，在此与二级神经元形成突触。第二级神经元发出纤维前行止于丘脑腹后内侧核，第三级神经元发出纤维经内囊至大脑皮质。

第二节 运动传导路

运动传导路包括躯体运动传导路和内脏运动传导路。躯体运动传导路管理骨骼肌的运动，分为锥体系和锥体外系。锥体系主要管理骨骼肌的随意运动，而锥体外系的主要作用是调节肌张力、协调各肌群的活动、维持姿势、保持平衡和完成一些习惯性的动作等。锥体系和锥体外系在功能上互相协调、互相配合，从而共同完成畜体各项复杂的随意运动。锥体外系在种系发生上较古老，家畜的锥体外系比锥体系发达（图14-2）。

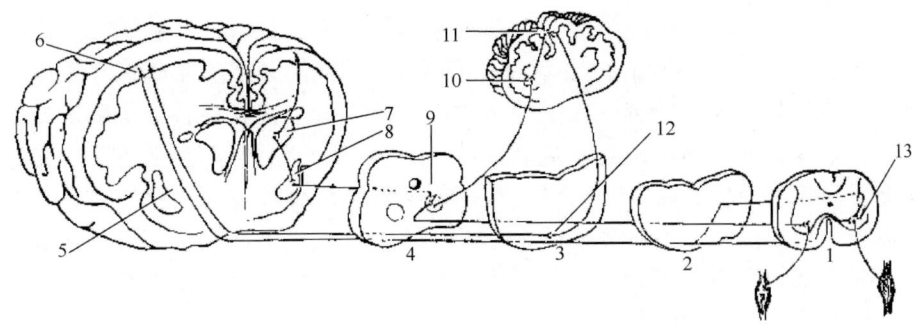

图14-2 运动传导路径示意图

1—脊髓 2—延髓 3—脑桥 4—中脑 5—内囊 6—大脑皮质 7—尾状核
8—豆状核 9—红核 10—齿状核 11—小脑皮层 12—脑桥核 13—脊髓灰质腹侧柱

一、锥体系

由十字回和前外薛氏回（羊）等处大脑皮质中锥体细胞发出的运动纤维，经内囊、大脑脚、脑桥和延髓锥体下行，止于脑神经运动核、脑干网状结构和脊髓腹角运动神经元，因大部分纤维通过延髓锥体，故名为锥体束。其中止于动眼神经核、滑车神经核、外展神经核、三叉神经运动核、面神经运动核、舌下神经核、疑核和副神经核等脑神经运动核的纤维称为皮质核纤维，这些脑神经运动核发出运动纤维支配眼外肌、咀嚼肌、表情肌和咽喉肌；止于脑干网状结构的纤维称为皮质网状纤维；止于脊髓腹角运动神经元的纤维称为皮质脊髓纤维。皮质脊髓纤维在延髓锥体后端分为两部分，大部分纤维进行交叉，形成锥体交叉，交叉后的纤维行向背外侧入对侧脊髓外侧索，称为皮质脊髓外侧束，在外侧索内后行，通过中间神经元止于腹侧柱运动神经元。小部分纤维在锥体后端不交叉，入同侧脊髓腹侧索，称为皮质脊髓腹侧束，在腹正中裂两侧后行，以后交叉至对侧，通过中间神经元止于腹侧柱运动神经元。家畜的皮质脊髓束不发达，仅到颈部脊髓。脊髓腹角运动神经元发出运动纤维支配躯干和四肢的骨骼肌。

二、锥体外系

锥体强化系是锥体系以外的躯体运动传导路的总称，结构复杂，中继核团多，反馈环路多；由大脑皮质锥体细胞发出的纤维先止于纹状体、丘脑底核、红核、黑质、脑桥核、脑干网状结构等结构，经过多次中继，再至脑神经运动核和脊髓腹角运动神经元，因其下行途中不经过延髓锥体，故称为锥体外系。其中重要的传导通路有纹状体－苍白球系和大脑皮质－脑桥－小脑系。

1. 纹状体－苍白球系

大脑皮质发出的纤维直接或通过丘脑间接地止于新纹状体，新纹状体发出纤维至苍白球，苍白球发出纤维形成豆核袢等纤维束，止于丘脑底核、红核、黑质、橄榄核和脑干网状结构。红核发出纤维组成红核脊髓束，交叉至对侧，经脑干外侧面后行入脊髓外侧索，止于腹角运动神经元。网状结构发出纤维组成网状脊髓束，沿对侧（部分纤维交叉至对侧）或同侧后行止于脊髓腹角。

2. 大脑皮质－脑桥－小脑系

大脑皮质发出皮质脑桥束经内囊、大脑脚至脑桥，止于脑桥核。脑桥核发出纤维越过中线，经对侧小脑中脚至小脑，止于新小脑皮质。小脑还接受来自脊髓、橄榄核、前庭核、脑干网状结构等的传入纤维，使多种感觉冲动在小脑会聚、整合。小脑皮质发出纤维至齿状核、前庭核和脑干网状结构。齿状核发出纤维经小脑前脚（结合臂）交叉后，一部分纤维止于丘脑腹前核、腹外侧核等，这些核团发出纤维投射至大脑皮质，小脑可通过这一途径影响大脑的活动；另一部分纤维止于红核。红核发出红核脊髓束，前庭核发出前庭脊髓束，网状结构发出网状脊髓束，上述纤维均止于脊髓腹角运动神经元，后者发出运动纤维支配躯干和四肢的骨骼肌。

三、内脏运动传导路

脑的各级水平都存在与内脏活动调节有关的中枢，如大脑边缘叶、岛叶、杏仁核、丘脑前核和背内侧核、丘脑下部、脑干网状结构和小脑等，这些部位协同配合，共同完成对复杂的内脏活动的调控。一般认为，丘脑下部是调节内脏活动的皮质下中枢，上述许多部位都通过丘脑下部来实现其功能。由于方法学的限制，现在对内脏运动传导路还不太清楚。鉴于内脏机能的复杂性和多样性，其中枢通路肯定是弥散的和多突触的。它们从大脑边缘叶下行至丘脑下部，再经背侧纵束至中脑，又经多级神经元下行，一部分纤维于途中分出侧支或终支至脑干内脏运动核，部分纤维入脊髓后靠近外侧固有束和网状脊髓束下行，止于脊髓交感和副交感节前神经元。

第十五章 脑脊髓膜和血管

第一节 脑脊髓膜

脑脊髓膜是包在脑、脊髓外面的纤维膜,分别称为脑膜和脊髓膜,两者在枕骨大孔处相续。脑脊髓膜分三层,由外向内依次为硬膜、蛛网膜和软膜(图15-1、图15-2)。

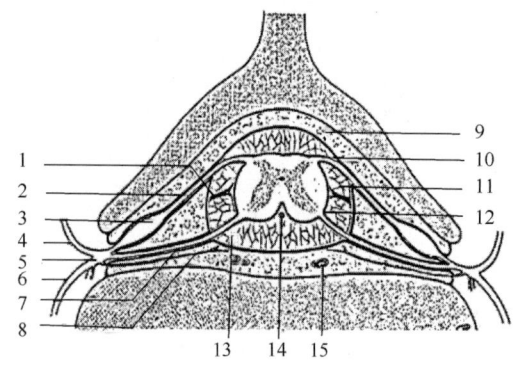

图15-1 脊髓被膜示意图
1—齿状韧带 2—脊神经背侧根 3—脊神经节
4—脊神经背侧支 5—脊神经干 6—脊神经腹侧支
7—脊神经腹侧根 8—脊膜返支 9—硬膜
10—硬膜外腔 11—蛛网膜 12—软膜
13—蛛网膜内腔 14—脊髓腹侧动脉 15—椎动脉丛

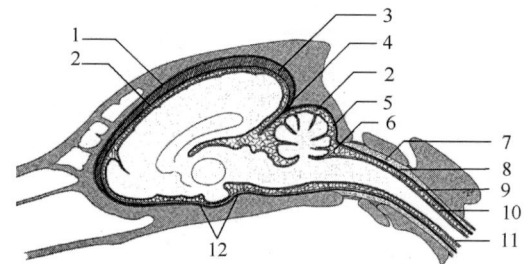

图15-2 犬的脑膜和脊髓膜示意图
1—硬脑膜 2—脑蛛网膜下腔 3—大脑镰
4—小脑幕 5—脑蛛网膜 6—小脑延髓池
7—硬脊膜外腔 8—硬脊膜 9—脊髓蛛网膜
10—脊髓蛛网膜下腔 11—软脊髓膜 12—鞍隔

一、硬膜

脑硬膜和脊硬膜在枕骨大孔处相连。硬膜与蛛网膜之间的腔隙称为硬膜下腔,内含少量液体。

1. 脑硬膜

脑硬膜较厚,与颅骨内表面的骨膜融合,在某些部位两层之间形成腔隙,内含静脉血,称为脑硬膜静脉窦。脑硬膜形成大脑镰、小脑幕和鞍隔三个隔幕。大脑镰呈镰刀形,位于两大脑半球之间,内有背侧矢状窦和直窦。膜性小脑幕位于大脑与小脑之间,内凹缘形成幕切迹,部分围绕中脑;小脑幕内有岩背侧窦一部分和横窦。鞍隔位于脑垂体背侧,中央有一个孔供垂体柄通过,鞍隔的周围部覆盖海绵窦和海绵间窦。

2. 脊硬膜

脊硬膜与脑硬膜不同,它与椎管内表面的骨膜分开,两者之间有较宽的腔隙称为硬膜外腔,内含脂肪和椎内静脉丛,有脊神经根通过。临床上做脊髓硬膜外麻醉时,将麻醉药注入硬膜外腔,阻滞脊神经的传导。脊硬膜在后方荐区变尖细成锥形,形成脊硬膜终丝,附着于第 7 或第 8 尾椎椎体骨膜。

二、蛛网膜

蛛网膜薄而透明，位于硬膜与软膜之间，与软膜之间的腔隙称为蛛网膜下腔，内含脑脊液。蛛网膜与软膜之间有结缔组织小梁相连。脑蛛网膜不伸入脑沟内。脑蛛网膜下腔与第 4 脑室经第 4 脑室脉络丛的外侧孔与相通。脑蛛网膜下腔在某些部位较大，称为脑池，如小脑延髓池位于小脑后面与延髓背面形成的夹角内，大脑外侧窝（谷）池位于大脑外侧裂区，交叉池位于视交叉前方和大脑脚之间。蛛网膜在脑硬膜静脉窦处形成许多绒毛状突起，称为蛛网膜粒，大部分脑脊液经蛛网膜粒进入静脉窦。脊蛛网膜下腔在腰后部和荐部马尾区增大成池，经腰部穿刺可从该池获取脑脊液，协助诊断某些疾病。

三、软膜

软膜薄，富含血管，紧贴脑和脊髓表面。脑软膜伸入脑沟，围绕小血管形成血管鞘，并伴血管伸入脑内。脑软膜上的血管与室管膜上皮共同突入脑室，形成脉络丛。脊软膜在脊髓两侧、背侧根和腹侧根之间形成一系列纵向排列的齿状韧带，其齿状突起附着于两脊髓节交界处的硬膜上，起固定脊髓的作用。

第二节 脑脊髓的血管

一、脑的血管

牛脑的血液由颈内动脉（颅内段）、上颌动脉、枕动脉和椎动脉供应。上颌动脉的分支和颈内动脉颅内段形成硬膜外前异网，位于海绵窦内；枕动脉和椎动脉参与形成硬膜外后异网，位于枕骨基部；前、后异网相连。两侧的颈内动脉颅内段（经硬膜外前异网）借吻合支在垂体前、后方相连，形成大脑动脉环。每侧的颈内动脉颅内段分出大脑前动脉、脉络膜前动脉、大脑中动脉和后交通动脉，分布于脑。后交通动脉延续为基底动脉。马脑的血液由颈内动脉供应（图 15-3）。

脑部的静脉均汇入脑硬膜静脉窦，形成背、腹两系。背侧系沿颅顶延伸，包括背侧矢状窦、横窦、颞窦、枕窦、岩背侧窦等。腹侧系沿颅底走行，包括海绵窦、岩腹侧窦和基底窦等。两系借岩背侧窦彼此相连，并通过导静脉与颅外静脉相连，如乳突导静脉连接横窦与枕静脉，关节后孔导静脉连接颞窦与颞深静脉，颈静脉

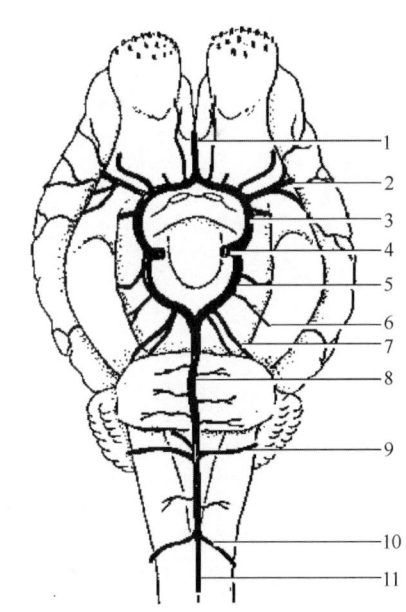

图 15-3 马脑的基底动脉
1—前总动脉 2—大脑中动脉 3—大脑前动脉
4—颈内动脉 5—动脉环 6—大脑后动脉
7—小脑前动脉 8—基底动脉 9—小脑后动脉
10—椎动脉分支 11—脊髓腹侧动脉

孔导静脉连接岩腹侧窦与耳后静脉。

二、脊髓的血管

脊髓的主要动脉是脊髓腹侧动脉，在前方连接基底动脉，由枕动脉、椎动脉、肋间背侧动脉、肋腹背侧动脉、腰动脉和荐正中动脉（牛）或荐外侧动脉（马）的脊髓支汇聚而成，沿脊髓腹正中裂延伸，分支分布于脊髓。

脊髓的主要静脉是椎内腹侧丛，以前称为椎窦，沿椎体背侧的背侧纵韧带两侧纵向延伸，通过椎间静脉把脊髓的静脉血导入枕静脉、椎静脉、肋间背侧静脉、腰静脉和荐外侧静脉。

三、脑脊液的生成与循环

脑脊液是无色透明的液体，充满于脑室系统和蛛网膜下腔。它由脑室脉络丛不断地产生，沿一定的途径流动，又不断地被重吸收入血液，如此循环不断。脑脊液循环途径为：侧脑室脉络丛产生的脑脊液经室间孔流入第3脑室，与第3脑室脉络丛产生的脑脊液一起经中脑水管流入第4脑室，再同第4脑室产生的脑脊液一道经外侧孔进入蛛网膜下腔，最后经蛛网膜粒渗入脑硬膜静脉窦而进入血液循环。此通路如果不畅，如中脑水管阻塞，就会导致脑积水。脑脊液对脑、脊髓有保护和营养作用，对维持脑组织的渗透压和酸碱平衡及调节颅内压力也有重要的作用。

第十六章 感受器和感觉器官

第一节 感受器概述

感受器是感觉神经终末止于其他组织器官形成的特殊结构，是反射弧的一个重要组成部分，能接受内、外环境的各种刺激，并通过感受器的换能作用，将刺激能量转换为神经冲动，经感觉神经传到中枢而产生各种感觉。感受器种类很多，有的结构简单，如游离神经末梢和环层小体等，有的结构复杂，具有各种辅助装置，如视觉器官和位听器官等。感觉器就是感受器及其辅助装置的总称。

按感受器在身体上分布的部位和接受刺激的来源可区分为分布于体表感受外环境刺激的外感受器、分布于体内各种脏器感受内环境刺激的内感受器和分布于运动系统及内耳前庭感受机体运动和平衡的本体感受器三大类。

按所接受刺激的特点，感受器可分为以下几类。

一、机械感受器

高等动物体的机械刺激感受器包括位于皮肤内、肠系膜根部、口唇和外生殖器等部的触、压感受器；位于心血管壁内、肺泡及支气管壁内、各空腔内脏壁内、韧带和关节囊的牵张（或牵拉）感受器。

1. 压觉和振动觉感受器

环层小体又称为潘申尼小体，体积较大（直径1~4mm），卵圆形或球形，小体的被囊是由数十层呈同心圆排列的扁平细胞组成，小体中央有一条均质状的圆柱状结构称为内棍。有髓神经纤维进入小体失去髓鞘，裸露轴突穿行于小体中央的圆柱体内。广泛分布在皮下组织、肠系膜、韧带和关节囊等处，感受压觉和振动觉。

2. 触觉感受器

触觉小体又称为Meissner小体，分布在皮肤真皮乳头内，以手指、足趾的掌侧的皮肤居多，感受触觉，其数量可随年龄增长而减少。小体呈椭圆形，直径为30~100μm，周围有结缔组织形成被囊，内有许多横列的扁平触觉细胞。有髓神经纤维在被囊处失去髓鞘穿入被囊内，分支盘绕。这种小体在手指的掌面、脚趾的蹠面皮内密度较大。口唇、面部、眼睑的皮内也较多。在前臂掌侧面的皮肤内、舌黏膜等部，也有这种小体。其作用为感受皮肤的轻压刺激，并能辨别两触点间的距离。

此外，有一类游离神经末梢，其分支与皮肤表面方向垂直，对触、压刺激都敏感。耳廓部的皮肤内找不到触觉小体，只有这种神经末梢。

3. 血压感受器

血压感受器位于心房壁、大动脉壁（颈动脉窦和主埃脉弓）内的牵张感受性结构。当心房、大动脉内血压升高时，可使感受器被动牵张而发放冲动，对维持脑干的缩血管神经元群起抑制作用。其中的颈动脉窦和主动脉弓压力感受器是心-血管调节反射活动的主要感受器,对血压的变动最为敏感。

4. 肌肉长度感受器

肌肉长度感受器是分布在骨骼肌内的梭形小体。典型的肌梭直径约 1mm,长 0.05～13mm,其长轴与骨骼肌纤维的纵轴平行排列。肌梭的表面被结缔组织的被囊所包裹,囊内有 6～14 条较细小特殊分化了的骨骼肌纤维,称为梭内纤维。而肌梭外的骨骼肌纤维则称为梭外纤维。梭内纤维按其长短和核排列的方式分为两种:一种称为核链纤维,细胞核在肌纤维中段纵行排列成链,肌纤维中段不膨大,肌纤维较短,一般不伸出囊外,对静止持续的牵拉刺激较敏感。另一种称为核袋纤维,即细胞核堆积在肌纤维中段,肌纤维中段膨大似袋状,使中段没有横纹,也不收缩,肌纤维也较长,以致有小部分伸出被囊外,对快速牵拉刺激较敏感。进入肌梭内的感觉神经纤维也有两种:一种是较粗的有髓神经纤维,在进入肌梭前脱去髓鞘,进入后分支末端呈螺旋状,包绕在梭内纤维的中段,称为螺旋末梢。另一种是较细的有髓神经纤维,也要脱去髓鞘,进入被囊后反复分支,末梢终端略膨大呈花枝样,分布在梭内纤维近两端处,称为花枝末梢或花簇末梢。

5. 肌肉张力感受器腱器官

肌肉张力感受器腱器官又称为高尔基氏腱器官,位于骨骼肌的肌纤维与肌腱交界处,呈梭形,长轴与肌腱的纤维平行。在肌腹的纤维隔中也有散在的牵张感受器。整个感受器呈梭形,外面包有致密的被膜,使感受器内液与膜外隔开,肌纤维由被膜的一端穿入,在被膜套的开口部有一领状套,紧套着肌纤维,被膜套的近中间部侧方有一个小管状结构,是神经纤维穿入感受器的通道。在感受器内,神经末梢纤维与构成肌腱的胶原纤维束互相绞绕形成绳状。感受器本身被结构组织分隔为若干纵行小隔,小隔内填有隔细胞。这种感受器对牵张刺激阈值很高,因此不是灵敏的牵张感受器,而是一种运动感受器,当肌肉在主动收缩时,它的冲动发放频率明显增加。

6. 运动觉感受器

前庭器官包括椭圆囊、球囊及 3 个半规管。半规管能测定旋转加速运动,而椭圆囊及球囊则能感受包括重力(地心吸引力)的直线加速运动。

二、温度感受器

蛇的红线感受器被认为是高等动物温感的最早表现形式。一般情况下提到的温度感受器,是指皮肤和某些黏膜上的温度感受器,称为外周温度感受器,哺乳动物的外周温度觉感受器为游离神经末梢,有冷觉与热觉两种感受不同温度范围的感受器,对热刺激敏感的称为热感受器,对冷刺激敏感的称为冷感受器。指两种感受器均呈点状分布。另外,下丘脑、脑干网状结构和脊髓都有对温度变化敏感的神经元,称为中枢温度感受器。

三、声感受器

在高等动物已发展为结构复杂的听觉器官,其组成部分除接受声波振荡的内耳螺旋器外,还有增强声压的中耳和集音的外耳。

四、光感受器

光感受器是动物(甚至某些植物)最主要的感受器,甚至原生动物,如眼虫就有了感光的眼点，它的光感受器的首要组成部分是感光细胞，绝大部分动物的光感受器还具备多层结构的视网膜。

五、化学感受器

化学感受器主要感受空气中和水中所含的化学刺激物。

1. 味感受器

各种动物的味感受器因有引导摄食活动的作用，多位于头的前端、口腔及舌部。鱼类除口腔外，口腔周围和身体两侧皮肤中也有味感受器。昆虫由于觅食方式特殊，身体各部有分散的味感受器，口部、触角、腿部等处也有味感受器。在动物进化中，味感受器在环境中的食物和有害物的分辨中起重要作用。味蕾是高等动物的味感受器，主要分布在舌的背面、两侧的轮廓乳头和菌状乳头黏膜中，小部分散在咽部及口腔后部的黏膜中。

2. 嗅感受器

嗅觉对动物都是识别环境的重要感觉，特别是群居动物常可用于识别敌我、寻找巢穴、记忆归途、追逐捕猎物、逃避危害以及寻找配偶等。在辨别食物、探索毒害物质中嗅感受器与味感受器多协同活动。嗅感受器对一般动物比对人类更为重要，因为嗅感受器可以感受到远距离的刺激，也可以感受到一定时间内（可多至若干天）环境中的物质变化，还可以与味感受器同时活动以辨认外界物质的特性。

低等动物如昆虫的触角端有嗅感受器，对其所飞过或走过的环境中的微量化学物质都很敏感。有的雌性昆虫能分泌一种信息素（或称为外激素），可从很远处诱来雄性昆虫。海水中生活的扇贝因逃避敌害而发展出极灵敏的嗅觉。如在其所在的海水中加极微量的海星浸泡液，立即出现逃避反应。水生动物的嗅感受器，可以感受溶于水的或停留在水面上的气体成分。除人类及猴类的嗅感受器为鼻腔的上部的嗅黏膜外，很多哺乳动物还在其鼻中隔底部前端有一个囊状结构，囊的壁由软骨与黏膜构成，称为犁鼻器，其黏膜结构与嗅上皮相似。一般能够引起嗅感受器兴奋的物质，主要是气体、挥发性油类和酸类（如 HCl 等），还有一些物质能成为气体中悬浮物，或蒸汽中的悬浮物（如臭雾中的成分）。大部分能引起嗅感受器兴奋的物质，都必须先溶于嗅黏膜表面的黏液中，或直接溶于构成嗅细胞膜的脂类中。在进化过程中有些动物的嗅感受器特别发达，嗅黏膜的面积特别大，如狗和鲨就是两个突出的例子。很多嗅觉不发达的高等动物常用力吸气使气流冲向上鼻道才能嗅到气体的味道。

3. 颈动脉体和主动脉体化学感受器

颈动脉体是位于总颈动脉的分叉处的椭圆形小体。在主动脉弓或锁骨下动脉附近也有几个较小的类似颈动脉体的结构称为主动脉体。颈动脉体和主动脉体化学感受器，在呼吸运动的调节中起着重要作用，它能感受血内 CO_2 分压升高，引起呼吸加快，以排出过多的 CO_2。当血内 O_2 分压过低时，通过这种感受器的传入冲动也可以反射性地使呼吸运动加强，以获得更多的 O_2。另外，它还对某些有毒药物（如氰化物）敏感，有感受有害物质刺激的功能，最终导致防御反射的出现。

4. 胃肠道的化学感受器

这类感受器都是分布在肌层或黏膜层内的游离神经末梢，当局部发炎时，组织分解产生的肽类或乳酸等增多，将会刺激这些神经末梢而加速其传入冲动的发放，由内脏传入神经纤维传向中枢，可引起剧痛。

5. 肾的化学感受器

肾球旁器细胞有感受 Na^+ 的作用，当入球小动脉内 Na^+ 浓度降低时，可兴奋球旁器细胞使之释放肾素，结果血内血管紧张素Ⅱ的浓度增高，会刺激肾上腺皮质，使之分泌醛固醇，加强肾小管对 Na^+ 的重吸收能力。

6. 中枢神经系统内的化学感受器

中枢神经系统内，除各核团及一定结构的神经元有对不同递质或肽类有接受能力外，还有些部位具有感受器的作用。如延髓的腹外侧部有较大的一个区域对血液成分的变化很敏感，称为化学感受区，可以感受血液中 CO_2 分压升高的刺激。在第3脑室的前腹侧区内有感受血管紧张素Ⅱ的感受区。在下丘脑前部还有感受血液葡萄糖浓度变化的感受器。

六、痛感受器

痛感受器也称为损伤性刺激感受器，广泛地分布在皮肤、角膜、结合膜、口腔黏膜等处的游离神经末梢，还有分布于胸膜、腹膜及骨膜等部的神经末梢，多无特殊结构。

七、渗透压感受器

位于下丘脑的视上核及室旁核内，详细结构至今还未弄清，它对体液中渗透压的变化非常敏感，当血浆渗透压降低时，它所分泌的抗利尿激素减少，反之则分泌增加，从而调节尿中排出的水分，维持体液的正常渗透压。

第二节 视觉器官——眼

视觉器官能感受光波的刺激，经视神经传至视觉中枢而产生视觉。视觉器官由眼球和辅助装置组成（图16-1）。

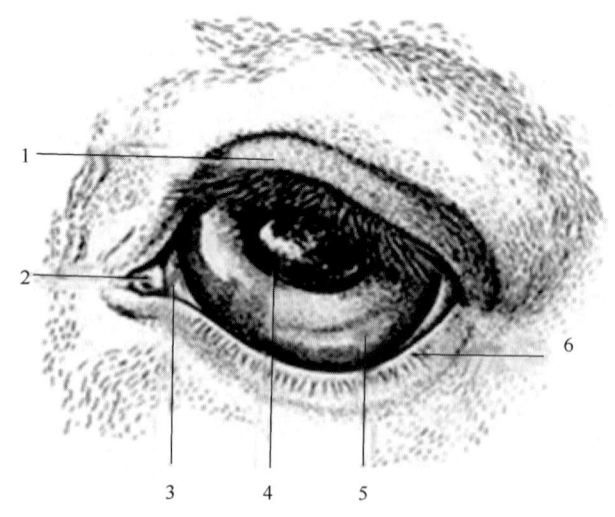

图16-1 马的左眼示意图

1—上眼睑 2—泪阜 3—第3眼睑 4—瞳孔 5—角膜 6—下眼睑

一、眼球

眼球是视觉器官的主要部分，位于眼眶内，呈前、后略扁的球形，后端借视神经与间脑相连。眼球由眼球壁和内容物组成（图16-2）。

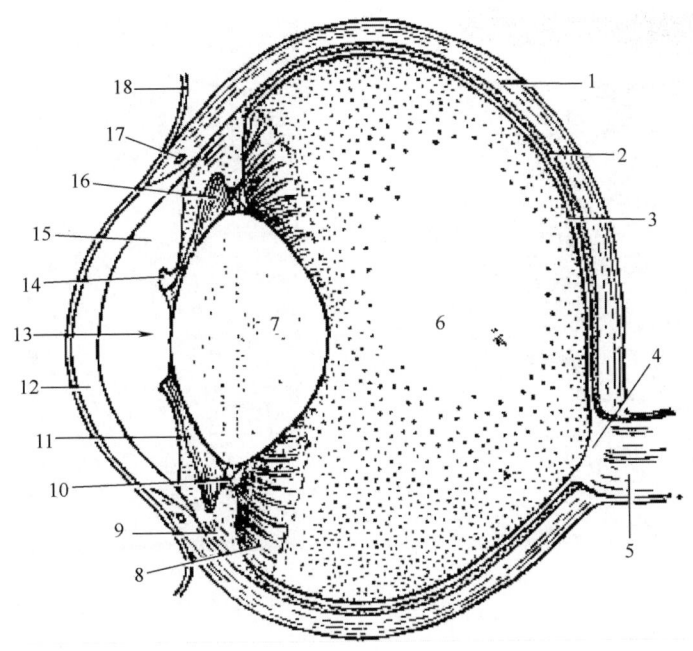

图16-2 眼球矢状面示意图

1—巩膜 2—脉络膜 3—视网膜 4—视乳头 5—视神经 6—玻璃体 7—晶状体
8—睫状突 9—睫状肌 10—晶状体悬韧带 11—虹膜 12—角膜 13—瞳孔 14—虹膜粒
15—眼前房 16—眼后房 17—巩膜静脉窦 18—球结膜

1. 眼球壁

眼球壁由三层组成，从外向内依次为纤维膜、血管膜和视网膜（图16-3）。

（1）纤维膜 纤维膜为眼球壁的外层，由致密结缔组织组成，厚而坚韧，有保护眼球内部结构和维持眼球形状的作用，分为巩膜和角膜两部分。

①巩膜：巩膜为纤维膜的后部，约占4/5，乳白色不透明，由大量的胶原纤维和少量的弹性纤维构成。巩膜前缘接角膜，两者交界处深面有巩膜静脉窦，是眼房水流出的通道。巩膜后部有视神经纤维穿过形成的巩膜筛区，该部较薄。

②角膜：角膜为纤维膜的前部，约占1/5，无色透明，有折光作用。角膜上皮的再生能力很强，损伤后能很快修复。角膜内无血管，但含丰富的神经末梢，所以感觉灵敏（图16-4）。

（2）血管膜 血管膜为眼球壁的中层，含有大量的血管和色素细胞，有营养眼内组织的作用，并形成暗的环境，有利于视网膜对光色的感应。血管膜由后向前分为脉络膜、睫状体和虹膜三部分（图16-5）。

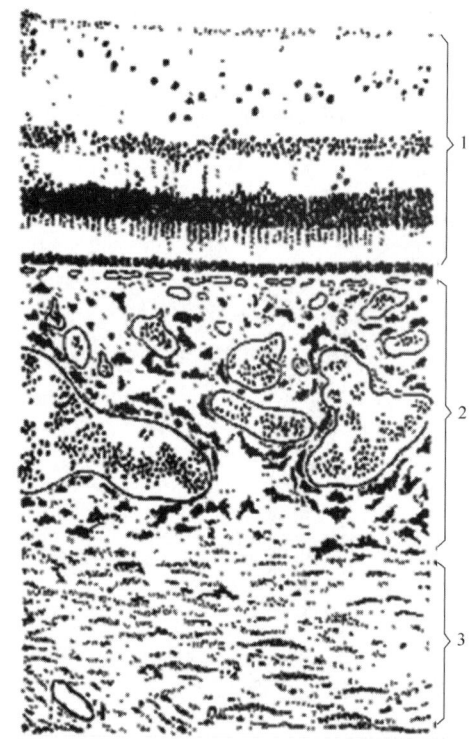

图 16-3 眼球壁示意图
1—视网膜 2—脉络膜 3—巩膜

图 16-4 角膜组织结构示意图
1—前基膜 2—固有层 3—后基膜
4—上皮 5—纤维细胞 6—胶原纤维 7—内皮

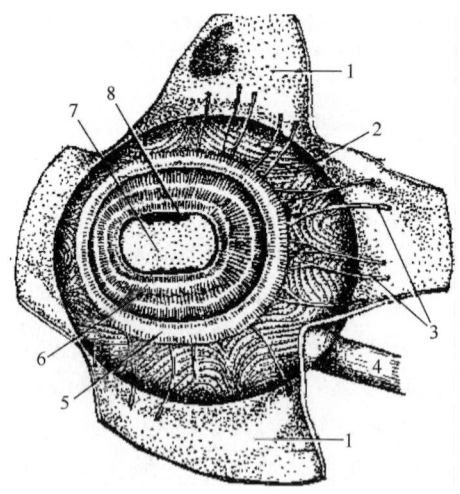

图 16-5 马眼球的血管膜前部示意图（角膜切除，巩膜翻开）
1—巩膜 2—脉络膜 3—睫状静脉 4—视神经 5—睫状肌 6—虹膜
7—瞳孔 8—虹膜粒

①脉络膜：脉络膜衬于巩膜内面，薄而柔软，呈棕色。其外面与巩膜疏松相连，内面与视网膜色素上皮层紧贴，后部在视神经穿过的背侧，动物除猪外有呈青绿色带金属光泽的三角形区，称为照膜，能将外来光线反射于视网膜以加强刺激作用，有助于动物在暗环境下对光的感应。

②睫状体：睫状体位于巩膜和角膜移行部的内面，是血管膜中部的环形增厚部分。其内面后部为睫状环，前部为睫状冠，表面有许多向内侧突出并呈放射状排列的皱褶，称为睫状突，借睫状小带（晶状体悬韧带）与晶状体相连。睫状体的外面为平滑肌构成的睫状肌，受副交感神经支配。睫状肌收缩时可使睫状小带松弛，晶状体因其囊固有弹性而变凸增厚，近物聚焦视网膜上，有调节视力的作用。睫状体还能产生眼房水。

③虹膜：虹膜位于晶状体前方，是血管膜前方的环形薄膜，呈圆盘状，从眼球前面透过角膜可以看到。虹膜中央有一孔，称为瞳孔，虹膜富含血管、神经、平滑肌和色素细胞，其色彩因含色素细胞的量和分布不同而有差异。牛的呈暗褐色，绵羊呈黄褐色，山羊呈蓝色。虹膜内有两种平滑肌，一种在瞳孔周围呈环形排列，称为瞳孔括约肌，受副交感神经支配，在强光下缩小瞳孔；另一种向虹膜周边呈放射状排列，称为瞳孔开大肌，受交感神经支配，在弱光下开大瞳孔。

（3）视网膜 视网膜为眼球壁的内层，分为视部和盲部，两部交界处称为锯齿缘（图16-6）。

①视部：视网膜视部衬于脉络膜内面，有感光作用，在活体中略呈淡红色，死后呈灰白色。在视网膜后部有一圆形或卵圆形白斑，称为视神经盘，表面略凹。视神经盘由视网膜节细胞的轴突聚集而成，无感光作用，故称为盲点。在其背外侧有一圆形小区，称为中央区，是感光最敏锐的地方。

②盲部：视网膜盲部分为视网膜睫状体部和虹膜部，分别贴衬于睫状体和虹膜内面，较薄，无感光作用。睫状体部可产生眼房水。

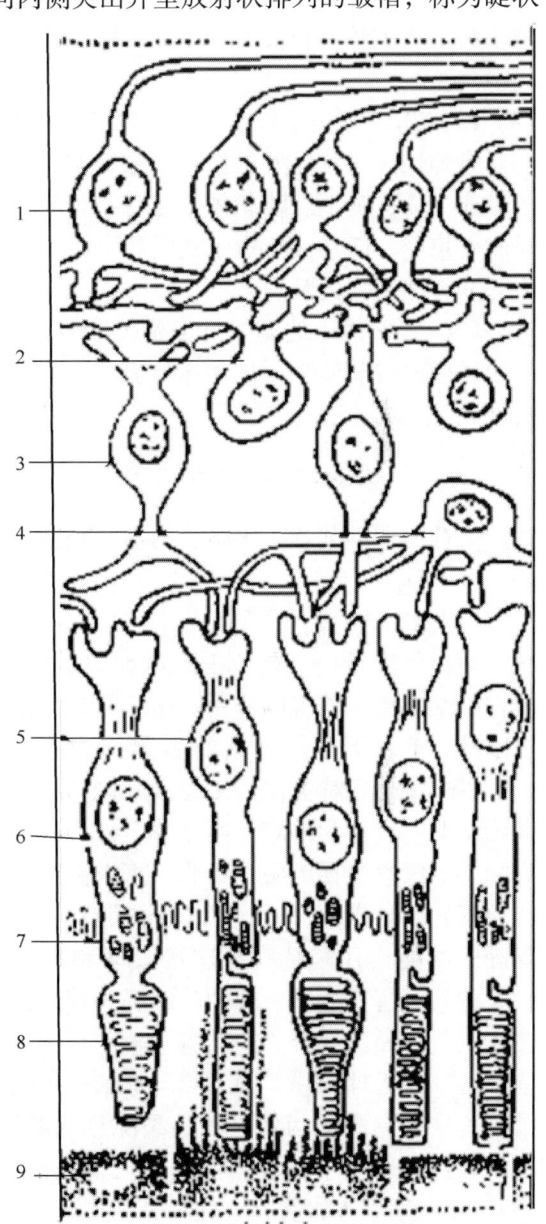

图16-6 视网膜的细胞构筑示意图
1—节细胞 2—无长突细胞
3—双极细胞 4—水平细胞 5—视杆细胞
6—视锥细胞 7—内节 8—外节 9—色素上皮

2. 内容物

内容物包括房水、晶状体和玻璃体，是眼球内的透明结构，无血管分布，与角膜一起共同组成眼球的折光系统，使物体能在视网膜上形成清晰的物像。

（1）眼房和房水　眼房位于角膜与晶状体之间，被虹膜分为眼球前房和后房，两房经瞳孔相通。眼房内充满房水。房水为无色透明的液体，由睫状体分泌产生，从眼球后房经瞳孔进入前房，然后渗入巩膜静脉窦而汇入眼静脉。房水除有折光作用外，还具有营养角膜和晶状体及维持眼内压的作用。如果房水排泄不畅，则导致眼内压升高，称为青光眼。

（2）晶状体　晶状体位于虹膜与玻璃体之间，呈双凸透镜状，无血管和神经，透明而富有弹性。晶状体外面包有一层透明而有弹性的被膜，称为晶状体囊。晶状体囊借睫状小带连于睫状突上。睫状体、睫状小带和晶状体囊的活动可使晶状体的形状发生变化，从而改变焦距，使物体聚焦于视网膜上，形成清晰的物像。晶状体如果因疾病或代谢障碍发生浑浊，称为白内障。

（3）玻璃体　玻璃体位于晶状体与视网膜之间，为无色透明的胶状物质，外面包有一层透明的玻璃体膜。玻璃体前面凹，容纳晶状体，称为晶状体窝。玻璃体有折光和支持视网膜等作用。

二、眼球的辅助装置

眼球的辅助装置有眼睑、泪器、眼球肌和眶筋膜等，起保护、运动和支持眼球的作用（图16-7）。

1. 眼睑

眼睑俗称眼皮，是位于眼球前方的皮肤褶，有保护眼球免受伤害的作用。眼睑分为上眼睑和下眼睑。上、下眼睑之间的裂隙称为睑裂，其内、外侧端分别称为眼内侧角和外侧角。眼睑外面为皮肤，内面为结膜，两面移行处为睑缘，生有睫毛。眼睑中层为眼轮匝肌，近游离缘处有一排睑板腺，导管开口于睑缘，分泌脂性物质，有润泽睑缘的作用。结膜为连接眼球和眼睑的薄膜，湿润而富有血管，分为睑结膜和球结膜。被覆于眼睑内面的部分为睑结膜，覆盖于眼球巩膜前部的部分为球结膜。睑结膜与球结膜折转移行处称为结膜穹隆，两者之间的裂隙称为结膜囊，牛的眼虫常寄生于此囊内。结膜正常呈淡红色，患某些疾病时（如贫血、黄疸、发绀）常发生变化，可作为诊断的依据。

位于眼内侧角的半月状结膜褶称为结膜半月襞，又称第3眼睑或瞬膜，常见色素。牛的结膜半月襞内有一块T形软骨。结膜半月襞内有浅腺和深腺。

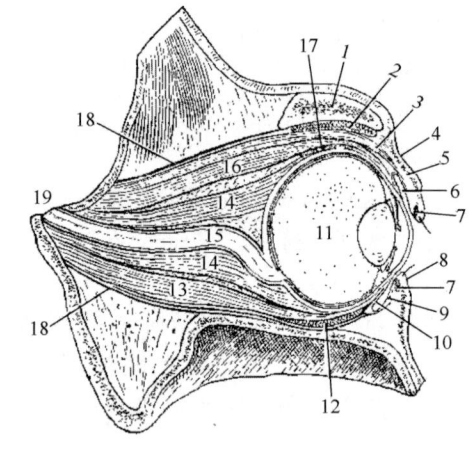

图16-7　眼的辅助器官示意图

1—额骨眶上突　2—泪腺　3—眼睑提肌
4—上眼睑　5—眼轮匝肌　6—结膜囊
7—睑板腺　8—下眼睑　9—睑结膜
10—球结膜　11—眼球　12—下斜肌
13—下直肌　14—退缩肌　15—视神经
16—上直肌　17—上斜肌　18—眶骨膜
19—视神经孔

2. 泪器

泪器包括泪腺和泪道两部分。

（1）泪腺　泪腺位于眼球背外侧、额骨颧突的腹侧，呈扁平的卵圆形，借10多条导管开口于上眼睑结膜囊内。泪腺分泌泪液，借眨眼运动分布于眼球和结膜表面，有湿润和清洁眼球表面的作用。

（2）泪道　泪道为泪液排出的通道，由泪点、泪小管、泪囊和鼻泪管组成。泪点是位于眼内侧角附近上、下睑缘的缝状小孔。泪小管是连接泪点与泪囊的小管，有两条，位于眼内侧角。泪囊是鼻泪管起始端的膨大部，为一膜性囊，呈漏斗状，位于泪骨的泪囊窝内。鼻泪管是将泪液从眼运送至鼻腔的膜性管，近侧部包埋在骨性管腔中，远侧部包埋于软骨或黏膜内，沿鼻腔侧壁向前向下延伸，开口于鼻前庭或下鼻道后部（猪），泪液在此随呼吸的空气蒸发。泪点受阻时，泪液不能正常排出，就会从睑缘溢出，时间长久会刺激眼睛发生炎症。

3. 眼球外肌

眼球外肌为眼球的运动装置，有7块肌肉：4块直肌、2块斜肌和1块眼球退缩肌，还有1块运动眼睑的上睑提肌。眼球外肌属于横纹肌，运动灵活而不容易疲劳。

（1）直肌　直肌有4块，即上直肌、内直肌、下直肌和外直肌，均呈带状，分别位于眼球的背侧、内侧、腹侧和外侧，起始于视神经孔周围，止于巩膜。4条直肌的作用分别是向上、向内侧、向下和向外侧运动眼球。

（2）斜肌　斜肌有2块，即上斜肌和下斜肌。上斜肌细而长，起始于筛孔附近，在内直肌内侧前行，通过滑车而转向外侧，经上直肌腹侧而止于巩膜。其作用是向外上方转动眼球。下斜肌短而宽，起始于泪囊窝后方的眶内侧壁，经眼球腹侧向外侧延伸而止于巩膜。其作用是向外下方转动眼球。

（3）眼球退缩肌　眼球退缩肌起始于视神经孔周围，由上、下、内侧和外侧4条肌束组成，呈锥形包于眼球的后部和视神经周围，止于巩膜。其作用是后退眼球。

（4）上睑提肌　上睑提肌属于面肌，位于上直肌的背侧，起始于筛孔附近，止于上眼睑，其作用是提举上眼睑。

4. 筋膜

筋膜包括眶骨膜、肌筋膜和眼球鞘，对眼球起保护作用。

（1）眶骨膜　眶骨膜位于骨质眼眶内，是包围眼球、眼球肌、泪腺、血管和神经等的纤维膜，致密而坚韧，呈锥形。锥尖附着于视神经孔周围，锥基附着于眶缘。

（2）眼肌筋膜　眼肌筋膜是包围直肌和斜肌的筋膜，分浅、深两层，借肌间隔相连。其后方附着于视神经孔周围，前方附着于眼睑纤维层和角膜缘。

（3）眼球鞘　眼球鞘又称为眼球筋膜，是包围眼球退缩肌和眼球的筋膜，向前伸至角膜缘，向后延续形成视神经外鞘。眼眶内存储的脂肪组织称为眶脂体。

第三节　位听器官——耳

耳为听觉和位置觉器官，分外耳、中耳和内耳三部分。外耳和中耳是收集和传导声波的装置，内耳是听觉感受器和位置觉感受器的所在之处。

一、外耳

外耳由耳廓、外耳道和鼓膜三部分组成。

1. 耳廓

耳廓又称为耳壳，不同动物的耳廓形态各异。耳廓具有2个面、2个缘、耳廓尖和耳廓基。凸面即背面，朝向内侧，中部最宽。凹面为凸面的相对面，即耳舟，有4条纵嵴。前缘即耳屏缘；后缘即对耳屏缘，薄而凸；前、后缘向上汇合于耳廓尖。下端即耳廓基，较小，连于外耳道。耳廓由耳廓软骨、皮肤和肌肉组成。耳廓软骨为弹性软骨，构成耳廓的支架，其内、外两面被覆皮肤，皮下组织很少。内面的皮肤薄，与软骨连接紧密，皮肤内含丰富的皮脂腺。耳廓基部周围具有脂肪垫，并附着有10多块耳廓外肌和内肌，能使耳廓灵活运动，便于收集声波。

2. 外耳道

外耳道是从耳廓基部到鼓膜的管道，内面被覆皮肤，由两部分组成。外侧部是软骨性外耳道，由环状软骨作支架，外侧端与耳廓软骨相连，内侧端以致密结缔组织与骨性外耳道相连；其内面的皮肤具有短毛、皮脂腺和特殊的盯聍腺。盯聍腺为变态的汗腺，分泌耳蜡，又称为盯聍。内侧部是骨性外耳道，即颞骨岩部的外耳道。骨性外耳道断面呈椭圆形，外口大，内口小，约为外口的一半，有鼓膜环沟，鼓膜嵌入此沟内。

3. 鼓膜

鼓膜位于外耳道底部，介于外耳与中耳之间，是一片卵圆形的半透明膜，坚韧而有弹性，周围嵌入鼓膜环沟内。鼓膜分两部分，松弛部小，略呈长方形；紧张部大，略呈卵圆形，内面附着锤骨柄。

二、中耳

中耳由鼓室、听小骨和咽鼓管组成（图16-8）。

1. 鼓室

鼓室是颞骨岩部和鼓部内的腔体，内面被覆黏膜，位于鼓膜与内耳之间，分为鼓室上隐窝、固有部和腹侧部。鼓室上隐窝位于鼓膜平面上方，锤骨上部及砧骨大部分位于此隐窝内。固有部或主部位于鼓膜内侧。腹侧部位于鼓泡内。鼓室外侧壁为膜壁，借鼓膜与外耳道为界；内侧壁为迷路壁，与内耳为界，近中央部有一隆起，称为岬，岬的前上方有前庭窗，由镫骨底和环韧带封闭，后下方有耳蜗窗，由第二鼓膜封闭，将鼓室与鼓阶隔开。第二鼓膜对声波起减震器的作用。前壁为颈动脉壁，有裂隙样的咽鼓管鼓口通咽鼓管。顶壁为盖壁，其内侧部有面神经通过。后壁为乳突壁，底壁为颈静脉壁。

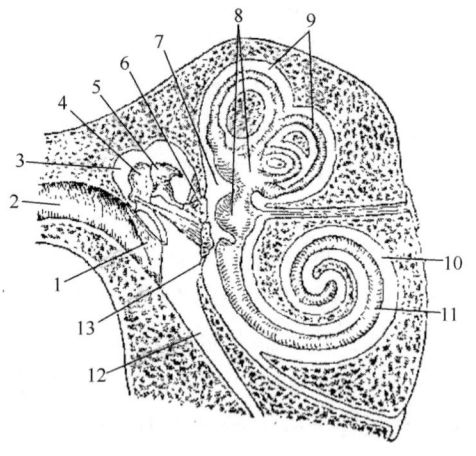

图16-8 中耳和内耳构造示意图
1—鼓膜 2—外耳道 3—鼓室 4—锤骨
5—砧骨 6—镫骨和前庭窗 7—前庭
8—椭圆囊和球囊 9—骨半规管和膜半规管
10—耳蜗 11—耳蜗管
12—咽鼓管 13—耳蜗窗膜

2. 听小骨

听小骨有三块，由外向内顺次为锤骨、砧骨和镫骨，彼此借关节相连成听骨链，外侧端借锤骨柄附着于鼓膜，内侧端以锤骨底和环状韧带附着于前庭窗。当声波振动鼓膜时，三块听小骨连串运动，使镫骨底在前庭窗上来回摆动，将声波的振动传入内耳。锤骨最大，呈锤状，分为头、颈、柄和三个突，锤骨头与砧骨体成关节，锤骨柄细长，附着于鼓膜内面。砧骨位于锤骨与镫骨之间，形似人的双尖牙，可分为砧骨体、长脚和短脚。镫骨最小，形似马镫，分为头、颈、底、前脚和后脚。镫骨头与砧骨长脚成关节，底借环状韧带封闭前庭窗。

3. 咽鼓管

咽鼓管又称为耳咽管，是连通鼻咽部与鼓室固有部的短管道，空气经此管进入鼓室，使鼓室与外耳道的大气压相等，以维持鼓膜内、外两侧大气压力的平衡，防止鼓膜被冲破。咽鼓管由骨部和软骨部组成。骨部为咽鼓管的后上部，很短，位于颞骨岩部肌突根部内侧；软骨部构成咽鼓管的大部分，由内侧板和外侧板组成，呈凹槽状。咽鼓管有两个开口，前端开口于咽侧壁，称为咽鼓管咽口，后端开口于鼓室前壁，称为咽鼓管鼓口；管壁内面被覆黏膜，分别与咽和鼓室黏膜相延续。

三、内耳

内耳位于颞骨岩部内，在鼓室与内耳道底之间，由构造复杂、形状不规则的管腔组成，故称为迷路。由骨管和膜管两部分组成，骨管称为骨迷路，膜管称为膜迷路。膜迷路套于骨迷路内，两者之间形成腔隙，腔内充满外淋巴；膜迷路内充满内淋巴（图16-8）。

1. 骨迷路

骨迷路由致密骨质构成，分为前庭、骨半规管和耳蜗三部分，三者彼此互相沟通。

（1）前庭　前庭为骨迷路中部小而不规则的卵圆形腔，位于骨半规管与耳蜗之间，前方以一个孔与耳蜗相通，后方借四个小孔与三个骨半规管相通。前庭的外侧壁即鼓室的内侧壁，壁上有前庭窗和蜗窗；内侧壁相当于内耳道底，壁上有一斜嵴，称为前庭嵴；嵴前方有较小的球囊隐窝，容纳膜迷路的球囊；嵴后方有较大的椭圆囊隐窝，容纳膜迷路的椭圆囊。前庭壁下部后方有一小的前庭水管内口。隐窝附近有供前庭和耳蜗神经通过的几群小孔，称为筛斑。

（2）骨半规管　骨半规管为三个彼此互相垂直的半环形骨管，位于前庭的后背侧，根据其位置分别称为前半规管、后半规管和外侧半规管。每个半规管均呈弧形，约占圆周的2/3，一端细，称为单骨脚，另一端粗，称为壶腹骨脚，壶腹骨脚膨大部称为骨壶腹。前半规管的内端和后半规管的上端合并成总骨脚，前半规管和外侧半规管的壶腹端有一总口，因此，骨半规管仅以4个孔开口于前庭（图16-9）。

（3）耳蜗　耳蜗为骨迷路的前部，形似蜗牛壳，位于前庭的前下方，蜗顶朝向前外下方，蜗底朝向内耳道。耳蜗由蜗轴和蜗螺旋管组成。蜗轴由

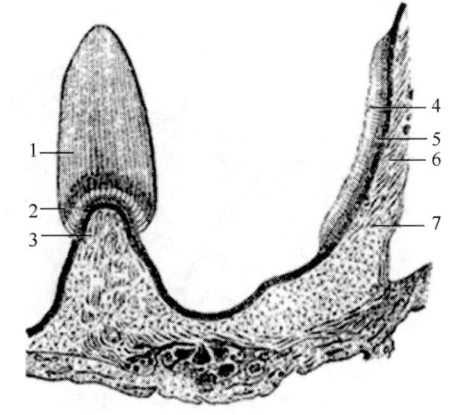

图16-9　壶腹嵴和位觉斑示意图
1—壶腹嵴　2—毛细胞　3—神经纤维　4—耳石膜
5—毛细胞　6—支持细胞　7—结缔组织

骨松质构成，内有血管神经走行，轴底相当于内耳道底的耳蜗区，有许多小孔供耳蜗神经通过。蜗螺旋管为环绕蜗轴三周半的螺旋形中空骨管，起始端与前庭相通，盲端位于蜗顶。骨螺旋板自蜗轴发出、伸入蜗螺旋管内薄骨板，但不达管的外侧壁，缺损处由膜迷路填补，将蜗螺旋管不完全地分为上、下两部分，上部称为前庭阶，下部称为鼓阶。前庭阶起始于前庭窗，鼓阶起始于蜗窗，两者均充满外淋巴，并在蜗顶经蜗孔相通。耳蜗水管是连接鼓阶与蛛网膜下腔的小管，其内口靠近鼓阶起始部，外口开口于内耳道后方（图16-10）。

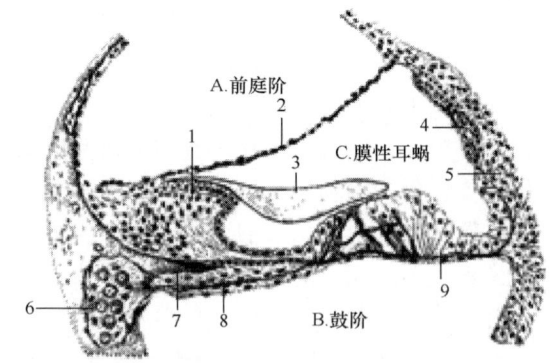

图 16-10　蜗管结构示意图
1—前庭唇　2—前庭膜　3—盖膜　4—血管纹　5—螺旋韧带
6—螺旋神经节　7—骨性螺旋板　8—耳蜗神经　9—基底膜

2. 膜迷路

膜迷路是套在骨迷路内的膜性管，管壁上有位置觉和听觉感受器。膜迷路由椭圆囊、球囊、膜半规管、耳蜗管等组成。

（1）椭圆囊　椭圆囊在前庭后上方位于椭圆囊隐窝内，较球囊大，向后与三个膜半规管相通，向前借椭圆球囊管与球囊相通。椭圆囊外侧壁上有增厚的椭圆囊斑，为平衡觉感受器。椭圆囊斑对水平方向的位移和重力刺激起反应。

（2）球囊　球囊位于球囊隐窝内，其下部有连合管与耳蜗管相通。后部借椭圆球囊管与椭圆囊相通。球囊内侧壁上有增厚的球囊斑，为平衡觉感受器，它对垂直方向加速和减速位移及重力刺激起反应。

（3）膜半规管　膜半规管套于骨半规管内，形状类似骨半规管，膜壶腹几乎占据骨壶腹管腔，但膜半规管其余部分仅占据骨半规管管腔的1/4。膜半规管开口于椭圆囊，膜壶腹内侧壁上有乳白色的半月形隆起，称为壶腹嵴，为平衡觉感受器。它对头部的角度运动，即非直线运动刺激起反应。

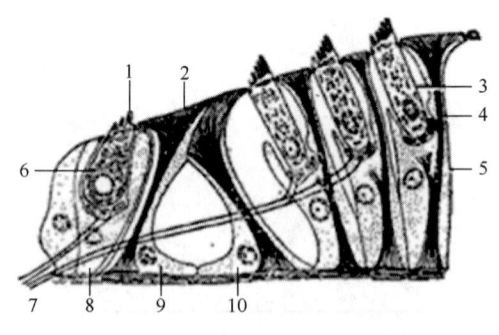

图 16-11　螺旋器示意图
1—听毛　2—头板　3—外膜细胞　4—微管
5—外指细胞　6—内毛细胞　7—神经纤维
8—内指细胞　9—内柱细胞　10—外柱细胞

（4）耳蜗管　耳蜗管为一螺旋形管，位于耳蜗内，两端均为盲端，前庭盲端借连合管与球囊相通，顶盲端位于蜗顶。耳蜗管横切面呈三角形，位于前庭阶与鼓阶之间，有三个壁，顶壁为前庭壁，由前庭膜构成，从骨螺旋板斜向伸至蜗螺旋管外侧壁，将前庭阶与耳蜗管隔开；外侧壁为增厚的骨膜，上皮下的结缔组织含有丰富的血管，称为血管纹，是产生内淋巴的结构；底壁为鼓壁，将鼓阶与耳蜗管隔开，由骨螺旋板和螺旋膜构成。螺旋膜又称基底膜，连于骨螺旋板与蜗螺旋管外侧壁之间，其上有螺旋器，为听觉感受器（图16-11）。

(5) 内耳道　内耳道位于颞骨岩部内侧面下部，起自内耳门，终于内耳道底。内耳道底被一横嵴分为上、下两部。上部的前部为面神经区，有面神经管内口，后部为前庭上区；下部前方为耳蜗区。

四、声波传导途径

声波传入内耳有两条途径，即空气传导和骨传导。在正常情况下，作用于内耳的应力以空气传导为主。

1. 空气传导

空气传导声源发出的声波经大气传播至耳廓，由耳廓收集后经外耳道作用于鼓膜，引起鼓膜振动。中耳的听骨链将鼓膜振动传至前庭窗，将声波应力传至前庭阶内的外淋巴，引起外淋巴的波动。外淋巴的波动经前庭膜作用于内淋巴，引起内淋巴的波动。内淋巴的波动将应力作用于基底膜，引起基底膜的波动。基底膜的波动刺激蜗螺旋器产生神经信息（神经冲动），该神经冲动经蜗神经传到蜗神经核，再经中枢神经内的特殊传导路传至听觉中枢，进而产生听觉。另外，鼓膜的振动也引起鼓室内气体的振动，这种振动可作用于第2鼓膜，引起鼓阶外淋巴的波动。当鼓膜破损或听骨链障碍时，这种波动也可引起内耳产生听觉信息，但听力显著降低。

2. 骨传导

骨传导声波经颅骨传入内耳的途径称为骨传导。它是指声波和鼓膜的振动直接作用于颅骨，经颅骨和骨迷路的振动作用于内淋巴，引起内淋巴的波动，后者刺激蜗螺旋器产生神经冲动。但这一途径的传导效能极其微弱，仅对某些疾病的检查和诊断有一定意义。

第十七章　内分泌系统

内分泌系统是动物体内神经系统外的另一个调节系统，由内分泌腺和内分泌组织构成。内分泌腺为独立存在的内分泌器官，其功能细胞群称为内分泌细胞。内分泌腺富含血管和自主神经，无排泄管，其分泌物（激素）经血液或淋巴运输，所以内分泌腺又称为无管腺。内分泌组织是指分散在其他器官中的内分泌细胞团。体内许多器官内含有内分泌细胞。如胰腺内的胰岛、睾丸内的间质细胞、卵巢内的卵泡细胞和黄体、胃肠道内的嗜银细胞、间脑内的室旁核细胞、视上核细胞等均具内分泌功能，还有肝、前列腺、肾、胎盘、心、血管内皮细胞等均兼有内分泌功能。

内分泌细胞合成的激素释放至组织液，扩散至邻近的特定细胞，或经血液循环运送至全身，作用于特定的细胞或细胞的特定生理，对机体新陈代谢、生长发育和繁殖等起着重要的调节作用。相对于神经调节，这种调节方式称为体液调节。神经系统对内分泌系统的活动起着直接或间接的调控作用，激素又反过来影响神经系统的功能；内分泌与免疫系统活动也存在着相互影响，三者相互作用和调节，共同组成神经-内分泌-免疫网络，维持正常的生理活动。内分泌腺发生病变，常导致激素分泌过多或不足，造成内分泌功能亢进或低下，从而出现发育异常或行为障碍等症状，因此，维持激素分泌水平相对稳定对于生物体正常活动是十分重要的。

本章仅介绍垂体、肾上腺、甲状腺和甲状旁腺、松果腺。

第一节　垂　　体

一、形态与位置

垂体又称为脑垂体，是体内最重要的内分泌腺，位于颅底蝶鞍的垂体窝内，借漏斗与下丘脑相连。垂体的结构和功能都比较复杂，根据它的发生和结构特点，可将实质部分分为腺垂体和神经垂体两大部分。腺垂体分为远侧部、中间部、结节部三部分。神经垂体分为漏斗部和神经部两部分。其中远侧部最大，向前突出，又称为前叶；中间部位于远侧部和神经部之间，中间部与神经部紧贴，两者合称为后叶，在远侧部和中间部之间有一垂体发育时遗留下来的裂隙，称为垂体裂（腔）。人和马属动物的垂体裂在发育中消失。

各种家畜垂体的形状大小略有不同（图17-1）。牛的垂体呈一扁圆形，窄而厚、漏斗长而斜向后下方，后叶位于垂体的背侧、前叶位于腹侧。马的垂体呈卵圆形，上、下扁，垂体前叶位于浅层，包围着后叶。猪的垂体略呈杏仁状，背腹侧压扁，背正中有纵向的凹沟，腹侧面稍隆凸，漏斗与垂体背侧前部相连，漏斗向后的狭窄区及腹侧面中间部呈灰色，为神经部，其余为粉红色的为腺部。犬的垂体呈圆形，红黄色的远侧部从前方和两侧包围着黄色的神经部。

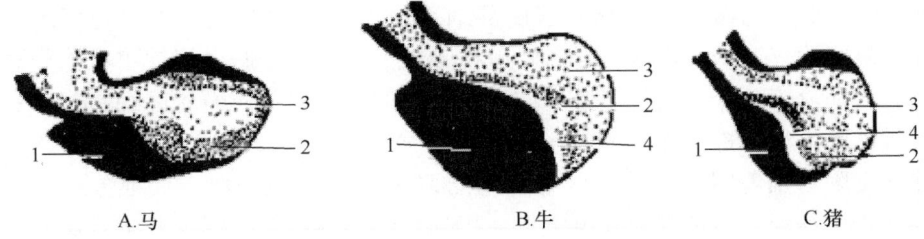

图 17-1 家畜脑垂体构造示意图

1—远侧部 2—中间部 3—神经部 4—垂体腔

二、组织构造与功能

1. 腺垂体

（1）腺垂体远侧部 腺垂体远侧部由大量的内分泌细胞和毛细血管构成（图 17-2），细胞成团或条索状排列，在 HE 切片上，按细胞的染色性质分为嗜酸性细胞、嗜碱性细胞和嫌色细胞三种。（图 17-3）。

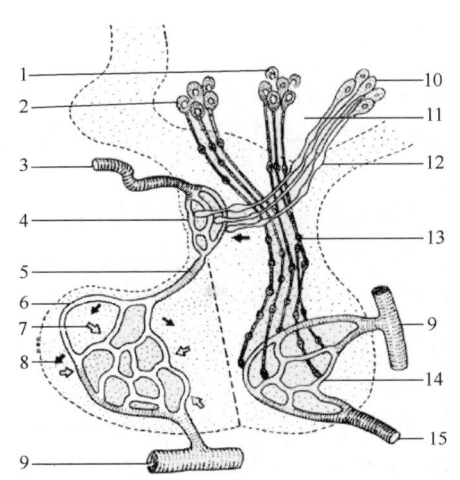

图 17-2 垂体门脉系统示意图

1—室旁核 2—视上核 3—垂体上动脉
4—第 1 级毛细血管网 5—垂体门微静脉
6—第 2 级毛细血管网 7—腺垂体激素
8—下丘脑激素 9—静脉窦 10—弓状核
11—第 3 脑室 12—下丘脑腺垂体系
13—下丘脑神经垂体系 14—毛细血管网
15—垂体下动脉

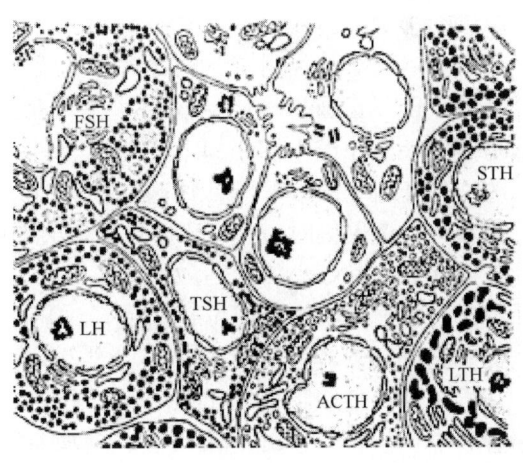

图 17-3 垂体远侧部细胞类型示意图

STH—生长激素细胞 LTH—催乳激素细胞
TSH—促甲状腺激素细胞 FSH—促卵泡激素细胞
LH—促黄体激素细胞 ACTH—促肾上腺皮质激素细胞

① 嗜酸性细胞：嗜酸性细胞约占远侧部细胞的 40%，胞体较大，核圆，位于中央，胞质内含有许多圆形的嗜酸性颗粒，颗粒大小因动物种属不同而异，马和羊的颗粒较大，猪和鼠的颗粒细小。嗜酸性细胞分泌促生长激素，促进机体生长和新陈代谢，分泌催乳激素，促进乳腺的发育和乳汁分泌。

②嗜碱性细胞：嗜碱性细胞约占远侧部细胞的10%，细胞大小不一，核圆，多偏于细胞一侧，核膜明显，胞质色浅，含有嗜碱性颗粒。嗜碱性细胞分泌促甲状腺激素，促进甲状腺的合成和分泌；分泌促肾上腺皮质激素，促进肾上腺皮质束状区细胞分泌糖皮质激素；分泌性腺激素，促进性腺分泌。

③嫌色细胞：嫌色细胞约占远侧部细胞的50%，细胞体积小，成堆分布，细胞界限不清，胞质着色浅淡。嫌色细胞在电镜下大部分有细小的颗粒，因此有学者认为它们是嗜酸或嗜碱细胞的前体细胞，或是这两种细胞的脱颗粒状态的细胞。另有一种嫌色细胞有长的突起，突入腺细胞中间，可能有支持作用。

（2）腺垂体中间部　腺垂体中间部由淡染的嗜碱细胞组成，可成堆排列也可围成充满胶体的滤泡，滤泡的大小不等。一般认为中间部细胞能分泌黑色素细胞刺激素（MSH），可调节皮肤表皮内的黑色素细胞合成黑色素的数量，在某些两栖类中间部很发达，可改变皮肤的颜色，起保护功能。

（3）腺垂体结节部　腺垂体结节部是在垂体形成时，远侧部的一些细胞包围着神经垂体的漏斗部而形成的，是远侧部向上延伸的一部分。因此，可与远侧部合称为前叶。结节部有丰富的纵行的毛细血管。结节部的细胞较小，多数为嫌色细胞，也有少量的嗜色细胞，能够促进促性腺激素和促甲状腺激素分泌。

2. 神经垂体

神经垂体属于神经组织，内含大量的无髓神经纤维、毛细血管及一些神经胶质细胞。神经纤维来自下丘脑一些神经核团（主要是视上核和室旁核）内神经元的轴突，形成下丘脑垂体束经漏斗进入神经部。

应用免疫组化的方法可见到这些激素的分泌颗粒流向神经垂体，沿途可形成串珠状膨大，当颗粒大量聚集时，在HE切片上就会看到染成均质状的嗜酸性小团块，称为赫令小体。神经纤维及赫令小体内的激素颗粒均可向毛细血管或中央脊髓管内释放，因此神经垂体并不是产生这些激素的部位，而是释放和储存的场所，神经部的胶质细胞又称为垂体细胞，具有支持和营养神经的作用。

视上核的神经细胞合成和分泌加压素，称为抗利尿素（ADH），主要作用是增强肾远曲小管和集合小管对水分的重吸收，使尿量减少。若分泌不足可发生尿崩症；若分泌过多，除抗利尿外还可使小动脉收缩，血压升高。

室旁核神经细胞合成和分泌催产素，该激素可引起妊娠子宫和乳腺导管平滑肌收缩，故可加速分娩过程，促进乳腺分泌。

第二节　肾　上　腺

一、形态与位置

肾上腺一对，分别位于左、右肾的前内侧缘附近。牛的右肾上腺呈心形，位于右肾前端内侧，左肾上腺呈肾形，于左肾前方；猪肾上腺长而窄，表面有沟，位于肾内侧缘的前方；马的肾上腺呈扁椭圆形，位于肾内侧缘稍前上方，一般右肾上腺较大；羊的左、右肾上腺均为扁椭圆形。

二、组织构造与功能

肾上腺表面有薄层结缔组织被膜,结缔组织内伸穿行在实质的细胞团、索之间,构成间质成分,间质内有丰富的血窦。实质由位于周围的皮质和位于中央的髓质两部分构成。皮质来自中胚层,腺细胞具有分泌类固醇激素细胞的结构特点;髓质来自外胚层,腺细胞具有分泌含氮类激素细胞的结构特点(图17-4)。

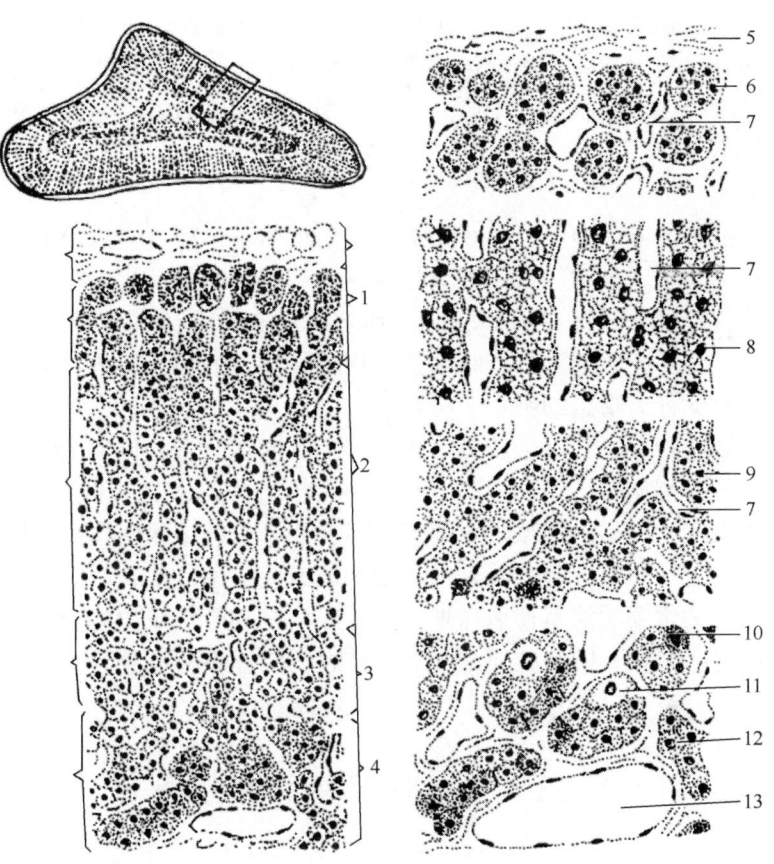

图17-4 肾上腺的组织构造示意图
1—球状带 2—束状带 3—网状带 4—髓质 5—被膜 6—球状带细胞 7—血窦 8—束状带细胞
9—网状带细胞 10—去甲肾上腺素细胞 11—交感神经节细胞 12—肾上腺素细胞 13—中央静脉

1. 肾上腺皮质

肾上腺皮质位于肾上腺的外围,约占肾上腺体积的80%。根据皮质部细胞排列的形式与功能的不同,由外向内分成多形带、束状带和网状带三部分。

(1) 多形带 多形带约占皮质的15%,由于动物的种类不同,细胞排列的形式也不同,如人和反刍动物排列成球状;马、驴和肉食动物排成弓状;而猪则为不规则状。多形带的细胞除马类动物外都比较小,呈多边形,核深,胞质弱嗜酸性,细胞团的外面有薄的基膜、结缔组织和血窦。多形带的细胞分泌盐皮质激素,如醛固酮等,可促进肾远端小管和集合管对钠离子的重吸收和钾离子的排出,并伴有水分的重吸收,因此对维持体内电解质体液的动态平衡起着十分重要的作用。

（2）束状带　束状带最厚，占皮质的75%~80%，细胞多是1~2行排列成长索状，彼此有少量吻合，索间有条状的血窦相隔，细胞体积较大，界限清楚，呈立方形或多角形，核圆位于中央。胞质内含有较多的脂滴，制片时，由于脂质被溶解，胞质色浅而呈泡沫状。束状带的细胞分泌糖皮质激素，如可的松等，对糖代谢的调节最为重要，对蛋白质、脂肪的代谢也起很大作用。

（3）网状带　网状带最薄，仅占皮质5%~7%。与髓质紧邻，有的可突入髓质，但两者分界清楚细胞呈条索状，互相交错成网，个体较小，形态不规则，界限不清楚，核小着色深，胞质弱嗜酸性。网状带的细胞产生性激素，多为雄激素，也有少量雌激素，可维持动物的第二性征。

2. 肾上腺髓质

肾上腺髓质位于肾上腺内部。由于组织来源与皮质不一样，与皮质有明显的分界，两者呈犬牙交错状。髓质中心有一大的中央静脉，以利于分泌物的排出与运输，髓质细胞呈不规则团、索状，有少量结缔组织和较小的血窦，还有单个或成群分布的交感神经节细胞，但一般不易见到，髓质细胞具有嗜铬性，用铬盐固定的切片标本，细胞内有嗜铬的颗粒，呈现黄色，故又称为嗜铬细胞。

嗜铬细胞分泌两种激素：肾上腺素和去甲肾上腺素，两者的比例大约为4∶1，以肾上腺素为主。它们都是酪氨酸衍生的胺类，分子中都有儿茶酚基团，故都属于儿茶酚胺类。由于去甲肾上腺素也是中枢神经系统重要的神经递质，它的生物学作用与交感神经系统紧密联系，作用很广泛。一般，肾上腺素的主要功能是使心率加快，心脏和骨骼肌的血管扩张；去甲肾上腺素的主要功能是使血压增高，心脏、脑和骨骼肌内的血流加速。

近年来，发现肾上腺髓质细胞还能合成、储存、释放多种生物活性物质，如血活性多肽等。

第三节　甲状腺和甲状旁腺

一、形态与位置

甲状腺位于喉后方，在前2、3个气管软骨环的两侧面和腹侧面，由左、右两个侧叶（Lobi）和中间的腺峡（Isthmus glandularis）组成。牛甲状腺的侧叶呈扁三角形，腺峡较发达，由腺组织构成；马甲状腺侧叶呈卵圆形，腺峡细，且被结缔组织代替；猪甲状腺的腺峡与左右侧叶连成一个整体，位于气管腹侧面；绵羊甲状腺呈长椭圆形，山羊甲状腺的两侧叶不对称，两者腺峡均较细（图17-5）。

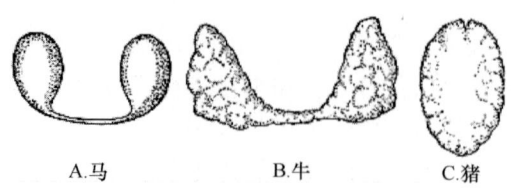

图17-5　家畜甲状腺形态示意图

甲状旁腺较小，呈圆或椭圆形，位于甲状腺附近或埋于甲状腺实质内。牛甲状旁腺有内、外两对，外甲状旁腺位于甲状腺前方，颈总动脉附近，内甲状旁腺位于甲状腺内侧面的背侧缘附近。猪的甲状旁腺只有一对，通常位于甲状腺前方，有胸腺时则埋于胸腺内，色深、质硬。马的甲状旁腺有前、后两对，前对呈球形，多数位于甲状腺前半部与气管之间，少数位于甲状腺背侧缘或甲状腺内；后对呈扁椭圆形，常位于颈后部气管的腹侧。

二、组织构造与功能

1. 甲状腺

甲状腺表面有一薄层的结缔组织被膜，结缔组织伴随血管伸入实质，将甲状腺分成许多分界不明显的小叶，小叶内有大量的圆形或椭圆形滤泡，为甲状腺实质。滤泡间的少量结缔组织和丰富的毛细血管构成甲状腺间质。

甲状腺的实质就是无数个大小不等的甲状腺滤泡，由滤泡上皮细胞包围成囊状，囊腔内含嗜酸性的胶质，在滤泡壁和滤泡旁还可见到散在或成群的滤泡旁细胞（图17-6）。

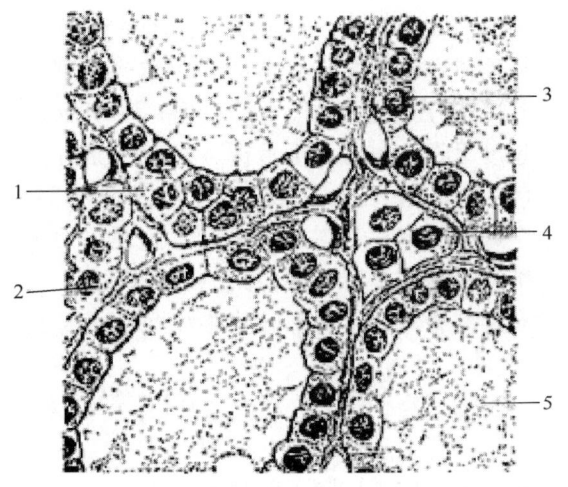

图17-6　甲状腺滤泡示意图
1—基膜内滤泡旁细胞　2—滤泡间细胞
3—滤泡细胞　4—基膜外滤泡旁细胞　5—胶状物

（1）滤泡上皮细胞　滤泡上皮细胞为单层立方形，核圆形，位于中央，细胞界限清楚，细胞的形态与其功能状态有关，功能活跃时，细胞可增高成柱状，胶质分泌物水解；静止期，细胞变低，甚至呈扁平。

滤泡的上皮细胞一方面从血液中摄取所必需的各种氨基酸，在细胞内合成甲状腺球蛋白的前体并排入滤泡腔；另一方面同时从血液中摄入碘离子，在细胞内活化后也排入滤泡腔，两者在腔内结合成碘化的甲状腺球蛋白而储存。当机体需要时，腺垂体分泌促甲状腺素作用于滤泡上皮细胞，使其吸收甲状腺球蛋白的胶质，在细胞内分解成甲状腺素，再经细胞基部释入毛细血管。甲状腺素的主要功能是增进机体的新陈代谢，促进机体的生长发育，尤其对幼小动物的骨骼发育和中枢神经系统发育影响很大。幼畜甲状腺功能不足则生长发育受阻，体格矮小，不灵活，称为"呆小症"。成年动物则可引起结缔组织水肿，称为黏液性水肿。

（2）滤泡旁细胞　数量较滤泡上皮细胞少，但胞体较大，胞质浅淡，故有亮细胞之称。单个的滤泡旁细胞镶嵌在滤泡上皮细胞之间，成群的滤泡细胞则多位于滤泡间的结缔组织内，常靠近血管部位。该细胞具有嗜银性，用镀银法染色，细胞内充满了黑色的分泌颗粒。滤泡旁细胞分泌降钙素。降钙素主要作用是降低血钙，当血液中的血钙过高时，降钙素分泌增加，一方面可抑制胃肠道对钙的吸收，另一方面促进成骨细胞活性，加速钙盐沉淀，同时也抑制破骨细胞对骨的溶解，达到降低血钙的目的。

2. 甲状旁腺

腺表面包有薄层结组织被膜，腺细胞排列成索团状，其间富含有孔毛细血管及少量结缔组织，还可见散在脂肪细胞，并随年龄增长而增多。

光镜下，腺细胞可以分为主细胞和嗜酸性细胞两种。

（1）主细胞　主细胞是构成腺实质的主体，呈圆形或多边形，核圆，位于细胞的中央，HE染色切片中胞质着色浅。电镜下，胞质内含粗面内质网、高尔基复合体和直径200~400nm的分泌颗粒，还有一些糖原和脂滴。细胞分泌颗粒内的甲状旁腺激素以胞吐方式释放入毛细血管内。

甲状旁腺激素主要功能是影响体内质钙与磷的代谢，作用于骨细胞和破骨细胞，从骨动员钙，使骨盐溶解，血液中钙离子浓度增高，同时还作用于肠及肾小管，使钙的吸收增加，从而使血钙升高。机体内在甲状旁腺激素和降钙素的共同调节下，维持着血钙的稳定。若甲状旁腺分泌功能低下，血钙浓度降低，出现手足抽搐症；如果功能亢进，则引起骨质过度吸收，容易发生骨折。甲状旁腺功能失调会引起血中钙与磷的比例失常。

（2）嗜酸性细胞　嗜酸性细胞体积比主细胞大，核小而固缩，染色较深，数量少，常单个或成群存在于主细胞之间。胞质内含密集的嗜酸性颗粒，故有强的嗜酸性。电镜下，嗜酸性颗粒是线粒体，其他细胞器均不达，糖原和脂滴也少，且无分泌颗粒。该细胞从青春期前后开始出现，随着年龄增长而增多。其功能目前还不清楚。

第四节　松　果　腺

松果体是位于丘脑和四叠体之间的红褐色卵圆形小体，其一端借细柄与第3脑室顶相连，第3脑室凸向柄内形成松果体隐窝。

松果体表面被以由软脑膜延续而来的结缔组织被膜，被膜随血管伸入实质内，将实质分为许多不规则小叶，小叶主要由松果体细胞、神经胶质细胞和神经纤维等组成。松果体细胞是松果体内的主要细胞。在HE染色标本中，细胞为圆形或不规则形。核大，圆形、不规则形或分叶状，着色浅，核仁明显。胞质呈弱嗜碱性，含有少量脂滴。在镀银染色标本中，松果体细胞形状不规则，有长短不一的突起，突起末端膨大，常止于血管周围。神经胶质细胞较少，位于松果体细胞之间。在HE染色标本中，细胞胞体小，形态不规则，细胞核小，染色深。细胞有突起，末端附着在松果体细胞或伸到血管周围间隙。在松果体细胞之间还可见到一些圆形、卵圆形或不规则形钙化颗粒，称为脑砂，其成分主要为磷酸钙和碳酸钙。脑砂一般出现在青春期后，其量随年龄而增加。脑砂的功能意义尚不清楚。

一般认为，松果体能合成、分泌多种生物胶和肽类物质，主要是调节神经的分泌和生殖系统的功能，而这种调节具有很强的生物节律性，并与光线的强度有关。松果体细胞交替性地分泌褪黑激素和5-羟色胺，有明显的昼夜节律，白昼分泌5-羟色胺，黑夜分泌褪黑激素，褪黑激素可能抑制促性腺激素及其释放激素的合成与分泌，对生殖起抑制作用。

另外，松果体细胞还分泌8-精催产素、5-甲氧色醇、黄体生成素释放激素和抗促性腺因子等。

第十八章 被　　皮

被皮包括皮肤和由皮肤衍生而成的特殊器官，如家畜的毛、汗腺、皮脂腺、乳腺、蹄、枕、角以及家禽的羽毛、冠、喙和爪等结构。被皮形成器官的外部屏障以及与外界环境的接触界面，具有多种功能，如抵抗外部环境的机械、化学、物理及生物因素的伤害；感受压力、疼痛和温度；储藏和排泄水分、电解质、维生素和脂肪；参与调节体温等。被皮的状态反映动物的健康状况，体内的病患常在被皮形成症候，如黄疸、发绀或浮肿等。被皮也是皮革、毛皮、毛织品等工业领域的重要原材料。

第一节　皮　　肤

皮肤覆盖于家畜体表，直接与外界接触，在自然孔处与黏膜相连，有保护体内组织、防止异物侵害和机械性损伤的作用。皮肤中含有多种感受器、丰富的血管、毛和皮肤腺等结构，因此又具有感觉、调节体温、分泌、排泄废物和储存营养物质等功能。皮肤的厚薄因畜种、年龄、性别以及身体的不同部位而异。牛的皮肤最厚，绵羊的皮肤最薄；老年家畜的皮肤比幼年家畜的厚；公畜的皮肤比母畜的厚；畜体枕部、背部和四肢外侧的皮肤比腹部和四肢内侧的厚。尽管皮肤的厚薄不同，但均由表皮、真皮和皮下组织3层构成（图18－1）。

一、表皮

表皮为皮肤的外层，由角化的复层扁平上皮构成。表皮内有丰富的神经末梢，但无血管和淋巴，表皮所需要的营养物质从真皮获取。表皮的厚薄也因部位而异，凡长期受摩擦和压力的部位，表皮较厚，角化程度也较显著。表皮由外向内分为角质层、颗粒层和生发层，在乳头、鼻镜等无毛的部位，角质层与颗粒层之间还有透明层。

1. 角质层

角质层为表皮的浅层，由大量角化

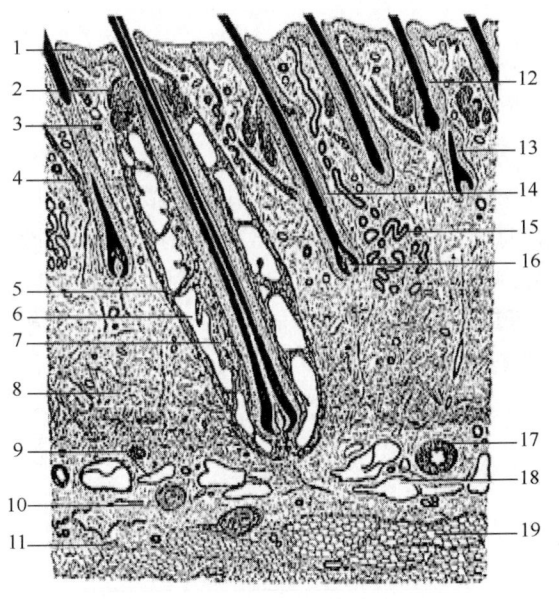

图 18－1　皮肤结构示意图
1—表皮　2—皮脂腺　3—乳头层　4—立毛肌
5—触毛外毛囊　6—触毛毛囊窦　7—触毛内毛囊
8—网状层　9—毛细淋巴管　10—环层小体
11—皮下组织　12—脱落毛　13—生长毛
14—毛根鞘　15—汗腺　16—毛乳头
17—小动脉　18—小静脉　19—脂肪组织

的扁平细胞组成，细胞内充满角蛋白。浅层细胞死亡后脱落形成皮屑。

2. 颗粒层

颗粒层为表皮的中层，由数层梭形细胞组成，胞质内含有许多透明胶质颗粒，颗粒的数量向表层逐渐增加。

3. 生发层

生发层为表皮的深层，由一层低柱状（基层）和数层多边形细胞（棘层）组成。该层细胞具有很强的增殖能力，能不断分裂产生新的细胞，以补充表层角化脱落的细胞。

二、真皮

真皮为皮肤的中层，是皮肤中最厚的一层，由不规则致密结缔组织构成，含有大量的胶原纤维和弹性纤维，坚韧而富有弹性。真皮与表皮凹凸相嵌的部分称为乳头层，深层称为网状层，两层互相移行，无明显的分界。乳头层由纤细的胶原纤维和弹性纤维交织而成，富有血管、淋巴管和感觉神经末梢，起营养表皮和感受外界刺激的作用。网状层由粗大的胶原纤维束和丰富的弹性纤维交织而成，坚韧而有弹性。该层含有较大的血管、淋巴管和神经，并有毛囊、竖毛肌、汗腺和皮脂腺等结构。

日常生活中使用的皮革就是由真皮鞣制而成的。临床上将药液注入真皮内称为皮内注射。

三、皮下组织

皮下组织为皮肤的深层，由疏松结缔组织构成，在运动系统中属于肌肉的辅助构造，又称为浅筋膜。皮肤借皮下组织与深部的肌肉或骨膜相连。在骨突起部位的皮肤，皮下组织有时出现腔隙，形成黏液囊，内含少量黏液，可减少骨与该部皮肤的摩擦。由于皮下组织结构疏松，使皮肤具有一定的活动性，并能形成皱褶，如颈部的皮肤。皮下组织中常含有脂肪组织，具有保温、储存能量和缓冲机械压力的作用。猪的皮下脂肪组织特别发达，形成一层很厚的脂膜。

第二节　皮肤衍生物

一、皮肤腺

皮肤腺包括汗腺、皮脂腺和乳腺。（图 18-2）。

1. 汗腺

汗腺位于皮肤的真皮和皮下组织内，为蟠曲的单管状腺。汗腺分泌汗液，有排泄废物和调节体温的作用。牛的汗腺以面部和颈部最为显著，水牛的汗腺不如黄牛的发达。

在组织学上，汗腺可根据其分泌过程分为两种。一种是顶浆分泌汗腺，常分泌含蛋白质的汗液进入毛囊，也有的单独开口于皮肤表面，这种汗液形成的气味具有物种特异性，在马中尤为丰富。另一种汗腺分泌大量水样汗液，直接开口于皮肤，在家畜中这类汗腺仅存在于皮肤的无毛区或近无毛区的地方，如犬的足垫。

2. 皮脂腺

皮脂腺位于真皮内，在毛囊与竖毛肌之间，为分支泡状腺，在有毛的皮肤中直接开口于毛囊，在无毛的皮肤中直接开口于皮肤表面。皮脂腺分泌皮脂，它与顶浆分泌汗液混合，有滋润皮肤和被毛的作用，使皮肤和被毛保持柔韧。家畜的皮脂腺分布广泛，除角、蹄、爪、乳头及鼻唇镜等处皮肤无皮脂腺外，全身其他部位均有分布。皮脂腺的发达程度还因畜种和身体的不同部位而异，绵羊的皮脂腺发达。

3. 乳腺

乳腺为哺乳动物特有的皮肤腺，为复管泡状腺，在功能和发生上属于汗腺的特殊变形，公母畜均有乳腺，但只有母畜的乳腺能充分发育，具有分泌乳汁的能力，并形成发达的乳房。

（1）乳房的位置和形态　牛的乳房位于耻骨部，并延伸至骨盆的腹侧、两股之间。牛的乳房通常呈半圆形，但也有其他形态的乳房，如扁平形乳房、山羊形乳房、发育不均衡形乳房等。乳房分为紧贴腹壁的基部、中间的体部和游离的乳头部。乳房被纵行的乳房间沟分为左右两半，每半又被浅的横沟分为前后两部，共分为四个乳丘。每个乳丘上有一个乳头，乳头呈圆柱形或圆锥形，前列乳头较长。有时在乳房的后部有一对小的副乳头。每个乳头上有一个乳头管的开口。

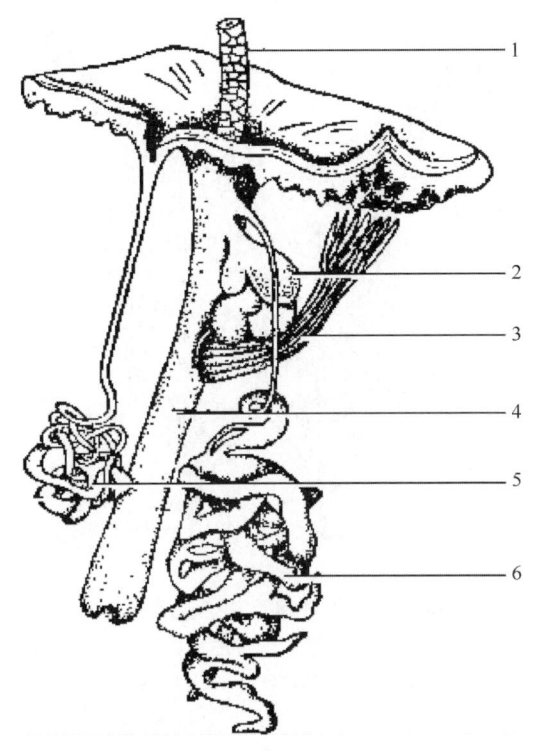

图18-2　皮肤衍生物示意图
1—毛干　2—皮脂腺　3—立毛肌
4—毛囊　5—汗腺　6—大汗腺

（2）乳房的结构　乳房由皮肤、筋膜和实质组成。乳房的皮肤薄而柔软，除乳头外，均生有一些稀疏的细毛。皮肤内有汗腺和皮脂腺。乳房后部与阴门之间有线状毛流的皮肤纵褶，称为乳镜，可作为评估奶牛产乳能力的一个指标。皮肤深层为筋膜，分为浅筋膜和深筋膜。浅筋膜为腹壁浅筋膜的延续，由疏松结缔组织构成，使乳房皮肤具有活动性。乳头皮下无浅筋膜。深筋膜富含弹性纤维，包在整个乳房的内外表面，形成乳房的悬吊装置，由内侧板和外侧板组成。两侧的内侧板形成乳房悬韧带，将乳房悬吊在腹底壁白线的两侧，并形成乳房的中隔，将乳房分为左右两半。内、外侧板在乳头基部汇合，它们在向腹侧延伸的过程中，在乳房内、外侧面分出7~10个悬板进入乳房实质，将乳房分隔成许多腺小叶。每一腺小叶由分泌部和导管部组成。腺泡与小叶内导管相连，后者汇入小叶间导管，进而汇合成较大的输乳管，最后汇入输乳窦。输乳窦为乳房下部和乳头基部内的不规则腔体，分别称为腺部和乳头部；输乳窦经乳头管向外开口。乳头管内衬黏膜，黏膜上有许多纵嵴，黏膜下有平滑肌和弹性纤维，平滑肌在管口处形成括约肌。牛乳房4个乳丘的管道系统彼此互不相通（图18-3~图18-5）。

(3) 各种家畜乳房特点

①猪的乳房：猪的乳房成对位于胸、腹部正中线的两侧，其对数因品种而异，一般为5~8对，有的可达10对。每个乳房有1个乳头，每个乳头有2~3个乳头管的开口。输乳窦较小。

②马的乳房：马的乳房位于两股之间，成扁圆形，被一纵沟分为左、右两半，每半有一个左、右扁平的乳头，每个乳头有2个乳头管的开口。输乳窦乳头部较小。

③羊的乳房：羊的乳房位于腹股沟部，山羊的呈圆锥形，绵羊的呈扁平的半球形，被乳房间沟分为左、右两半，每半有一个圆锥形的乳头，每个乳头有1个乳头管的开口。乳头基部有较大的输乳窦。

④犬的乳房：犬的乳房位于胸、腹部正中线的两侧，其对数因品种而异，一般为4对，有的为5~6对。每个乳房有1个乳头，呈两侧扁平的锥形。每个乳头有多个乳头管的开口（7~16个）。

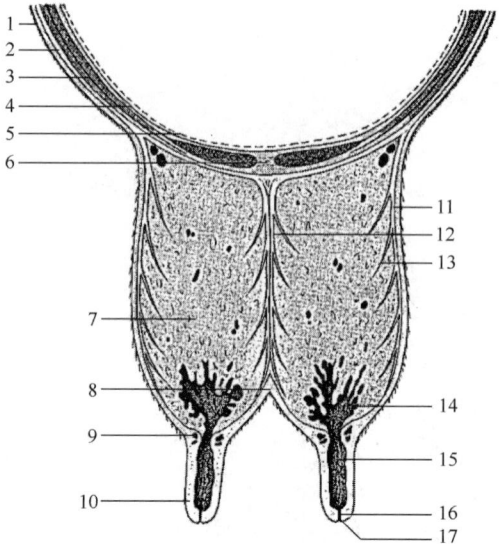

图 18-3　牛乳房及其悬器示意图
1—被皮　2—躯干外筋膜　3—腹壁肌　4—躯干内筋膜　5—腹膜　6—白线　7—体部　8—乳丘间沟　9—静脉环　10—乳头　11—筋膜外侧板　12—筋膜内侧板　13—悬板　14—腺乳窦　15—乳头乳窦　16—乳头管　17—乳头小孔

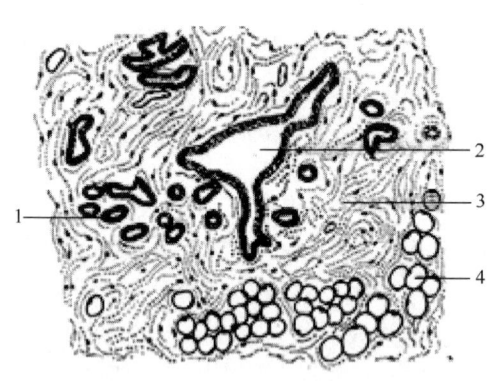

图 18-4　静止期乳腺组织结构示意图
1—腺泡　2—叶间导管　3—结缔组织　4—脂肪细胞

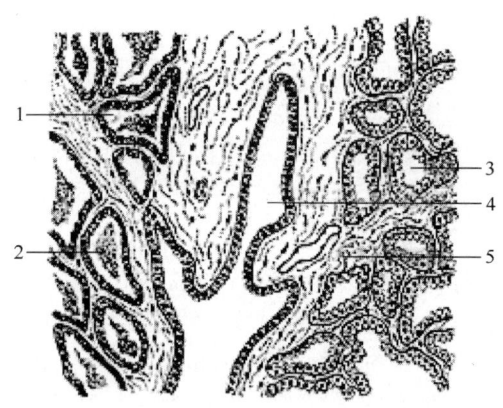

图 18-5　泌乳期乳腺组织结构示意图
1—分泌后的腺泡　2—乳汁　3—分泌前的腺泡　4—小叶间导管　5—小叶间结缔组织

（4）乳房的血管、神经和淋巴管　乳房的动脉有阴部外动脉和阴部内动脉的阴唇背侧支和乳房支。阴部外动脉进入乳房后分为乳房前动脉和乳房后动脉，分布于乳房。乳房的静脉在乳房基部形成静脉环，有腹壁前浅静脉（腹皮下静脉）、阴部外静脉及阴唇背侧和乳房静脉与之相连，乳房的血液主要经腹壁前浅静脉和阴部外静脉回流。乳房的感觉神经来自髂腹下神经、髂腹股沟神经、生殖股神经和阴部神经的乳房支。自主神经来自肠系膜后神经节的交感纤维。这些神经纤维分布于肌上皮细胞、平滑肌纤维和血管，不分布于腺泡。乳房的淋巴管较稠密，主要输入乳房淋巴结。

4. 其他特殊的皮肤腺

特殊的皮肤腺是汗腺和皮脂腺的变型结构由汗腺衍生的腺体有外耳道皮肤的盯聍腺，分泌盯聍（耳蜡）；牛的鼻唇镜腺和羊的鼻镜腺分泌水状液体。由皮脂腺衍生的腺体有肛门腺、包皮腺、阴唇腺和睑板腺等。

二、毛

毛由表皮衍生而成，坚韧而有弹性，覆盖于皮肤的表面，有保护和保温作用。

1. 毛的形态结构

毛呈细丝状，露在皮肤外面的部分称为毛干，埋在皮肤内的部分称为毛根。毛根末端膨大呈球形，称为毛球。毛球的细胞分裂能力很强，是毛的生长点。毛球底部凹陷，有真皮结缔组织伸入，称为毛乳头，富含血管和神经。毛通过毛乳头获得营养。毛根周围包有毛囊，由表皮和真皮组成，分别形成上皮鞘和结缔组织鞘。在毛囊的一侧有一条平滑肌束，称为竖毛肌，受交感神经支配，收缩时能使毛竖立（图18-6）。

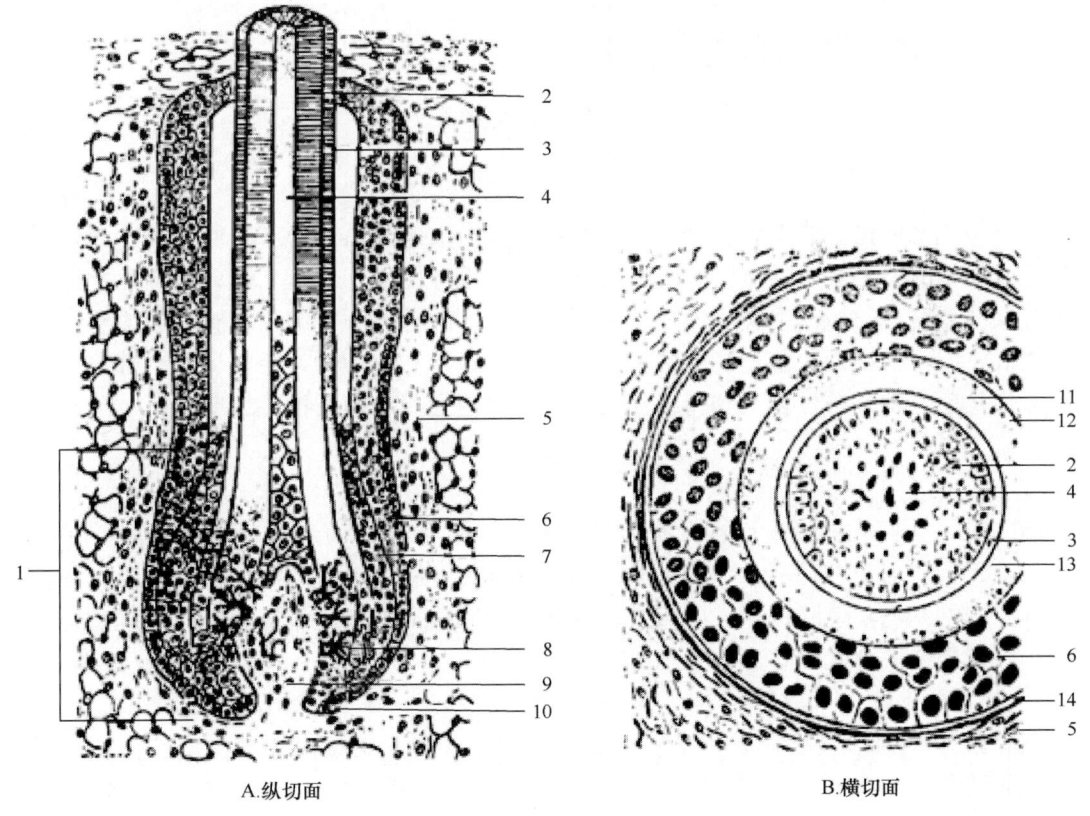

A. 纵切面　　B. 横切面

图18-6　毛囊和毛根示意图

1—毛球　2—毛皮质　3—毛小皮　4—毛髓质　5—结缔组织鞘　6—外根鞘　7—内根鞘　8—黑色素细胞　9—毛乳头　10—毛母细胞　11—内根鞘赫氏层　12—内根鞘亨氏层　13—内根鞘小皮　14—玻璃膜

2. 毛的类型和分布

畜体不同部位毛的类型、粗细和作用不尽相同。毛有被毛和特殊毛两类。

着生在家畜体表的普通毛称为被毛，是温度的不良导体，有保温作用。被毛因粗细不同，分为粗毛和细毛。牛、猪、马的被毛多为短而直的粗毛，绵羊的被毛多为细毛。牛、马的被毛是单根均匀分布的，绵羊的是成簇分布的，猪的常三根集合在一起成组分布。短而粗的被毛多分布在家畜的头部和四肢。

着生在畜体特定部位的一些长粗毛称为特殊毛，如马颅顶的鬣、颈部的鬃、尾部的尾毛和系关节后部的距毛，公羊颏部的髯，猪颈背部的鬃，马和牛唇部的触毛等。触毛根部具有丰富的神经末梢，能感受触觉。

毛在畜体表面按一定的方向排列，称为毛流。在畜体的不同部位，毛流排列的形式也不相同；毛流的形式主要有点状集合性毛流、点状分散性毛流、旋毛、线状集合性毛流和线状分散性毛流。毛流的方向一般与外界的气流和雨水在体表流动的方向相适应，但在特定的部位可形成特殊方向的毛流（图18-7）。

A.点状集合性毛流　B.点状分散性毛流　C.线状集合性毛流　D.线状分散性毛流　E.旋毛

图18-7　毛流示意图

3. 换毛

毛有一定的寿命，当毛生长到一定的时期，就会衰老脱落，为新毛所代替，此过程称为换毛。换毛时，毛乳头的血管萎缩，血流停止，毛球的细胞停止增生，逐渐角化，最后与毛乳头分离，毛根脱离毛囊，向皮肤表面移动。同时毛乳头周围的细胞分裂增殖形成新毛，最后将旧毛推出而脱落。换毛的方式有季节性换毛和持续性换毛两种。大部分家畜属于混合性换毛，即季节性换毛和持续性换毛均有，但在春秋两季换毛最明显。

三、指（趾）枕和蹄

指（趾）由特化的被皮包裹骨骼和肌性成分及远节指骨而形成，适应不同的环境和采食习惯，指（趾）端进化成三种不同的结构：蹄行动物的蹄、肉食动物的爪和灵长类的甲，它们的基本功能除保护其所覆盖的深部组织和缓冲外，还作为抓搔、挖掘和防御的器官，也是重要的感觉器官。

1. 指（趾）枕

指（趾）枕为指（趾）或蹄基底面后方的球状隆起，是家畜肢端由皮肤衍生而成的一种减震装置。

枕可分为腕（跗）枕、掌（跖）枕和指（趾）枕，分别位于腕（跗）部、掌（跖）部和指（趾）部的内侧面、后面和底面。掌行动物的腕（跗）枕、掌（跖）枕和指（趾）枕均很发达，蹄行动物仅指（趾）枕发达，其他枕退化或消失。

马的腕（跗）枕退化，为黑色椭圆形角化物；腕枕位于腕关节上方内侧面，跗枕位于跗关节下方跖骨内侧面。马的掌（跖）枕也退化成一堆角化物，分别位于近指（趾）节骨的掌侧面，为距毛所遮盖。马的指（趾）枕呈楔形，后部宽而厚，称为枕隆突，与蹄冠后端共同构成蹄球（蹄枕）；前端尖，呈叉状，伸向蹄底的中央，称为蹄叉。

反刍兽和猪无腕（跗）枕、掌（跖）枕，只有指（趾）枕，位于蹄底面的后部，又称为蹄枕（蹄球），无蹄叉。

枕的组织结构与皮肤相同，分为枕表皮、枕真皮和枕皮下组织。枕表皮角化，柔软而有弹性。角质层常成层裂开，其裂缝可成为蹄病感染的途径。枕真皮的乳头层发达，其内的血管、神经丰富。枕皮下组织发达，由胶原纤维、弹性纤维和脂肪组织构成。

2. 蹄

蹄是蹄行性动物指（趾）端着地的部分，由皮肤衍生而成。

（1）蹄的基本结构（以偶蹄为例） 偶蹄动物如牛、羊和猪，每肢的指（趾）端有4个蹄，其中第3、第4指（趾）端的蹄发达，直接与地面接触，称为主蹄；第2、第5指（趾）端的蹄很小，不着地，附着于系关节掌（跖）侧面，称为悬蹄。猪蹄枕较发达，蹄底反而显得更小；第2、第5指较发达，称为副蹄，内有完整的指（趾）节骨（图18-8、图18-9）。

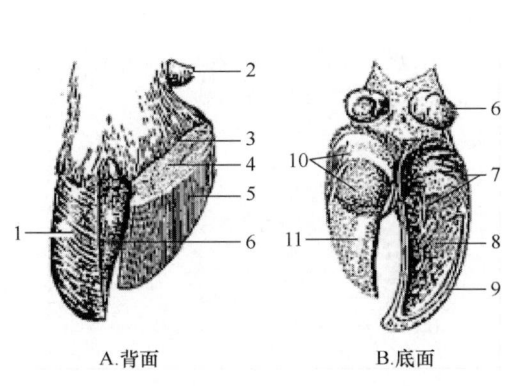

图18-8 牛蹄示意图（一侧的蹄匣除去）
1—蹄的远轴面 2—蹄的轴面 3—肉壁
4—肉冠 5—肉缘 6—悬蹄 7—蹄球
8—蹄底 9—白线 10—肉底 11—肉球

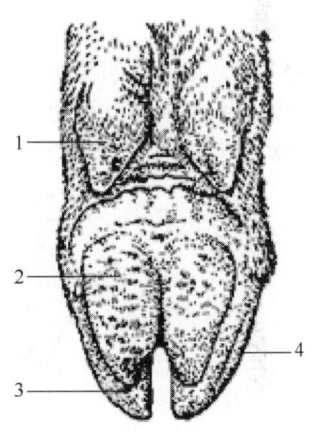

图18-9 猪蹄底面观示意图
1—悬蹄 2—蹄球 3—蹄底 4—蹄壁

主蹄的形状与远指（趾）节骨相似，呈三面棱锥形，由蹄匣（表皮）、肉蹄（真皮）和皮下组织构成。

①蹄匣：蹄匣为蹄的表皮形成的角质囊，质地坚硬，分为角质壁和基底面两部分。

角质壁：角质壁按位置可分为蹄缘、蹄冠和蹄壁。蹄缘是蹄近端与皮肤连接的部分，呈半环形窄带，柔软而有弹性，可减轻蹄匣对皮肤的压迫。蹄冠为蹄缘下方颜色略淡的环状带，其内面凹陷成沟，称为蹄冠沟，沟底有无数角质小管的开口，肉冠真皮乳头伸入其中。蹄壁为蹄匣的轴面和远轴面。指（趾）之间相对面称为轴面，远轴面呈弧形弯向轴面，与地面成一定的夹角。远轴面可分为前方为蹄尖壁、后方为蹄踵壁和两者之间为蹄侧壁。蹄壁下缘与地面接触的部分称为底缘。

角质壁由外层（釉层）、中层（冠状层）和内层（小叶层）三层组成。釉层由角化的扁平细胞组成，有保持角质壁内水分的作用。冠状层由许多纵行排列的角质小管和管间角质组成，角质中常有色素，故蹄壁呈深暗色，是最厚、最坚固的一层，富有弹性，有保护蹄内组织和负重的作用。小叶层由许多纵行排列的角质小叶组成，角质小叶较柔软，无色素，与肉小叶互相紧密嵌合，使蹄匣与肉蹄牢固结合在一起。

基底面：蹄基底面微凹，呈三角形，着地面与非着地面的形态和范围在不同种类差别较大。基底面以浅色的白带与蹄壁的底缘为界。白线由角质小叶向蹄底延伸形成，是装蹄铁时下钉部位。

新生的猪、反刍动物和马的幼崽的蹄外面包着蹄匣蜕膜。蜕膜为不完全角质化的表皮，含水量较高，富有弹性。动物出生几天后，蜕膜迅速脱水变干并脱落。

②肉蹄：肉蹄为蹄的真皮层，富含血管和神经，颜色鲜红。肉蹄套于蹄匣内，形状与蹄匣相似，也分为与之各个部分。在肉缘、肉冠、肉底、肉球等处真皮形成真皮乳头，肉壁处的真皮则形成许多纵行的小叶，这些乳头和小叶伸入表皮生成的角质层，对其有滋养作用。

③皮下组织：蹄缘和蹄冠部的皮下组织薄；蹄壁和蹄底无皮下组织，肉壁和肉底直接与远指（趾）节骨骨膜紧密结合；蹄枕的皮下组织发达，弹性纤维丰富，构成指（趾）端的弹性结构。

悬蹄的结构与主蹄的相似，其肉冠较为明显。

（2）马的蹄　马为奇蹄动物，每一肢端有一个蹄。马蹄也由表皮、真皮和皮下组织构成（图18-10）。其形态和结构大体上与牛蹄相似，但有以下特点。

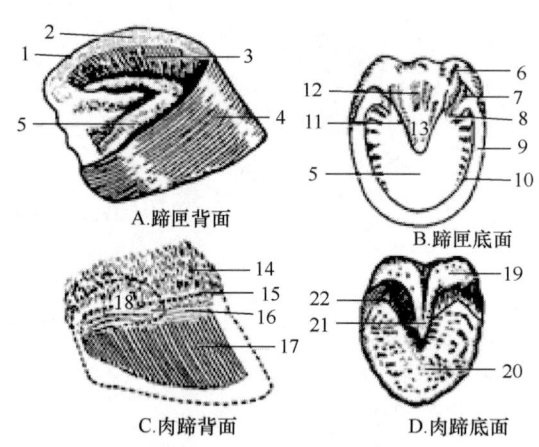

图18-10　马蹄示意图

1—蹄缘　2—蹄冠沟　3—蹄壁小叶层　4—蹄壁　5—蹄底　6—蹄球　7—蹄踵角　8—蹄支　9—底缘　10—白线　11—蹄叉侧沟　12—蹄叉中沟　13—蹄叉　14—皮肤　15—肉缘　16—肉冠　17—肉壁　18—蹄软骨　19—肉球　20—肉底　21—肉枕　22—肉支

蹄壁表皮构成蹄匣背侧部和内外侧部，分为蹄尖壁、蹄侧壁和蹄踵壁，蹄踵壁呈锐角向蹄底折转形成蹄支，消失于蹄底中部，折转部称为蹄踵角或蹄支角。蹄底表皮呈半圆形，借白线与蹄壁表皮底缘相连。蹄叉表皮呈楔形，镶嵌于蹄底和内、外侧蹄支之间。蹄叉前部尖，称为蹄叉尖（顶）；后部宽，为蹄叉底。蹄叉底正中有蹄叉中央沟；蹄叉两侧与蹄支之间有叉旁内、外侧沟。蹄枕表皮位于蹄叉表皮后方（图 18-11）。

马蹄的皮下组织内有蹄软骨。蹄软骨为蹄皮下组织的变形，呈长椭圆形，内、外侧各一块，位于远指（趾）节骨和肉叉的后上方，借韧带与指（趾）节骨和远籽骨相连。蹄软骨富有弹性，参与形成指（趾）端的弹性结构，具有缓冲作用。

（3）犬的爪　食肉动物的爪是哺乳动物指（趾）端器官最早的形式，呈微弯的锥形，套在爪骨的外面；也分为爪缘（爪褶、爪廓）、爪冠、爪壁、爪底和爪枕等部分，其结构与其他家畜相似。爪缘为爪基部的半环行褶，相当于人的指甲廓，作用为被覆爪基部及产生柔软的角质。爪的缘部和冠部为爪褶的皮肤所覆盖，壁部构成可直观的爪突。

犬的前肢有 5 个爪，后肢有 4 个爪。前肢的第 1 指退化，不与地成接触；后肢的第 1 趾仅可见遗迹（图 18-12）。

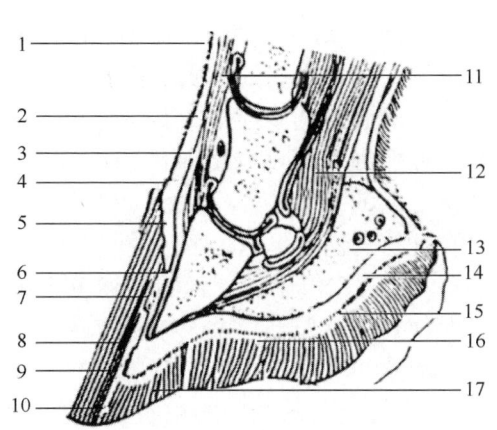

图 18-11　马蹄矢状切面示意图

1—表皮　2—真皮　3—皮下组织　4—肉缘
5—肉冠　6—肉壁　7—肉小叶　8—蹄壁
9—角小叶　10—蹄白线　11—伸肌腱
12—屈肌腱　13—蹄球和肉叉皮下组织
14—肉叉　15—肉底　16—蹄底　17—蹄叉

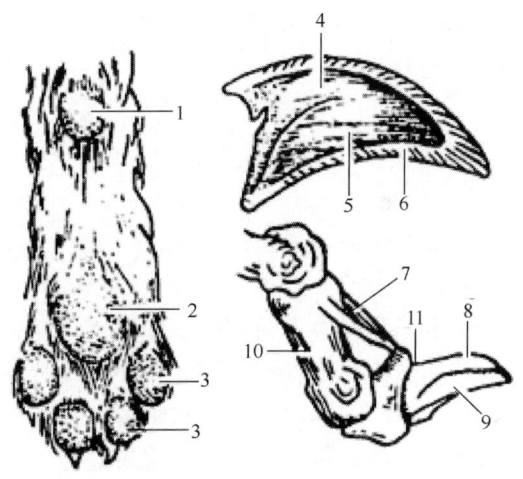

图 18-12　犬指的构造示意图

1—腕枕　2—掌枕　3—指枕　4—爪的角质冠
5—爪的角质壁　6—爪的角质底
7—远节指骨韧带　8—爪冠的真皮
9—爪壁的真皮　10—中节指骨　11—轴形沟

四、角

哺乳动物的角是哺乳动物头部表皮及真皮特化的产物，可分为洞角、实角、叉角羚角、长颈鹿角、表皮角五种类型。

1. 洞角

洞角由骨心和角质鞘组成，角质鞘习称之为角，成双着生于额骨上，终生不更换，有不断增长的趋势。洞角为牛科动物所特有（图 18-13）。

洞角的形态一般与额骨角突的形态相一致，通常呈锥形，略带弯曲，具体形态且因畜种、品种、年龄和性别而异，还与角的生长情况有关，如果角质生长不均衡，就会形成不同弯曲度乃至螺旋形角。角分为角基、角体和角尖。角基与额部皮肤相连续，角质薄而软。角体为角的中部，由角基生长延续而来，角质逐渐增厚。角尖由角体延续而来，角质最厚，甚至成为实体。在角的表面有环形隆起，称为角轮，牛的角轮仅见于角根部，羊的角轮较明显，几乎遍及全角。

洞角的结构可分为角表皮和角真皮构成。角表皮高度角质化，由角质小管和管间角质构成。牛的角质小管排列非常紧密，管间角质很少。羊角则相反，角真皮位于角表皮的深层，与额部皮肤真皮相延续，无皮下组织，直接与角突的骨膜紧密结合，浅层有发达的乳头，真皮乳头伸入表皮的角质小管中。

牛的洞角约发生于妊娠期的第3个月，在额骨骨膜浅层的结缔组织和真皮层的诱导下，额骨骨膜生成小的突起，相对应的骨膜之上的结缔组织骨化形成骨质角心（即成骨方式为膜骨化骨），角心和额骨的突起自开始即完全接合，不存在界限或缝隙。此后，由于角心中央的生长速度大于周边而使其伸长。同时，由于不同部位的速度不等，以及叠加生长伴随着的已有骨骼的分解吸收，一方面使得角心呈现多种多样的旋转或卷曲，另一方面内部的分解吸收也会使局部留下空腔。骨质角心对应的表皮受角心的诱导，加快角质化形成角质鞘，并伴随角心的生长覆盖整个角心外侧，每当新的角质层形成，就将原有的角质层向外侧推出，于是形成层层套住角心的角质圆锥。

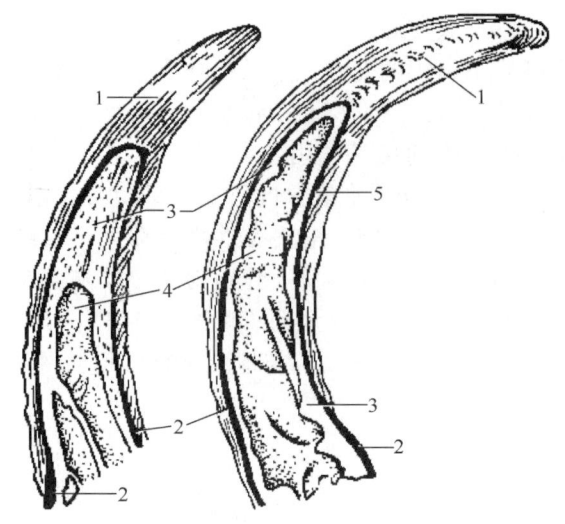

图18-13 牛角断面示意图
1—角尖 2—角根 3—额骨的角突
4—角腔 5—角的真皮

2. 实角

实角为分叉的骨质角，无角鞘。这是鹿科动物的特征。实角发生时，额骨背面生出一对骨质的角柄，角柄顶上有一围粗糙的骨质环突，称为角环，其活体上面覆盖有皮肤。之后角环对应的真皮发生骨化和生长，形成骨心。新生实角在骨心上有嫩皮，通称为茸角，也即鹿茸。角长成后，茸皮逐渐干枯、老化，经与环境中的其他物体摩擦而脱落，最后仅保留分叉的骨质角。过了交配季节，实角从角环处脱落，次年又从角环上萌生新的角。

鹿角分枝的复杂程度随每次的脱换而增加，但进入老年后开始衰退。

3. 叉角羚角

叉角羚角是介于洞角与鹿角之间的一种角型。骨心不分叉而角鞘具有小叉，分叉的角鞘上有融合的毛，毛状角鞘在每年生殖期后脱换，骨心不脱落。这种角型为雄性叉角羚所特有，而雌性叉角羚仅有短小的角心而无角鞘。

4. 长颈鹿角

长颈鹿角由皮肤和骨所构成，骨心上的皮肤与身体其他部分的皮肤几乎没有差别。

5. 表皮角

表皮角完全由表皮角质层的毛状角质纤维所组成，无骨质成分，为犀科所特有。

第十九章 家禽解剖特点

一般，家禽主要包括鸡、鸭、鹅和鸽，属于脊椎动物中的鸟纲，因适应飞翔，在漫长的进化过程中机体构造形成了禽类独有的一系列特征。在人类长期饲养和驯化条件下，有些家禽已经丧失飞翔能力，但身体构造仍保留这些特点。

第一节 运动系统

一、骨骼和关节

禽骨骼的特点是强度大，重量轻。强度大是由于骨的无机盐中含钙盐较多（如鸡中钙占37.2%、磷占16.42%），骨密质非常致密。重量轻是由于成年时气囊扩展到许多骨的髓腔和松质骨间隙内，取代骨髓而成为含气骨。在幼禽中，几乎所有骨都含有骨髓。雌禽的某些骨内，在产蛋期前形成类似松质骨的所谓髓骨，随着蛋壳形成的周期而增生和吸收，可储存或释放钙盐，补充肠管对钙的吸收不足而供形成蛋壳之需。禽的长骨在发育过程中不形成骺软骨板，骨的加长主要有赖于骨端软骨的增生和骨化（图19-1）。

1. 头骨

禽头骨高度特异化。颅骨与面骨以大而深的眼眶为界（图19-2）。

（1）颅骨 各骨较早就互相愈合，无骨缝可见。颅骨较厚，为含气骨，其骨松质的间隙通中耳腔，再经咽鼓管间接通咽。枕骨只有1个较小而呈半球形的枕

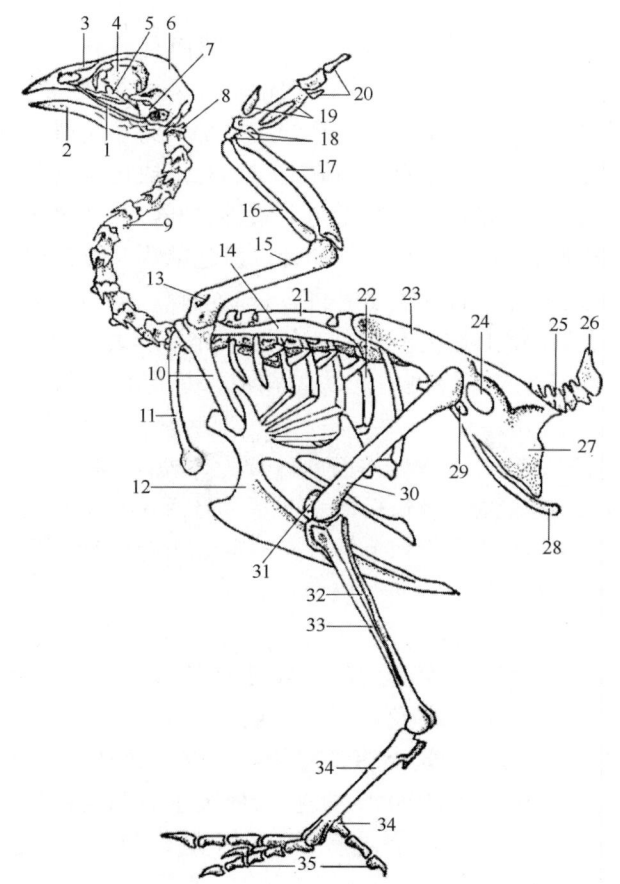

图19-1 鸡的骨骼示意图

1—颧弓 2—下颌骨 3—面骨 4—筛骨垂直板 5—颚骨 6—颅骨
7—方骨 8—寰椎 9—颈椎 10—乌喙骨 11—锁骨 12—胸椎
13—气孔 14—肩胛骨 15—臂骨 16—桡骨 17—尺骨 18—腕骨
19—掌骨 20—指骨 21—胸椎 22—肋骨 23—髂骨 24—坐骨孔
25—尾椎 26—尾综骨 27—坐骨 28—耻骨 29—闭孔 30—股骨
31—膝盖骨 32—腓骨 33—胫骨 34—跖骨 35—趾骨

髁。颞骨的外耳道很短，外耳门较大；颞骨鳞部在眶后方形成眶后突，鸡的颞骨还有颧突与之相连合。筛骨的垂直板形成左、右眼眶的眶间隔，水平板位于眶上方，有1对嗅神经孔。眶后部有1对较大的视神经孔，其上方有小的滑车神经孔，后方有眼神经孔，下方有动眼神经孔和外展神经孔。外耳门前方、眶后突的内侧，有上颌下颌神经孔，有时部分地分为两个孔。枕骨大孔两旁有舌下神经孔。

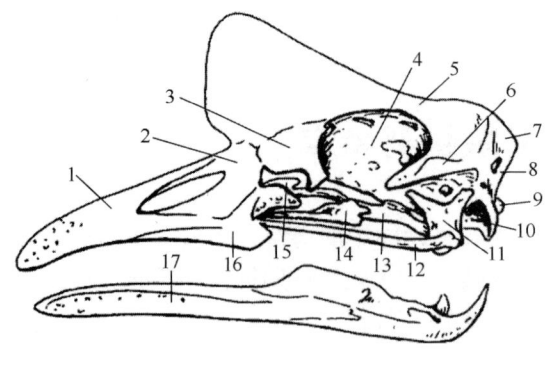

图19-2 鹅的头骨示意图
1—颌前骨 2—鼻骨 3—泪骨 4—眶间骨 5—额骨
6—颞骨 7—顶骨 8—枕骨 9—枕髁 10—鼓室
11—方骨 12—颧骨（轭骨及方轭骨） 13—翼骨
14—腭骨 15—犁骨 16—上颌骨 17—下颌骨

（2）面骨 面骨形态和大小在不同禽类因喙的形状不同而有差异。切齿骨构成上喙的大部分，鸡、鸽为尖锥形，鸭、鹅长而扁。上颌骨小，构成上喙的后下部。鼻骨位于上喙的后上部，与切齿骨之间围成骨质鼻孔，与额骨间形成可屈曲的骨缝。泪骨构成眶的前界，与额骨形成可动连接。颧骨由轭骨和方轭骨构成，细长，与上喙相连。方骨位于颞骨与下颌骨之间，与颞骨鳞部形成活动关节，又通过翼骨和腭骨以及颧骨与上喙相联系；下端则以发达的髁与下颌骨形成方骨下颌关节。方骨有眶突，作为肌肉的杠杆，肌肉收缩时将方骨向前拉，通过翼骨、腭骨和颧骨，作用于鼻骨之间可活动的骨缝，使上喙向上提，上、下喙开张较大，以利于采食。下颌骨是下喙的基础，形态与上喙相对应，每侧由5块骨构成，仍保留爬行类的特征，幼年时各骨尚可分开。

（3）舌骨 舌骨包括舌骨体和1对舌骨支。舌骨体由前向后分为3段：舌内骨、前基舌骨和后基舌骨。鸡、鸽的舌骨呈矛形；鸭、鹅的呈长板形。前基舌骨后端有1对关节面与舌骨支成关节。舌骨支由两段构成，相当于角舌骨和上舌骨，从前基舌骨向后呈半环形绕过颅骨后面至颅顶，仅以肌肉与下颌骨相联系，活动性较大。

2. 躯干骨骼

（1）脊柱骨 家禽的颈一般较长，呈"S"形弯曲。颈椎数目较多（鸡14个，鸭15个，鹅17个，鸽12个），运动灵活。颈椎的关节突发达，椎体的前、后关节面呈鞍状。寰椎小，与枕髁形成多轴关节，与枢椎形成活动性较小的寰枢关节。胸椎数目较少（鸡、鸽7个，鸭、鹅9个）。椎体侧面有与肋头成关节的小凹，板状的横突上有与肋结节成关节的小凹；鸡的椎体还具有腹侧嵴。鸡和鸽的第2~5胸椎愈合，第7胸椎与综荐骨愈合；鸭和鹅的后2~3个胸椎与综荐骨愈合。腰椎和荐椎共有14~15个，互相愈合成综荐骨。尾椎有5个，可活动；最后一块是三棱形的综尾骨，在胚胎时期由数个尾椎愈合而成，为尾羽的支架，附着有尾肌。

（2）肋 肋数目与胸椎一致，鸡、鸽7对，鸭、鹅9对。除前1~2对外，每一肋分为背侧的椎肋骨和腹侧的胸肋骨；两者之间形成一定的角度，前部为钝角，向后逐渐减小为锐角。椎肋骨的上端以肋头和肋结节与相应的胸椎形成关节；肋体上还有钩突，向后覆盖于后一肋骨的外侧面，起加固胸廓侧壁的作用。第1和最后2（鸡、鸽）或3

（鸭、鹅）个椎肋骨无钩突。胸肋骨相当于哺乳动物的肋软骨，其长度由前向后逐渐增大；除最后 1~2 对外，下端与胸骨形成活动关节，鸡的最后胸肋骨则连接在前 1 个胸肋骨上。

（3）胸骨　胸骨非常发达，为背侧面略凹的骨板，构成体腔底壁的支架。腹侧正中有纵行的胸骨嵴，又称为龙骨，供强大的胸肌附着。飞翔能力强的鸟类，龙骨特别发达。胸骨的前部形成一正中突和 1 对前外侧突，以鸡的较发达。胸骨后部形成 1 对后外侧突；鸡、鸽还有胸突，从后外侧突（鸡）或直接从胸骨（鸽）向后向上伸出。后外侧突与胸骨中部之间形成卵圆切迹，鸡的很深，鸭、鹅较浅，鸽的则围成小的卵圆孔。卵圆切迹或孔上封闭以薄的纤维膜。胸骨前缘有 1 对乌喙关节沟，与乌喙骨构成关节。胸骨侧缘有成对的肋关节面，与胸肋骨成关节。胸骨内面以及侧缘上具有大小不等的一些气孔，与气囊相通。

3. 前肢骨

（1）肩带骨　肩带骨由肩胛骨、乌喙骨和锁骨构成。肩胛骨狭长，与胸部脊柱平行；前端与乌喙骨相连接，后端达髂骨。乌喙骨强大，斜位于胸廓之前，下端与胸骨形成牢固的关节；上端与肩胛骨连接，共同形成关节盂。锁骨较细；两侧锁骨在下端汇合，因此常合称为叉骨。鸡、鸽的叉骨呈"V"形，下端在鸡形成圆形骨板，鸽形成突起。鸭、鹅的叉骨呈"U"形，下部钝圆。锁骨上端以结缔组织与乌喙骨相连。肩带部三骨在互相连接处形成三骨管，供肌腱通过。此外，在胸骨、乌喙骨和锁骨之间，连有薄而牢固的结缔组织膜。

（2）游离骨　前肢的游离骨的组成基本与家畜前肢骨游离部相似。第 1 段是发达的肱骨，鹅的最长；近端有大而呈卵圆形的肱骨头，与肩带骨的关节盂形成肩关节；略下方有大的气孔。肱骨远端为滑车，由 2 个髁构成。第 2 段是前臂骨，有尺骨和桡骨，两骨长度相似，尺骨较发达；两骨间在两端形成关节，其余大部分以骨间隙分开。前臂骨的近端以窝与肱骨滑车形成肘关节，远端与两腕骨形成关节。第 3 段相当于前脚骨，也由腕骨、掌骨和指骨构成，但退化较多。近列腕骨愈合为尺腕骨和桡腕骨两块骨。掌骨只保留第 2、第 3、第 4 三块掌骨，已愈合为一；因远列腕骨也与之愈合，因此又称为腕掌骨。其中第 3 掌骨最发达，第 2 掌骨仅为其近端的小突起，第 4 掌骨呈细的弓形。禽有 3 指：第 2 指有 2 个指节骨，但鸽仅有 1 个；第 3 指最发达，有 2 个指节骨，鹅有 3 个；第 4 指仅有 1 个指节骨。

（3）骨连结的特点　前肢的肩关节强大，为双轴关节，在展翼和收翼时做屈伸运动，在飞翔时做上下扑动。肘关节除屈伸运动外，由于尺骨与桡骨间形成两个桡尺关节，允许尺骨与桡骨做纵向滑动，从而使肘关节与腕关节联合行动，能同时伸或屈。指关节则联系紧密，活动性很小。

4. 后肢骨

（1）盆带骨　盆带骨为髋骨，由髂骨、坐骨和耻骨构成。左、右髋骨与脊柱的综荐骨广泛而牢固地连接形成骨盆。在腹面，两侧耻骨不相关节，是为开放式骨盆，以适应产出有硬壳的卵。髂骨长，分髋臼前部和后部；内侧缘与综荐骨形成骨性结合和韧带连合。背面在前部有供臀肌附着的窝；后部隆起，直接位于皮下；内面凹，为肾面，容纳肾。坐骨为长三角形骨板，位于骨盆后部腹侧，与髂骨之间形成髂坐孔，供血管和神经通过。耻骨狭而长，位于坐骨腹侧，与坐骨之间在近髋臼处形成闭孔，其余大部分以坐耻窗互相分开。耻骨前端形成耻骨突，鸡较明显；后端形成耻骨尖，突出于坐骨之后，可在肛门下方两侧触摸到。公禽的两耻骨尖相距很近，母禽较宽，特别在产蛋期。髋臼位于髋骨中部，由3骨构成。但鸡和鸭的耻骨不参与。髋臼深，底部常为一孔，以膜封闭。在髋臼的后上方，髂骨上有一个被覆软骨的隆起，称为对转子突。

（2）游离骨　游离骨后肢的游离部与哺乳动物一样也分为三段。第1段是股骨，为坚强的管状长骨，但短于小腿骨，特别在鸭、鹅；它从髋臼斜向前下而略向外。其上端在内侧有股骨头，外侧有大转子；下端在前面为股骨滑车，向后延续为股骨髁。髌骨（膝盖骨）为卵圆形小骨，与股骨滑车成关节。第2段小腿骨有胫骨和腓骨，从股骨斜向下、后。胫骨发达，在鸡、鸽比股骨长1/3～1/2，在鸭、鹅则几乎为股骨的1倍。胫骨上端为两个髁，下端为滑车，由与胫骨愈合的近列跗骨形成，所以胫骨又称为胫跗骨。腓骨退化，由腓骨头向下逐渐变细。第3段为后脚骨，仅有跖骨和趾骨，跗骨已分别与胫骨、跖骨愈合。跖骨有大跖骨和小跖骨，大跖骨发达，由第2、第3、第4跖骨以及远列跗骨愈合而成，因此又称为跗跖骨。大跖骨在家禽中以鸡的最长，鸭的最短；公鸡的跖骨上有距突，是距的骨质基础。大跖骨上部的后面形成嵴和沟，下端为3个互相分开的滑车，与相应的趾骨形成关节。第1跖骨小，以韧带连接于大跖骨下端内侧。家禽有4趾，第1趾向后向内，其余3趾向前，以第3趾最发达。第1至第4趾的趾节骨数目不等，分别有2、3、4、5个；末节为爪骨，藏于爪内。

（3）骨连结特点　髋关节为髋臼与股骨头构成的多轴关节，但因对转子突与大转子之间也参与形成其一部分，限制了关节的外展运动，从而增强了此关节的稳定性。膝关节的髌骨只有一条髌直韧带。胫骨与大跖骨之间形成的跗关节，实际上相当于跗间关节，与膝关节都属于单轴关节，可做屈伸运动。跗关节内也有两块软骨板，但较膝关节的半月板小；此外，在其后方的肌腱中还有1块籽骨。跖骨与趾骨之间，以及各趾节骨之间，都形成单轴关节，进行屈伸运动。

二、肌学

禽肌肉的肌纤维较细；肌内没有脂肪沉积。肌纤维也分白肌纤维和红肌纤维，以及中间型的肌纤维；各种肌纤维含量在不同部位的肌肉和不同生活习性的禽类有较大的差异。鸭、鹅等水禽和善飞的鸟类，红肌纤维含量多，肌肉大多呈暗红色。飞翔能力差或不能飞的禽类，有些肌肉主要由白肌纤维构成，如鸡的胸肌，颜色较淡。红肌的血液供应丰富，肌纤维较细，含线粒体和肌红蛋白较多；收缩作用较慢但持久。白肌的血液供应较少；肌纤维较粗，含线粒体、肌红蛋白较少而肌糖原较丰富；收缩作用较快但短暂。

禽全身肌肉的分布和发达程度因部位而有所不同，与各部位活动的复杂性及运动量的大小有关（图19-3）。

1. 皮肌

皮肌薄而分布广泛，主要与皮肤的羽区相联系，控制其活动。翼部皮肤形成的皮肤褶称为翼膜。有4块前翼膜肌作用于前翼膜。当翼伸展时，翼膜肌使前翼膜张开；当翼收拢时，前翼膜因所含弹性组织而自行回缩。颈皮肌向腹侧分出一束，形成嗉囊的肌性悬带，收缩时有协助嗉囊周期性排空的作用。

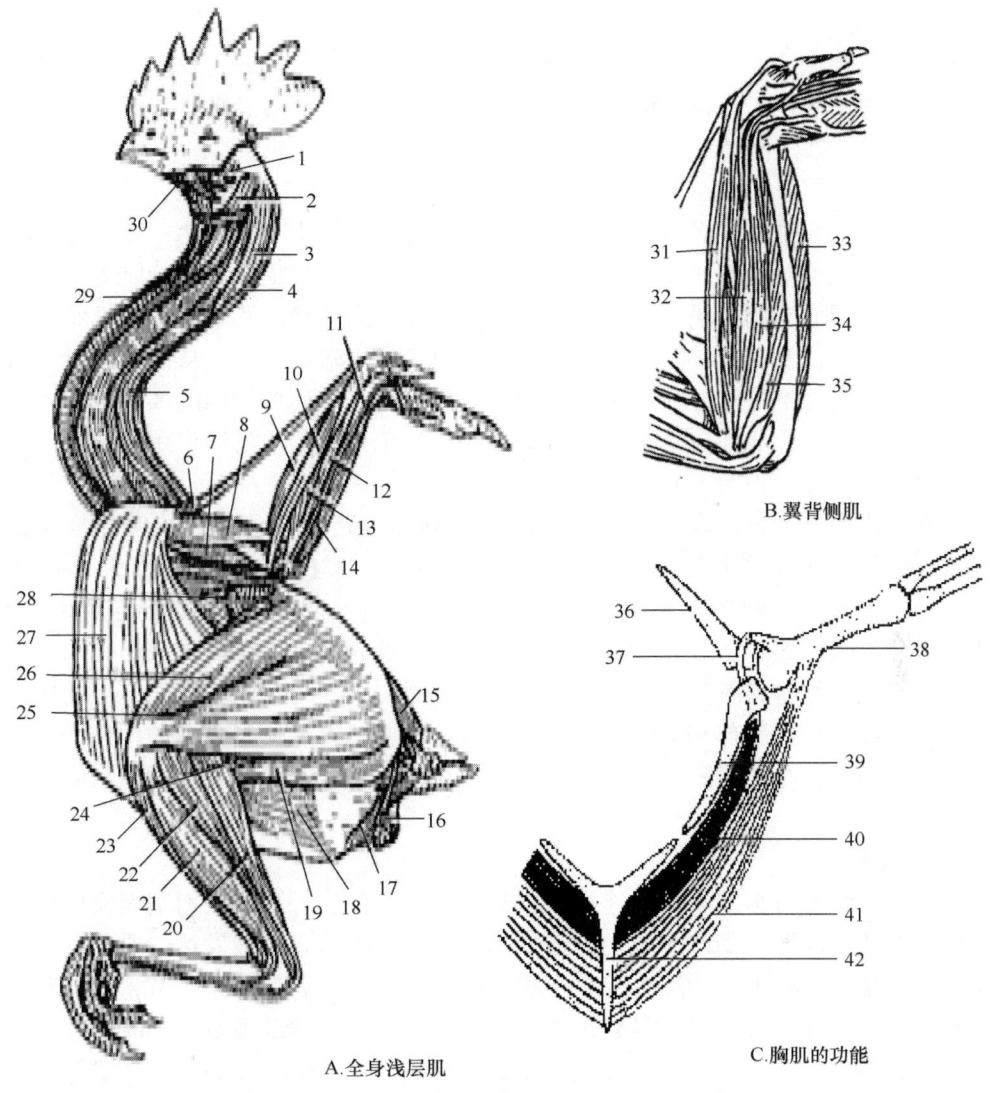

图 19-3 鸡的主要肌肉示意图

1—下颌内收肌 2—下颌降肌 3—复肌 4—颈二腹肌 5—颈升肌 6—翼膜长肌 7—臂三头肌 8—臂二头肌 9—掌桡侧伸肌 10—旋前浅肌 11—指浅屈肌 12—指深屈肌 13—旋前深肌 14—腕尺侧屈肌 15—尾提肌 16—肛提肌 17—尾降肌 18—腹外斜肌 19—小腿外侧屈肌 20—腓肠肌 21—腓骨长肌 22—第2质穿孔和被穿屈肌 23—胫骨前肌 24—髂腓肌 25、26—髂胫外侧肌 27—胸大肌 28—髂胫前肌 29—胸骨舌骨肌 30—颌舌骨肌 31—指总伸肌 32—掌桡侧伸肌 33—腕尺侧屈肌 34—掌尺侧屈肌 35—外上髁尺侧肌 36—肩胛骨 37—胸小肌肌腱 38—肱骨 39—乌喙骨 40—胸小肌 41—胸大肌 42—胸骨龙骨嵴

2. 头部肌

头部肌禽因无唇、颊、耳廓和外鼻，面部肌不发达。但咀嚼肌很发达，除作用于上、下喙的下颌内收诸肌、伪颞肌、翼肌和下颌降肌外，还有作用于方骨的方骨前引肌。舌的固有肌虽不发达，但具有复杂的一系列舌骨肌，使舌在采食和吞咽时可作灵敏而迅速的运动。

3. 颈部肌

禽的头颈运动灵活，以便进行采食等多种活动，因此颈肌的分化较多，大都是多节肌及其复合体。位于前几个颈椎背侧浅层的复肌，终止于枕骨，当雏禽孵出时，其收缩可协助喙尖划破蛋壳，故又有孵肌之称。

4. 躯干肌

背部和综荐部因椎骨大多愈合，肌肉也大大退化。尾部肌肉较发达，有尾提肌、尾降肌等，借以运动尾羽。胸廓肌基本与家畜相似，有肋间肌、肋提肌和斜角肌等，此外还有肋胸骨肌，但无哺乳动物的膈。胸廓肌作用于椎肋骨、胸肋骨以及胸骨，使椎肋骨与胸肋骨之间的角度增大或复原，特别是后部的；同时使胸骨下降或上提，从而将气囊充气或排气，使肺在通气过程中进行呼吸作用。腹壁肌也分为与哺乳动物相同的四层，但因有发达的胸骨支持腹腔内脏，肌肉较薄弱。腹肌参与呼气、排粪以及产蛋等作用。

5. 肩带肌和翼肌

肩带除乌喙骨与胸骨形成关节外，并以一些肩带肌与躯干骨相联系。肩带肌中最发达的是两块胸部肌，善飞的禽类可占全身肌肉总重的一半以上。这两块胸部肌是胸肌（又称为胸浅肌、胸大肌）和乌喙上肌（又称为胸深肌、胸小肌）；它们起始于胸骨、锁骨、乌喙骨等部位，以腱终止于肱骨近端，其中乌喙上肌腱通过三骨管。胸肌的作用是将翼向下扑动；乌喙上肌则是将翼向上举。由于胸廓较坚固，飞翔时，胸肌强而有力的作用并不妨碍其呼吸运动。位于臂部和前臂部的翼部肌肉，主要起着展翼和收翼的作用。前臂外侧面的腕桡侧伸肌和指总伸肌是重要的展翼肌，如在腕部切断两肌的腱，可以限制禽的飞翔能力。

6. 盆带肌和腿肌

由于盆骨与综荐骨形成牢固的连接，因此盆带肌不发达。腿部肌肉则因需要支持体重以及着陆、行走、跳跃、划水等运动而很发达，是禽体内第2群最发达的肌肉。大部分肌肉位于股部，作用于髋关节和膝关节。小腿部肌肉作用于跗关节和趾关节，趾屈肌腱在跖部常骨化。由于趾屈肌及其腱的径路，屈曲膝关节时跗关节和趾关节也同时被屈曲。当禽下蹲栖息时，由于体重将髋关节、膝关节屈曲，趾关节也同时屈曲而牢固地攀持栖木。参与作用的还有小的耻骨肌，起始于耻骨突，沿股部内侧向下行，细长的腱由膝关节内侧面经前面绕至外侧面，再转到小腿后方，加入了趾浅屈肌腱；因其腱迂回而行，又称为迂回肌，通常称为栖肌。

第二节 消化系统

一、消化管

1. 口和咽

禽没有唇和明显的颊，也没有齿。上、下颌形成的喙是采食器官。喙的形态因食料和采食习性而有很大的差异，鸡和鸽的为尖锥形，被覆有坚硬的角质；鸭和鹅的长而扁，除上喙尖部外，大部被覆以角质层较柔的所谓蜡膜，边缘并形成横褶，以便在水中采食时将水滤出。鸡的腭具有呈锯齿状的几条腭褶；鹅有排成纵列的钝乳头。鼻后孔的前部延续至腭，形成腭裂，由1对黏膜襞围成。鸡、鸽的长而鸭、鹅的很短。鸡、鸽的舌为尖锥形，舌体与舌根间有一列乳头；鸭、鹅的舌较长、较厚，除舌体后部外，侧缘有角质的丝状乳头。禽没有软腭，咽与口腔没有明显分界，因此常又称为口咽。咽顶壁前部正中有鼻后孔；后部正中有咽鼓管漏斗，由1对黏膜褶即漏斗襞围成，两咽鼓管开口于漏斗内。咽底壁为喉。禽的舌没有味觉乳头；在口腔和咽黏膜里仅分布有少量构造简单的味蕾，多在唾液腺管开口附近。唾液腺虽不大但分布很广，在口腔和咽的黏膜下几乎连续成一片（根据位置有上颌腺、腭腺、蝶翼腺、咽鼓管腺、下颌腺、口角腺、舌腺等），导管直接开口于黏膜表面，主要分泌黏液（图19-4、图19-5）。

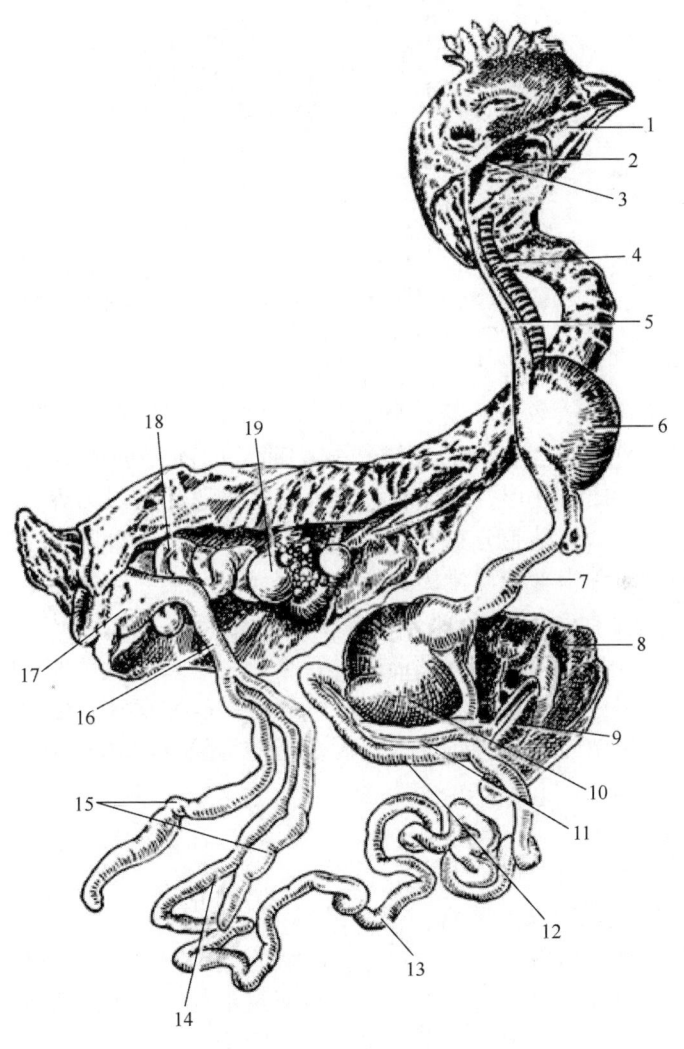

图19-4 鸡的消化系统示意图
1—口腔 2—喉 3—咽 4—气管 5—食管 6—嗉囊 7—腺胃 8—肝
9—胆囊 10—肌胃 11—胰 12—十二指肠 13—空肠 14—回肠
15—盲肠 16—直肠 17—泄殖腔 18—输卵管 19—卵巢

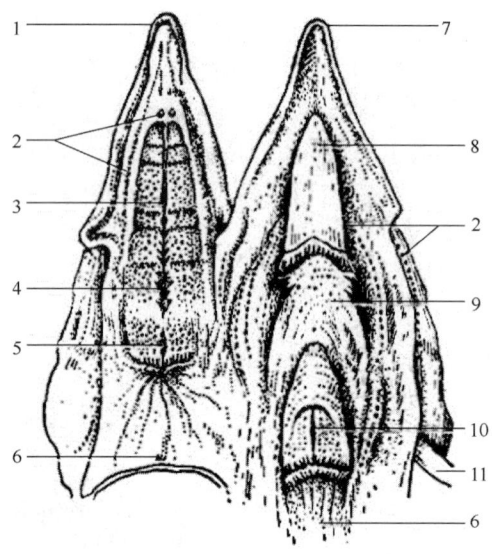

图 19-5 鸡的口和咽（上喙向左翻开）
1—上喙 2—唾液腺导管开口 3—腭裂 4—鼻后孔 5—咽鼓管咽口 6—食管
7—下喙 8—舌尖 9—舌根 10—喉及后口 11—舌骨

2. 食管和嗉囊

（1）食管 禽类的食管较宽，易扩张，可分为颈段和胸段。食管颈段与气管一同偏于颈的右侧，直接在皮下。鸡、鸽的食管在胸廓前口的前方形成嗉囊；鸭、鹅无真正嗉囊，但食管颈段可扩大成纺锤形，以储存食料，有括约肌与胸段为界。食管胸段短，末端略变狭而与腺胃相接。食管黏膜分布有食管腺，为黏液腺；食管肌层一般由两层构成。食管后端的淋巴滤泡有时称为食管扁桃体，以鸭较明显。

（2）嗉囊 嗉囊为食管的膨大部分，位于叉骨之前，直接在皮下；鸡的偏于右侧，鸽的分为对称的两叶。嗉囊内面沿背缘形成食管嗉囊裂，又称嗉囊道，嗉囊的前、后两开口相距较近，有时食料可经此直接进入胃内。嗉囊主要有储存和软化食料的作用。鸽嗉囊的上皮细胞在育雏期增殖而发生脂肪变性，脱落后与分泌的黏液形成嗉囊乳（鸽乳），用来哺育幼鸽。

3. 胃

禽胃分为腺胃和肌胃两部分。

（1）腺胃 腺胃又称腺部或前胃，呈短纺锤形；位于腹腔左侧，在肝两叶之间的背侧。前以贲门与食管直接相通，仅黏膜具有较明显的分界；向后以胃峡与肌胃相接，其黏膜形成胃中间区。腺胃壁较厚。内腔不大，食料通过的时间很短。黏膜表面分布有乳头，鸡的较大，鸭、鹅的较小、较多。黏膜浅层形成的隐窝相当于单管状腺，又称前胃浅腺，分泌黏液。胃壁内有黏膜的前胃深腺，为复管泡状腺，集合成许多腺小叶，肉眼可见；小叶的集合管开口于黏膜乳头上。深腺的分泌液中含有盐酸和胃蛋白酶原（图19-6）。

（2）肌胃 肌胃又称肌部，常称为肫，为双面凸的圆盘形，壁很厚而较坚实；位于腹腔左侧，在肝后方两叶之间。肌胃可分为厚的背侧部和腹侧部，及薄的前囊和后囊。其壁主要由平滑肌构成，因富含肌红蛋白而呈暗红色，相应组成背、腹两块厚肌（又称侧肌）和前、后两块薄肌（又称中间肌）。四肌在胃两侧以厚的腱中心相连接，形成所谓的腱镜或腱面。肌胃的入口和出口（幽门）都在前囊处。肌胃黏膜以薄的黏膜下层与肌层紧密相连；黏膜表面被覆有一层厚而坚韧的类角质膜，称为胃角质层，俗称肫皮、内金，是黏膜内的肌胃腺分泌物与脱落的上皮细胞在酸性环境下硬化而成的，有保护黏膜的作用；其表面不断被磨损，由深部持续形成以增补。肌胃内经常含有吞食的砂砾，因此又有砂囊之称。肌胃以发达的肌层、砂砾和坚韧的角质层，对食料起机械研磨作用。因此，肉食和以浆果为食的鸟，肌胃很不发达；长期以粉料饲养的家禽，肌胃也较薄弱。

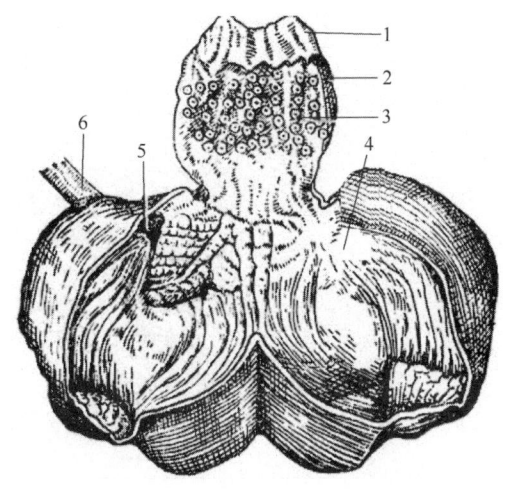

图 19-6　鸡的胃（剖开）
1—食管　2—腺胃　3—胃腺乳头及胃腺开口
4—肌胃　5—幽门　6—十二指肠

4. 肠和泄殖腔

禽的肠分小肠和大肠。家禽肠与躯干长（最后颈椎至最后尾椎）之比，鸽为 5~8 倍，鸡为 7~9 倍，鸭为 8.5~11 倍，鹅为 10~12 倍。

（1）小肠　小肠分为十二指肠、空肠和回肠。十二指肠位于腹腔右侧，形成"U"字形肠祥，分为降支和升支，两支的转折处（即骨盆曲）达盆腔。升支在幽门附近移行为空回肠。空回肠形成 6~12 圈肠祥，鸡和鸽的数目较多，鸭和鹅的较小、较长并较恒定，以肠系膜悬挂于腹腔右侧。空回肠中部有小突起，称为卵黄囊憩室，是胚胎期卵黄囊柄的遗迹，常以此作为空肠与回肠的分界，壁内含有淋巴组织。回肠的末段较直，以系膜与两条盲肠相连。小肠黏膜表面形成绒毛，黏膜内有小肠腺，但无十二指肠腺。

（2）大肠　大肠分为盲肠和直肠。盲肠有两条，可分为盲肠基、体和尖。盲肠基较狭，以盲肠口通直肠，体较粗，尖为细的盲端。盲肠基的壁内分布有丰富的淋巴组织，常称为盲肠扁桃体，以鸡最明显。鸽的盲肠不发达，如芽状。禽无明显的结肠，而仅有一短的直肠，以系膜悬挂于盆腔背侧。大肠肠壁具有较短的绒毛和较少的肠腺。

（3）泄殖腔　泄殖腔是消化、泌尿和生殖的共同通道，位于盆腔后端，略呈球形，以黏膜褶分为三部分。前部为较膨大的粪道，与直肠相连续；黏膜上有较短的绒毛，并以环形襞与中部的泄殖道为界。泄殖道最短，背侧面有 1 对输尿管口。在输尿管口的外侧略后方，公禽有 1 对输精管乳头，母禽仅左侧有一输卵管口。泄殖道以半月形或环形的黏膜襞与肛道为界。肛道的背侧在幼禽中有泄殖腔囊（也称腔上囊）的开口；向后以泄殖孔开口于体外，通常也称为肛门，由背侧唇和腹侧唇围成，具有发达的括约肌。肛道的背侧壁内有肛道背侧腺，侧壁内有分散的肛道侧腺（图 19-7）。

二、消化腺

1. 肝

禽类的肝较大，位于腹腔前下部，分为左、右两叶，以峡相连，右叶略大。两叶之间

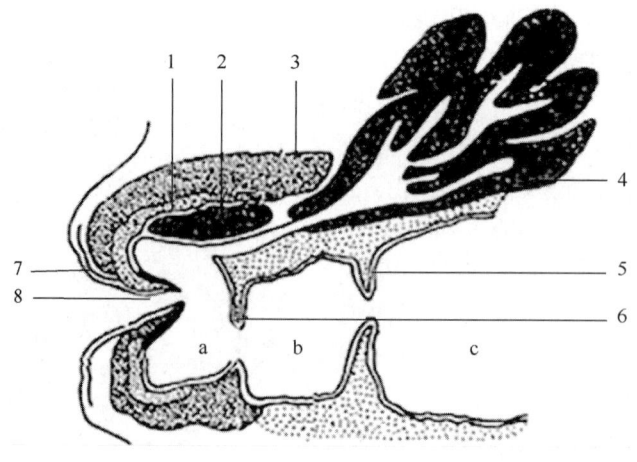

图 19-7　未性成熟鸡的泄殖腔矢状切面示意图
1—泄殖孔括约肌纵肌　2—背侧肛腺　3—泄殖孔括约肌环肌　4—腔上囊　5—粪泄殖襞
6—泄殖肛襞　7—泄殖孔背侧唇皮肤区　8—泄殖孔背侧唇黏膜区
a—肛道　b—泄殖道　c—粪道

在前部夹有心及心包；在背侧和后部夹有腺胃和肌胃。成禽的肝一般为暗褐色，肥育的禽因肝内含有脂肪而为黄褐色或土黄色；刚孵出的雏禽因吸收卵黄色素而为鲜黄色，约两周后色泽转深。两叶的脏面各有横沟，有肝门，肝动脉、门静脉和肝管由此进出。后腔静脉则由右叶穿过。家禽除鸽外，右叶具有胆囊，右叶肝管注入胆囊，由胆囊发出胆囊管。左叶的肝管不经胆囊，与胆囊管共同开口于十二指肠终部，但鸽左叶的肝管较粗，开口于十二指肠的降支（图 19-8）。

2. 胰

胰位于十二指肠襻内，淡黄或淡红色，长条形，可分为背叶、腹叶和很小的脾叶。胰管在鸡中一般有三条，两条来自腹叶，一条来自背叶；鸭、鹅有两条。胰管与胆管一起开口于十二指肠终部。

三、体腔

禽无相当于哺乳动物的膈，体腔从胸腔入口延伸到盆腔后端，以浆膜分为 8 个腔。1 对胸膜腔，内藏两肺。一个心包腔，内藏心脏。腹腔又分隔为 5 个：1 对较小的肝背侧腹膜腔，内有胸气囊和腺胃等；1 对较大的肝腹侧腹膜腔，内有肝的两叶；1 个最大的肠腹

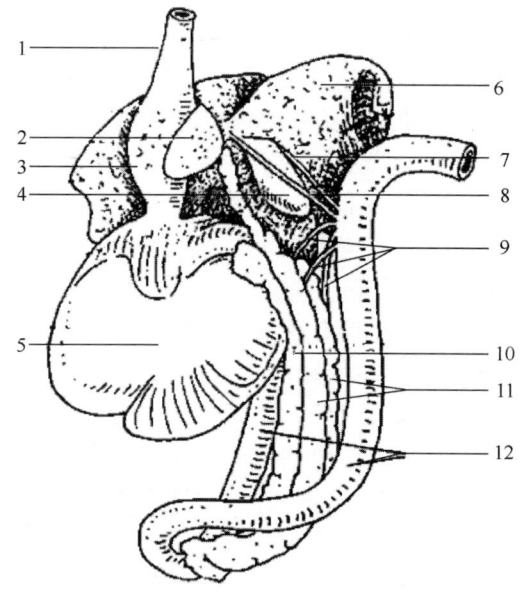

图 19-8　鸡的肝和胰示意图
1—食管　2—脾　3—腺胃　4—胆囊　5—肌胃
6—肝右叶　7—胆囊肠管　8—肝肠管　9—胰管
10—胰腺背叶　11—胰腺腹叶和脾叶
12—十二指肠袢

膜腔，内有肌胃和肠等。左侧的肝背侧腹膜腔与肠腹膜腔相通。

胸膜腔以水平隔与其他体腔分开。隔由气囊壁与胸膜构成，伸张于两肺腹侧，壁内含有较多胶原纤维，因此又称为囊胸膜、肺膈或肺腱膜。其侧缘有一些小肌束，起始于肋骨两段交界处，称为肋膈肌。

斜隔则由胸气囊与腹膜构成，将心脏等与后部内脏隔开，因此又称为囊腹膜或胸腹膈。它为一薄膜，有一小肌束从最后胸椎扩展至其后部，称为斜膈肌。

第三节 呼吸系统

一、呼吸道

1. 鼻腔和眶下窦

（1）鼻腔 禽的鼻腔较狭。1对鼻孔位于上喙基部。鸡的鼻孔上缘形成膜质鼻孔盖，内有软骨支架。水禽鼻孔四周为柔软的蜡膜。鸽的上喙基部在两鼻孔之间形成发达的蜡膜；此处的表皮层形成许多大的褶，深入于真皮内，其角质层形成不规则的表面，皮下层为含有较大血管的疏松组织。

鼻中隔大部分由软骨构成。每侧鼻腔有3个软骨为支架的鼻甲：前鼻甲与鼻孔相对，为"C"字形薄板；中鼻甲较大，向内卷曲；后鼻甲位于后上方，呈小泡状，黏膜分布有嗅上皮。鸽无后鼻甲。1对鼻后孔一同开口于咽顶壁前部正中，两旁的黏膜襞在吞咽时可因肌肉的作用而关闭（图19-9）。

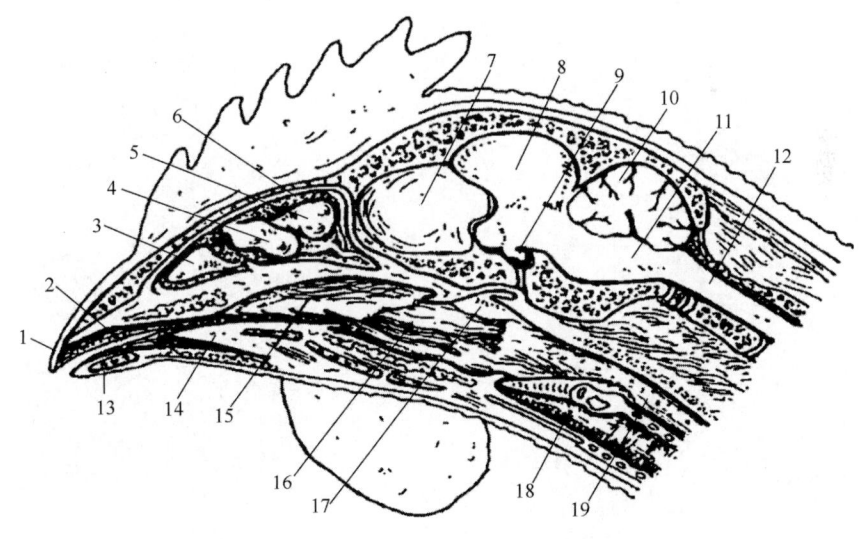

图19-9 鸡头部矢状切面示意图

1—上喙 2—口腔 3—前鼻甲 4—中鼻甲 5—后鼻甲 6—鼻腔 7—眶间隔 8—端脑 9—垂体 10—小脑 11—延髓 12—脊髓 13—下喙 14—舌 15—咽壁 16—咽 17—漏斗壁 18—喉 19—食管

（2）眶下窦 眶下窦为位于眼前下方的鼻旁窦，略呈三角形，鸡的较小，鸭、鹅的较大。外侧壁为皮肤等软组织，有两个开口，分别通后鼻甲腔和鼻腔。

(3) 鼻腺　禽类的鼻腺位于眼眶顶壁处以及鼻腔侧壁内。鸡的不发达，狭长形；鸭、鹅的较发达，半月形，又分为内侧和外侧两腺。导管沿鼻腔侧壁向前，最后开口于鼻前庭附近的鼻中隔或前鼻甲上。鼻腺有分泌氯化钠的作用，常称为盐腺，对生活于海洋上的禽类很重要。

2. 喉和气管

(1) 喉　禽类的喉位于咽底壁上，在舌根后方，与鼻后孔开口处相对。喉构造简单。喉软骨仅有环状软骨和勺状软骨，无甲状软骨和会厌软骨。环状软骨分成4片，以腹侧板（体）最长，呈匙状。1对勺状软骨形成喉口的支架，外面被覆黏膜褶，围成缝状的喉口。喉软骨上分布有扩大和闭合喉口的肌肉。喉腔内不形成声带（图19-10）。

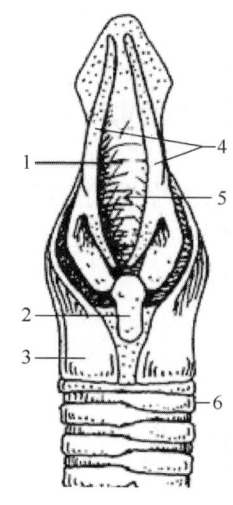

图19-10　鸡喉部背侧观
1—环状软骨体　2—前环状软骨
3—翼环状软骨　4—勺状软骨
5—喉口　6—气管软骨环

(2) 气管　禽类的气管较粗、较长，与食管一同向下行，到颈的下半偏至右侧，入胸腔前又转至颈的腹侧。入胸腔后，在心基的背侧分为两条支气管，分叉处形成鸣管。气管的支架是一串"O"字形的气管环，骨化较早；相邻气管环互相套叠，因而气管的伸缩性较大。沿气管两侧附着有气管肌，包括胸骨气管肌、锁骨气管肌和气管侧肌等，起始于胸骨、锁骨和气管，均从鸣管向上一直延续到喉（图19-11、图19-12）。

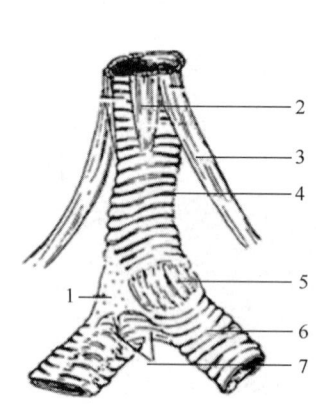

图19-11　鸡气管和支气管示意图
1—鸣骨　2—气管肌　3—胸骨气管肌　4—气管
5—外侧鸣膜　6—支气管　7—内侧鸣膜

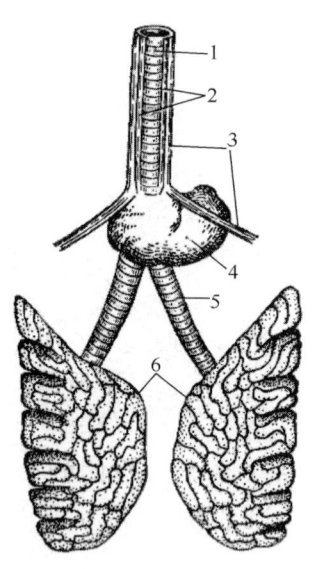

图19-12　公鸭的气管和肺示意图（背面观）
1—气管　2—气管肌　3—胸骨气管肌
4—鸣泡　5—支气管　6—肺

(3) 鸣管　鸣管是禽的发声器官，其支架是气管和支气管的几个骨环以及一块楔形的鸣骨。鸣骨位于气管杈的顶部，在鸣管腔分叉处。支架上具有2对弹性薄膜，分别称为外侧鸣膜和内侧鸣膜，夹成一对狭缝，呼气时振动鸣膜而发声。鸭鸣管主要由支气管构成；公鸭鸣管在左侧形成一个膨大的骨质鸣管泡，无鸣膜，所以发声嘶哑，而鸣禽则具有复杂的鸣管肌（图19-13、图19-14）。

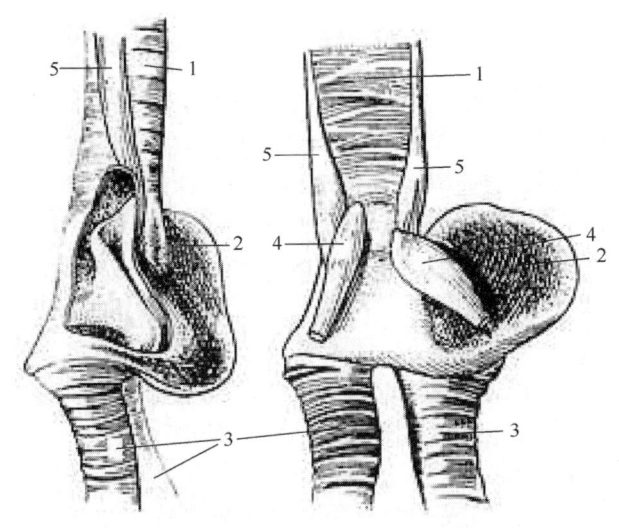

图19-13 公鸭的鸣管膨大部（背侧面和腹侧面）
1—器官 2—膨大部 3—支气管起始部
4—V形器官 5—胸骨甲状肌

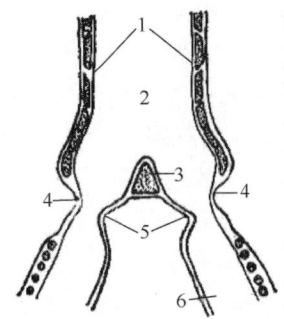

图19-14 鸡的鸣管纵切面示意图
1—气管 2—鸣腔 3—鸣骨 4—外侧鸣膜
5—内侧鸣膜 6—支气管

（4）支气管 支气管经心基背侧进入两肺，其支架为"C"字形软骨环，内侧壁为膜壁。

（5）气囊 气囊是禽类特有的器官，是支气管分支出肺后形成的黏膜囊，外面仅被覆浆膜，因此壁很薄。气囊在胚胎发生时原有6对，但在孵出的前后，一部分气囊合并，因而多数禽类只有9个，可分为前、后两群。前群有5个气囊：1对颈气囊、1个锁骨气囊和1对胸前气囊。2个颈气囊的共同主室位于胸腔前部背侧，分出几条分支分别沿颈椎横突和椎管向前延伸，直至第2颈椎处。锁骨气囊位于胸腔前部腹侧，并形成一些憩室扩展入胸肌之间、腋部和肱骨及胸骨内。胸前气囊位于两肺的腹侧。后群有4个气囊：1对胸后气囊和1对腹气囊。胸后气囊位于肺腹侧的后部。腹气囊最大，位于腹腔内脏两旁，并有憩室至综荐骨、髂骨及肾背面（图19-15）。

气囊的容积很大，比肺大5~7倍；但气囊壁很薄而没有什么血管。禽的气囊有多种生理功能，而主要是在呼吸时储存空气。吸气时，新鲜空气的一部分经肺毛细管进行气体交换后送入前群气囊，一部分直接送入后群气囊；呼气时，前群气囊中已经过气体交换的空气经支气管、气管排出体外，而储存于后群气囊中的新鲜空气又被送入肺毛细管

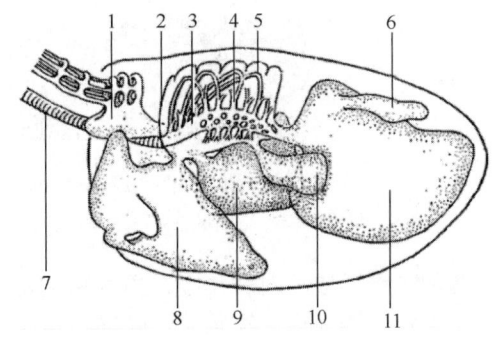

图19-15 鸡的肺和气囊示意图
1—颈气囊 2—肺 3—初级支气管 4—次级支气管
5—三级支气管 6—腹气囊的肾憩室 7—气管
8—锁骨间气囊 9—前胸气囊
10—后胸气囊 11—腹气囊

进行气体交换。因此，禽类在吸气时和呼气时，肺内都有新鲜空气进行气体交换，以适应其强烈的新陈代谢需要。

二、肺

禽肺不大，但其重量与体重之比和哺乳动物的相似，呈鲜红色，位于胸腔背侧部，从第1或第2肋骨向后延伸至最后肋骨。肺略呈四边形，背侧缘厚，与胸椎相对；腹侧缘薄，约达肋骨两段交界处。背侧面有椎肋骨嵌入，形成几条肋沟；腹侧面覆盖有水平隔。支气管和肺血管在肺腹侧面的前部进出，此外，在腹侧面前部和后部还有与气囊相通的开口。

支气管入肺后纵贯全肺，称为初级支气管，后端出肺而连于腹气囊。初级支气管上分出4群腹内侧和背内侧群，腹外侧和背外侧群次级支气管。从次级支气管上分出许多直径$0.5\sim2mm$的三级支气管，又称为旁支气管，呈袢状连接于每两群次级支气管之间。因此，禽肺内的支气管分支不形成支气管树，而是互相连通的管道。三级支气管上呈辐射状分出许多肺毛细管，相当于家畜的肺泡，壁上分布有丰富的毛细血管，是进行气体交换的地方，其面积如按每克体重计，要比家畜大得多（禽为$300cm^2/g$体重，哺乳动物为$15cm^2/g$体重）。一条三级支气管及其肺毛细管，构成一个六面棱柱体的肺小叶。禽肺的间质内含弹性纤维不多，因此，弹性较差，呼吸时容积变化不大（图19-16）。

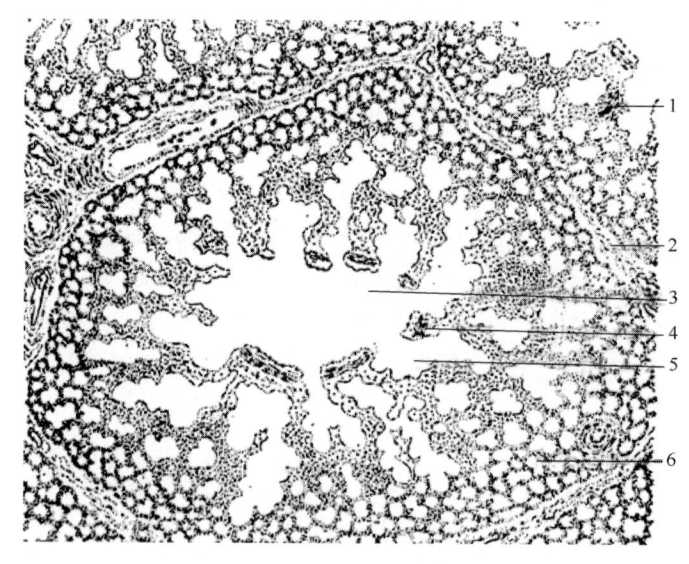

图19-16　鸡的肺小叶横切面示意图
1—淋巴组织　2—小叶间隔　3—三级支气管腔　4—平滑肌束　5—肺房　6—肺毛细血管

两胸膜囊形成1对胸膜腔，但因禽的肺胸膜大部分有纤维与壁胸膜相联系甚至黏连，胸膜腔不明显，特别是在腹侧面。胸膜腔也不能始终保持负压，只在吸气时略低于大气压。

三、双重呼吸

禽类的呼吸与一般的动物不同，一般的陆生脊椎动物呼吸时支空气吸进肺里，在肺内进行一次气体交换，然后呼出。而禽类的体腔内有许多由薄膜构成的气囊，与肺相通。吸气时，一部分空气在肺内进行气体交换后进入前气囊，另一部分空气经过支气管直接进入后气囊。呼气时，前气囊中的空气直接呼出，后气囊中的空气经肺呼出，又在肺内进行气体交换。这样，在一次呼吸过程中，肺内进行了两次气体交换，因此称为双重呼吸。

禽类在静止时，呼吸作用是靠肋骨升降引起胸廓的扩大和缩小来完成的，飞翔时，由于胸肌处在紧张状态，不能采取这样的呼吸方式，只有依靠气囊才能完成强烈的呼吸作用，满足飞翔时高能量的消耗。当翼上举时，气囊扩大，由于内外气压不平衡，空气迅速进入肺和气囊。当翼下降时，气囊受到挤压而收缩，把原来储存的空气压出，再度经过肺而排出体外。可见，气囊的出现和"双重呼吸"是禽类对飞翔生活的重要适应，保证了飞翔时剧烈呼吸作用的顺利进行。

第四节 泌尿生殖系统

一、泌尿器官

1. 肾

禽类的肾较大，肾可占体重1%以上，位于综荐骨和髂骨的内面，前端达最后椎肋骨。肾外无脂肪囊包裹，背侧面与骨之间垫有腹气囊的憩室。肾呈褐红色，质软而脆，狭长形，可分为前、中、后三部，三部之间在腹侧面有血管横过或通过。坐骨神经也由肾内穿过。肾实质由许多横枕形的肾小叶构成，轮廓可在肾表面看出。每一肾小叶也分为皮质区和髓质区，但由于肾小叶的分布有浅有深，因此整个肾不能区分出皮质和髓质（图19-17、图19-18）。

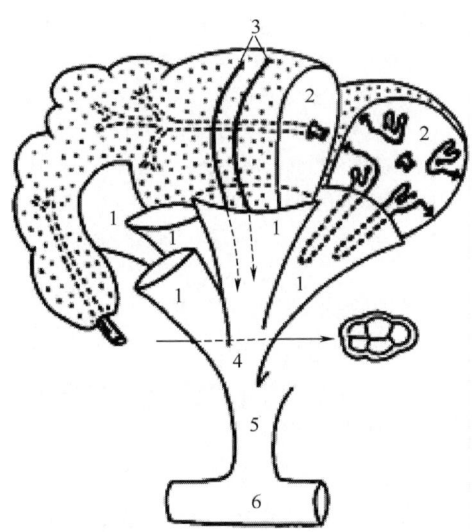

图19-17 禽肾叶立体示意图
（注意小叶内静脉、两种肾单位）
1—肾小叶髓质区 2—肾小叶皮质区
3—集合管 4—输尿管次级分支
5—输尿管初级分支 6—输尿管

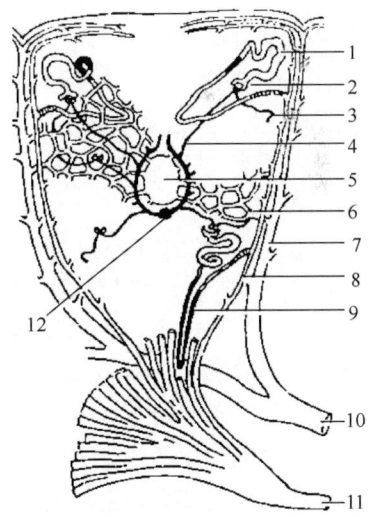

图19-18 禽肾小叶结构示意图
1—肾单位 2—肾小体 3—入球动脉
4—出球动脉 5—小叶内静脉
6—肾小管周围毛细血管网 7—小叶间静脉
8—集合管 9—髓袢 10—肾门静脉分支
11—输尿管次级分支 12—小叶内动脉

禽肾没有肾门，血管和输尿管直接从表面进出。输尿管在肾内不形成肾盂，而分支为一级分支（鸡约17条）和二级分支（鸡的每个一级分支有5~6条）。禽肾的血管除肾动脉和静脉外，还有肾门静脉（图19-19）。

2. 输尿管

输尿管从肾中部走出，沿腹侧面向后延伸，最后开口于泄殖道顶壁的两侧。输尿管管壁薄，有时可看到管腔内有白色尿酸盐晶体。禽类无膀胱（图19-20）。

二、雄性生殖器官

1. 睾丸和附睾

睾丸1对，位于腹腔内，与胸、腹气囊相接触，以短的系膜悬于肾前部的腹侧，邻近后腔静脉、髂总静脉等大血管，去势时应注意。睾丸位置的体表投影相当于最后两椎肋骨的上部。禽睾丸的大小和色泽因品种、年龄、生殖季节而有很大变化。在幼禽只有米粒大，淡黄或黄色。成禽睾丸在生殖季节可达橄榄甚至鸽蛋大，呈黄白或白色。在非生殖季节则萎缩变小。

睾丸外面包有浆膜和一层薄的白膜；睾丸内的间质不发达，不形成睾丸小隔和纵隔。实质主要为精小管，在生殖季节加长、增粗，同时间质细胞也增多。

附睾小，位于睾丸的背内侧缘，由睾丸输出管和短的附睾管构成。附睾管出附睾后延续为输精管（图19-21）。

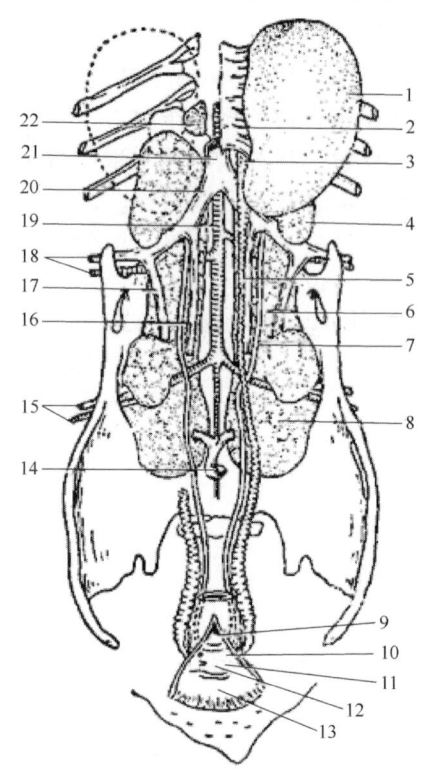

图19-19　公鸡的泌尿器官和生殖器官示意图
（右侧睾丸及部分输精管被移除，泄殖腔剖开）
1—睾丸　2—睾丸系膜　3—附睾　4—肾的前叶
5—输精管　6—肾的中叶　7—输尿管　8—肾的后叶
9—粪道　10—输尿管口　11—射精管及其管口
12—泄殖道　13—肛道　14—肠系膜后静脉
15—坐骨动脉和静脉　16—肾后静脉　17—肾门后静脉
18—股动脉和静脉　19—主动脉　20—髂总动脉
21—后腔静脉　22—右侧肾上腺

2. 输精管

输精管是1对极为弯曲的细管，与输尿管并列而行，向后因管壁平滑肌增厚而逐渐变粗。其终部略扩大，埋于泄殖腔壁内，末端形成输精管乳头，突出于输尿管口的外下方。输精管是禽精子成熟和主要的储存处，因此，有人认为相当于哺乳动物的附睾管。在生殖季节加长增粗，弯曲密度也变大，此时常因储有精液而呈现乳白色。禽没有副性腺，精液主要由精小管、输出管及输精管的上皮细胞所分泌，可能还有来自泄殖腔的血管体和淋巴褶。

3. 交配器官

雄性鸡的交配器官是3个并列的小突起，称为阴茎体，位于肛门腹侧唇的内侧，刚孵出的雏鸡可用来作鉴别雌雄的标志。阴茎体两旁有黏膜形成的淋巴褶，此外在泄殖腔侧壁内还有泄殖腔旁血管体，为红色的卵圆形体，由上皮样细胞的窦状毛细血管构成。交配时，1对外侧阴茎体因充满淋巴而增大，中间形成阴茎沟，可插入雌性鸡阴道内。

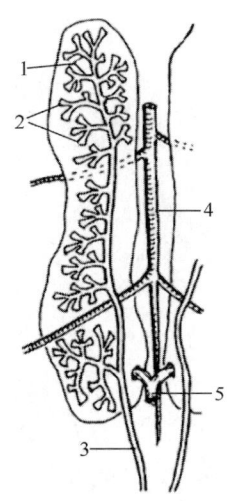
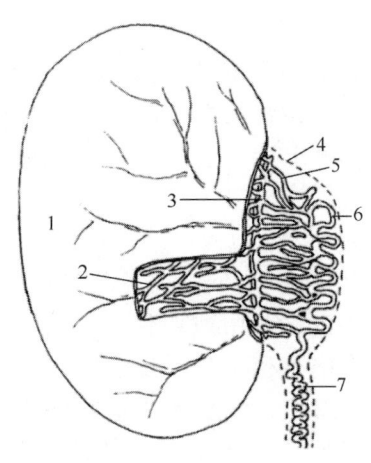

图 19-20 鸡输尿管在肾内的
分支示意图（右肾腹侧观）
1—初级分支 2—次级分支
3—输尿管 4—主动脉 5—肠系膜后静脉

图 19-21 鸡睾丸和附睾构造示意图
1—睾丸 2—精小管 3—睾丸网
4—附睾 5—睾丸输出管
6—附睾管 7—输精管

雄性鸭和鹅有较发达的阴茎，位于肛道腹侧偏左，长达 6~9cm，但与哺乳动物的并非同源器官。它由大小两个螺旋形的纤维淋巴体和产生黏液的阴茎腺部构成。两纤维淋巴体之间沿阴茎表面形成螺旋状的阴茎沟。阴茎游离部在平时因退缩肌的作用而缩入基部内，位于肛道壁外的囊中，当充满淋巴时则勃起并伸出，阴茎沟几乎闭合成管（图 19-22）。

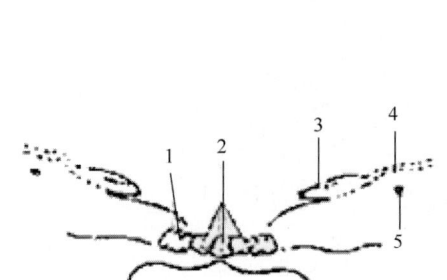
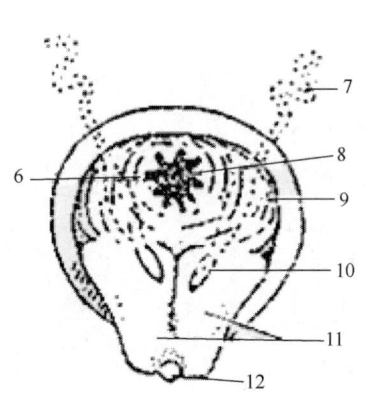
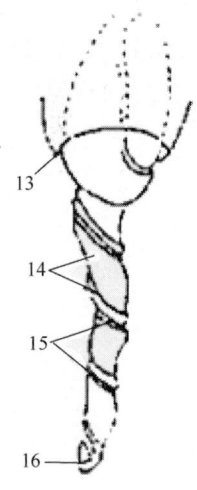

A.成年公鸡交配器官腹底壁后部后面观

B.成年公鸡交配器官腹底壁后部后面观（交媾器勃起时）

C.公鸭交配器官

图 19-22 公禽交配器官
1—淋巴褶 2—阴茎体 3—输精管乳头 4—输精管 5—输尿管口 6—肌器 7—输精管
8—泄殖孔 9—环形褶 10—输精管乳头 11—左右外侧阴茎体 12—正中阴茎体
13—肛门 14—纤维淋巴体 15—射精沟 16—腺管开口

三、雌性生殖器官

雌性禽生殖器官有卵巢和输卵管，但仅左侧发育正常；右侧在个体发生的早期停滞，孵出后不久即退化而成遗迹（图19-23）。

1. 卵巢

卵巢以短的系膜附着于左肾前部。幼禽为扁平形，灰白或白色，表面略呈颗粒状，被覆生殖上皮。皮质区内有卵泡（图19-24），髓质区为疏松组织和血管。随年龄和性活动期，卵泡不断发育生长，卵泡内的卵细胞逐渐储积卵黄，并突出于卵巢表面，特别在排卵前7~9d，仅以细的卵泡蒂与卵巢相连。产蛋期经常保持有4~5个成熟卵泡，如葡萄状。停产期卵巢回缩，到下一个产蛋期又开始生长。排卵时，卵泡膜在薄弱而无血管的卵泡斑处破裂，将卵子释出。禽卵泡没有卵泡腔和卵泡液，排卵后不形成黄体，卵泡膜于两周内退化消失。

左卵巢功能衰退时，右生殖腺有时能继续发育，如成为卵睾体或睾丸，则发生性逆转现象，在母鸡中偶可见到。

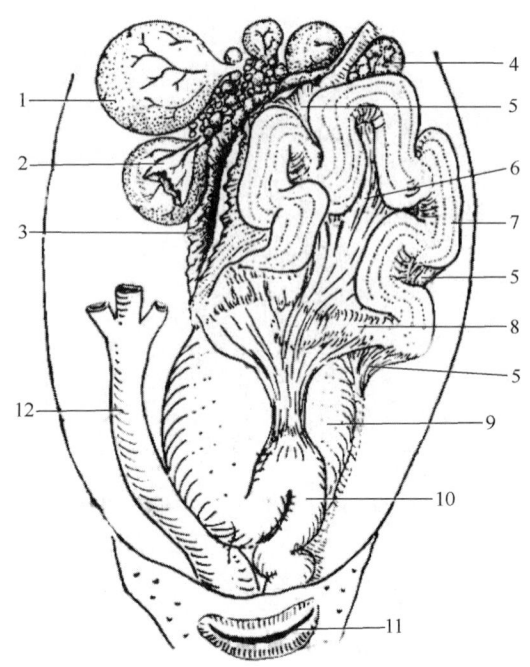

图19-23 母鸡的生殖器官示意图
1—卵巢中的成熟卵泡 2—排卵后的卵泡膜
3—漏斗部的输卵管伞 4—左肾前叶
5—输卵管背侧韧带 6—输卵管腹侧韧带
7—卵白分泌部 8—峡 9—子宫及其中的卵
10—阴道 11—肛门 12—直肠

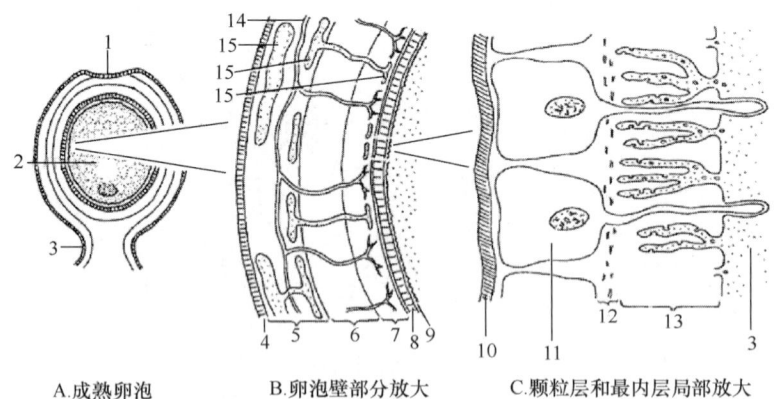

A.成熟卵泡　B.卵泡壁部分放大　C.颗粒层和最内层局部放大

图19-24 禽成熟卵泡和卵泡壁放大示意图
1—卵泡斑 2—卵母细胞 3—卵泡蒂 4—上皮 5—浅膜 6—卵泡外膜
7—卵泡内膜 8—颗粒层 9—最内层 10—基膜 11—颗粒细胞
12—卵黄膜周层 13—放射带 14—卵泡动脉 15—卵泡静脉

2. 输卵管

左输卵管在幼禽中是一条细而直的小管，到产蛋期发育为管壁增厚、长而弯曲的管道，长度可达躯干长（颈除外）的 1 倍以上，至停产期则逐渐回缩。输卵管背侧以背侧韧带悬挂于腹腔背侧偏左，腹侧附着有游离的腹侧韧带，游离缘厚而短缩，内有丰富的平滑肌，向后固定于阴道。

根据构造和功能，输卵管由前向后可顺次分为五部分：漏斗、膨大部、峡、子宫和阴道。漏斗的前部形成漏斗伞，朝向卵巢，黏膜形成低褶，边缘薄而形成伞状，中央为缝状的输卵管腹腔口（漏斗口）。漏斗以韧带固定在左侧倒数第 2 肋骨处。膨大部最长，黏膜形成略呈螺旋形的纵襞，在活动期呈乳白色，内有发达的腺体，分泌蛋白，因此又称为蛋白分泌部。峡部较细而短，黏膜褶较低，与膨大部之间常以一狭带为界，此处无腺体，新鲜时较透明，又称为透明部。峡部腺体分泌角蛋白，形成蛋壳膜。子宫部呈囊状，腔阔，卵在此停留的时间最长。子宫壁较厚，肌层发达，黏膜呈灰或灰红色，形成较小、较密的皱襞，子宫腺体分泌碳酸钙、碳酸镁，形成蛋壳及其色素，因此子宫又称壳腺部。阴道是输卵管的末段，开口于泄殖道的左侧；平时折曲成"S"形，由输卵管腹侧韧带固定于其第 2 曲上。阴道部黏膜呈白色，形成细而低的褶，在与子宫相连接的一段含有管状的阴道腺，常称为精小窝，是交配后一部分精子的主要储存处，以后陆续释放出。阴道也是雌禽的交配器官。

第五节 脉 管 系

一、心血管系

1. 心

禽类的心占身体的比例较大。心外包以心包；位于胸腔后下方，心底与第 1、第 2 肋骨相对，心尖夹于肝两叶之间，与第 5、第 6 肋骨相对。构造与哺乳动物的相似，也分为两心房和两心室。右心房具有静脉窦，有的禽不明显；它以 1 对窦房瓣与心房为界。右房室瓣不是三尖瓣，而是一片半月形的肌肉瓣，由心房肌和心室肌内褶而成（右房室瓣肌），没有腱索。左房室瓣为二尖瓣，与哺乳动物相似。心传导系除窦房结、房室结、房室束和左、右脚外，右脚尚分出一支到肌肉瓣；房室束又分出一返支，环绕主动脉口，而与房室结发出并绕过右房室口的一支相连接，形成右房室环。禽的房室束及其分支无结缔组织鞘包裹，兴奋易扩布到心肌，可能与禽的心搏频率较高有关（图 19-25）。

2. 动脉

肺循环的肺动脉干由右心室发出，分为两支入两肺。

左心室发出右主动脉弓，延续为主动脉。从右主动脉弓上发出左、右臂头动脉，每一臂头动脉分为颈总动脉和锁骨下动脉。两颈总动脉沿颈椎腹侧的中线在颈肌内并列而行，到颈前端从肌肉间走出，分向两侧延伸至头部，各分为颈内和颈外动脉两支。锁骨下动脉延续到翼部为臂动脉，并分出胸肌动脉。

主动脉沿体腔背侧中线向后行，分出的壁支有肋间动脉、腰动脉和荐动脉；脏支有腹腔动脉、肠系膜前动脉和肠系膜后动脉，以及一对肾前动脉。主动脉在肾的前部与中部之

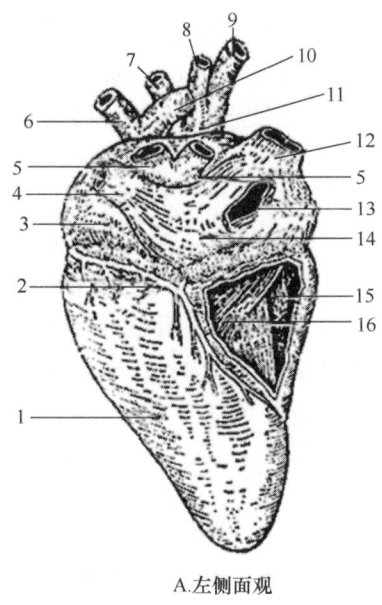 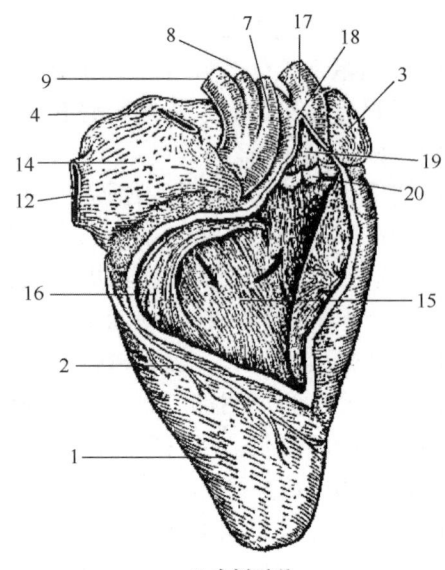

A. 左侧面观　　　　　　　　　　　　B. 右侧面观

图 19-25　鸡心（右心室壁部分切开）
1—左心室　2—冠状动脉　3—左心房　4—左前腔静脉　5—肺静脉　6—左肺动脉　7—左臂头动脉
8—右臂头动脉　9—降主动脉　10—右肺动脉　11—主动脉　12—右前腔静脉　13—后腔静脉
14—右心房　15—右心室　16—右房室瓣　17—左肺静脉　18—右肺静脉　19—肺干　20—肺干瓣

间分出髂外动脉至腿部；在肾的中部与后部之间又分出较粗的坐骨动脉，穿过髂坐孔至后肢，是后肢的主要动脉。在坐骨动脉上还分出肾中和肾后动脉。主动脉在分出一对细的髂内动脉后，延续为尾动脉。在肾前动脉上，分出到睾丸或卵巢的分支。输卵管动脉有前、中、后三支，分别由左侧的肾前动脉、坐骨动脉和髂内动脉分出。

3. 静脉

肺静脉有左、右两支，注入左心房。全身静脉汇集于两条前腔静脉和一条后腔静脉，开口于右心房的静脉窦；但鸡的左前腔静脉直接开口于右心房。前腔静脉由同侧的颈静脉、椎静脉和锁骨下静脉汇合而成。两颈静脉在皮下沿气管两侧而行，右颈静脉较粗。两颈静脉在颅底有吻合支（颈静脉间吻合，常称桥静脉）。后腔静脉由两髂总静脉汇合而成。髂内静脉穿行于肾的后部和中部成为肾门后静脉，与髂外静脉汇合而成髂总静脉。

肝门静脉有左、右两干，入肝的两叶。右干较粗，有肠系膜后静脉汇入，后者并与盆腔的髂内静脉相连。体壁的静脉和内脏的静脉借髂内静脉沟通。肝静脉由肝两叶走出，直接注入后腔静脉。

禽有两支肾门静脉。肾门前静脉行于肾前部内，联系髂总静脉与椎内静脉窦；肾门后静脉行于肾中部和后部内，为髂内静脉的延续，有坐骨静脉汇入。肾门静脉主要将来自后肢和肠的静脉血带入肾。髂总静脉内有肾门静脉瓣，可调节肾门静脉输入肾内的血量，当开放时大部分血液经肾门静脉直接流入髂总静脉；闭合时则由肾门静脉分出的入肾支流入肾内。出肾支汇集为肾前和肾后两支静脉，在肾门静脉瓣的近侧注入髂总静脉（图 19-26）。

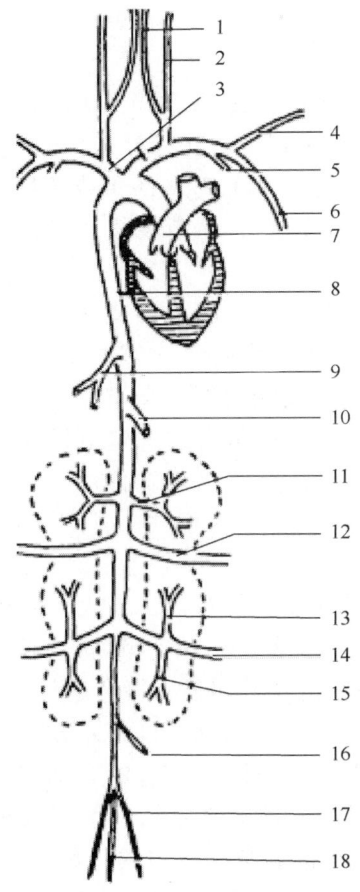 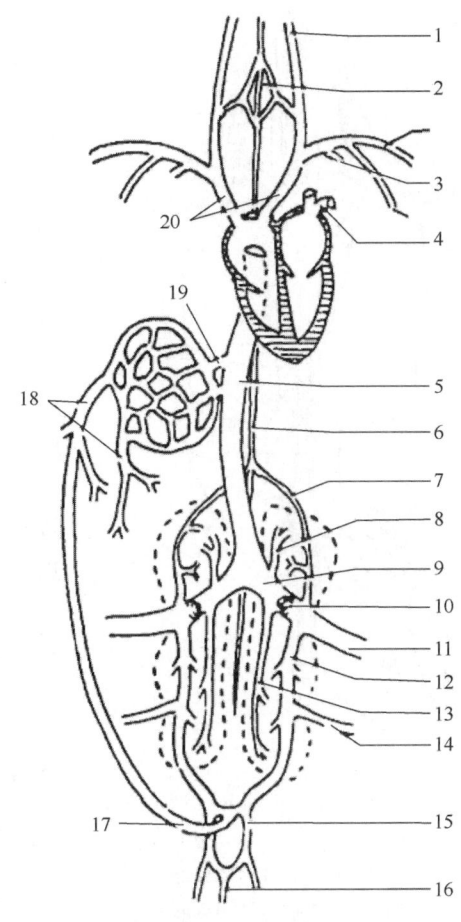

A.动脉主干示意图
1—颈总动脉 2—椎动脉 3—锁骨下动脉 4—臂动脉
5—胸内动脉 6—胸肌动脉 7—肺动脉 8—主动脉
9—腹腔动脉 10—肠系膜前动脉 11—肾前动脉
12—髂外动脉 13—肾中动脉 14—坐骨动脉
15—肾后动脉 16—肠系膜后动脉
17—髂内动脉 18—尾中动脉

B.静脉主干示意图
1—颈静脉 2—椎内静脉窦 3—臂静脉 4—胸内静脉
5—胸肌静脉 6—肺静脉 7—后腔静脉 8—肾门前静脉
9—肾前静脉 10—髂总静脉 11—肾门前静脉瓣
12—髂外静脉 13—肾门后静脉 14—肾后静脉
15—坐骨静脉 16—髂内静脉 17—肠系膜后静脉
18—肝门静脉 19—肝静脉 20—前腔静脉

图 19-26 禽血管主干示意图

二、淋巴系统

1. 淋巴管

禽体内淋巴管较少,大多伴随血管而行,淋巴管的瓣膜也较少。胸导管有一对,沿主动脉两侧向前行,最后注入两前腔静脉。有的禽类如鹅,在骨盆部的淋巴管上形成一对淋巴心,壁内有肌组织,其搏动可推动淋巴流向胸导管(图19-27)。

2. 淋巴组织和淋巴器官

淋巴组织广泛分布于禽体的器官内,如许多实质性器官、消化道壁以及神经干、脉管壁内。有的为弥散性,有的呈小结状;有的为孤立淋巴小结,有的为集合淋巴小结,后者如盲肠扁桃体、食管扁桃体等。

淋巴组织形成的淋巴器官有胸腺、泄殖腔囊、脾和淋巴结。

(1) 胸腺　胸腺位于颈部气管两侧的皮下，沿颈静脉直到胸腔入口的甲状腺处；每侧一般有7（鸡）或5（鸭、鹅、鸽）叶，淡黄或微红色。性成熟前发育至最大，此后逐渐萎缩，但常保留一些遗迹。

(2) 泄殖腔囊　又称腔上囊或法氏囊，是禽类特有的淋巴器官，呈圆形（鸡）或长椭圆形（鸭、鹅），位于泄殖腔背侧，开口于泄殖道。黏膜形成纵褶，内有排列紧密的大量淋巴小结。在禽孵出时囊已存在，性成熟前发育最大，此后即逐渐萎缩为小的遗迹（鸡10月，鸭1年，鹅较迟），直至完全消失。

(3) 脾　脾位于腺胃右侧，不大，圆形或三角形，鸽为长形，褐红色。外包薄的被膜，脾实质的红髓与白髓分界不甚明显，特别是鸭、鹅。

(4) 淋巴结　淋巴结见于许多水禽，在淋巴管壁内发育而成。鹅和鸭较恒定的有两对：颈胸淋巴结和腰淋巴结。颈胸淋巴结一般呈长的纺锤形，位于颈静脉与椎静脉的夹角内，贴近颈静脉。大小变异较大（长1.5~3cm，宽2~5mm）。输出管注入同侧胸导管或开口于锁骨下静脉、椎静脉。

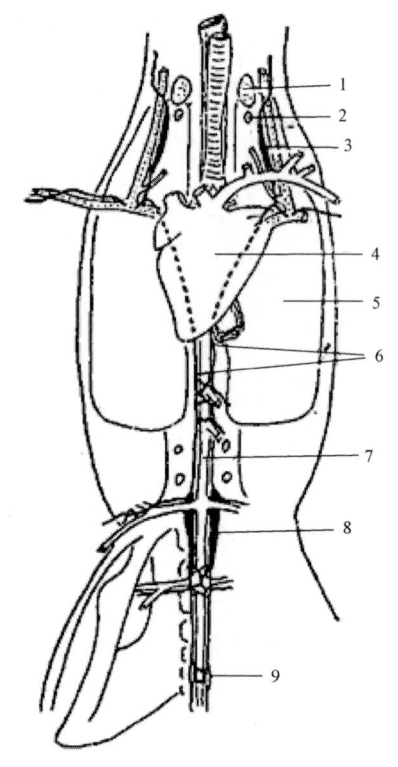

图19-27　鹅的淋巴管和淋巴结示意图
1—甲状腺　2—甲状旁腺　3—颈胸淋巴结
4—心脏　5—肺　6—胸导管
7—主动脉　8—腰淋巴结　9—淋巴心

腰淋巴结长形（长2.5cm），前宽后狭，位于主动脉两侧，在肾与综荐骨之间，后端达坐骨动脉。输出管向前延续为一对胸导管。

有人认为，鸭尚有下列一些淋巴结：颈面淋巴结，颈淋巴结，翼淋巴结，肠系膜前动脉淋巴结和股淋巴结，但不甚恒定，有的个体缺如。

第六节　内分泌腺

一、甲状腺

禽类有一对甲状腺，位于胸腔入口处的气管两旁，紧靠颈总动脉和颈静脉。椭圆形，暗红色，大小如黄豆，但因禽的品种、年龄、季节和食料中碘的含量而有变化（图19-28）。

二、甲状旁腺

禽类的甲状旁腺很小，如芝麻大。每侧有两个，紧位于甲状腺后端，黄色至淡褐色，有的鸡甲状旁腺每侧可有3个，1个位于鳃后腺内（图19-28）。

三、鳃后腺

鳃后腺又称为鳃后体,紧位于甲状旁腺之后,为形状不甚规则的组织块,无被膜,周界常不明显。家畜的鳃后腺组织在胚胎发生过程中加入甲状腺内而成为分散的泡旁细胞,又称为 C 细胞。鳃后腺可能分泌降钙素,与禽髓质骨的发育有关(图 19-28)。

四、肾上腺

肾上腺一对,位于两肾前端,为不正的卵圆形或三角形,不大,呈乳白色至橙黄色或淡褐色。肾上腺由肾间组织和嗜铬组织构成,在哺乳动物中分别构成皮质和髓质,区分明显;在禽中两者分散而呈镶嵌分布。

五、垂体

禽类的垂体呈扁平长卵圆形,也由腺垂体和神经垂体两部分构成。腺垂体位于腹侧,其远部又依据组织结构分为前区和后区,后区与哺乳动物的远部相似。结节部由远部后区分出,包围神经垂体的漏斗和正中隆起。腺垂体无明显的中间部。神经垂体也分为正中隆起、漏斗和神经叶,后者位于腺垂体远部背侧。第三脑室延伸为神经垂体隐窝(图 19-29)。

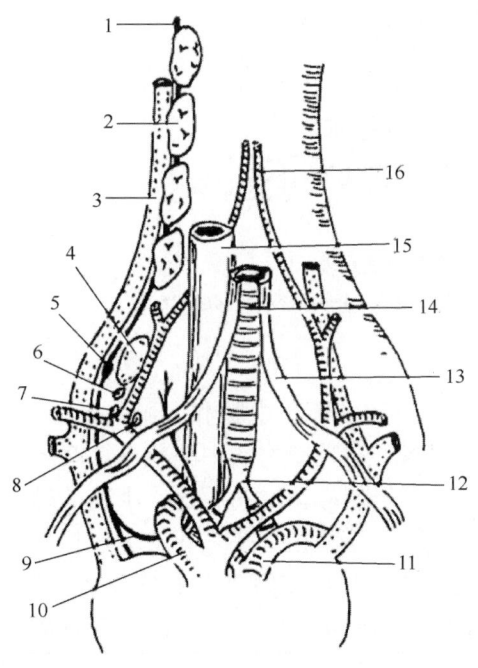

图 19-28 鸡颈基部和胸腔入口处的主要结构示意图
1—迷走神经 2—胸腺 3—颈静脉 4—甲状腺
5—结状节 6—甲状旁腺 7—颈动脉体 8—鳃后腺
9—返神经 10—主动脉 11—肺动脉 12—鸣管
13—胸骨气管肌 14—气管 15—食管 16—颈总动脉

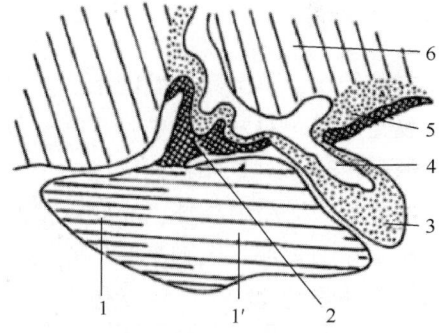

图 19-29 禽垂体矢状切面示意图
1、1′—腺垂体远部的前、后区 2—结节部
3—神经叶 4—隐窝 5—漏斗部 6—丘脑

六、松果腺

松果腺又称松果体，以较长的松果腺脚与间脑顶相连；松果腺体位于两大脑半球与小脑之间。

第七节 神经系统

一、中枢神经

1. 脊髓

禽类的脊髓延伸于椎管全长，直至综尾骨，因此后端不与脊神经形成所谓马尾。脊髓的颈胸部和腰荐部分别形成颈膨大和腰荐膨大。腰荐膨大发达，背侧部左右分开，形成菱形窦，内有富含糖原的胶质细胞团，称为胶质体。脊髓内部为灰质；颈膨大和腰荐膨大部的灰质腹侧柱有一部分移至外周的白质内，形成所谓的缘核。脊髓外周为白质，系传导径路。禽的外周感觉较差，有些上行传导径也不发达（图19-30）。

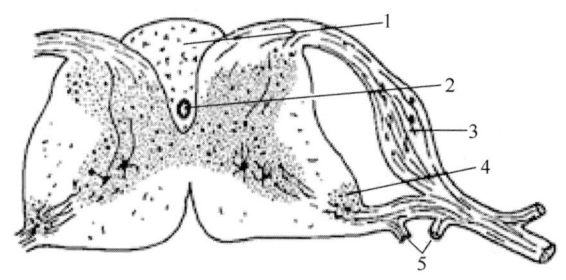

图19-30 鸡腰荐部脊髓横切面示意图
1—菱形窦内的胶质体 2—中央管 3—脊神经节 4—缘核 5—交通支

2. 脑

禽脑较小，不同禽类脑的形态大体相似。脑干包括延髓、中脑和间脑，脑桥不明显。中脑顶盖形成一对发达的中脑丘，又称为视叶，相当于哺乳动物的中脑前丘。突入于中脑水管的腔内有一对半环状枕，内为中脑外侧核，相当于哺乳动物的后丘。小脑的蚓部很发达，两侧为一对小脑绒球。小脑以前脚和后脚与中脑和延髓相联系。间脑也包括丘脑、上丘脑和下丘脑等部。大脑半球前端为嗅球，不甚发达。半球的背外侧和内侧为大脑皮质。半球的腹外侧为纹状体，纹状体发达，是禽脑重要的运动整合中枢。禽的大脑皮质薄，表面光滑，不形成沟回，仅背面有一略斜的纵沟。大脑皮质也可分为旧皮质区、古皮质区和新皮质区。嗅叶皮质属于旧皮质，位于半球外侧。禽嗅脑不发达。大脑半球的背内侧部为古皮质，相当于海马，在哺乳动物则褶曲至侧脑室内。覆盖在新纹状体上的上纹状体及其在半球表面的小部分，则相当于新皮质。联络两大脑半球的主要是前连合和皮质连合，胼胝体很不发达（图19-31）。

3. 脑脊膜

禽类脑脊膜的结构与哺乳动物相同，但大脑镰和小脑幕不很发达。

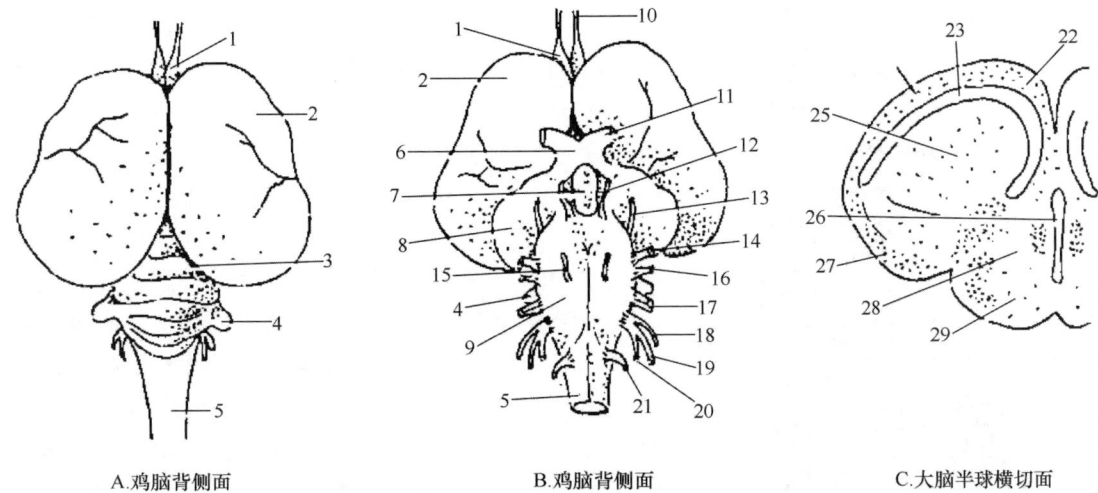

A. 鸡脑背侧面　　　　　　　　B. 鸡脑背侧面　　　　　　　　C. 大脑半球横切面

图 19-31　鸡的脑示意图

1—嗅球　2—大脑半球　3—小脑蚓　4—小脑耳　5—脊髓　6—视交叉　7—垂体　8—中脑丘
9—延髓　10～21—第 1～12 脑神经　22—海马　23—侧脑室　24—大脑皮质　25—纹状体
26—第 3 脑室　27—嗅皮质　28—丘脑　29—下丘脑

二、周围神经

1. 脊神经

禽类有 30 余对脊神经。臂神经丛由颈胸部 4～5 对（第 13～16 对）脊神经的腹侧支形成，然后分为丛背侧干和丛腹侧干，再分支为若干神经，经锁骨、第 1 肋骨与肩胛骨之间走出至前肢。丛背侧干有腋神经、桡神经等分支，主要分布于前肢背侧面，即伸肌和皮肤。丛腹侧干有胸肌神经、正中尺神经等分支，主要分布于前肢腹侧面，即屈肌和皮肤（图 19-32）。

腰荐神经丛由综荐部 8 对（第 23～30 对）脊神经的腹侧支形成，又可分为腰丛和荐丛，出综荐骨后行于肾的深面。腰丛的分支有股内侧和外侧皮神经、闭孔神经、股神经、髋前神经等。荐丛的分支有髋后神经、股后皮神经、肌支和坐骨神经；坐骨神经又分为小腿后皮神经、胫神经和腓总神经。

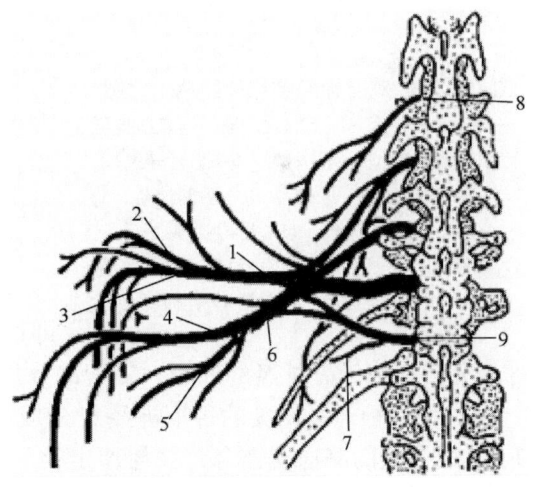

图 19-32　鸡脊神经臂丛示意图

1—丛背侧干　2—腋神经　3—桡神经　4—正中尺神经
5—胸肌神经　6—丛腹侧干　7—第 1 肋间神经
8—第 12 脊神经　9—第 16 脊神经

阴部神经丛是由第 31～34 对脊神经的腹侧支形成的，其分支向后行，分布于尾腹侧肌肉、泄殖腔和肛门肌肉，以及此部的皮肤等（图 19-33）。

2. 脑神经

禽类也有 12 对脑神经，其中第 2、第 3、第 4、第 6 和第 8 对基本与哺乳动物相似，第 10 对迷走神经主要含副交感纤维（图 19-34）。其余几对的特点如下。

（1）嗅神经　禽类的嗅神经不发达，集合成一小支。禽无终神经和犁鼻神经。

（2）三叉神经　禽类的三叉神经发达，也分为眼神经、上颌神经和下颌神经三支。眼神经的分支分布于额部皮肤及鸡冠、眼球、上睑和结合膜、眶内腺体、眶下窦、鼻腔的前上部和上喙的前部。鸭、鹅的眼神经较发达。上颌神经的分支分布于下睑、泪腺、腭部和眶下窦。下颌神经的感觉支分布于下喙、下颌间皮肤和肉髯、舌和口腔底黏膜。运动支支配上下颌的肌肉、方骨的肌肉和部分舌骨肌。

（3）面神经　禽类的面神经不发达。运动支支配下颌降肌、颈皮肌和部分舌骨肌；感觉支分布于外耳部。

（4）舌咽神经　禽类的舌咽神经分为三支：舌支、喉咽支和食管降支。喉咽支又分出喉支。舌支、咽支和喉支分布于舌、咽和喉的黏膜及腺体、喉肌。食管降支细长，沿颈静脉向下行，分布于食管，至嗉囊处与迷走神经的返神经汇合，并分支于嗉囊。

（5）副神经　禽类的副神经很细，出脑后立即加入于迷走神经，出颅腔后只有一部分再从迷走神经分出，成为副神经的外支，支配部分颈皮肌。

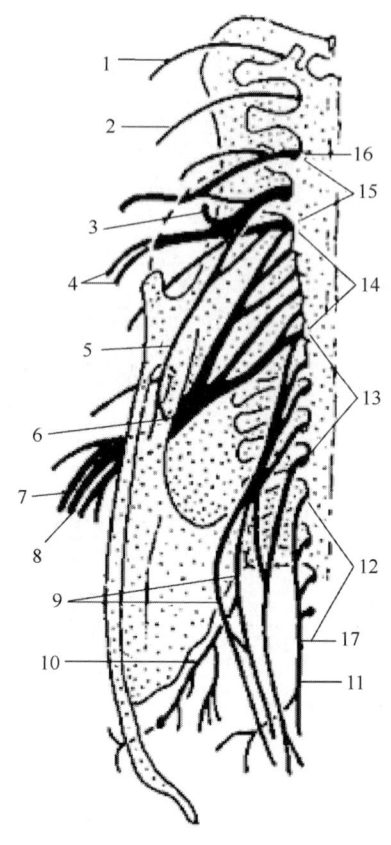

图 19-33　鸡脊神经腰荐神经丛示意图
1—最后肋间神经　2—肋腹神经　3—髋前神经
4—股神经　5—闭孔神经　6—坐骨神经
7—腓神经　8—胫神经　9—阴部神经
10—尾外侧神经　11—尾内侧神经
12—尾丛　13—阴部丛　14—荐丛　15—腰丛
16—第 23 脊神经　17—第 39 脊神经

（6）舌下神经　禽类的舌下神经集合成前、后两个根分别出颅腔，汇合后又与来自第 1、2 颈神经的交通支连合，并与迷走神经、舌咽神经间有交通支。舌下神经的两终支为舌支和气管支。舌支细，支配舌骨肌。气管支细长，沿两侧气管肌而行并埋于其内，支配该肌；在鸣禽尚支配鸣管的固有肌。

3. 植物性神经系

（1）交感系　禽类的交感系的交感干也有一对，从颅底沿脊柱延伸到综尾骨，也具有一串椎旁神经节，但颈前部、胸部和综荐部前部的神经节与脊神经节紧密相连，因此交通支不明显。交感干的颈段行于颈椎横突管内，颈前节很大，位于枕骨大孔附近。另有一细干同颈总动脉伴行，称为颈动脉神经或椎下干，也具有神经节。交感干的胸段，每一节间支分裂为背、腹两支，包绕每一肋骨或横突，背支较粗。胸段分出的脏支有心肺支和内脏大、小神经。交感干的腰荐段被肾盖住，较粗，分布于输尿管、输精管、输卵管、泄殖

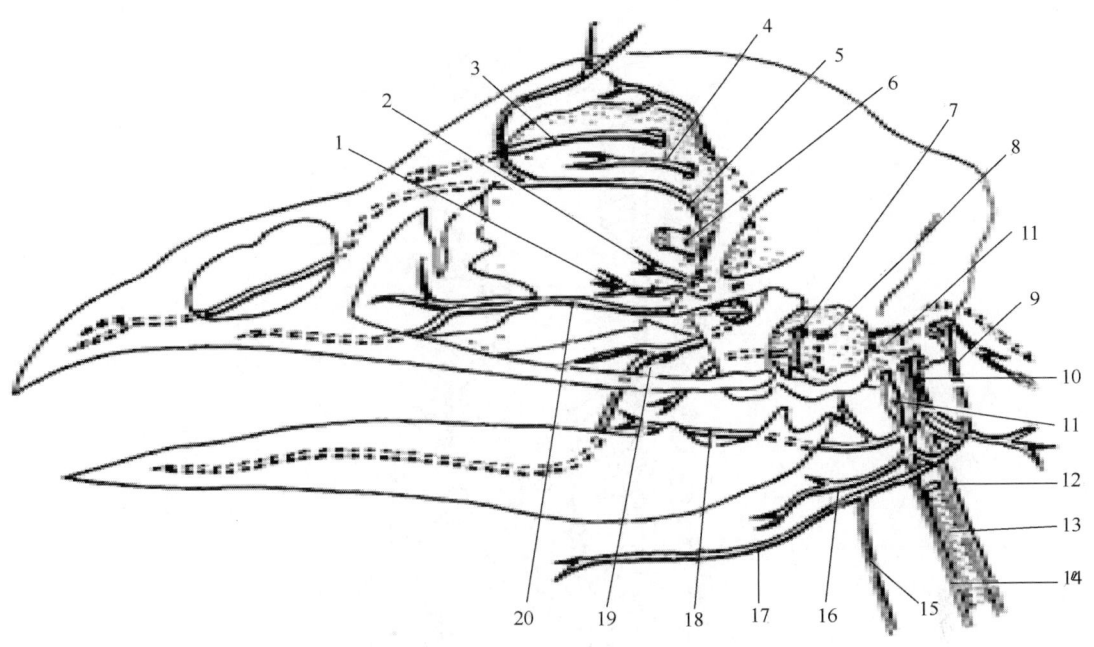

图 19-34 鸡脑神经示意图

1—展神经 2—动眼神经 3—嗅神经 4—滑车神经 5—眼神经 6—视神经 7—面神经 8—前庭耳蜗神经 9—舌下神经 10—副神经 11—舌咽神经的远神经节 12—近神经节（舌咽神经、迷走神经和副神经） 13—颈静脉 14—舌咽神经的食管降支 15—舌下神经的气管支 16—舌咽神经的喉咽支 17—舌下神经的舌支 18—咽神经的舌支 19—眼神经的下颌神经支 20—眼神经的上颌神经支

腔和泄殖腔囊。禽交感系还有一支特殊的肠神经，由肾后端交感干分出的神经纤维形成。肠神经从直肠后端处起在肠系膜内沿肠管向前延伸，直至十二指肠终部，具有一串神经节，发出细支到肠。

（2）副交感系 禽类的颅部副交感系的节前纤维也随动眼神经、面神经、舌咽神经和迷走神经出脑，其分布与哺乳动物相似。头部的副交神经节有睫状节、翼腭腹侧节和背侧节、下颌节，但未形成集中的耳节，仅在舌侧面的神经丛中有一些分散的小节。

迷走神经较粗，根部有近神经节，由颈静脉孔出颅腔后，伴随颈静脉向下行，在胸腔入口处甲状腺附近具有远神经节，即结状节。在此以后分出返神经折向上行，分支于气管和食管，而与舌咽神经的食管降支相连接。迷走神经在分出返神经后，分出肺丛和心丛，然后左右两神经在腺胃处汇合而成迷走神经总干，除分支于胃、肝、胰、脾外，分叉后进入腹腔节。迷走神经在十二指肠后端也有分支加入肠神经。

荐部副交感神经形成盆神经，加入阴部丛，由其分出阴部神经。节后纤维分布于盆腔器官，包括输尿管、输精管、输卵管和泄殖腔等。阴部丛也有纤维加入肠神经（图 19-35）。

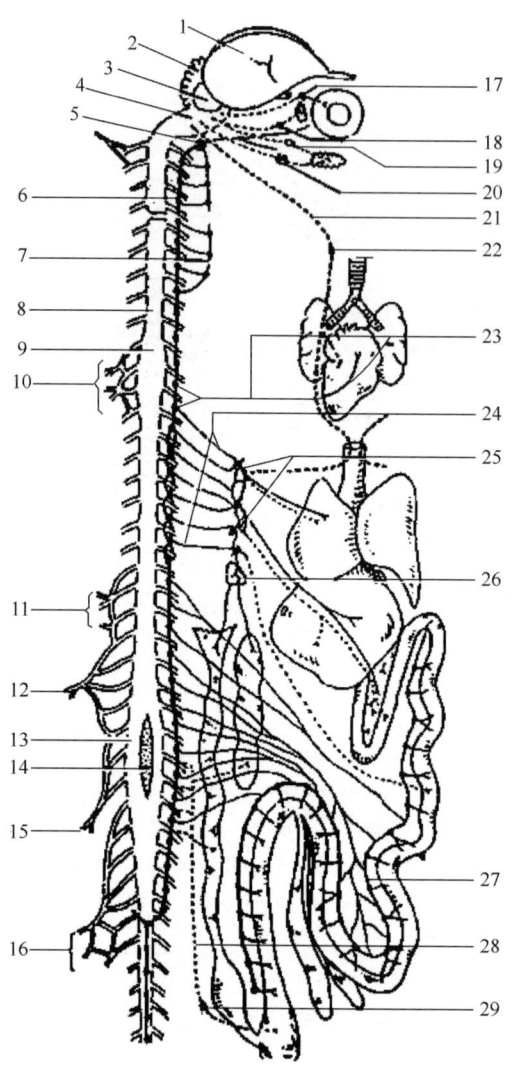

图 19-35 禽植物性神经系示意图

1—大脑半球 2—小脑 3—中脑丘 4—延髓 5—颈前神经节 6—交感神经干 7—颈动脉神经 8—脊髓 9—颈膨大 10—臂丛 11—腰丛 12—荐丛 13—腰荐膨大 14—胶质体 15—阴部丛 16—尾丛 17—睫状神经节和第3脑神经的副交感纤维 18—蝶腭经节和第7脑神经副交感纤维 19—下颌神经节和第7脑神经的副交感纤维 20—神经丛和第9脑神经副交感纤维 21—迷走神经 22—结状节 23—心肺支 24—脏神经 25—腹腔丛和肠系膜前丛 26—肾上腺和肾上腺丛 27—肠神经 28—盆神经 29—泄殖腔神经节

第八节 感觉器官

一、视器

1. 眼球

禽类的眼球较大,家禽等白昼鸟的较扁。巩膜较坚硬,后部含有软骨板,前部有一圈小骨片形成巩膜骨环。角膜较凸，面积相对较小。虹膜内的瞳孔开大肌和括约肌均为横纹肌。睫状体的睫状肌也由横纹肌构成，它除调节晶状体外，还能调节角膜的曲度。视网膜较厚，在视神经入口处形成特殊的眼梳膜，含有丰富的血管，伸入玻璃体内，与视网膜的营养和代谢有关，因禽的视网膜没有血管分布。晶状体的外周部形成晶状体环枕，与睫状体相连接（图19-36）。

2. 辅助器官

禽类的眼睑无腺体，下睑活动性较大。瞬膜（第3睑）发达，由两块小的横纹肌（瞬膜方肌和瞬膜锥状肌）控制，受外展神经支配。

泪腺较小，位于下睑后部的内侧。瞬膜腺较发达，又称Harder氏腺，鸡的为淡红至褐红色，位于眼球腹侧和内侧，分泌黏液样物质，有清洁和润湿角膜以及便利瞬膜活动的作用。

禽眼球无退缩肌，只有两块斜肌和四块直肌，而且都不很发达。

二、位听器

禽耳也包括外耳、中耳和内耳部分。外耳无耳廓，只有很短的外耳道，外耳门遮盖有小的耳羽。中耳只有1块听小骨，称为耳柱骨，中耳腔有一些小孔，通颅骨内的气腔。内耳的3个半规管很发达，耳蜗是略弯的短管，不形成螺旋状（图19-37）。

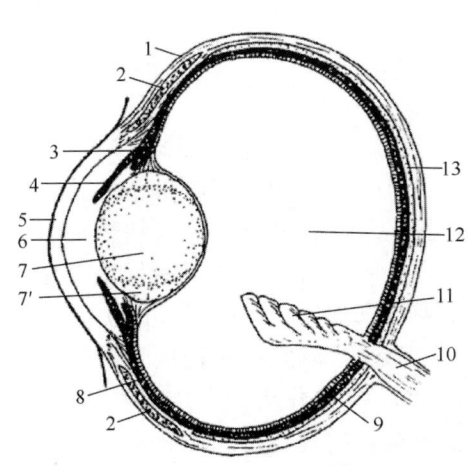

图19-36 鸡眼球矢状切面示意图
1—巩膜 2—巩膜骨环 3—睫状体 4—虹膜
5—角膜 6—瞳孔 7—晶状体 7'—睫状体环枕
8—脉络膜 9—视网膜 10—视神经 11—眼梳膜
12—玻璃体 13—巩膜软骨板

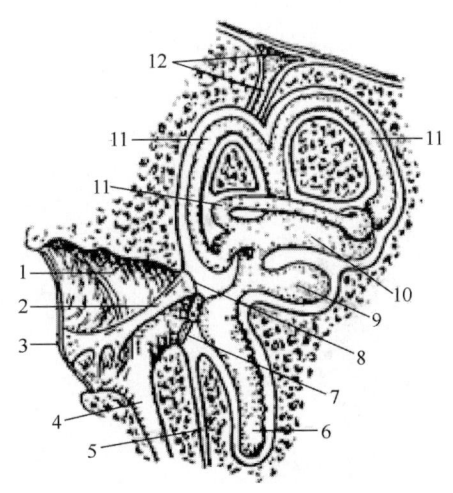

图19-37 禽位听器示意图
1—鼓腔 2—耳柱骨 3—鼓膜 4—咽鼓管
5—外淋巴管 6—耳蜗管 7—蜗窗 8—前庭窗
9—球囊 10—椭圆囊 11—前、后、外侧半规管
12—内淋巴管和淋巴囊

第九节 被皮系统

一、皮肤

禽皮肤较薄，有表皮、真皮和皮下组织三层结构。表皮薄。真皮又分为浅层和深层。浅层在羽毛着生的部位不形成乳头，而形成网状的小嵴；深层具有羽囊和羽肌。皮下组织疏松，有利于羽毛活动。皮下脂肪仅见于羽区，在其他一定部位形成若干脂肪体，营养良好的禽较发达，特别在鸭、鹅中。禽皮肤没有汗腺和皮脂腺，在尾部背侧有尾脂腺，分两叶，鸡为圆形；水禽为卵圆形，较发达。腺的分泌部为单管状全浆分泌腺，分泌物含有脂质，排入腺叶中央的腺腔，再经一（或二）支导管开口于总的尾脂腺乳头上，但极少数陆禽（如某些鸽类）无此腺。据近年研究，禽的整个表皮几乎都有分泌作用，在表皮生发层的细胞内形成类脂质小球，至浅层则逐渐增多并溶解于角质层的各层之间。

真皮和皮下层里的血管形成血管网。母鸡和火鸡在孵卵期，胸部皮肤形成特殊的孵区，又称孵斑。此处羽毛较少，血管增生，有利于体温的传播。孵区的血液供应来自胸外动脉的皮支和一条特殊的皮动脉，又称孵动脉，是锁骨下动脉的分支，伴随有同名静脉。

禽皮肤形成一些固定的皮肤褶，在翼部为翼膜，在趾间为蹼，水禽的蹼很发达。皮肤的颜色与所含的黑素颗粒和类胡萝卜素有关。

二、皮肤衍生物

1. 羽毛

羽毛是禽皮肤特有的衍生物，基本可分三类：正羽、绒羽和纤羽。正羽又称为廓羽，构造较典型。主干为一根羽轴，下段为基翈，着生在羽囊内；上段为羽茎，两侧具有羽片。羽片是由许多平行的羽枝构成的，每一羽枝又分出两行小羽枝，近侧（即下排）小羽枝末端卷曲，远侧（即上排）小羽枝具有小钩，相邻羽枝即借此互相钩连。羽根的下端有孔，称下脐，内有真皮乳头；上端在腹侧（即内侧）有上脐，有些禽类如鸡，在此还有小的下羽，或称副羽。正羽着生在禽体的一定部位，称为羽区，其余部位为裸区，以利肢体运动和散发体温。

绒羽的羽茎细，羽枝长，小羽枝不形成小钩，主要起保温作用。初孵出的幼禽雏羽似绒羽，羽茎、羽根均较短，无下羽。纤羽细小，仅羽茎顶部有少数短羽枝。有些禽类没有纤羽。羽毛颜色主要决定于所含的不同黑素颗粒，也与某些物理现象有关。羽肌由平滑肌束构成，在羽区排列成四边形或对角线形，连接于相邻羽囊之间，起着竖羽和降羽的作用。裸区羽肌平滑肌束较短，平行排列（图19-38）。

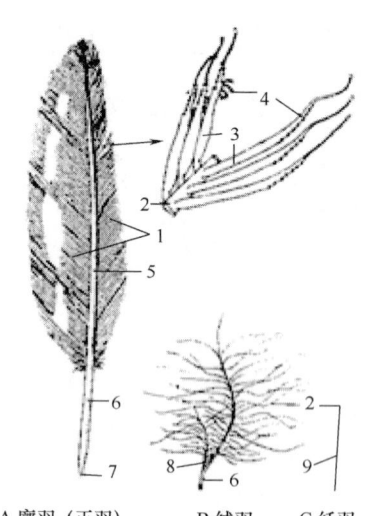

A. 廓羽（正羽）　　B. 绒羽　　C. 纤羽

图19-38　禽羽毛示意图
1—羽片　2—羽枝　3—小羽枝
4—羽钩　5—羽茎　6—基翈
7—下脐　8—下羽　9—羽轴

2. 其他衍生物

在头部有冠、内髯和耳叶，均由皮肤褶衍变而成。冠的表皮很薄，真皮厚，浅层含有毛细血管窦，中间层为厚的纤维黏液组织，能维持冠的直立，冠中央为致密结缔组织，含有较大的血管。肉髯的构造与冠相似，但中央层为疏松结缔组织。耳叶的真皮不形成纤维黏液层，浅层无窦状毛细血管，但耳叶呈红色者除外。

喙、距和爪的角质都是表皮角质层增厚、同时角蛋白钙化而形成，因此颇为坚硬。脚部的鳞片也是表皮角质层加厚形成。

参 考 文 献

［1］李德雪．动物组织学彩色图谱（第一版）．长春：吉林科学技术出版社，1995．

［2］滕可导．动物组织学与胚胎学实验指导（第二版）．北京：中国农业大学出版社，2014．

［3］陈耀星等．家畜兽医解剖学教程与彩色图谱（第三版）．北京：中国农业出版社，2009．

［4］滕可导．家畜解剖学与组织胚胎学．北京：高等教育出版社，2006．

［5］董常生．家畜解剖学．北京：中国农业出版社，2001．

［6］范光丽等．家畜解剖学．西安：陕西科学技术出版社，1995．

［7］陈耀星等．兽医组织学彩色图谱（第二版）．北京：中国农业出版社，2001．

［8］成令忠．组织学与胚胎学（第四版）．北京：人民卫生出版社，1996．

［9］杨银凤．家畜解剖学及组织胚胎学．北京：中国农业出版社，2011．

［10］沈霞芬．家畜组织学与胚胎学（第三版）．北京：中国农业出版社，2001．

［11］安徽农学院．家畜解剖图谱．上海：上海人民出版社，1997．

［12］秦鹏春等．哺乳动物胚胎学．北京：科学出版社，2001．

［13］王之一，刘志哲．解剖学与组织胚胎学基础．西安：第四军医大学出版社，2010．

［14］杨维泰等．家畜解剖学．北京：中国科学技术出版社，1998．

动物解剖学与
组织胚胎学

Animal Anatomy and
Embryology

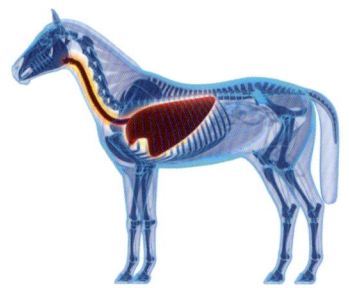

上架建议：动物科学

ISBN 978-7-5184-0528-2

定价：48.00元